CHEMIE DER ENZYME

VON

HANS v. EULER

DRITTE, NACH SCHWEDISCHEN VORLESUNGEN
VÖLLIG UMGEARBEITETE AUFLAGE

II. TEIL
SPEZIELLE CHEMIE DER ENZYME

1. ABSCHNITT
DIE HYDROLISIERENDEN ENZYME
DER ESTER, KOHLENHYDRATE UND
GLUKOSIDE

MÜNCHEN

VERLAG VON J. F. BERGMANN

1928

DIE
HYDROLISIERENDEN ENZYME DER ESTER, KOHLENHYDRATE UND GLUKOSIDE

BEARBEITET VON

HANS v. EULER · K. JOSEPHSON
K. MYRBÄCK UND K. SJÖBERG

DRITTE, UMGEARBEITETE AUFLAGE
MIT 65 ABBILDUNGEN IM TEXT

MÜNCHEN
VERLAG VON J. F. BERGMANN
1928

ISBN-13: 978-3-642-89004-8   e-ISBN-13: 978-3-642-90860-6
DOI: 10.1007/978-3-642-90860-6

Vorwort zum zweiten Teil.

Bei der Bearbeitung der speziellen Enzymchemie war es meine Absicht, alle Einzeltatsachen und Beziehungen mitzuteilen, welche den mit Enzymen Arbeitenden, dem Forscher auf diesem Sondergebiet, dem Biologen, dem Mediziner und dem in der biochemischen Technik stehenden Praktiker von Nutzen sein können.

Das reichhaltige Material habe ich in zwei Hälften geteilt. Im vorliegenden ersten Abschnitt sind die hydrolysierenden Enzyme der Ester, Kohlenhydrate und Glucoside behandelt; im bald folgenden zweiten Abschnitt werden die übrigen Enzyme zusammengefasst.

Der Leser wird finden, dass die Substrate und ihre chemischen Eigenschaften und Umsetzungen ausführlicher erwähnt sind, als dies in früheren Darstellungen dieses Gebietes der Fall war. Es entspricht dies meiner Überzeugung, dass der Ausbau einer möglichst breiten und vertieften konstitutionschemischen Grundlage für die gesunde Entwicklung der Enzymologie von allergrösster Bedeutung ist. Ohne eine solche Grundlage geht viel Arbeit ohne bleibenden Nutzen verloren.

Es liegt in der Natur der Sache, dass die Reaktionskinetik einen wesentlichen Teil unserer Wissenschaft ausmacht; aber die Ergebnisse der theoretischen Chemie können auf die enzymatischen Vorgänge erst dann sachgemäss angewandt werden, wenn die Art der stofflichen Veränderungen und der dabei beteiligten Komponenten erkannt ist. Wo dies der Fall war, ist die auf die Ergebnisse der physikalischen Chemie gestützte exakte Behandlung von Reaktionsgeschwindigkeiten und Gleichgewichten besonders in den letzten Jahren fruchtbar geworden.

Durch die Anwendung dieser quantitativen Methodik auf den lebenden Organismus wird die Enzymchemie zur Entwicklung der Biologie und besonders der Medizin noch wesentlicher beitragen können, als dies bisher geschehen ist. Systematische Bearbeitungen der einzelnen Organe und Lebensprozesse, wie sie mir als Ziel vorschweben, liegen bis jetzt nur vereinzelt vor; ich habe die Darstellung dieses schliesslich wichtigsten Teils der Enzymologie noch zurückgestellt in der Hoffnung, in den nächsten Jahren mit grösseren Hilfsmitteln einige der jetzt vorhandenen Lücken füllen und dann dieses Buch mit einem dritten Teil: „Über enzymchemische Vorgänge im Organismus" abschliessen zu können.

Für diesen dritten Teil bilden die beiden vorhergehenden gewissermassen die Voraussetzungen.

In vorliegendem Band, wo Tausende von Einzeltatsachen referiert werden mussten, habe ich mir öfters von Fachgenossen Rat erholen müssen, und so habe ich vielen Kollegen, besonders den Herren Barthel, Freudenberg, O. Hammarsten, Neuberg, Pringsheim, Thunberg und Willstätter bestens zu danken.

An alle Leser richte ich die Bitte, durch Hinweise auf Versehen und Lücken an der Vervollkommnung dieses Buches mitwirken zu wollen.

Schliesslich möchte ich nicht unterlassen, die Unterstützung meiner Assistenten K. Josephson und K. Myrbäck dankbar zu erwähnen.

Stockholm, im August 1922.

H. v. Euler.

Vorwort zur dritten Auflage.

Prinzipiell hat sich an der Anlage des Werkes nichts geändert. Entsprechend den wesentlichen Fortschritten, welche die letzten 6 Jahre gebracht haben, musste aber auch dieser Band vollkommen umgearbeitet werden; auch Reihenfolge und Einteilung der Kapitel sind fast durchweg anders als in der 2. Auflage. Bei dem starken Anwachsen der Literatur hat sich eine Vergrösserung des Umfanges des vorliegenden Abschnittes leider nicht vermeiden lassen.

An der Bearbeitung des Werkes haben die Herren Dozenten K. Josephson, K. Myrbäck und K. Sjöberg teilgenommen, wodurch auch die besonderen Erfahrungen dieses Institutes vollständiger zum Ausdruck kommen konnten.

Zahlreichen Fachgenossen habe ich wieder für freundliche Ratschläge herzlich zu danken.

Stockholm, im Juli 1928.

H. v. Euler.

Übersicht.

Grundzüge der Einteilung des zweiten Teiles.

Bei der Einteilung des reichen Versuchsmateriales, über welches die Enzymchemie jetzt schon verfügt, sind dem Verfasser folgende Gesichtspunkte massgebend gewesen:

Was bis jetzt an allgemeinen Gesetzen, Beziehungen und Regelmässigkeiten bekannt gewesen ist oder bei der Durcharbeitung gefunden werden konnte, ist im ersten Band dieses Buches zusammengestellt worden. Jener Band sollte den Ansatz zu einer theoretischen Enzymologie bilden, welche das feste Gerüst unserer Wissenschaft werden muss. Eine moderne Naturwissenschaft strebt zur Theorie nicht allein um das Kausalitätsbedürfnis des Forschers zu befriedigen, sondern auch der nunmehr verbreiteten Einsicht folgend, dass die Theorie, indem sie die vielen, verschlungenen Einzelbeziehungen entwirrt und klarlegt, auch für den Praktiker das zweckmässigste, Zeit und Energie sparende Mittel zur Beherrschung der Tatsachen bildet.

Indessen ist das theoretische Lehrgebäude der Enzymologie erst im Werden. Zahlreiche Tatsachen stehen noch vereinzelt, und unter diesen gewiss auch solche, welche für den Forscher, für den Arzt und den Techniker nicht minder wertvoll sind als andere, welche bereits ihren festen Platz in der Theorie gefunden haben. Die Geschichte zeigt uns, dass für die Entwicklung einer Wissenschaft oft gerade diejenigen Tatsachen von Wert sind, welche mit den geläufigen allgemeinen Anschauungen nicht in Zusammenhang oder in Übereinstimmung gebracht werden können. In diesem Sinne sind im vorliegenden Band alle Tatsachen zusammengestellt worden, welche dazu beitragen können, ein richtiges und vollständiges Bild von den einzelnen Enzymen zu liefern.

In der Überzeugung, dass wir gar nicht oft genug auf die chemischen Grundlagen unserer Wissenschaft zurückgehen können, ist bei jedem Enzym einleitend das Substrat und der chemische Vorgang bei seiner Verwandlung behandelt worden.

Über das Vorkommen der Enzyme werden nur insoweit Angaben gemacht, als solche für die Chemie der Enzyme von Wert sind, in erster Linie für die Wahl des Ausgangsmateriales bei der Darstellung von Enzympräparaten oder für das Verständnis der chemischen Aufgaben des Enzyms. Keineswegs ist also hinsichtlich der Angaben über das Vorkommen eine Vollständigkeit angestrebt worden; man findet diesbezügliche, sehr dankenswerte Zusammenstellungen in dem bekannten Buch von C. Oppenheimer und Kuhn: Die Fermente und ihre Wirkungen (Leipzig, 5. Aufl. 1924/26), auf welches auch wegen sonstiger vorwiegend physiologisch oder historisch interessanter Einzelheiten verwiesen sei.

Durchgehends ist versucht worden, wenigstens eine brauchbare Darstellungsmethode für jedes Enzym anzugeben.

Unter den vielen Messungen über die Dynamik der Enzymreaktionen kann natürlich nur ein kleiner Teil wiedergegeben oder ausführlicher referiert werden; dabei sind ohne historische Rücksicht unter den jetzt vorliegenden Versuchsreihen einige zuverlässige und besonders typische Messungen ausgewählt worden.

Auch über den Einfluss der Temperatur findet man bei jedem Enzym eine Auswahl der genauesten Angaben.

Hervorgehoben wurde die Bedeutung der chemischen Aktivatoren und Paralysatoren, der Salze und besonders der Acidität, deren Ausserachtlassung früher so viele Widersprüche in der enzymologischen Literatur verursacht hat.

Schliesslich findet man bei jedem Enzym die wichtigsten Methoden zur Messung seiner Wirksamkeit zusammengestellt und besprochen.

Nomenklatur.

Bei der bereits grossen und sich rasch vermehrenden Zahl der bekannten Enzymwirkungen ist eine rationelle Nomenklatur notwendig. Nach einem Vorschlag von Duclaux (vgl. Bourquelot, Les ferments solubles, Paris 1896) wird der Name des Enzyms von demjenigen Stoff abgeleitet, auf welchen er wirkt; so z. B. ist Lactase dasjenige Enzym, welches Lactose spaltet. Leider wird von diesem Prinzip noch vielfach ohne zwingenden Grund abgegangen.

Ist der aus dem Substrat abgeleitete Name nicht eindeutig, so ist nach dem Vorschlag von E. O. von Lippmann[1] sowohl der Stoff, welcher zerlegt wird, als auch das (Haupt-)Produkt der Spaltung zur Namengebung heranzuziehen; z. B. wäre hiernach Amylo-Maltase das Enzym, welches Maltose aus Stärke bildet. Da nun aber dieses Enzym keine Maltase ist, sondern vielmehr zur Klasse der Amylasen gehört, so wäre es wohl zweckmässiger, einen solchen Stoff als Malto-Amylase zu bezeichnen.

Enzyme, bei welchen nur die synthetische Wirkung bekannt ist, sollen nach einem Vorschlag des Verfassers[2] nach demjenigen Stoff bezeichnet werden, welchen sie bilden, und sie sollen als Katalysatoren von Synthesen durch die Endsilbe „ese" gekennzeichnet werden; demgemäss ist Hexosen-Phosphatese (verkürzt „Phosphatese") ein Enzym, welches die Synthese

---

[1] von Lippmann, Chem. Ber. 36, 331; 1903 und Chem. Ztg. 38, 81; 1914. — Vgl. auch Buchner und Meisenheimer, Chem. Ber. 38, 621; 1905.
[2] Euler, H. 74, 13; 1911.

von Hexose-Phosphorsäureestern aus anorganischen Phosphaten und gärfähigen Hexosen katalysiert.

Dieser Vorschlag bezweckte die Einführung einer kurzen und eindeutigen Bezeichnungsweise; er soll keineswegs zum Ausdruck bringen, dass an reversibeln Enzymreaktionen zwei entgegengesetzt wirkende Enzyme beteiligt sind.

Dies ist in obigem Beispiel auch sicher nicht der Fall; das organische Spaltprodukt der Phosphatase ist eine andere Glucoseform als das Substrat der Phosphatese.

Ältere, allgemein angenommene Namen, wie Pepsin, Zymase, Trypsin, Erepsin, sollen um so eher beibehalten werden, als es klar ist, dass hier keine einheitlichen Enzyme vorliegen, sondern Enzymkomplexe, deren Komponenten zum grössten Teil noch nicht so genau definiert sind, dass die Einführung einer rationellen Namengebung schon zweckmässig wäre. Emulsin, Zymase sind Bezeichnungen für gebräuchliche Enzympräparate, welche eine Anzahl verschiedener enzymatischer Stoffe enthalten; wünschenswert ist stets die Angabe der Herkunft durch Bezeichnungen wie Mandelemulsin, Schweinsdarmerepsin, Oberhefenzymase.

Systematik.

Als Grundlagen für die Systematik der Enzyme sind, da über die Natur der Enzyme selbst sehr wenig bekannt ist, die chemischen Reaktionen zu wählen, welche durch die betreffenden Enzyme ausgelöst werden. Es ist nicht unwahrscheinlich, dass man einmal die Zusammengehörigkeit, welche sich aus der chemischen Wirksamkeit ergibt, bei der Beschreibung der physikalischen und chemischen Eigenschaften der Enzyme wiederfinden wird.

Man kann folgende Hauptgruppen der Enzyme unterscheiden:

1. Enzyme, welche Hydrolysen katalysieren und welche man demgemäss als Hydrolasen bezeichnen kann.

2. Enzyme, welche Spaltungen vollziehen, in deren Bruttoformel das Wasser nicht eingeht, z. B. $C_6H_{12}O_6 \rightarrow 2\,C_3H_6O_3$. Will man diese Enzyme denjenigen der ersten Gruppe gegenüberstellen, so kann man sie Anhydrasen nennen. Eine ihrer wichtigsten Gruppen bilden die Oxydo-Reduktionsenzyme, welche zwischen zwei Stoffen den Ausgleich des Oxydationszustandes beschleunigen; der einfachste Typus ist die Aldehyd-Mutase, die nach der Formel wirkt:

$$2\,CH_3 \cdot CHO \rightarrow CH_3 \cdot CH_2OH + CH_3 \cdot COOH.$$

An diese Redoxasen sind vielleicht die enzymatischen Katalysatoren der Aldolkondensation anzuschliessen.

3. In einer dritten Gruppe kann man dann diejenigen Enzyme zusammenfassen, welche an den auf Kosten molekularen und peroxydischen Sauerstoffs geschehenden Oxydationen beteiligt sind. Für die eingehendere Systematik dieser Gruppe liegen noch keine genügenden Unterlagen vor.

Die Hydrolasen.

Eine Aufzählung aller in der Literatur vorkommenden Hydrolasen, deren Individualität zum Teil nicht genügend sichergestellt ist, liegt nicht im Rahmen dieser Arbeit. Die folgende Zusammenstellung bezweckt, einen allgemeinen Überblick über die typischen Hydrolasen zu geben.

Substrat	Produkte	Enzym
Ester	**Säuren + Alkohole**	**Esterasen**
Fettsäure-Ester	Fettsäure + Alkohole	Lipasen, Butyrasen
Ester besonderer organ. Säuren		
Gallussäure-Ester	Gallussäure (auch anderer Gerbsäuren) und Glucose	Tannase
Chlorophyll	Äthylchlorophyllid + Phytol	Chlorophyllase
Ester anorgan. Säuren		
Phosphorsäure-Ester	Phosphorsäure + hydroxylhaltige Stoffe	Phosphatasen
Schwefelsäure-Ester	Schwefelsäure + Phenole	Sulfatasen
Höhere Kohlenhydrate		
Cellulose		Cellulase
Hemicellulosen	Cellulosedextrine	Cytase
Stärke, Glykogen	Amylosen (Dextrine)	Amylasen und Glykogenasen
Lichenin		Lichenase
Inulin	Fructose	Inulinase
Pektinstoffe	reduz. Zuckerarten	Pektinase
Glucoside inkl. Polyosen		**Hexosidasen**
α-Glucoside und α-Galaktoside	Hexosen und Glucosidreste α-Glucose α-Galaktose	α-Glucosidasen (Maltase, Trehalase u. a.) α-Galaktosidasen
β-Glucoside β-Galaktoside	β-Glucose β-Galaktose + Zucker-, Alkohol- oder Phenolrest	β-Glucosidasen (Emulsin) β-Galaktosidasen, Lactase
Fructoside	Fructose	Saccharase
Oxynitrile	Aldehyd + HCN	Nitrilasen
S-Glucoside	Glucose + $HKSO_4$ + C_3H_5NCS u. a.	Sinigrinase
Nucleinsäuren und deren Spaltprodukte	Nucleotide, Nucleoside, Purin-(Pyrimidin)-Basen+Ribose (Hexose)	**Nucleasen (Komplex)** Nucleotidasen Nucleosidasen
Carbaminderivate		**Carbamasen**
$R \cdot CO \cdot NH \cdot R'$	$R \cdot COOH + H_2N \cdot R'$	
Harnstoff	$CO_2 + 2\,NH_3$	Urease
Amide	Säuren + $H_2N \cdot R$	Asparaginase, Hippuricase u. a.
Arginin	Harnstoff + Ornithin	Arginase
Di-Peptide	Aminosäuren	Dipeptidasen
Polypeptide und Peptone	Aminosäuren	Polypeptidasen

Substrat	Produkte	Enzym
Proteine		**Eigentliche Proteasen**
Proteine	Aminosäuren	Tryptase $\begin{cases} \text{Kinase- aktiviert} \\ \text{Kinase- frei} \end{cases}$
Proteine, Histone u. a.	„vorverdaute" Proteine (mit freigemachten NH_2-Gruppen)	Pepsin
Proteine	verschied. H_3N-haltige Spaltprodukte	tierische Organ-Proteasen pflanzliche Proteasen (Bromelin u. a.) Lab (Chymosin)

Die hydrolysierenden Enzyme der Ester, Esterasen.

1. Kapitel.

Lipasen, Butyrasen.

Bearbeitet von **H. v. Euler** u. **K. Myrbäck**.

Einführung.

Die allgemeine Wirkung dieser Enzyme besteht in der Katalyse der Reaktion zwischen Carbonsäure-Estern und ihren Komponenten nach dem Schema:

$$H_2O + R \cdot COO \cdot R' \rightleftarrows R \cdot COOH + HO \cdot R'.$$

Die Reaktion führt zu definierten Gleichgewichten (Berthelot und Péan de Saint Gilles): an ihr ist die Anwendbarkeit des Massenwirkungsgesetzes auf chemische Reaktionen zum erstenmal gezeigt worden (Guldberg und Waage, 1867; van't Hoff, 1877).

Die Einstellung des Ester-Gleichgewichts wird bekanntlich auch durch Säuren katalysiert, und zwar ziemlich genau proportional der Konzentration der H-Ionen (vgl. Bd. 1, S. 133).

Noch schneller als unter der Einwirkung von dissoziierten Säuren verläuft die Spaltung in Gegenwart von Basen, und zwar proportional der Konzentration der HO-Ionen. Man bezeichnet diese Reaktion als Verseifung. Da durch die katalysierenden, HO-Ionen liefernden Basen die aus den Estern entstehenden Säuren neutralisiert werden, so verläuft die Verseifung, im Gegensatz zur Hydrolyse, vollständig bis zum Verbrauch des Esters oder der Base.

Die verschiedenen Ester werden durch die gleichen Katalysator-Mengen mit sehr verschiedenen Geschwindigkeiten gespalten. Man findet die ersten vergleichenden Messungen über die Hydrolysen durch HCl bei de Hemptinne und Löwenherz[1], über Verseifungsgeschwindigkeit bei Reicher[2]. Da der

---

[1] Löwenherz, Zs f. physik. Chem. 15, 389; 1894. — Weitere Versuche über Hydrolyse und Verseifung von Estern liegen vor von Palomaa (Ann. Acad. Scient. Fenn. A. 4; 1913), sowie von L. Smith und Hugo Olsson (Zs f. physik. Chem. 102, 26; 1922. — 118, 99; 1925. — 125, 243; 1927), besonders von A. Skrabal, Monatsh. f. Chem. 1917—1927.

[2] Reicher, Lieb. Ann. 228, 257; 1885.

Vergleich mit den bei den enzymatischen Spaltungen gewonnenen Zahlen interessant ist, so setze ich einige Resultate von Löwenherz hierher:

Geschwindigkeitskonstanten k der Spaltung durch 0,1 n · HCl bei 40°.

Ester	$k \cdot 10^4$	Ester	$k \cdot 10^4$
Ameisensaures Äthyl	1100	Essigsaures Methyl	55
Essigsaures Äthyl	57	Essigsaures Äthyl	57
Buttersaures Äthyl	35	Essigsaures Propyl	56
Isobuttersaures Äthyl	34		
Valeriansaures Äthyl	12		
Benzoesaures Methyl	0,3	Essigsaures Phenyl	33

Die Carbonsäureester als amphotere Elektrolyte. Es dauerte lange Zeit, bis man den Zusammenhang zwischen der im sauren und der im alkalischen Medium verlaufenden Esterspaltung herstellte. Die theoretische Deutung der

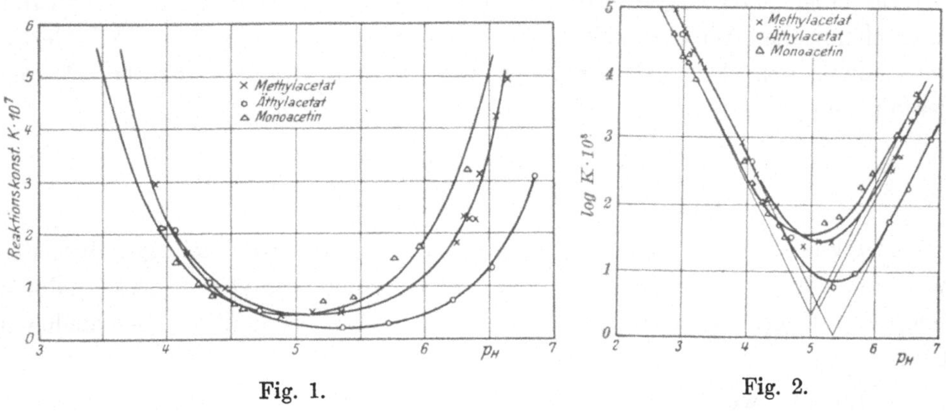

Fig. 1.   Fig. 2.

Ester als Ampholyte hat dazu geführt, die Spaltung der Ester durch saure und basische Katalysatoren unter gemeinsamen Gesichtspunkten zu studieren. Die Grundzüge der Theorie sind im 1. Teil dieses Buches (3. Aufl., S. 133) angegeben. Seit dessen Erscheinen (1925) ist die Kenntnis der Esterspaltung durch die Untersuchungen von I. Bolin[1], K. G. Karlsson[2], sowie Ölander wesentlich vermehrt worden. Wie die Figuren 1 und 2 zeigen, verläuft die k-pH-Kurve zu beiden Seiten des Minimums, das (für Äthylacetat) bei etwa pH = 5 liegt, vollkommen symmetrisch. Demgemäss lässt sich die Abhängigkeit der Reaktionsgeschwindigkeit an der H·-Konzentration durch folgende Formel[3] ausdrücken, welche die experimentellen Daten von K. G. Karlsson sehr gut wiedergibt.

$$k_{25} = 4 \cdot 10^{-9} + 2,37 \cdot 10^{-3}\,h + 4,27 \cdot 10^{-14}/h.$$

Darin bedeutet h die Konzentration der H-Ionen.

[1] Iwan Bolin, Zs anorg. Chem. 143, 201; 1925.
[2] K. G. Karlsson, Zs anorg. Chem. 145, 1; 1925. Diss. Stockholm 1925.
[3] Euler u. Ölander, Zs anorg. Chem. 152, 113; 1926.

Ferner ist $2{,}37 \cdot 10^{-3} = rq_2 \dfrac{K_b}{K_w}$ (rq_2 = spez. Reaktionsfähigkeit der Ester-Kationen) und $4{,}27 \cdot 10^{-14} = rq_1 K_a$ (rq_1 = spez. Reaktionsfähigkeit der Ester-Anionen).

Neutrale Ester mehrwertiger Säuren oder mehrwertiger Alkohole werden stufenweise gespalten, wobei jede Reaktionsstufe ihre besondere Geschwindigkeitskonstante besitzt. (Vgl. Bd. 1, S. 129, Stufenweise Reaktionen.) Siehe auch Christmann und H. B. Lewis, Jl Biol. Chem. 47, 495; 1921.

Glycerinester höherer Fettsäuren sollen im allgemeinen durch Alkali und durch Lipasen schneller verseift werden als die entsprechenden Äthylester (H. H. Franck).

Eine von Falk und Nelson[1], sowie später von Hamlin[2] untersuchte Katalyse durch Aminosäuren bedarf noch weiterer Aufklärung.

Zu einer endgültigen, rationellen Einteilung der Esterasen auf Grund ihrer chemischen Wirksamkeit reicht das vorliegende experimentelle Material noch nicht aus. Dagegen empfiehlt sich noch die von Connstein[3] vorgeschlagene Scheidung in zwei Gruppen:

A. Tierische Esterasen,

B. Pflanzliche Esterasen.

Bei keiner dieser beiden Gruppen ist eine Einheitlichkeit gewährleistet oder auch nur wahrscheinlich, wie unten näher ausgeführt wird. Beide Gruppen zeigen Unterschiede in der Wirksamkeit gegenüber verschiedenen Estern. Eine Trennung in

1. Lipasen, welche die eigentlichen Fette und Öle (Triglyceride der höheren Fettsäuren) spalten,

2. Butyrasen[4], welche vorzugsweise die Ester niedrigerer Fettsäuren mit ein- oder mehrwertigen Alkoholen angreifen,

lag schon bei den pflanzlichen Enzymen nahe und scheint auch bei den einschlägigen Enzymen des Tierreichs berechtigt. Daran reihen sich 3. die speziellen Esterasen. Nach Rona und Bien entfalten im allgemeinen die Butyrasen ihre Wirkung im homogenen System, die Lipasen im heterogenen System, und tatsächlich scheint ein Zusammenhang zwischen Löslichkeit, Dispersitätsgrad und Wirkungsbereich bei den Esterasen zu bestehen.

---

[1] Falk u. Nelson, Jl Amer. Chem. Soc. 34, 828; 1912.

[2] Hamlin, Jl Amer. Chem. Soc. 35, 624; 1913.

[3] Connstein, Ergebn. d. Physiol. 3, 194; 1904.

[4] Hinsichtlich der Nomenklatur bestehen gewisse Schwierigkeiten. Ein zusammenfassender Name für die Enzyme, welche höhere, und diejenigen, welche niedere Ester spalten, erscheint wünschenswert; deswegen hat Verf. die Bezeichnung „Esterase" als Sammelname gewählt und hat die vorzugsweise auf niedere Ester eingestellten Enzyme „Butyrasen" genannt, obwohl diese für Buttersäureester nicht spezifisch sind. Siehe hierzu J. Amaki, Tohoku, Jl exp. med. 8, 146; 1926.

A. Tierische Esterasen.

Was die tierischen fett- und esterspaltenden Enzyme betrifft, so zeigten sich schon in den Untersuchungen von A. S. Loevenhart[1], noch ausgeprägter aber in denen von Willstätter recht starke Unterschiede zwischen der Pankreaslipase, welche vorwiegend auf die Hydrolyse der hohen Glyceride eingestellt zu sein scheint, und dem Leberenzym, welches die niederen Fettsäureester kräftig spaltet. „Man kann das Pankreasenzym als eine Lipase bezeichnen, die befähigt ist, auch einfache Ester gut zu hydrolysieren, und das Leberenzym als eine Esterase, die nur in geringem Masse befähigt ist, Fett zu spalten." (Nach unserer Nomenklatur wäre das Leberenzym also eine Butyrase.)

Ohne weitere Versuche zur Systematisierung sollen im folgenden die fett- und esterspaltenden Enzyme der einzelnen Organe beschrieben werden.

I. Pankreaslipase.

Den Nachweis der Fettspaltung durch den Pankreassaft verdankt man Claude Bernard (1856). Verstehen wir also unter einer Lipase ein typisch fettspaltendes Enzym, so war damit die Existenz der Pankreaslipase bewiesen. Wenn aber dann gezeigt wurde, dass der Pankreassaft auch niedere Ester zu spalten vermag, musste die Frage beantwortet werden, ob diese Wirkung von demselben Enzym („einer Esterase") ausgeübt wurde oder ob in dem Pankreassaft mehrere esterspaltende Enzyme vorhanden sind.

a) Einheitlichkeit der Lipase.

Schon Terroine[2] konnte Anhaltspunkte dafür finden, dass in dem Pankreassaft nur ein esterspaltendes Enzym auf sowohl Fette wie niedere Ester wirkt. Auch Abderhalden und Weil beantworten die Frage über die Einheitlichkeit bejahend[3]. Endgültig wurde die Einheitlichkeit der Pankreaslipase in den Untersuchungen Willstätters bewiesen[4], dem wir den grössten Teil unserer Kenntnisse über dieses Enzym verdanken.

Durch zuverlässige und voneinander unabhängige Methoden hat Willstätter die Hydrolysengeschwindigkeit von Fetten, von Tributyrin, Triacetin und Buttersäuremethylester bestimmt. Das Verhältnis der Geschwindigkeiten wurde verfolgt vor allem bei der Reinigung der Pankreaslipase, weiter bei der Wirkungsabnahme unbeständiger Enzymlösungen und bei Enzymlösungen aus Drüsen verschiedener Tierarten. Das Verhältnis der Wirkungen wurde

---

[1] A. S. Loevenhart, Jl Biol. Chem. 2, 427; 1907.

[2] Terroine, Jl de Physiol. et Pathol. Gén. 13, 857; 1911.

[3] Abderhalden u. Weil, Fermentf. 4, 76; 1920.

[4] Willstätter u. Memmen, H. 133, 229; 1924, siehe auch Willstätter, Waldschmidt-Leitz und Memmen, H. 125, 140; 1923/24.

in den untersuchten Fällen so übereinstimmend gefunden, dass die Annahme von mehreren Enzymen sehr unwahrscheinlich geworden ist.

b) Spaltung verschiedener Substrate.

Wie schon Abderhalden und Weil hervorgehoben haben, zeigt die Pankreaslipase in bezug auf die untersuchten Substrate keine absolute Spezifität, d. h. sie spaltet Fettsäureester, unabhängig von deren Struktur und sterischer Isomerie. Willstätter hebt indessen hervor, dass eine deutliche quantitative Spezifität vorhanden ist, indem nämlich gewisse Substrate, wie Verbindungen mit verzweigter Kohlenstoffkette, sehr träge gespalten werden, andere sehr leicht.

Zuerst sei betont, dass das Pankreasenzym (im Gegensatz z. B. zum Leberenzym) eine ausgesprochene Lipase ist, d. h. sie spaltet die eigentlichen Fette sehr rasch, niedere Ester dagegen nur schwierig. Dies wurde schon in der zitierten sehr gründlichen Arbeit Loevenharts gezeigt. Willstätters unter allen Vorsichtsmassregeln ausgeführten neuen Versuche bestätigen vollkommen Loevenharts Ergebnisse. „Um z. B. dieselbe Spaltung wie mit 0,01 g getrockneter und entfetteter Pankreasdrüse zu erzielen, sind für die Hydrolyse von Buttersäuremethylester nur 4 mg, von Tributyrin 1 g, aber von Olivenöl sogar 106 g getrockneter Leber nötig.“

Morel und Terroine[1] haben die Angreifbarkeit verschiedener Ester durch Pankreassaft verglichen. Die Spaltungsgeschwindigkeit der Äthylester der ein- und zweibasischen gesättigten Fettsäuren nimmt von der Essigsäure und Malonsäure bis zur Buttersäure bzw. Glutarsäure zu, dann wieder ab, analog hat die Angreifbarkeit der verschiedenen Essigester ihr Maximum beim Butylalkohol. Bei den Triglycerinestern steigt die Spaltbarkeit vom Triacetin bis zum Trilaurin und fällt dann stark bis zum Tristearin; leichter als dieses wird Triolein gespalten.

Willstätter wendet bei der quantitativen Bestimmung der Pankreaslipase Olivenöl an. Er hat einige andere Öle hinsichtlich ihrer Spaltbarkeit untersucht. Es zeigten sich zum Teil grosse Unterschiede. Erdnuss- und Sesamöl wurden rascher, Ricinusöl viel rascher verseift.

Pankreassaft spaltet die Ester normaler Fettsäuren bedeutend schneller als diejenigen der entsprechenden Isosäuren, was für die Katalyse durch HCl nicht zutrifft. Auch die Ester halogenierter Fettsäuren werden angegriffen (Terroine, Abderhalden und Weil).

In vielen älteren Untersuchungen ist die Bedeutung der Acidität, besonders aber die von Willstätter erkannte grosse, je nach dem Substrat verschiedene Wirkung der Aktivatoren auf die Geschwindigkeit der Fett- und Esterspaltung, nicht berücksichtigt; ältere Versuche haben darum nunmehr nur historisches Interesse.

[1] Morel u. Terroine, Jl de Physiol. et Path. gén. 14, 58; 1912.

Die Angaben von Nencki und Lüdy[1], dass auch Salicylsäurephenylester (Salol) durch Pankreasenzym zerlegt wird, wurden nicht bestätigt; Chanoz und Doyon[2] erhielten negative Resultate. Nach Loevenhart[3] ist zur Spaltung durch Amylsalicylase die Mitwirkung von Gallensalzen erforderlich. Morel und Terroine konnten an Methylsalicylat und Benzoat nur sehr schwache Wirkung erhalten.

c) Stereochemische Spezifität.

Dakin[4] hat entdeckt, dass eine Esterase eine stereochemische Spezifität zeigen kann, dass sie also die eine Komponente eines racemischen Körpers schneller spaltet als die andere. Er untersuchte die Einwirkung der Leberesterase auf racemische Ester der Mandelsäuregruppe und beobachtete die optische Aktivität der Verseifungsprodukte. Mit Pankreasenzym arbeitete O. Warburg[5]; er wollte aber die asymmetrische Spaltung des Leucinesters auf die Wirkung proteolytischer Enzyme zurückführen. Über asymmetrische Spaltung von Dibromstearinsäuretriglycerid siehe Neuberg und Rosenberg[6].

Die stereochemische Spezifität von sowohl Leber- als Pankreasesterase hat Willstätter wieder untersucht, und zwar hauptsächlichst unter Anwendung von Mandelsäurederivaten. Die Spezifität ist, wie oben gesagt wurde, nie eine absolute, sondern beide Antipoden werden gespalten, obgleich mit sehr verschiedener Geschwindigkeit. Wir geben nach Willstätter folgende Zusammenstellung:

Racemische Substrate	Drehung der rascher verseiften Komp.	
	Pankreaslipase	Leberesterase
Mandelsäureäthylester	−	+
Mandelsäuremonoglycerid	−	+
Phenylmethoxyessigsäuremethylester .	−	+
Phenylchloressigsäuremethylester . .	−	−
Phenylbromessigsäuremethylester . .	−	−
Phenylaminoessigsäurepropylester . .	+	+
Tropasäuremethylester	+	−
Leucinpropylester	+	+

d) Enzymmaterial; Darstellung und Reinigung.

1. Frische Drüse.

Dass die zerkleinerte Pankreasdrüse selbst eine starke fettspaltende Wirkung ausübt, hat schon Nencki 1886 gefunden. Steht Pankreassaft nicht

---

[1] Lüdy, Arch. exp. Pathol. 325, 47; 1889.

[2] Chanoz u. Doyon, Jl de Physiol. et Pathol. gén. 2, 695; 1900.

[3] Loevenhart, Jl Biol. Chem. 2, 391; 1906.

[4] Dakin, Jl Physiol. 30, 253; 1903/04 und 32, 199; 1905.

[5] Warburg, Chem. Ber. 38, 187; 1905 und H. 48, 205; 1906. — Siehe auch Abderhalden, Sickel u. Ueda, Fermentf. 7, 91; 1923.

[6] Neuberg u. Rosenberg, Biochem. Zs 7, 191; 1907.

zur Verfügung, so soll zur Fetthydrolyse frischbereitete Maceration der Pankreasdrüse verwendet werden, wie Connstein empfiehlt und seitdem oft geschehen ist[1].

Mit einem Pressaft hat v. Pésthy[2] gute Resultate erzielt; er hackt frisches, von Bindegeweben und Fett befreites Rindspankreas mit der Fleischhackmaschine, zerreibt mit Quarzsand und ein wenig Wasser zu feinem Brei und presst in einer hydraulischen Presse bei 300 Atmosphären ab.

J. H. Long und Fenger[3] haben versucht, den Pankreaspressaft durch Zentrifugieren in Fraktionen zu zerlegen.

2. Pankreassaft.

Sehr geeignet für Arbeiten über Pankreasesterase ist der Pankreassaft, dessen enzymatische Wirkung diejenige von Pankreasextrakten erheblich übertreffen kann. Anscheinend ist der Pankreassaft aller höheren Tiere wirksam, so z. B. von Rind, Schwein und Kaninchen[4].

Sowohl die Menge des Pankreassekretes als auch dessen fettspaltende Wirksamkeit wird den Ergebnissen von Pawlow und Walther zufolge durch Fettgenuss, z. B. Einführung von Milch, stark angeregt. Dagegen fand Lombroso[5] keine Anpassung an die Nahrung.

Zur Gewinnung einer reichlichen Menge Pankreassaft wird dem Fistelhund nach Bayliss und Starling Sekretin eingespritzt. In dieser Weise wurde mit Erfolg von Terroine[6], sowie von Loevenhart und Souder[7] verfahren.

3. Trockenpräparate.

Aus dem frischen Pankreas kann durch Entwässern leicht ein wirksames Trockenpräparat erhalten werden.

Eine brauchbare Vorschrift hat Pottevin[8] angegeben. Nach dem gleichen Prinzip hat Dietz[9] gearbeitet.

Pankreasdrüsen vom Schwein werden in einer Fleischhackmaschine fein zerhackt; das Produkt wird so lange mit 96%igem, dann mit absolutem Alkohol behandelt, bis den Gewebsteilen das Wasser entzogen ist. Man zerhackt nochmals mit der Maschine, um einen noch höheren Feinheitsgrad zu erreichen. Der Alkohol wird möglichst vollständig entfernt und der Rück-

---

[1] Abderhalden u. Weil, Fermentforsch. 4, 76; 1920.

[2] v. Pesthy, Biochem. Zeitschr. 34, 147; 1911.

[3] Long u. Fenger, Jl Amer. Chem. Soc. 37, 2213; 1915. — Siehe auch Long, Mary Hull u. H. V. Atkinson, ebenda 2427. — R. A. Nelson u. Long, ebenda 39, 1766; 1917.

[4] Rachford, Jl Physiol. 17, 72; 1891.

[5] Ugo Lombroso, Arch. de Farmac. sper. 13, 73; 1912.

[6] Terroine, Biochem. Zs 23, 404; 1910.

[7] Loevenhart u. Souder, Jl Biol. Chem. 2, 415; 1910.

[8] Pottevin, C. r. 137, 378; 1904.

[9] Dietz, H. 52, 296; 1907.

stand im Soxhletschen Extraktionsapparat mit Äther vollständig entfettet. Schliesslich saugt man den Äther ab und trocknet im Luftstrom.

Die so hergestellten Enzympräparate erwiesen sich nach Dietz' Angaben zunächst wenig haltbar, sie wurden mit der Zeit sauer. Um dies zu verhindern, wurden dem Präparat die darin enthaltenen proteolytischen Enzyme mit Wasser entzogen. Man breitet zu diesem Zweck das Präparat auf ein grosses Nutschenfilter aus, übergiesst mit kaltem Wasser und saugt stark ab. Das Auswaschen geschieht so lange, bis das Filtrat mit verdünnter Essigsäure keinen weisslichen Niederschlag mehr gibt. Das Wasser darf mit dem Präparat nicht lange in Berührung sein, weil dieses sonst aufquillt und das Filter verstopft; deswegen gibt man immer nur kleine Portionen Wasser zu, und lässt diese erst abfliessen, ehe man neues Wasser aufgiesst. Man trocknet das Präparat mit Alkohol und Äther und macht es durch Sieben homogen.

E. Baur[1] hackt die frischen, von ihrer Fett- und Bindegewebshülle befreiten Schweinepankreasdrüsen, übergiesst den Brei mit der doppelten Menge Alkohol, lässt 1 Tag stehen, koliert und presst stark. Die trübe Brühe, welche die wirksamen Drüsenzellen enthielt, wird mit Äther gefällt, der Drüsenschlamm wird abgenutscht und mit Äther gewaschen.

Wird das Präparat wirklich trocken gehalten, so behält es seine Wirksamkeit während Monaten unverändert bei.

Bei der von Willstätter und Mitarbeitern ausgeführten präparativen Reinigung der Pankreaslipase[2] diente immer als Ausgangsmaterial die getrocknete und entfettete Pankreasdrüse vom Schwein, und zwar wurde zur Entwässerung statt Alkohol Aceton und Äther verwendet. Aceton schädigt das Enzym nicht. Dagegen kann das oben angeführte Verfahren von Pottevin zu erheblichen Aktivitätseinbussen führen.

Beispielsweise wurden 16,5 kg Drüsen mechanisch von Fett und Gewebsfasern befreit, dann 4—5 mal durch die Fleischhackmaschine getrieben und dann portionenweise im Mörser mit Aceton verrieben, so dass im ganzen die Masse mit 30 Liter Aceton vermischt wurde. Nach 1—2 Stunden wurde filtriert, die Masse dann mit 30 Liter Aceton, dann mit 15 Liter Aceton + 15 Liter Äther und schliesslich zweimal mit je 30 Liter Äther gewaschen. Nach Trocknen auf Filtrierpapier an der Luft wurde das Material in einer Schlagmühle aufs feinste vermahlen und gesiebt. Sowohl der pulverige als der faserige Anteil enthält viel Enzym (1,65 bzw. 0,68 kg)[3].

4. Lipaselösungen.

Aus frischer Pankreasdrüse lässt sich die Lipase nur schwer extrahieren, besonders nicht durch Wasser. Mit Glycerin können wirksame Lösungen

---

[1] E. Baur, Zs angew. Chem. 22, 97 u. 305; 1909.
[2] Willstätter u. Waldschmidt-Leitz, H. 125, 132; 1922/23.
[3] Willstätter u. Waldschmidt-Leitz, l. c. S. 150.

gewonnen werden, sie eignen sich doch nicht für die weitere Reinigung des Enzyms. Zu anderen Zwecken wurden solche Lösungen z. B. von Grützner, Kastle und Loevenhart, Rona und Bien angewendet[1]. Bei Verdünnen solcher Glycerinauszüge mit Wasser treten grosse Niederschläge auf, die das Enzym mitreissen. Zum Teil auf Grund dieser Erscheinung wurde früher behauptet, dass die Lipase unlöslich sei, dass also auch die Glycerinauszüge nichts anderes als feine Suspensionen des Enzyms seien, die beim Wasserzusatz koagulierten. Es ist jedoch nunmehr, besonders durch die Untersuchungen der Willstätterschen Schule[2] sichergestellt, dass es vollkommen klare, sowohl Glycerin- als Wasserlösungen gibt, die keine Spur unlöslicher Körper enthalten. Der grosse Einfluss allerlei physikalischer Faktoren auf die Wirkung der Lipase ist also wahrscheinlich nicht etwa als Änderung der Dispersität des Enzymes zu betrachten, sondern vielmehr als Förderung oder Hemmung der Bildung der für die gleichzeitige Sorption von Enzym und Substrat geeigneten Kolloidteilchen.

Aus den Pankreastrockenpräparaten kann die Lipase sowohl mit Wasser als mit Glycerin extrahiert werden[2]. Die dabei erhaltenen Lösungen enthalten natürlich auch Trypsin und Pankreasamylase. Die wässerigen Auszüge besitzen einen nur geringen Reinheitsgrad und sind sehr unbeständig. Eine Stabilisierung ist nur mit Glycerin gelungen.

Haltbare und für die weitere Verarbeitung geeignete Lösungen gewinnt man durch Extraktion der getrockneten Drüse mit reinem oder wasserhaltigem Glycerin. Leicht gehen dabei z. B. 70—80% der Lipase in Lösung. (Sehr bequem erhält man wirksame Lösungen durch Glycerinextraktion käuflicher Präparate, z. B. Pancreatin Rhenania[3].) Oft ist behauptet worden, dass die Lipase von Trypsin zerstört werde[4]. Die schnelle Inaktivierung der Wasserextrakte könnte hierauf beruhen. Möglich ist aber auch, dass das Trypsin nur das als Lipaseaktivator wirkende Albumin spaltet. Jedenfalls sind die rohen trypsinhaltigen Glycerinauszüge sehr haltbar, was jedoch auch als eine Hemmung der Trypsinwirkung durch das Glycerin erklärt werden kann[5]. Willstätter extrahiert die Lipase mit der 16fachen Menge 87%igem Glycerin 4 Stunden bei 30°. Am besten wird dann der Rückstand durch Zentrifugieren beseitigt. Setzt man dann Wasser zu der trüben Glycerinlösung, entsteht ein Niederschlag. Durch Abfiltrieren desselben gewinnt man, allerdings unter Verlust an Enzym, eine ganz klare Lipaselösung.

---

[1] Grützner, Pflügers Archiv 12, 285; 1876. Kastle u. Loevenhart, Am. Chem. Jl 24, 491, 1900. Rona u. Bien, Biochem Zs 64, 13; 1914.

[2] Willstätter u. Waldschmidt-Leitz, H. 125, 132 und zwar 152 u. ff.

[3] Engel, Hofm. Beitr. 7, 77; 1905.

[4] Terroine, Biochem. Zs 23, 404; 1910. Mellenby u. Wooley, Jl of Physiol. 48, 287; 1914. Shaw-Mackenzie, Jl of Physiol. 49, 216; 1915. Tsuji, Biochem. Jl 9, 53; 1915.

[5] de Souza, Biochem. Jl 10, 108; 1916.

5. Reinigung.

Die Reinigung bezweckt zuerst die Abtrennung der Amylase und Tryptase, dann die Steigerung des Reinheitsgrades. Beides wird durch Sorption und darauffolgende Elution erreicht. Die Abtrennung der anderen Enzyme geschieht durch Sorption der Lipase an Aluminiumhydroxyd, und zwar am besten aus saurer Lösung, beispielsweise 0,01 n-Essigsäure. Am geeignetsten ist die Tonerdesorte B als Sorptionsmittel[1]. Beispielsweise wurden 500 ccm eines trüben Glycerinauszuges mit 2500 ccm Wasser geklärt. Mit 750 ccm Tonerde-suspension (etwa 7 g Al_2O_3) wurden $90^0/_0$ der Lipase zusammen mit $24^0/_0$ der Amylase sorbiert. In der Zentrifuge wurde mit $20^0/_0$ Glycerin gewaschen. Dabei tritt eine beträchtliche Enzymzerstörung ein. Mit $2^1/_3$ basischem Ammon-phosphat wurde eluiert. In der Elution fand man $^2/_3$ der angewandten Lipase, aber nur $3,5^0/_0$ der Amylase. Aus der Elution fällte man mit Ammonchlorid, Ammoniak und Magnesiumacetat die Phosphorsäure aus. Aus dem mit Essig-säure angesäuerten Filtrat wurde die Lipase wieder in derselben Weise mit Tonerde sorbiert. Das nicht gewaschene Sorbat wurde mit Ammonphosphat eluiert. Die Elution enthielt noch $35^0/_0$ der angewandten Lipasemenge und zwar frei von den in dem Drüsenauszuge vorhandenen anderen Enzymen. In der folgenden Tabelle ist das Ergebnis des Versuches zusammengefasst. (Über die Einheiten siehe weiter unten.)

	Lipase-einheiten	Amylase-einheiten	Trypsin-wirkung
Getrocknete Pankreasdrüse .	2531	1469	2,71
Roher Glycerinauszug . . .	2170	1472	1,35
Geklärter Auszug	1800	1397	1,36
Erste Tonerdesorption			
Restlösung	180	1058	1,42
Elution	1210	51	0,19
Zweite Tonerdesorption			
Restlösung	3	19	0,10
Elution	634	0	0

In diesem Versuch war die Lipase bei der ersten Elution etwa dreimal reiner als in dem geklärten Glycerinauszug, und in der zweiten Elution etwa 30 mal reiner als in der Drüse. Die nunmehr enzymatisch einheitliche Pankreas-lipase kann man durch Sorption an Kaolin weiter reinigen. Beispiel: Eine durch Ammonphosphatelution aus einem Tonerdeadsorbat gewonnene, glycerin-haltige Lösung (1600 ccm) wurde mit dem gleichen Volumen Wasser und mit 40 ccm n-Essigsäure versetzt und dann die Sorption mit 72 g elektroosmotisch gereinigtem Kaolin vorgenommen. Nach Zentrifugieren wurde die Elution

---

[1] Willstätter u. Kraut, Chem. Ber. 56, 149; 1923.

unmittelbar mit Ammonphosphat ausgeführt. Das trübe Zentrifugat wurde durch Filtrieren durch Kieselgur geklärt. Es enthielt 65% von dem angewandten Enzym. Eine zweimal mit Tonerde und dann einmal mit Kaolin gereinigte Lösung hatte die 205 fache Enzymkonzentration im Vergleich zum angewandten trockenen Drüsenmaterial. Ein in dieser Weise gereinigtes Lipasepräparat zeigte weder die Millonsche, noch die Molischsche Reaktion, dagegen eine sehr schwache Ninhydrinreaktion.

Eine weitere Reinigung kann durch Sorption an Tristearin oder Cholesterin erzielt werden. Im Sorbat ist die Lipase nur wenig wirksam. Die sorbierte Menge Enzym bestimmt man durch Ermittlung der Wirksamkeit der Restlösung. Die Menge sorbierter Substanz bestimmt man dadurch, dass man das scharf getrocknete Sorbat mit Benzol behandelt und den unlöslichen Rückstand wiegt.

Ultrafiltration: siehe auch Lagrange und Suarez, C. r. Soc. Biol. 96; 1927.

e) Einfluss der Acidität.

Nach älteren Angaben von Grützner und von Gamgee soll die Extraktion des Enzyms durch wässeriges Glycerin befördert werden, wenn dieses mit Soda schwach alkalisch gemacht ist.

Was den Einfluss der Acidität auf die Wirksamkeit des Enzyms betrifft, so liegen nach älteren Arbeiten von Nencki, Rachford und Fokin[1] neuere Ergebnisse von E. Baur[2] und von Terroine (l. c.) und mit modernerer Methodik angestellte von H. Davidsohn[3] vor. Nach denselben liegt das Aciditätsoptimum der Pankreasesterase (Duodenalsaft vom Säugling, bestimmt an Tributyrin mit der stalagmometrischen Methode) bei $3{,}2 \cdot 10^{-9}$, also pH $= 8{,}5$.

Davidsohn berechnet hiernach die Säuredissoziationskonstante der als Ampholyten aufgefassten Pankreasesterase $K_a = 1{,}0 \cdot 10^{-7}$.

Davidsohn fand in Lösungen saurer als pH $= 5$ keine Lipasewirkung, Rona und Bien dagegen eine recht beträchtliche Spaltung. Willstätter und Waldschmidt-Leitz finden auch in saurer Lösung eine kräftige Spaltung und konnten sogar auf die Messung der Verseifungsgeschwindigkeit bei pH $=$ 4,7 eine Methode zur Bestimmung der Lipasemenge gründen. Es ist dabei, wie bei allen Bestimmungen von Lipasewirkungen, darauf zu achten, dass Begleitstoffe sehr stark die Reaktionsgeschwindigkeit zu beeinflussen vermögen, und zwar so, dass ein Stoff, der in alkalischer Lösung fördert, in saurer Lösung hemmen kann und umgekehrt. In saurer Lösung wirken gewisse Begleitstoffe (Albumin) hemmend; es ist darum für die Bestimmung nötig,

---

[1] Fokin, Revue der Fette und Harze 1904, 244.

[2] E. Baur, Zs angew. Chem. 22, 97; 1909. E. Baur hob wohl zuerst die ausschlaggebende Bedeutung der Acidität auf den Wirkungsgrad der Pankreaslipase scharf hervor.

[3] Davidsohn, Biochem. Zs 45, 284; 1912 und 49, 249; 1913.

noch Albumin zuzusetzen, um die gereinigten Lösungen unter denselben Verhältnissen untersuchen zu können, wie man die Drüse oder die rohen Auszüge untersuchen muss.

f) Aktivierungen und Hemmungen.

1. Einwirkung von Galle.

Es wurde früher als bewiesen betrachtet, dass die Pankreaslipase in einem an sich unwirksamen Zustande sezerniert und erst durch einen besonderen Stoff aktiviert werde (Übergang von Zymogen in Enzym). In mehreren Arbeiten kam man zu dem Ergebnis, dass diese Aktivierung durch die Gallensalze zustande kommt (Magnus[1], v. Fürth und Schütz[2], Donath[3]). Nach diesen Autoren wirken die Gallensalze auch insofern spezifisch, als weder die Magenlipase (Laqueur[4]) noch die Darmlipase (Boldyreff[5]) durch dieselben beeinflusst wird.

Sowohl die synthetische als die spaltende Wirkung der Pankreasesterase wird durch die Gallensalze befördert[6], während andere Aktivatoren, wie die Salze der alkalischen Erden nur die Spaltung beeinflussen (Pekelharing[7]). Zu dem Obigen ist nun zuerst zu bemerken, dass nach den Untersuchungen von Willstätter und Mitarbeitern Stoffe je nach der Acidität als Aktivatoren oder Hemmungskörper wirken können, dass also die Aktivierung durch Galle nur in einem gewissen Aciditätsgebiet beobachtet werden kann. Weiter behaupten Willstätter, Waldschmidt-Leitz und Memmen[8], dass die Wirkung von Aktivatoren nicht in einer Überführung eines Zymogens in ein Enzym liegen kann, denn ohne Aktivierung kann man mit Drüse oder Auszügen in saurer Lösung eine Lipasewirkung erzielen, die etwa so gross ist wie die Spaltung unter Aktivierung in alkalischer Lösung.

Die Frage, welche Bestandteile der Galle die aktivierende Wirkung ausüben, ist vielfach bearbeitet worden. Hewlett[9] und später Küttner[10] schrieben dem Lecithin der Galle eine wesentliche Rolle zu; auch Loevenhart und Souder (l. c.) fanden eine starke Beschleunigung durch Lecithin. Indessen zeigen die Versuche von O. v. Fürth und Schütz[11], dass die Wirkung der Galle nicht auf ihren Lecithingehalt zurückgeführt werden kann.

---

[1] Magnus, H. 48, 373; 1906.

[2] v. Fürth u. Schütz, Hofm. Beitr. 9, 28; 1906.

[3] Donath, Hofm. Beitr. 10, 390; 1907.

[4] Laquer, Hofm. Beitr. 8, 281; 1906.

[5] Boldyreff, Zbl. f. Physiol. 18, 460; 1904. — H. 50, 394; 1907.

[6] Siehe hierzu Hamsik, H. 65, 232; 1910. — Donath hatte negative Ergebnisse erhalten.

[7] Pekelharing, H. 81, 355; 1912.

[8] Willstätter u. Waldschmidt-Leitz u. Memmen, H. 125, 93; 1923.

[9] Hewlett, John Hopkins Hosp. Bull. 16, Nr. 166.

[10] Küttner, H. 50, 472; 1907.

[11] v. Fürth u. Schütz, Hofm. Beitr. 9, 28; 1907.

Terroine (l. c.) hat an Triacetin die Wirkung der Gallensalze auf die Geschwindigkeit der Spaltung untersucht. Was die Konzentrationsfunktion der Gallensalze betrifft, so ist dieselbe von Loev.enhart und Souder, von Donath und von Terroine untersucht worden. Letzterer Forscher kommt zu folgendem Resultat:

Für die Spaltung der Ester und Triglyceride von niedrig-molekularen Säuren gibt es, wie auch Loevenhart zeigte, ein Konzentrationsoptimum der Gallensalze, und zwar unter den von Terroine gewählten Bedingungen bei 0,33%.

Für den Fall der Hydrolyse von Triolein gibt es hingegen kein Optimum der Gallensalzkonzentration. Man beobachtet ein zuerst regelmässiges Zunehmen, das nach und nach abnimmt und dann aufhört, was Donath schon gezeigt hat. (Siehe auch M. Shoda, Jl of Biochem. 6, 395; 1926.)

Besondere Sorgfalt hat Terroine auf den Nachweis verwendet, dass die Gallensalze nicht, wie u. a. Bradley[1] behauptet hat, nur emulgierend wirken. Ihre beschleunigende Wirkung zeigt sich nämlich am besten bei allen an sich schon löslichen Substraten, wie Estern und Triglyceriden; sie wirken also auch in Fällen, wo die Löslichkeit und die Homogenität der zu spaltenden Mischungen gar nicht beeinflusst werden können.

2. Deutung der Aktivierungserscheinungen.

Obgleich Willstätter und Mitarbeiter darin mit Terroine übereinstimmen, dass die Wirkung der Galle und anderer Aktivatoren nicht in einer besseren Emulgierung des Fettes liegt, halten sie seine Annahme nicht für gerechtfertigt, dass die Galle eine direkte Wirkung auf das Ferment ausübt. Vielmehr sehen sie die für die Aktivatoren gemeinsame Wirkung darin, dass sie Kolloidteilchen erzeugen, die adsorbierend auf Enzym und Substrat gleichzeitig wirken. „Calciumsalze erzeugen die Ausscheidung von Kalkseifen. Galle und gallensaure Salze wirken auf Proteinsubstanzen der Drüsenauszüge fällend. Hiermit ist das Verhalten von Albumin gegen die bei der Fettspaltung entstehenden Seifen zu vergleichen. Eine besondere Stellung nimmt unter den Aktivatoren das Glycerin ein, das erst in sehr hoher Konzentration wirkt. Einerseits ist die Lipase ausgesprochen glycerinophil, andererseits ist Glycerin imstande, grosse Mengen Seife zu lösen, und diese wieder vermag Fett zu adsorbieren." Dass eine Seife Enzym zu adsorbieren vermag, hat schon im Jahre 1872 O. Hammarsten am Labenzym beobachtet[2]. Die Zusammensetzung solcher Adsorbate im Falle von Lipase veranschaulicht Willstätter folgendermassen:

$$\begin{array}{c} \text{Calciumoleat} \\ \diagup \qquad \diagdown \\ \text{Lipase} \qquad \text{Fett} \end{array}$$

____

[1] Bradley, Jl Biol. Chem. 6, 133; 1909.

[2] Hammarsten, Upsala läkareför. förhandlingar. 8, 63; 1872.

In einem solchen Adsorbat sollen die Bedingungen günstiger sein für die Reaktion, als wenn das Enzym unmittelbar das Fett angreift.

Willstätter hat weiter zeigen können, dass durch Kombination mehrerer Aktivatoren grössere Steigerungen der Wirksamkeit erzielt werden können, als von den einzelnen in noch so hoher Konzentration. Er erklärt dies durch die Annahme komplizierterer Sorbate (vgl. Bd. I, S. 209, 212 u. 242) vom Typus:

$$\text{Calciumoleat—Albumin}$$
$$\swarrow \qquad \searrow$$
$$\text{Fett} \qquad \text{Lipase}$$

(In einer ähnlichen Weise lassen sich auch viele Hemmungen durch die verschiedensten Körper erklären. Der hemmende Körper konkurriert mit einem günstig wirkenden Adsorbens. Dadurch wird dem wirksamen Sorbat eine Komponente entzogen. Denkbar ist auch, dass ein Hemmungskörper das Enzym in solcher Weise bindet, dass die spezifische Gruppe beeinträchtigt wird.)

Die Äthylbutyrat-Spaltung durch ein Pankreasenzym wird nach E. R. Dawson[1] in alkalischer oder neutraler (nicht in saurer) Lösung durch Aminosäuren begünstigt; Dawson nimmt Stabilisierung des Enzyms an.

3. Wirkung verschiedener Aktivatoren.

Die Aktivierung steigt mit der Aktivatormenge. Folgende Zahlen sind der mehrmals zitierten Arbeit Willstätters entnommen:

0,2 ccm Glycerinauszug aus Pankreas	+ 0	1	10	80 mg CaCl₂		
% Spaltung	4,0	7,4	19,4	23,4		
0,2 ccm desselben Auszuges	+ 0	10	40	80 mg glykocholsaures Natrium		
% Spaltung	4,0	10,0	18,5	19,5		
0,25 ccm Pankreasauszug	+ 0	8	15	30 mg Albumin		
% Spaltung	6,0	15,4	17,0	19,5		
0,25 ccm desselben Auszuges	+ 0	7	15	30	60	80 % Glycerin
% Spaltung	6,0	9,2	12,7	14,4	17,5	17,2.

Um eine Auffassung von der gleichzeitigen Wirkung mehrerer Aktivatoren zu geben, zitieren wir umstehende Tabelle von Willstätter, die sich auf 0,2 ccm Glycerinauszug aus Pankreas bezieht.

Bedenkt man nun, dass in der Drüse sowohl Kalksalze als Eiweisstoffe und wahrscheinlich noch andere aktivierende Stoffe vorkommen, die während der Reinigungsoperationen in verschiedenem Grade abgetrennt werden können, so ist es einleuchtend, dass ein Vergleich zwischen Lipasemengen in Drüse und in gereinigten Präparaten nicht ohne weiteres möglich ist. Hier ist nun die Methode der ausgleichenden Aktivierung oder Hemmung nach Willstätter von grossem Nutzen (siehe unten).

---

[1] E. R. Dawson, Biochem. Jl 21, 398; 1927.

Calcium-chlorid mg	Natrium-glykocholat mg	Albumin mg	Spaltung %
—	—	—	4,0
1	—	—	7,4
10	—	—	19,4
—	10	—	10,9
—	80	—	19,5
—	—	90	17,4
1	—	15	17,2
1	10	—	13,9
10	10	—	13,6
10	—	15	23,6
20	—	30	27,2
40	—	60	25,8
—	10	15	20,8
—	20	30	22,8
—	30	30	21,2
1	10	15	23,4
10	10	15	23,4

Über andere einzelne Aktivatoren ist noch folgendes anzuführen: Saponin aus Quillajarinde aktiviert nach Flohr[1] in kleinen Mengen (Maximum 2%; evtl. besteht eine Beziehung zur Oberflächenspannung). — Den Einfluss der Alkaloide studierten Rona sowie Smorodinzew und Danilow (Biochemische Zs 181; 1927).

Der von Rosenheim[2] gefundene Aktivator ist noch nicht geklärt.

Nach Minami[3] enthalten Blut, Leber und Muskel Aktivatoren für Pankreasesterase.

Bemerkenswert ist, dass Chloroform, welches im allgemeinen Enzymwirkungen nicht stört, die Esterase inaktivieren soll.

Eine Reihe von Lipoiden hemmen, z. B. Cholesterin; der Einfluss von Lecithin ist noch nicht klargelegt[4]. Nach Willstätter ist die Hemmung durch Cholesterin so zu deuten, dass bei der Sorption der Lipase daran die aktive Gruppe besetzt wird. (Siehe auch Jedlička, Zs ges. exp. Med. 47; 1925).

Die sehr interessante Tatsache, dass der Pankreassaft eine mit der fettspaltenden Wirkung parallelgehende hämolytische Wirkung ausübt (Friedemann[5], Wohlgemuth[6], Neuberg und Reicher[7]) wird im 2. Kap. unter „Lecithinase" besprochen.

Dass zahlreiche Neutralsalze ausser dem oben genannten Calciumchlorid die Pankreaslipase aktivieren, ist lange bekannt. Wie aus den Versuchen von Pottevin[8], Kanitz, Terroine (l.c.), Minami[9], Pekelharing[10] u. a. hervorgeht, sind besonders die Chloride wirksam.

---

[1] Flohr, Ned. Tijdschr. Geneesk. 2, 1177; 1918.

[2] Rosenheim, Jl of Physiol. 40, XIV; 1910.

[3] Minami, Biochem. Zs 39, 392; 1912.

[4] Küttner, H. 50, 472; 1907. Daselbst ältere Literatur. Ferner Terroine, Soc., Biol. 68, 439, 518, 666, 754; 1910.

[5] Friedemann, Dtsch. med. Wochenschr. 33, 585; 1907.

[6] Wohlgemuth, Biochem. Zs 4, 271; 1907.

[7] Neuberg u. Reicher, Biochem. Zs 4, 281; 1907. — 11, 400; 1908.

[8] Pottevin, C. r. 136, 767; 1904.

[9] Minami, Biochem. Zs 39, 392; 1912.

[10] Pekelharing, H. 81, 355; 1912. — Hamsik, H. 71, 238; 1911.

Folgendes Beispiel, der zitierten Arbeit von Pekelharing entnommen, zeigt, dass es sich um ganz beträchtliche Aktivierungen handelt:

4 cm Lipaselösung (nach Rosenheim) wurden mit Hilfe von wenig Natriumcarbonat in Wasser zu einem Volumen von 200 ccm gelöst und in 4 Portionen zu je 50 ccm geteilt; jede enthielt 1 ccm neutrales Olivenöl; zu drei davon wurden wechselnde Mengen NaCl bzw. äquiv. Mengen $CaCl_2$, $BaCl_2$ und $MgCl_2$ zugesetzt; alle Lösungen wurden auf die gleiche Alkalinität, schwach rosa Phenolphthaleinfärbung (schätzungsweise pH = 8), gebracht. Nach sechsstündiger Digestion wurden verbraucht:

Zusatz	ccm 0,25 n. NaOH	Zusatz	ccm 0,25 n. NaOH
—	0,8	—	0,6
2 g NaCl	2,4	100 mg $CaCl_2$	1,4
4 g NaCl	4,6	220 mg $BaCl_2$	1,3
6 g NaCl	4,4	185 mg $MgCl_2$	2,7

Falk[1] betont den grossen Unterschied zwischen Salzen 1-wertiger und 2-wertiger Metalle ($CaCl_2$).

Die Fettsynthese wird durch diese Neutralsalze nicht beschleunigt, sondern sogar gehemmt, wie Pekelharing nachgewiesen hat. Nach Ansicht dieses Forschers besteht die Rolle der untersuchten Salze darin, dass dieselben Fettsäure als Seife ausscheiden und so aus dem System entfernen, wodurch die Spaltung weiter fortschreiten kann.

Bei höheren Konzentrationen geht die beschleunigende Wirkung der Neutralsalze in eine hemmende über. Der Höhepunkt der Beschleunigung entspricht einer für jedes Salz besonderen Konzentration, welche in der Reihe Chlorid, Bromid, Jodid, Fluorid stark abnimmt (Terroine).

Auch die Gallensalze üben zweifellos eine Salzwirkung aus, welche sich über ihre Lipoidwirkung und ihre spezifische Wirkung superponiert; dies wäre in künftigen Untersuchungen zu berücksichtigen.

Als anorganische Aktivatoren sollen auch die Mangansalze wirken (Magnus[2]).

Anorganische Gifte sind ausser NaF alle Oxydationsmittel, besonders Ozon[3] und Permanganat, ferner $HgCl_2$ und Arsensäure.

Fluornatrium. Eine besonders starke Wirkung auf Pankreasesterase übt das Fluornatrium aus, wenn es auch vielleicht hinsichtlich seiner Wirkungsart keine Sonderstellung gegenüber den anderen Alkalisalzen einnimmt. Seine stark hemmende Wirkung ist von Loevenhart und Peirce[4] studiert worden, welche aber auch angeben, dass minimale Mengen von NaF beschleunigen. Die verzögernde Wirkung des Fluornatriums äussert sich auf niedrige Ester, wie Äthylacetat, viel stärker als auf die Glyceride der höheren Fettsäuren[5]. Über die Grenzen dieser Wirkungen gehen die

[1] Falk, Jl Biol. Chem. 36, 229; 1918.

[2] Magnus, H. 48, 376; 1906.

[3] Kastle, Publ. H. a. M. H. Hyg. Lab. Bull. 26. — Biochem. Zbl. 5, 1181; 1906.

[4] Loevenhart u. Peirce, Jl Biol. Chem. 2, 397; 1907.

[5] Amberg u. Loevenhart, Jl Biol. Chem. 4, 149; 1908.

Angaben der genannten Forscher und diejenigen von Terroine und Minami auseinander. Davidsohn[1] fand, dass Pankreasesterase gegen NaF sehr viel empfindlicher ist als Magenesterase. Davidsohn konnte in den meisten Versuchen mit Pankreaslipase erst bei einer NaF-Konzentration von 1:80000, in einem Versuch erst bei 1:240000 ein Aufhören der Hemmung beobachten, während sich die Magenesterase etwa 50mal resistenter zeigte; an Magen-lipase beobachtete Davidsohn bei Konzentrationen von 1:1600—1:3200 keine Hemmung mehr.

Die gefundene Verschiedenheit der beiden Esterasen gegen NaF scheint nicht auf einem verschiedenen Gehalt an Ca-Salzen zu beruhen; sie soll nach Davidsohn auf die Existenz zweier verschiedener Enzyme hindeuten, was er auch durch die Ungleichheiten der optimalen Acidität und durch das verschiedene Verhalten gegen Gallensäuren als bewiesen ansieht.

Willstätter hat bei der Besprechung der Magenesterase seine auf moderneren Versuchen gegründete Ansicht über die behauptete Verschieden-heit von Magen- und Pankreasesterase dargelegt; auf diese sei hier verwiesen.

g) Bestimmung der Lipase.

Bei der Bestimmung der Lipase ist, wie besonders in den Arbeiten Willstätters hervorgehoben wurde, zur Vermeidung grober Fehlschlüsse darauf zu achten, dass Begleitstoffe eine vollkommen falsche pH-Abhängig-keit und Aktivität vortäuschen können. Um richtige Resultate zu bekommen, muss man durch besondere Massnahmen den Einfluss der Begleitstoffe aus-schalten. Dies geschieht entweder so, dass man immer einen Überschuss von Aktivatoren oder von Hemmungskörpern zusetzt. Willstätter bedient sich eines der folgenden Verfahren[2].

1. Bestimmung bei konstanter Acidität pH = 4,7. Bei dieser Acidität hemmen die Begleitstoffe in der Drüse. Bei der Bestimmung der Lipase-menge in reineren Präparaten ist es deshalb notwendig, Albumin als Hem-mungskörper zuzufügen.

2. Bestimmung bei einem konstanten pH von 8,9. Hier aktivieren die Begleitstoffe. Bei Lösungen, wo die Begleitstoffe ganz oder teilweise abgetrennt sind, muss man Aktivatoren zusetzen (Albumin und Calciumchlorid). Um den Einfluss der freigemachten Fettsäure zu eliminieren, muss man viel Puffer anwenden, was indessen die reineren Lipaselösungen schädigen kann.

3. Wie nach der 2. Methode beginnt die Spaltung in alkalischer Lösung unter Aktivierung. Wegen der unzureichenden Puffermenge wird die Lösung während der Spaltung erst neutral, dann allmählich sauer. Diese Methode hat sich in Willstätters Untersuchungen sehr bewährt.

---

[1] Davidsohn, Biochem. Zs 45, 284; 1912.
[2] Willstätter, Waldschmidt-Leitz u. Memmen, H. 125, 93; 1923.

Die Einzelheiten der Messung der nach den verschiedenen Zeiten erreichten Spaltung des Esters findet man in dem Abschnitt über Methoden zur Messung der Wirkung der Esterasen.

Willstätter bestimmt im Volumen von 13 ccm, enthaltend 2 ccm Ammonchlorid-Ammoniakpuffer von pH = 8,9 und als Aktivatoren 10 mg $CaCl_2$ und 15 mg Albumin, die Spaltung nach einer Stunde bei 30°. Die Lipasemenge, die unter diesen Bedingungen eine Spaltung von 24% gibt, nennt er die Lipaseeinheit (L.-E.). Diese willkürliche Einheit dient genügend genau nur für den Vergleich der aus einem Drüsenmaterial gewonnenen Präparate. Als Ausdruck für den Reinheitsgrad eines Präparates gibt Willstätter den Lipasewert (L.-W.) an. Der Lipasewert ist die Anzahl Lipaseeinheiten in einem Zentigramm eines Präparates.

h) Kinetik.

Die älteren mit Esterasen angestellten Versuche beziehen sich in der Regel auf Systeme mit makroskopisch wahrnehmbaren Grenzflächen (Suspensionen). Es ist klar, dass aus solchen Versuchen nur mit der grössten Vorsicht Schlüsse über die Kinetik der Spaltung zu ziehen sind. Lipolytisch wirksame Glycerinauszüge lassen sich nach A. Kanitz[1] aus Schweinepankreasdrüsen gewinnen. Mit diesen hat Kanitz die Hydrolyse von Olivenöl und Ricinusöl verfolgt.

Je 10 ccm Olivenöl werden in Reagenzgläsern mit 3,9 ccm 0,10 norm. Natronlauge, 0,25 ccm 1 norm. $CaCl_2$ und 1 ccm Lipaseextrakt vermischt und der Inhalt je eines Reagenzglases wird nach der unter t verzeichneten Minutenzahl titriert. Die dabei verbrauchten Kubikzentimeter 0,10 norm. Natronlauge sind unter x angegeben.

t	x	$\dfrac{x}{t}$	$\dfrac{x}{\sqrt{t}}$
0	0,0	—	—
70	9,2	0,131	1,10
140	12,3	0,088	1,04
288	19,0	0,065	1,12
405	23,1	0,057	1,15
1455	34,2	0,023	0,90

Auch Engel[2] hat zum Teil mit Lösungen gearbeitet, und zwar mit Glycerinauszügen von Pankreatin „absolut", Rhenania, wobei 6 g Pankreatin 24 Stunden lang mit 250 ccm Glycerin digeriert wurden, zum Teil auch, wie in folgendem Versuch, mit eingewogenem festem Pankreatinpräparat (heterogenes System). Er kommt in seiner sorgfältigen Untersuchung an Eigelb-Emulsion mit der gleichen Methodik wie Volhard und Stade (vgl. S. 10 u.ff.) zum Resultat, dass die Schützsche Regel bei der enzymatischen Fettverseifung gilt, dass also bei gleicher Verdauungszeit die Verdauungsprodukte sich verhalten wie die Quadratwurzeln aus den Enzymmengen, und dass bei gleichen

---

[1] Kanitz, H. 46, 482; 1905.
[2] Engel, Hofm. Beitr. 7, 77; 1905.

Fermentmengen die Verdauungsprodukte sich verhalten wie die Quadratwurzeln aus den Verdauungszeiten. Für ein und denselben Saft muss demnach gelten:

$$x = k \sqrt{Et}.$$

Dies ist bei Engels Versuchen auch der Fall.

	4 Stunden			9 Stunden			25 Stunden		
Pankreatin	x beob.	x ber.	$\dfrac{x}{\sqrt{Et}}$	x beob.	x ber.	$\dfrac{x}{\sqrt{Et}}$	x beob.	x ber.	$\dfrac{x}{\sqrt{Et}}$
0,04 g	17,6	16,8	4,4	18,4	24,5	3,1	35,0	38,3	3,5
0,09 g	20,9	24,5	3,5	36,3	35,0	4,0	58,2	53,0	3,8
0,16 g	35,2	31,6	4,4	48,4	44,6	4,0	72,1	65,0	3,6

Temp. 41°.

Die Berechnung der Werte $x_{ber.}$ ist nach der Arrheniusschen Formel (28) (Bd. I S. 164) mit der Konstanten $\varkappa = 1{,}0$ ausgeführt worden. Die Abweichungen sind, wie man sieht, nicht unerheblich.

Schon vor Kanitz und Engel haben Kastle und seine Mitarbeiter[1] die Esterasespaltung niederer Ester kinetisch untersucht; zur Verwendung kamen trübe, durch Tuch filtrierte, wässrige Extrakte von Schweinepankreas.

Röhrchen, welche 4 ccm Wasser, 0,26 ccm Äthylbutyrat und 0,1 ccm Toluol enthielten, wurden während 5 Minuten auf 40° erwärmt. Dann wurde 1 ccm eines 10%igen Extraktes hinzugefügt; nach bestimmten Zeiten wurde mit 0,05 n. KOH titriert. P = E = Enzymmenge.

Minuten	x	$k \cdot 10^4$	$\varkappa \cdot P$
5	(6,53)	135	(0,45)
10	(8,66)	91	(0,40)
15	8,53	60	0,26
20	9,54	50	0,24
25	10,67	50	0,24
30	(9,41)	33	(0,16)
60	17,32	32	0,28
120	25,35	24	0,32
180	28,36	18	0,28

Die nach dem Reaktionsgesetz 1. Ordnung berechnete Konstante k sinkt stark und stetig. Eine Interpolation zeigt übrigens, dass die Beobachtungsfehler, vermutlich wegen der Schwierigkeit, so kleine Estervolumina genau zu pipettieren, sehr gross waren.

Die Geschwindigkeit der Esterspaltung fanden die Autoren angenähert proportional der Enzymkonzentration.

Mit einiger Annäherung schliessen sich die obigen Versuchszahlen der Schützschen Regel, $x = k\sqrt{t}$ an (Bd. I, S. 161). In der letzten Spalte finden sich die Werte $\varkappa P$, die früher nach Formel (28) $\varkappa Pt = a \ln (a)/(a-x) - x$ berechnet wurden (Bd. I, S. 164). Dass diese Werte einigermassen konstant sind, dürfte nicht von Bedeutung sein.

---

[1] Kastle u. Loevenhart, Amer. Chem. Jl 24, 491; 1900. — Kastle, Johnston u. Elvove, ebenda 31, 521; 1904.

Hier wie bei allen anderen Enzymreaktionen dürfte man behaupten können, dass der Anschluss an die Schützsche Regel ein Zufall ist. Diese Regel entbehrt jede theoretische Stütze, und in den Fällen, wo eine Enzymreaktion scheinbar danach verläuft, sind die Versuche durch den Einfluss unbeachteter Faktoren entstellt.

Wie Kastle und Loevenhart gefunden haben und seither mehrfach bestätigt wurde, ist die Pankreaslipase stark säureempfindlich. Es würde sich wohl lohnen, zu untersuchen, ob nicht die Formel für monomolekulare Reaktionen auch hier recht angenähert gilt, wenn von vornherein durch Zusatz eines geeigneten Puffers die optimale Acidität konstant gehalten wird.

Die Arbeit von Kastle und Loevenhart ist auch deswegen bemerkenswert, weil in derselben der enzymatischen Synthese der Ester Aufmerksamkeit gewidmet worden ist.

Nachdem auch Pottevin[1] die enzymatische Bildung von Mono- und Triolein beobachtet und studiert hatte — eine seiner Versuchsreihen ist bereits in Bd. I, S. 314 mitgeteilt worden —, hat Dietz das Problem einer eingehenden quantitativen Bearbeitung unterworfen.

Dietz[2] hat ein heterogenes System studiert; Pankreasesterase wurde in Form geschabter Gewebefasern von der Pankreasdrüse des Schweines in Amylalkohol emulgiert, welcher Wasser und Buttersäure bzw. Amylbutyrat gelöst enthielt.

Man erwartet zunächst die Geschwindigkeitsgleichung:

$$\frac{dx}{dt} = k_1\, C_{\text{Säure}} \cdot C_{\text{Alkohol}} - k_2\, C_{\text{Ester}} \cdot C_{\text{Wasser}},$$

wobei sich alle Konzentrationen auf die „Enzymphase" beziehen. Die Konzentration von Wasser und Alkohol ist annähernd konstant, da durch die Vorgänge stets nur kleine Mengen verschwinden. Andererseits sollen sich die Stoffe zwischen Enzym und Flüssigkeit nach dem Nernstschen Verteilungssatz verteilen, d. h. $C_{\text{Enzym}} = a \cdot C_{\text{Lösung}}$. Die Proportionalitätsfaktoren, wie die konstanten Konzentrationen von Alkohol und Wasser, gehen in die k_1-Werte ein, und man erhält daher:

$$\frac{dx}{dt} = k_1\, C_{\text{Säure}} - k_2\, C_{\text{Ester}} = k_1\,(a - x) - k_2 x.$$

Löst man nur wenig Wasser in Amylalkohol, so wird die Gegenreaktion sehr klein, und der Vorgang verläuft einfach nach:

$$\frac{dx}{dt} = k\,(a - x)$$

wie folgende Tabelle erkennen lässt:

---

[1] Pottevin, C. r. 136, 1152; 1903 u. 137, 378; 1904. — Ann. Inst. Pasteur, 20, 901; 1906.
[2] Dietz, H. 52, 279; 1907. Siehe auch Bodenstein u. Dietz, Zs f. Elektroch. 12, 605 1906.

$$a = 0,10 \text{ normal}$$

t Stunden	3,5 % H_2O Millimol Säure pro Liter	$k \cdot 10^4$	t Stunden	5,01 % H_2O Millimol Säure pro Liter	$k \cdot 10^4$
0,00	100,00	—	0,00	100,00	—
2,50	97,06	64	2,00	94,12	130
9,57	87,10	62	5,53	87,82	100
14,35	80,84	64	10,33	76,38	120
24,45	69,74	63	15,17	67,54	120
31,88	62,38	63	25,20	52,04	120
47,89	48,32	65	32,58	43,18	120
55,27	43,56	64	48,83	31,38	120
76,67	33,94	60	55,92	28,80	110
100,42	23,98	62	77,73	22,16	100
384	8,12	63	385	10,96	120

Geht man zu höheren Wassergehalten über, so stellt sich ein von beiden Seiten erreichbarer Endzustand ein, und es wird die Geschwindigkeit der beiden entgegengesetzten Reaktionen messbar. Einen solchen Fall gibt die folgende Tabelle wieder.

$$6,5 \% \ H_2O. \ — \ 5,01 \text{ g Enzym}$$

t Stunden	Esterbildung Millimol Säure pro Liter	$k_1 \cdot 10^4$	t Stunden	Esterspaltung Millimol Säure pro Liter	$k_2 \cdot 10^4$
0,00	100,00	—	0,00	0,00	—
3,90	93,74	72	6,67	2,50	18
10,52	80,83	90	19,73	6,50	18
13,75	77,50	89	32,65	8,08	15
23,32	65,00	84	68,10	12,50	15
29,25	59,17	83	94,30	13,08	16
36,20	53,33	82	142,31	14,00	
47,97	45,00	81	215,50	15,00	
71,68	33,34	81	∞	16,25	
97,57	27,08	76			
∞	16,25	82			

Nach dem Massenwirkungsgesetz soll gelten (wie Bd. I, Kap. 7, S. 295 u. ff. erwähnt, bezeichnet Bodenstein mit K den reziproken Wert):

$$\text{Gleichgewichtskonstante } K = \frac{C_\text{Ester}}{C_\text{Säure}} = \frac{k_1}{k_2}.$$

Dies war zwar bei obigem Versuch der Fall; es wurde nämlich gefunden:

$$K = \frac{C_\text{Ester}}{C_\text{Säure}} = 5,2 \text{ und } \frac{k_1}{k_2} = \frac{82}{16} = 5,1.$$

Indessen zeigen die verschiedenen Versuchsreihen von Dietz, besonders diejenigen mit 8 % Wasser, durchaus keine Übereinstimmung; die Gleichgewichtskonstanten K bzw. k_1/k_2 nehmen ganz verschiedene Werte an, wie z. B. der Vergleich des folgenden Versuchs mit dem obigen zeigt:

8% H_2O. — 5,01 g Enzym

| | Esterbildung | | | Esterhydrolyse | |
t Stunden	Millimol Säure pro Liter	$k_1 \cdot 10^4$	t Stunden	Millimol Säure pro Liter	$k_2 \cdot 10^4$
0,00	100,00	—	0,00	0,00	—
1,98	94,04	140	3,63	5,60	75
4,00	88,22	140	7,60	10,82	77
6,98	80,60	140	16,77	17,54	64
11,55	67,90	160	24,05	22,02	70
14,98	62,69	160	89,30	31,34	
25,10	48,88	160	∞	31,42	
96,95	31,72				
∞	31,42				
		Mittel 150			Mittel 72

Proportionalität zwischen Reaktionsgeschwindigkeit und Enzymmenge, welche schon Kastle und Loevenhart gefunden hatten, zeigte sich auch hier, und zwar sowohl hinsichtlich der Spaltungs- als der Bildungsgeschwindigkeit des Esters:

| Wassergehalt | Enzymmenge | Konstanten $\times 10^4$ | |
		k_1	k_2
8%	{ 5,01 g	150	72
	{ 10,02 g	280	140

Dieser Befund steht auch in Übereinstimmung mit dem von Pottevin (l. c. Bd. I).

Bemerkenswert ist, dass nach den Angaben von Dietz der Gleichgewichtszustand im homogenen System und bei Anwendung einer Säure als Katalysator einen ganz anderen Betrag erreicht, als bei Verwendung des Enzyms. Berechnet man die Gleichgewichtskonstante nach der Formel

$$K = \frac{[\text{Ester}] \, [\text{Wasser}]}{[\text{Säure}] \, [\text{Alkohol}]}$$

und setzt für die molare Konzentration des Wassers 4,44 und für Alkohol 8,2 (Zahlen, die für 8% Wassergehalt gelten), so erhält man für das homogene System K = 3,2, während die Enzymversuche ergaben:

Anfangskonzentration = 0,05 n	0,10 n	0,20 n
K = 0,70	1,2	1,8

Eine erneute Durcharbeitung dieser Verhältnisse unter genauer Berücksichtigung der Acidität und der Menge mitwirkender Aktivatoren ist erforderlich.

Besonders zu berücksichtigen ist bei weiteren Versuchen der Befund von Terroine[1], dass Gallensalze nicht nur die Reaktionsgeschwindigkeit, sondern auch das Gleichgewicht im Endzustand ändern. Es ist zu schliessen, dass die aktive Masse wenigstens einer Reaktionskomponente (Ester bzw. Säure) durch den Zusatz der Gallensalze geändert wird.

---

[1] Terroine, Biochem. Zs 23, 404; 1910.

Unter den quantitativen Ergebnissen Terroines sei noch hervorgehoben, dass die Wirkungsweise der Gallensalze stets dieselbe ist, welches auch der zu spaltende Körper sei. Für die Spaltung der Ester und Triglyceride niederer Säuren stellte Terroine ein Konzentrationsoptimum der Gallensalze fest.

Auch Synthesen der höheren Fettsäuren durch Pankreasesterase (Pulver) sind durchgeführt worden, und zwar des Amylesters der Stearinsäure von Pottevin, des Glycerinesters der Palmitin- und Stearinsäure von Hamsik[1].

Von den Versuchen Willstätters, wo der Einfluss aktivierender und hemmender Stoffe beachtet wurde, seien schliesslich einige angeführt:

Willstätter findet in alkalischer Lösung für kleine Spaltungen (unter 24%) eine recht gute Proportionalität zwischen Spaltung und Enzymmenge. Hierauf gründet sich die Definition der Lipaseeinheit. In saurer Lösung (unter ausgleichender Hemmung) ist die Proportionalität in dem untersuchten Gebiet (bis etwa 10% Spaltung) sehr streng.

Was den zeitlichen Verlauf betrifft, so erwies sich das Produkt bei der Spaltung in alkalischer Lösung aus der Enzymmenge und der Zeitdauer für einen gewissen Spaltungsgrad als nicht konstant. Dies beruht unter anderem darauf, dass das Enzym während der Reaktion geschwächt wird. Noch komplizierter ist der zeitliche Verlauf in saurer Lösung (unter Hemmung). Die Reaktionsgeschwindigkeit sinkt sehr stark mit der Zeit. Der Puffer allein (Acetat-Essigsäure) zerstört nicht das Enzym. Die entstehende Ölsäure hemmt sehr stark, was durch besondere Versuche unter Zusatz dieser Säure gezeigt wurde; dabei wurde kontrolliert, dass die Ölsäure die Wasserstoffionenkonzentration nicht änderte.

i) Wirkung der Temperatur.

Nach den Untersuchungen von Kastle und Loevenhart (l. c.) an Äthylbutyrat hat die enzymatische Spaltung dieses Esters einen recht kleinen Temperaturkoeffizienten (vgl. Bd. I, S. 277); zwischen 20^0 und 30^0 beträgt der Quotient $k_{t+10}:k_t$ rund 1,3; die Konstante A ist rund 5000. Nach Terroine soll der Temperaturkoeffizient der Hydrolyse ein wenig von der Natur des Substrates abhängig sein. Aus Terroines Zahlen für Äthylbutyrat findet man $k_{t+10}:k_t$ zu etwa 1,9 (zwischen 15^0 und 25^0) und A rund 11000. Es wird eine „optimale Wirkungstemperatur" von etwa 40^0 angegeben.

Der Temperatureinfluss auf das Enzym selbst und auf die Reaktion ist offenbar bei wechselnder Acidität untersucht worden. Auf die Temperaturkurven, deren Koordinatenbezeichnung unvollständig ist, sei hier nur verwiesen (l. c. S. 422 und 423). Bei 54^0 soll die Hydrolyse „fast Null sein".

Hinsichtlich der Wärmeempfindlichkeit des Enzyms selbst hat Terroine ebenfalls Versuche angestellt.

---

[1] Hamsik, H. 71, 238; 1911. — 90, 489; 1914.

Nach diesem Autor verliert Pankreassaft, 10 Minuten lang auf 65° erwärmt, jede lipolytische Kraft. Versucht man aus den Zahlen Terroines die Inaktivierungskonstante (Bd. I, S. 246) zu berechnen, so gelangt man zu einem angenäherten Wert, $k_c = 1 \cdot 10^{-2}$. Ob diese Ergebnisse bei optimaler Acidität gewonnen sind, lässt sich schwer beurteilen. Jedenfalls scheint hiernach die Pankreasesterase bedeutend wärmeempfindlicher zu sein als z. B. Saccharase. Vgl. hierzu Bd. I, S. 259 und 260.

Terroine gibt ferner an, dass das Enzym gegen Erwärmung in Gegenwart von Gallensalzen noch empfindlicher ist als das davon freie Enzym, und zwar könnte man aus seinen Zahlen für das durch Gallensalze aktivierte Enzym die Konstante $k_c = 3 \cdot 10^{-3}$ bei 40° annehmen.

Neue Versuche unter Anwendung einer einwandfreien Methodik zur Messung der lipatischen Wirkung sind wünschenswert. Es ist natürlich ohne weiteres klar, dass auch für die Temperaturempfindlichkeit der Lipasen die Begleitstoffe von einer durchgreifenden Bedeutung sind.

II. Magenesterase.

Die Magenesterase, die im Pawlowschen Magensaft vorkommt, ist zweifellos eine eigentliche Lipase, d. h. sie spaltet Fett[1], wenn auch die Wirkung auf einfachere Ester eine grössere sein kann, und wenn sie also auch als „Butyrase" fungiert.

Den Nachweis der Spaltung von Neutralfett im Magen verdankt man Marcet (1858) und Cash (1880). Bei Magenkrebs und Achylie soll der Magensaft kein Fettspaltungsvermögen besitzen[2].

Vorkommen. Es kann nunmehr als sichergestellt gelten, dass die Magenlipase in der Sekretion des Magens selbst enthalten ist[3], dass also der Duodenalsaft höchstens einen Teil des im Magen wirksamen fettspaltenden Enzymes liefert. Die wirksame Magenlipase wird vom Fundusteil abgeschieden (Volhard).

Auch die Magenschleimhaut enthält Lipase, was Ibrahim und Kopec[4] beim Foetus nachgewiesen haben. Wirksame Glycerinextrakte sind mehrfach beschrieben worden.

Nach Willstätter, dem wir auch hier einige musterhafte Arbeiten verdanken, kann man leicht aus den verschiedenen Teilen des Magens das

---

[1] Volhard, Zs klin. Med. 42, 414; 43, 397; 1901. — Stade, Hofm. Beitr. 3, 291; 1902. — Fromme, Hofm. Beitr. 7, 51; 1905. — Zinsser, ebenda 7, 31; 1905.

[2] v. Pesthy, Biochem. Zs 34, 147; 1911.

[3] Siehe auch Bickel, Deutsche med. Woch. 32, 1323; 1906. — Falloise, Arch. internat. de Physiol. 3, 396 und 4, 87; 1906. — Heinsheimer, Deutsche med. Woch. 32, 1194; 1906. — London u. Wersilowa, H. 56, 545; 1908. — Dass beim normalen Menschen Duodenalinhalt in den Magen zurückfliesst, betont auch O. Gross (Dtsch. Arch. Klin. Med. 132, 121; 1920).

[4] Ibrahim u. Kopec, Zs Biol. 53, 201; 1906.

Enzym extrahieren. Mehr als aus der darunterliegenden Muskelschicht gewinnt man aus der Schleimhaut. Aus dem Cardiateile gewann Willstätter mehr Enzym als aus dem Fundusteil[1].

Enzymmaterial und Darstellung. Die interessantesten Versuche sind mit Magensaft angestellt, welcher bekanntlich am besten mit der von Pawlow[2] angegebenen Methodik gewonnen wird (Bd. I, S. 9). Zu Versuchen, wo es sich darum handelt, kräftige, reproduzierbare Wirkungen zu erhalten, wendet man zweckmässig Pawlowschen Saft an.

Inouye hat mit Glycerinextrakten von Magenschleimhaut überhaupt keine Wirkungen auf Fettemulsionen erhalten. Etwas erfolgreicher ist Fromme unter Volhards Leitung gewesen. Er hat mit der Schleimhaut von Schweine- und Hundemagen gearbeitet, und zwar mit dem Fundusteil. Man kann entweder die Magenschleimhaut-Trockensubstanz nach Verreiben mit Glycerin auf Fettemulsion wirken lassen, oder die Verreibung mit verdünntem Alkali vornehmen.

Häufiger ist frische Schleimhaut angewandt worden. Die Schleimhaut wird einige Stunden nach dem Schlachten abgezogen, der Fundus- vom Pylorusteil getrennt. Der Fundusteil wird fein zerhackt und durch Gaze koliert. Er wird mit 2 Teilen Glycerin extrahiert; Fromme gibt an, dass ein solcher Extrakt erst nach mehrtägigem Stehen wirksam wird. Willstätter und Memmen finden dagegen, dass das Enzym in der Schleimhaut fertiggebildet ist und nicht als Zymogen vorhanden ist.

Ein haltbares Trockenpräparat stellt Willstätter folgendermassen dar: Die gut gespülten, durch Bürsten von Fett und Schleim befreiten Magen werden, nachdem man die enzymarmen Oesophagus- und Pylorusteile entfernt hat, in Cardiateil und Fundusteil zerlegt. Man trennt die Schleimhaut von der Muskelhaut und zerkleinert jede für sich. Man verrührt die Masse mit der doppelten Menge Aceton, lässt zwei Stunden stehen und legt das Material in frisches Aceton. Das mit Aceton-Äthermischung getrocknete Material wird gemahlen. Aus 50 Magen junger Tiere wurde erhalten:

> Aus Muskelhaut usw. 520 g Pulver.
> Aus Cardia 96 g und aus Fundus 308 g.

Das Trockenpräparat aus Cardia ist 100—300mal schwächer lipatisch wirksam als das Trockenpräparat aus Pankreas.

Die erste Reinigung geschah durch Ausflocken mit verdünnter Essigsäure. „Zur nächsten Steigerung des Reinheitsgrades diente die Elektrodialyse, wobei die Auflösung der beschriebenen ganz frischen Essigsäurefällung in n/40-Ammoniak nach dem Neutralisieren mit Essigsäure verwendet wurde."

____

[1] Willstätter und Memmen, H. 133, 247; 1924.
[2] Pawlow, Die Arbeit der Verdauungsdrüsen. J. F. Bergmann, Wiesbaden 1898.

Wie Fromme finden auch Willstätter und Memmen, dass die Extraktion der Lipase aus dem Trockenpräparat am besten mit schwachem Alkali ausgeführt werden kann. Sie finden indessen auch, dass man mit Glycerin oder Wasser wirksame Lösungen bekommen kann.

Eine weitere Reinigung der Magenlipase hat Willstätter mit seinen Adsorptionsmethoden ausgeführt. Als Sorptionsmittel wurde Tonerde angewendet und zur Elution alkalisches Phosphat. Die Ausbeute war oft scheinbar grösser als 100%, weil durch das Verfahren Hemmungsstoffe abgetrennt werden. Die Bestimmung der Lipasemenge muss auch hier unter ausgleichender Aktivierung geschehen.

Aciditätsbedingungen. Über die Säure- und Alkalienempfindlichkeit der Magenlipase hat Volhard (l. c.) die ersten eingehenderen Versuche angestellt. Mit der modernen Methodik von Sörensen und Michaelis hat

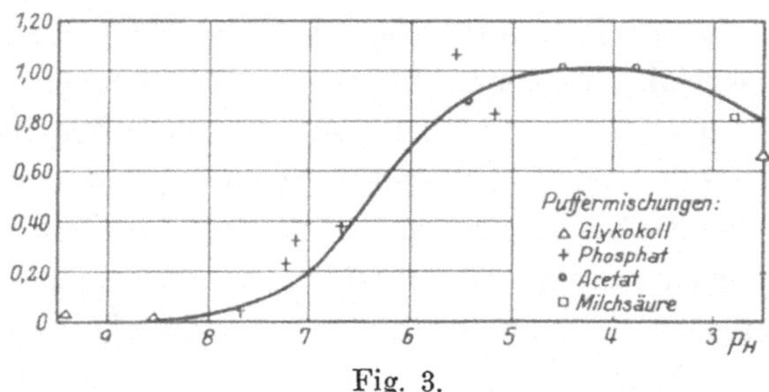

Fig. 3.

dann Davidsohn[1] die Magenesterase mit der Pankreasesterase und der Serumesterase verglichen. Die Versuche waren an Tributyrin mit der stalagmometrischen Methode von Rona und Michaelis[2] (vgl. S. 45) ausgeführt. Davidsohn erhielt für Lipase des Magensaftes menschlicher Säuglinge die Aciditätskurve der Fig. 1.

Man sieht, dass die Magenlipase ein ziemlich breites Acidität-Optimum im Gebiet pH = 5 — 3 besitzt.

Im allgemeinen erinnert die Kurve an die von Sörensen u. Michaelis für Saccharase erhaltene (Bd. I, S. 63).

Davidsohn zieht auch aus der obigen Kurve analoge Schlüsse wie Michaelis aus derjenigen für Saccharase: Er fasst dieselbe als Dissoziationsrestkurve auf; indem er die Magenlipase als einen Ampholyten betrachtet, entnimmt er der Kurve den Wert für die Säuredissoziationskonstante $K = 4,5 \cdot 10^{-7}$, und schätzt die basische Dissoziationskonstante zu $K = 10^{-12}$.

Nach Davidsohn[3] und Salge[4] liegt die Acidität des Säuglingsmagens auf der Höhe der Verdauung durchschnittlich in einem Bereich von pH = 6—4; die Lipase kann also darin gut zur Wirkung kommen.

---

[1] Davidsohn, Biochem. Zs 45, 284; 1912.
[2] Rona u. Michaelis, Biochem. Zs 31, 345; 1911.
[3] Davidsohn, Zs f. Kinderheilk. 2, 420; 1911. — 4, 208; 1912.
[4] Salge, ebenda, 4, 171; 1912.

Für die Lipase des Pawlowschen Saftes aus dem kleinen Magen eines Hundes fand Takata[1] das Optimum pH = 5 — 7.

Man hat früher die Verschiedenheit der Aktivitäts-pH-Kurven als einen Beweis für die Verschiedenheit zweier Enzyme angesehen. In diesem Falle war man also aus diesem Grunde zu der Anschauung gelangt, dass die Magenesterase eine andere sei als die Pankreasesterase. Es hat sich aber dann, vor allem durch die Untersuchungen Willstätters, gezeigt, dass in besonderen Fällen die Aciditätsabhängigkeit, die man mit einem Enzympräparat findet, gar keine, dem Enzym selbst zukommende Eigenschaft ist, sondern von Begleitstoffen sehr stark beeinflusst wird. Es ist also nicht möglich, nur aus den Aciditätskurven auf Verschiedenheit von Enzymen zu schliessen. Daraus folgt unter anderem, dass die· oben angeführten Zahlen von Davidsohn über die Dissoziationskonstanten des Enzyms ganz illusorisch sind.

Willstätter konnte zeigen, erstens, dass für verschiedene Präparate von Magenlipase, zweitens für Präparate verschiedenen Reinheitsgrades aus demselben Ausgangsmaterial, ganz verschiedene Aciditätskurven erhalten werden können. In den Präparaten kommen nämlich je nach der Darstellungsweise verschiedene hemmende oder aktivierende Stoffe vor, und zwar solche, die nur in gewissen Aciditätsgebieten ihre Wirkung ausüben. An sämtlichen Präparaten aus Schweinemagen fand Willstätter die Lipase weit wirksamer in alkalischer Lösung als in neutraler und noch mehr als in saurer. Das Verhältnis zwischen den Verseifungsgeschwindigkeiten in alkalischer und saurer Lösung ist jedoch für rohe Lösungen kleiner als bei der Pankreaslipase. Reinigt man aber die Magenlipase durch Tonerdesorption, so wird dadurch ein Begleitstoff beseitigt, der in alkalischer Lösung gehemmt hat. Dadurch verschwindet der genannte Unterschied zwischen den beiden Lipasen.

Willstätter, Haurowitz und Memmen[2] fanden, dass „die Magenlipase, die in ihrer physiologischen Funktion, wenn sie überhaupt funktionswichtig ist, der Pankreaslipase gleicht, ihr auch in der Konstitutionsspezifität nahesteht, während sie von Leberesterase stark differiert. Sie ist eine eigentliche Lipase. Ihr Vorkommen ist freilich quantitativ viel geringfügiger als das von Pankreaslipase:

1 g Pankreasdrüse (getrocknet) spaltet im Zustande ausgleichender Aktivierung in 1 Stunde soviel Olivenöl wie ungefähr 750 g Magenschleimhaut des Hundes und z. B. 1000 g Magenschleimhaut des Schweines (getrocknet) unter Bedingungen der optimalen Wirkung.

Haurowitz und Petrou[3] haben das pH-Optimum der Magenlipase verschiedener Tiere untersucht. Sie konnten zuerst zeigen, dass auch die Magenlipase des Menschen bei der Reinigung ein anderes Optimum erhält,

<hr>

[1] Takata, Ber. ges. Phys. 10, 401; 1921. — Jl of Biochem. 1, 107; 1922.
[2] Willstätter, Haurowitz u. Memmen, H. 140, 203; 1924.
[3] Haurowitz u. Petrou, H. 144, 68; 1925.

und zwar wie die anderen Lipasen in der Nähe von pH = 8. Weiter kamen
die Autoren zu dem interessanten Ergebnis, dass das durch Begleitstoffe bedingte pH-Optimum der Magenlipase verschiedener Tiere je nach der Tierart
wechselt und für jede Spezies konstant ist: Für Raubtiere, Hasen und Kaninchen bei pH = 5,5 — 6,3, bei anderen Nagetieren, Maulwurf, Pferd und
Schwein zwischen 7 und 8, bei Vögeln und Fischen in schwach alkalischer
Lösung. Bei Menschen, Raubtieren und Nagetieren findet man die grössten
Lipasemengen, bei Vögeln und Fischen weniger. Bei Wiederkäuern und Tauben
konnten die Verfasser keine Magenlipase finden.

Durch die Untersuchungen in Willstätters Laboratorium ist also gezeigt
worden, dass viele Eigenschaften der Lipase, die früher als Beweise für die
Existenz mehrerer Lipasen angenommen wurden, nur von den natürlichen Begleitstoffen der Enzyme vorgetäuscht sind. Vgl. W. und Bamann, H. 173; 1928.

Die Einflüsse der begleitenden Stoffe erstrecken sich auf die pH-Abhängigkeit, wie auf das Verhalten gegen Adsorbentien, gegen Aktivatoren,
Hemmungskörper und Gifte, auf die Haltbarkeit, das Temperaturoptimum
und die Zerstörungstemperatur der Enzyme (H. 140, 205; 1924. — 173, 17; 1928).

a) Spezifität.

Der einzige Anhaltspunkt, der für eine Verschiedenheit der Pankreas-
und der Magenlipase nach Willstätters Untersuchungen[1] übrig geblieben ist,
ergab sich aus der Untersuchung der sterischen Spezifität. In der Konfigura-
tionsspezifität gegenüber Mandelsäureester und Phenylchloressigsäureester
erweist sich die Magenlipase als verschieden von pankreatischer und von
hepatischer Lipase.

	Drehungssinn des Spaltproduktes aus	
	Mandelsäureester	Phenylchloressigsäureester
Pankreaslipase	—	—
Leberesterase	+	—
Magenlipase (Hund)	+	+
Magenlipase (Schwein)	+	?
Magenlipase (Pferd)	+	nicht untersucht

Aktivatoren und Paralysatoren. Nach Laqueur[2] soll die Magenlipase
im Gegensatz zu Pankreaslipase von Galle nicht aktiviert werden. Willstätter bemerkt hierzu, dass in Laqueurs Versuchen die Wirkung der Galle
an Magenlipase des Hundes in saurer Lösung geprüft wurde und dass auch an
Pankreaslipase in saurer Lösung keine Aktivierung durch Galle eintritt. In
alkalischer Lösung aktiviert die Galle dagegen die Pankreaslipase intensiv,
es war daher zu untersuchen, wie sie sich in alkalischer Lösung gegenüber der
Magenlipase verhält. Willstätter fand, dass sich auch die Lipase des Magens

---

[1] Willstätter, Haurowitz u. Memmen, H. 140, 203; 1924.
[2] Laqueur, Hofm. Beitr. 8, 281; 1906.

unter diesen Verhältnissen von Galle aktivieren lässt, nur war die Wirkung kleiner und unregelmässiger, als bei der Pankreaslipase. Manche Präparate wurden durch Natriumglykocholat aufs Doppelte oder Dreifache aktiviert, andere nicht. Diese Präparate enthalten schon einen gallenähnlichen Aktivator, denn Willstätter konnte durch Reinigung des Enzyms durch Sorption diesen Aktivator abtrennen, wonach die Lösungen durch Galle aktivierbar waren. Auch in diesem Falle ist das verschiedene Verhalten der beiden Lipasen auf Begleitstoffe zurückgeführt worden.

Natriumoleat aktiviert stärker als Gallensalz, noch stärker aktiviert eine Mischung von Oleat und Eiweiss. Eine solche Mischung dient zur ausgleichenden Aktivierung für die quantitative Bestimmung der Magenlipase nach Willstätter.

NaF hemmt spezifisch Esterasen (Loevenhart und Pierce), aber nach Davidsohn (Biochem. Zs 45) Magenbutyrase erheblich weniger als Pankreasbutyrase; letzterer Forscher fand für die Spaltung von Tributyrin bei einer Konzentration von 1 Teil NaF in 400 Teilen Wasser, also $0,25\%$ oder 0,06 n, eine Hemmung von 66%.

Auch hier spielen natürlich die Begleitstoffe eine grosse Rolle. Von grossem Interesse sind hier weiter die Untersuchungen von Rona und Mitarbeitern[1] über die Vergiftung der Lipasen durch Chinin und Atoxyl. Zwischen den verschiedenen Lipasen der Organe und des Blutes, sowie zwischen Präparaten von verschiedenen Tieren fanden sie enorm grosse Differenzen der Giftempfindlichkeit. Ein empfindliches Enzym wird durch Mischung mit einem resistenten nicht geschützt; Rona hält die verschiedene Empfindlichkeit darum nicht für Einflüsse der Begleitstoffe, sondern für Eigenschaften der Enzyme selbst. Willstätter will indessen auch hier nur von Beimischungen vorgetäuschte Eigenschaften sehen[2]. Tatsächlich kann man durch Zumischung bestimmter Stoffe eine resistente Lipase chininempfindlich machen.

b) Zeitlicher Verlauf und Dynamik der Fettspaltung durch Magensaft.

Eine grosse Anzahl älterer Versuche verdankt man Volhard und seinem Schüler Stade[3]. Stade hat seine Versuche mit Eigelb als Substrat unter Benutzung der Volhardschen Methodik (S. 60) ausgeführt, bei welcher die Menge der abgespaltenen Fettsäure bestimmt wird. Ob stets die optimale Acidität eingehalten war, lässt sich schwer beurteilen.

Der entscheidende Einfluss der Aktivatoren war damals nicht bekannt, weshalb die Versuche natürlich auch aus diesem Grunde mangelhaft sein

---

[1] Rona und Mitarbeiter, Biochem. Zs 111, 166; 118, 185, 213 und 232; 130, 225; 134, 108 und 118. — Rona u. H. E. Haas, 141, 222; 1923. — Rona u. Petow, 146, 144; 1924. Rona u. Ammon, 181, 49; 1927.

[2] Willstätter u. Memmen, H. 138, 216; 1924.

[3] Volhard, Zs klin. Med. 42, 414; 43, 397; 1901. — Stade, Hofm. Beitr. 3, 291; 1902.

müssen. Über den erreichbaren enzymatischen Endzustand ist nichts festgestellt (vgl. Bd. I, S. 302) und auch über das natürliche Gleichgewicht bei Fetten sind wir wenig unterrichtet. Unter den von Stade gewählten Versuchsbedingungen scheint die Reaktion nicht zu Ende zu verlaufen, wobei möglicherweise auch eine Enzymhemmung durch die Spaltprodukte mitwirkt.

Dies geht auch aus den Versuchen über den zeitlichen Verlauf der Reaktion hervor (Stade, l. c. S. 305), wie aus folgenden Figuren deutlich wird.

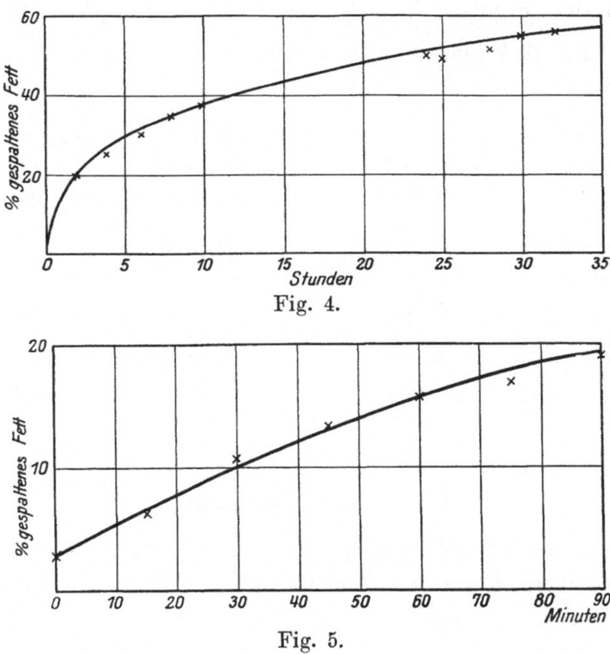

Fig. 4.

Fig. 5.

Bei verhältnismässig geringen Fettmengen war die in vier Stunden gebildete Säuremenge direkt proportional der angewandten Fettmenge, wie folgende Tabelle zeigt:

Versuchsanordnung			Enzymatisch abgespaltene Fettsäuremenge in %
Eigelblösung ccm	Magensaft ccm	H$_2$O ccm	x
10,0	5	—	21,2
7,5	5	2,5	22,7
5,0	5	5,0	22,4
1,0	5	9,0	22,5

Bei grösseren Fettmengen wird prozentisch immer weniger Fettsäure abgespalten.

Was den Einfluss der Enzymmenge auf die zu einer gewissen Zeit gespaltene Substratmenge, bzw. auf die zur Erreichung eines gewissen Spaltungsgrades erforderliche Zeit betrifft, so hat Volhard die Gültigkeit der sog. Schützschen Regel angenommen (Bd. I, S. 161)

$$x = \varkappa \sqrt{E} \qquad \text{bzw.} \qquad x = \varkappa_1 \sqrt{t}$$

(x = umgesetzte Substratmenge, E = angewandte Enzymmenge, t = Zeit).

Er hat in gewissen Versuchsreihen bei verhältnismässig kleinen Spaltungen eine recht gute Übereinstimmung gefunden, die wohl ganz zufällig war.

Bei weitergehender Spaltung stimmt die Regel von Schütz weniger gut mit den in den Figuren 4 und 5 wiedergegebenen Zahlen Stades.

Arrhenius[1] hat die Versuchsreihe 10 nach der von ihm abgeleiteten Formel berechnet:

$$a \ln \frac{a}{a-x} - x = \varkappa\, P\, t$$

(a = anfängliche Substratmenge, P = E = Enzymmenge; siehe Bd. I, S. 162 u. ff.)

Stunden	x beobachtet	x berechnet	
2	0,204	0,186	$\varkappa P = 10$
4	0,256	0,257	
6	0,298	0,308	
8	0,353	0,348	
10	0,376	0,383	
25	0,495	0,552	
29	0,515	0,582	
31	0,554	0,596	
35	0,609	0,620	
75	0,775	0,784	

III. Leber-Esterase.

Leberesterase ist zuerst eingehend von Kastle[2] und Loevenhart[3] und ihren Mitarbeitern, ferner von Ramond[4] untersucht worden. Neue Untersuchungen verdanken wir auch hier Willstätter.

Enzymmaterial. Die zerkleinerte Leber wird von Kastle[2] und Loevenhart mit angesäuertem Wasser extrahiert und das Extrakt filtriert, wobei allerdings ein nicht unerheblicher Teil der Enzymwirkung verloren geht.

Auch mittels Glycerin lässt sich Leberesterase geeignet extrahieren; wie andere Enzyme, so soll auch diese Esterase in Glycerin jahrelang haltbar sein[5].

Dakin[6] zerreibt Schweineleber mit Kieselgur und Sand und zentrifugiert zur Reinigung den durch hydraulisches Auspressen gewonnenen Saft, der auf Eis mehrere Wochen haltbar ist.

Ähnlich arbeitet Peirce[7]; 100 g Schweineleber, mit Sand und Wasser vermahlen und durch ein Tuch getrieben, werden mit destilliertem Wasser

---

[1] Arrhenius, Immunochemie, Leipzig 1907, S. 82.

[2] Kastle, Johnston u. Elvove, Amer. Chem. Jl 31, 521; 1903.

[3] Kastle u. Loevenhart, Amer. Chem. Jl 24, 491; 1900. — Loevenhart, Jl Biol. Chem. 2, 597; 1906.

[4] Ramond, Soc. Biol. 57, 342 u. 462; 1904. — Siehe auch Sieber, H. 55, 177; 1903.

[5] Simonds, Amer. Jl Physiol. 48, 141; 1919.

[6] Dakin, Jl of Physiol. 32, 199; 1904.

[7] Peirce, Jl Biol. Chem. 16, 1; 1913.

auf ein Liter verdünnt. Die mit Toluol versetzte Flüssigkeit steht einen Tag bei 37°, dann mehrere Wochen bei Zimmertemperatur und wird dann filtriert. Diese Enzymlösung wurde von Peirce 5—6 Tage in Kollodiumsäcken dialysiert und filtriert. Dabei verlor die Lösung 90% ihrer Trockensubstanz und gleichzeitig etwa 20% ihrer Aktivität, so dass die Reinigung beträchtlich war. Die so bereitete Lösung wurde nun mit Ammoniumsulfat halbgesättigt, worauf bis zur Klarheit filtriert wurde; der Niederschlag war inaktiv und wurde verworfen. Das Filtrat wurde nun mit Ammoniumsulfat ganz gesättigt. Nach Filtration erwies sich nun das Filtrat inaktiv. Der Niederschlag wurde in Wasser aufgenommen und die Lösung dialysiert, bis keine Trübung mit $BaCl_2$ mehr eintrat. Diese hochgereinigte Lösung enthielt in 15 ccm 4,8 mg Trockensubstanz. 20 ccm dieser Lösung in einem Totalvolumen von 560 ccm hydrolysierten 650 mg Äthylbutyrat in 28,1 Minuten (Endacidität: 10 ccm 0,05 n.-Säure in 50 ccm Reaktionsmischung). Siehe ferner Rona: Biochem. Zs 32.

Kraut und Rubenbauer[4] schalten vor der Adsorption eine Dialyse ein, durch welche Eiweisskörper entfernt werden.

Willstätter[1] stellt aus gemahlener Schweineleber mit Aceton und Äther ein Trockenpräparat dar. Mit alkalischem Wasser geht viel Enzym in Lösung, aber auch viel Begleitstoffe, mit angesäuertem Wasser weniger, aber reineres Enzym. Mit Glycerin kann man leicht aus dem Trockenpräparat viel und verhältnismässig reines Enzym in Lösung bringen.

Für die Reinigung des Enzyms hat Willstätter seine Sorptionsmethoden angewendet. Durch eine Sorption an Tonerde oder Kaolin mit Elution durch verdünntes Ammoniak konnte er leicht den Reinheitsgrad auf das 20fache des Leberpulvers steigern. Durch Elektrodialyse[2] konnte eine weitere Reinigung erzielt werden. Die gereinigten Lösungen Willstätters waren in einigen Fällen nicht haltbar. Rohe Lösungen sollen dagegen im Gegensatz zu Pankreaslipase sehr haltbar sein[3].

a) Spezifität.

Leberesterasen sind hauptsächlich an Estern niederer Fettsäuren untersucht worden; gegen natürliche Fette sind sie jedenfalls weniger wirksam als die Magenlipase und pflanzliche Lipasen; einen diesbezüglichen Vergleich an verschiedenen Substraten findet man bei H. E. Armstrong und Ormerod[5].

Leberbrei spaltet Amylsalicylat (Magnus; Loevenhart, Jl Biol. Chem. 2).

In den neuen Untersuchungen Willstätters, wo der Einfluss von Begleitstoffen möglichst ausgeschaltet wurde, tritt auch deutlich hervor, dass

[1] Willstätter u. Memmen, H. 138, 216 und zwar S. 233; 1924.
[2] Vgl. auch Fricke u. Kaja, Chem. Ber. 57, 310; 1923/24.
[3] Kastle u. Loevenhart, Amer. Chem. Jl 24, 491; 1900. — Kastle, Johnston u. Elvove ebenda 31, 521; 1904. — Knaffl-Lenz, Arch. exp. Pathol. 97, 242; 1922/23.
[4] Kraut und Rubenbauer, H. 173, 103; 1928.
[5] Armstrong u. Ormerod, Proc. Roy. Soc. 78, 376; 1906.

die Leberesterase für hohe Glyceride sehr ungeeignet ist, für die Ester einwertiger Alkohole wie die der Buttersäure dagegen sehr tauglich. Willstätter findet, dass die Unterschiede so gross sind, dass man kaum annehmen kann, dass die Leberesterase mit der Pankreaslipase identisch ist. Man müsste dann die Mitwirkung unbekannter und dazu abnorm wirksamer Hemmungskörper oder Aktivatoren annehmen. Durch die Reinigung durch Sorption werden die Eigenschaften der Leberesterase nicht wesentlich verändert. Hierzu kommt nun auch die verschiedene stereochemische Spezifität. Wir weisen auf die Tabelle S. 33 hin.

Mit Esterase aus Schweineleber hat Dakin seine interessanten asymmetrischen Spaltungen der Mandelsäure ausgeführt (Bd. I, S. 365).

Über die optische Orientierung der Lipasen (vgl. Willstätter S. 207) geben Rona und Ammon folgende Tabelle:

Art der Lipase	Drehung der schneller gespaltenen Komponente des Mandelsäuremethylesters
Schweineleberlipase	+
Schweinepankreaslipase	—
Menschenleberlipase	—
Rinderleberlipase	+
Meerschweinchenserumlipase . . .	—
Takalipase	+

Dazu ist aber folgendes überraschendes Ergebnis von Rona und Ammon[1] zu erwähnen: „Die sonst rechtsorientierte Schweineleberlipase greift trotzdem den l-Ester mit viel grösserer Geschwindigkeit an als die beiden anderen Modifikationen, deren Zerfallsgeschwindigkeiten überdies zusammenfallen. Es ist die Spaltung des d- und dl-Esters um 42,7 $^0/_0$ weniger gegenüber dem l-Ester. Zur Kontrolle dieses Ergebnisses wurde dieselbe Lipase (auch im Pressaft) noch einmal in bezug auf ihr Verhalten gegenüber racemischem Mandelsäuremethylester geprüft. Das verwendete Präparat von Schweineleberlipase erwies sich rechtsorientiert wie sonst."

„Diese merkwürdige Tatsache liegt vielleicht in dem eigentümlichen Wesen des Racemats begründet. Es könnte aber auch die Affinität des Ferments zu den beiden optisch aktiven Formen des Substrats verschieden sein und ferner nicht parallel gehen mit den Zerfallsgeschwindigkeiten der d- bzw. l-Substratfermentverbindungen."

Optimale Acidität. In dieser Hinsicht scheint die Esterase der Leber der Pankreasesterase nahezustehen, mit einem pH-Optimum in der Nähe von pH = 8. Willstätter bestimmt die Esterasewirkung der Leber bei einem Anfangs-pH von 8,6 (Ammonpuffer). Für die niederen Ester kommt vor allem die stalagmometrische Methode in Betracht.

---

[1] Rona u. Ammon, Biochem. Zs 181, 49; 1927.

Aktivatoren und Paralysatoren. Nach Willstätters Untersuchungen sind die Erscheinungen der Aktivierung und Hemmung bei Leberesterase ganz andere wie bei der Pankreaslipase. Diese wird, welches auch die Substrate sein mögen, von gewissen Stoffen wie Gallensalzen und Calciumoleat stark aktiviert. Diese wirken auf das Leberenzym gar nicht oder hemmen sogar. Diese Verhältnisse haben sich bisher bei der Reinigung nicht geändert. An Leberesterase hat Kastle[1] die Wirkung von zahlreichen anorganischen Stoffen in äquivalenten Mengen untersucht.

Starke Giftwirkung wurde gefunden bei: Ozon, Chlor, Brom, Natriumfluorid, Succinylperoxyd, Jodcyan, Kaliumpermanganat.

Deutliche, aber schwächer hemmende Wirkung üben aus: Sublimat, Chromsäure, Kupfersulfat und Perosmiumsäure.

Nahezu ungiftig sind nach Kastles Befund: Silbernitrat, Jodwasserstoffsäure, Formaldehyd, Trikresol, Blausäure, Kaliumnitrit und Bernsteinsäure. Ferner Toluol und Chloroform.

Wie schon angeführt wurde, hemmen nach Willstätter Natriumglykocholat und Calciumoleat. Die Hemmung wird durch gleichzeitigen Zusatz von Albumin vermindert. S. Ikoma[2] fand den Einfluss der Gallensäuren auf die Fettspaltung je nach Art der Gallensäuren verschieden; Cholsäure fand er noch bei $0,5\,^0/_0$ fördernd.

Interessante spezifische Hemmungen durch Ketocarbonsäureester haben neuerdings Willstätter, Kuhn und Memmen[3] beschrieben.

Über die Einwirkung von Chinin und Atoxyl siehe Rona und Mitarbeiter. Auch die nach Willstätter gereinigten Lipasen zeigen dieselben Empfindlichkeiten gegen die Gifte. Rona hält die Giftempfindlichkeit für eine von dem Enzym selbst bestimmte Grösse, was Willstätter[4] bezweifelt.

Eine die Millon-Reaktion gebende Substanz stabilisiert (Kraut, H. 173).

Temperatureinfluss (vgl. Bd. I, S. 277). Kastle und Loevenhart und später Kastle, Johnston und Elvove haben den Temperaturkoeffizienten der Äthylbutyratspaltung gemessen. Für die angegebenen Temperaturen ergaben sich die untenstehenden Geschwindigkeiten und die daraus berechneten Quotienten $k_{t+10} : k_t$:

Temp.	-10^0	0^0	10^0	20^0	30^0	40^0
v	0,70	2,26	3,89	5,27	6,96	(11,29)
$k_{t+10} : k_t$		3,23	1,72	1,36	1,10	1,89(?)

Eine so starke Abnahme des Quotienten $k_{t+10} : k_t$ fanden später Kastle, Johnston und Elvove (l. c.) nicht; sie geben folgende Zahlen an:

---

[1] Kastle, Hyg. Labor Treas Dep. Bull. Nr. 26; 1906.

[2] S. Ikoma, Jl of Biochem. 6, 383; 1926.

[3] Willstätter, Kuhn u. Memmen, H. 167, 303; 1927.

[4] Rona u. Petow, Biochem. Zs 146, 28; 1924. — Willstätter u. Memmen, H. 138, 216; 1924 und zwar S. 243. — Rona u. Ammon, Biochem. Zs 181, 49; 1927.

Temp.	0^0	10^0	20^0	30^0	40^0
$k \cdot 10^4$	7,1	12,6	21,8	37,4	58,1
$k_{t+10} : k_t$		1,77	1,73	1,71	1,55

Berechnet man aus diesen Zahlen den Koeffizienten Q der Temperaturformel (29) Bd. I, S. 245, so ergibt sich ein Mittelwert von rund $Q = 9000$.

b) Kinetik.

Auch hinsichtlich des zeitlichen Verlaufes der Esterspaltung verdankt man die ersten Versuche Kastle und Loevenhart (1900), weitere Messungen Kastle, Johnston und Elvove.

Wie bei den Versuchen mit Pankreasesterase schliessen sich die erhaltenen Spaltungswerte der Formel für monomolekulare Reaktionen nicht gut an; die Reaktionskoeffizienten 1. Ordnung fallen nämlich mit fortschreitender Reaktion; nach Auffassung der genannten Autoren rührt dies davon her, dass die entstehende Säure hemmend wirkt; die von der Säure nicht gestörte Reaktion betrachtet Kastle als monomolekular. In folgendem Beispiel (Temp. 21^0) ist der Abfall von k, abgesehen vom 1. Wert, verhältnismässig gering:

Minuten	30	60	64	97	121	132	198	204	361	467
x in ccm	(0,95)	1,30	1,45	1,80	2,05	2,25	2,75	2,90	3,50	3,80
$k \cdot 10^4$	(75)	54	57,5	50	47	49	44	47	38	35

Bei Variation der Esterkonzentration ist aber der Reaktionskoeffizient k nicht, wie es bei monomolekularen Reaktionen sein sollte, von der Substratkonzentration unabhängig, sondern wurde um so kleiner gefunden, je grösser die Esterkonzentration a war. Wie bei vielen anderen Enzymkonzentrationen erwies sich hier $k \cdot a$ annähernd konstant.

Neue Versuche von dieser Art müssen unter Beachtung von Acidität, Hemmungs- und Aktivierungserscheinungen ausgeführt werden. Zu erwähnen ist auch eine Dissertation von A. Schmidt[1], in welcher die Spaltung der Methyl- und Äthylester der Morphinglykolsäure durch den Lebersaft des Kaninchens studiert wurde. Der zeitliche Verlauf der Spaltung soll der Formel folgen:

$$k = \frac{1}{t \sqrt{E}} \ln \frac{a}{a - x},$$

wo E die Enzymkonzentration bedeutet.

Schliesslich hat Peirce[2] eine gute dynamische Untersuchung der Äthylbutyrathydrolyse durch Schweineleberesterase ausgeführt. Auch er stellt fest, dass die Reaktionskoeffizienten 1. Ordnung im allgemeinen abnehmen und erkennt die Bedeutung der Acidität für den Verlauf der Reaktion. „In einer

---

[1] A. Schmidt, Über eine Entgiftung durch Abspaltung der Methyl- und Äthylgruppe im Organismus. Dissert. Heidelberg 1901.

[2] Peirce, Jl Amer. Chem. Soc. 32, 1517; 1910.

Lösung vom gegebenen Volumen und gegebener Acidität ist die zur Hydrolyse einer bestimmten Menge Äthylbutyrats erforderliche Zeit umgekehrt proportional der Enzymkonzentration. Unter gleichen Aciditätsbedingungen hydrolysiert jedes Enzymteilchen dieselbe absolute Estermenge per Zeiteinheit, unabhängig von der Konzentration des Enzyms."

„Bei einer gegebenen Enzymkonzentration ist die zur Hydrolyse **einer** gegebenen Estermenge erforderliche Zeit abhängig von der Säurekonzentration aber unabhängig von der Esterkonzentration, falls diese grösser als 0,005 n. ist. Bei jeder Acidität hydrolysiert also eine gegebene Enzymmenge innerhalb eines weiten Bereichs der Esterkonzentration sehr nahe die gleiche Menge Äthylbutyrat."

Peirce versucht diese Tatsache mit dem Massenwirkungsgesetz durch die Annahme in Übereinstimmung zu bringen, dass Enzym und Ester zu einer Zwischenverbindung zusammentreten, welche bei Esterkonzentrationen über 0,005 n. den grössten Teil des Enzyms enthält.

Siehe hierzu die Berechnungen von Michaelis und von van Slyke und Cullen, Bd. I, S. 139 u. ff.

Die Messungen von Knaffl-Lenz[1] führen zu Ergebnissen, die mit denen von Peirce im Einklang stehen. Man findet für Leberesterase eine recht genaue Proportionalität zwischen Zeit und Umsatz, was auch für ein Enzym mit sehr grosser Affinität zum Substrat zu erwarten ist.

Synthese. Wie mit Pankreas hat Hamsik[2] auch mit Rindsleber Esterbildung (Aciditätsverminderung) beobachtet.

IV. Darmesterase.

Enzymmaterial. Auch hier kommt in erster Linie der sezernierte Saft in Betracht, wie ihn Boldyreff[3] erhalten hat.

In zweiter Linie lässt sich die Lipase der Darmschleimhaut verwenden[4], welche aus dieser extrahiert werden kann.

Auch im Darminhalt (Meconium) menschlicher und tierischer Föten finden sich Enzyme, welche sowohl Ester als Lecithin spalten (Pottevin, Ibrahim, Porcher und Tapernoux).

Verhalten. Im allgemeinen scheint die Darmesterase der Pankreasesterase ganz nahe zu stehen. Soweit es sich um Duodenalsaft handelt, ist überhaupt eine Scheidung hinsichtlich des Ursprunges schwierig.

Nach Kalaboukoff und Terroine (l. c.) wird Darmesterase durch Gallenstoffe weniger energisch aktiviert als Pankreasesterase; dies kann aber

---

[1] Knaffl-Lenz, Arch. exp. Pathol. 97, 242; 1922/23. — Nogaki, H. 152; 1926.

[2] Hamsik, H. 90, 489; 1914.

[3] Boldyreff, H. 50, 394; 1907.

[4] Umber u. Brugsch, Arch. f. exp. Pathol. 55, 164; 1906. — Rona, Biochem. Zs 23, 482; 1911.

darauf beruhen, dass die untersuchte Darmesterase schon von vornherein eine gewisse Menge Aktivator erhalten hat.

Über evtl. Lokalisation im Darm siehe Frouin[1], Camus und Nicloux[2].

K. G. Falk[3] nimmt auf Grund eigener Versuche zwei Esterasen im menschlichen Duodenum an. Die eine, welche in der Regel nach Aufnahme von Nahrung gefunden wurde, erwies sich aktiver gegen Triacetin als gegen Äthylbutyrat. Die andere, die anwesend war, wenn keine Nahrung aufgenommen wurde, soll umgekehrt gegen Äthylbutyrat wirksamer sein als gegen Triacetin.

Neutralsalze üben in 1 n.-Lösungen auf beide Enzyme ausgesprochene Hemmungen aus, die in folgender Reihenfolge steigen: Chloride, Bromide, Fluoride, Jodide.

Methyl- und Äthyl-Alkohol sollen schon in 0,1 mol. Lösung hemmen.

V. Andere Esterasen der Gewebe.

Esterspaltung wurde in den Extrakten der meisten daraufhin untersuchten Gewebe nachgewiesen (Loevenhart[4], Pagenstecher[5], Winternitz und Meloy[6], Juschtschenko[7], Rona[8], Freudenberg[9], Porter[10], Bach[11]). Die davon abweichenden Resultate von Saxl[12] sind nicht bestätigt worden.

Nach Pankreas und Leber, die am reichsten an Esterase sind, folgen Milz, Lunge, Fett usw. in einer Reihenfolge, die bei verschiedenen Tieren offenbar wechselt.

In Milz[5, 8, 13], Lungen[8, 14], Nieren[8, 15], sowie in Thyreoidea[7], Placenta[16] und in Muskeln[8], peripheren Nerven[17], Gehirn (T. Takasaka[18]), Fischfleisch (Stockstad[19]), meist qualitativ, nachgewiesen; auch im Verdauungstraktus des Flusskrebses[20].

[1] Frouin, Soc. Biol. 61, 665; 1906.

[2] Camus u. Nicloux, Soc. Biol. 68, 619; 1910.

[3] Falk, Jl Amer. Chem. Soc. 36, 1047; 1914.

[4] Loevenhart, Amer. Jl Physiol. 6, 331; 1902.

[5] Pagenstecher, Biochem. Zs 18, 285; 1908.

[6] Winternitz u. Meloy, Jl Med. Research 22, 107; 1910.

[7] Juschtschenko, Biochem. Zs 25, 49; 1910: Über fettsp. Enzyme der Schilddrüse.

[8] Rona, Biochem. Zs 32, 482; 1911.

[9] Freudenberg, Biochem. Zs 45, 467; 1912.

[10] A. E. Porter, Biochem. Jl 10, 523; 1916.

[11] A. Bach, Fermentf. 1, 151; 1916.

[12] Saxl, Biochem. Zs 12, 343; 1908.

[13] Tanaka, Biochem. Zs 37, 249; 1911.

[14] Sieber, H. 55, 177; 1908. — Saxl, l. c. — Sieber u. Dzierzgowski, H. 62.

[15] Battesti u. Baraja, Soc. Biol. 55, 820; 1903.

[16] Savaré, Hofm. Beitr. 9, 141; 1908.

[17] Ukai, Tohoku Jl of Exper. Medic. 1, 519; 1920.

[18] Takasaka, Biochem. Zs 184, 390; 1927.

[19] Stockstad, Tidskr. f. Kemi, 1920.

[20] Paul Krüger u. E. Graetz, Zoolog. Jahrb. 45, 463; 1928.

a) Fettgewebe.

Extrahiert man frisches Schweinefett mit dem gleichen Gewicht Wasser bei 40° 1 Stunde lang und filtriert den auf 35° abgekühlten Auszug, so erhält man eine klare Lösung, welche Äthylbutyrat kräftig spaltet. Folgende Tabelle bezieht sich auf eine Messung des Verf.[1], mit bei 17° ges. Äthylbutyratlösung bei 35°.

Minuten	ccm Barytlös.	a — x	$k \cdot 10^4$
0	0	2,70	—
2	0,3	2,40	256
6	0,75	1,95	235
9	1,05	1,65	237
16	1,65	1,05	250

Die, wie ersichtlich, schnelle Spaltung verläuft als Reaktion 1. Ordnung.

E. Freudenberg[2] fand im Fettgewebe eines frisch getöteten Hundes und im Fett eines hungernden Kaninchens nur sehr geringe Fettspaltung (weniger als 1% des Gesamtfettes pro Tag).

b) Milchdrüsen.

Unter der naheliegenden Vermutung, dass in der Milchdrüse eine besonders kräftige Lipasewirkung zu finden sein sollte, hat Virtanen[3] sowohl Drüse als Milch untersucht. Es zeigte sich indessen, dass die Lipasewirkung von Milchdrüsenextrakten sehr schwach ist. Mit Glycerinextrakten konnten jedoch sowohl Spaltung als Synthese von Äthylbutyrat konstatiert werden. Die Spaltung von Milchfett war sehr schwach. Die Spaltung des Äthylbutyrats verlief annähernd nach der monomolekularen Formel. Bei und unter pH = 5 wurde keine Spaltung beobachtet; dagegen eine enzymatische Synthese auch bei pH = 4.

c) Tumoren verschiedener Organe.

Falk und Noyes vergleichen Uterustumoren mit normaler Uterusmuskulatur, ferner Blasentumoren[4].

d) Gesamte Tierextrakte.

Hier sei auf eine grössere Serie von Untersuchungen hingewiesen, in welchen K. George Falk mit mehreren Mitarbeitern die esterspaltende Wirkung ganzer Tiere (Kaninchen verschiedenen Alters[5], Mäuse, Aale[6])

---

[1] Euler, Hofm. Beitr. 7, 1; 1905.
[2] E. Freudenberg, Biochem. Zs 45, 467; 1912.
[3] Virtanen, H. 137, 1; 1924.
[4] K. G. Falk u. Helen M. Noyes, Jl of cancer res. 10, 146; 1926.
[5] Helen M. Noyes, K. G. Falk u. E. J. Baumann, Jl gen. physiol. 9, 651; 1926.
[6] K. G. Falk u. Helen M. Noyes, Jl gen. physiol. 10, 1 u. 359; 1927.

untersucht. Auch der Einfluss der Temperatur auf solche Enzymgemische wurde festgestellt[1].

VI. Esterasen der Körperflüssigkeiten.

a) Blut.

Vorkommen. Ein esterspaltendes Enzym im Blut ist von Hanriot[2] entdeckt worden; die Wirkung wurde zunächst am Monobutyrin geprüft. Indessen ist nach dem Befund von Rona und Michaelis[3] Blut auch imstande, Tributyrin zu zerlegen, so dass sich die Annahme von Doyon und Morel[4] und von Arthus[5] von der Existenz einer besonderen Monobutyrinase im Blut wohl nicht mehr aufrecht erhalten lässt.

Über die physiologische Rolle der Blutesterase herrscht noch keine Klarheit; möglicherweise stammen die Blutesterasen ganz oder teilweise aus Organen und Geweben[6]; vermutlich ist die Leber an der Fettregulation des Blutes beteiligt. Bemerkenswert ist, dass die lipolytische Fähigkeit des Blutes ansteigt, wenn nach Hungertagen grosse Fettmengen (Rüböl, Talg) verfüttert werden (Abderhalden und Rona[7]). Der Gehalt des Blutes an Fett zeigt übrigens im Hungerzustande keine wesentliche Änderung (E. Freudenberg[8]).

Über die Bedeutung der Blutlipasen für den Fettstoffwechsel der Zellen siehe auch G. Bayer, Zs Biol. 69, 365; 1919.

Die Änderungen des fettspaltenden Vermögens des Blutes bei verschiedenen Krankheiten ist oft untersucht worden. Eine weitere Verfolgung verdient die Frage, ob eine Beziehung zwischen der Verteilung der Esterasen im Körper und seiner Widerstandsfähigkeit gegen Tuberkulose besteht (Winternitz u. Meloy, Jl Med. Res. 107; 1910. — Achard u. Clerc, Soc. Biol. 54, 1144; 1902 und 56, 812; 1904. — A. E. Porter, Biochem. Jl 10, 523; 1916).

Die Esterase des Blutes ist irgendwie mit den Erythrocyten verknüpft, da Doyon und Morel[9], sowie Rona und Michaelis[10] im Serum die enzymatische Wirkung im allgemeinen bedeutend schwächer fanden als im Blut. Nur bei Meerschweinchen und Kaninchen ist Blut und Serum gleich, und zwar sehr stark, wirksam.

---

[1] Helen M. Noyes, Loberblatt u. K. G. Falk, Jl biol. Chem. 68, 135; 1926.

[2] Hanriot, C. r. 123, 753, 833; 1896 und 124, 778; 1897. — Soc. Biol. 48, 925; 1896. — Hanriot u. Camus, C. r. 124, 235; 1897.

[3] Rona u. Michaelis, Biochem. Zs 31, 345; 1911.

[4] Doyon u. Morel, Soc. Biol. 55, 682; 1903.

[5] Arthus, Jl de Physiol. Pathol. 4, 455; 1902.

[6] Weder Pankreas noch Schilddrüse dürfte die Hauptquelle der Blutlipase bilden; siehe v. Hess, Jl Biol. Chem. 10, 381; 1911.

[7] Abderhalden u. Rona, H. 75, 30; 1911. — Abderhalden u. Lampé, H. 78, 396; 1912. — Busquet u. Vischniac konnten im intravaskulären Blut keine Fettspaltung nachweisen (Soc. Biol. 83, 844; 1920).

[8] E. Freudenberg, l. c.

[9] Doyon u. Morel, Soc. Biol. 58, 616; 1905.

[10] Rona u. Michaelis, Biochem. Zs 31, 345; 1911.

Optimale Acidität. Nach Rona[1] liegt das Optimum der Wirksamkeit der Serumlipase zwischen pH = 7 und 8,6. Die Fig. 6 ist der Arbeit von Rona und Bien[2] entnommen.

Das Optimum fällt also mit dem der Pankreasesterase recht nahe zusammen.

Kinetik. Rona und Ebsen[3] fanden die Reaktionskonstanten 1. Ordnung für die Tributyrinspaltung (gemessen nach der Methode von Rona und Michaelis, S. 62) nicht unabhängig von der Anfangsmenge des Tributyrins, sondern ihr umgekehrt proportional. Die Geschwindigkeit der Esterspaltung war direkt proportional der Enzymmenge. Der zeitliche Verlauf der Spaltung war mit Monobutyrin als Substrat ein anderer als mit Tributyrin, was kaum auffallen kann, da in letzterem Falle eine stufenweise Reaktion vorliegt.

Temperatureinfluss. Den Temperaturkoeffizienten der Esterspaltung durch Serumesterase hat Hanriot[4] mit demjenigen der Pankreasesterase verglichen; er hat daraus Schlüsse auf die Verschiedenheit beider Enzyme gezogen, die nicht mehr als einwandfrei gelten können. — Zwei verschiedene Serumbutyrasen mit verschiedener Temperatur-Empfindlichkeit und verschiedenem Verhalten gegen Chinin nimmt auch Macco[5] an.

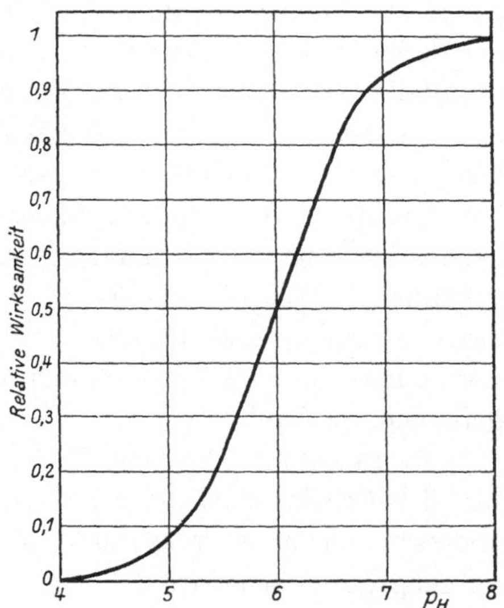

Fig. 6. Wirkungskurve der Serumlipase nach Rona u. Bien.

Über Lecithinspaltung im Blut siehe S. 65.

Paralysatoren. Über die Wirkung des Atoxyls (Na-Salz der p-Aminophenyl-arsinsäure, $H_2N \cdot C_6H_4 \cdot AsO(OH)_2$) haben Rona und Mitarbeiter[6] eingehende interessante Versuche angestellt. Für wechselnde Giftkonzentrationen wurde die Beziehung gefunden:

$$\frac{k_A - k_B}{\log B - \log A} = \text{konst} (\varkappa),$$

wo k_A und k_B die Geschwindigkeitskonstanten bei den Giftkonzentrationen A und B bedeuten.

---

[1] Rona, Biochem. Zs **33**, 413; 1911.

[2] Rona u. Bien, Biochem. Zs **59**, 100; 1914 u. **64**, 13; 1914.

[3] Rona u. Ebsen, Biochem. Zs **39**, 21; 1912.

[4] Hanriot, C. r. **124**, 778; 1897.

[5] Macco, Riv. di patol. sperim. **1**, 448; 1926.

[6] Rona u. E. Bach, Biochem. Zs **111**, 166; 1920. — Rona u. György, ebenda **111**, 115; 1920.

Wirken auf verschiedene Enzymmengen dieselben Giftkonzentrationen, so sind die prozentischen Hemmungen bzw. die „Hemmungskoeffizienten" $h_A = \dfrac{k_0 - k_A}{k_0}$ gleich. Also ist $\dfrac{\varkappa}{k_0} = $ konst.

Das l. c. S. 188 formulierte Ergebnis: „Sowohl die absolute wie die relative Empfindlichkeit des Fermentes gegen das Gift ist bei den verschiedenen Tierarten verschieden" dürfte durch den Zusatz: „in den entsprechenden Seren" zu ergänzen sein, da es sich in der erwähnten Untersuchung eben um Seren, nicht um gereinigte Enzymlösungen handelt, also die übrigen Bestandteile der Seren die „Empfindlichkeit" wesentlich beeinflussen können. Es ist doch zu bemerken, dass Rona in neueren Untersuchungen gefunden hat, dass nach Willstätter gereinigte Lösungen von Serumlipasen noch ihre spezifische Giftempfindlichkeit beibehalten[1]. Die Begleitstoffe, die möglicherweise mitspielen, sind also wahrscheinlich recht fest mit dem Enzym gebunden. „Was die Vergleiche der hemmenden Wirkung einiger Gifte auf das ungereinigte und dasselbe gereinigte Ferment anlangt, so konnte bei der Serumlipase und bei Anwendung von 1- und d-Ψ-Cocain kein Unterschied gefunden werden."

Rona betont (Biochem. Zs 181, 78), dass die Vergiftung der Serumlipase mit d-Ψ-Cocain gemäss der Freundlichschen Adsorptionsisotherme erfolgt. Indessen scheint es zweifelhaft, ob damit eine Einsicht in den Vergiftungsvorgang gewonnen wird.

Trypaflavin fand Rona stark hemmend.

An Meerschweinchenserumlipase haben Rone und Ammon (Biochem. Zs 181) neuerdings ausser Chinaalkaloiden noch Cocaine, Tropanderivate und Adrenalin untersucht.

Den Einfluss von Metallsalzen auf Serumlipase haben Walbum und Berthelsen[2] studiert, in Zusammenhang mit Walbums Untersuchungen über Metallsalztherapie bei Tuberkulose u. a. Infektionskrankheiten.

Über die Zunahme des Spaltungsvermögens des Serums für Tributyrin bei chronischer P-Vergiftung siehe Avellone[3]. — Serumlipase bei pankreatischen Erkrankungen: Jedlička (Zs ges. Med. 47).

b) Lymphe.

In den serösen Flüssigkeiten sollen, wie im Blute, Lipasen vorhanden sein[4].

c) Milch.

Der Nachweis einer Esterase in der Milch ist von Gillet[5] und Hippius[6] geführt worden.

---

[1] Rona u. Ammon, Biochem. Zs 181, 49; 1927.

[2] Walbum u. Berthelsen, Zs f. Immunitätsf. 42, 1924.

[3] Avellone, Riv. di patol. sperim. 1, 385; 1926.

[4] Garnier, Soc. Biol. 65, 1557; 1903.

[5] Gillet, Jl de Physiol. Pathol. 4, 439; 1902.

[6] Hippius, Jahrb. Kinderheilk. 61, 365; 1905.

Hinsichtlich der von Davidsohn[1] bestimmten optimalen Acidität, etwa pH = 8, stimmt die Esterase der Frauenmilch mit der Pankreas- und Serumesterase angenähert überein.

In neuen Untersuchungen wurde bisweilen die Existenz der Milchlipase bestritten[2], in anderen fand man dagegen recht viel Lipase. Wie Virtanen[3] gezeigt hat, rühren die negativen Befunde davon her, dass man zur Unterdrückung der Bakterienwirkung, die natürlich grobe Fehlschlüsse verursachen kann, ungeeignete Antiseptica zugesetzt hat, die die Lipase ausser Tätigkeit gesetzt hat. In einwandfreien Versuchen konnte Virtanen die Existenz einer Esterase in Kuhmilch zeigen. Sie spaltet Äthylbutyrat gut, Milchfett aber sehr schlecht.

d) Harn.

Im normalen Harn sollen Esterasen nur spurenweise vorhanden sein (Tanfani, Hewlett[4]). Letzterer Forscher fand, dass sie bei Störungen des Pankreas in den Harn übergehen; desgleichen bei vermehrtem Lipasegehalt des Blutes bei Fieber und Leukocytenzerfall, ferner bei Nephritis, Ikterus und bei Polyurien [Pribram und Löwy[5], Ruszt (1924)], bei Rachitis (Hizume[6]).

Speichel soll ebenfalls fett- und esterspaltende Wirkung zeigen (K. Scheer, Klin. Woch. 7, 163; 1927.

B. Phytoesterasen.

I. Ricinuslipase.

Green[7] hat im Jahre 1890 in einer ausgezeichneten Abhandlung „On the germination of the seeds of the Castor-oil plant (Ricinus communis)" auf die Rolle einer Lipase bei der Keimung von ölhaltigen Samen aufmerksam gemacht, und etwa gleichzeitig ist auch Sigmund[8] zu ähnlichen Ergebnissen gekommen. Es handelte sich bei den Beobachtungen der beiden Forscher um die Spaltung eigentlicher Fette und Öle. Auf diese Substrate üben die pflanzlichen Esterasen (Lipasen) eine kräftige Wirkung aus. H. E. Armstrong und Ormerod[9] haben einen Vergleich zwischen der Wirkung einer pflanzlichen (Ricinus) und tierischen Esterase auf verschiedene Substrate ausgeführt; dabei

---

[1] Davidsohn, Biochem. Zs 49, 249 und zwar 274; 1913.

[2] Palmer, Jl of Dairy Science. 5, 51; 1922.

[3] Virtanen, H. 137, 1; 1924.

[4] Hewlett, Jl med. Research. 11, 377; 1904.

[5] Pribram u. Löwy, H. 76, 489; 1912.

[6] Hizume, Jahrb. f. Kinderkrankh. 106, 227; 1924.

[7] Green, Proc. Roy. Soc. B. 48, 370; 1890.

[8] Sigmund, Monatsh. f. Chem. 11, 272; 1900.

[9] H. E. Armstrong, Proc. Roy. Soc. B. 76, 606; 1905. — H. E. Armstrong und Ormerod, ebenda 78, 376; 1906. — Siehe hierzu auch die Versuche von Falk, Jl Amer. Chem. Soc. 35, 1904; 1913.

zeigte sich, dass pflanzliche Esterasen vom Typus der Ricinuslipase, welche eine hohe Wirksamkeit gegen eigentliche Fette besitzen, „niedere Ester" verhältnismässig träge spalten, während z. B. wässrige Leberextrakte „niedere Ester" energischer spalten als Fette und Öle. Immerhin werden auch niedere Ester von Ricinuslipase angegriffen, wie folgende Zahlen von Armstrong und Ormerod zeigen:

Anzahl ccm 0,2 n. NaOH,
entsprechend der bei 25[0] nach 68[h] enzymatisch gebildeten Säure.

Ester	Leberesterase	Ricinusesterase
Mandelsaures Äthyl	1,4	2,0
Benzoesaures Äthyl	3,9	0,8
Salicylsaures Methyl	0,3	0,4
Essigsaures Äthyl	10,35	9,9

Auch Glycerinester sulfonierter Fettsäuren werden durch Ricinuslipase gespalten[1].

Wie Connstein, Hoyer und Wartenberg[2], denen man eine grundlegende Arbeit über Pflanzenlipasen verdankt, gefunden haben, werden von Ricinusenzym „sämtliche, technisch in Betracht kommenden Fette" gespalten, allerdings nicht mit der gleichen Leichtigkeit. „Besonders in die Augen springend war das Verhalten der Butter, denn dieses Fett setzte den Spaltungsversuchen einen recht erheblichen Widerstand entgegen."

Enzymmaterial. Nach Connstein, Hoyer und Wartenberg kommt die fettspaltende Wirkung nicht allen Pflanzensamen in gleich hohem Masse zu und zwar sind die Samen der Euphorbiaceen und speziell der Ricinusarten in dieser Hinsicht den übrigen untersuchten Samen wesentlich überlegen. Die von den genannten Forschern angewandten Samen bestanden aus 47,51$^0/_0$ Ricinusöl, 28$^0/_0$ Schalen, 21—25$^0/_0$ Kuchen. Etwa dieselbe Zusammensetzung finden Willstätter und Waldschmidt-Leitz[3].

Die Samen werden zweckmässig in entschältem und entöltem Zustande angewandt. Das Ricinusöl kann man entweder kalt auspressen[4] oder kalt extrahieren, ohne dem Enzym zu schaden; „insbesondere ist eine Behandlung des Samens mit Äther oder Schwefelkohlenstoff völlig indifferent". Falk und Nelson[5] wandten zur Extraktion Chloroform oder Tetrachlorkohlenstoff an.

Nicloux[6] verwendet zu seinen quantitativen Versuchen in Cottonöl suspendiertes Cytoplasma, und Jalander[7] ist diesem Beispiel gelegentlich

---

[1] Dubosc, Zitiert nach Zbl. f. Biochem. 22, 307; 1920.
[2] Connstein, Hoyer u. Wartenberg, Chem. Ber. 35, 3988; 1902.
[3] Willstätter u. Waldschmidt-Leitz, H. 134, 161; 1924.
[4] Tanaka, Jl Coll. Engin. Tokyo 5, 125; 1912.
[5] Falk u. Nelson, Jl Am. Chem. Soc. 34, 735; 1912.
[6] Nicloux, Soc. Biol. 56, 701; 57, 84, 175; 1904.
[7] Jalander, Biochem. Zs 36, 435; 1911.

gefolgt. Beide Forscher geben auch Vorschriften zur Herstellung von fettfreier, trockener und gereinigter Ricinuslipase.

200 g geschälte Ricinussamen werden fein zerstossen und mit 250 g Cottonöl innig verrieben. Man filtriert durch einen Leinenbeutel und zentrifugiert; dabei erhält man einen Bodensatz von gröberen, unwirksamen Teilchen und 230—250 g Aufschlemmung. Diese wird entölt, indem man zunächst der Aufschlemmung das gleiche Volumen Petroläther zumischt und absetzen lässt. Nach dem Abdekantieren wird der Bodensatz vollständig entölt. Die als weisses Pulver erhaltene Trockenmenge Enzym beträgt 2,5—3 % der verarbeiteten Samenmenge.

Willstätter[1] hat neuerdings Verfahren zur Überführung der Lipasen, besonders des Ricinusenzyms in haltbare, trockene Form angegeben; dieselben bestehen in der Aufnahme der Lipasen aus Emulsionen und Suspensionen mit chemisch indifferenten Stoffen von grosser spezifischer Oberfläche, z. B. mit Kieselgur, Ton, Kaolin, Talk, Kohle oder Baryumsulfat.

Ölfreie Präparate sind zu empfindlich gegen Wasser und Reagenzien, um für Reinigungsarbeiten geeignet zu sein. Willstätter bereitet darum nach demselben Prinzip wie Hoyer eine enzymhaltige Ölsahne. Daraus wird das Enzym z. B. mit Kieselgur abgetrennt.

Die Patentschrift[2] gibt u. a. folgendes Beispiel:

Aus 1 kg geschälten Ricinussamen wird durch Verreiben mit 14 kg Wasser eine Milch hergestellt und diese bei einer Minutenumdrehungszahl von ungefähr 3000 zentrifugiert. Die entstandene Sahne, die ihre lipatische Wirksamkeit beim Entfetten oder Trocknen einbüssen würde, hebt man ab und verreibt sie innig mit 333 g Kieselgur. Das teigförmige Gemisch wird dann entweder in einer einzigen Operation durch Anrühren und Waschen mit Aceton, Alkohol u. dgl. zugleich entfettet und getrocknet, oder es wird zuerst in Trocknungsapparaten entwässert und dann durch Extraktion mit Lösungsmitteln entölt.

Spaltungsprobe: 0,2944 g Kieselgurlipase (entsprechend 1 g ungeschältem Samen) ergaben mit 2,5 g Rüböl und mit 2 g Wasser bei 20° in 20 Minuten 18,5 % Verseifung.

Ein ähnliches Verfahren kann auch auf die Ölsuspensionen nach Nicloux angewendet werden.

Vorgänge bei der Keimung. Nach Nicloux wirkt das von Ricinussamen abgetrennte Cytoplasma zwar wie ein Enzym; da er aber fand, dass die aktive Substanz von Wasser zerstört wird, sobald keine Schutzwirkung durch Fette ausgeübt wird, so zählt er sie — auffallenderweise — nicht zu den Enzymen.

Von Sigmund und von Green wurde die Auffassung ausgesprochen, dass in dem ruhenden Samen kein Enzym vorhanden sei. Green glaubt, dass es als Zymogen im Samen vorgebildet ist. Connstein, Hoyer und Wartenberg zeigten aber, dass das Enzym schon im Samen vorhanden ist, dass man aber seine Wirkung vermisst, wenn man nicht die günstige schwachsaure Reaktion herstellt. Die Zunahme der Wirkung während der Keimung

---

[1] Willstätter u. Waldschmidt-Leitz, H. **134**, 161; 1924.
[2] D.R.P. Nr. 316504, Kl. 12 o, Gr. 26; 1918.

sollte also nur darauf beruhen, dass freigemachte Säure die Reaktion näher dem Optimum bringt.

Die Verhältnisse sind indessen viel komplizierter. Willstätter fand, dass, wenn man die Lipasewirkung bei der optimalen Reaktion pH = 4,7 (siehe unten) bestimmt, während der Keimung eine ständige Abnahme der enzymatischen Wirkung beobachtet werden kann. Bestimmt man dagegen die Wirkung bei neutraler Reaktion, kann man folgendes beobachten: Die ruhenden Samen zeigen keine Wirkung. Während der Keimung tritt aber eine solche auf, erreicht einen ansehnlichen Betrag, und wird dann wieder etwas kleiner. Nach 7 tägiger Keimung findet man die Wirkung bei neutraler Reaktion sogar grösser als bei saurer. Willstätter schliesst aus diesbezüglichen Versuchen, dass die Lipase während der Keimung eine Veränderung erfährt. In dem ruhenden Samen ist die eigentliche Samenlipase, die „Spermatolipase" vorhanden, die ihr Aciditätsoptimum bei pH = 4,7 hat. Während der Keimung geht diese Spermatolipase allmählich in die „Blastolipase" über, die Optimum bei neutraler Reaktion hat. Willstätter stellt sich diese Veränderung folgendermassen vor: Die Spermatolipase ist fest an ein Protein (Träger) verankert. Es kann auch so sein, dass das Protein dem eigentlichen Enzymmolekül gehört. Der Träger bedingt viele Eigenschaften der Lipase, unter anderem die Aciditätsabhängigkeit. Während der Keimung wird das Protein von den Samenproteasen verändert (gespalten). Der neue Träger (das neue Enzymmolekül) bedingt neue Eigenschaften, in diesem Falle beispielsweise ein anderes Aciditätsoptimum. Die Blastolipase dürfte nur eine Durchgangsstufe darstellen, denn, wie oben gesagt wurde, vermindert sich ihre Menge, die übrigens nie im Verhältnis zur Menge der ursprünglichen Spermatolipase beträchtlich ist, stetig von einem gewissen Stadium der Keimung an. Die Bildung der Blastolipase tritt auch bei der von Hoyer beschriebenen Darstellung „gesäuerter Sahne" ein. Die Annahme, dass es sich hierbei um einen proteolytischen Vorgang handelt, wurde durch besondere Versuche Willstätters stark gestützt, wo gezeigt wurde, dass eine sozusagen künstliche Keimung von enzymhaltiger Sahne durch Pepsinbehandlung herbeigeführt werden konnte.

Der Einfluss der Säure, über den stark widersprechende Angaben vorliegen, führt nach Willstätter zu einer ähnlichen Erscheinung wie die Pepsinbehandlung. Es gibt aber charakteristische Unterschiede.

Abgesehen vom Aciditätsoptimum unterscheiden sich die Spermatolipase und die Blastolipase noch bezüglich Haltbarkeit, Verhalten gegen Glycerin usw. Die Blastolipase besitzt viel stärkere synthetische Wirkungen als das unveränderte Samenenzym.

Reinigung der Ricinuslipase. Für die Reinigung eignet sich eigentlich nur die oben beschriebene enzymhaltige Ölsahne. Herstellung von Trockenpräparaten, die, wie oben angeführt, durch Sorptionsmittel oder auch durch direktes, vorsichtiges Einengen im Faust-Heim-Apparat geschehen kann, ist für die Reinigung ohne Wert, weil die unlösliche Lipase nicht wieder aus den Sorbaten freigemacht werden kann. Für die Reinigung der Ricinuslipase sind aus demselben Grunde die gewöhnlichen Sorptions- und Elutionsmethoden nicht anwendbar. Willstätter hat eine gewisse Reinigung dadurch erreicht, dass er aus der Sahne gewisse Begleitstoffe herauslösen konnte. Am besten wirkte in dieser Hinsicht verdünntes Alkali. Verluste sind unvermeidlich; auch ist die so gewonnene Lipase viel instabiler als die ursprüngliche Sahne. Die Präparate enthalten noch Proteine.

Aciditätsoptimum. Wie oben ausgeführt, wirkt die Samenlipase in saurer Lösung. Aus den Messungen von Jalander berechnete Sörensen[1] eine optimale Acidität von pH = etwa 3. Verunreinigungen des Enzympräparates haben indessen sicher die berechnete Acidität stark herabgesetzt. In Übereinstimmung mit Haley und Lyman[2] finden Willstätter und Waldschmidt-Leitz das Optimum bei 4,7—5,0. Die Wirkung war am grössten in Acetatpuffer, kleiner in Phosphat, noch kleiner in Citratlösungen. Zu nennen sind hier einige ältere Versuche von Armstrong und Ormerod (l. c.) über den Einfluss verschiedener Säuren. Sie fanden keinen Zusammenhang zwischen der aktivierenden Wirkung verschiedener Säuren und ihren Dissoziationskonstanten. Dies entspricht auch dem früheren Befund von Hoyer[3].

Konzentration der Säure	0,01 norm.	0,02 norm.	0,10 norm.	0,50 norm.	$K \cdot 10^5$
Essigsäure	5,45	14,9	14,6	13,6	1,8
Bernsteinsäure	2,80	14,6	15,4	12,2	6
Citronensäure	7,25	15,3	14,7	1,1	82
Weinsäure	6,95	15,4	14,2	—	97

Die Art der zugesetzten Säuren scheint hiernach ohne erheblichen Einfluss zu sein, was so gedeutet werden kann, dass durch sie nur der eigentliche Aktivator, vermutlich selbst eine schwache Säure, evtl. Milchsäure, freigemacht wird. Es bleibt noch zu untersuchen, ob die zugesetzten Säuren auch in anderer Weise wirken als durch Einstellung der optimalen Acidität. Wir weisen hier auf die oben besprochenen Versuche Willstätters über die Säurewirkung hin. Willstätter findet es möglich, dass zwischen Enzym und Säure ein Additionsprodukt entsteht.

Aktivatoren und Paralysatoren. Tanaka[4] fand eine Beschleunigung durch manche Neutralsalze in starken Lösungen. Auch eine Untersuchung von Falk[5] ist zu nennen. Willstätter findet dagegen Natriumchlorid stark hemmend. Die Hemmung steigt proportional der Salzkonzentration. Die von

---

[1] Sörensen, Biochem. Zs 36, 435; 1911 und zwar 448.
[2] Haley u. Lyman, Jl Am. chem. Soc. 43, 2664; 1921.
[3] Hoyer, Chem. Ber. 37, 1436; 1904.
[4] Tanaka, Jl Coll. Engin Tokyo 5, 142; 1912.
[5] Falk, Jl Am. chem. Soc. 35, 601; 1913.

Tanaka gefundene Aktivierung durch Aminosäuren konnte Willstätter auch nicht bestätigen. Mehrere Autoren[1] haben eine Förderung durch Mangansalze beobachtet. In Willstätters Versuchen waren diese Salze, wenn das Enzym unter optimalen Bedingungen untersucht wurde, indifferent. NaF ist nach Connstein, Hoyer und Wartenberg ein starker Paralysator, ebenso $HgCl_2$ und Formaldehyd. Chloralhydrat ist unschädlich.

Hervorzuheben ist die Wirkungslosigkeit der Gallensalze[2].

Alkohol und Aceton verzögern[3]. Immerhin wirkt Ricinuslipase auf Methylacetat auch in wassergesättigtem Äther und wässrigem Aceton[4].

Einfluss der Temperatur. Ricinuslipase scheint zu den besonders hitzeempfindlichen Enzymen zu gehören. Connstein, Hoyer und Wartenberg geben an, dass bei 50° die Fettspaltung gehemmt wird. Trockene Präparate sind natürlich weniger empfindlich[5]. Das Temperaturoptimum der Wirkung liegt nach Willstätter und Waldschmidt-Leitz bei 35°. Sie haben weiter festgestellt, dass bei 50° die Lipase in Gegenwart wässriger Ölemulsionen völlig inaktiviert wird, während sie nach Nicloux in trockener Ölsuspension Temperaturen bis 100° vertragen soll.

Kinetik. Nicloux[6] verdankt man die ersten ausführlicheren Versuche über Ricinuslipase oder, wie der Verfasser sagt, über die lipolytische Wirkung des Plasmas der Ricinussamen. Nicloux fand sein Präparat unlöslich in Wasser; er emulgierte das Cytoplasma in dem zu hydrolysierenden Öl, meist Baumwollöl, und setzt verdünnte Essigsäure zu. Folgende Zahlen sind bei 18° erhalten.

t Min.	30	45	60	90	127	150	210	450
Hydrolys. in %	23,6	33,1	40,4	54,8	67,0	73,2	85,5	94,4
$k = \dfrac{100}{t} \log \dfrac{100}{100-x}$	0,388	0,387	0,375	0,382	0,392	0,381	0,399	0,278

Der Schützschen Regel folgen die beobachteten Zahlen nicht. Dagegen gibt die für monomolekulare Reaktionen gültige Formel den beobachteten Gang der Hydrolyse ziemlich gut wieder.

Das Zeitgesetz der pflanzlichen Lipasen ist bald darauf auch von Connstein, Hoyer und Wartenberg eingehend untersucht worden. Dieselben haben zunächst die wesentliche Tatsache festgestellt, dass erhebliche Mengen freier Säure notwendig sind, um die Lipase zur Wirksamkeit gelangen zu lassen. (Vgl. oben die neuen Versuche Willstätters.)

Verreibt man nach Sigmunds Vorschrift (Monatsh. f. Chemie 11, 272;

---

[1] Hoyer, Chem. Zbl. 76, 582; 1905. — Falk u. Hamlin, Jl Am. chem. Soc. 35, 210; 1913. — Falk, Proc. Nat. Acad. Science 1, 136; 1915.

[2] Donath, Hofm. Beitr. 10, 390; 1907.

[3] Falk, Jl Am. chem. Soc. 35, 616; 1913.

[4] Falk u. Nelson, Jl Am. chem. Soc. 34, 735; 1912.

[5] Falk, Proc. Nat. Acad. Science 2, 557; 1916.

[6] Nicloux, Soc. Biol. 54, 840; 1902.

1890) pulverisierte Ricinussamen mit Wasser und überlässt sie während 24 Stunden bei etwa 40° sich selbst, so beobachtet man tatsächlich nach Ablauf dieser Zeit durch Titrieren des Gemenges das Auftreten geringer Mengen Säure; lässt man solche Proben noch mehrere Tage stehen, so erfolgt nach einiger Zeit ein sprungweises rapides Ansteigen der Säuremenge. Dieser „Sprung" tritt je nach der höheren (35—40°) oder niedrigeren (15—20°) Temperatur des Ansatzes bald früher (nach 2—3 Tagen), bald später (nach 4—6 Tagen) in Erscheinung.

5 g Ricinussamen mit 5 g 1%iger Chloralhydratlösung verrieben und bei 16° sich selbst überlassen:

Gefunden	sofort	nach 2 Tagen	4 Tagen	6 Tagen	8 Tagen
% Ricinusölsäure	1	3	52	59	59

Weitere Versuche behandeln den Einfluss der Enzymmenge, Substratmenge und den zeitlichen Verlauf der Spaltung. Die Versuchsbedingungen waren indessen solche, dass keine sicheren Schlüsse gezogen werden können. A. E. Taylor, welcher Triacetin, den Essigsäureester des Glycerins, mit dem Pulver von Ricinusbohnen hydrolysiert hat, fand einen Reaktionsverlauf, wie bei monomolekularen Reaktionen. Er gibt folgende Resultate an, bei welchen $\frac{1}{2}$-, 1- und 2%ige Lösungen von Triacetin zur Anwendung kamen. Die Konstanten k beziehen sich auf 18°.

	t Stunden	4	8	16	24	28	32	40	48
$\frac{1}{2}$%	x beob.	0,096	0,162	0,287	0,418	0,489	0,477	0,623	0,652
	k	109	96	92	98	104	88	106	96
1%	x beob.	0,083	0,174	0,338	0,418	0,488	0,542	0,609	0,655
	k	94	104	112	98	104	106	102	96
2%	x beob.	0,098	0,174	0,323	1,431	0,502	0,485	0,595	0,636
	k	112	104	106	102	108	90	98	91

Wie es kommt, dass bei diesen Versuchen von Nicloux und Taylor die hydrolysierte Menge Fett nach dem einfachsten Zeitgesetz, welches für homogene Systeme gilt, berechnet werden kann, lässt sich nicht ganz überblicken. Es ist bei der Hydrolyse von Fetten und Triacetin um so auffallender, als wir ja hier drei stufenweise verlaufende Hydrolysen haben, welche wohl mit verschiedener Geschwindigkeit stattfinden.

Willstätter fand auch in seinen einwandfreien Versuchen, dass sich der Reaktionsverlauf durch keine einfache Formel ausdrücken lässt. Die nach der monomolekulären Formel berechneten Konstanten sanken stetig. Die Schützsche Regel galt nur in einem sehr engen Bereich mittlerer Spaltungsgrade. Bis zu etwa 6% Spaltung bestand Proportionalität zwischen Umsatz und Zeit. (Bezüglich Glyceryltriacetat: Lorberblatt und K. G. Falk, Jl Am. Chem. Soc. 48).

Nicloux hatte auch bei kleinen Enzymmengen E und Versuchszeiten die gespaltenen Substratmengen den Enzymmengen proportional gefunden. Dies wurde durch Messungen von Jalander[1] bestätigt.

Je 1,0 g Cottonöl, 1 ccm 0,01 n. Essigsäure. Temperatur 22⁰. Versuchsdauer 30 Minuten (Tab. XX).

Enzymmenge E (Ricinuslipase in Aufschlemmung)	Verbrauchte ccm 0,1 n. Natronlauge	Gespalten, % x	$\dfrac{x}{E}$
0,001	1,68	4,46	4,46
0,002	3,40	9,04	4,52
0,003	5,21	13,85	4,65
0,004	6,70	17,82	4,45
0,005	8,31	22,10	4,40
0,010	15,63	41,57	4,16
0,015	19,96	53,08	3,54
0,020	22,18	58,99	2,99
0,025	23,05	61,30	2,41

Jalander fand in der Regel einen befriedigenden Anschluss an die Schützsche Regel, während die Reaktionskoeffizienten erster Ordnung fielen.

Je 0,02 g trockene Ricinuslipase, 1,0 g Triolein, 1,0 ccm 0,01 n. Essigsäure. Temperatur 20⁰. Nach sorgfältiger Emulsionierung während der ganzen Versuchsdauer maschinell geschüttelt (Tab. XXXIII).

Minuten t	0,1 n NaOH ccm	% gespalten x	$\dfrac{x}{\sqrt{t}}$	$\dfrac{10^4}{t} \lg \dfrac{a}{a-x}$
10	6,76	20,39	6,4	100
20	11,55	34,87	7,8	93,0
30	15,93	48,05	8,7	93,9
60	18,85	56,86	7,3	60,6
120	26,18	78,97	7,2	56,2
140	28,54	86,54	5,7	35,7

Willstätter und Waldschmidt-Leitz fanden die Zeiten gleichen Umsatzes umgekehrt proportional den Enzymmengen. Diese Beziehung gilt streng bis zu einer Verseifung von 40—50% und Enzymmengen 1 : 4, und nicht mehr ganz streng für Enzymmengen 1 : 16. Willstätter schliesst, dass bei der Ricinuslipase die Hemmung durch die Spaltprodukte weniger ausgeprägt ist als bei der tierischen Lipase.

Synthetische Wirkungen. Taylor[2], S. Iwanow[3], Welter[4], Jalander (l. c.) und Krauss[5] haben mit Ricinusenzym Synthesen durchführen können, wobei auch die Zwischenprodukte Mono- und Di-Olein beobachtet wurden (Krauss). Der nachfolgende Versuch von Jalander zeigt, dass von beiden Seiten her die gleiche Gleichgewichtslage erreicht wurde (Vers. 8).

---

[1] Jalander, Biochem. Zs 36, 435; 1911.
[2] Taylor, Publ. Univ. Calif. 1, 33; 1904.
[3] Iwanow, Bot. Ber. 29, 595; 1911.
[4] Welter, Zs angew. Chem. 24, 385; 1911.
[5] Krauss, Zs angew. Chem. 24, 829; 1911.

Temperatur 20°. 5 mal täglich je 2 Minuten lang geschüttelt.

	A. Esterspaltung.			B. Esterbildung.	
0,01 g trockene Ricinuslipase, 1,0 g Triolein,			0,01 g trockene Ricinuslipase, 0,957 g Ölsäure		
1 ccm 0,01 n. Essigsäure			0,104 g Glycerin, 1 ccm 0,01 n. Essigsäure		
Dauer	ccm	Öl gespalten	Dauer	ccm	Ölsäure geb.
Tage	0,1 n. NaOH	%	Tage	0,1 n. NaOH	%
15	29,51	89,02	15	30,31	11,16
30	29,30	88,37	30	30,35	11,04

Nach Iwanow wirkt das fettspaltende Enzym je nach der Samenreife synthetisierend oder spaltend. Eine Untersuchung, welchen Einfluss hierbei die Acidität des Mediums hat, wäre in hohem Grade wünschenswert.

Wir erinnern hier noch einmal an die Befunde von Willstätter und Waldschmidt-Leitz, dass die Blastolipase stärkere synthetische Wirkungen ausübt als die Spermatolipase.

Was die Theorie dieses oder ähnlicher enzymatischer Gleichgewichte betrifft, so dürfte es nunmehr eine der nächsten Aufgaben sein, die Grundannahme, dass enzymatische Reaktionen durch die Verbindungen zwischen Enzym und Substrat vermittelt werden, auf umkehrbare Reaktionen mit messbarer Gleichgewichtslage anzuwenden. Offenbar wird, wie Euler 1907 betont hat[1], das natürliche Gleichgewicht durch die Verteilung des Enzyms zwischen Substrat und Reaktionsprodukt, im vorliegenden Fall zwischen Ester und Säure bzw. Alkohol, beeinflusst. Zur Klärung dieser Verhältnisse und zur Prüfung, ob sich hier Reaktionsgeschwindigkeit und Gleichgewicht durch die Annahme von zwei Affinitätsstellen[2] im Enzym und Substrat beschreiben lässt, sind weitere experimentelle Daten erforderlich.

Technische Anwendung. Die Ausarbeitung der enzymatischen Fettspaltung durch Phytolipasen als technisches Verfahren verdankt man Connstein, Hoyer und Wartenberg. D. R. P. Kl. 23d 145 413 und 147 757; 1902. Ver. Chem. Werke Charlottenburg.

Die Trennung des Protoplasmas von anderen Bestandteilen des Ricinussamens, Öl und Aleuron, durch Zentrifugieren hat sich Nicloux patentieren lassen. D. R. P. 188 511; 1904. — Ein weiteres Patent von Nicloux, D. R. P. 191 113; 1905 betrifft den Zusatz von Calcium- und Magnesiumsulfat.

Siehe auch das Verfahren von Willstätter (S. 49) D. R. P. 316 504 (1919), 3. Beispiel.

II. Lipasen anderer ölhaltiger Samen.

Ausser Ricinussamen sind noch zahlreiche andere ölhaltige Samen untersucht worden, so z. B. Cocosnuss[3], Colanuss[4], Erdnuss (Arachis)[5], Lein[5],

---

[1] Euler, H. 52, 146; 1907.

[2] Euler, Sv. Vet. Akad. Arkiv f. Kemi 9, Nr. 13; 1924. — Euler u. Josephson, H. 166, 294; 1927.

[3] Lumia, Malys Jahresber. über d. Fortschr. d. Tierchemie. XXVII. 1898, 724.

[4] Mastbaum, Chem. Zbl. 78, I, 978; 1907. — Driessen, Pharm. Weekblad. 46; 1909.

[5] Dunlap u. Seymour, Jl Amer. Chem. Soc. 27, 935; 1905.

Mandeln[1] und besonders Sojabohnen[2] und Chelidoniumsamen[3]. Es sei ferner auf die Arbeiten von Fokin[4] und Gerber[5] verwiesen.

Für die Darstellung aus Sojabohnen gibt Falk zwei Arbeitsmethoden an: 1. Gelbe, gemahlene Sojabohnen werden in einem Soxhletapparat mit Äther extrahiert, an der Luft getrocknet, gemahlen und gesiebt. 2. Man befreit die Sojabohnen mit der Hand von ihren Schalen, mahlt die Kerne, extrahiert mit Äther, trocknet an der Luft und siebt. Solche Sojapräparate hat Falk gegen Glyceryltriacetat recht aktiv gefunden, viel weniger gegen Äthylbutyrat.

Mit Enzym aus Chelidoniumsamen konnte Bournot[3] Monoolein und Triolein synthetisieren.

III. Esterasen in Pilzen und Mikroorganismen.

Eine Esterase in höheren Pilzen beschreibt Zellner[6]. In niederen Pilzen sind Esterasen zuerst von Gérard[7] und Camus[8] nachgewiesen worden. Weitere Literatur über Pilzesterasen:

Aspergillus	Biffen, Ann. of Bot. 13, 163; 1899.
	Garnier, Soc. Biol. 55, 1490, 1583; 1903.
	Spiekermann u. Bremer, Landw. Jahrb. 31, 81; 1902.
	Laxa, Arch. Hyg. 41, 119; 1902.
Lactarius sanguifluus	Rouge, Zbl. f. Bakt. II. 18, 404; 1907.
	Deleano, Biochem. Zs 17, 225; 1909.

Rouge (l. c.) zieht aus seinen Beobachtungen über die Lipase des Lactarius sanguifluus den Schluss, dass in verdünnten Lösungen die Enzymwirkung der angewandten Enzymmenge direkt proportional ist.

Deleano, der mit demselben Pilz gearbeitet hat, nimmt zwei Esterasen an, die doch wenig charakteristische Unterschiede zeigen. Der Autor macht auch Angaben über den Einfluss der Temperatur auf die Enzyme.

Eine moderne Untersuchung über die Takaesterase verdanken wir Willstätter und Kumagawa[9]. Wie schon Wohlgemuth[10] fand, finden die Autoren, dass das Takaenzym gut niedere Ester spaltet, Fett aber sehr schlecht. Sie ist in dieser Hinsicht noch ausgeprägter als die Leberesterase. Sie zeigt optische Spezifität. Bei den vier untersuchten racemischen Substraten stimmt sie mit der Leberesterase überein. Sie wird von Zusätzen ganz anders beeinflusst als die tierischen Enzyme. Folgende Tabelle sei angeführt:

---

[1] Tonegutti, Staz. sperim. agrar. ital. 43, 723; 1910. — Chem. Zbl. 82, I, 332; 1911.

[2] Falk, Jl Amer. Chem. Soc. 37, 649; 1915.

[3] Bournot, Biochem. Zs 52, 172; 1913 und 65, 140; 1914.

[4] Fokin, Chem. Zbt. 74, II, 1451; 1903. — 75, II, 1617; 1904.

[5] Gerber, C. r. 152, 1611; 1911.

[6] Zellner, Monatsh. f. Chemie 27, 295, 1906. — Chemie d. höheren Pilze. Leipzig 1907.

[7] Gérard, C. r. 124, 370; 1897.

[8] Camus, Soc. Biol. 49, 192, 230; 1897.

[9] Willstätter u. Kumagawa, H. 146, 151; 1925.

[10] Wohlgemuth, Biochem. Zs 39, 324; 1912.

Zusatz	Leberesterase	Takaesterase	Pankreasesterase
Natriumoleat	gehemmt	kein Einfluss	aktiviert
Calciumoleat	stark gehemmt	kein Einfluss	stark aktiviert
Albumin	kein Einfluss	stark gehemmt	stark aktiviert
Albumin + Calciumoleat	ziemlich stark gehemmt	stark gehemmt	stark aktiviert

Das pH-Optimum findet Willstätter bei 8,5—9,0. Zu demselben Resultat kommt Ogawa[1].

In Hefen, welche ja unter geeigneten Umständen sehr fettreich werden können, sind vielfach Esterasen nachgewiesen worden.

Literatur über Fettspaltung durch Bakterien:

Jensen, Zbl. f. Bakt. II, 8, 11; 1902.

Söhngen, Folia Mikrobiol. I. Chem. Zbl. 82, II, 631; 1911.

Rubner, Arch. Hyg. 38, 67; 1900. — Huss, Zbl. f. Bakt. II, 20; 1908.

Fuhrmann, Bakterienenzyme; Jena 1907.

W. P. Thompson u. F. L. Meleney, Proc. Soc. exp. Biol. u. Med. 21, 360; 1924. — Jl exp. Med. 40, 233; 1924. Hämolytische Streptokokken.

G. Seliber, Bull. Inst. Lesshaft; 1927 (Tuberkelbakt.).

Bemerkenswert ist die Angabe von Söhngen, dass eine aus B. fluorescens, pyocyaneus, liquefaciens dargestellte, sehr säureempfindliche Esterase eine 5 minutenlange Erhitzung auf 100° überdauerte (?). Dem gleichen Forscher zufolge soll die Bakterienesterase erst in 0,02 n.-Milchsäure zu wirken aufhören.

Die lipolytische Wirkung der Fäces entstammt sicher wie auch Molnar[2] annimmt, zum Teil den Bakterien.

Die synthetische Wirkung bakterieller Lipasen hat neuerdings N. van der Walle[3] untersucht. Bac. pyocyaneus verestert Ölsäure mit Propyl-, Isobutyl-, Amyl-, Hexyl-, Octylalkohol, Methylmoûylcarbinol und Glycerin, nicht aber mit Methyl-Äthyl, Benzylalkohol. Buttersäure wird mit Glycerin nicht verestert.

Staphylococcus aureus-Pulver wirkt synthetisch auf Ölsäure + Glycerin, ebenso Bac. prodigiosus.

C. Spaltung von Cholesterinestern und Wachsarten (Cholesterase).

Der einwertige, sekundäre cyclische Alkohol Cholesterin (Cholesterol) bildet bekanntlich sowohl mit niederen alipathischen Säuren (Essigsäure usw.), als besonders mit Palmitinsäure, Stearinsäure und Ölsäure, Ester, welche neben freiem Cholesterin in pflanzlichen und tierischen Zellen und Geweben verbreitet sind (Cholesterinester der Phosphorsäure siehe S. 104).

---

[1] Ogawa, Biochem. Zs 149, 216; 1924.

[2] Molnar, Deutsch. med. Woch. 43, 326; 1917.

[3] van der Walle, Zbl. f. Bakt. II, 70, 369; 1927.

Eine sichere Abgrenzung des Cholesterylester spaltenden Enzyms von den in den gleichen Organen auftretenden, oben behandelten eigentlichen Butyrasen und Lipasen ist noch nicht durchgeführt worden; es kann also die Bezeichnung „Cholesterasen" einstweilen nur mit einem gewissen Vorbehalt gebraucht werden.

Dass Ester des Cholesterins durch ein in Leber, Niere und Milz enthaltenes Enzym gespalten werden, hat zuerst Kenro Kondo[1] gezeigt, und dies wird neuerdings von Toshiharu Nomura[2] bestätigt; diese Organe enthalten auch Cholesterylester. Dagegen besitzt Hirn, welches zwar Cholesterin, aber keinen Cholesterinester enthält, keine Cholesterase (Lorrain, Smith und Mair[3]).

Entgegen den Angaben von Cytronberg[4] und von J. H. Schultz fand Nomura im Blut keine Cholesterase. (Blutserum enthält nach Handovsky[5] Cholesterinester und Cholesterin[6] im Verhältnis 1 : 1.)

Eine enzymatische Synthese von Cholesterinestern gelingt nach Nomura durch Saft und Extrakt des Pankreas (pH-Optimum bei 7); diese synthetische Wirkung soll durch Galle verstärkt werden; Kaolin und Tierkohle adsorbieren das Enzym reversibel.

Ob ein von anderen Esterasen verschiedenes wachsspaltendes Enzym in den Lymphocyten vorkommt, wie durch Ergebnisse von Bergel[7] wahrscheinlich wird, bleibt weiteren Untersuchungen zur Entscheidung vorbehalten.

A. E. Porter[8] fand allerdings ziemlich weitgehende Unterschiede zwischen Lipasen (Esterasen) und dem Enzym, welches die Ester höherer Alkohole (Lanolin, Cholesterylpalmitat, Cetylpalmitat u. a.) spaltet, und welches sich neben Butyrasen und Lecithinase in zahlreichen tierischen Organen findet.

Dieses Vorkommen einer Cholesterase wäre bemerkenswert, weil die Tuberkelbacillen eine wachsähnliche Substanz enthalten. Nach Porter (l. c.) scheint die Resistenz verschiedener Organe mit ihrem Gehalt an Esterasen in Beziehung zu stehen. So sind die Organe der Katze, welche wenig empfänglich für Tuberkeln ist, durchweg reich an Esterasen. Andererseits ist bei allen Tierarten die Lunge sehr esterasearm.

Aus der gegen Tuberkelbacillen immunen Raupe der Wachsmotte lässt sich nach Fiessinger[9] ein wachsspaltendes Enzym extrahieren.

<hr>

[1] Kenro Kondo, Biochem. Zs 26, 243 u. 27, 427; 1910.
[2] Toshiharu Nomura, Tohoku, Jl exp. med. 4, 677; 1924. — 5, 323; 1924.
[3] Lorrain, Smith u. Mair, Jl Path. Bact. 16, 131; 1912.
[4] Cytronberg, Biochem. Zs 45, 281; 1912. — J. H. Schultz, ebenda 42, 255; 1912.
[5] Handovsky, Lohmann u. Bosse, Pflüg. Arch. 210, 63; 1925.
[6] Methodik nach Windaus.
[7] S. Bergel, Münch. med. Woch. 66, 929; 1919.
[8] Porter, Münch. med. Woch. 61, 1775; 1914. — Biochem. Jl 10, 523; 1916.
[9] Fiessinger, Soc. Biol. 83, 147; 1920.

D. Methoden zur Messung der Fett- und Ester-Spaltung.

Die Methoden zur Untersuchung der Fett- und Esterspaltung gründen sich im wesentlichen auf zweierlei während der Hydrolyse eintretenden Veränderungen der Reaktionslösungen:

1. Die Bildung freier Säure (und freien Alkohols) aus dem Ester.

2. Die Änderung der Oberflächenspannung der Reaktionsflüssigkeit.

I. Titrationsmethoden.

a) Titrimetrische Bestimmung des Säuregehaltes.

Es handelt sich hierbei durchweg um alkalimetrische Titration mit NaOH, zu welcher in der Regel $1^0/_0$iges Phenolphthalein als Indicator verwendet worden ist.

Soweit niedere Ester, in erster Linie Äthylbutyrat, und einigermassen klare Lösungen von Enzym angewandt worden sind, stimmt die Methodik mehr oder weniger vollständig mit denjenigen überein, welche bei nichtenzymatischen Esterhydrolysen angewandt und mannigfach durchgearbeitet worden sind. Die Anwendung dieser Methodik findet man besonders in den Arbeiten von Kastle und Loevenhart (vgl. S. 36 u. ff.).

Auch wenn es sich um die Spaltung eigentlicher Fette und Öle handelt, so kann die durch die Reaktion gebildete Säure mittels Alkali direkt titriert werden, wie dies in den Arbeiten von Dietz u. a. geschehen ist.

Im allgemeinen wurde zur Herstellung einer homogenen Lösung die Fettemulsion vor der Titration mit Alkohol versetzt[1]. In denjenigen Fällen, in welchen das Enzym in fester bzw. in nicht vollständig gelöster Form zur Anwendung gekommen ist, wie bei den Versuchen von Connstein, Hoyer und Wartenberg (siehe S. 48), liefert nach der Erfahrung dieser Forscher die Titration „niemals zu hohe, eher aber öfter zu niedrige Werte, da es sehr schwer ist, die in dem Samengemenge enthaltende Fettsäure dem ersteren bis auf die letzten Spuren durch Extraktion zu entziehen“.

Beim Arbeiten mit pflanzlichen Lipasen werden die Samen geschält, durch Auspressen und Behandeln des Presskuchens mit Äther von Öl befreit und fein gemahlen. Die gebildete Samenmilch wird in einer Zentrifuge von den unwirksamen Bestandteilen des Samens getrennt. Man lässt sie 24 Stunden stehen, unterdessen sammelt sich die enzymhaltige Emulsion, in welcher sich die zur Aktivierung nötige Säure (Milchsäure) bildet, an der Oberfläche an und kann abgehoben werden. Mit 5—10 g dieser Emulsion verrührt man 100 g Öl und entnimmt der Mischung von Zeit zu Zeit Proben zur Titration.

Über die Herstellung von Ölemulsionen siehe auch Jalander (l. c.).

---

[1] Siehe z. B. Kanitz, Chem. Ber. 36, 400; 1903. — H. 46, 482; 1905. — Terroine, Biochem. Zs. 23, 404; 1910.

b) Methode von Volhard-Stade[1].

Volhard und seine Schüler verwenden als Substrat Eigelbemulsion. Die Titration nehmen sie nicht direkt mit einem aliquoten Teil des Reaktionsgemisches vor, sondern sie schütteln dieses, bzw. einen Teil desselben, mit Äther und etwas Alkohol aus und titrieren einen gemessenen Teil des Ätherextraktes mit Natronlauge. Die Methode stellt sich also folgendermassen:

Gleiche Mengen des Verdauungsgemisches werden in 100—150 ccm fassende Flaschen gebracht, mit 75 ccm Äther, zur Beschleunigung der Schichtung unter Zusatz von Alkohol[2] übergossen und, gut verkorkt, gleich lang maschinell geschüttelt.

Sobald sich nach Beendigung des Schüttelns der Äther von dem Verdauungsgemisch getrennt und geklärt hat, werden 50 ccm desselben in ein Kölbchen abgegossen, mit 75 ccm neutralisierten Alkohols versetzt und mit wässriger 0,1 n. NaOH titriert. Bestimmung I.

Zur Ermittelung der Totalmenge des anwesenden verseifbaren Fettes werden nun 10 ccm n.-Natronlauge zugegeben und die Kölbchen 24 Stunden unter dem Rückflusskühler verseift. Die aus den Neutralfetten so gebildeten Seifen werden durch 10 ccm l n. H_2SO_4 gespalten, wobei gleichzeitig das überschüssige Alkali gebunden wird, und durch eine zweite Titration die Neutralfette als Fettsäuren bestimmt. Bestimmung II.

Die Berechnung geschieht nach der Formel I : (I + II) = x : 100.

Verwendet man nicht Eigelbemulsion, sondern Fett- bzw. Ölemulsion, so ist die Wahl des Öles und die Herstellung der Emulsion wesentlich für den Verlauf der Spaltung. Umeda[3] empfiehlt Arachisöl und gibt eine Methode zur Herstellung einer gleichmässigen Emulsion an.

Eine titrimetrische Methode verwenden auch Willstätter, Waldschmidt-Leitz und Memmen (H. 125) bei der Verfolgung der hohen Glyceride. Die Titration geschieht in alkoholisch-ätherischer Lösung, mit Thymolphthalein als Indicator.

„Zur Titration spült man nach Willstätter und Mitarbeitern die Reaktionsflüssigkeit mit 96% Alkohol in einen Erlenmeyerkolben, so dass das Volumen der alkoholischen Flüssigkeit 125 cm beträgt. An ihrer Oberfläche befinden sich Öltropfen, die Seife und Enzym einschliessen und die Titration stören würden; daher wird durch Vermischen mit 20 ccm Äther die Lösung vervollständigt. In der alkoholisch-ätherischen Flüssigkeit wirkt die Lipase nicht weiter, während in nur alkoholischem Medium ihre Wirkung noch langsam fortschreitet.‟

Besonders hingewiesen sei auf die Notwendigkeit, bei vergleichenden

---

[1] Stade, Hofm. Beitr. 3, 291; 1903.
[2] Siehe hierzu Engel, Hofm. Beitr. 7, 77; 1905.
[3] Umeda, Biochem. Jl 9, 38; 1915.

Bestimmungen Aktivatoren in Überschuss zuzusetzen, nämlich Calcium-chlorid und Albumin (vgl. l. c. S. 108—111).

Bei Zusatz von Bicarbonat zur Reaktionslösung lassen sich die abgespaltenen Fettsäuren nicht direkt titrieren. Die Methode von Abderhalden und Weil[1] umgeht diese Schwierigkeit, indem nach Beendigung des Versuches und Abkühlen auf etwa 10° von dem Pankreasgewebe, dem nicht gespaltenen Fett und dem unlöslichen Natriumstearat abfiltriert und das dem anfangs zugesetzten Bicarbonat entsprechende Volumen n/10 Schwefelsäure hinzugefügt wird. Durch kurzes Aufkochen am Rückflusskühler wurde die frei gewordene Kohlensäure entfernt. Die nach dem schnellen Abkühlen auf Zimmertemperatur und Zusatz von 3 Tropfen 1 %iger Phenolphthaleinlösung bis zur schwach rosa Färbung verbrauchte Menge n/10 NaOH entsprach dann der aus dem Fett abgespaltenen Menge Säure. Stearin-säure wurde noch direkt als Bleistearat bestimmt.

Eine vereinfachte Methode, die Lipasen im Duodenalinhalt zu bestimmen, vielleicht zu klinischen Zwecken ausreichend, beschreiben Bondi u. Volk (Wien. klin. Woch. 32; 1919).

Mauban verwendet zur Bestimmung des durch direkte Duodenalsondierung gewonnenen Pankreassaftes Fettgelatineplatten (Soc. Biol. 83, 130; 1920).

c) Gasanalytische Methode von Rona und Lasnitzki[2].

Der Nachweis der bei der Hydrolyse des Esters durch das Enzym gebildeten Säure erfolgt auf gasanalytischem Wege, und zwar durch manometrische Bestimmung der CO_2-Menge, die aus der angewandten bicarbonathaltigen Ringerlösung von der entstandenen Fettsäure in Freiheit gesetzt wird.

II. Bestimmung des gebildeten Glycerins.

St. v. Pesthy[3] hat bei seinen Versuchen, die mit Magen- und Pankreas-enzym und mit Eigelb oder Olivenöl als Substrat angestellt wurden, sowohl die entstehenden Säuren titriert als auch das Glycerin nach Zeisel-Fanto bestimmt.

Die Reaktionsflüssigkeit wurde verdünnt, mit Essigsäure angesäuert und mit einer 10 % igen Lösung von Phosphorwolframsäure im Überschuss versetzt. Der hierbei entstandene Niederschlag besteht aus gefälltem Eiweiss, das auch die Fette der Emulsion mit sich reisst. Die Flüssigkeit wird auf einer Nutsche abgesaugt; es wird mit dest. Wasser gewaschen, aus dem opalisierenden Filtrat die Phosphorwolframsäure mit Baryt gefällt, filtriert und im Filtrat der überschüssige Baryt durch CO_2 entfernt. Aus dem nunmehr barytfreien Filtrat werden die Chloride durch frisch gefälltes Silberoxyd gefällt und durch Filtration entfernt. Im eingeengten Filtrat wird nunmehr das Glycerin nach Zeisel und Fanto bestimmt[4]. Die Methode besteht bekanntlich darin, dass die Glycerin enthaltende Lösung, mit JH gekocht, flüchtiges Isopropyljodid gibt, das, in eine alkoholische Lösung von $AgNO_3$ geleitet, dort einen Niederschlag von AgJ bildet, welcher zur Wägung gebracht und auf Glycerin berechnet wird.

III. Stalagmometrische Methode.

Die Titrationsmethoden zur Messung der Fettspaltung sind von Saxl[5] einer, allerdings übertrieben, abfälligen Kritik unterzogen worden, mit dem

---

[1] Abderhalden u. Weil, Fermentf. 4, 86; 1920.

[2] Rona u. Lasnitzki, Biochem. Zs 152, 504; 1924. — 163, 197; 1925. — 173, 207; 1926. — Rona, Fermentmethoden 1926, S. 106.

[3] v. Pesthy, Biochem. Zs 34, 147; 1911.

[4] Zeisel u. Fanto, Zs f. anal. Chem. 42, 549; 1903.

[5] Saxl, Biochem. Zs 12, 343; 1908. Siehe auch E. Freudenberg, Biochem. Zs 45; 469

Resultat, dass „keine der bisher empfohlenen Methoden ein quantitatives Studium der Esterspaltung gestattet, da die gewonnenen Werte entweder bei kurzer Versuchsdauer so gering sind, dass sie kaum ausserhalb der Fehlergrenzen liegen, oder aber bei langer Versuchsdauer durch die mit den Bestimmungsmethoden verbundenen Fehlerquellen getrübt werden."

Rona und Michaelis[1] haben zur Vermeidung dieses Übelstandes eine Methode ausgearbeitet, bei welcher sie Äthylbutyrat als Substrat verwenden und den Gang der Reaktion durch die Änderung der Oberflächenspannung verfolgen, welche infolge der Esterspaltung eintritt. Diese Methode ist nur unter Verwendung echter Lösungen, also niederer Ester, anwendbar; bei Verwendung von Fettemulsionen dürfte eine stalagmometrische Methode, wie sie Izar (Biochem. Zeitschr. 40, 390; 1912) vorgeschlagen hat, nicht brauchbar sein.

Die Glycerinester erniedrigen die Oberflächenspannung des Wassers selbst in geringen Konzentrationen bedeutend, während die Spaltprodukte auf die Oberflächenspannung eine verhältnismässig geringe Wirkung ausüben[2]. Die äusserst geringen Mengen Tributyrin, welche in wässrige Lösung gehen, genügen schon, um die Oberflächenspannung des Wassers stark zu erniedrigen.

Als Messapparat eignet sich ein Traubesches Stalagmometer, mit welchem die Tropfenzahl ermittelt wird, die sich beim Entleeren eines bestimmten Volumens der Flüssigkeit bildet; diese Tropfenzahl ist ein Mass der relativen Oberflächenspannung.

Die Methode von Rona und Michaelis ist bald von Davidsohn[3] in etwas abgeänderter Form angewandt worden.

Davidsohn verfährt zur Bestimmung der fettspaltenden Wirkung des Magensaftes folgendermassen:

Der nach Probefrühstück gewonnene und filtrierte Mageninhalt wird 2-, 4- und 8fach verdünnt. Von diesen Verdünnungen und evtl. dem unverdünnten Saft werden 0,5 bzw. 0,75 und 1,0 ccm mit 60 ccm einer gesättigten wässrigen Tributyrinlösung versetzt. Es empfiehlt sich zunächst, 4 Verdünnungen mit je 4—5 Minuten Zwischenraum anzusetzen. Das Intervall genügt zu einer Messung und nach 60 Minuten sieht man, ob man weiter stärkere oder schwächere Verdünnungen wählen muss. Eine Sättigung der Lösung mit Tributyrin tritt erst allmählich und nach kräftigem Schütteln mit einem grossen Überschuss Tributyrin ein. Es muss jede neue Lösung auf ihren

---

[1] Rona u. Michaelis, Biochem. Zs 31, 345; 1911. — Rona, Biochem. Zs 32, 482; 1911 und Davidsohn, Biochem. Zs 45, 284; 1912 u. 49, 249; 1913.

[2] Bei kinetischen Versuchen mit Glycerinestern, besonders im heterogenen System, ist zu bedenken, dass die Konzentration des Esters an der Oberfläche des wässrigen Lösungsmittels eine wesentlich andere ist, als im Inneren der Lösung. Dieser Umstand muss auch bei einer erneuten theoretischen Behandlung der Versuche von Dietz, Jalander u. a. berücksichtigt werden.

[3] Davidsohn, Berlin. klin. Woch. 49, 1132; 1913.

richtigen Gehalt mit der Tropfmethode geprüft werden. Für gleiche Temperatur der verwendeten Flüssigkeiten ist zu sorgen. Die optimale Acidität wird durch einen Zusatz von 0,5 ccm $^1/_3$ n. H_2KPO_4 und 0,5 ccm $^1/_3$ n. HNa_2PO_4 hergestellt.

Sofort nach dem Vermischen der Tributyrinlösung mit dem Magensaft, und dann stets nach 20 Minuten, werden Proben abgefüllt und gemessen. Die von Davidsohn benutzte Capillare war so beschaffen, dass der Wert für die Tributyrinlösung 144, für reines Wasser 94 Tropfen betrug. Die Spaltung der Tributyrinlösung durch Magensaft geht nun so vor sich, dass zunächst bis zu einem Wert von etwa 110 Tropfen eine schnelle Änderung eintritt, die dann asymptotisch bis ungefähr 100 Tropfen weiter verläuft.

Die Capillare ist vor jedem Versuch mit einer kleinen Menge der zu prüfenden Flüssigkeit zu waschen.

Willstätter und Memmen haben sich bei ihren Untersuchungen über Lipasen, soweit es sich um die Tributyrinspaltung handelte, der Methode von Rona und Michaelis bedient[1].

„Auf die ausgleichende Aktivierung der lipatischen Spaltung des Tributyrins gründet sich die Bestimmungsmethode mittels der stalagmometrischen Messung. Zu diesem Ende wurde die Beziehung zwischen Tropfenabnahme und Reaktionszeit unter den ausprobierten Bedingungen für eine Menge

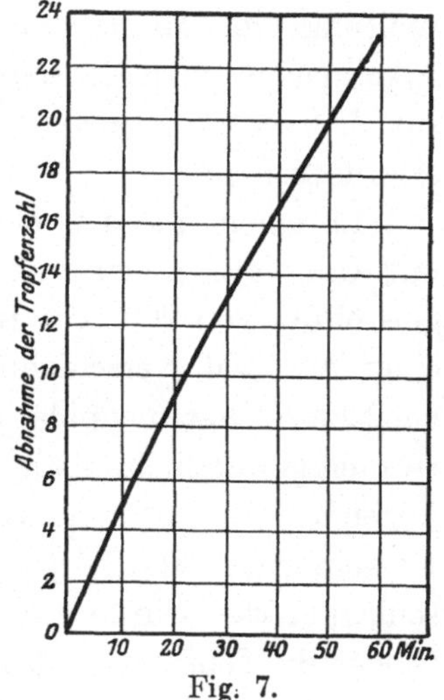

Fig. 7.

Lipase aus Schweinepankreas untersucht, die einen einfachen Bruchteil der durch Ölspaltung definierten Lipaseeinheit ausmacht, nämlich 0,001 L.-E. Vergleichende Bestimmungen mit dieser Menge und mit 0,002 und 0,003 L.-E. ergaben, dass unter den gewählten Bedingungen der ausgleichenden Einflüsse und innerhalb des für die Messung in Betracht kommenden Bereichs von Lipasemengen die Proportionalität zwischen Reaktionszeit und Enzymmenge genau Geltung hat.

Aus diesen Messungen mit den verschiedenen Mengen Lipase sowohl vom Schweine wie vom Schafpankreas leitet sich eine und dieselbe Kurve her (Fig. 7). Sie stellt für die als Einheit der stalagmometrischen Messung gewählte Menge von 0,001 L.-E. die Abnahme der Tropfenzahl in verschiedenen Zeiten dar. Die Beziehung der Einheit für die Tributyrinspaltung zur Einheit für die Ölspaltung lässt sich nicht so gut verallgemeinern, dass sie für Lipase jeglicher Herkunft gilt. Unabhängig von dieser Beziehung zur L.-E. wird daher diejenige Enzymmenge als Einheit der lipatischen Spaltung des

<hr>

[1] Siehe hiezu Willstätter, Waldschmidt-Leitz u. Memmen, H. 125, 93, u. zwar 96 u. 110; 1923. — Willstätter u. Memmen, H. 129, 1, u. zwar 22; 1923.

Tributyrins gewählt, die eine Abnahme um 20 Tropfen, d. h. um etwa die Hälfte der Differenz zwischen den Tropfenzahlen von reiner Tributyrinlösung und von reinem Wasser in 50 Minuten bewirkt. Diese Menge wird als Butyraseeinheit (B.-E.) bezeichnet. Um unbekannte Enzymmengen zu messen, wählen Willstätter und Memmen die Analysenproben so, dass sie nicht wesentlich höher sind als das Zweifache und nicht weniger als ein Fünftel der B.-E.

IV. Titrimetrische Einstellung des Aciditätsoptimums.

Im hiesigen Institut hat Knaffl-Lenz[1] zur Untersuchung der Butyrasespaltung eine Methode ausgearbeitet, welche darauf beruht, dass diejenige Alkalimenge titrimetrisch gemessen wird, welche im Verlauf der Reaktion zur Aufrechterhaltung der optimalen Acidität oder einer anderen beliebigen erforderlich ist.

In einem grossen elektrisch geheizten viereckigen Wasserthermostaten mit Glaswänden wurde eine Reihe von ausgedämpften zylindrischen Hartglasröhren von 200 ccm Inhalt, deren Hals auf 1 cm verengt war, mit Hilfe einer vertikal verschiebbaren Aufhängevorrichtung eingesenkt. Oberhalb der Röhren waren capillar ausgezogene Mikrobüretten angebracht. Die Röhren wurden gewöhnlich mit je 100 ccm Esterlösung und der entsprechenden Menge folgender Indicatoren versetzt: Thymolblau, Kresolrot, Phenolphthalein, Kresolpurpur, Methylrot und Bromphenolblau und die Acidität jedes Umschlagpunktes wurde auf elektrometrischem Wege festgelegt. Wenn die Lösungen die Temperatur des Thermostaten angenommen haben, wird die Enzymlösung (0,5—2 ccm) zugegeben. In kurzen (je nach der Geschwindigkeit der Reaktion zu wählenden) Zwischenräumen wird nun soviel carbonatfreie Natronlauge zugegeben, bis der ursprüngliche Farbenton des verwendeten Indicators wieder erreicht ist.

Man hält auf diese Weise ohne Verwendung eines Puffers eine bestimmte Acidität (in der Regel wird man die optimale wählen) aufrecht.

Elektrotitrimetrische Methode von Rona und Ammon. In Anlehnung an die Methode von Knaffl-Lenz bringt auch Rona die Wasserstoffionenkonzentration der Lösung dauernd durch Zugabe von Alkali auf die Ausgangskonzentration zurück, verwendet aber zur Erkennung der konstant zu haltenden Acidität nicht den Farbenumschlag eines Indicators, sondern das mit Wasserstoffelektrode elektrometrisch gemessene Potential.

Extraktion und Bestimmung der höheren Fettsäuren. A. v. Szent-Györgyi, Biochem. Zs 146, 226; 1924.

Eine Methode zum schnellen Nachweis von Phenolesterasen, die sich auf die Anwendung von Guajacolcarbonat gründet, hat A. Bach[2] angegeben.

[1] Knaffl-Lenz, Arch. f. exper. Path. u. Pharm. 97, 242; 1923.
[2] A. Bach, Fermentf. 1, 151; 1915.

2. Kapitel.

Besondere, esterspaltende Enzyme (Lecithinase, Tannase, Chlorophyllase).

A. Lecithinase (Lipinase).

Die Existenz eines besonderen Enzymes, welches Lecithin[1],

$$CH_2OPO \overset{OH}{\diagup} OCH_2 \cdot CH_2 \cdot N(CH_3)_3OH$$
$$| \\ CHOR \\ | \\ CH_2OR \quad (R = \text{Palmitin-, Stearin-, Ölsäure u. a.})$$

sowie Derivate desselben (und evtl. andere Phosphatide) hydrolytisch spaltet, wurde von Cohnstein und Michaelis (1894), von Hamburger (1900) und von F. H. Thiele[2] behauptet, welche dieses Enzym im Blut und Chylus fanden. Im normalen Serum soll sich diese Lecithinase selten finden, sondern an die geformten Elemente des Blutes (nicht an das Hämoglobin) gebunden sein, wie dies auch bei der Esterase des Blutes der Fall ist (vgl. S. 44).

H. Muchs „Lipoidasen" sind chemisch nicht näher definiert. Auf einige Hypothesen dieses Forschers werden wir im III. Teil zurückkommen müssen.

Lipoidkonstanten im Serum: Achard, Grigaut u. A. Leblanc (C. r. 184, 843; 1927).

Lecithin wird von Enzymen des Magens[3], des Pankreas[4] und des Darmes[5] kräftig angegriffen, auch von einem Enzym der Leber[6], der Lunge (Fr. Müller) und anderer Organe, ferner im Dotter des Hühnereis[7].

Kay[8] beobachtete Lecithin-Spaltung durch ein Nieren-Enzym, das er

---

[1] Zur Kenntnis dieses Substrats siehe die Monographie von Hugh Maclean u. Ida Smedley Maclean „Lecithin and allied substances". (Monographs on biochemistry London) sowie die zahlreichen Experimentalarbeiten von Levene und I. Rolf u. Mitarbeitern in Jl of Biol. Chemistry.

[2] F. H. Thiele, Biochem. Jl 7, 275; 1913.

[3] Schumoff-Simanowski u. Sieber, H. 49, 50; 1906. — Usuki, Arch. f. exp. Path. 63, 270; 1910.

[4] Paul Mayer, Biochem. Zs 1, 39; 1906. — Clementi, Arch. di Fisiol. 8, 399; 1910. — Wohlgemuth, Biochem. Zs 39, 302; 1912.

[5] Brugsch u. Masuda, Zs exp. Path. 9, 617; 1911. — Ugo Lombroso, Arch. di Farmac. sper. 13, 73; 1912.

[6] Waldvogel, H. 42, 200; 1904.

[7] Wohlgemuth, H. 44, 540; 1905.

[8] H. D. Kay, Biochem. Jl 20, 791; 1926.

als verschieden von Nieren-Phosphatase betrachtet. Acidatäts-Optimum pH = 7,0 — 7,4. Er gibt folgende Versuchsreihe an:

2 ccm Nieren-Phosphatase-Lösung
zu je 10 ccm Lecithin-Emulsion.

pH	nach 60 Std. hydrolysiert	pH	nach 60 Std. hydrolysiert
6,0	0,047	7,8	0,117
7,0	0,130	8,2	0,109
7,4	0,142	9,25	0,079

Im Gegensatz zu P. Mayer und zu Wohlgemuth konnten Stassano und Billon[1], sowie auch Kalaboukoff und Terroine[2] keine Lecithinspaltung durch den Pankreassaft nachweisen. Kräftige Lecithinspaltung bewirkt nach Akamatsu[3] die Takadiastase.

Lecithinase des Kobragiftes. Kyes[4] hat 1907 mitgeteilt, dass in Mischungen von Lecithin und Kobragift eine hämolytische Substanz in Wirkung tritt. Dann hat Lüdecke (in Willstätters Laboratorium) nachgewiesen[5], dass Kobragift aus Lecithin eine Fettsäure abspaltet; es entsteht also durch die im Kobragift enthaltene Lecithinase zunächst ein hämolytisch wirksames Produkt. Durch weitergehende Spaltung verschwindet dann der hämolytische Effekt wieder (Manwaring[6]). Durch die Versuche von Lüdecke, sowie von Dungern und Coca war also gezeigt, dass die hämolytische Wirkung nicht durch das Lecithid des Kobragiftes bewirkt wird. Kobragift verwandelt enzymatisch Lecithin in das Phosphatid Lysocithin (Delezenne und Fourneau); diese Wirkung wird im III. Teil näher behandelt. Das Lysocithin bindet Cholesterin. Lecithin- bzw. lipinspaltende Wirkungen dürften auch in anderen tierischen Organen eintreten können, wie überhaupt diese Enzymwirkung in Organen wie im Blut von erheblicher physiologischer und pathologischer Bedeutung sein dürfte[7], die bis jetzt noch zu wenig Beachtung gefunden hat.

Bemerkenswert ist die hohe Temperaturstabilität der Lecithinase in saurer Lösung, die schon aus Angaben von Kyes und Sachs[8] hervorgeht.

Immunhämolyse als Lipolyse. Man verdankt Neuberg[9] die Beobachtung, dass eine Reihe natürlich vorkommender Hämolysine und Agglutinine Spaltung

---

[1] Stassano u. Billon, Soc. Biol. **55**, 482; 1903.
[2] Kalaboukoff u. Terroine, Soc. Biol. **66**, 176; 1909.
[3] Akamatsu, Biochem. Zs **142**, 186; 1923.
[4] Kyes, Berl. klin. Woch. 1901. Biochem. Zs **4**, 99; 1907.
[5] Lüdecke, Diss. München. 1905.
[6] Manwaring, Zs f. Immunitätsf. **6**, 513; 1910.
[7] H. Sachs, Tierische Toxine u. Immunitätsforschung, in Kolle-Wassermann, Handb. d. pathog. Mikroorg. 2. Aufl. 1913, II. Bd. 2. Hälfte, S. 793.
[8] Sachs, Berl. klin. Woch. 1902—1904. — Morgenroth, ebenda 1905, Nr. **50**.
[9] Neuberg u. E. Rosenberg, Berl. klin. Woch. **44**, 54; 1907.

von Lecithin und von Ricinusöl bewirken. Wie schon im 1. Kap. erwähnt, besteht nach Neuberg und K. Reicher[1] für Magen- und Pankreassaft ein Parallelismus zwischen Hämolyse und Fettspaltung; das gleiche gilt auch für bactericide, antitoxische, cytolytische und bakteriolytische Sera[2]. Auch Bergel[3] vertritt die Auffassung, dass die Hämolyse durch die Auflösung und Spaltung der Membranlipoide veranlasst wird.

Olsen u. Goette[4], welche die Serumhämolyse und -lipolyse verglichen hatten, kamen zur Auffassung, dass „das unter den verschiedenen Bedingungen übereinstimmende Verhalten zum mindesten sehr für einen weitgehenden Parallelismus dieser Serumwirkungen spricht".

Mit der Fragestellung, „ob die Immunhämolyse als eine Lipolyse aufgefasst werden kann in dem Sinne, dass durch die fermentative Wirkung der Immunkörper Fette oder Phosphatide unter Freikommen von Fettsäuren abgespalten werden, die dann durch ihre hämolytische Wirkung die Lyse der roten Blutkörperchen bedingen", haben Brinkman und v. Szent-Györgyi[5] eine Untersuchung ausgeführt, aus der hervorgeht, dass bei der Immunhämolyse höhere Fettsäuren nicht frei werden. Ferner ist „nach vollständiger Komplementablenkung die lipolytische Kraft des Serums Monobutyrin gegenüber ungeschwächt erhalten". Das Komplement kann also nicht mit der Lipase identisch sein.

Fiessinger und Clogne[6] nehmen in den Leukocyten neben der eigentlichen Lipase noch eine Lecithinase an, indem sie angeben, dass letzteres Enzym erheblich thermostabiler ist als die Lipase und dass es durch halbstündiges Erhitzen auf 56—60° zerstört wird(?). Die Reaktion dieser Lecithinase wird deutlich, „wenn 2—4 Millionen Leukocyten auf 1 ccm $^1/_{100}$ Lecithinlösung 10 Tage wirken". Das Optimum der Lecithinspaltung soll in schwach alkalischer Lösung eintreten.

Methodik.

Man bestimmt die aus dem Substrat abgespaltene freie Fettsäure. Das Lecithin wendet man in 2—3 %iger Emulsion an, die man durch Mischen der methylalkoholischen Lecithinlösung mit Wasser herstellt; der Methylalkohol wird durch kurzes Aufkochen entfernt.

Man titriert auf die enzymatisch gebildete Fettsäure mit NaOH und Phenolphthalein nach Zusatz des 3fachen Volums Alkohol.

B. Tannase.

Hinsichtlich der Frage, welcher Enzymgruppe die Tannase zugezählt werden soll, haben sich E. Fischer und Bergmann folgendermassen geäussert: „Mancher wird geneigt sein, darin (in der Spaltung der 1-Galloylglucose) eine vollkommene Analogie mit der enzymatischen Spaltung der gewöhnlichen Glucoside zu sehen. Da aber das Emulsin ein Gemisch verschiedener Enzyme ist, so besteht noch die Möglichkeit, dass die Abspaltung

---

[1] Neuberg u. K. Reicher, Biochem, Zs 4, 281; 1907. — Münch. med. Woch. 1907.

[2] Siehe auch Rosenheim, Proc. Physiol. Soc. Jl of Physiol. 40, VIII; 1910.

[3] S. Bergel, D. med. Woch. 34, 1908, D. Arch. klin. Med. 106, 47; 1912. — Zs Immun. 13, 255; 1912 u. 27, 441; 1918.

[4] Olsen und Goette, Biochem. Zs 112, 188; 1920.

[5] Brinkman u. v. Szent-Györgyi, Biochem. Zs 146, 212; 1924.

[6] Fiessinger u. Clogne, C. r. 165, 730; 1917.

des Galloyls von einem besonderen Enzym, etwa einer Esterase, bewirkt wird. Die Entscheidung der Frage, welches Enzym die Hydrolyse der 1-Galloylglucose verursacht, erfordert eine besondere Untersuchung, die wir bisher nicht unternehmen konnten." Seitdem hat sich K. Freudenberg, dem man die wichtigsten Beiträge zur Kenntnis der Tannase verdankt, dahin entschieden, dass die Tannase gerade durch ihre Fähigkeit zur Esterspaltung charakterisiert ist[1].

Ältere Arbeiten: 1786 hatte Scheele Gallussäure in Galläpfeln gefunden. Robiquet nahm 1837 an, dass die Zersetzung der Galläpfel durch ein in diesen enthaltenes Enzym bewirkt wird. Später hielt er[2] das aus den Galläpfeln extrahierte Enzym Pektase für das Gallussäure abspaltende Agens. Den Nachweis, dass die Abspaltung der Gallussäure und Glucose (im wesentlichen) nicht durch ein Enzym der Galläpfel, sondern durch Pilze, und zwar durch den von ihm beschriebenen Aspergillus niger und durch Penicillium glaucum bewirkt wird, verdankt man van Tieghem[3].

1901 extrahierten Fernbach[4] und Pottevin[5] Tannase aus Aspergillus; sie fanden diesen Pilz reich an Tannase, falls man in der Raulinschen Nährlösung den Zucker durch Tannin bzw. durch Gallussäure ersetzt.

Substrat. Die hier in Betracht kommenden natürlichen Substrate hat Freudenberg[6] als „hydrolysierbare Gerbstoffe" den „kondensierten" Gerbstoffen gegenübergestellt. Unter den hydrolysierbaren Gerbstoffen sind zu nennen das „türkische" (aus Quercus infectoria) und das „chinesische" Tannin, die Chebulinsäure, das Hamameli-Tannin und der gerbstoffartige Anteil der Kaffeebohnen, die Chlorogensäure[7].

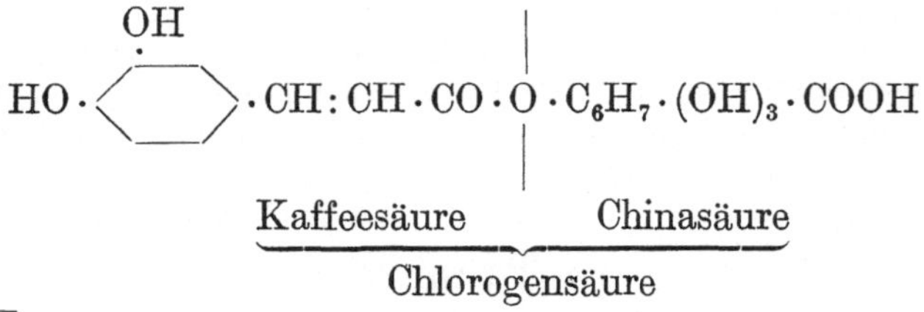

$$\text{HO} \cdot \underset{\overset{|}{\text{OH}}}{\bigcirc} \cdot \text{CH} : \text{CH} \cdot \text{CO} \cdot \text{O} \cdot \text{C}_6\text{H}_7 \cdot (\text{OH})_3 \cdot \text{COOH}$$

Kaffeesäure   Chinasäure
Chlorogensäure

---

[1] Wie Freudenberg u. Vollbrecht hervorheben, sind die Tannasepräparate Enzymgemische, in welchen die Fähigkeit zur Spaltung des Rohrzuckers, der Cellobiose, Maltose, Stärke und des Inulins sowie eines Rhamnosids nachgewiesen werden konnte. — In Beziehung zur Tannase steht vielleicht die „Hadromase", welche u. a. auch esterspaltende Komponenten zu enthalten scheint; Czapeks' Hadromal ist durchaus hypothetisch; der enzymatische Abbau des Holzes verdient nähere Untersuchung. Freudenberg u. Vollbrecht, H. 116, 277; 1921.

[2] Robiquet, Ann. d. Chim. et de Phys. (3) 39, 453; 1853.

[3] van Tieghem, C. r. 65, 1091; 1867.

[4] Fernbach, C. r. 131, 1214; 1901.

[5] Pottevin, C. r. 131, 1215; 1901.

[6] Siehe K. Freudenberg, Die Chemie der natürlichen Gerbstoffe. Jul. Springer, Berlin 1920. Ferner Kollegium 1921, 11. — Zs angew. Chem. 34, 247; 1921. — Abderhaldens Handb. d. biolog. Arbeitsmethoden S. 471.

[7] Freudenberg, Chem. Ber. 53, 232; 1920.

Übergänge zwischen den beiden Hauptgruppen der Gerbstoffe liegen vor im Eichen-Gerbstoff[1], im Holzgerbstoff der Edelkastanie[2] und anderen, in welchen Gallussäure und besonders Ellagsäure mit kondensierten Systemen esterartig verbunden sind.

$$\text{Ellagsäure.}$$

Unter den synthetischen Substraten müssen als typisch hier genannt werden:

Die 1-Galloyl-β-Glucose (= Glucogallin v. Gilson), Schmzp. 214—215° korr., $[\alpha]_D^{18} = -24,5$, für welche Fischer und Bergmann[3] die Formel (I) aufgestellt haben. Ihr entspricht eine 1-Galloyl-α-Glucose.

$$\begin{array}{l} \mathrm{CH \cdot O \cdot CO \cdot C_6H_2(OH)_3} \\ \mathrm{CH \cdot OH} \\ \mathrm{CH \cdot OH} \\ \mathrm{CH} \\ \mathrm{CH \cdot OH} \\ \mathrm{CH_2 \cdot OH} \end{array} \qquad (I)$$

Die höheren Galloylglucosen bis zur Penta-Galloylglucose

$$[(HO)_3C_6H_2 \cdot CO]_5C_6H_7O_6,$$

besonders die Penta-(m-digalloyl)-β-glucose, sind interessant wegen ihrer nahen Beziehung zum chinesischen Tannin. Die Penta-[pentamethyl-m-digalloyl]-Glucose (II) ist nämlich dem von Herzig[4] erhaltenen Methylotannin sehr ähnlich.

$$\begin{array}{l} \mathrm{CH \cdot OR} \\ \mathrm{CH \cdot OR} \\ \mathrm{CH \cdot OR} \\ \mathrm{CH} \\ \mathrm{CH \cdot OR} \\ \mathrm{CH_2OR} \end{array} \qquad \text{Hier ist R =} \qquad (II)$$

Besonders hervorzuheben sind auch die krystallisierten und infolgedessen gut definierten Gerbstoffe, und zwar ausser dem Hamameli-Tannin[5], welches wahrscheinlich eine Digalloylhexose ist, noch die Digalloylglucose aus Chebulinsäure.

Der einfachste Vertreter der diesen Stoffen zugrunde liegenden Ester

---

[1] Vollbrecht, Kollegium 1921, 394 u. 418.

[2] Freudenberg u. Walpuski, Chem. Ber. 54, 1695; 1921.

[3] E. Fischer u. Bergmann, Chem. Ber. 51, 1760; 1918.

[4] Herzig, Chem. Ber. 38, 989; 1905. — Monatsh. f. Chem. 30, 543; 1909.

[5] K. Freudenberg, Chem. Ber. 52, 177; 1919.

ist der schön krystallisierende Methylester der Gallussäure, welchen Freudenberg und Vollbrecht neuerdings zur quantitativen Bestimmung der Tannase angewandt haben (siehe S. 73 und 75).

Eingehender und gesondert zu studieren wäre noch die enzymatische Spaltung der Estergruppierung in den hexosefreien Didepsiden vom Typus der m-Digallussäure z. B. in der o-Diorsellinsäure[1].

Schliesslich kommen die reinen Monogalloyl-Glucoside in Betracht. Den Grundtypus für diese Stoffe bildet die Glucosidogallussäure,

$$C_6H_{11}O_5 \cdot O \cdot \langle \overset{OH}{\underset{OH}{\bigcirc}} \rangle \cdot COOH$$

welche durch Emulsin gespalten wird[2]. Glucose findet sich in natürlichen Gerbstoffen auch in echter Glucosidbindung (z. B. im Eichengerbstoff[3]).

Über die verschiedenen Tannine siehe Freudenbergs Monographie S. 78 u. ff. Besonders sei auch auf die beiden zusammenfassenden Abhandlungen von E. Fischer[4] verwiesen.

Vorkommen. Wie schon erwähnt, wurde Tannase in Penicillium glaucum und besonders in Aspergillus niger gefunden. Natürlich sind dies nicht die einzigen Vertreter aus der grossen Familie der Aspergillaceen, in welchen sich die Fähigkeit zur Spaltung von Gallussäureestern findet oder hervorgerufen werden kann. Systematische Versuche fehlen noch. In höheren Pilzen scheint das Enzym seltener aufzutreten[5].

Das auf Gerbstoffe eingestellte Enzym wird in den Aspergillaceen und demgemäss auch in ihren Extrakten von vielen anderen Enzymen begleitet; gerade die Schimmelpilze sind ausserordentlich reich an den verschiedensten Enzymen, wie z. B. aus den Arbeiten von A. W. Dox[6] hervorgeht[7]. Deswegen ist auch die Unterscheidung und Trennung, die „biologische Reinigung", hier sehr schwer. Der chemischen Reaktion nach wäre das Enzym, welches z. B. Gallussäuremethylester spaltet, eine Esterase. Nun kommen in Schimmelpilzen Enzyme vor, welche sowohl Ester aliphatischer Fettsäuren als auch eigentliche Fette und Öle spalten. Man findet Angaben darüber z. B. bei Sigmund[8], ferner bei Camus[9] und Pottevin. Über die Spezifität der

---

[1] E. Fischer u. Hermann Fischer, Chem. Ber. 47, 505; 1914.

[2] Fischer u. Bergmann, Chem. Ber. 51, 1804; 1918.

[3] Freudenberg, Privatmitteilung.

[4] E. Fischer, Chem. Ber. 46, 3253; 1913 und 52, 809; 1919.

[5] Siehe z. B. Hasenöhrl u. J. Zellner, Monatsh. f. Chem. 43, 21; 1922.

[6] A. W. Dox, Bull. 110. B. An. Ind. U. S. Dept. Agric. 1910. — Jl Biol. Chem. 6, 461; 1909 u. a.

[7] Siehe auch die Monographie von Wehmer in Lafars Handb. 2. Aufl. IV, 192.

[8] Sigmund, Sitz.-Ber. Wien. Akad. d. W. 101, 549; 1892.

[9] Camus, Soc. Biol. 49, 192; 1897. — Harriot u. Camus, C. r. 124, 235; 1897.

Tannase, evtl. der Tannasen lässt sich also noch nichts sagen und ihr Wirkungsbereich muss erst festgestellt werden.

An der 1-Galloylglucose haben Fischer und Bergmann (Fischer, Depside, S. 388) den Einfluss einiger typischen Enzympräparate eingehend untersucht:

Emulsin wirkt wie bei den β-Glucosiden. Die durch die Spaltung frei werdende Gallussäure verzögert gegen Ende stark. Durch Calciumcarbonat kann schädlicher Säureüberschuss vermieden werden, aber dadurch verändert sich die Drehung der Lösung schon ohne Enzym.

Phaseolunatase oder Linase (vgl. 7. Kap., Abschn. C. aus Phaseolusbohnen erwies sich aktiv, ebenso Auszug aus untergäriger Hefe.

Lösung von 0,3325 g lufttrockener 1-Galloylglucose in 14 ccm Hefenauszug (geprüft gegen α-Methylglucosid) wurde mit 0,33 g $CaCO_3$ und Toluol unter Schütteln bei 34^0 aufbewahrt. Drehung (im 5 cm-Rohr) — $0,29^0$, betrug nach 24 Stunden —$0,08^0$ und nach 3 Tagen + $0,15^0$. Aus der Lösung werden nun 0,090 g Gallussäure isoliert.

Die Wirkung der Hefe auf Tannin ist noch nicht vollständig aufgeklärt. Biddle und Kelley[1] haben in $4^0/_0$ Tanninlösung durch eine Reinkultur von Hefe Gärung hervorrufen können, indessen verschwanden die Gerbstoffreaktionen nicht. Man kann daraus schliessen, dass die Didepsidbindung durch Hefenenzyme nicht gelöst wird, wohl aber die Esterbindung zwischen Gallussäure und Zucker. Dies steht im Einklang mit dem Befund, dass Galloylglucose durch Emulsin (β-Glucosidase) gespalten wird, nachdem nachgewiesen ist, dass Kulturhefen β-Glucosidase enthalten. Es deutet auch darauf hin, dass die Esterbindung zwischen Zucker und (aromatischen) Carbonsäuren der β-Glucosidbindung zwischen Zucker und Phenolresten konstitutiv nahe steht.

Digalloylglucose wird dagegen, wie Freudenberg und Fick[2] feststellten, weder von Emulsin, Phaseolunatase noch von Hefenauszug angegriffen. Die genannten Forscher schliessen daraus, dass keiner der beiden Gallussäurereste mit dem Zucker in derselben Beziehung steht, wie die Gallussäure in der 1-Galloyl-β-Glucose. „Vielleicht liegt ein Derivat der α-Glucose vor, wahrscheinlich aber ist die 1-Stellung des Zuckers unbesetzt. Vermutlich haftet an dieser Stelle die Spaltsäure."

Enzymbildung. Während es zweifelhaft ist, ob die künstliche Hervorrufung artfremder Enzyme in Mikroorganismen während kürzerer Perioden überhaupt schon gelungen ist, liegen zahlreiche Beobachtungen und eine Reihe von Untersuchungen vor, welche zeigen, dass viele niedere Organismen durch geeignete Züchtungs- und Ernährungsbedingungen zu gesteigerten Enzymwirkungen bzw. gesteigertem Enzymgehalt per Zelle gebracht werden können. Allerdings haben gerade die Versuche zur „Anpassung an Nährsubstrate" und also zur Bildung des dem ungewohnten Substrat entsprechenden Enzyms bei Hefen oft nicht zum erwarteten Resultat geführt, wie eine

---

[1] Biddle u. Kelley, Jl Amer. Chem. Soc. 34, 919; 1912.
[2] Freudenberg u. Fick, Chem. Ber. 53, 1728; 1920.

kritische Sichtung der Literatur zeigt. Bei den Aspergillaceen aber sind die starken Veränderungen, welche schon durch geringe — zuweilen minimale — Variationen der Nährlösung eintreten, sehr auffallend.

Als festgestellt kann die schon von Fernbach und von Pottevin beobachtete Tatsache betrachtet werden, dass die Fähigkeit von Aspergillus niger zur Tanninspaltung dadurch steigt, dass dieser Pilz auf Nährlösungen gezüchtet wird, welchen Tannin (oder ähnliche Gerbstoffe, oder auch Derivate der Gallussäure an Stelle von Kohlenhydraten) zugesetzt worden sind. Gleichzeitig nimmt das Wachstum des Pilzes zu, und auch der Gehalt an gewissen anderen Enzymen, welcher übrigens bei weitem nicht so konstant ist wie bei der Hefe[1], steigt.

Welche Mengen zu diesem Zweck einer Nährlösung, z. B. Czapeks, zugesetzt werden dürfen, ohne dass die Steigerung in eine Hemmung der Tannasebildung und des Zuwachses übergeht, ist eine Frage, die nicht ohne praktisches Interesse ist. Lewis Knudson[2], der daraufhin eine Anzahl von Aspergillaceen und Mucoraceen untersucht hat, kommt zum Resultat, dass Aspergillus niger, Aspergillus flavus und Penicillium sp. Tanninzusätze am besten vertragen. Aspergillus produziert mehr Tannase als Penicillium.

In einer Nährlösung, welche als Kohlenstoffquelle $2\,^0/_0$ Tannin enthält, erniedrigt nach Knudson ein Rohrzuckerzusatz die Abscheidung der Tannase. „Tannin ist als Stimulans für Tannasebildung wirksamer als Gallussäure. In einer Nährlösung, welche $10\,^0/_0$ Zucker enthält, nimmt die Tannasebildung mit der Konzentration der Gallussäure zu.‟

Die von Freudenberg und Vollbrecht[3] früher gegebene Vorschrift zur Bereitung der Nährlösung für die Züchtung des Aspergillus und für die Darstellung des Enzyms aus dem Pilz haben Freudenberg, Blümmel und Frank[4] neuerdings folgendermassen verbessert:

600 g auf Linsengrösse zerstossene Myrobalanen werden in 3 Liter destilliertem Wasser 10 Minuten gekocht, danach wird abgegossen und der Rückstand noch 3—4mal mit je 1 Liter heiss ausgezogen. Die Flüssigkeit wird mit der Lösung von 300 g Ammoniumsulfat, 9 g Dikaliumphosphat und 3 g Magnesiumsulfat versetzt und auf 12 Liter aufgefüllt. Die Flüssigkeit wird auf grosse, flache Schalen derart verteilt, dass die Schichtdicke mindestens 4 cm beträgt. Auf dünnerer Schicht wächst der Pilz schlechter. Werden Flaschen oder Kolben verwendet, so sind sie nicht mit Wattebäuschen zu verschliessen. Nach dem Animpfen mit einer Aufschlämmung von Sporen des Aspergillus niger bleibt die Flüssigkeit 3 Tage bei 33° stehen. Es hat sich ein straffes, weisses Mycel gebildet, das in diesem Zustand die beste Ausbeute an Tannase

[1] Euler, Fermentf. 4, 242; 1921.
[2] Lewis Knudson, Jl Biol. Chem. 14, 159; 1913.
[3] Freudenberg u. Vollbrecht, H. 116, 278; 1921.
[4] Freudenberg, Blümmel u. H. Frank, H. 164, 262; 1927.

gibt. Bleibt es länger stehen, so wird es schon am 4. Tage schlaffer, beginnt sich mit Sporen zu bedecken und verarmt an Tannase.

Darstellung. „Der abgehobene Pilz wird mit 6 mal erneutem destilliertem Wasser durchgeknetet und jedesmal mit der Hand ausgepresst. Der feuchte Pilz wird mit 1 Liter destilliertem Wasser und 1 ccm Toluol zu einem dünnen Brei angerieben und 24 Std. unter häufigem Umrühren bei 20^0 sich selbst überlassen. Nun wird durch eine Lage Kieselgur abgesaugt und gewaschen. Das Mycel wird erneut mit $^1/_2$ Liter Wasser und $^1/_2$ ccm Toluol angerührt und nach 2 Stunden abfiltriert. Die vereinigten Auszüge werden sofort im Vakuum auf 30—50 ccm eingeengt (Badtemp. 40^0), durch Kieselgur geklärt und mit dem 5 fachen Volum absoluten Alkohols versetzt. Die Tannase fällt in hellen Flocken aus, die sich nach einigem Schütteln filtrieren lassen. Das Präparat wird noch zweimal in 20 ccm Wasser gelöst und mit dem 5 fachen Volum absoluten Alkohols gefällt. Zuletzt wird mit Alkohol, dann mit Äther nachgewaschen und im Exsiccator getrocknet. Falls das hellgraue Pulver Fehlings Lösung reduziert, muss es nochmals umgefällt werden. — Es lohnt sich gewöhnlich, auf der Nährlösung noch eine zweite Ernte (nach weiteren 3 Tagen) zu ziehen.“

Nach diesem Verfahren werden ungefähr $^2/_3$ der im Mycel vorhandenen Tannase isoliert.

Wirkungsbedingungen. Da bei der Spaltung des Gallussäuremethylesters die Gegenwart von Puffern die Schärfe der Titration herabsetzt, hatten Freudenberg und Vollbrecht solche Mittel nicht verwendet, dadurch auch das Aciditätsoptimum noch nicht genau festgelegt. Freudenberg, Blümmel und Frank haben dann die Spaltungsgeschwindigkeit bei pH = 3 und pH = 4,6 verglichen und gefunden, dass die Tannasespaltung in dem weniger sauren Bereich schneller vonstatten geht. Als geeigneten Puffer geben die genannten Autoren gallussaures Strontium an (Strontium scheint in Gerbstofflösungen im Gegensatz zu Alkalimetallen „kein stark oxydierender Katalysator zu sein“). Es bewirkt unter den gewählten Bedingungen keine Fällungen und lässt sich durch Schwefelsäure aus $50^0/_0$ iger Acetonlösung quantitativ entfernen.

Bei der Zuckerabspaltung aus Gerbstoffen ist zu beachten, dass Tannin die Wirkung der β-Glucosidase nicht unerheblich hemmt.

Kinetik. Freudenberg gründet die Wirksamkeitsbestimmung der Tannase auf die Spaltung des Gallussäuremethylesters, eines in mancher Hinsicht zweifellos sehr geeigneten Substrates. Er hat deshalb mit Vollbrecht zunächst den Verlauf der Hydrolyse dieses Esters und des Tannins verglichen.

Die folgende Tabelle bezieht sich auf 1,000 g Tannin, 1,082 g Gallussäuremethylester und 1,423 g Digalloylglucose. Diese Stoffe wurden wasserfrei gewogen und in 300 ccm Wasser gelöst; jede Lösung gibt nach beendetem Abbau $^1/_3\,^0/_0$ Gallussäure, eine Konzentration, die sich früher bewährt hatte. Titration in 20 ccm. Toluolzusatz. Temp. 30°. Gleiche Enzymmengen.

Abbau in $^0/_0$.

Stunden	10	24	48	72	168
Digalloylglucose .	19,2	29,9	40,0	48,5	74,0
Ester	13,1	20,5	29,9	37,4	64,5
Chines. Tannin .	8,0	11,0	13,5	23,7	81,0

Wie man sieht, ist die Grössenordnung der Spaltung bei allen 3 Substraten die gleiche. Was den Verlauf betrifft, so liegt die Wirkung auf den Gallussäuremethylester bis zu etwa 50 $^0/_0$ Spaltung zwischen der Wirkung auf Tannin und auf Digalloylglucose. Bei anderen Tannasepräparaten und bei 40° wurden die gleichen Verhältnisse gefunden. Beeinflusst wird der Verlauf natürlich dadurch, dass die Acidität der Lösung mit der Zeit steigt.

Über den Einfluss der Konzentration wurden zwei Versuchsreihen mit verschiedenen Enzympräparaten angestellt, wobei Esterlösungen von $^1/_3$, $^1/_2$, 1 und 2 Gallussäureprozenten mit soviel Tannase angesetzt wurden, dass stets die gleiche Menge Enzym auf 1,082 g Ester kam.

„Die Geschwindigkeit steigt mit der Verdünnung und erreicht bei $^1/_2\,^0/_0$ den Höhepunkt.“ Weitere Verdünnung wirkt nicht beschleunigend, sondern eher verzögernd auf den Abbau.

Beziehung zwischen Enzymmenge und Umsatz. „Der Abbau folgt nicht dem Gang der monomolaren Reaktion; selbst die Beziehung der umgekehrten Proportionalität zwischen Enzymmenge und Zeiten gleichen Umsatzes ist nur angenähert vorhanden, und auch das nur in dem eng umgrenzten Bereich von 1 : 10 Teilen Tannase bei einer Reaktionsdauer unter 120 Stunden und einer Spaltung von 30—70 $^0/_0$. Nur bei kürzerer Einwirkung können Spaltungen unter 30 $^0/_0$ einbezogen werden.“

„Da also keine strenge Proportionalität vorliegt, oder mit anderen Worten, das Produkt aus Enzymmenge und Zeiten gleichen Umsatzes nicht genügend gleich bleibt, muss die Zeit als Variable ausgeschaltet werden.“ Dies tut Freudenberg durch die Aufstellung einer „24-Stunden-Kurve“. Der Umsatz, den verschiedene Mengen ein- und desselben Tannasepräparates in 24 Stunden bewirken, wird auf die Ordinate aufgetragen, die Menge auf die Abszisse.

Tannasemenge		0,01	0,014	0,02	0,03	0,04	0,05	0,06	0,07	0,08	0,10
Präp. I	Abbau %	20,5	27,3	34,9	46,2	53,4	59,5	64,7	69,0	72,7	80,0
Präp. II		10,3			25,2	31,5	35,8				53,5

Soll Präparat II mit I verglichen werden, so braucht nur der Umsatz einer beliebigen Menge von II bei 33° in 24 Stunden festgestellt und auf der Kurve I aufgesucht zu werden. Alsdann kann man unmittelbar ablesen, welche Menge des Präparates I der angewandten von II entspricht.

I. Methoden zur Bestimmung der Tannase[1].

Fischer hat den Verlauf der Tannase-Spaltung der 1-Galloyl-Glucose polarimetrisch verfolgt, dann hat Freudenberg die Spaltung des Hamameli-Tannins und der Digalloylglucose aus Chebulinsäure studiert. Diese Stoffe sind schwer zugänglich und schwer löslich. Auch entstehen theoretische Schwierigkeiten bei diesen Gerbstoffen dadurch, dass der Abbau über Monogalloylhexosen von unbekannten Drehungswerten hinwegführt. Zunächst den genannten Gerbstoffen kommen die Galläpfeltannine in Frage. Sie sind zwar zugänglich und löslich, aber die Lösungen trüben und färben sich oft beim Abbau, ausserdem sind diese Stoffe amorph und weisen kein gleichmässiges Drehungsvermögen auf.

Eine bessere Handhabe fand Freudenberg im Anstieg des Säuretiters, und zwar, wie erwähnt, des Gallussäuremethylesters. Um die im Verlauf der Spaltung eintretende Aciditätsänderung nicht zu gross werden zu lassen, wird von vornherein Gallussäure, die zu $^3/_4$ mit Strontiumhydroxyd neutralisiert ist, zugesetzt; bei pH = 4,8 — 4,4 macht die alkalimetrische Titration keine Schwierigkeiten.

Rhind und Smith[2] haben in Nierensteins Laboratorium die Tannase aus Aspergillus Luchuensis durch die Spaltung des Gallotannins bei 23° folgendermassen bestimmt:

Eine angenähert 0,1 norm. $KMnO_4$-Lösung wird gegen Ammoniumoxalat gestellt. Dabei dient Indigocarmin in $0,5\%$iger schwefelsaurer Lösung als Indicator. Zunächst muss der $KMnO_4$-Verbrauch durch das Indigocarmin festgestellt werden. Zur Gallotanninbestimmung werden von 25 ccm der Reaktionsmischung vor der Hydrolyse 4 ccm mit 20 ccm der $0,5\%$-igen Indigocarminlösung auf 750 ccm verdünnt und titriert. Der Rest wird 15 Minuten mit 1 g fettfreiem Casein geschüttelt und dann zweimal filtriert. Wenn alles Gallotannin entfernt ist, wird wieder titriert; die Differenz zwischen den beiden Titrationen gibt die Gallotanninmenge; 1 g Ammoniumoxalat = 0,4648 g Gallotannin. Nach der Hydrolyse wird der Niederschlag der Gallussäure abfiltriert und der Rest an Gallotannin wie oben bestimmt.

Vielleicht lässt sich die alkalimetrische Titrationsmethode anwenden, die Knaffl-Lenz in diesem Laboratorium zur Verfolgung der Äthylbutyratspaltung ausgearbeitet hat (vgl. S. 64), wobei der Luftsauerstoff leicht durch ein indifferentes Gas ersetzt werden kann.

II. Bestimmung der Wirksamkeit der Tannase; Spaltwert.

Freudenberg definiert den Spaltwert eines Tannasepräparates durch die Anzahl Milligramme, die nötig sind, um bei 33° in 24 Stunden 1,082 g wasserfreien Gallussäuremethylester (entsprechend 1,000 g Gallussäure), in 200 ccm

---

[1] Qualitativ lässt sich die Hydrolyse der Tannine durch Vermischen mit 1%iger Gelatinelösung verfolgen.

[2] Rhind u. F. E. Smith, Biochem. Jl 16, 1; 1922.

Wasser gelöst, zur Hälfte zu spalten. Die Präparate, deren Wirkung in der Fig. 8 dargestellt ist, haben die Spaltwerte 35,4 und 86.

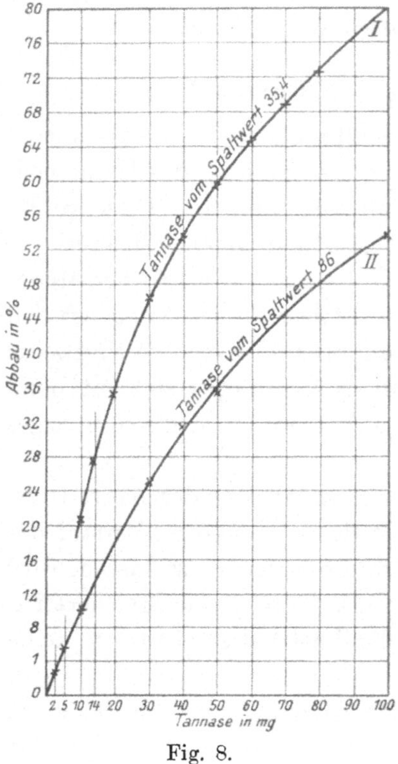

Fig. 8.

„Zur Bestimmung des Spaltwertes an einem Präparate unbekannter Stärke wird eine Probe von 50 ccm in der vorgeschriebenen Weise angesetzt (zwei Titrationen). Liegt die gefundene Spaltung zwischen 20 und 65%, so lässt sich der Spaltwert aus der Kurve I (Fig. 8) ablesen. Liegt das erste Spaltergebnis ausserhalb des angegebenen Bereichs, so ist der Versuch mit entsprechend veränderter Tannasemenge zu wiederholen. Die Bestimmung wird in den meisten Fällen genau genug sein. Es gelingt jedoch leicht, den zweiten Versuch in die Nähe von 50% Spaltung zu führen und alsdann einen dritten so anzusetzen, dass er hart an 50% trifft, und mit dem zweiten Versuche den Wert 50 einrahmt. Dann ist der Spaltwert unabhängig von der Kurve I ermittelt."

„Tannase-Einheit" nennt Freudenberg die Menge Tannase, die 1,000 g als Methylester vorliegende Gallussäure (= 1,082 g wasserfreier Methylester) in wässriger Lösung, die in bezug auf die Gallussäure halbprozentig ist, bei 33° in 24 Stunden zur Hälfte in Freiheit setzt (mg Substanz / Spaltwert = Anzahl Tannase-Einheiten). Die besten Präparate enthielten 1 Tannase-Einheit in 15—20 mg.

III. Technische Anwendungen der enzymatischen Gerbstoffspaltung.

Zur Darstellung von Gallussäure hat Calmette[1] ein Verfahren beschrieben, nach welchem man tanninhaltige Lösungen (Galläpfelextrakte) mit einer Aspergillusrasse „Aspergillus gallomyces" impft und steril so lüftet, dass der Pilz innerhalb der Flüssigkeit wächst. Wie schon van Tieghem gefunden hatte, ist Aspergillus enzymatisch gegenüber Tannin viel wirksamer, wenn sich das Mycel nicht auf der Oberfläche der Nährlösung, sondern im Innern derselben entwickelt hat.

Nach Ullmann[2] werden zur Fabrikation von Gallussäure 100 kg grob zerquetschte Gallen in auszementierten Gruben mit 10 Liter Wasser angefeuchtet, in dem man 1 kg gewöhnliche Bäckerhefe aufgeschlämmt hat. Nach kurzer Zeit tritt Gärung ein; die Gärtemperatur soll 38° nicht über-

[1] Calmette, D. R. P. Kl. 12q, 129, 164; 1902.
[2] Ullmann, Enzykl. d. techn. Chem. 5, 617; 1917.

schreiten. Aus dem vergorenen Brei wird die Gallussäure mit Äther-Alkohol ausgeschüttelt.

C. Chlorophyllase.

Dieses von Willstätter und Stoll[1] entdeckte Enzym spaltet aus dem Chlorophyll den charakteristischen Alkohol, Phytol, ab, wobei, je nach dem Lösungsmittel, die betreffende Carboxylgruppe frei oder mit Äthyl- bzw. Methylalkohol wieder verestert wird, entsprechend den Formelgleichungen:

$$1.\ [C_{32}H_{30}ON_4Mg](CO_2CH_3)(CO_2C_{20}H_{39}) + H_2O$$

Chlorophyll a

$$= [C_{32}H_{30}ON_4Mg](CO_2CH_3)(COOH) + C_{20}H_{39}OH$$

Chlorophyllid a   Phytol

$$2.\ [C_{32}H_{30}ON_4Mg](CO_2CH_3)(CO_2C_{20}H_{39}) + C_2H_5OH$$

Chlorophyll a

$$= [C_{32}H_{30}ON_4Mg](CO_2CH_3)(CO_2C_2H_5) + C_{20}H_{39}OH$$

Äthylchlorophyllid a   Phytol

Die Chlorophyllase konnte in allen untersuchten Pflanzenklassen nachgewiesen werden. Als Material für die präparative Anwendung des Enzyms eignen sich aber nur wenige Pflanzen; besonders gut:

Heracleum spondylium, Galeopsis tetrahit, Stachys silvatica; anwendbar sind auch:

Lamium maculatum, Datura stramonium und Melittis melissophyllum.

Sehr arm an Chlorophyllase sind: Gras, Platane, Brennessel.

Zwecks Alkoholyse und Hydrolyse durch Chlorophyllase ist die möglichst frische, ungetrocknete Blattsubstanz mit dem Chlorophyllextrakt in Berührung gebracht worden. Indessen erfordert die Verarbeitung der ungetrockneten Blätter infolge ihres Wassergehaltes ausserordentlich viel Lösungsmittel.

Daher ist oft die Verwendung des Mehles der getrockneten Blätter vorzuziehen. Die Trocknung soll rasch erfolgen, in 1—2 Tagen, in dünn ausgebreiteter Schicht, bei Temperaturen von höchstens 40° und unter Vermeidung von Sonnenlicht.

Die enzymatische Wirksamkeit der geeignetsten Pflanzen leidet erst bei längerem Aufbewahren des getrockneten Blattmehles; drei Jahre lang aufbewahrte Galeopsis- oder Heracleumblätter zeigten noch $1/4$ von der Wirksamkeit des frischen Vergleichsmateriales.

Zu kinetischen Versuchen ist als Chlorophyllase-Präparat das Mehl der bei Zimmertemperatur getrockneten Blätter nach zuerst raschem, dann erschöpfen-

---

[1] Willstätter u. Stoll, Lieb. Ann. 378, 18; 1911. — Siehe auch: Untersuchungen über Chlorophyll. Berlin 1913.

dem Extrahieren des Chlorophylls mit $96^0/_0$igem Alkohol verwendet worden, mitunter auch einfach das Blattmehl ohne Vorbehandlung.

Die Menge des Enzyms bezeichnet Willstätter „mit dem Bruchteil des Pflanzenmehles, welches dem Chlorophyllgehalt des bei dem Versuche angewandten Extraktes entspricht" (vgl. hierzu l. c. S. 179).

Besonders bemerkenswert ist der Umstand, dass Chlorophyllase noch in hochprozentigen Alkohollösungen und in Gegenwart von viel Aceton wirkungsfähig ist.

I. Dynamik.

Die Versuche haben ergeben, dass die Koeffizienten k der monomolekularen Reaktion mit zunehmender Zeit erheblich sinken. Dieser Abfall von k erklärt sich zunächst durch die allmähliche Schwächung des Enzyms und eines evtl. mitwirkenden Co-Enzyms. Ferner ist zu bemerken, dass die Chlorophyllase in einem heterogenen System in Wirksamkeit tritt, so dass die Diffusion von Substrat und Spaltprodukten den Gesamtverlauf der Reaktion beeinflusst. Willstätter führt folgende Beispiele an:

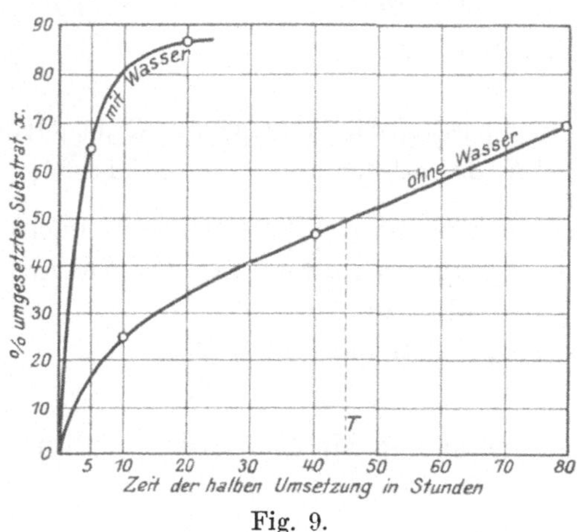

Fig. 9.

1. Hydrolyse.

Heracleum, Exsiccator trocken, mit ganzer Enzymmenge in 66 prozentigem Aceton bei 20^0. Verfolgung der Hydrolyse kolorimetrisch (siehe S. 80).

Minuten	x	$k \cdot 10^4$
15	45	75,2
30	75	86,8
60	91	75,5
120	98	61,7

2. Äthanolyse (Fig. 9).

a) Heracleum in $92^0/_0$igem Alkohol bei 25^0; 500 ccm Extrakt, 1,8 g Chlorophyll enthaltend, mit 27,1 g Blattmehl angesetzt. Verfolgung der Alkoholyse durch die Phytolzahl Z (siehe S. 80).

$$Z_a = 31,5$$

Stunden	Z_x	x	$k \cdot 10^4$
10	25,6	24,0	275
20	23,2	33,1	200
40	19,1	47,1	159
80	12,0	69,0	147

b) Einfluss des Zusatzes von Wasser (Fig. 9).

Heracleum in 80%igem Alkohol bei 25°. Anordnung und Methodik wie a.

$$Z_a = 30,6$$

Stunden	Z_x	x	$k \cdot 10^4$
5	12,9	65,1	2107
10	7,4	81,0	1661
20	5,1	86,4	998

Der Wasserzusatz ruft also, wie auch aus der Figur hervorgeht, eine starke Beschleunigung hervor.

Einfluss der Temperatur. Ein Temperaturoptimum der Äthanolyse wurde bei etwa 20° festgestellt.

Artspezifische Einflüsse. Bemerkenswert ist folgender Befund: „Die an Chlorophyllase armen Pflanzen geben Extrakte, die bei der Alkoholyse und Hydrolyse schlechter reagieren, als die zum Enzym gehörenden Extrakte. Dieselben Pflanzen geben extrahierte Blattmehle, welche mit· den für die Reaktion geeignetsten Lösungen geringeren Umsatz bewirken als gutes Enzymmaterial."

Enzym und Substrat		Hydrolysegrad nach 60 Min.
Brennesselmehl mit Brennesselextrakt		10 %
„	„ Heracleumextrakt	23 %
Heracleummehl mit Brennesselextrakt		62 %
„	„ Heracleumextrakt	91 %

Synthesen. Besonders interessant ist die Durchführung der partiellen Chlorophyllsynthese durch Chlorophyllase nach der Gleichung

Chlorophyllid   Phytol

$$[C_{32}H_{30}ON_4Mg](CO_2CH_3)(CO_2H) + C_{20}H_{39}OH$$
$$= [C_{32}H_{30}ON_4Mg](CO_2CH_3)(CO_2C_{20}H_{39}) + H_2O$$

Chlorophyll

Chlorophyllid a wurde mit Phytol in Lösung gebracht und mit etwas Mehl chlorophyllasereicher Blätter versetzt. An der Abnahme des sauren Anteiles, der aus ätherischer Lösung mit 0,02 n. KOH extrahiert wurde, konnte die Synthese des neutralen Esters verfolgt werden[1].

Ferner hat Willstätter mit der Chlorophyllase „den Schlüssel für die Beziehungen zwischen phytolhaltigem und phytolfreiem Chlorophyll gefunden". Willstätter und Hug[2] haben aus isoliertem Chlorophyll mittels der Chlorophyllase das Äthylchlorophyllid („krystallisiertes Chlorophyll") erhalten:

$$[C_{32}H_{30}ON_4Mg](CO_2CH_3)(CO_2C_{20}H_{39}) + C_2H_5OH =$$
$$= [C_{32}H_{30}ON_4Mg](CO_2CH_3)(CO_2C_2H_5) + C_{20}H_{39}OH.$$

---

[1] Willstätter u. Stoll, Untersuchungen über Chlorophyll (Monographie) S. 192.
[2] Willstätter u. Hug, Lieb. Ann. 380, 210; 1911.

II. Methoden.

1. Die Hydrolyse durch Chlorophyllase lässt sich mit einer von Will-stätter angegebenen[1] kolorimetrischen Methode bestimmen, die auf der sauren Natur der freien Chlorophyllide beruht; diese können nämlich aus der ätherischen Lösung mit verdünntem KOH ausgezogen werden; die alkalischen Auszüge werden mit Methylalkohol auf ein bestimmtes Volumen gebracht. In einer zweiten Probe wird das im Äther zurückgebliebene Chloro-phyll mit methylalkoholischem Kali verseift und in gleicher Weise wie oben verdünnt. Die beiden Lösungen werden im Kolorimeter verglichen. Fehler $\pm 2 - 3 \%$.

2. Die Alkoholyse kann an dem schwerlöslichen Chlorophyllderivat, das aus der alkoholischen Lösung durch Einwirkung von Oxalsäure ab-geschieden wird, ermittelt werden

a) durch Bestimmung der Phytolzahl, d. h. des Phytolgehaltes in Pro-zenten[2]. Diese geschieht durch Verseifung mit methylalkoholischer Kali-lauge und darauffolgender 5—6 maliger Extraktion des Phytols mit Äther. Aus der mit Wasser gewaschenen, getrockneten, hierauf mit Tierkohle be-handelten ätherischen Lösung wird unter besonderen Vorsichtsmassregeln der Äther abdestilliert, worauf das Phytol zur Wägung gebracht wird.

b) durch quantitative Abspaltung der Methyl- und Äthylgruppe mit Jodwasserstoff nach dem Verfahren von Zeisel.

Chlorophyll und Phäophytin enthalten ein Methoxyl und nehmen in alkoholischer Lösung unter Einwirkung der Chlorophyllase eine Äthoxyl-gruppe auf. Da in den teilweise umgewandelten Präparaten also sowohl Meth-oxyl- als Äthoxylgruppen vorhanden sind, ist es nicht zweckmässig, diese anzugeben, sondern Willstätter führt die „Jodsilberzahl" ein:

$$\text{Jodsilberzahl} = \frac{\text{gefundenes AgJ}}{\text{angewandte Substanz}} \cdot 100.$$

Aus den Jodsilberzahlen lässt sich die prozentische Menge umgewandelten Chlorophylls nach Formeln berechnen, welche Willstätter und Stoll an-gegeben und geprüft haben.

---

[1] Willstätter u. Stoll, Monographie S. 179 u. ff.

[2] Willstätter, Hocheder u. Hug, Lieb. Ann. 371, 18; 1909 und 378, 31; 1910. — Monographie S. 308 u. 181.

3. Kapitel.

Phosphatasen und Sulfatasen.

Phosphatasen.

„Phosphatasen" ist die regelrecht gebildete Bezeichnung für diejenigen Enzyme, welche organische Phosphate (Phosphorsäureester organischer Alkohole oder Alkoholderivate) spalten. Der Wirkungsbereich der verschiedenen Enzympräparate ist experimentell noch nicht genügend festgestellt, man muss also einstweilen die Wirkungen auf die einzelnen Phosphorsäureester getrennt behandeln, wenn auch ihre Spezifität keineswegs sichergestellt ist. Die wichtigsten dieser Ester dürften die

Kohlenhydratphosphorsäuren sein, deren Katalysatoren demgemäss zuerst besprochen werden. Ausser der Kohlenhydratphosphatase (oder den Kohlenhydratphosphatasen), für welche nunmehr auch eine synthetische Wirkung nachgewiesen ist, existiert bekanntlich auch noch ein Enzym, welches bisher ausschliesslich synthetisierend in Erscheinung trat und für welches deshalb der Name Phosphatese ziemlich allgemein angenommen worden ist.

Den Derivaten der Kohlenhydrate schliesst sich als Substrat die Glycerinphosphorsäure an, besonders wichtig als Bestandteil des Lecithins und überhaupt der Phosphatide.

Schliesslich spielt die ebenfalls enzymatisch spaltbare Inositphosphorsäure, das Phytin, in Pflanzen eine Rolle.

Über die enzymatische Spaltung von Phosphorsäureestern cyklischer Alkohole und Phenole sind einige Tatsachen bekannt.

A. Kohlenhydratphosphatasen.

Als Substrate kommen hier in erster Linie in Betracht

Hexosediphosphorsäure und

Hexosemonophosphorsäuren.

Ferner Biosephosphorsäuren, besonders Saccharose-Phosphorsäure, schliesslich die noch wenig erforschten Phosphate der höheren Kohlenhydrate.

Pentosephosphorsäuren spielen in Nucleotiden eine hervorragende Rolle, indessen erscheint es geeigneter, die zugehörigen Enzyme in Zusammenhang mit den übrigen Enzymen des Nucleinsäurestoffwechsels zu behandeln.

I. Die Spaltung des Hexosediphosphorsäureesters.

Ein den Hexosediphosphorsäureester spaltendes Enzym in der Hefe ist von Harden und Young[1] entdeckt worden, nachdem Iwanow[2] gefunden hatte, dass ein bei der Gärung gebildetes organisches Phosphat von Zymin vergoren wird.

Die Reaktion, welche durch diese Phosphatase ausgelöst wird, muss nach Harden und Young folgendermassen formuliert werden:

$$C_6H_{10}O_4(PO_4R_2)_2 + 2H_2O = C_6H_{12}O_6 + 2PO_4HR_2.$$

a) Substrat.

Der Hexosediphosphorsäureester, welcher bei der alkoholischen Gärung der Zymohexosen entsteht, bzw. Salze desselben, sind von Harden und Young entdeckt und beschrieben worden.

Die Abscheidung dieses äusserst interessanten Stoffes aus der Gärungsflüssigkeit erfolgt am besten über das Bleisalz (Young)[3]. Robison[4] hat 1922 eine sehr gute Darstellungsvorschrift gegeben (siehe S. 90).

Die gleichzeitig entstehende Robisonsche Hexosemono-phosphorsäure wird von der Hexosediphosphorsäure am besten durch Darstellung der Bariumsalze getrennt; das Hexose-mono-phosphorsaure Ba ist nämlich leichtlöslich in Wasser.

Die freie Diphosphat-Estersäure kann aus dem Bleisalz mit Schwefelwasserstoff freigemacht werden. Sie ist nach Harden schwach optisch aktiv $[\alpha]_D = + 3,4^0$. Meyerhof und Suranyi[5] haben die Dissoziationskonstanten des als zweibasische Säure fungierenden Esters (Harden-Youngsche Säure) gemessen und geben folgende Tabelle an:

	pK_1	pK_2
Phosphorsäure	1,99	6,81
Glycerinphosphorsäure	1,40	6,33
Hexosediphosphorsäure	1,48	6,29
Hexosemonophosphorsäure, Robison . . .	0,94	6,11
Hexosemonophosphorsäure, Neuberg . . .	0,97	6,11

Wir wollen den Harden-Youngschen Hexosediphosphorsäureester der Kürze wegen als Zymophosphat bezeichnen. Beim Erhitzen mit Phenylhydrazin liefert Zymophosphat ein Osazon (v. Lebedew), welches sich durch die Untersuchung von Young und Lebedew als Osazon einer Hexose-

---

[1] Harden u. Young, Proc. Roy. Soc. 82, 327; 1910.

[2] Leonid Iwanow, H. 50, 281; 1907. — Zbl. f. Bakt. II, 24, 1; 1909.

[3] W. J. Young, Proc. Roy. Soc. 81, 528; 1909.

[4] Robison, Biochem. Jl 16, 809; 1922.

Meyerhof u. Suranyi, Biochem. Zs 178, 427; 1926.

monophosphorsäure erwies[1], das ein Phenylhydrazinsalz bildet. In der Kälte bildet Zymophosphat mit Phenylhydrazin bzw. dessen Salz mit 2 Phenylhydrazinresten Hexosediphosphorsäurehydrazon.

Embden, welcher 1914 das „Lactacidogen" im Muskel entdeckte, betonte mit Laquer[2] die nahe Verwandtschaft des Lactacidogens zur Hexosediphosphorsäure von Harden-Young. Embden und Laquer erhielten 1917 aus einem lactacidogenhaltigen Muskelextrakt das obenerwähnte Osazon der Hexosemonophosphorsäure. Young erhielt aus seinem Ester durch Spaltung Fructose, und manche Tatsachen sind auch als Stütze für die Annahme, das Zymophosphat sei ein Fructosediphosphorsäureester, in Anspruch genommen worden[3]. Sicher ist, dass die Zymohexosen bei bzw. vor der Phosphorylierung in eine andere Form umgewandelt werden.

Das Zymophosphat reduziert Fehlingsche Lösung; allerdings ist die Reduktionsfähigkeit geringer als die der Glucose, nach Harden (Monogr. 3. Aufl. S. 51) nur 33% derselben.

b) Verbreitung einer Zymophosphatase.

Einleitend sei nochmals hervorgehoben, dass es sich nur um den Gebrauch einer verkürzten Ausdrucksweise handelt, wenn im folgenden von „Zymophosphatase" gesprochen wird; ein solches Enzym ist weder gegen andere „Phosphatasen" noch gegen Esterasen und Glucosidasen abgegrenzt.

Die Entdeckung des Enzyms, welches das Zymophosphat in Hefepresssaft spaltet, verdankt man Harden und Young[4]. Es hat sich seither gezeigt, dass das Enzym in allen daraufhin untersuchten Hefearten enthalten ist.

Da es zur Erkennung der Hexosenkomponente des Zymophosphates wünschenswert war, mit kräftig wirkenden Enzymlösungen arbeiten zu können, so versuchte der Verf. die Phosphatase in anderem Material als in Hefe in grösseren Mengen und Konzentrationen zu gewinnen. Euler und Funke[5] stellten zunächst fest, dass aus dem per os eingegebenen Calcium-Zymophosphat im Verdauungstraktus von Kaninchen wenigstens $3/4$ unter Bildung von freiem Phosphat zerlegt werden. Ähnliche Resultate wurden mit jungen Hunden erhalten und es wurde festgestellt[6], dass eine weitgehende Spaltung im Darm (auch im menschlichen Darm) eintritt; letzterer Befund wurde bald

---

[1] v. Lebedew, Biochem. Zs 28, 213; 1910. — 36, 248; 1911. — W. J. Young, Biochem. Zs 32, 178; 1911.

[2] Embden u. Laquer, H. 93, 94; 1914. — Verf. wies 1913 (Sv. Kem. Tidskr. 25, 168) darauf hin, „dass auch bei der Glykolyse die Phosphate eine entscheidende Rolle spielen, und dass man Grund hat zu vermuten, dass solche Kohlenhydratphosphorsäure-Ester als Zwischenprodukte bei der Glykolyse auftreten".

[3] W. T. J. Morgan, Biochem. Jl 21, 675; 1927.

[4] Harden u. Young, Proc. Roy. Soc. B. 82, 321; 1910.

[5] Euler u. Funke, H. 77, 488; 1912.

[6] Euler, Thorin u. D. Johansson, H. 79, 375; 1912.

darauf durch Plimmer[1] (an Katzendarm) bestätigt. Hervorzuheben ist vielleicht noch die Beobachtung von Euler und Funke, dass defibriniertes Blut Zymophosphat spaltet[2]. Euler fand 1912 die Niere als ein phosphatasehaltiges Organ (er benutzte Kaninchen- und Pferdeniere) und auch in der Folge hat sich Niere als das wohl geeignetste Ausgangsmaterial für Phosphatasedarstellung erwiesen (siehe unten).

Die Versuche des Verf. (H. 79, S. 376) waren unter möglichst peinlicher Einhaltung aseptischer Bedingungen und unter Zusatz von Toluol ausgeführt.

25 ccm Extrakt von Pferdenieren und 25 ccm 5%ige Lösung des Natriumzymophosphats wurden gemischt und mit 0,5 ccm Toluol versetzt. Der Lösung wurden von Zeit zu Zeit Proben entnommen, welche die folgenden Zahlen ergaben:

Stunden	0	2	15	24	∞
in 10 ccm $gMg_2P_2O_7$	0	0,0016	0,0054	0,0144	0,1321

Mit Thorin und D. Johansson wurde der Phosphatasegehalt der Colibakterien festgestellt. Die ersten Beobachtungen über die Abspaltung von Phosphorsäure aus organischen Phosphaten in Pflanzen verdankt man Zaleski[3]. Dass die Zymophosphatspaltung sowohl mit Hafer[4] und Gersten- und Lupinen-Samen als mit Blättern (Ahornblättern) gelang (H. und B. v. Euler[5]) zeigt, dass diese Phosphatase ein ständiger Bestandteil des Enzymsystemes des Kohlenhydratabbaues ist. Harding[6] fand etwa gleichzeitig Phosphatase in Ricinussamen und in einem pflanzlichen Emulsinpräparat. Auch Plimmer konnte Hexosediphosphat durch Ricinussamen spalten, ebenso durch Kleie.

Pankreas und Leber fand Plimmer unwirksam; indessen bedürfen in Rücksicht auf die geringe Stabilität der Phosphatase diese Organe einer diesbezüglichen erneuten Untersuchung.

Durch die grundlegenden Untersuchungen Embdens[7] und seiner Schüler wurde u. a. gezeigt, dass „Hexosephosphorsäure aus Hefe als einzige von allen untersuchten Substanzen den Umfang der Milchsäure- und Phosphorsäurebildung (durch Muskelpressaft) zu steigern vermag". Eine ähnliche Wirkung fand gleichzeitig in Embdens Institut Hagemann[8] mit Uteruspressaft.

---

[1] Plimmer, Biochem. Jl 7, 43; 1913.

[2] Einstweilen sind im Blut die meisten Einzelbestandteile des Enzymsystems der Glykolyse nachgewiesen worden, nämlich ausser der Mutase die Phosphatese und die Co-Zymase (Euler u. Nilsson, H. 162, 63; 1926; siehe auch Virtanen u. Simola, Ann. Acad. Scient. Fenn A. 26, Nr. 11, 1926). Ferner Kohlenhydratphosphate (Kay u. Robison, Biochem. Jl 18, 755; 1924). Siehe auch Ph. u. G. P. Eggleton, Biochem. Jl 21, 190; 1927.

[3] Zaleski, Bot. Ber. 24, 285; 1906.

[4] Euler u. Kullberg, H. 74, 26; 1911.

[5] H. u. B. Euler, H. 92, 292; 1914.

[6] Harding, Proc. Roy. Soc. B. 85, 418; 1912.

[7] Embden, Griessbach u. Schmitz, H. 93, 1; 1914.

[8] Hagemann, H. 93, 54; 1915.

Das Vorkommen der Phosphatase in Nieren bestätigte auch Tomita[1]
und Kay[2], und zwar fand Kay in einer Kaninchenniere den Phosphatasegehalt in cortex doppelt so hoch wie in medulla. In menschlicher Niere war
das Verhältnis 4:1.

Eine eingehende Untersuchung der menschlichen Organe auf Phosphatase-
wirkung verdankt man Forrai[3]. Aus seiner Tabelle sei der folgende Auszug
mitgeteilt:

Organ	Gespaltenes Zymophosphat %	Organ	Gespaltenes Zymophosphat %
Schilddrüse	66,5	Hoden . , . . .	55,1
Leber	58,5	Amyloidniere . .	56,3
Leberkrebs	44,3	Darm	38,2
Milzmetastasen eines Magenkrebses	63,4	Herzmuskel . . .	28,5
Milz	53,4	Serum	10

Etwa gleichzeitig zeigte auch Takahashi[4] (mit Meerschweinchen als
Versuchstier) die Zymophosphatspaltung durch Muskel, Niere und Milz.

Robison und Soames[5] fanden die enzymatische Abspaltung einer der
beiden Phosphatgruppen des Zymophosphats sowohl in Nieren, Leber, Milz,
Pankreas, Darm als in Knorpelgewebe, Knochen und Zähnen, und zwar wurden
verschiedene Tiere untersucht, nämlich Ratten, Kaninchen, Meerschweinchen,
junge Katzen und Hühner.

Demuth[6] bestätigt in einer Untersuchung menschlicher Organe im
wesentlichen die früheren Befunde und fand die Hexosediphosphatase in
Sekreten und anderen Körperflüssigkeiten (Speichel, Milch, Urin, Liquor
cerebrospinalis, Blutserum, letzteres von normalen Säuglingen und Rachi-
tikern), ferner in Knorpel von normalen und rachitischen Säuglingen (geringe Spaltung) und in Knochen derselben (stärkere Spaltung).

Im Anschluss hieran hat O. Jäger[7] die Spaltung von Hexosemonophosphat
durch Serum rachitischer Säuglinge untersucht.

c) Darstellung.

Die von Euler[8] 1912 zuerst nachgewiesene Gegenwart einer Phosphatase
in Nieren wurde bald darauf von Plimmer (l.c.1913) und dann in einer Reihe
weiterer Arbeiten bestätigt, zuletzt von Kay, welcher die Nierenphosphatase

---

[1] Tomita, Biochem. Zs 131, 170; 1922.

[2] Kay, Biochem, Jl 20, 791; 1926.

[3] Forrai, Biochem. Zs 145, 178; 1924.

[4] Takahashi, Biochem. Zs 145, 178; 1924.

[5] Robison, Biochem. Jl 17, 286; 1923. — Robison u. Soames, 18, 740; 1924. —
Siehe auch Martland u. Robison, 21, 665; 1927.

[6] Demuth, Biochem. Zs 159, 415 und 166, 162; 1925.

[7] O. Jäger, Zs f. Kinderheilk. 44, 358; 1927.

[8] Euler, H. 79, 375; 1912.

auch eingehender untersucht hat. Kay[1] reibt zur Darstellung die Niere (Schweinsniere) mit Sand und Chloroformwasser und lässt über Nacht stehen. Am nächsten Tag wird unter Wasserzusatz aufgerührt und die Masse durch Baumwolle filtriert; das Filtrat wird mit etwas NaOH auf pH = 8,9 gebracht. Über den Wirkungsgrad seiner Lösungen hat Kay keine Angaben mitgeteilt.

Erdtman[2] hat im Institut des Verf. Versuche zur Reinigung von Nierenphosphatase gemacht. Er geht ebenfalls von Schweinsniere aus. Er stellt mit Alkoholäther fettfreie Trockenpräparate dar, aus denen die Phosphatase durch Schütteln mit verdünntem Ammoniak ausgezogen wird.

d) Wirkungsbedingungen.

Aciditätsoptimum. An Hefen-Zymophosphatase ist das Aciditätsoptimum noch nicht festgestellt; diesbezügliche Messungen wären wünschenswert. Für die mit der Spaltung des Zymophosphates indirekt zusammenhängenden Synthesen dieses Stoffes haben Euler und Nordlund[3] das Optimum pH=6,5 gefunden (vgl. S. 91).

Für die Phosphatase menschlicher Organe liegen analoge Messungen von Demuth (l. c.) vor, und zwar besonders an Leber, Milz, Muskel, Nerven Niere, Pankreas, an Körperflüssigkeiten, sowie an Knorpel und Knochen von Säuglingen. Knochen und Knorpel spalten bei Rachitis wesentlich stärker und es zeigen sich Eigentümlichkeiten des h-Optimums. Ob diese Verschiedenheiten auf Variationen im Enzymmolekül zurückzuführen sind, oder die Folge von verschiedenartigen Begleitsubstanzen des Enzyms in den betreffenden Organextrakten sind, lässt sich aus den Angaben der erwähnten Mitteilung nicht ersehen.

Aktivatoren und Paralysatoren. Embden[4] hat 1923 auf den starken Einfluss hingewiesen, welchen Salze schon in mässigen Konzentrationen auf das Kohlenhydratphosphatgleichgewicht ausüben. „Hierbei ordnen sich die Anionen der Säuren in einer Reihe, die der Hofmeisterschen Reihe entspricht. Die am stärksten quellungsbegünstigenden (Rhodanid und Jodid) bewirken die stärkste Abspaltung von Phosphorsäure aus dem Lactacidogenmolekül."

Embden findet

eine erhebliche Steigerung der Spaltung durch Jodide und Rhodanide,

eine Steigerung der Synthese durch Fluoride[5].

[1] H. D. Kay, Biochem. Jl 20, 791; 1926.

[2] H. Erdtman, H. 172, 182; 1927.

[3] Euler u. Nordlund, H. 116, 229; 1921. — Euler, Myrbäck u. S. Karlsson, H. 143, 243; 1925.

[4] Embden, Naturw. 11, 985; 1923. — Embden u. Lehnartz, H. 134, 243; 1924.— Embden u. Haymann, H. 137, 105 u. 154; 1924.

[5] Nach Embden „besteht eine weitgehende Übereinstimmung zwischen denjenigen Anionen, die spaltungsbegünstigend auf den Lactacidogenstoffwechsel im Muskelbrei wirken und denjenigen, die nach früheren Untersuchungen von Carl Schwarz die Arbeitsfähigkeit von rohrzuckergelähmten oder in der Lösung gewisser Salze ermüdeten Froschmuskeln wiederherstellen". Hierauf kann in diesem Zusammenhang nicht näher eingegangen werden.

Bei den Kationen:

Steigerung der Spaltung durch Mg.

Steigerung der Synthese durch Ca.

Hinsichtlich der Deutung dieser Wirkungen kann Verf. mit Embden nicht durchaus übereinstimmen. Unter Hinweis auf die Originalabhandlung sei als Grundzug der Embdenschen Anschauung folgende Stelle angeführt:

„Auf die Frage nach dem zugrunde liegenden Mechanismus lässt sich eine eindeutige Antwort erteilen: die jeweilige Wirkung der Salze entspricht durchaus dem Grade ihrer Lyophilie. Es sind also in erster Linie Beeinflussungen des kolloiden Zustandes, sei es der Fermente selbst, sei es ihrer Trägersubstanzen, anzunehmen, welche eine Förderung oder Hemmung oder überhaupt die Richtung des biologischen Vorganges bedingen." (Vgl. auch Embden, Naturwiss. l. c.)

Zu der Auffassung Embdens, dass bei den von ihm entdeckten Salzwirkungen „die Richtung eines reversibeln Fermentprozesses beeinflusst wird", ist zu bemerken, dass es nunmehr kaum mehr möglich ist, die Bildung des Zymophosphats als die Reversion der durch die Zymophosphatase beschleunigten Reaktion aufzufassen. Das Spaltprodukt des letzteren Enzymes ist mit dem Substrat der ersteren Reaktion eben nicht identisch, und demgemäss dürfte die Zymophosphatase, wenn sie unter geeigneten Bedingungen synthetisch auf α,β-Glucose und Phosphat wirkt, nicht

5,0 g Unterhefe H. Zeit 3 Stunden.

Zusatz	mg P_2O_5
HCl	1,66; 1,67
H_2O	1,73
0,5 % NaF	1,14
0,08 n $CaCl_2$	1,69

den Hardenschen Hexosediphosphorsäureester liefern, sondern ein davon verschiedenes Hexosephosphat. Es erscheint daher als die einfachste Deutung der Embdenschen Beobachtungen[1], dass die Alkalifluoride dadurch den Gesamtvorgang zugunsten der Synthese verschieben, dass

die Fluoride die Phosphatase stark hemmen.

Euler, Myrbäck und S. Karlsson haben dafür einige experimentelle Belege gegeben, welche besonders zeigen, dass in Muskeltrockenpräparaten der Phosphatumsatz durch NaF und Glykogen in genau der gleichen Weise beeinflusst wird.

Im Gegensatz zu den Fluoriden befördern die Jodide die Spaltung stark, die Bromide schwächer und die Chloride noch weniger.

Die erwähnten Ergebnisse, die Embden und seine Schüler über den Einfluss von Salzen auf das Kohlenhydratphosphatgleichgewicht mit Muskelenzymen festgestellt haben, konnten von Euler, Myrbäck und S. Karlsson[2] hinsichtlich NaF an Hefeenzymen bestätigt werden. Von unseren Versuchen führen wir obenstehenden an (l. c. S. 247).

Eine entsprechende Serie fand gleichzeitig Lange hinsichtlich der

---

[1] Embden u. Cl. Haymann, H. 137, 154 und zwar 175; 1924.

[2] Euler, Myrbäck u. S. Karlsson, H. 143, 243; 1925.

Kationen: „Nach ihrer Einwirkung auf den Lactacidogenstoffwechsel im lebensfrischen Muskel lassen sich die Glieder der Kationenreihe in zwei Gruppen anordnen: solche, die eine Verschiebung des Fermentgleichgewichtes nach der Seite der Synthese herbeiführen und solche, welche diese Eigenschaft nicht besitzen, bzw. mehr oder weniger einer gegensätzlichen Wirkung fähig sind. Zu der ersten Gruppe würde man Ca, Ba und Sr, zu der zweiten Na, K, NH_4 und Mg zu rechnen haben. Indessen hält Lange durch diese Einteilung die Wirkungen der Kationen nicht hinreichend charakterisiert (l. c., S. 150).

Dass überschüssiges Phosphat den enzymatischen Phosphatumsatz stark beeinflusst, fanden schon Harden und Young; inwieweit bei den diesbezüglichen, bis jetzt vorliegenden Versuchen das Phosphat als Spaltprodukt der Hydrolyse dem weiteren Fortschreiten dieses Vorganges nach dem Massenwirkungsgesetz entgegen wirkt und inwieweit bei diesen Versuchen die sekundären Phosphate nur die Alkalinität vergrössern, lässt sich noch nicht sagen.

Organische Aktivatoren und Paralysatoren. H. Erdtman[1] stellte neuerdings fest, dass verschiedene tierische und pflanzliche Organe, Flüssigkeiten (Harn) und Gewebe einen thermostabilen Stoff enthalten, welcher die Wirkung der Phosphatase der Niere wesentlich beschleunigt, und zwar sowohl die Spaltung des Glycerophosphates als des Zymophosphates (letzteres schwächer). Die Wirkung des Aktivators hängt vielleicht zusammen mit der Hemmung der Phosphatase durch das während der Reaktion gebildete Phosphat; hierauf deuten die folgenden abgerundeten Mittelwerte der Reaktionskonstanten.

Ohne Phosphat-Zusatz, mit Aktivator k = 0,05

„   „   ohne Aktivator   0,01

0,1 n.-Phosphat,   mit Aktivator   0,01

0,1 n.   „   ohne Aktivator   0,001

Zymophosphatase scheint in ihrer Wirkung durch manche Antiseptica, wie Thymol und Toluol, geschwächt zu werden[2].

e) Kinetik.

Bevor quantitative Messungen über den Verlauf der Phosphatabspaltung gemacht werden können, ist vor allem die qualitative Feststellung notwendig, über die anscheinend stufenweise Abtrennung der beiden Phosphatreste von der Hexose. Es ist in dieser Hinsicht noch nicht einmal sicher, ob ein und dasselbe Enzym die intermediäre Bildung des Monophosphates bewirkt und dann die Hexose freimacht, oder ob zwei Enzyme an dieser Spaltung mitwirken.

Nach den ausserordentlich interessanten Entdeckungen von Harden und Young über die Rolle der Phosphate bei der alkoholischen Gärung[3]

---

[1] H. Erdtman, H. 172, 182; 1927.

[2] Euler u. D. Johansson, H. 80, 175; 1912.

[3] Harden u. Young, Proc. Roy. Soc. B 77, 405; 1906.

ist die Bildung des Zymophosphates, $C_6H_{10}O_4(PO_4R_2)_2$ mit dem ganzen Gärvorgang eng verknüpft. Diese enzymatische Synthese in der Hefe wird demgemäss in Zusammenhang mit den übrigen an der alkoholischen Gärung beteiligten Vorgängen besprochen. An dieser Stelle sei nur folgendes hervorgehoben: Die einfachste Annahme könnte diejenige erscheinen, dass die genannte Synthese die Umkehrung derjenigen Reaktion ist, welche durch die Zymophosphatase beschleunigt wird, dass also auch die Synthese durch die Zymophosphatase katalysiert wird, wenn die geeigneten Reaktionsbedingungen vorhanden sind. Einer solchen Annahme scheinen aber folgende Tatsachen entgegenzustehen:

Das spezifische Substrat der Zymophosphatase wird in Fructose und Phosphorsäure gespalten und ist als Fructosediphosphat anzusprechen. Als Ausgangsmaterial zur Bildung des Zymophosphates sind sämtliche Zymohexosen geeignet, aber die Bindung zwischen Glucose usw. an Phosphorsäure geschieht offenbar nicht direkt, sondern erst nach einer Umwandlung der Hexose. Der Katalysator der Synthese ist von der eigentlichen Zymase (im engeren Sinne) nur schwer abzuscheiden; vielleicht ist dies überhaupt nicht in allen Heferassen möglich; jedenfalls halten Harden und Young die enzymatische Synthese von Zymophosphat untrennbar mit der alkoholischen Gärung verknüpft, was die englischen Forscher durch die Gleichung zum Ausdruck bringen:

$$2C_6H_{12}O_6 + 2PO_4HR_2 = 2CO_2 + 2C_2H_5OH + 2H_2O + C_6H_{10}O_4(PO_4R_2)_2.$$

Aus der unterhalb 50^0 getrockneten Stockholmer Unterhefe H konnte ein Extrakt gewonnen werden, welcher die Fähigkeit besass, die Synthese zwischen vorbehandelter Glucose oder Fructose zu vermitteln, welcher aber Zymophosphat nicht spaltete[1]. Diese Tatsache beweist, dass die Bildung von Zymophosphat keine einfache Umkehrung der Spaltung ist, sondern dass mit der enzymatischen Bindung der Phosphorsäure wenigstens noch eine andere Enzymwirkung, und zwar die Umwandlung der Hexosen, verknüpft sein muss.

Für das bei der Synthese des Zymophosphates wirksame Enzym hat Verf. 1911 die Bezeichnung „Phosphatese" vorgeschlagen[2]. Damit sollte, wie mehrfach betont, über die Beziehung dieses Enzyms zur Phosphatase nichts ausgesagt werden.

Zu untersuchen bleibt die Reversibilität, also besonders die synthetischen Wirkungen der Zymophosphatase. Es ist möglich, dass dieses Enzym die synthetischen Wirkungen ausübt, welche an Alkali-vorbehandelter Glucose (Euler und Johansson[3]) und an Dioxyaceton (v. Lebedew[4]; Euler und

---

[1] Euler u. Kullberg, H. 74, 15; 1911.
[2] Euler, H. 74, 13; 1911.
[3] Euler u. D. Johansson, H. 80, 205; 1912.
[4] v. Lebedew, Chem. Ber. 44, 2932; 1911.

Johansson[1]), Arabinose (Euler und Johansson[1]) beobachtet wurden. Siehe auch S. 101 (Glycerophosphatasen).

Nach den wichtigen, bereits erwähnten Ergebnissen Embdens und seiner Schule spielen auch bei Kohlenhydratumsatz im Muskel die Kohlenhydratphosphate eine wichtige Rolle. Hier scheint die Loslösung der Phosphatese von den anderen Enzymen des Zuckerumsatzes leichter ausführbar zu sein. Systematische Versuche über das Verhältnis der Wirksamkeit von Enzympräparaten hinsichtlich der Aldehydmutation und der Phosphorylierung (E. Brunius) haben jedenfalls gezeigt, dass eine Parallelität nicht statthat. Daraufhin deuteten schon die Versuche von Brunius mit Hefe.

Durch die Beobachtung von Harden und Robison[2] und durch die daran anschliessenden wichtigen Versuche von Robison[3] und seiner Mitarbeiter (siehe S. 82) über die Bildung eines Hexosemonophosphates sind viel Versuche über die Zymophosphatsynthese revisionsbedürftig geworden, weil in vielen Enzymlösungen und Extrakten sich die, vermutlich reversibeln, Wirkungen der Hexosenmonophosphatase über die Bildung des Hexosediphosphates überlagern dürften. Solange nur die Konzentration des freien Phosphates verfolgt wird, können die Versuchszahlen immer die Resultate von synthetischen und hydrolytischen Wirkungen sein.

In neueren Versuchen von Myrbäck und Runehjelm wurden die bei der Gärung entstehenden Mono- und Diphosphate getrennt annähernd bestimmt. Es zeigte sich, dass die während der Gärung isolierbare Hexose-Monophosphorsäure (Robison) wenigstens teilweise als Zwischenprodukt bei der Bildung des Diphosphates fungiert. Das Monophosphat wird ohne Cozymase nicht vergoren; in Gegenwart von Cozymase verläuft seine Vergärung schnell, und zwar ist, wenn die Hälfte des CO_2 entwickelt worden ist, kein freies PO_4 entstanden, sondern es entsteht 1 Mol Diphosphat, während ein C_6-Rest (= 2 C_3-Resten) vergoren wird.

Nach Abschluss dieser Übersicht erschien eine bemerkenswerte Untersuchung von Harden und Henley[4], welche in Gärversuchen mit Hefesaft und Trockenhefe das Verhältnis CO_2/Total-P verestert in einer gewissen Gärperiode zu 0,9 fanden, wonach also etwa $10^0/_0$ des Phosphors ohne CO_2-Entwicklung verestert würden; hierbei entsteht vermutlich Monophosphat. Das Verhältnis CO_2/Diphosphat finden Harden und Henley im Mittel zu 2,38, mit beträchtlichen Schwankungen und sie schliessen, dass Diphosphat zunächst gemäss der Harden-Youngschen Gärungsgleichung gebildet und dann teilweise zu Monophosphat hydrolysiert wird.

---

[1] Euler u. D. Johansson, H. 80, 205; 1912.
[2] Harden u. Robison, Proc. Chem. Soc. 30, 16; 1914.
[3] Robison, Biochem. Jl 16, 809; 1922. — 17, 286; 1923.
[4] Harden u. Henley, Biochem. Jl 21, 1217: 1927.

f) Wirkungsbedingungen der Synthese (Phosphatese).

Aciditätsoptimum. Das Optimum der enzymatischen Zymophosphatbildung durch Trockenhefe und frische Hefe liegt nach den Versuchen von Euler und Nordlund[1] bei pH = 6,4. Die Fig. 10 stellt die Aciditätskurven dar, die mit Glucose und Fructose als Substrat gewonnen wurden.

Über die Salzwirkung auf das Phosphatgleichgewicht, das sich mit Hefen einstellt, ist noch wenig bekannt. Hinsichtlich der Vorgänge im Muskel wurde bereits auf die interessanten Befunde von Embden hingewiesen. Besonders beachtenswert ist die Förderung der Synthese durch Ca-Salze; es ist möglich, dass das Dicalciumphosphat die reaktionsvermittelnden Moleküle bei der Phosphorylierung bei der Synthese bildet (vgl. auch H. 145, 184; 1925).

Aktivatoren und Hemmungsstoffe. Ausgewaschene Trockenhefe phosphoryliert Glucose oder Fructose nur bei Zusatz von Co-Zymase. Nachdem dies bekannt geworden war, wurde von mehreren Autoren die Co-Zymase als Co-Phosphatese, d. h. als der spezifische Aktivator der Phosphorylierung angesehen. Die Wirkung der Co-Zymase liegt aber, wie Euler und Myrbäck[2] zeigen konnten, in einem früheren Stadium, nämlich in der enzymatischen Umwandlung der Gleichgewichtshexosen in die phosphorylierbare Form.

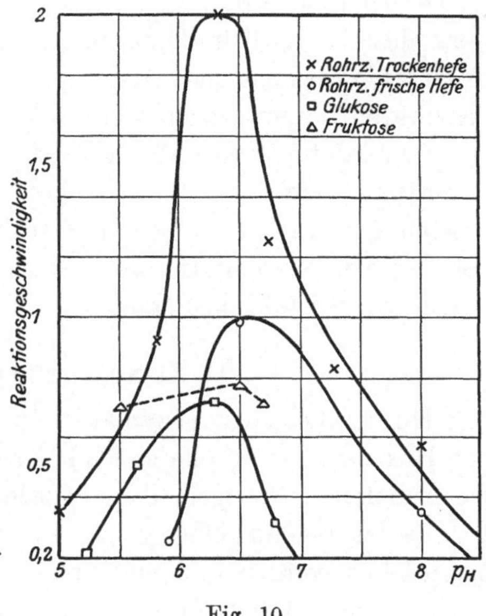

Fig. 10.

Die Phosphorylierung der Zymohexosen wird durch Antiseptica, Toluol, Chloroform, Phenol begünstigt[3]; in Gegenwart von Toluol lassen sich auch mit manchen frischen Hefen gute Ausbeuten an Zymophosphat erzielen.

Zeitlicher Verlauf der Phosphatbindung. Wie schon oben erwähnt, ist die Deutung dieser Versuche noch unsicher; es ist nicht nachgewiesen worden, ob das Verschwinden des freien Phosphates auf die Bildung eines Hexosediphosphorsäureesters oder der doppelten Menge Monophosphorsäureester zurückzuführen ist.

Auch hier kommt CO_2/PO_4 in Betracht.

Ein bei optimalem pH von Nordlund[1] ausgeführter Versuch sei hier wiedergegeben:

---

[1] Euler u. Nordlund, H. 116, 229; 1921.
[2] Euler u. Myrbäck, H. 139, 15; 1924.
[3] Euler u. D. Johansson, H. 80, 175; 1912.

Versuchslösung: 20 g Glucose.

Kaliumphosphat ($+$ NaHCO$_3$).

110 ccm Wasser $+$ 10 ccm 2,5^0/$_0$iger Phenollösung.

10 g fein pulverisierte Trocken-Unterhefe.

Minuten	0	30	60	120	180	315
mg Mg$_2$P$_2$O$_7$	126	116	100	16	4	4
pH	6,3			6,1		

Es ist eine bemerkenswerte, aber noch nicht ganz aufgeklärte Tatsache, dass eine Zymophosphatanhäufung durch Trockenhefen nur gelingt, wenn Unterhefen angewandt werden, nicht aber mit Brennerei-Oberhefen. Es steht dies vermutlich damit in Zusammenhang, dass die Co-Zymase nur in Unterhefen in einem solchen Zustand vorhanden ist, dass sie aus den trockenen Präparaten ausgewaschen werden kann[1].

Den Einfluss von Phenol auf die Phosphorylierung und Gärung hat Brunius[2] vergleichend untersucht. Die kritische Grenzkonzentration des Phenols für Inaktivierung und Gärung liegt sehr nahe übereinstimmend bei der gleichen Normalität, und zwar unter den von Brunius gewählten Bedingungen bei 0,07 n.-Phenol.

II. Hexosemonophosphatspaltung.

Hinsichtlich der enzymatischen Spaltung von Hexosediphosphat und von Hexosemonophosphaten sind Verschiedenheiten angegeben worden, welche die Annahme nahelegen, dass es sich um verschiedene Enzyme handelt.

Es ist bereits eine ganze Reihe von Hexosemonophosphorsäureestern beschrieben worden und mehrere sind vollständig charakterisiert.

1. Zunächst hat Neuberg[3] aus dem Calcium-Zymophosphat durch vorsichtige Hydrolyse mit Oxalsäure ein Hexosemonophosphat gewonnen. Der Neubergsche Monoester wird gespalten ausser durch frische Hefe (Neuberg) durch ein in zahlreichen tierischen Organen enthaltenes Enzym; Tomita[4] wies es nach in Niere, Milz, Leber, Muskel, Noguchi[5] in Takadiastase.

2. Einen zweiten vom obigen verschiedenen Hexosemonophosphorsäureester erhielten Harden und Robison[6]. Dieser Ester ist optisch rechtsdrehend, $[\alpha]_D = + 25^0$ und liefert bei der Spaltung einen rechtsdrehenden Zucker, welcher sich mit Phenylhydrazin in Glucosazon überführen lässt.

3. Monophosphate mit höheren Drehungen (Myrbäck u. Runehjelm) werden analog enzymatisch gespalten.

---

[1] Euler u. Myrbäck, H. 117, 28; 1921.

[2] Euler u. Brunius, H. 160, 242; 1926.

[3] Neuberg, Biochem. Zs 88, 432; 1918.

[4] Tomita, Biochem. Zs 131, 170; 1922.

[5] Noguchi, Biochem. Zs 143, 190; 1923.

[6] Harden u. Robison, Biochem. Jl 16, 809. — Robison, 17, 286; 1923. — Robison u. Soames, 18, 740; 1924. — Kay u. Robison, 18, 755; 1924.

Ein diesen Monophosphaten entsprechendes Enzym kommt in Hefe vor, ferner in Emulsinpräparaten. Im Tierreich ist es besonders in der ossifizierenden Knorpel reichlich vertreten, in wachsenden Knochen und in Zähnen. Das Nierenenzym studierte Eichholtz[1]; Leber und Milz scheinen von diesem Enzym zu enthalten. Nach Takahashi[2] spaltet Knochenextrakt sowohl den Robisonschen wie den Neubergschen Ester.

Über die enzymatische Spaltung des Robisonschen Esters macht auch O. Jäger[3] Angaben. Das pH-Optimum (Kinderblut-Serum, normal und rachitisch) liegt bei 7,5—8,0. Das Enzym soll auch im Harn vorkommen.

3. Weitere Hexose - Monophosphorsäureester haben Komatsu und Nodzu[4] dargestellt und untersucht.

III. Saccharophosphatspaltung.

Djenab und Neuberg[5] konnten die von Neuberg und H. Pollak[6] entdeckte Saccharomonophosphorsäure durch Hefen (untergärige und obergärige) und Hefenpresssäfte spalten; sie nehmen die Existenz einer besonderen Saccharophosphatase an[7].

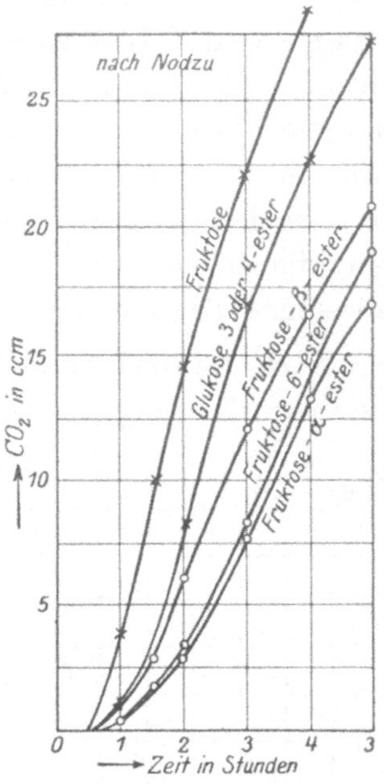

Fig. 11.

Das Substrat, die Saccharophosphorsäure bildet ein leichtlösliches Natriumsalz, $C_{12}H_{21}O \cdot PO_3Na_2$, sowie ein leichtlösliches Calciumsalz (Hesperonalnatrium bzw. Calcium, Merck). Im Verlauf der Spaltung der 10%igen Lösung des Calciumsalzes wird das freigemachte Calciumphosphat gallertartig abgeschieden. Ausser durch Hefen wird die Saccharomonophosphorsäure noch durch ruhende, besonders durch ölreiche Samen höherer Pflanzen in Rohrzucker und Phosphat hydrolysiert (Němec und Duchoň[8]). Ausserdem wurde die Spaltung mit Blättern von Solanum tuberosum durchgeführt. Tomita[9] hat das Saccharophosphat durch Organe, bzw. Organextrakte (besonders Niere

[1] Eichholtz, Arch. exp. Pathol. u. Pharm. 111, 73; 1926.

[2] Takahashi, 146, 161; 1923.

[3] O. Jäger, Zs f. Kinderheilk. 44, 358; 1927.

[4] Komatsu u. Nodzu, Mem. Coll. Sci. Kyoto A 7, 377; 1924. — Nodzu, Jl of Biochem. 6, 31 u. 49; 1926.

[5] Djenab u. Neuberg, Biochem. Zs 82, 391; 1917.

[6] Neuberg u. H. Pollak, Chem. Ber. 43, 2060; 1910.

[7] Unterschiede hinsichtlich der Vergärbarkeit des Zymophosphats und des Saccharophosphats durch lebende Hefe können mit der verschiedenen Permeabilität der beiden Ester zusammenhängen; als zwingender Beweis für die Verschiedenheit der entsprechenden Phosphatasen kann die Vergärbarkeit der Saccharophosphate durch lebende Hefen kaum herangezogen werden.

[8] Němec u. Duchoň, Biochem. Zs 119, 73; 1921.

[9] Tomita, Biochem. Zs 131, 161; 1922.

und Leber, weniger durch Milz, Pankreas, Gehirn, Muskeln) spalten können. Forrai[1] hat die Zersetzung durch menschliche Organe, Pankreas und Nebenniere, vorgenommen und auch Tumoren wirksam gefunden. Die gleiche Wirkung zeigt menschliche Haut und Haut von Meerschweinchen (Wohlgemuth und Y. Nakamura[2]). Einen Fortschritt diesen Versuchen gegenüber bedeutet die Arbeit von Neuberg und M. Behrens[3], in welchen die Entphosphorylierung vermittels Pferdenierenextrakt so durchgeführt wurde, dass nicht nur die freie Phosphorsäure, sondern auch der Rohrzucker (der krystallisiert erhalten werden konnte) analytisch bestimmt wurde[4]. Bei Verwendung von pflanzlichen Extrakten wird die Rohrzuckerkomponente oft durch die anwesende Saccharase zerlegt (Neuberg und Sabetay[5]).

Nach Djenab und Neuberg ist ihre Phosphatase sowohl in schwach essigsaurer Lösung als in neutraler und schwach alkalischer Lösung wirksam. Toluol schädigt nicht.

Folgender Versuch gibt eine Vorstellung vom zeitlichen Verlauf der Reaktion.

20 g Na-Saccharophosphat (schwach alkalisch) in 400 ccm + 20 g Hefe OM + 20 ccm Toluol.

„Während in 10,0 ccm der Ausgangslösung (460,0 ccm) 0,0663 g Gesamt-P_2O_5 enthalten waren, ergab sich in je zwei gut übereinstimmenden Kontrollanalysen die Menge des abgespaltenen anorganischen Phosphats in 10,0 ccm Lösung:

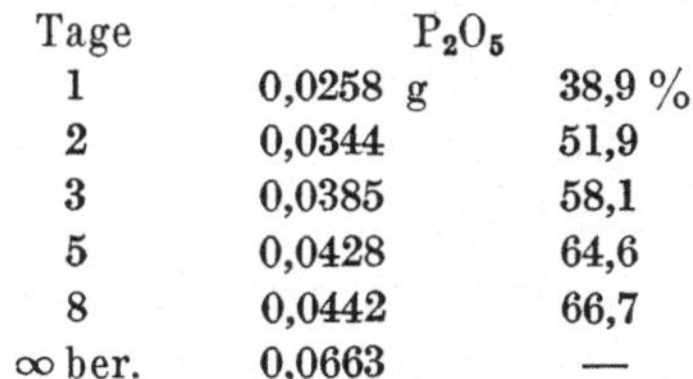

Fig. 12.

Tage	P_2O_5	
1	0,0258 g	38,9 %
2	0,0344	51,9
3	0,0385	58,1
5	0,0428	64,6
8	0,0442	66,7
∞ ber.	0,0663	—

Zum Schluss sind rund $2/3$ des Saccharophosphats enzymatisch zerlegt worden, in gutem Einklang mit anderen Versuchsresultaten mit Oberhefe XII.“

Die obigen Zahlen und die obenstehende Figur zeigen, dass die Reaktion auch bei der verhältnismässig hohen Verdünnung des Substrates (5 %) nur bis zum Verbrauch von etwa $2/3$ des organischen Phosphates verläuft, was auffallend ist, da dieser Endzustand kaum dem natürlichen Gleichgewicht entspricht. Auf die alkoholische Gärung der Saccharophosphate kommen wir bei der Besprechung der Gärungsreaktionen zurück.

---

[1] Forrai, Biochem. Zs 144, 149; 1924.

[2] Wohlgemuth u. Y. Nakamura, Biochem. Zs 175, 216; 1926.

[3] Neuberg u. M. Behrens, Biochem. Zs 170, 254; 1926.

[4] Andererseits kann man aus Saccharosephosphat durch Hefesaccharase die Spaltung in Fructose und Glucosemonophosphat vornehmen. Neuberg u. Sabetay. — Kuhn u. Münch, H. 150, 232; 1925.

[5] Neuberg u. Sabetay, Biochem. Zs 162, 479; 1925.

IV. Amylophosphatspaltung.

Die im Malz vorkommenden organischen Phosphate werden durch die im gleichen Material befindlichen Phosphatasen gespalten[1]. Welche Bestandteile des Malzes hierbei die eigentlichen Substrate bilden, ist noch nicht vollständig bekannt; sicher ist nur, dass sich Phytin unter diesen Phosphaten befindet, und dass demgemäss die Phytase (siehe S. 101) an der enzymatischen Abspaltung von PO_4 aus Malz beteiligt ist. Nach den bemerkenswerten Untersuchungen von Samec[2] enthält aber Stärke verschiedener Herkunft ein Phosphat eines höheren Kohlenhydratrestes; möglicherweise ist dieses Phosphat der wesentliche Bestandteil des Amylopektins. Jedenfalls kommt dieses Substrat hier in Betracht und das entsprechende Enzym, das etwa als Amylophosphatase zu bezeichnen wäre, verdient eine eingehendere Untersuchung.

Adler nimmt im Malz mindestens 2 Arten von Phosphatasen an, „von denen die eine unlösliche organische Phosphatkomplexe in Lösung bringt, während die andere anorganische Phosphate bildet".

Adler gibt ein Temperaturoptimum für die Phosphatasen bei 58° an.

„Die Phosphatasen sind ziemlich widerstandsfähig gegen eine Behandlung mit Alkohol in der Hitze. Zur Vernichtung der Enzyme wendet man am besten eine Abkochung mit etwa 85%igem Alkohol an."

„Die Enzyme, welche die löslichen Phosphate entstehen lassen, stellen praktisch nach 5 Stunden ihre Wirksamkeit ein; bei den die anorganischen Phosphate liefernden Enzymen tritt dies erst mit 14 Stunden ein." In einem Extrakt von 1 Teil Malz mit 20 Teilen Wasser findet der beste Abbau statt.

Die grösste Bedeutung kommt der Acidität zu. „Bei einem $pH = 5,4$ lässt sich die gesamte Phosphorsäure des Malzes in Lösung bringen, wovon etwa 93% anorganischer Natur sind. Gegen Hydroxylionen sind die Phosphatasen weit empfindlicher als gegen Wasserstoffionen. Bei stark saurer Reaktion geht aus dem Malz eine organische Phosphorverbindung in Lösung, das Phytin."

Das Phosphat eines Kohlenhydrats ist zuerst von Northrop und J. M. Nelson[3] aus Stärke erhalten worden. Joh. Kerb[4] hat nach der Methode von Neuberg und Pollak ein Stärkephosphat synthetisiert, welches 1,74% P enthielt. Daraus wurde beim Abbau durch Amylase eine Hexose-Mono-Phosphorsäure erhalten, über deren weitere Spaltung aber nichts Näheres bekannt geworden ist.

Über eine direkte enzymatische Veresterung von Glykogen liegen bisher keine Angaben vor.

V. Nucleotidasen.

Obwohl die Nucleotidasen als Enzyme des Nucleinsäureabbaues im Zusammenhang mit den Nucleinasen zu behandeln sind, sei doch auch hier dieser Enzymgruppe kurz Erwähnung getan, da sie ja die Bindung zwischen einer Kohlenhydratgruppe und Phosphorsäure spalten.

Es bleibt dabei bekanntlich die Verbindung von Kohlenhydrat (meist

[1] Adler, Biochem. Zs 70, 1; 1915.
[2] Samec, Kolloidchem. Beih. 6, 32; 1914.
[3] Northrop u. J. M. Nelson, Jl Amer. Chem. Soc. 38, 472; 1916.
[4] Joh. Kerb, Biochem. Zs 100, 3; 1919.

Pentose und zwar Ribose) und Purin oder Pyrimidinbase übrig. Die Namengebung für diese Enzymgruppe stammt von Levene[1], dem man ja auch in allem wesentlichen die Kenntnis derselben verdankt.

Nehmen wir als Beispiel für ein Nucleotid eines aus der bis jetzt am besten bekannten Gruppe der Ribose-Nucleotide, etwa Guanylsäure, so wäre der Vorgang schematisch folgendermassen darzustellen:

$$\text{Phosphorsäure-Ribose-Guanin} \xrightarrow{\text{Nucleotidase}} \text{Phosphorsäure} + \text{Ribose-Guanin}.$$

Die Stellung des Phosphatrestes in der Ribose ist bereits bei einem dieser Nucleotide bekannt, nämlich bei der Inosinsäure (Hypoxanthin-d-Ribosid-δ-Phosphorsäure, wo PO_4 am δ-Kohlenstoffatom sitzt[1]:

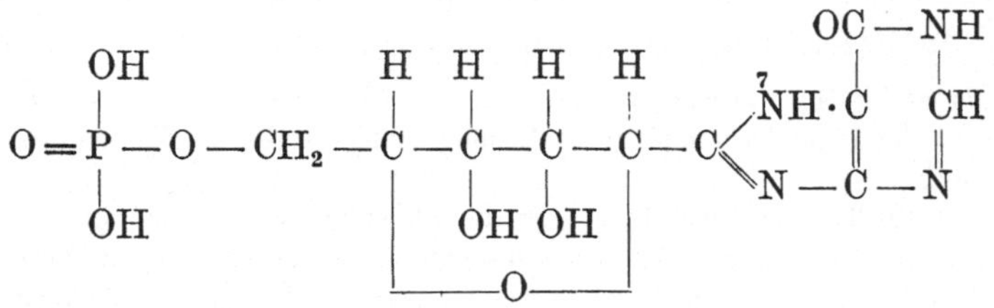

$$O = \overset{\overset{\textstyle OH}{|}}{\underset{\underset{\textstyle OH}{|}}{P}} - O - CH_2 - \overset{\overset{\textstyle H}{|}}{C} - \overset{\overset{\textstyle H}{|}}{\underset{\underset{\textstyle OH}{|}}{C}} - \overset{\overset{\textstyle H}{|}}{\underset{\underset{\textstyle OH}{|}}{C}} - \overset{\overset{\textstyle H}{|}}{C} - C \underset{N - C - N}{\overset{OC - NH}{\underset{}{\overset{NH \cdot C \quad CH}{}}}}$$

Unsicher ist noch, ob das Hypoxanthin an der Stelle 8 oder 7 mit der Ribose verbunden ist.

Die Phosphatgruppe wird aus der Inosinsäure verhältnismässig langsam abgespalten, die Inosinsäure ist also in dieser Hinsicht recht stabil, was vermutlich auch mit der Ribosephosphorsäure selbst der Fall ist[2]. Yamagawa hat verschiedene hierher gehörende Substanzen vergleichend mit $0,1 \, n \cdot H_2SO_4$ bei 100^0 hydrolysiert und folgende Zahlen für die Abspaltungsgeschwindigkeit der Phosphorsäure, ausgedrückt in monomolekularen Reaktionskonstanten, gefunden.

	$k \cdot 10^3$
Nucleinsäure	1300
Guanosinphosphorsäure	1770
Adenosinphosphorsäure	1660
Uridinphosphorsäure	480
Inosinsäure.	470
Hexothymidindiphosphorsäure	726

In diesem Zusammenhang sei auf Messungen der Stabilität verschiedener Zuckerphosphorsäuren hingewiesen, welche Levene und Yamagawa[3] ausgeführt haben.

Vorkommen. Nucleotidasen konnten Levene und Medigreceanu[4]

[1] Levene u. Jacobs, Biochem. Zs 28, 127; 1910. — Chem. Ber. 44, 746; 1911.

[2] Yamagawa, Jl Biol. Chem. 43, 339; 1920.

[3] Levene u. Yamagawa, Jl Biol. Chem. 43, 323; 1920.

[4] Levene u. Medigreceanu, Jl Biol. Chem. 9, 65 u. 389; 1911.

in Presssäften von Leber, Niere, im Blut und Blutserum nachweisen; besonders wurde der Darmsaft und der Auszug der Darmschleimhaut sehr wirksam befunden, Pankreasextrakt scheint nicht alle Nucleotide anzugreifen.

Ob die Nucleotidasen, welche die Phosphorsäure von Pyrimidinhexosiden, bzw. von der darin enthaltenen Hexose, abspalten, z. B. von Thymonucleinsäure,

$$(HO)O = P \underset{\displaystyle \text{Hexose}}{\overset{\displaystyle \text{Hexose---Guanin}}{<}} \underset{\displaystyle \text{Thymin}}{\overset{\displaystyle P = O(OH)_2}{<}}$$

$$(HO)O = P \underset{\displaystyle \text{Hexose---Adenin}}{\overset{\displaystyle \text{Hexose}}{<}} \underset{\displaystyle P = O(OH)_2}{\overset{\displaystyle \text{Zytosin}}{<}}$$

identisch sind mit denjenigen, welche Riboside angreifen, bleibt noch festzustellen.

Amberg und Jones[1] bezeichnen das Enzym, welches Phosphorsäure aus Nucleinresten (Nucleotiden) abspaltet als „Phosphonuclease", während sie für die Enzyme, welche zur Abspaltung von Purinbasen führen, den Namen „Purinnucleasen" vorschlagen. Die Annahme von der unabhängigen Existenz der beiden erwähnten Enzyme gründen Amberg und Jones hauptsächlich darauf, dass die Hundeleber zwar Phosphorsäure aus der Nucleinsäure abspaltet, aber nicht Adenin. „Denn wäre letzteres der Fall, so müsste sich das so gebildete Adenin als Endprodukt auffinden lassen, da diese Drüse durchaus unfähig ist, Adenin irgendwie weiter zu ändern."

Wir kommen auf die Spaltung der Nucleinsäuren, besonders auf die Abspaltung der Basen bei der Behandlung der proteolytischen Enzyme wieder zurück[2].

B. Glycerinphosphatase.

In der Natur kommt Glycerinphosphorsäure als Spaltprodukt des Lecithins und anderer Phosphatide vor. Willstätter und Lüdecke[3] haben zuerst gezeigt, dass die Glycerinphosphorsäure des Lecithins optisch aktiv, und zwar linksdrehend ist. Eine mit Willstätters Substanz vermutlich identische Glycerinphosphorsäure haben Levene und Rolf[4] aus Cephalin isoliert.

Über α-Glycerin-Phosphorsäure, $CH_2OH\text{-}CHOH\text{-}CH_2 \cdot PO_4H_2$ und über Di-Glycerin-mono-Phosphorsäure-Ester siehe E. Fischer und Pfähler (Ber. 53) sowie Bailly[5], über die Glycerinphosphorsäure des Lecithins siehe Karrer und Salomon[6].

---

[1] Amberg u. Jones, H. 73, 407; 1911.

[2] Siehe hierzu auch London u. Schittenhelm, H. 70, 10; 1910.

[3] Willstätter u. Lüdecke, Chem. Ber. 37, 3753; 1904; vgl. hierüber auch Karrer u. Salomon, Helv. 9, 3; 1926.

[4] Levene u. Rolf, Jl Biol. Chem. 40, 1; 1919.

[5] Bailly, C. r. 183, 67; 1926.

[6] Karrer u. Salomon, Helv. 9, 1; 1926. — Zur Synthese des Lecithins: Grün u. Limpächer, 59, 1350; 1926.

Die stark spaltende Wirkung einer lebenden Hefe auf das Natriumsalz der Glycerinphosphorsäure ist zuerst von Neuberg und Karczag[1] beschrieben worden.

4,3 g glycerinphosphorsaures Na wurden mit 10 g Hefe XII des Berliner Inst. f. Gärungsgewerbe und 200 ccm Wasser angesetzt. Während 48 Stunden wurden bei 29^0 bei einem Versuch fast $50^0/_0$, bei einem anderen $42^0/_0$ des Gesamtphosphors des zugesetzten Substrates in Freiheit gesetzt, während in Kontrollversuchen ohne Hefe nur eine spurenweise Spaltung erfolgte. Die Hefe allein lieferte bei den eingehaltenen Versuchsbedingungen nur etwa $4^0/_0$ des gefundenen anorganischen Phosphats.

Dieser Befund ist auch deshalb bemerkenswert, weil Na-Zymophosphat durch lebende Hefe — aus einer noch nicht aufgeklärten Ursache — nicht gespalten wird.

Grosser und Husler zeigten, dass Darmschleimhaut[2] und Nierenzellen ein Enzym besitzen, das Glycerinphosphatlösung vollständig spaltet, und dass ein solches Enzym in geringerer Menge auch in den Lungen enthalten ist. Diese Resultate werden von Forrai bestätigt, der Glycerinphosphatspaltung ausserdem durch Nebenniere, Schilddrüse, Hoden und Tumoren beobachtete. Clementi[3] fand die Enzymwirkung auch im zellfreien Darmsaft des Hundes. Leber[2] und Milz enthalten nur Spuren; Pankreas[4], Muskel, Herzmuskel und Blut wurden mit negativem Ergebnis untersucht. R. Schmidt fand das Enzym im Mekonium.

Die Spaltung durch die tierische Glycerinphosphatase beschränkt sich nach den genannten Autoren nicht auf die natürliche, optisch-aktive Form, die durch Verseifung des Lecithins gewonnen wird, sondern soll auch vollständig bei Anwendung des synthetischen, inaktiven Substrates verlaufen. Ob dies bei allen Aciditäten der Fall ist, bleibt zu untersuchen.

Plimmer (vgl. S. 99) erhielt Glycerinphosphathydrolyse auch mit Trockenhefe, Ricinussamen und mit Kleie. Aus der Tatsache, dass aus Darm, Niere und Lunge ein Glycerinphosphat spaltendes Enzym erhalten wird, nicht aber aus Pankreas und Leber, schliesst er, dass die Phosphatase nicht mit Lipase bzw. den Esterasen der ersteren Organe identisch ist. Er hebt in dieser Hinsicht ferner hervor, dass das Enzym der Phosphatspaltung, das sich in Ricinussamen findet, durch Wasser extrahiert werden kann, während die Ricinuslipase in Wasser unlöslich ist.

Falk und Sugiura[4] fanden in Ricinussamen eine wasserlösliche Esterase, welche mit der Glycerinphosphatase möglicherweise identisch ist.

Falk[5] hat dieses Enzym näher untersucht. Er fällt die filtrierten und dialysierten wässerigen Auszüge mit Aceton. Der Aschegehalt der Substanz betrug 5%. Das Präparat

[1] Neuberg u. Karczag, Biochem. Zs 36, 60; 1911.
[2] Grosser u. Husler, Biochem. Zs 39, 1; 1913. Bestätigt von Plimmer, vgl. S. 99.
[3] Clementi, Arch. int. Physiol. 22, 121; 1923.
[4] Falk u. Sugiura, Jl Amer. Chem. Soc. 37, 217; 1915.
[5] Falk, Proc. Nat. Acad. of Science, Boston, 1, 136; 1915.

enthielt, aschefrei und trocken, 15,4—16,3% N und 0,36 bis 0,9% P. Die Substanz gab keine Reaktion auf Kohlenhydrate, enthielt viel Tryptophan, viel aromatische Gruppen und Spur von Tyrosin. Falk hält das Enzym für ein Protein.

Němec[1] untersuchte die Samen folgender höherer Pflanzen hinsichtlich ihrer Fähigkeit, Glycerinphosphorsäure zu spalten. Der folgende Auszug aus seiner Tabelle enthält die Menge P_2O_5 in %, welche mit 5 g Samen während 48 Stunden bei 25° aus Glycerinphosphorsäure abgespalten werden.

Hordeum distichum . .	1,07	Lens esculenta	28,62
Secale cereale	1,15	Polygonum fagopyrum .	28,66
Avena sativa	1,16	Helianthus annuus . . .	29,19
Lupinus angustifolius .	4,62	Pisum sativum	30,45
Zea Mays	14,73	Ricinus communis . . .	31,69
Vicia Faba	16,69	Linum usitatissimum . .	32,32
Picea excelsa	17,50	Brassica napus	33,57
Prunus communis . . .	22,23	Raphanus sativus . . .	34,19
Cannabis sativa	23,74	Sinapis alba	41,34
Papaver somniferum . .	26,56	Glycine hispida	49,97

Dass die Spaltungsgrenze 50% nie überschritten wird, dürfte darauf hindeuten, dass aus der synthetischen, also racemischen Glycerinphosphorsäure nur die natürlich vorkommende Form angegriffen wird, was besonders in Rücksicht auf Grossers und Huslers Ergebnisse noch näherer Untersuchung bedarf.

Die Wirkung mehrerer Organextrakte auf verschiedene organische Phosphate hat 1913 Plimmer in einer Tabelle zusammengestellt[2], aus welcher hier ein Auszug mitgeteilt sei.

	Pankreas	Leber	Darm	Ricinus-samen	Trockenhefe Zymin	Kleie
Hexose-(Zymo-)phosphat .	0	...	+	+	+	+
Glycerophosphat	0	...	+	+	+	+
Äthylphosphat	0	...	+	+	+	+
Diäthylphosphat	...	...	0	0	...	...
Phytin	0	0	0	+	0	+
Thymusnucleinat . .	0	...	+	...	+?	+

Seit dieser Zeit haben sich unsere Kenntnisse über Phosphatasen wesentlich erweitert und es wäre nun eine dankenswerte Aufgabe, das Wirkungsbereich dieser Enzyme und den Grad ihrer Spezifität endgültig festzustellen.

Eingehende und exakte Untersuchungen über enzymatische Glycerophosphatspaltung verdankt man H. D. Kay[3], sowie Martland und Robison[4]. Der erstgenannte Forscher arbeitete mit Nierenenzym, letztere mit Knochenphosphatase. An Nierenenzym sind auch im Institut des Verfassers

---

[1] Němec, Biochem. Zs 93, 94; 1918.
[2] Plimmer, Biochem. Jl 7, 43; 1913.
[3] H. D. Kay, Biochem. Jl 20, 791; 1926.
[4] Martland u. Robison, Biochem. Jl 21, 665; 1927.

Versuche angestellt worden (H. Erdtman), welche sich besonders auf den Nachweis eines Aktivators konzentriert haben (vgl. S. 88).

Darstellung. Zur Gewinnung von wirksamen Enzympräparaten aus Niere wird mit Wasser extrahiert. Das Eiweiss wird isoelektrisch ausgefällt. Reinigung durch Adsorptionsmethoden haben bis jetzt wenig Erfolg gehabt. Erdtman ist eine Anreicherung im Extrakt im Verhältnis 1:50 gelungen. Die Nierenrinde ist sehr viel enzymreicher als die Medulla (14,2:2,1) (Kay).

Aciditätsoptimum. Kay fand das Optimum der Phosphatabspaltung, und zwar sowohl aus Hexosediphosphat (vgl. S. 86) als aus Glycerinphosphat zwischen pH 8,8 und 9,2, und betont, dass für kein anderes Enzym ein so weit im alkalischen Gebiet belegenes Optimum bekannt ist. Nieren und Knochenenzym stimmen in dieser Hinsicht überein. Es sei auf die Aciditätskurve Fig. 13 verwiesen. Martland und Robison finden das pH-Optimum für Knochenphosphatase bei pH = 8,4.

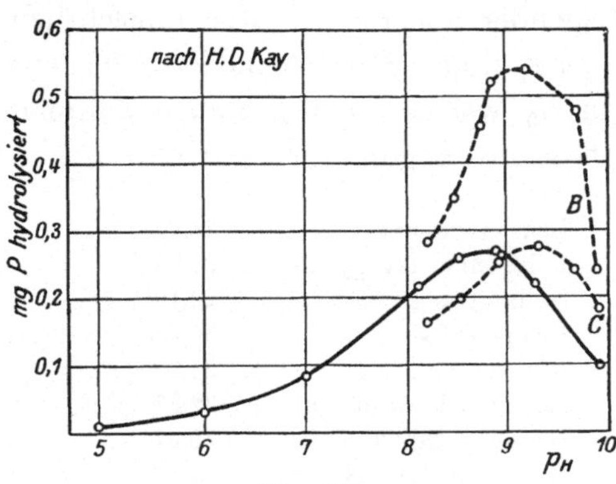

Fig. 13.

A Wirkung auf Na-Hexosediphosphat (Borat-Puffer). B Wirkung auf Na-Hexosediphosphat (Glykokoll-Puffer). C Wirkung auf Glycerophosphat (Glykokoll-Puffer).

Substrate. Bemerkenswert ist die Feststellung von Kay, dass β-Glycerophosphat schneller hydrolysiert wird als das α-Salz. Casein wird von der Glycerophosphatase nur schwer angegriffen.

Sowohl die roten Blutkörperchen als das Plasma enthalten ein Substrat für die Nierenphosphatase. Wenn Nierenphosphatase auf das Blut einwirkt, so werden die organischen Phosphate des Plasmas hydrolysiert, nicht aber die Phosphorsäureester innerhalb der Erythrocyten.

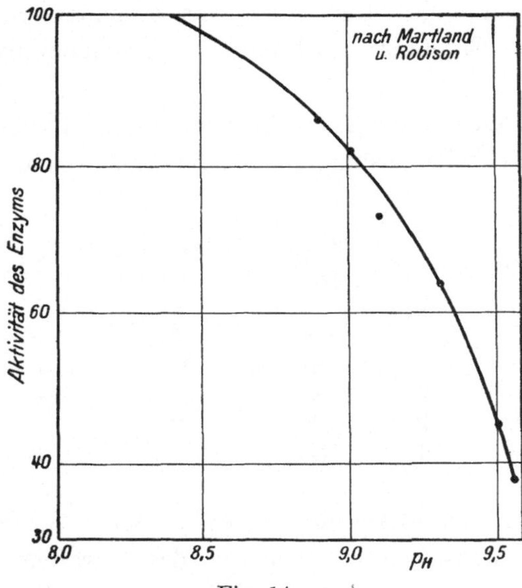

Fig. 14.

Knochenextrakt, 24 Stdn. gehalten in 0,4 %igen NaHCO$_3$-Lösungen, auf verschiedene pH gebracht. Aktivität des Enzyms gemessen durch Hydrolyse von 0,1 norm. Na-Glycerophosphat in 2,5 Stdn. bei pH = 9,1, angegeben in Prozent der ursprünglichen Aktivität.

Hinsichtlich der Kinetik ist das Ergebnis von Martland und Robison zu bemerken, dass die Hydrolyse des Glycerophosphates durch anorganisches Phosphat schon in geringer Konzentration gehemmt wird, nicht aber durch Glycerin in ähnlichen Konzentrationen.

Martland und Robison wiesen die synthetischen Wirkungen der Phosphatase nach an Mannit, Glykol, Glucose und Fructose.

Temperaturstabilität der Knochenphosphatase. Durch Messungen bei 38^0 unter verschiedenen pH-Bedingungen wurde gezeigt, dass schon von pH = 8,5 an die Stabilität der Phosphatase mit zunehmender Alkalinität stark abnimmt (Fig. 14).

C. Phytase.

Substrat. Das Phytin ist nunmehr als Inositphosphorsäure erkannt[1], und zwar kommen nach den Analysen 6 PO_4-Gruppen auf 1 Molekül Inosit, $C_6H_{12}O_6$, wonach also dem Phytin etwa die folgende Formel zukommt (Neuberg):

$$\begin{array}{ccc}
 & \overset{O}{\diagup\;\diagdown} & \\
(HO)_3P & & P(OH)_3 \\
| & & | \\
O & & O \\
| & & | \\
HC & \!\!\!\!-\!\!\!\!- & CH \\
(OH)_3 \qquad\quad | & & | \qquad\quad (OH)_3 \\
P-O-HC & & CH-O-P \\
O\diagup\;\diagdown\qquad | & & | \qquad\diagup\;\diagdown O \\
P-O-HC- & & -CH-O-P \\
(OH)_3 & & (OH)_3
\end{array}$$

Die Synthese des Phytins aus Inosit und P_2O_5 ist von Posternak[2] durchgeführt worden.

Bemerkenswert ist, dass die Phosphorsäure aus dem Phytin verhältnismässig leicht abgespalten wird[3].

Über die Art der Bindung der Phosphorsäure und die Stellen der freien Hydroxylgruppen herrscht noch nicht völlige Klarheit. Die weite Verbreitung des Phytins im Pflanzenreich ist durch die Arbeiten von U. Suzuki und Yoshimura sowie von Schulze und Winterstein erkannt worden.

Dass das Phytin in den Pflanzen von einer spezifischen Phosphatase begleitet wird, haben zuerst Suzuki, Yoshimura und Takaishi[4] angegeben, welche für dieses Enzym den Namen Phytase vorgeschlagen haben[5]. Sie

---

[1] Suzuki u. Yoshimura, Bull. Coll. Agric. Tokyo, 7, 495; 1907. — Neuberg, Biochem. Zs 5, 443; 1907 und 9, 557; 1908. — Posternak, C. r. 169, 79; 1919.

[2] Posternak, C. r. 168, 1216. — Helv. 4, 150; 1921.

[3] Siehe hierzu Jegorow, Biochem. Zs 42, 432; 1912 und 61, 41; 1914.

[4] Suzuki, Yoshimura u. Takaishi, Bull. Coll. Agric. Tokyo, 7, 504; 1907.

[5] Zaleski, Bot. Ber. 24, 285; 1906, hatte bereits darauf hingewiesen, dass aus löslichen Phosphorverbindungen in keimenden Samen Phosphorsäure freigemacht wird.

konnten bei der enzymatischen Spaltung neben Phosphorsäure auch Inosit nachweisen.

In Aspergillus niger und anderen Schimmelpilzen wurde Phytase von Dox[1] nachgewiesen.

Im Gegensatz zu Plimmer konnten Mac Collum und Hart[2] Phytin durch Auszüge aus tierischen Organen (Leber und Blut, nicht Niere und Muskel) spalten.

Vorkommen. Die oben genannten japanischen Forscher haben die Phytase aus Reiskleie gewonnen. Sie ist, wie man jetzt weiss, in zahlreichen Pflanzensamen (siehe auch Plimmer, S. 99) enthalten und kann z. B. aus Grünmalz leicht dargestellt werden.

Die Wirkung einer Phytase im Bier ist durch W. Windisch und Vogelsang[3] wahrscheinlich gemacht worden. In Gerste und Mais wiesen Vorbrodt[4] sowie Lüers und Silbereisen die Phytase nach, in Weizenkleie R. J. Anderson[5]. Demgemäss wird Phytin auch durch Weizenmehle abgebaut (Collatz und Bailly[6]). Nach Starkenstein[7] soll Phytin und Inosit und gleichzeitig Phytase nicht nur in allen grünen Pflanzen verbreitet sein, sondern auch in tierischen Organismen (Muskel, Leber); allerdings ist dabei kein Beweis für die Spezifität dieser tierischen „Phytasen" erbracht. In 2 Jahre alten Ahornsamen fand R. J. Anderson[8] Phytase.

Niedere Pilze enthalten neben vielen anderen Enzymen auch Phytase, und zwar fanden dieses Enzym

Dox und Golden (Jl Biol. Chem. 10, 183; 1912) in Aspergillus niger, fumigatus und clavatus,

Jegorow (H. 82, 231; 1912) in Penicillium crustaceum.

Darstellung. Suzuki und seine Mitarbeiter haben ihre Reiskleienphytase mittels Alkohol gefällt. Adler[9] beschreibt seine Darstellungsweise aus Grünmalz eingehender:

Das 14 Tage gekeimte Grünmalz wird gequetscht, 700 g davon werden 7 Stunden lang mit 2,5 l 25%igen Alkohols extrahiert. Der von den festen Rückständen abfiltrierte Extrakt wird nun mit dem 3½fachen Volumen 96%igen Alkohols versetzt; der hierdurch entstehende flockige Niederschlag setzt sich in 3 Stunden ab; er wird durch Filtration von der Flüssigkeit getrennt und dann mit Alkohol und Äther gewaschen.

Lüers und Silbereisen[10] geben folgende Vorschrift: Man geht von Gerstengrünmalz aus, dessen Wachstum zwecks Enzymanreicherung auf

[1] Dox, Jl Biol. Chem. 10, 183; 1911.

[2] Mac Collum u. Hart, Jl Biol. Chem. 4, 497; 1908.

[3] W. Windisch u. Vogelsang, Woch. f. Brau. 23, 516; 1906.

[4] Vorbrodt, Akad. Wiss. Krakau 1910. A. 414.

[5] R. J. Anderson, Jl Biol. Chem. 20, 475, 483; 1915.

[6] Collatz u. E. M. Bailly, Jl Ind. a. Eng. Chem. 13, 317; 1921.

[7] Starkenstein, Biochem. Zs 30, 94, 1911.

[8] R. J. Anderson, Jl Biol. Chem. 43, 469; 1920.

[9] Adler, Biochem. Zs 75, 319; 1916. — Siehe auch Seite 95.

[10] Lüers u. Silbereisen, Woch. f. Brau. 44, 263; 1927.

16 Tage ausgedehnt wird. Das feuchte Grünmalz wird auf der Fleischhackmaschine zerquetscht und 4 kg davon werden mit 12 Liter 25%igem Alkohol 10 Stunden unter Rühren digeriert. Die durch Abpressen erhaltene Lösung wird durch Zentrifugieren von mitgerissener Stärke getrennt und blank filtriert. Aus 11,5 Liter Lösung wurde das Enzym durch Zusatz von 30 Liter 96%igem Alkohol in Form voluminöser Flocken ausgefällt, die sich in hohen Standzylindern in kurzer Zeit absetzten. Die überstehende Lösung wird abgehebert, der Niederschlag auf der Zentrifuge mehrmals mit Alkohol und einmal mit Alkohol-Äther und dann noch mit Äther aufgeschlämmt und zentrifugiert.

Nach dem Trocknen im Vakuum über Schwefelsäure wurden 30 g pulveriges, fast weisses Rohenzym erhalten.

Optimale Acidität. Adler (l. c.) fand pH = 5,4—5,5. — Lüers und Silbereisen haben die Aciditätskurve genauer aufgenommen, und zwar mit verschiedenen Puffern. Die Fig. 15 ist der Arbeit der genannten Forscher entnommen.

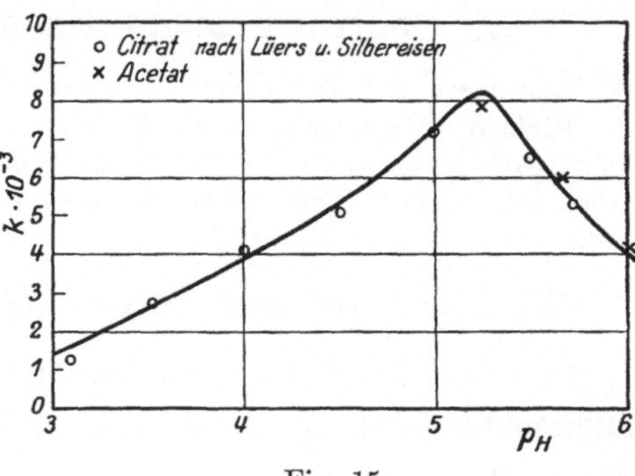

Fig. 15.

Kinetik. Adler hatte unter optimalen Bedingungen bis zu 72% des angewandten Phytins zerlegen können. Lüers und Silbereisen versuchten ihre Versuchszahlen nach der Formel für monomolekulare Reaktionen zu berechnen; „doch wiesen diese k-Werte einen starken Gang auf, so dass sich kein Mittelwert bilden liess. Auch eine Reihe anderer Formeln ... lieferten immer nur stark abfallende k-Werte".

Lüers fand Anschluss an die Schütz sche Regel (vgl. Bd. I, 3. Aufl., S. 161), die also hier als (rein empirische) Interpolationsformel brauchbar ist.

Einfluss der Temperatur. Adler gab als günstigste Temperatur für die Phytinspaltung 56⁰ an. Lüers und Silbereisen fanden „ein sehr scharf ausgeprägtes Temperaturoptimum von 48⁰". Den Temperaturkoeffizienten der Phytasewirkung

$$\frac{k_{t+10}}{k_t}$$

berechnen Lüers und Silbereisen

für das Temperaturintervall 28—38⁰ zu 1,48
,,　,,　　　　,,　38—48⁰　,, 1,78.

Die Möglichkeit ist in Betracht zu ziehen, dass der kleine Temperaturkoeffizient mit der Labilität des Enzymes zusammenhängt.

Analytische Methoden. Die Bestimmung des Phytins haben besonders Plimmer und Heubner, sowie Adler und Rippel eingehend bearbeitet (siehe S. 104).

D. Spaltung von Cholesterin-Phosphorsäureester.

Cholesteryl-Phosphat $C_{27}H_{47}PO_4$ wurde von Euler und Bernton[1] aus Cholesterin und Phosphoroxychlorid in Pyridinlösung dargestellt. Wie der folgende Versuch von G. Menzinsky zeigt, wird die teilweise kolloide Lösung dieses Phosphats von Nierenphosphatase weitgehend, wenn auch langsam gespalten.

0,15 g Cholesterinphosphat in 10 ccm Alkohol gelöst und in 80 ccm Wasser einpipettiert. Acidität: pH = 8,3.

Stunden	0	48	96
mg freies P_2O_5	0,38; 0,37	2,11	3,48

E. Spaltung aromatischer Phosphorsäureester.

Hier liegen einige Ergebnisse von Neuberg und J. Wagner[2] sowie von R. Iwatsuru[3] vor. Diphenylorthophosphorsaures Kalium, $(C_6H_5)_2PO_4K$, sowie diphenylpyrophosphorsaures Kalium $(C_6H_5)_2P_2O_7K_2$, ferner die Dikaliumsalze der Monophenylorthophosphorsäure, $(C_6H_5)PO_4K_2$, werden von einem in Aspergillus oryzac enthaltenen Enzym gespalten.

F. Messung der Hydrolyse organischer Phosphate.

In erster Linie kommen die Molybdatmethode[4] und die Fällung mit Magnesiamischung in Betracht. Auch die Urantitration nach Neubauer kann, wenn keine grosse Genauigkeit erforderlich ist, verwendet werden.

Eine auch zur Bestimmung von PO_4 in organischen Phosphaten vielfach brauchbare Methode hat Neumann[5] angegeben. Für die Untersuchung von Phytin ist eine Modifikation erforderlich (Plimmer und Bayliss[6]; Heubner[7]).

Zur Verfolgung der enzymatischen Spaltung muss anorganisches Phosphat neben den verschiedenen organischen Phosphaten bestimmt werden. Letztere verhalten sich hinsichtlich der beiden hauptsächlichsten Fällungsmittel (Magnesiamischung und Ammoniummolybdat) verschieden.

Während es nach Vorbrodt[8], Plimmer und Page[9] u. a. notwendig ist, bei Arbeiten mit Phytinlösungen die Molybdatmethode (bei 37°) zu verwenden (nach Heubner l. c. kann dies ohne Störung nur bei Anwesenheit geringer Phytinmengen geschehen), kann man anorganisches Phosphat von Casein[6], von Glycerophosphat und von Zymophosphat durch Magnesiamischung trennen, und zwar unter Vermeidung höherer Temperaturen.

[1] Euler u. Bernton, Chem. Ber. 60, 1720; 1927.

[2] Neuberg u. J. Wagner, Biochem. Zs 171, 485; 1926.

[3] Iwatsuru, Biochem. Zs 173, 348; 1926.

[4] Auf die Modifikation der Molybdatmethode von Benedict u. Theis sei besonders aufmerksam gemacht.

[5] Neumann, H. 37, 115; 1903. — 43, 32; 1905.

[6] Plimmer u. Bayliss, Jl Physiol. 33, 439; 1906.

[7] Heubner, Biochem. Zs 64, 401; 1914.

[8] Vorbrodt, Bull. Acad. Cracovie, A, 418; 1910.

[9] Plimmer u. Page; Biochem. Jl 7, 163; 1913.

Jedenfalls ist stets die Zersetzlichkeit desjenigen organischen Phosphates, mit welchem man arbeitet, genau in Betracht zu ziehen.

Mikromethoden. In den letzten Jahren ist eine Reihe sehr brauchbarer Methoden zur Bestimmung kleiner Phosphatmengen vorgeschlagen worden. Das Prinzip der Kleinmannschen Phosphatbestimmung[1] als Alkaloidphosphomolybdat ist von Embden[2] mit Erfolg zu einer gravimetrischen Mikromethode ausgearbeitet worden. Dieselbe ist auch in diesem Laboratorium in einer praktischen Ausführungsform von Myrbäck[3] verwendet worden. Nach Erfahrungen von R. Nilsson geschieht bei der gravimetrischen Methode die Enteiweissung auch von Hefepräparaten mit vollkommen befriedigender Genauigkeit durch Fällung mit Trichloressigsäure (siehe hierzu Lohmann und Jendrassik[11]). Es sei ferner auf die Methoden von Lieb[4], von Benedict, sowie von Heubner[5] hingewiesen, ferner auf die Methoden von Margarete Sörensen[6] und diejenige von M. Macheboeuf[7].

Martland und Robison[8] haben sich ebenfalls eines empfehlenswerten Verfahrens bedient.

Eine colorimetrische Methode zur Bestimmung des Phosphates als Phosphormolybdat gründet sich auf die von Taylor und Miller[9] gefundene Tatsache, dass in einem Gemisch von Molybdänsäure und Phosphormolybdänsäure nur die letztere durch Reduktionsmittel Molybdänblau bildet. Fiske und Subbarow[10] wenden als Reduktionsmittel Aminonaphtolsulfosäure (1, 2, 4 „Eikonogen") an, und ihre Methode hat neuerdings vielfach Anwendung gefunden, z. B. durch Lohmann und Jendrassik[11] bei Arbeiten mit Muskelsaft.

Sie enteiweissen 1 ccm Muskelsaft mit 4 bis 6 ccm $7\,^0/_0$iger Trichloressigsäure, filtrieren nach 5 Minuten und versetzen einen aliquoten Teil (weniger als 0,5 mg P_2O_5 enthaltend) mit 5 ccm Molybdatlösung und Eikonogenlösung.

---

[1] Kleinmann, Biochem. Zs 99, 19; 1919.

[2] Embden, H. 113, 108; 1921.

[3] Myrbäck, H. 148, 197; 1925.

[4] Lieb, Pregl, Die Mikroanalyse, 2. Aufl. Berlin 1923.

[5] Heubner, Biochem. Zs 64, 401; 1914.

[6] Marg. Sörensen, Medd. Carlsb.-Lab. 15, Nr. 10; 1925.

[7] Macheboeuf, Bull. Soc. Biol. 7, 464; 1926. — Recherches sur les composés phosphorés du sang. Paris 1927.

[8] Martland u. Robison, Biochem. Jl 18, 765; 1924. — Gaddum, Biochem. Jl 20, 1204; 1926.

[9] Taylor u. Miller, Jl Biol. Chem. 18, 215; 1914.

[10] Fiske u. Subbarow, Jl Biol. Chem. 66, 375; 1925.

[11] Lohmann u. Jendrassik, Biochem. Zeitschr. 178, 419; 1926.

Sulfatasen.

Ein Enzym, welches nach der Gleichung

$$R \cdot O \cdot SO_3K + H_2O = R \cdot OH + HKSO_4$$

Schwefelsäureester von Phenolen und Phenolhomologen (auch von Nitrophenolen) zerlegt, wurde von Neuberg und Kurono[1] entdeckt.

„Bemerkenswert ist nun die auswählende Wirkung der Sulfatase. Sie äussert sich darin, dass die ätherschwefelsauren Salze der aliphatischen Alkohole sowie der hydroaromatischen Verbindungen nicht angegriffen werden. So sind die Kaliumsalze der Äthyl- und Amylschwefelsäure, der m-Methyl-cyclohexanol-Schwefelsäure, sowie der d- und l-Borneolschwefelsäure — wenigstens gegen die bisher zur Verfügung stehenden Fermentpräparate — resistent. Hierin offenbart sich eine gewisse Parallele zum physiologischen Verhalten insofern, als die hydroxylhaltigen Verbindungen der hydroaromatischen Reihe im Tierkörper vorwiegend mit Glucuronsäure gepaart werden.“

Vorkommen. In Pilzen, besonders in Aspergillus oryzae und in Bakterien.

Das Trockenpräparat des Aspergillus oryzae, die Takadiastase, spaltet Phenolsulfate ebenfalls[2]. Auch im tierischen Organismus hat Neuberg das Enzym nachweisen können, nämlich in Organen von Menschen, Kaninchen, Meerschweinchen[3, 4]. Niere liefert die kräftigsten Präparate.

Nach Wohlgemuth und Nakamura[5] in der Haut. Eine sehr lesenswerte Darstellung der physiologischen Rolle der Sulfatasen hat Neuberg gegeben (Naturw. 12, 797; 1924).

„Die tierische Sulfatase ist gleich dem Ferment der Pilze von der lebenden Zelle abtrennbar; denn die durch Eintragen in Aceton gewonnenen haltbaren Zubereitungen, z. B. Acetonniere und Acetonleber, spalten aufs deutlichste, ebenso mit Äther entfettete Trockenpräparate.“

Den Fortgang der enzymatischen Hydrolyse kann man leicht durch Abnahme der in organischer Esterbindung vorhandenen Schwefelsäure feststellen oder durch den Nachweis der losgelösten und bei neutraler Reaktion abdestillierten oder durch Ausätherung gewonnenen Phenole.

Euler und St. Erikson[6] haben in Erwägung gezogen, ob an der Wirkung der Sinigrinase eine Sulfatase beteiligt ist. Diese Annahme wird durch neuere Versuche von Neuberg und J. Wagner[7] gestützt.

---

[1] Neuberg u. Kurono, Biochem. Zs 140, 295; 1923.

[2] Neuberg u. Joachim Wagner, Biochem. Zs 161, 498; 1925.

[3] Neuberg u. Simon, Biochem. Zs 156, 365; 1925.

[4] L. Rosenfeld, Biochem. Zs 157, 434; 1925.

[5] Wohlgemuth u. Nakamura, Biochem. Zs 175, 226; 1926.

[6] Euler u. St. Erikson, Fermentf. 8, 523; 1926.

[7] Neuberg u. J. Wagner, Zs exp. Med. 56, 334; 1927.

Die hydrolysierenden Enzyme der Kohlenhydrate und Glucoside.

4. Kapitel.

α-Glucosidasen.

Maltase (α-Methyl-Glucosidase), Trehalase.

Bearbeitet von **Karl Josephson**.

Nach Emil Fischer können die Hexoside, d. h. ätherartige Verbindungen der Hexosen vom Typus der Methylglucoside oder vom Typus der Maltose (oder Trehalose) in zwei verschiedenen Reihen, die sog. α- und β-Reihen, eingeteilt werden. Die Verschiedenheit dieser Reihen, welche auf die stereochemische Verschiedenheit der in den Hexosiden eingehenden Zuckern zurückzuführen ist, äussert sich besonders ausgeprägt im Verhalten der Substrate zu zwei verschiedenen Enzymgruppen, welche demgemäss als α- und β-Enzyme bezeichnet werden.

Strukturchemisch unterscheiden sich die zur α- oder β-Reihe gehörenden Substrate durch die ungleiche Anordnung an der sog. glucosidischen Gruppe[1]:

$$
\begin{array}{ll}
\begin{array}{c}
\mathrm{H-C-O-R} \\
\mathrm{H-C-OH} \\
\mathrm{OH-C-H}
\end{array} \Bigg|\, \mathrm{O}
&
\begin{array}{c}
\mathrm{R-O-C-H} \\
\mathrm{H-C-OH} \\
\mathrm{HO-C-H}
\end{array} \Bigg|\, \mathrm{O} \\[2ex]
\text{α-Form (cis-)} & \text{β-Form (trans-)}
\end{array}
$$

Zu der Reihe der α-Glucosidasen können ausser der Maltase (α-Methyl-Glucosidase) und Trehalase auch die Mannosidase, welche spezifisch auf die α-Alkyl-Mannoside eingestellt ist (Hérissey), sowie die Glucosaccharase (Kuhn), welch letztere jedoch besser in Zusammenhang mit der gewöhnlichen Fructosaccharase behandelt wird, gerechnet werden.

---

[1] Tanret, Bull. Soc. Chim. (3) **13**, 733; 1895. — Böeseken, Chem. Ber. **46**, 2612; 1913. — Pictet, Helv. **3**, 649; 1920. — Siehe auch E. F. Armstrong, Jl Chem. Soc. **83**, 1305; 1903.

A. Maltase (α-Methyl-Glucosidase).

E. Fischer[1] nahm an, dass ein- und dasselbe Enzym der Hefe, die Maltase, sowohl Maltose wie auch andere α-Glucoside (z. B. α-Methylglucosid) angreifen kann. Eine von Willstätter und Steibelt[2] unternommene Prüfung der enzymatischen Wirkungen verschiedener Hefen und ihrer Auszüge hat dann ergeben, dass die Zeitwerte für Maltosespaltung und α-Methylglucosidspaltung kein konstantes Verhältnis aufweisen:

Hefe	Quotient der Zeitwerte	Hefe	Quotient der Zeitwerte
Löwenbräu	4,5	Weinhefe Assmanns-	Anfangswert 2,5
Hofbräu	3,4	häuser.	Endwert 3,2
Spatenbräu	Anfangswert 0,9 Endwert 1,1	Brennereihefe M . . . Brennereihefe, Rasse II	0,7 1,0
Pschorrbräu	Anfangswert 7,7	Brennereihefe, Rasse XII	Anfangswert 0,8
Frohberg, Unterh. Reink.	Anfangswert 5,5		Endwert 1,3
Weissbräu Tal	2,5	Brennereihefe, Kopen- hagen	Anfangswert 1,8 Endwert 1,1

Dass diese Schwankungen im Zeitwertquotienten jedoch nicht, wie Willstätter und Steibelt angenommen hatten, in der Existenz einer von der Hefemaltase verschiedenen Hefe-α-Methylglucosidase zu erklären ist, geht aus der wichtigen Arbeit von Willstätter, Kuhn und Sobotka[3] über die relative Spezifität der Hefemaltase hervor. Nach dem Vorbilde der Untersuchung über „Saccharase- und Raffinasewirkung des Invertins"[4] wurde in der Arbeit von Willstätter, Kuhn und Sobotka „unter Berücksichtigung der von Hefe zu Hefe und von Substrat zu Substrat wechselnden Affinitätsbeträge aus dem Verhältnis der Enzymwerte auf das Verhältnis der Enzymmengen geschlossen. Es ergibt sich dabei, dass bei gleicher Konzentration der Enzym-maltose-, Enzym-α-methylglucosid- und Enzym-α-phenylglucosid-Verbindungen auch das Verhältnis der Zerfallsgeschwindigkeiten innerhalb der Fehlergrenzen der Methode unabhängig ist von der Herkunft der angewandten Fermentlösung." Die Annahme E. Fischers von der einheitlichen Natur des auf Glucoside der α-Reihe eingestellten Hefeenzyms hat also durch die neueren Ergebnisse der Forschung eine Bestätigung erhalten.

Indessen hatte Fischer selbst mit Niebel[5] gefunden, dass Pferde- und Rinderserum, welche Maltose leicht spalten, α-Methylglucosid gar nicht angreifen. Dieses Resultat hat Bierry[6] für Wirbeltiere bestätigt (eine Aus-

<hr>

[1] E. Fischer, H. 26, 60; 1898.
[2] Willstätter u. Steibelt, H. 115, 199; 1921.
[3] Willstätter, Kuhn u. Sobotka, H. 134, 224; 1924.
[4] Kuhn, H. 125, 28; 1922/23.
[5] E. Fischer u. Niebel, Sitz.-Ber. Preuss. Akad. 5, **73**; 1896.
[6] Bierry, C. r. 149, 314; 1909.

nahme war nur der Darm des Hundes, wo jedoch Bakterien mitgespielt haben können). Levene und Meyer[1] fanden auch Gewebsextrakte wirkungslos. Bei den tierischen Maltasen scheint also ein von der Hefemaltase abweichendes Enzym vorzuliegen. Auch das Enzym von Schimmelpilzen sowie das von einigen Weinhefen soll α-Methylglucosid nicht spalten.

Eine wichtige Bestätigung der Annahme der Existenz verschiedener Maltasen wurde erbracht durch die Beobachtung von Leibowitz[2], dass eine Gerstenmalzmaltase gegen α-Methylglucosid völlig unwirksam ist, und durch die ganz ähnlichen Befunde von Leibowitz und Mechlinski[3] über die Unwirksamkeit des maltosespaltenden Enzyms aus Aspergillus oryzae (Takamaltase) gegenüber α-Methylglucosid.

Die Verschiedenheit des Hefeenzyms von der gegenüber α-Methylglucosid unwirksamen Maltase soll nach Leibowitz ähnlich der von Kuhn beobachteten Verschiedenheiten der sog. Fructo- und Glucosaccharasen sein. Im Gegensatz zur „Glucosidomaltase" der Hefe betrachtet er die gegen α-Methylglucosid (wie auch gegen Maltosazon und α-Methylmaltosid mit veränderten Glucoseresten aber unveränderten Glucosidoresten) unwirksame Maltase als eine „Glucomaltase", angepasst an die reduzierende Glucosekomponente der Maltose. Es scheint also festzustehen, dass wenigstens zwei Enzyme existieren, welche die Maltose zu spalten vermögen; von diesen ist die in den meisten Hefen vorkommende Maltase auch zur α-Methylglucosidspaltung fähig. Ob die beiden Maltasen in ihren Vorkommnissen streng geschieden werden können, steht jedoch noch nicht fest. Im Falle der Gluco- und Fructosaccharasen ist dies nicht der Fall (siehe S. 138).

I. Substrate der Maltasewirkung.

Von den durch die Hefemaltase (α-Glucosidase) spaltbaren künstlichen Glucosiden ist das von E. Fischer[4] 1893 entdeckte α-Methylglucosid das wichtigste Substrat. Das α-Methylglucosid, Schmelzpunkt 166^0, zeigt eine spezifische Drehung $[α]_D = +158{,}9^0$, während die entsprechende β-Verbindung $[α]_D = -34{,}2^0$ zeigt. Beide Isomere werden durch verdünnte Säuren hydrolysiert, und zwar das α-Glucosid etwas langsamer als das β-Glucosid. Zwischen den beiden Isomeren stellt sich in methylalkoholischer Salzsäure Gleichgewicht ein bei $77^0/_0$ des α-Glucosides und $23^0/_0$ des β-Glucosides. Wie wohl zuerst von Simon[5] vermutet wurde, entspricht die Isomerie

---

[1] Levene u. Meyer, Jl Biol. Chem. **18**, 469; 1914.

[2] Leibowitz, H. **149**, 184; 1925. — Vgl. Pringsheim u. Leibowitz, Biochem. Zs **161**, 456; 1925.

[3] Leibowitz u. Mechlinski, H. **154**, 64; 1925.

[4] E. Fischer, Chem. Ber. **26**, 2400; 1893. — Vgl. E. Fischer, Chem. Ber. **28**, 1145; 1895.

[5] J. L. Simon, C. r. **132**, 487 u. 596; 1901. — Siehe auch Tanret, Bull. Soc. Chim. (3) **33**, 337; 1905.

zwischen dem α- und β-Methylglucosid derjenigen zwischen den beiden Tanret-
schen Glucoseformen:

$$\alpha\text{-Methylglucosid } [\alpha]_D = +158,9^0 \qquad \alpha\text{-Glucose } [\alpha]_D = +111,2^0$$
$$\beta\text{-Methylglucosid } [\alpha]_D = -\ 34,2^0 \qquad \beta\text{-Glucose } [\alpha]_D = +\ 17,5^0$$

$$\text{Summe: } 124,7^0 \qquad\qquad \text{Summe: } 128,7^0$$

Diese Annahme steht mit der Gültigkeit der sog. zweiten Hudsonschen
Regel[1] im besten Einklang und eine experimentelle Stütze wurde erbracht
durch den Nachweis von E. F. Armstrong[2], dass bei der raschen enzymatischen
Spaltung des α-Glucosides eine Glucose von hoher Anfangsdrehung erhalten
wird, während β-Methylglucosid bei der Einwirkung von Emulsin eine Glucose
von niedriger Anfangsdrehung liefert. Es dürfte also als ziemlich sichergestellt
betrachtet werden können, dass aus α-Glucosiden α-Glucose, aus β-Glucosiden
β-Glucose abgespalten wird.

Maltose. Krystallisiert mit 1 Mol. H_2O; die Zusammensetzung ist also
$C_{12}H_{22}O_{11} + H_2O$.

Drehung des Anhydrids: $[\alpha]_D^{20} = +137,2^0$; das Drehungsvermögen
ist abhängig von der Konzentration und der Temperatur.

Für $p = 5$—35 und $t = 15$—35^0 gilt: $[\alpha]_D = 140,375$—0,01837 p—0,095 t.

Drehung des Hydrates: $[\alpha]_D^{20} = 130,5^0$. Maltose zeigt Mutarotation,
und zwar steigt die Drehung der frisch hergestellten Lösung, was auf die
Herstellung eines Gleichgewichts zwischen einer α-Form ($+160^0$ als Hydrat)
und einer β-Form ($+112^0$ als Hydrat) zurückgeführt wird (Hudson[3]). Die
krystallisierte Maltose ist die β-Form.

Hinsichtlich der Konstitution der Maltose, welche seit 1919 allgemein
als eine Glucosido-6-Glucose galt, haben 1926 Irvine und Black[4], sowie
Cooper, Haworth und Peat[5] dargelegt, dass sie entweder einer Glucosido-
4-Glucose oder einer Glucosido-5-Glucose entspricht, je nachdem die Sauerstoffbrücke im Glucoseteil 1,5-Lage oder 1,4-Lage besitzt. Durch die Arbeiten
von Haworth und Peat[6] und von Zemplén[7] ist dann schliesslich die
Formulierung der Maltose als eine Glucosido-4-Glucose ⟨1,5⟩ wahrscheinlich
gemacht worden.

Die folgende Formel bringt also die Eigenschaften der Maltose am besten
zum Ausdruck:

[1] Hudson Jl Amer. Chem. Soc. **31**, 66; 1909.

[2] E. F. Armstrong, Jl Chem. Soc. **83**, 1305; 1903.

[3] Hudson, Jl Amer. Chem. Soc. **30**, 1781; 1908. — Hudson u. Yanowski, Jl Amer.
Chem. Soc. **39**, 1013; 1917.

[4] Irvine u. Black, Jl Chem. Soc. **1926**, 862.

[5] Cooper, Haworth u. Peat, Jl Chem. Soc. **1926**, 876.

[6] Haworth u. Peat, Jl Chem. Soc. **1926**, 3094.

[7] Zemplén, Chem. Ber. **60**, 1555; 1927.

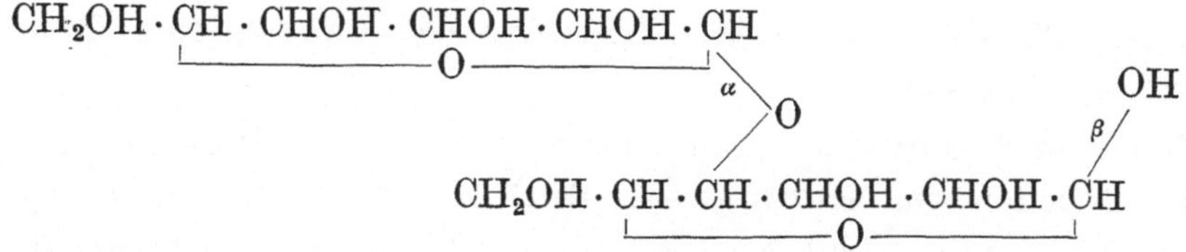

Die Maltose enthält eine Fehlingsche Lösung reduzierende Gruppe und zeigt überhaupt die Eigenschaften einer Aldose. Die Reduktionskraft gegenüber Fehlingscher Lösung beträgt etwa $61\,^{0}/_{0}$ der Reduktionskraft der Glucose.

Durch starke Säuren wird Maltose viel langsamer hydrolysiert als Rohrzucker, aber schneller als α-Methylglucosid. Die folgenden relativen Spaltungsgeschwindigkeiten sind nach E. F. Armstrong und Caldwell[1] berechnet:

Methylglucosid 0,14

Maltose 1,00

Rohrzucker 980

II. Tierische Maltasen.

Vorkommen. Die meisten, wenn nicht alle tierischen Organe und Flüssigkeiten, welche Stärke spalten, enthalten auch Maltase; demgemäss geht der Abbau der Stärke teilweise bis zur Glucose. Der Umstand, dass der grösste Teil der Stärke als Maltose gefunden wird, zeigt aber, dass die Wirksamkeit und demgemäss vermutlich die Menge der Maltase in diesem Material im Vergleich zur Amylase gering ist.

Im Speichel und im Pankreassaft findet man nur schwache Maltasewirkung. Im menschlichen Speichel soll die Maltase fast stets fehlen (Pringsheim und Leibowitz[2]).

Im Darm wurde das Enzym von Bourquelot[3], Shore und Tebb[4], Hamburger[5] und Röhmann[6] nachgewiesen und näher untersucht. Nach letzterem soll es sich im Jejunum in höherem Grad finden als im Ileum, was mit den Befunden von Euler und Svanberg an Saccharase (siehe dort) in guter Übereinstimmung steht. Die Carnivoren sollen jedoch nach Osato[7] keine ausgeprägten Verschiedenheiten in den verschiedenen Teilen des Darmes aufweisen.

---

[1] E. F. Armstrong u. Caldwell, Proc. Roy. Soc. B. 73, 526; 1904. — Siehe auch E. F. Armstrong, The simple Carbohydrates and the Glucosides, 3. Aufl., 1919, 130; 4. Aufl., 1924, S. 140.

[2] Siehe Oppenheimer-Kuhn, Lehrbuch der Enzyme, Leipzig 1927, 266.

[3] Bourquelot, C. r. 97, 1000; 1883.

[4] Shore u. Tebb, Jl of Physiol. 13, (19); 1892. — Tebb, ebenda 15, 421; 1894.

[5] Hamburger, Pflüg. Arch. 60, 575; 1895.

[6] Röhmann, Chem. Ber. 27, 3252; 1894. — Röhmann u. Nagano, Pflüg. Arch. 95, 533; 1903.

[7] Osato, Tohoku Jl of Exp. Med. I, 1; 1920.

Lebermaltasen verschiedener Tiere haben Kusumoto[1], Tebb und Doxiades[2] untersucht.

Blutserum besitzt eine ziemlich starke Fähigkeit, Maltose zu spalten, wie aus den Arbeiten von Röhmann[3], Bial[4], Hamburger, Tebb und besonders von Fischer und Niebel[5] hervorgeht. Compton[6] fand das pH-Optimum der Wirkung der Maltase im Blutserum des Hundes bei pH = etwa 6,6. Die tierische Maltase scheint ohne Wirkung auf α-Methylglucosid zu sein.

III. Maltase der Phanerogamen.

Im Malz findet man die diastatischen Enzyme meist von kleinen Mengen Maltase begleitet. Auch die übrigen amylasehaltigen Getreidearten dürften Maltase enthalten. Besonders nachgewiesen ist dies hinsichtlich Mais von Beyerinck[7], welcher aus diesem Material ein Maltasepräparat dargestellt hat, ferner von Geduld[8] und von Huerre[9]. Letzterer Forscher glaubte im Embryo des Maises zwei Maltasen nachgewiesen zu haben, welche sich durch ihre Löslichkeit und ihre Temperaturempfindlichkeit unterscheiden. Auch im Samen von Fagopyrum (Buchweizen) fand Huerre zwei entsprechende Maltasen. Schon E. Fischer[10] hat die Möglichkeit hervorgehoben, dass die Malzmaltase von der Maltase der Hefen verschieden ist.

Die Maltase des Gerstenmalzes ist in letzterer Zeit dank der Arbeiten von Pringsheim und Leibowitz näher charakterisiert worden.

Pringsheim und Leibowitz[11] fanden, dass das maltosespaltende Enzym in einer Lieferung von Trockenmalz der Byk-Guldenberg-A.-G., im Gegensatz zu der Hefemaltase ihre stärkste Wirksamkeit bei pH = 4,5—5 entfaltet. Diese Maltase war dann der Gegenstand einer eingehenden Untersuchung von Leibowitz[12], der sie als eine Glucomaltase charakterisierte, da sie gegenüber α-Methylglucosid und β-Methylmaltosid unwirksam war.

Was die Kinetik der Spaltung der Maltose durch diese Gerstenmalzmaltase betrifft, so wurden fast durchweg steigende Werte der nach der Formel für monomolekulare Reaktionen berechneten Reaktionskoeffizienten gefunden:

[1] Kusumoto, Biochem. Zs 14, 217; 1908.
[2] Doxiades, Biochem. Zs 32, 410; 1911.
[3] Röhmann, Chem. Ber. 25, 3654; 1892.
[4] Bial, Pflüg. Arch. 54, 72; 1893.
[5] Fischer u. Niebel, Sitz.-Ber. Preuss. Akad. 5, 73; 1896.
[6] Compton, Biochem. Jl 18, 173; 1924.
[7] Beyerinck, Zbt. Bakt. II, 1, 221; 1895.
[8] Geduld, Kochs Jahresber. 1891, 220.
[9] Huerre, C. r. 148, 300; 1908.
[10] E. Fischer, H. 26, 74; 1894. — Chem. Ber. 27, 3479; 1894.
[11] Pringsheim u. Leibowitz, Biochem. Zs 161, 456; 1925.
[12] Leibowitz, H. 149, 184; 1925.

Die spezifische Verschiedenheit der Gerstenmalzmaltase und der gewöhnlichen Hefemaltase ging auch daraus hervor, dass unter den Bedingungen, bei denen man nach Bourquelot[1] eine weitgehende Synthese (bis zu 60%) mit dem Hefeenzym erhalten kann, das Malzenzym überhaupt keine Glucosidsynthese verursachte.

Malzauszug B, frisch.

Std. (t)	mg Cu	Spaltung %	$\dfrac{10^4}{t}\log\dfrac{a}{a-x}$
0	48,6	—	—
2	49,8	3	66
4	51,2	6	67
8	53,4	12	69
24	63,8	34	75
32	68,0	44	79
48	74,5	62	87
72	81,2	80	97

IV. Maltase der Kryptogamen.

a) Hefenmaltase.

Vorkommen. Die meisten Kulturhefen enthalten Maltase, aber wie es scheint, sehr verschiedene Mengen. Die Schwankungen der Maltasewerte, welche man bei den verschiedenen Hefen findet, ist jedoch, wie aus der Untersuchung von Willstätter, Kuhn und Sobotka[2] hervorgeht, nicht immer allein durch die wechselnde Konzentration der Maltase bedingt, sondern zu einem gewissen Teil durch die wechselnde Affinität der verschiedenen Hefemaltasen verursacht.

Als maltasefrei werden angegeben:

Saccharomyces Marxianus nach den Befunden von E. Chr. Hansen, sowie E. Fischer und Lindner[3]; sowie S. exignus (Hansen).

Hefe	Maltase-wert	α-Methyl-glucosidasewert
Kopenhagener .	3,28	3,84
(20. XII. 21) .	3,22	3,77
Ottakringer . .	13,3	5,00
(13. I. 22) . .	....	4,55
Spatenbräu . .	30,3	8,54
(27. I. 22) . .	30,3	8,40
Löwenbräu . .	37,0	7,52
(19. I. 22) . .	....	7,46
Stadlauer . . .	(0,1)	(0,14)
Rasse XII . .	(0,5)	(0,19)
Rasse M . . .	(0,7)	(0,37)

Saccharomyces apiculatus, Pseudosacch. apiculatus (Klöcker).

Saccharomyces Ludwigii[4], Willia anomala (Hansen) u. a.

Milchzuckerhefen, sowie die Kefirkörner scheinen auch frei von Maltase zu sein.

Von den vielen Brennereihefen, welche sich bei der Maltasebestimmung

---

[1] Bourquelot, Ann. de Chim. (9) **3**, 287; 1915.

[2] Willstätter, Kuhn u. Sobotka, H. **134**, 224; 1924.

[3] E. Fischer u. Lindner, Chem. Ber. **28**, 3034; 1895.

[4] Vgl. auch A. Gottschalk, H. **152**, 132; 1926.

als sehr arm an Maltase erwiesen haben, und doch Maltose vergären können, hat Willstätter[1] den Schluss gezogen, dass sie Maltose direkt ohne vorangegangener Hydrolyse vergären können. Auch die maltasereichen Hefen sind nach Willstätter und Bamann[2] imstande, die Maltose direkt zu vergären. Bei pH = 4,5 ist nämlich nach diesen Autoren die Maltasewirkung ganz ausgeschaltet, während die Gärung des Malzzuckers mit voller Geschwindigkeit erfolgt.

Über die Bestimmung der Maltase in Hefen siehe S. 128.

1. Isolierung und Darstellung der Hefenmaltase.

In den älteren Vorschriften (E. Fischer[3], Lintner und Kröber[4], sowie Croft Hill[5]) wird übereinstimmend erwähnt, dass es notwendig ist, die Hefe zur Extraktion von Maltase zu trocknen. Röhmann[6] erhitzte sogar seine Hefe vor der Extraktion während einer Stunde auf 105—110°.

E. Fischer extrahierte die getrocknete Hefe bei 30—35° mit Toluolwasser. Croft Hill verwendete zur Extraktion 0,1%ige Natronlauge unter Toluolzusatz.

Alle diese Methoden scheinen jedoch nur verhältnismässig schwache Maltaselösungen ergeben zu haben.

Dass die Extraktion der Maltase aus Hefen im allgemeinen auf grössere Schwierigkeiten gestossen ist als die Extraktion von Saccharase, beruht nicht auf der Schwerlöslichkeit des ersteren Enzyms. Der Unterschied zwischen Saccharase und Maltase beruht nach Willstätter darauf, „dass in der Hefe nach ihrer Abtötung, z. B. durch Chloroform oder Toluol, durch enzymatische Vorgänge Bildung von Säure eintritt, durch welche die Maltase zerstört wird, etwa in dem Masse, wie sie in wässrige Lösung übergeht". Willstätter gelang es, aus frischer Bierhefe starke Maltaselösungen durch Behandlung mit Wasser unter Zusatz von Toluol bei Zimmertemperatur darzustellen, wenn die auftretende Säure durch Ammoniak neutralisiert wurde. Auch getrocknete Hefe gibt nach diesem Verfahren der Neutralextraktion mindestens ebenso wirksame Lösungen als nach den Angaben der Literatur.

„Da bei der Herstellung von Maltaselösungen die beiden Vorgänge: Diffusion des Enzyms aus der Hefezelle und seine Zerstörung durch zugleich entstehende Säure einander entgegenwirken, so ist die Schädigung entweder durch Alkalizusatz in dem Masse der Säureproduktion oder durch ein im Überschuss zugefügtes unlösliches Neutralisationsmittel zu vermeiden."

---

[1] Willstätter u. Steibelt, H. 115, 211; 1921.

[2] Willstätter u. Bamann, H. 152, 202; 1926.

[3] E. Fischer, Chem. Ber. 27, 3479; 1894; 28, 1429; 1895; H. 26, 60; 1898.

[4] Lintner u. Kröber, Chem. Ber. 28, 1050; 1895.

[5] Croft Hill, Jl Chem. Soc. 73, 634; 1898; 83, 578; 1903.

[6] Röhmann, Chem. Ber. 27, 3251; 1894.

Willstätter, Oppenheimer und Steibelt[1] geben folgende Beschreibung einer Darstellung:

„88 g gewaschene und abgepresste untergärige Münchener Bierhefe wurden unter Zusatz von Toluol mit 132 ccm Wasser (entsprechend 20 g Trockenhefe + 200 ccm Wasser) geschüttelt. Die Flüssigkeit reagierte zunächst neutral, mitunter 50 Minuten lang, manchmal ist schon nach 5—6 Minuten die Reaktion deutlich sauer. Bei den verschiedenen Hefeproben sind erheblich differierende Alkalimengen erforderlich und auch etwas verschiedene Mengen je nach der Weise und Häufigkeit des Neutralisierens. Am besten ist es, häufig neutrale Reaktion auf Lackmus durch vorsichtigen Zusatz von verdünntem Ammoniak herzustellen, was bei einer Extraktionsdauer von 6 Stunden, z. B.

nach 6	20	55	130	180	360 Minuten
0,6	0,3	12,6	10,5	3,6	4,9 ccm 1%iges Ammoniak,

also im ganzen 32,5, in einem anderen Beispiel 41,8 ccm erforderte. Bei weiterer Extraktion genügt es, alle 2—3 Stunden die immer geringer werdende Säureproduktion unschädlich zu machen. „Bequemer und annähernd ebenso günstig ist es, die Flüssigkeit durch Zusatz von Magnesiumcarbonat oder dergl. konstant bei fast neutraler Reaktion zu erhalten. Dagegen entstehen viel schwächere Enzymlösungen, wenn man die Hefe unter anfänglichem Zusatz bestimmter Mengen von Alkali extrahiert, wie Croft Hill vorschreibt…"

Um Maltase aus getrockneter Hefe zu bereiten, ist das Erhitzungsverfahren von Hill unnötig.

„20 g Trockenhefe werden mit 200 ccm Wasser und mit Toluol angeschüttelt; die Flüssigkeit reagiert sauer und in diesem Fall wird zur Neutralisation sofort ein bedeutender Teil der überhaupt erforderlichen Alkalimenge verbraucht. Die Maltaselösung wird am besten nach etwa eintägigem Stehen abfiltriert; die Zeitwerte einiger Darstellungen gehen aus dem folgenden Auszug aus Willstätters Tabelle 4 (l. c. S. 240) hervor:

Extraktions-dauer Stunden	1%ig. NH_3 für 20 g Hefe ccm	Drehungs-abnahme in 30 Min.	Maltose-spaltung % in 30 Min.	Zeitwert Min.
1	18,6	1,61°	25,1	140
19	23,2	2,22	34,6	77
15	24,2	2,42	37,8	55
5	—	2,05	32,0	82

Einen weiteren Fortschritt erzielten Willstätter und Steibelt[2] durch die Erkenntnis, dass es sich bei der Gewinnung der Maltase nicht um die Einstellung einer günstigen Wasserstoffionenkonzentration in der wässrigen Lösung handelt, dass vielmehr das Störende hier die Erzeugung und die Wirkung von Säure in der Hefezelle selbst ist.

„Das Neutralisationsverfahren zur Gewinnung von Maltase aus Frischhefe wird daher noch verbessert, wenn man durch Verflüssigung der Hefe mittels Chloroform beschleunigte Bildung und Abwanderung der Säure herbeiführt und dann nach Neutralisieren der entstandenen und unter zeitweiligem Neutralisieren der weiter auftretenden Säure die Maltaselösungen fertigstellt."

---

[1] Willstätter, Oppenheimer u. Steibelt, H. 110, 232; 1920.
[2] Willstätter u. Steibelt, H. 111, 157; 1920.

Willstätter und Bamann[1] verbesserte die Darstellung der Maltaselösungen so, „dass man aus Frischhefe in 3—8 Stunden 95—100 % des in der Hefe nachgewiesenen Enzyms in wässrige Lösung von Zeitwerten 12—2, also Maltasewerten 83—500 überführt". Während also früher die Versuche über Isolierung der Maltase den Eindruck[2] hervorrufen konnten, dass „die Maltase sehr schwer aus der Hefe abtrennbar" sei, geht aus den neuen vergleichenden Versuchen über die Auflösung von Saccharase und Maltase hervor, „dass die Maltase sogar rascher als die Saccharase freigelegt und in Lösung übergeführt wird".

Die Methode der Darstellung von Willstätter und Bamann führt ohne vorangegangener Trocknung zu Maltaselösungen, welche bei Anwendung des Verfahrens der osmotischen Zerstörung der Hefe mittels Diammonphosphat nach 3 Stunden rund 95 % der Maltase neben rund 40 % der Saccharase enthalten, oder bei Anwendung des Verfahrens der Abtötung mit Essigester in $8^1/_2$ Stunden etwa 78 % der Maltase der Hefe neben etwa 44 % der Saccharase.

Isolierung der Maltase mit Hilfe von Essigester. „Die scharf abgepresste Hefe verrührt man mit Hilfe eines dicken Glasstabes in einer Pulverflasche mit Essigester (10 ccm auf 100 g Frischhefe) bis zur Verflüssigung, die in etwa 5—10 Minuten vollständig wird. Die dünnbreiige Masse bleibt dann noch eine Zeitlang stehen, etwa $1/_2$ Stunde, während deren Säurebildung erfolgt und wieder nachlässt." Darauf wird mit Wasser verdünnt und mit verdünntem Ammoniak neutrale Reaktion auf Lackmus hergestellt. Bei höchstens eintägigem Stehen gehen nach den zitierten Autoren 95—100 % der Maltase in Lösung; in zu langer Versuchsdauer kann jedoch die Ausbeute zurückgehen.

Noch bessere Resultate können erhalten werden, wenn, wie bei der Saccharase beschrieben, kurze Zeit nach dem Verdünnen mit Wasser die zuerst gelösten Stoffe durch Zentrifugierung abgetrennt werden und die wieder mit Wasser und Essigester angesetzte Hefe einen Tag der Autolyse überlassen wird.

Isolierung der Maltase mit Hilfe von Diammonphosphat. „Der Verlauf der Reinigung hängt vom Wassergehalt der Hefe ab; 21 %ige Hefe ist zu feucht, scharf abgepresste, die 25—27 % Trockensubstanz enthält, ist sehr geeignet. Die Gewinnung der Maltase und Saccharase ist so noch einfacher, man braucht nur die Frischhefe mit 10 % ihres Gewichtes an feinst gepulvertem Phosphat bis zur Verflüssigung zu verrühren und nach etwa 1 Stunde mit Wasser, dem 10 fachen auf Trockenhefe berechnet, zu verdünnen, wobei das Neutralisieren wegfällt. Gewöhnlich ist die Maltase in 5—8 Stunden quantitativ in Lösung übergeführt."

---

[1] Willstätter u. Bamann, H. 151. 242; 1925/26.
[2] Siehe Euler u. Josephson, H. 120, 42 und zwar 56; 1922.

2. Beständigkeit und Zunahme der Maltasewirkung in den Autolysaten.

Die Maltase ist in den Autolysaten bei Zimmertemperatur und bei noch höherer Temperatur verhältnismässig instabil. In den Autolysaten, welche Willstätter und seine Mitarbeiter als Ausgangsmaterial zur Darstellung des Invertins verwendeten, verschwand die Maltasewirkung beim Altern bei 30° stets schon in 1 Tag, beim Stehen bei Zimmertemperatur oft in einigen Tagen. Beim Aufbewahren der Lösungen bei 0° waren dagegen die Maltaselösungen mehr als eine Woche ganz haltbar.

Bei Aufbewahrung solcher Maltaselösungen bei 0° haben Willstätter und Bamann in mehreren Fällen bedeutende Erhöhung der Maltasewirkung beobachtet. Die Aktivitätssteigerung, beginnend am 2. oder 3. Tage, war nicht mit einer Änderung der Kinetik der Maltosespaltung verbunden. Die Aktivitätssteigerung, welche bis um 67% betrug, kommt nach den zitierten Autoren, vielleicht dadurch zustande, „dass ein mit der Maltase vergesellschafteter reaktionshemmender Begleitstoff verändert oder abgeschieden wird... Eine andere Möglichkeit für das Zustandekommen der Aktivitätszunahme wäre die Neubildung von Enzym aus einer Vorstufe. Mit dieser Hypothese steht indessen schlecht in Einklang, dass die Maltasemenge bei der Auflösung aus der Hefe anscheinend konstant bleibt und dass die Hefe unter Bedingungen sehr reichlicher Saccharasebildung, nämlich bei Gärführung mit niedriger Zuckerkonzentration, in nur geringem Masse ihren Maltasegehalt vermehrt."

3. Trennung von Maltase und Saccharase.
Verhalten der Maltase zu den verschiedenen Adsorptionsmitteln.

Kaolin. Michaelis und Rona[1] beobachteten schon 1913, dass die Maltase von der Saccharase in den Hefeautolysaten getrennt werden kann, und zwar durch Behandlung der Autolysate mit Kaolin. Dieses Adsorptionsmittel adsorbiert nämlich die Maltase in bedeutender Menge aus den Autolysaten, während die Saccharase unter diesen Bedingungen fast ganz zurückbleibt. Dieses Ergebnis wird von Willstätter und Bamann[2] neuerdings bestätigt. Sie fanden z. B., dass die Maltase aus einem stark hefegummihaltigen Autolysat schätzungsweise zu mehr als $9/_{10}$ adsorbiert wurde, wenn gleichzeitig nur $3/_{10}$ von der Saccharasemenge mitadsorbiert wurden.

Die Anwendbarkeit des Kaolins zur Trennung der beiden Hefeenzyme wird jedoch in hohem Masse beschränkt durch die geringe Stabilität der Maltase in den Kaolinadsorbaten. Diese Enzymzerstörung, welche schon Willstätter,

---

[1] Michaelis u. Rona, Biochem. Zs 57, 70; 1913.
[2] Willstätter u. Bamann, H. 151, 273; 1925/26.

Oppenheimer und Steibelt[1] beobachtet haben, scheint sehr rasch zu verlaufen. Willstätter und Bamann fanden in einem Falle nur 14, in einem anderen Falle 20% der adsorbierten Maltasemenge, wenn die Adsorbate sofort bei 0° untersucht wurden.

Tonerdehydrate. Alle untersuchten Gele von Aluminiumhydroxyd adsorbieren nach Willstätter und Bamann verhältnismässig mehr Maltase als Saccharase. „Das Verhalten der vier verschiedenen Tonerdegele ist nach den Versuchen der Tab. 2 (in der zitierten Arbeit) so abgestuft, dass die Bevorzugung der Maltase ansteigt von lange gealterter Tonerde C zum frisch dargestellten Gel $Al(OH)_3$, weiter zum nämlichen, aber kurz gealterten Gel und noch mehr zum Gel von der Formel AlO_2H. Der Adsorptionswert dieses Tonerdegels für Maltase beträgt nur etwa $1/_5$ von dem der gewöhnlichen Tonerde C, aber Invertin wird von AlO_2H aus den Autolysaten mit mindestens 25 mal schlechterem Adsorptionswert aufgenommen, als von gewöhnlicher Tonerde."

Die Haltbarkeit der Maltase in den verschiedenen Tonerdeadsorbaten ist bemerkenswert; die Anwendbarkeit der Tonerde zur Reinigung der Maltase wird also durch die geringe Stabilität des Enzyms nicht vermindert wie beim Kaolin.

Bereitung des Tonerdegels AlO_2H.[2] Die in der 7. Mitteilung „Über Hydrate und Hydrogele" von Willstätter, Kraut und Erbacher[3] beschriebenen Orthohydroxyde und andere Tonerdegele werden mit Ammoniak unter rascher Steigerung der Temperatur auf 250° erhitzt. Das entstehende Aluminiummetahydroxyd bildet ein graustichiges, eher plastisches als flockiges Gel ohne basische oder saure Eigenschaften.

Die Bildung des Metahydroxyds aus verschiedenen Tonerdegelen geht aus der folgenden Tabelle hervor.

Bildung von Aluminiummetahydroxyd aus verschiedenen Tonerdegelen mit Ammoniak (10%) bei 250° (AlO_2H enthält 17,6% H_2O ber. auf Al_2O_3).

Nr.	Sorte	Wassergehalt vor Beginn %	Dauer des Erhitzens Stunden	Erreichte Zusammensetzung		
				Substanz g	Al_2O_3 g	H_2O %
1	α zentr.	etwa 53	16	0,20734	0,17491	18,5
2	α dekant.	60,6	9	0,13332	0,11225	18,8
3	β zentr.	43,2	$7^1/_2$	0,11332	0,09577	18,3
4	β dekant.	54,4	16	0,10429	0,08794	18,6
5	A	etwa 26	16	0,27223	0,23175	17,5

[1] Willstätter u. Steibelt, H. 110. 232, und zwar 240; 1920.
[2] Willstätter, Kraut u. Erbacher, Chem. Ber. 58, 2458; 1925.
[3] Willstätter, Kraut u. Erbacher, Chem. Ber. 58, 2448; 1925.

Die selektive Adsorptionswirkung des Aluminiummetahydroxyds geht aus der folgenden, ebenfalls der Arbeit von Willstätter, Kraut und Erbacher entnommenen Tabelle hervor.

Adsorption der Saccharase und Maltase aus Hefeautolysaten durch Tonerdegele.

Nr.	Auto-lysaten	Enzymmenge in		Ad-sorbens	Angew. Menge gAl_2O_3	Adsorbierte Menge	
		angew. M.-$[e_1]$	10 ccm S.-V.-E.			Maltase ungefähr	Saccharase %
5	I	0,0426	0,5350	AlO_2H	0,6400	$^6/_{10}$	0
6	I	0,0426	0,5350	AlO_2H	1,2800	$^8/_{10}$	0
3	I	0,0385	0,5350	β	0,0995	$^7/_{10}$	0,3
10	II	0,0377	0,6600	AlO_2H	0,6400	$^6/_{10}$	0
13	III	0,0490	0,5190	β	0,1500	$^9/_{10}$	4,8
11	III	0,0490	0,5190	γ	0,1560	$^8/_{10}$	12,5
26	IV	0,0311	0,3160	AlO_2H	0,1600	$^6/_{10}$	2,6
27	IV	0,0189	0,3160	AlO_2H	0,4800	$^8/_{10}$	3,7
24	IV	0,0222	0,3160	β	0,0995	$^8/_{10}$	6,0
21	IV	0,0329	0,3160	α	0,1322	$^8/_{10}$	9,8
22	IV	0,0329	0,3160	α	0,1990	$^9/_{10}$	50,2
16	IV	0,0262	0,3160	γ	0,0800	$^2/_3$	27,2

Beispiel für die Befreiung der Maltase von Saccharase (Nr. 10 der obigen Tabelle). 10 ccm Hefeautolysat II wurde mit Tonerdegel von der Formel AlO_2H (entsprechend 0,64 g Al_2O_3) versetzt. Das mit Wasser bei 0^0 gewaschene Adsorbat enthielt weniger als $1^0/_0$ von der Saccharase. Die Restlösung enthielt noch ungefähr $^1/_3$ der angewandten Maltase, die Hauptmenge wurde im Adsorbat nachgewiesen.

Bei Wiederholung mit demselben Tonerdegel und dem Autolysat I (0,0416 M.-$[e_1]$)[1] wurde die Maltase in drei Anteilen adsorbiert. Das erste Adsorbat (0,32 g Al_2O_3) sollte nach der Analyse der Restlösung, die noch genau dem ersten Zeitumsatzgesetze folgte, $25^0/_0$ der Maltase enthalten. Die daraus mit 26 ccm $1^0/_0$igem Diammonphosphat bei 0^0 gewonnene Elution folgte der zweiten Kinetik (siehe S. 123 u. ff.) und ergab den Gehalt von 0,009 M.-$[e_2]$.

4. Trennung der Maltase und Saccharase durch auswählende Elution.

Sowohl Saccharase wie Maltase können aus den Adsorbaten durch Phosphatgemisch von pH = 6,8 oder noch leichter mit Diammonphosphat eluiert werden. Zur Verminderung der Inaktivierung der Maltase wird bei 0^0 gearbeitet.

Ein grosser Unterschied zwischen den beiden Enzymen ergibt sich bei Anwendung von primärem Phosphat als Elutionsmittel. Mit diesem

---

[1] Über die Bedeutung von M.-$[e_1]$ und M.-$[e_2]$ siehe S. 128.

Elutionsmittel wird nämlich die Saccharase viel leichter als die Maltase aus dem Tonerdeabsorbat ausgelöst; die Hauptmenge der adsorbierten Maltase bleibt im Adsorbat zurück und lässt sich dann durch Diammonphosphat frei von Saccharase in Lösung bringen. Hierauf gründet sich die Trennung der beiden Hefenenzyme aus Adsorbaten, welche beide Enzyme enthalten.

1. Beispiel (invertinreiches Adsorbat): Ein Adsorbat (Tonerde C; 0,1665 g Al_2O_3), das 0,230 S.-V. E. und etwa 0,0111 M.-$[e_1]$ enthielt, wurde zweimal mit 0,5 g Kaliummonophosphat behandelt. Die beiden Elutionen enthielten 77 bzw. 17,1% der Saccharase, aber nur etwa 0,000613 bzw. 0,00023 $[e_2]$ von der Maltase. Beim nachfolgenden Behandeln des Adsorbates mit 0,5 g Diammonphosphat (0°; 30 Minuten) wurde eine Elution erhalten, welche keine bestimmbare Saccharasemenge, dagegen 0,00605 M.-$[e_2]$, d. i. nach der Beziehung zwischen $[e_1]$ und $[e_2]$ reichlich $^3/_4$ des angewandten Enzyms.

2. Beispiel (invertinarmes Adsorbat). Die Trennung wird bei Anwendung einer mehr auswählend wirkenden Tonerdesorte, nämlich kurz gealterter Tonerde, zur Bildung des Adsorbates erleichtert. Das im vorliegenden Beispiel als Ausgangsmaterial verwendete Adsorbat enthielt auf 0,0430 M.-$[e_1]$ nur 0,0208 S.-V. E. Aus diesem Adsorbat wurde durch einmalige Elution während $1^1/_4$ Stunden bei 0° durch 0,5 g primäres Phosphat die ganze Saccharasemenge ausgelöst, von nur 0,00067 M.-$[e_2]$ begleitet. Die folgende Behandlung mit 0,5 g Diammonphosphat bei 0° während 30 Minuten lieferte eine Maltaselösung, welche 0,0529 M.-$[e_2]$, d. i. scheinbar mehr als 100% der im Adsorbat vorhandenen Maltasemenge, enthielt.

„Um die auswählende Elution umgekehrt zur Befreiung der Saccharase von Maltase anzuwenden, bieten die Autolysate aus invertinreicher Hefe das beste Ausgangsmaterial. Die mit gewöhnlicher Tonerde daraus gewonnenen Adsorbate enthalten Saccharase und Maltase in einem für die Elution der reinen Saccharase mit primärem Phosphat sehr günstigen Verhältnis.“

5. Aciditätsbedingungen.

Michaelis und Rona[1] fanden für Maltase einer untergärigen Bierhefe das Aktivitäts-pH-Optimum bei pH = 6,1—6,8 und den vermutlich besten Punkt bei 6,6 bei Anwendung von Maltose als Substrat. Die Resultate mit α-Methylglucosid waren hiervon unbedeutend abweichend, nämlich mit der optimalen Zone bei pH = 5,8—6,6, und zwar schien pH = 6,2 den Maximalpunkt der pH-Kurve auszumachen. Zu ähnlichen Resultaten kamen Willstätter und Steibelt[2], jedoch konnten sie weder für die Maltosespaltung noch α-Methylglucosidspaltung im Gebiet pH = 6.0—6,8 über die Fehlergrenze hinausgehende Unterschiede beobachten.

Von diesen Resultaten etwas abweichende Ergebnisse haben neuerdings

[1] Michaelis u. Rona, Biochem. Zs 57, 70; 1913; 58, 148; 1913/14.
[2] Willstätter u. Steibelt, H. 115, 199, und zwar 202; 1921.

pH-Abhängigkeit der Hefemaltase.
(Nach Willstätter u. Bamann.)

Versuchs-reihe Nr.	pH (kolorimetrisch bestimmt)	Reaktionszeit Min.			Drehungsabnahme 0			Spaltung %		
1	6,8	40,3	91,5	137,3	2,80	3,94	4,47	43,8	61,6	70,0
	7,5	46,0	92,5	139,0	3,09	3,85	4,39	48,3	60,3	68,6
2	5,5	60,8	109,1	212,5	0,53	0,70	0,96	8,3	10,9	15,0
	6,1	62,0	114,3	213,5	1,70	2,15	2,87	26,6	33,6	44,9
	6,8	59,0	106,1	211,3	2,01	2,60	3,48	31,4	40,7	54,5
	7,5	62,6	108,4	212,7	2,05	2,61	3,35	32,0	40,8	52,4
	8,3	63,0	112,7	213,5	0,43	0,45	0,50	6,7	7,0	7,8

Willstätter und Bamann[1] mitgeteilt. Das Optimum der Maltosespaltung liegt nämlich nach diesen Autoren bei pH = 6,75—7,25; pH = 6,1 ist schon erheblich ungünstiger als neutrale Reaktion und 7,5 viel günstiger als 6,1.

Die aus den Zahlen der zweiten Versuchsreihe in dieser Tabelle gezeichnete Kurve ist in der Fig. 16 wiedergegeben.

Die abweichenden Resultate von Willstätter und Steibelt können nach Willstätter und Bamann vielleicht auf unzureichende Puffermengen zurückgeführt werden. Die von diesen letzteren Forschern benutzten Enzymlösungen waren Autolysate aus Hefe, welche durch Verflüssigung mit Essigester (Versuchsreihe 1) oder durch fraktionierte Autolyse (Versuchsreihe 2) dargestellt waren. Versuche mit gereinigten Maltaselösungen liegen noch nicht vor.

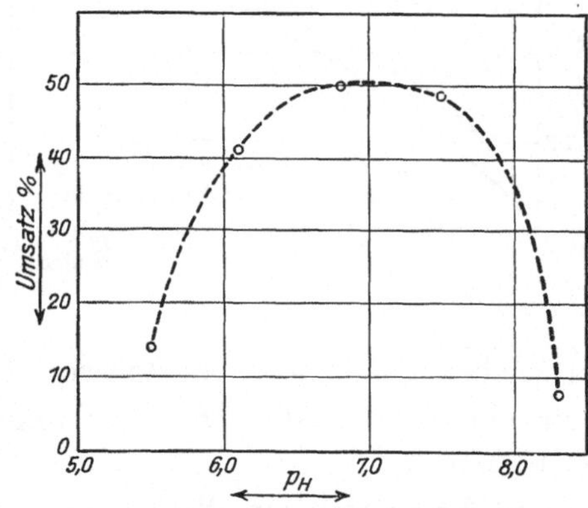

Fig. 16. pH-Abhängigkeit der Maltase.

Der Einfluss von Neutralsalzen ist nach Michaelis und Rona (Biochem. Zs 57, 70, und zwar 76) kein irgendwie nennenswerter. Calciumsalze sollen indirekt hemmen, vielleicht durch pH-Verschiebung durch Ausfällen einer schwachen Säure.

6. Kinetik.

Der zeitliche Verlauf der Maltosespaltung, sowie der α-Methylglucosidspaltung hat sich bei den bis jetzt vorliegenden Untersuchungen sehr verschieden erwiesen. Hinsichtlich der älteren Arbeiten sei nur auf die Originalarbeiten von Lintner und Kröber[2], E. F. Armstrong[3] und

---

[1] Willstätter u. Bamann, H. 151, 242; 1926.
[2] Lintner u. Kröber, Chem. Ber. 28, 1050; 1895.
[3] E. F. Armstrong, Proc. Roy. Soc. 73, 500; 1904.

R. O. Herzog[1] hingewiesen. Willstätter und Steibelt[2] führen als Beispiel der Kinetik bei der Spaltung des α-Methylglucosids die folgenden Zahlen an:

Minuten	Drehungsabnahme	Umsatz %
10	0,37	7,6
20	0,60	12,3
40	1,00	20,4
60	1,31	26,7
100	1,76	35,9
160	2,25	45,9
240	2,60	53,1
340	2,95	60,2

Die aus dem Beispiel in der obigen Tabelle und zwei weiteren Versuchen abgeleitete Reaktionskurve ist in der Fig. 17 wiedergegeben.

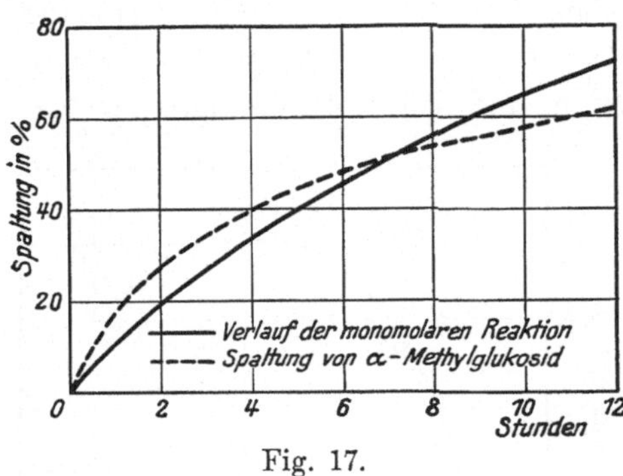

Fig. 17.

„Bei vielen Hefen von normalem Enzymgehalt entspricht der Verlauf der Glucosidspaltung der ermittelten Reaktionskurve. Bei Hefen, die auf α-Methylglucosid schwach wirken, ergibt sich der Zeitwert bei längerer Versuchsdauer günstiger als bei kurzer." Diese Erscheinung führt Willstätter auf Enzymzuwachs zurück, auf postmortale Neubildung des Enzyms im Laufe der langen Bestimmungsdauer.

In solchen Fällen wird ein Zeitwert für den Bestimmungsanfang extrapoliert und ein zweiter für das Bestimmungsende ermittelt (vgl. z. B. Tabelle S. 108).

In der Arbeit von Willstätter, Kuhn und Sobotka[3] finden sich Versuche mit α-Äthylglucosid und α-Phenylglucosid als Substrate. Mit dem ersten Glucosid als Substrat war Proportionalität von Enzymmenge und Reaktionsgeschwindigkeit im geprüften Bereich 1:10 genau erfüllt; zu demselben Resultat waren Willstätter und Steibelt unter Anwendung des α-Methylglucosids als Substrat gekommen. Die Kinetik der Hydrolyse des α-Äthylglucosids folgt bald dem Gesetz für monomolekulare Reaktionen, bald verläuft die Zeit-Umsatzkurve wesentlich flacher. Als Beispiele werden von Willstätter, Kuhn und Sobotka zwei Versuche mit Extrakten aus Löwenbräuhefe und ein mit einem Auszug aus sog. Ottakringer Brauereihefe angeführt. Die in derselben Arbeit angeführte Tabelle über den zeitlichen Verlauf der Spaltung des α-Phenylglucosids zeigt, dass in diesem Falle die Hydrolyse des aromatischen Glucosids bis zur 50%igen Spaltung sehr

[1] R. O. Herzog, Chemisches Geschehen im Organismus, Zs f. allg. Physiol. 4, 193; 1904.
[2] Willstätter u. Steibelt, H. 115, 199; 1921.
[3] Willstätter, Kuhn u. Sobotka, 134, 224; 1924.

nahe der von Willstätter und Steibelt für die Hydrolyse des α-Methyl-glucosids mitgeteilten Kurve erfolgt.

Die Hydrolyse der Maltose fanden Willstätter, Oppenheimer und Steibelt[1] unter Anwendung zwei verschiedener Hefeauszüge in Übereinstimmung mit älteren Angaben der Literatur langsamer als monomolekular verlaufend. Die beiden Versuchsreihen haben die zitierten Autoren graphisch dargestellt (Fig. 18).

Enzymkonzentration und Umsatz finden Willstätter, Oppenheimer und Steibelt auch unter Anwendung der Maltose als Substrat in ziemlich weiten· Grenzen genau proportional:

Enzymmenge ccm in 50 ccm	Minuten	Drehungs-abnahme [0]	Maltose-spaltung %	Versuchs-bedingungen
2	150	2,19	34,2	5%ige Maltose-lösung bei 30°
5	60	2,20	34,4	
10	30	2,21	34,5	

Bemerkenswert sind nun die Befunde von Willstätter und Bamann[2] über die Änderung der Kinetik der Maltosespaltung bei Reinigung des Enzyms. Die Hefen und Autolysate folgten in allen von diesen Autoren untersuchten Fällen (5 Proben von Bierhefen; 30—60% Maltosehydrolyse) genau der Zeit-Umsatzkurve, die in Fig. 18 (Vers. 1) wiedergegeben wurde. Die so bei verschiedenen Hefeproben und Autolysaten beobachtete Abweichung von dem monomolekularen Reaktionsverlauf folgt die Maltase nach Willstätter und Bamann nicht mehr im Zustande ihrer Adsorbate an Tonerde und der daraus

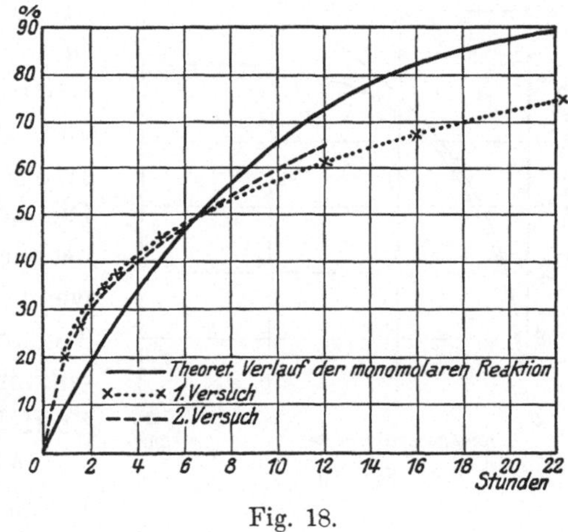

Fig. 18.

gewonnenen Elutionen. Diese Erscheinung beruht nicht etwa auf Zerstörung des in höherem Reinheitsgrade empfindlicheren Enzyms. „Dieses ist nämlich vielmehr in der Zuckerlösung vollkommen geschützt. Man findet nämlich ebenso genau wie mit Autolysaten auch noch mit den aus Tonerdeadsorbaten gewonnenen Elutionen von Maltase, deren enzymatischer Reinheitsgrad bedeutend gesteigert ist, für gleichen Spaltungsgrad das Produkt aus Enzymmenge und Reaktionszeit konstant."

„Schon durch Eintragen von Tonerde in eine rohe Maltaselösung wird die Änderung des zeitlichen Verlaufs der Maltasewirkung herbeigeführt. Ein

---

[1] Willstätter, Oppenheimer u. Steibelt, H. 110, 232; 1920.
[2] Willstätter u. Bamann, H. 151, 242; 1926.

Beispiel gibt dafür ein Autolysat, das mit einer zur Adsorption von 50—60% genügenden Menge Tonerde C versetzt wurde."

Änderung der Kinetik einer Maltaselösung auf Zusatz von Tonerde.

| Versuch A mit 10 ccm Autolysat, entspr. 1 g Trockenhefe, in 100 ccm Maltoselösung | | | Versuch B nach Zusatz von 0,066 g Al_2O_3 | | |
Reaktionszeit Min.	Drehungsabnahme ⁰	% Spaltung	Reaktionszeit Min.	Drehungsabnahme ⁰	% Spaltung
29,0	2,36	36,9	29,0	2,23	34,9
58,3	3,15	49,3	58,3	2,97	46,4
130,0	4,40	69,0	130,0	3,30	51,6

Die Änderung der Kinetik bei Zusatz der Tonerde geht besonders deutlich aus der Fig. 19 hervor, in welcher die obere Kurve den Versuch A in der obigen Tabelle darstellt, und die untere Kurve den Versuch B darstellt.

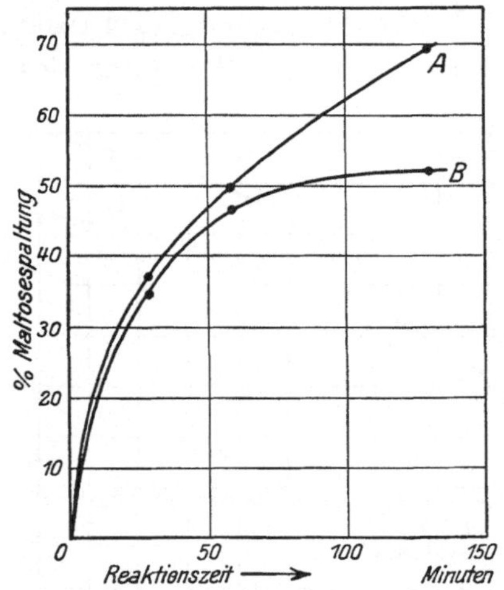

„Die gesamte Maltase, von der nur ein Teil an Tonerde adsorbiert ist, folgt einem anderen Zeitgesetz und demselben gehorchen auch die Elutionen aus Tonerde, und zwar drei verschiedene" von Willstätter und Bamann geprüften Beispiele. Die zitierten Autoren betonen, dass die beobachtete Erscheinung derart ist, wie wenn die Maltase bei dem Zusatz der Tonerde von einem ihrer Hemmung durch entstehenden Glucose entgegenwirkenden Stoff befreit worden wäre.

Fig. 19.

Allein die Filtration gealterter Autolysate können genügen, eine Änderung der Kinetik zu bewirken; beim Stehen der Filtrate änderte sich dann die Kinetik im entgegengesetzten Sinn. Diese Änderung der Kinetik wurde jedoch nicht bei frisch dargestellter Hefeautolysate beobachtet.

Bei den Tonerdeadsorbaten kann die Kinetik von wechselnder Art sein. Einige zeigen die Kinetik der ersten Kurve, andere die der zweiten. Auch die Restlösungen nach Adsorption sind hinsichtlich der Kinetik sehr wechselnd.

Bei der quantitativen Bestimmung der Maltase muss diese wechselnde Kinetik berücksichtigt werden. Siehe hierzu S. 128.

Einfluss der Substratkonzentration. Hinsichtlich des Einflusses der relativen Mengen Enzym und Substrat liegen Versuche mit Maltose von E. F. Armstrong[1] vor.

---

[1] E. F. Armstrong, Proc. Roy. Soc. **73**, 500; 1904.

Rona und Michaelis haben ihre Messungen dazu benutzt, die Dissoziationskonstante der Verbindung der Methylglucosid—Glucosidase zu berechnen, und zwar in der gleichen Weise wie Michaelis dies früher für die Dissoziationskonstante Rohrzucker—Saccharase getan hat. Man findet diese Berechnung im I. Teil dieses Buches, S. 141 ff. ausführlich referiert. Die Autoren geben folgenden Zahlenwert an:

$$\frac{[\text{Glucosidase-Glucosid}]}{[\text{Glucosidase}] \cdot [\text{Glucusid}]} = 11,1 = K_M.$$

Eingehende Versuche über die Aktivitäts-[S]-Kurven der Wirkungen der Hefemaltase auf Maltose, α-Methylglucosid und α-Phenylglucosid, verdankt man Willstätter, Kuhn und Sobotka (l. c.). Aus ihren Versuchsdaten werden die folgenden Werte von K_M (Affinitätskonstante) und K_m (Dissoziationskonstante) der verschiedenen Enzym-Substratverbindungen berechnet.

Auszug aus	Dissoziationskonstante K_m			Affinitätskonstante K_M		
	Maltose	Methyl-glucosid	Phenyl-glucosid	Maltose	Methyl-glucosid	Phenyl-glucosid
Löwenbräuhefe . .	0,12	0,075	0,050	8,3	13,3	20,0
Hofbräuhefe . . .	0,145	0,028	0,021	6,9	35,7	47,6
Kopenhagener Hefe .	0,30	0,037	—	3,3	27,0	—

Es liegt also die bemerkenswerte Tatsache vor, dass die Affinität der Maltase zur Maltose geringer ist als die Affinitäten des Enzyms zu den beiden künstlichen Glucosiden der aliphatischen und aromatischen Reihe.

Über die wegen der wechselnden Affinität eintretenden Verschiebungen der Enzymwert-Quotienten bei Änderung der Substratkonzentration und bei Übergang von einer Hefe zu einer anderen siehe I. Teil, S. 355—356. An dieser Stelle findet sich auch das Ergebnis der Untersuchungen über den Vergleich der Säure- und Enzymhydrolyse der verschiedenen Substrate der α-Glucosidase.

Hemmung durch Glucose und andere Zuckerarten. E. F. Armstrong[1] hat den Einfluss von Glucose und anderen Zuckerarten experimentell und theoretisch behandelt. Er fand die Hemmung durch Glucose erheblich, durch Galaktose schwach und durch Fructose nicht messbar.

Zeit in Std.	Prozent der Spaltung			
	5% Maltose	5% Maltose + 5% Fructose	5% Maltose + 5% Galaktose	5% Maltose + 5% Glucose
3	25,6	25,8	25,2	14,0
5	34,0	34,8	28,8	18,0
24	73,8	75,2	64,0	23,0

[1] E. F. Armstrong, Proc. Roy. Soc. B. **73**, 516; 1904.

Herzog und Kasarnowski fanden abweichend hiervon die Hemmung durch Fructose beträchtlich. Lactose zeigte keine Hemmung.

Michaelis und Rona[1] haben aus ihren Versuchen mit α-Methylglucosid als Substrat unter Anwendung der von Michaelis und Menten abgeleiteten Formel (siehe I. Teil, S. 149; Formel 10 M) die Dissoziations- bzw. Affinitätskonstante der Glucose-α-Glucosidaseverbindung berechnet. Die Versuche sind unter Variation der Glucosidkonzentration ausgeführt und haben Werte zwischen 0,15 und 0,22 (Mittel 0,19) für das Verhältnis zwischen den Dissoziationskonstanten der Glucose-Maltaseverbindung und der Glucosid-Maltaseverbindung ergeben. Die Affinitätskonstante des Enzyms zur Glucose war also rund fünfmal grösser als zum α-Methylglucosid. Es scheint von erheblichem Interesse zu sein, dass Josephson[2] bei Untersuchung der β-Glucosidase zu einem ganz ähnlichen Wert des Quotienten $K_{M_{Glucose}} : K_{M_{\beta\text{-Methylglucosid}}}$ gekommen ist.

Kuhn[3] fand die Hemmung durch die β-Form der Glucose unbedeutend grösser als durch die α-Form. Inwieweit die Hemmung durch die erste oder zweite der mutameren Formen unabhängig von der Substratkonzentration· ist, wurde noch nicht untersucht.

7. Temperatur.

Stabilität des Enzyms. Die Maltase erweist sich sowohl·in der Hefe, als auch in Extrakten, als eines der labilsten zuckerspaltenden Enzyme; die Zerstörung macht sich schon bei gewöhnlicher Temperatur bemerkbar, wenn nicht die optimale Acidität eingehalten wird. Dies geht z. B. aus Versuchen von Michaelis und Rona[4] hervor, nach welchen ein Überschreiten des Optimalpunktes sowohl nach der sauren, als nach der alkalischen Seite hin stark schädigt. Willstätter hat erkannt, dass diese Labilität im sauren Gebiet die früheren Darstellungsmethoden wesentlich beeinträchtigt hat.

Bei 0° sind die Maltaselösungen nach Willstätter und Bamann[5] recht stabil. (Über die Aktivitätssteigerung in rohen Maltaselösungen siehe S. 117.)

Temperaturkoeffizient der Maltosespaltung. Aus den Versuchsdaten von Lintner und Kröber[6] wurde der Temperaturkoeffizient $k_{t+10} : k_t$ im Temperaturintervall 20—30° zu etwa 1,4 berechnet. Q der Arrheniusschen Formel = 6500 (I. Teil, S. 277). Für das Temperaturintervall 10—20° berechnet sich $k_{t+10} : k_t = 1,90$; $Q = 10\,600$.

[1] Michaelis u. Rona, Biochem. Zs 60, 62; 1914.
[2] Josephson, H. 147, 1, und zwar S. 100, Fussnote; 1925.
[3] Kuhn, H. 127, 234; 1923.
[4] Michaelis u. Rona, Biochem. Zs 57, 70, und zwar 79; 1913.
[5] Willstätter u. Bamann, H. 151, 242, und zwar 269; 1925/26.
[6] Lintner u. Kröber, Chem. Ber. 28, 1050; 1895.

8. Enzymbildung.

In welchem Grad die Maltase in der Hefe durch Vorbehandlung mit verschiedenen Nährsubstraten angereichert werden kann, steht bis jetzt noch nicht fest. Im hiesigen Laboratorium sind Messungen an einer Hefe angestellt worden, welche von vornherein so gut wie gar keine Maltasewirkung zeigte. Weder Vorbehandlung mit Phosphat, noch mit Lösungen von starkem Peptongehalt oder hoher Maltosekonzentration konnte eine bedeutende Verstärkung der untersuchten Enzymwirkung hervorrufen. Unter den Bedingungen der Saccharaseanreicherung von Willstätter, Lowry jr. und Schneider[1] wird der Maltasegehalt der Hefe kaum geändert.

9. Methoden zur Messung der Wirksamkeit.

Was die analytischen Methoden zur Verfolgung der Maltasewirkung betrifft, so kommt zunächst die Bestimmung der Änderung des Reduktionswertes bei der Hydrolyse der Maltose- oder α-Glucosidlösungen in Betracht.

Einfacher und in vielen Fällen genauer ist die polarimetrische Verfolgung der Maltose- und Glucosidspaltung. Willstätter, Kuhn und Sobotka (l. c.) fanden bei vergleichenden Analysen des Reaktionsverlaufs nach G. Bertrand und nach der polarimetrischen Methode bei der Hydrolyse von α-Methyl- und α-Äthylglucosid Differenzen in dem Sinne, dass nach der Kupfermethode weniger Glucose gefunden wurde. Die Differenz wurde so gedeutet, dass bei der Anwendung von Hefeauszügen eine chemische Reaktion des Zuckers mit Inhaltstoffen der Hefe eintrat, wodurch der Reduktionswert der Lösungen verkleinert wurde. Willstätter, Kuhn und Sobotka haben sich deshalb der polarimetrischen Bestimmungsmethode bedient.

Zeitwert. In den älteren Arbeiten aus Willstätters Laboratorium wurde der Wirkungswert verschiedener Hefen und Hefeauszüge ausgedrückt, durch die Zeit in Minuten, die 1 g trockene Hefe oder die daraus bereitete Lösung braucht, um 50 ccm einer 5%igen Maltoselösung oder die äquivalenten Mengen anderer α-Glucoside bei pH = 6,8 (60 mg $Na_2HPO_4 \cdot 2H_2O$ + 45 mg KH_2PO_4) und 30° zur Hälfte zu spalten.

Willstätter, Kuhn und Sobotka (l. c.) bezeichnen nun das tausendfache des reziproken Zeitwertes als Maltasewert (M.-W.), welcher der enzymatischen Konzentration proportional ist.

Willstätter und Bamann (H. 151, 252) definieren: „Maltaseeinheit, und zwar scheinbare, die mit **M.-[e]** bezeichnet werden soll, sei die Enzymmenge in 1 g Trockensubstanz vom Zeitwert 1, also die Enzymmenge, welche 2,5 g Maltosehydrat in 50 ccm bei pH = 6,8 und bei 30° zu 50% in 1 Minute spaltet."

---

[1] Willstätter, Lowry jr. u. Schneider, H. 146, 158; 1925.

„M.-W. ist die im 1000 fachen der unserer Bestimmung zugrunde liegenden Menge enthaltene Anzahl von Einheiten, also die Anzahl in 1 kg Trockenhefe."

„Der Ausdruck M.-[e] ist zweckmässig noch durch Angabe der Kinetik zu ergänzen, die der Berechnung zugrunde liegt; [e_1], [e_2] sind nach den Zeitumsatzkurven von Fig. 4 und Fig. 6 (der zitierten Arbeit) bezeichnet." (Vgl. auch Fig. 19, S. 124.)

„Aus dem Vergleichszeitwert des Invertins, der unter ähnlichen Bedingungen wie der Maltasezeitwert bestimmt wird[1], leitet sich die Saccharasevergleichseinheit ab, S.-V.-E., das ist die Enzymmenge, die 2,375 g Rohrzucker in 50 ccm bei 30^0 und bei pH = 4,3 zu $50^0/_0$ in 1 Minute spaltet."

„1 M.-[e_1]· ist in etwa 30—40 g Trockenbierhefe vom Maltasezeitwert 30—40 oder vom Maltasewert 33—25 enthalten, 1 S.-V.-E. (entsprechend 0,12 S.-E.), z. B. in 2 g Trockengewicht vom Invertin-Vergleichszeitwert 2 (entsprechend Zeitwert 333)."

Untersuchung der Hefe auf Maltasegehalt. Die Wirkung der frischen Hefe auf Maltose bei Gegenwart abtötender Mittel gibt nach Willstätters Befund noch kein Mass für ihren Maltasegehalt. „Fürs erste sind die Maltasezeitwerte, die sich für die Hefe bei verschiedenen Pufferzusätzen und bei einem bestimmten Pufferzusatz für verschiedene Versuchsdauer ergeben, nicht durchweg konstant. . . . . Die enzymatische Wirkung der Hefe ist unter diesen Umständen ferner von dem abtötenden Mittel, z. B. Chloroform oder Toluol in merkwürdigem Masse abhängig. . . . . ."

Die entscheidende Verbesserung der Methodik, welche Willstätter eingeführt hat, besteht darin, dass man zuerst rasche Verflüssigung der Hefe bewirkt, die Säurebildung und Säureabgabe der Hefe also auf einen kurzen Zeitraum zusammendrängt, und dann erst verdünnt, neutralisiert und den Phosphatpuffer hinzufügt.

„Unter den abtötenden Mitteln ist Toluol wegen seiner zu langsamen Wirkung unanwendbar. Chloroform ist nicht das günstigste, weil das Ergebnis zu stark von seiner Menge abhängt und die optimale Menge sehr niedrig ist, so dass leicht Differenzen vorkommen können. Am geeignetsten ist Essigester. Auch hier ist ein Einfluss der Menge auf die Maltasewirkung deutlich, aber er ist nicht so gross."

Die von Willstätter und Steibelt (H. 111, S. 168) ausgearbeitete Methode ist demgemäss folgende:

11 g Hefe werden im Becherglas mit 1 ccm Essigester versetzt und mit einem Glasstab 4—6 Minuten lang verrieben, bis die Verflüssigung vollständig geworden. Darauf wird die Hefe mit 20 ccm Wasser durchgerührt und alsbald tropfenweise mit $^1/_{10}$ n.-Ammoniak unter stetigem Rühren bis zur neutralen Reaktion versetzt, die man durch Tüpfeln auf hellblaues Lackmus-

---

[1] Willstätter u. Steibelt, H. 111, 157, und zwar 169; 1920; Willstätter, Graser u. Kuhn, H. 123, 1 und zwar 23; 1922.

papier mit Vergleichsproben von destilliertem Wasser feststellt; erforderlich waren 7—9 ccm. Man wartet 10 Minuten und vervollständigt, wenn es nötig ist, die Neutralisation mit etwa 1,5 ccm. Die Hefesuspension wird nun in einen 50 ccm-Messkolben übergeführt, der knapp ausreicht. Zum Versuch entnimmt man nach sorgfältigem Umschütteln 20 ccm, die mit 5,0 g wasserhaltiger Maltose und dem Puffer (120 mg $Na_2HPO_4 \cdot 2H_2O$ + 90 mg KH_2PO_4) ohne weiteren Zusatz eines antiseptischen Mittels auf 100 ccm gebracht werden. Messungen werden in zwei Intervallen ausgeführt, und zwar so, dass eine der Beobachtungen möglichst in die Nähe von $50^0/_0$ Maltosespaltung führt, z. B. mit 40 und 80 Minuten Versuchszeit.

Durch die von Euler und Josephson[1] mitgeteilte Erörterung über die Frage der direkten Malzzuckergärung angeregt, haben neuerdings Willstätter und Bamann[2] „die für die Bestimmung der Maltase massgebenden Umstände genauer nachgeprüft. Das analytische Verfahren der zweiten Mitteilung hat sich dabei vollkommen bestätigen und noch sicherer gestalten lassen". Auch ist es Willstätter und Bamann gelungen, genau so viel Maltase in Lösung zu überführen, als die Analyse der Hefe ergeben hat.

Willstätter und Bamann ergänzen die Versuchsbedingungen dahin, dass sie zur Bestimmungslösung 5—6 Tropfen Toluol auf 100 ccm zusetzen, ähnlich wie schon Willstätter und Steibelt[3] speziell bei maltasearmen Hefen einen weiteren Zusatz von Gift zur Bestimmungslösung nötig fanden. Während die frühere Vorschrift Behandlung mit Essigester für die Dauer von 4—6 Minuten anrät (siehe oben), halten Willstätter und Bamann es für vorsichtiger, die Verflüssigung 10—15 Minuten dauern zu lassen, dann zu verdünnen und mit Ammoniak zu neutralisieren. Die angegebene Puffermenge ergänzen die zitierten Autoren auf 1 g Phosphatmischung für 100 ccm Bestimmungslösung; die Wasserstoffzahl bleibt dann optimal bis zum Ende der Analyse trotz der proteolytischen Vorgänge.

Bestimmung mit Hilfe von Diammonphosphat. „Die Hefe lässt sich sehr gut allein mit Diammonphosphat abtöten und verflüssigen." Hierzu verreibt man 10 g abgepresste Hefe (Trockengewicht nicht unter $25^0/_0$) mit 1 g feingepulvertem Diammonphosphat bis zur vollständigen Verflüssigung, die in 8—10 Minuten erreicht ist. Verdünnung mit Wasser auf 50 ccm; hiervon je 20 ccm in die Maltoselösung.

Die Verflüssigung kann auch mit $10^0/_0$ vom Gewicht der Frischhefe an Natriumchlorid durchgeführt werden.

Unter Zugrundelegung der ergänzten Maltasebestimmungsmethode haben nun Willstätter und Bamann[4] die früheren Ergebnisse über direkte Maltose-

---

[1] Euler u. Josephson, H. 120, 42; 1922.

[2] Willstätter u. Bamann, H. 151, 242; 1926.

[3] Willstätter u. Steibelt, H. 115, 218; 1921.

[4] Vgl. auch Willstätter u. Bamann, H. 152, 202; 1926.

vergärung ergänzt. „Die früheren Beobachtungen mit praktisch maltase-freien Hefen lassen sich auch durch den Nachweis ergänzen, dass unsere gewöhnlichen Bierhefen ebenfalls imstande sind, Maltose ohne vorangehende Hydrolyse durch die Wirkung einer besonderen Komponente des Zymasekomplexes zu vergären."

10. Spezifität der Hefemaltase.

Dass das maltosespaltende Enzym der Hefe auch zur Spaltung der α-Glucoside des Methyl- und Äthylalkohols, des Phenols usw. befähigt ist, haben wie erwähnt Willstätter, Kuhn und Sobotka durch Messung der Affinitäten zu den verschiedenen Substraten wahrscheinlich machen können.

Hinsichtlich der Bedeutung der Konstitution des Zuckerteils in den künstlichen Glucosiden für die Spaltbarkeit durch die α-Glucosidase (Maltase) der Hefe haben neuerdings Helferich, Klein und Schäfer[1] interessante Beobachtungen mitgeteilt. Die Autoren fanden, dass die folgenden Abkömmlinge des α-Methylglucosids nicht gespalten werden:

α-Methylglucosid-6-chlorhydrin,
α-Methylglucosid-6-bromhydrin,
Anhydro-α-methylglucosid,
α-Methyl-d-isorhamnosid,
α-Methylglucosid-6-methyläther.

Vergleicht man diese Resultate mit denen von E. Fischer an entsprechenden Verbindungen der β-Reihe hinsichtlich Verhalten zur β-Glucosidase, so findet man, dass die α-Glucosidase aus Hefe empfindlicher ist gegen Änderungen ihres Substrates als die β-Glucosidase aus Emulsin. Das β-Methyl-d-isorhamnosid erwies sich nämlich durch Emulsin spaltbar. Wie Helferich betont, besteht freilich die Möglichkeit, dass es sich nicht um völlige, sondern nur um relative Nichtspaltbarkeit der α-Verbindung handelt[2], dass also dieser Unterschied nur ein — recht erheblicher — quantitativer, kein qualitativer ist.

Maltosazon wird durch Hefemaltase gespalten[3].

11. Synthetische Wirkungen.

Im I. Teil dieses Buches ist bereits auf Bourquelots und seiner Mitarbeiter erfolgreiche Arbeiten hingewiesen worden, durch welche die enzymatischen Synthesen überhaupt am Beispiel der Methylglucoside wesentlich geklärt worden sind. Ein Versuch zur Darstellung von α-Methylglucosid ist bereits im I. Teil, S. 315, referiert worden, ebenso Bourquelots Untersuchung über die Lage des Gleichgewichts und dessen Abhängigkeit von der Konzentration der Komponenten.

---

[1] Helferich, Klein u. Schäfer, Chem. Ber. 59, 79; 1926.
[2] Vgl. Josephson, H. 147, 1 bes. 148; 1925.
[3] Neuberg u. Saneyoshi, Biochem. Zs 36, 44; 1911.

Besonders bemerkenswert ist, dass eine identische Gleichgewichtslage von beiden Seiten her erreicht worden ist.

| | Drehung | | Reduz. Zucker |
	Anfang	Ende	Ende
Hydrolyse	$+ 3^0\,24'$	$+ 2^0\,24'$	0,208
Synthese	$+ 1^0\,4'$	$+ 2^0\,22'$	0,216

Zur Ausführung der enzymatischen Synthese des α-Methylglucosids in grösserem Massstab empfiehlt es sich, die Versuchsbedingungen in Übereinstimmung mit den von Aubry[1] angegebenen Vorschriften zu arbeiten, wobei jedoch vielleicht die Darstellung des Enzyms aus der Hefe besser nach den Vorschriften von Willstätter gemacht wird.

Zu 1800 g reinen Methylalkohols, der sich in einer 10-Literflasche befindet, fügt man 500 g Glucose, gelöst in 4 Liter dest. Wassers. Man schüttelt und setzt die vorher filtrierte Maceration (3 Liter enthaltend 10% getrocknete Unterhefe) zu, schüttelt von neuem und ergänzt das Gesamtvolumen auf 10 Liter.

Man lässt die Mischung bei Zimmertemperatur stehen, bis die ursprüngliche Drehung $+ 5^0\,18'$ auf etwa $+ 11^0$ gestiegen ist. Die Isolierung und Reinigung des Glucosides geschieht nach den in Teil I, S. 316 erwähnten Angaben.

Das ebenfalls durch E. Fischer[2] bekannt gewordene α-Äthylglucosid ist enzymatisch durch Bourquelot synthetisiert worden.

Ausserdem beschreibt Bourquelot mit seinen Mitarbeitern die Synthesen der α-Glucoside folgender einwertiger Alkoholradikale:

Propyl	Butyl
Allyl	Isobutyl.

Schliesslich wurde die biochemische Synthese von α-Monoglucosiden durchgeführt mit folgenden mehrwertigen Alkoholen[3]:

Glykol, Isopropylglykol, Glycerin.

Disaccharidsynthesen. Die erste beobachtete enzymatische Synthese in vitro ist die von Croft Hill[4] beschriebene Disaccharidbildung in einer 40%igen Glucoselösung unter der Einwirkung eines maltasehaltigen Hefepräparates. Hill deutete diese Synthese als eine Bildung der Maltose, während O. Emmerling[5] sie als eine Bildung von einer Isomaltose ansah. Im I. Teil, S. 313 wurde die auf Grund dieser und ähnlicher mit Emulsin und Kefirlactase gewonnenen Ergebnisse von Armstrong ausgesprochene Vermutung, dass „Enzyme gerade diejenigen Moleküle aufbauen, welche sie nicht zu spalten vermögen", besprochen.

---

[1] Aubry, Thèse. Paris 1914, S. 19. — Vgl. Bourquelot, Ann. de Chim. (9), **111**, 287, 1915.

[2] E. Fischer, Chem. Ber. **26**, 2400; 1893. — Bezüglich der enzymatischen Spaltung siehe E. Fischer, Chem. Ber. **27**, 2985; 1894.

[3] Siehe Bourquelot, Bridel u. Aubry, C. r. **161**, 41; 1915 (Glycerin). — Bourquelot, Ann. Chim. (9) **4**, 310; 1915.

[4] Croft Hill, Jl Chem. Soc. **73**, 634; 1898; Chem. Ber. **34**, 1380; 1901.

[5] Emmerling, Chem. Ber. **34**, 600; 2206; 1901.

Dass dieser Satz nicht mehr aufrecht erhalten werden kann, geht besonders aus den neuen Ergebnissen von Pringsheim, Bondi und Leibowitz[1] hervor. Unter Anwendung eines nach Willstätter dargestellten Maltasepräparates aus Hefe haben diese Forscher die Synthese in einer 40%igen Glucoselösung bei 37° während vier Wochen fortdauern lassen. Nach der Vergärung der nicht revertierten Glucose durch Saccharomyces Marxianus konnte Maltose aus dem alkoholischen Anteil gewonnen werden, während die sog. Revertose zugleich mit den Verunreinigungen der Lösung durch Alkohol gefällt wurde. Unter den von Pringsheim, Bondi und Leibowitz angewandten Versuchsbedingungen (pH = 6,4) trat die Menge der Revertose weit hinter der der Maltose zurück. Kuhn und v. Grundherr[2] fanden, dass bei wechselnder Acidität zwei Maxima für die Geschwindigkeit der Reduktionsabnahmen unter der Einwirkung von Auszügen aus Löwenbräu- und Sinnerhefe auftreten. Das eine Maximum wurde bei pH etwa 4—5 gefunden, gefolgt von einem Minimum bei pH 6,5 bis 6,8 und einem zweiten Optimum bei pH = 7,3—7,5. Offenbar handelt es sich um die Wirkung mindestens zweier verschiedener Enzyme. Nach dem Befund von Willstätter und Bamann, dass das pH-Optimum der Maltosespaltung bei pH etwa 6,75—7,25 liegt, und dass pH = 7,5 für die Spaltung günstiger als 6,1 ist, scheint es dem Verfasser wahrscheinlich, dass das von Kuhn und v. Grundherr bei pH = 7,3—7,5 gefundene Optimum der Synthese der Maltose zugeschrieben werden kann. Schon aus den Ergebnissen von Bourquelot und Aubry[3] über die Synthese des α-Methylglucosids scheint hervorzugehen, dass für Synthese und Spaltung nahe übereinstimmende Aciditätsoptima gelten; dasselbe trifft auch bei der Synthese des β-Methylglucosids durch Emulsin zu, wie Josephson[4] gezeigt hat. Die Möglichkeit, dass auch andere Enzyme auch bei der angegebenen Acidität synthetisierend wirken können, scheint jedoch nach den Befunden von Bondi und Leibowitz nicht ausgeschlossen. Sie fanden nämlich bei pH = 6,6 unter Anwendung eines Trockenpräparates aus untergäriger Hefe der Schlossbrauerei Schöneberg eine Synthese eines Disaccharids, welches sie als Gentiobiose identifiziert haben.

b) Takamaltase.

„Takadiastase" aus Aspergillus oryzae enthält eine Maltase, deren Wirksamkeit nach einigen von Josephson 1922 ausgeführten vorläufigen Messungen eine ganz andere pH-Abhängigkeit als die Hefemaltase zeigt. Es wurde nämlich gefunden, dass die Maltosespaltung noch bei pH = rund 4,0

---

[1] Pringsheim, Bondi und Leibowitz, Chem. Ber. 57, 1576; 1924.
[2] Kuhn u. v. Grundherr, Chem. Ber. 57, 1852; 1924.
[3] Bourquelot u. Aubry, C. r. 161, 184; 1915.
[4] Josephson, H. 147, 155; 1925.

recht bedeutend war. Leibowitz und Mechlinski[1] haben neuerdings gezeigt, dass diese Takamaltase einen sehr breiten Wirkungsbereich hat (2,5 bis 8,0) und als Optimum der Wirkung haben sie pH = 4,0—4,5 angegeben.

Aktivitäts-pH-Kurve der Takamaltase.
10 ccm 1,25%ige Maltoselösung + 10 ccm Pufferlösung + 5 ccm Enzymlösung (37°).
Titrationen mit je 5 ccm.

pH	Minuten	mg Cu	Zuwachs	% Spaltung	$k \cdot 10^4$	Relative Geschwindigkeit
2,5	0	27,9	—	—	—	
	300	29,8	1,9	7,7	1,16	16,1
	1200	33,4	5,5	22,4	0,92	
3,0	300	32,7	4,8	19,5	3,14	43,7
	1200	41,4	13,5	54,6	2,86	
3,5	300	36,9	9,0	35,0	6,24	86,2
	1200	48,0	20,1	81,7	6,15	
4,0	240	35,9	8,0	32,5	7,08	99,0
	480	41,3	13,4	54,5	7,16	
4,5	240	36,0	8,1	32,9	7,22	100
	480	41,3	13,4	54,5	7,16	
5,0	240	35,1	7,2	29,3	6,27	87,6
	480	40,3	12,4	50,4	6,34	
5,5	300	36,5	8,6	35,0	6,23	86,4
	480	40,1	12,2	49,6	6,20	

Die eingehende Untersuchung dieser Takamaltase durch Leibowitz und Mechlinksi hat ihre vollständige Übereinstimmung mit der im Gerstenmalz gefundenen Glucomaltase ergeben. Das Takaenzym ist also völlig unwirksam gegenüber α-Methylglucosid und Maltosazon, „offenbar infolge der Modifizierung des Glucoseteils der Maltose durch den Eintritt der Phenylhydrazinreste, eine Substitution, die die Wirkung des auf den Glucosidoteil eingestellten Fermentes (α-Glucosidase bzw. Glucosidomaltase) nicht zu verhindern vermag".

Hinsichtlich der Kinetik der Maltosespaltung durch die Takamaltase ist noch zu erwähnen, dass Leibowitz und Mechlinski eine gute Anschliessung an die Formel für monomolekulare Reaktionen auch bei Anwendung durch Dialyse und Alkoholfällung gereinigter Präparate gefunden haben. Proportionalität zwischen Spaltungsgeschwindigkeit und Enzymkonzentration ist auch vorhanden.

Die Aktivität der Takapräparate gegenüber Maltose drücken die Autoren durch die Formel $\mathrm{Mf} = \dfrac{k \cdot \mathrm{g\ Maltose}}{\mathrm{g\ Enzympräp.}}$ aus, ohne jedoch die Grenzen der Gültigkeit dieses Ausdruckes ermittelt zu haben. Für das Ausgangsmaterial

---

[1] Leibowitz u. Mechlinski, H. **154**, 64; 1925.

ergab sich Mf = 0,0058—0,0067 (50 ccm 0,5 % Maltoselösung); die durch Dialyse und Alkoholfällung gereinigten Präparate zeigten Mf = 0,031 bzw. 0,046.

B. Trehalase.

Substrat: Die Trehalose, $C_{12}H_{22}O_{11} + 2H_2O$. Schmelzpunkt des Hydrates 97° (nach Lippmann 103°), des Anhydrides 203° (Lippmann[1]), liefert bei der Hydrolyse 2 Moleküle Glucose und ist also isomer mit der Maltose. Die Drehung beträgt nach Hudson $[\alpha]_{20}^{D} = + 197°$ für das Anhydrid und $+178°$ für das Hydrat.

Trehalose zeigt nicht Mutarotation, reduziert Fehlingsche Lösung nicht und bildet auch kein Osazon; sie enthält also keine Gruppe, welche Aldehyd-reaktionen gibt. Demgemäss kann die Konstitution des Disaccharids durch folgende Formel dargestellt werden, wobei nur noch die Lage der Sauerstoff-brücken willkürlich bleibt:

$$\begin{array}{c}
\overline{\text{O}} \\
CH_2OH \cdot CH \cdot CHOH \cdot CHOH \cdot CHOH \cdot CH \\
CH_2OH \cdot CH \cdot CHOH \cdot CHOH \cdot CHOH \cdot CH \\
\underline{\text{O}}
\end{array} \Big\rangle O$$

Theoretisch möglich sind drei Diglucosen vom Trehalose-Typus:

$$\alpha, \alpha; \quad \beta, \beta; \quad \alpha, \beta.$$

Hudson[2] nimmt auf Grund der Drehung an, dass die Trehalose die α, α-Form darstellt. Die β, β-Trehalose liegt vielleicht in dem von E. Fischer und K. Delbrück[3] aus Aceto-Bromglucose und Silberoxyd gewonnenen amorphen Präparat vor; das dritte Isomer stellt wahrscheinlich das neuerdings von Schlubach und Maurer[4] durch Kondensation der geschmolzenen Tetracetylglucose mit Chlorzink als Kondensationsmittel erhaltene Disaccharid dar.

Vorkommen. Bourquelot, welcher die Trehalase zuerst benannt und beschrieben hat[5], fand dieselbe in Schimmelpilzen, und zwar zunächst in drei Arten, nämlich Aspergillus niger, Penicillium glaucum und Volvaria speciosa, später in Polyporus sulphureus[6]. Mit Hérissey wies er das gleiche Enzym in zahlreichen Hymenomyceten nach[7], besonders in Azaricineen, Boletusarten (und zwar teilweise sowohl im Fuss als im Hut), in Russula delica usw.

E. Fischer konnte das Vorkommen eines spezifischen, Trehalose spalten-den Enzyms bestätigen, und zwar nahm er Trehalase auch in Reinhefen

[1] Lippmann, Chem. Ber. 45, 3431; 1912. — Vgl. Schukow, C. 1900, II, 948.
[2] Hudson, Jl Amer. chem. Soc. 38, 1566; 1916.
[3] E. Fischer u. Delbrück, Chem. Ber. 42, 2776; 1909.
[4] Schlubach u. Maurer, Chem. Ber. 58, 1178; 1925.
[5] Bourquelot, C. r. 116, 826; 1893. — Bull. Soc. Mycol. 9, 49, 189, 230; 1893.
[6] Bourquelot u. Hérissey, Bull. Soc. Mycol. 10, 235; 1895.
[7] Bourquelot u. Hérissey, Soc. Biol. 57, 409; 1904. — Bull. Soc. Mycol. 21, 1; 1905.

vom **Frohbergtypus** an[1]. **Kalanthar**[2] untersuchte verschiedene Hefen auf ihren Trehalasegehalt, ebenso **Bau**[3]; dieser Forscher fand „über die Gegenwart eines spezifischen, Trehalose spaltenden Enzyms in untergäriger Hefe kein sicheres Resultat" und hält es nicht für angebracht, ein solches für die echten Hefen, soweit sie untersucht sind, anzunehmen. Die unregelmässigen Resultate dürften hauptsächlich in den Mängeln der angewandten Methodik ihren Grund haben.

Vergärung von Trehalose wurde auch noch von **Went** in Monilia sitophila, von **Rommel** und **Sitnikoff** in Amylomyces α und γ, von **Lindner**[4] in zahlreichen Weinhefen, in Monilia candida und in Mucor Rouxii beobachtet. Nach den von **Willstätter** an Maltose und neuerdings auch an Saccharose gewonnenen Ergebnissen ist es nicht unwahrscheinlich, dass auch die Trehalose einer direkten Vergärung ohne vorhergehende Hydrolyse unterliegen kann, so 'dass die Vergärungsversuche von **Bau**, **Lindner** u. a. über die Gegenwart oder Abwesenheit einer Trehalase an sich noch nichts aussagen würden.

N. N. Iwanoff[5] hat neuerdings Trehalose in Myxomyceten gefunden; besonders reich an Trehalose war Reticularia Lycoperdon. Die enzymatische Spaltung des Zuckers konnte er durch Trockenpräparate aus verschiedenen Myxomyceten nicht erreichen; dagegen war das Enzym im unreifen Fruchtkörper des Myxomycetes Lycogola zugegen.

Ob Trehalase im Grünmalz gebildet wird, oder ob, wie **Bourquelot** annimmt, die spaltende Wirkung des Grünmalzes auf der Gegenwart von Schimmelpilzen beruht, steht noch nicht fest.

Im Tierreich fanden sowohl **Bourquelot** und **Gley**[6] (Darmsaft), als besonders **Fischer** und **Niebel**[7] Trehalase; auffallend wirksam gegen Trehalose war das Blut des Karpfens; bei den meisten sonst untersuchten Tieren zeigte das Blutserum spaltende Fähigkeit gegen Maltose, nicht aber gegen Trehalose.

Darstellung. **Bourquelot** (C. r. 1893) züchtete Aspergillus auf **Raulin**scher Lösung. Nach eingetretener Sporenbildung hebt man das Mycel ab, wäscht es, zerreibt mit Sand und lässt mit Alkohol 6 Stunden stehen. Man sammelt die Masse auf einem Filter und trocknet im Vakuum. Das getrocknete Material wird zur Gewinnung des Enzyms mit Wasser verrieben und stehen gelassen; den filtrierten Extrakt fällt man mit Alkohol. Diese Fällung wird wieder durch Filtration von der Mutterlauge befreit, mit Alkohol gewaschen und im Vakuum getrocknet.

---

[1] E. **Fischer**, Chem. Ber. 28, 1429; 1895.

[2] **Kalanthar**, H. 26, 88; 1898.

[3] **Bau**, Woch. Brau. 16, 305; 1890 und 32, 141; 1915. Biochem. Zs 73, 340; 1916. — Siehe auch **Lafars** Handbuch 4, 421; 1906.

[4] **Lindner**, Woch. Brau. 17, 713; 1900 und 28, 612; 1919.

[5] N. N. **Iwanoff**, Biochem. Zs 162, 455; 1925.

[6] **Bourquelot** u. **Gley**, Soc. Biol. 47, 515; 1895.

[7] **Fischer** u. **Niebel**, Sitz.-Ber. Preuss. Akad. d. Wiss. 75, 73; 1896.

Dem von der Nährlösung abgehobenen Mycel soll man durch destilliertes Wasser im Verlauf von mehreren Tagen Trehalase entziehen können.

Aciditätsoptimum. Nach Bourquelot in schwach saurer Lösung $(0,003\,^0/_0$ $H_2SO_4)$; auch hierin scheint sich das Enzym von der Maltase zu unterscheiden, die ein annähernd neutrales Medium bevorzugt; genauere Messungen fehlen.

Einfluss der Temperatur. Bei der Untersuchung der wässrigen Enzymlösung fand Bourquelot von 53^0 an bezüglich Trehalosespaltung eine Schwächung, bei 63^0 vollständige Zerstörung; dagegen bleibt die Maltasewirkung bis gegen 64^0 unverändert und verschwindet erst zwischen 74^0—75^0. Diesen Angaben muss natürlich eine grosse Unsicherheit anhaften, besonders da sich jedenfalls nur eines der beiden Enzyme bei der Acidität des Stabilitätsmaximums befunden haben dürfte. Auch erscheint die Stabilität der Maltase auffallend hoch. Immerhin ist es natürlich wohl möglich, dass die beiden Enzyme sich hinsichtlich ihrer Temperaturbeständigkeit unterscheiden. Trehalase soll nach Bau (1905) beim Trocknen der Hefe recht wenig stabil sein.

Anhang.
Spaltung und Synthese von α-Galaktosiden und α-Mannosiden.

Durch luftgetrocknete Unterhefe hat Bourquelot und Mitarbeiter eine Synthese von α-Galaktosiden (Methyl-[1], Äthyl-[2], Propylgalaktosid[3]) gefunden. Die Galaktoside werden auch gespalten. Die enzymatische Natur der Prozesse, welche zur Bildung und Spaltung der α-Galaktoside führt, ist nicht klargestellt. Die gewöhnliche Lactase kann hier nicht wirksam gewesen sein, da sie einerseits nicht in Bierhefen vorkommt, andererseits nur β-Galaktoside zu spalten und synthetisieren vermag. Dagegen scheint die Melibiase hier eventuell tätig zu sein, da nach neueren Ergebnissen von Haworth die Melibiase eventuell eine α-Galaktosido-Glucose ist.

Durch ein Enzym der Luzerne können α-Mannoside gespalten und synthetisiert werden. Von beiden Seiten konnte Hérissey[4] nach langer Einwirkung des Enzyms denselben Gleichgewichtszustand erreichen. Die Gewinnung des α-Methyl-Mannosids lässt sich auch aus dem Mannan des Johannisbrots direkt durch Einwirkung der Mannanase und Mannosidase in Methylalkohol durchführen; dabei wirkt zuerst die Mannanase hydrolysierend auf dem Mannan, und die entstandene Mannose wird unter Mitwirkung der Mannosidase mit dem Methylalkohol gekuppelt.

Die α-Mannoside scheinen auch von einem Bestandteil des Mandelemulsins sehr langsam gespalten zu werden (Hérissey)[5].

---

[1] Hérissey u. Aubry, Jl de Pharm. et de Chim. (7) 9, 225; 1914.

[2] Hérissey u. Aubry, Jl de Pharm. et de Chim. (7) 9, 327; 1914.

[3] Bourquelot u. Aubry, Jl de Pharm. et de Chim. (7) 14, 193; 1916. C. r. 163, 312; 1916.

[4] Hérissey, C. r. 172, 766, 1536; 1921. 173, 1406; 1921. 175, 1110; 1922. 176, 779; 1923. — Hérissey u. Cheymol, Jl de Pharm. et de Chim. (7) 29, 441; 1924. C. r. 178, 123, 1372; 1924.

[5] Vgl. hierzu die Ergebnisse von E. Fischer, Chem. Ber. 27, 3482; 1894; 28, 1429; 1895.

5. Kapitel.

Saccharasen.

Bearbeitet von **Karl Josephson**.

Substrat: Rohrzucker, $C_{12}H_{22}O_{11}$, krystallisiert in grossen monoklinen Krystallen ohne Wasser; zeigt in wässriger Lösung vom Prozentgehalt $p = 4 - 18$ die Drehung

$$[\alpha]_D = 66{,}87 - 0{,}0155 \ p,$$

ziemlich unabhängig von der Temperatur.

Die Hydrolyse in die Komponenten Glucose und Fructose erfolgt durch Säuren bei diesem Zucker schneller als bei der Maltose.

Die Formel des Rohrzuckers ist von W. N. Haworth und E. L. Hirst[1] neuerdings folgendermassen modifiziert worden:

$$
\begin{array}{c}
\overset{\displaystyle\ulcorner\!\!-\!\!-\!\!-\!\!-\!\!-O\!-\!\!-\!\!-\!\!-\!\!-\!\!\urcorner}{CH_2OH \cdot CH \cdot CHOH \cdot CHOH \cdot CHOH \cdot CH} \\[2pt]
\hspace{6cm} \diagdown O \\[2pt]
\underset{\displaystyle\llcorner\!\!-\!\!-\!\!-\!\!-\!\!-O\!-\!\!-\!\!-\!\!-\!\!-\!\!\lrcorner}{CH_2OH \cdot CH \cdot CHOH \cdot CHOH \cdot C \cdot CH_2OH}
\end{array}
$$

Mit Hilfe ihrer Beobachtungen bei der Spaltung des h-Methylfructosids durch Saccharase haben weiter Schlubach und Rauchalles[2] geschlossen, dass die im Rohrzucker vorkommende Fructosereste in β-Form vorliegt. Hiernach könnte man also den Rohrzucker als

$$\alpha\text{-Glucosido-}\langle 1{,}5\rangle\text{-}\beta\text{-fructosid-}\langle 2{,}5\rangle$$

formulieren.

Bei der Hydrolyse würde demnach primär amylenoxydische α-Glucose und butylenoxydische β-Fructose entstehen; dieselben sollen zum Teil in mutameren Formen, wie auch hinsichtlich der Fructose in den entsprechenden amylenoxydischen Formen umgewandelt werden, bis das gewöhnliche Gleichgewicht zwischen den verschiedenen Formen der reduzierenden Monosen sich eingestellt hat. Für die Methodik ist die schon von O'Sullivan und Tompson[3] berücksichtigte Tatsache wesentlich, dass wegen dieser Umlagerung der primär entstehenden Monoseformen die optische Drehung des

---

[1] W. N. Haworth u. E. L. Hirst, Jl Chem. Soc. **1926**, 1858. — Vgl. ferner W. N. Haworth, E. L. Hirst u. V. S. Nicholson, Jl Chem. Soc. **1927**, 1513. — J. Avery, W. N. Haworth u. E. L. Hirst, Jl Chem. Soc. **1927**, 2308.

[2] Schlubach u. Rauchalles, Chem. Ber. 58, 1842; 1925.

[3] O'Sullivan u. Tompson, Jl Chem. Soc. 57, **834**; 1890.

Hexosegemisches nicht beständig ist, sondern (besonders schnell durch Zusatz von OH′ und H˙-Ionen) im positiven Gebiet sinkt, im negativen Gebiet ansteigt.

Verschiedenheiten und Einteilung der Saccharasen.

Sowohl mit tierischen als mit pflanzlichen Organextrakten und Säften lassen sich starke rohrzuckerspaltende Wirkungen erzielen. Es hat sich in der letzten Zeit ergeben, dass diese Enzyme wesentliche Verschiedenheiten aufweisen, welche auf Verschiedenheiten hinsichtlich der Spezifität zurückgeführt werden müssen. Dieser Spezifitätsunterschied tritt besonders bei der Prüfung von Rohrzuckerderivaten, welche entweder die Fructosekomponente oder die Glucosekomponente unverändert haben, klar zum Vorschein. Bei unverändertem Fructoserest, z. B. Raffinose, ist die Spaltbarkeit durch die sog. Fructosaccharasen nicht aufgehoben, während z. B. die Melezitose, welche die Fructosekomponente des Rohrzuckers mit einem zweiten Glucosemolekül verkettet hat, durch die Fructosaccharasen nicht angegriffen wird. Umgekehrt scheinen die Verhältnisse bei den sog. Glucosaccharasen zu liegen: Raffinose wird durch Glucosaccharase nicht angegriffen, die Spaltbarkeit der Melezitose durch Glucosaccharase (Kuhn) steht nach Bridel[1] noch offen (siehe S. 216).

Der Spezifitätsunterschied zwischen den Fructo- und Glucosaccharasen kann auch im Verhalten der Enzyme zu den Spaltungsprodukten des Rohrzuckers hervortreten, wenn auch nicht so stark ausgeprägt, wie man ursprünglich angenommen hat. Wir kommen hierauf weiter unten zurück.

Die experimentell festgestellte Verschiedenheit der verschiedenen Saccharasen besteht nach R. Kuhn[2] darin, dass die Fructosaccharasen sich an den Fructoserest des Rohrzuckers und der Rohrzuckerderivate mit unveränderter Fructosekomponente anlagert, während die Glucosaccharasen sich an dem Glucoserest anlagern. Nach einer von Euler und Josephson[3] entwickelten Theorie soll aber nach dieser ersten Anlagerung des Enzyms an die eine Substratkomponente eine Umwandlung des entstandenen reaktionsvermittelnden Moleküls erster Ordnung in einer solchen zweiter Ordnung eintreten, wobei vielleicht auch der zweite Zuckerrest im Substrat in Reaktion mit dem Enzym tritt.

Die Saccharasen wirken also entweder als Fructo- oder als Glucosaccharasen. Sie sind aber in ihren natürlichen Vorkommnissen nicht so streng geschieden, wie ursprünglich von Kuhn angenommen wurde. Im folgenden behandeln wir die tierischen und pflanzlichen Saccharasen getrennt und letztere werden weiter in die Saccharasen der Phanerogamen und der Kryptogamen

[1] Bridel und Aagaard, Soc. Biol., 9, 884; 1927.

[2] R. Kuhn, H. 129, 57; 1923. — R. Kuhn u. H. Münch, H. 150, 220; 1925 und 163, 1; 1927.

[3] Euler u. Josephson, H. 166, 294; 1927.

eingeteilt. Nur die letzteren sind zum Teil so genau untersucht, dass man unter ihnen Fructo- und Glucosaccharasen unterscheiden konnte.

A. Tierische Saccharasen.

Vorkommen. Hinsichtlich Organen höherer Tiere ist in erster Linie der Darm zu nennen; jedenfalls kommen andere Organe im Vergleich zum Wirksamkeitsgrad des Darmes kaum in Betracht[1]. Vandevelde[2] beobachtete Rohrzuckerspaltung durch Pankreasextrakt. Die Angabe von Jona[3], dass der nach Reiz durch Rohrzucker abgesonderte Speichel Saccharase enthält, schien Nachprüfung zu verdienen. Der Effekt war gering. Bemerkenswert ist, dass die rohrzuckerspaltende Wirkung des Blutes höherer Tiere sehr klein ist; wir kommen später hierauf zurück. — Niedrigere Tiere: Wie zu vermuten ist, enthält die Honigblase der Bienen Saccharase[4]; Erlenmeyer[5] hat das Enzym zuerst im Bienenspeichel gefunden. Aber auch in anderen Insekten ist Saccharase nachgewiesen worden (Axenfeld 1903; Piéron 1907). Der Verdauungstraktus von Schnecken enthält neben vielen anderen Enzymen auch Saccharase.

Darmsaccharase.

Was die Lokalisation des Enzyms betrifft, so ist die Frage noch unerledigt, ob und in welchem Grade die Saccharase im Darm-Saft (Fistelsaft) vorkommt, ferner in welchen Zellen der Darmmucosa die Bildung und evtl. Abscheidung des Enzyms erfolgt.

Die ersten, 1877 von Cl. Bernard angestellten Versuche zeigten schon, dass die Rohrzuckerspaltung durch die Darmschleimhaut jedenfalls stärker katalysiert wird als durch den Darmsaft. Bei älteren Versuchen mit Darmsaft vom Menschen haben allerdings Demant, Vella, Busch und Leube, 1902 auch Nagano, invertierende Wirkung gefunden; quantitative Angaben werden aber nur von Busch gemacht, der sein Resultat an einer mit Darmfistel versehenen Patientin gewonnen hat.

Einen noch schärferen Unterschied fanden Röhmann[6], sowie Tubby und Manning[7]. Menschlicher, mittels einer Fistel gewonnener Darmsaft invertiert nicht oder in äusserst geringem Grad, wogegen die Darmschleimhaut eine ausgesprochene Wirksamkeit besitzt.

---

[1] Die Angaben von Robertson (Edinburgh Med. Jl 39, 2; 1894) über das allgemeine Vorkommen von Saccharasen sind nachzuprüfen.

[2] Vandevelde, Biochem. Zs 23, 324; 1909.

[3] Jona, Jl of Physiol. 40, 21; 1910.

[4] H. Petersen, Pflüg. Arch. 145, 121; 1912. — Saccharase im Honig: v. Fellenberg, Mitt. Leb. u. Hyg. 2, 369; 1912; daselbst Literatur. — Caillas, C. r. 170, 589; 1920. — Kinetische Untersuchungen mit Honigsaccharase haben Nelson und Mitarbeiter mitgeteilt.

[5] Erlenmeyer, Sitz.-Ber. Bay. Akad. 1874, 205.

[6] Röhmann, Pflüg. Arch. 41, 424; 1887.

[7] Tubby u. Manning, Guys Hospital Rep. 48, 271; 1892.

Tierversuche. Von vornherein muss nach E. Fischer[1] berücksichtigt werden, dass bei der Generalisierung auf diesem Gebiet grosse Vorsicht geboten ist. Es wurden nämlich von verschiedenen Autoren an verschiedenen Tieren ganz voneinander abweichende Resultate gefunden.

Mehrere der in den 80er Jahren mit „Darmsaft" ausgeführten Versuche sind übrigens wegen der ungeeigneten Methodik sowie wegen unzureichender Angabe über die Lage des untersuchten Darmstückes kaum verwertbar.

Mit Darmsaft erhielten Bastianelli sowie Lafayette B. Mendel beim Hund Inversion.

Demgegenüber stehen die genaueren, ebenfalls am Hundedarmsaft mittels Jejunumfistel gewonnenen Resultate von Röhmann und Nagano[2], bei welchen sich nur eine sehr schwache Inversion ergab, sowie negative Ergebnisse von Lehmann[3] am Darmsaft der Ziege.

Mit Darmmucosa vom Hund wurde Rohrzuckerspaltung erzielt von Grünert[4], der sie in frischem Zustand, und von Krüger[5], der sie nach dem Trocknen als Pulver verwendet hat[6].

Bierry[7] verdankt man neuere sorgfältige Versuche, die ebenfalls am Hund angestellt sind, und zwar

1. mit natürlichem Darmsaft, wie er durch eine Dauerfistel ausgeflossen war,
2. mit solchem Darmsaft, nachdem er durch Zentrifugieren geklärt worden war,
3. mit zentrifugierten Darmmacerationen.

Bierrys Ergebnis ging dahin, dass der reine „physiologische" Fistelsaft nicht invertiert. Die Wirksamkeit des trüben unzentrifugierten Saftes ist auf die Gegenwart von Darmschleimhautzellen zurückzuführen. Wirksam sind demgemäss auch Macerationssäfte der Darmschleimhaut.

Man kann der Literatur wohl das Ergebnis entnehmen, dass der Darmsaft, wenn er Rohrzucker spaltet, im allgemeinen im Vergleich zu der Darmschleimhaut wenig wirksam ist, soweit nicht besondere Reizung durch Rohrzucker eintritt[8]. Nach W. Koskowsky (Jl Pharm. and Exp. Therapeutics 26, 413) bewirkt subcutane Injektion von Histamin Steigerung des Saccharasegehaltes des Dünndarmsaftes am Fistelhunde.

---

[1] E. Fischer u. Niebel, Sitz.-Ber. Preuss. Akad. d. Wiss. 75, 73; 1896. Diese Autoren haben an verschiedenen Tieren leider nur das Duodenum untersucht.

[2] Röhmann u. Nagano, Pflüg. Arch. 95, 533; 1903.

[3] Lehmann, Pflüg. Arch. 33, 180; 1884.

[4] Grünert, Zbl. f. Physiol. 5, 285.

[5] Krüger, Zs f. Biol. 37, 229; 1899.

[6] Siehe auch Miura, Zs f. Biol. 32, 266; 1895. — Getrockneten Schweinsdarm haben H. T. Brown u. Heron aktiv gefunden, Jejunum und Ileum gleichmässig.

[7] Bierry, Biochem. Zs 44, 415; 1912. — S. auch Bierry u. Frouin, C. r. 142, 1565; 1906.

[8] Siehe hierzu auch E. v. Knaffl-Lenz, H. 119, 60; 1922.

Es ist dann die Rolle der Lymphocyten zu erwägen. Die enzymatische Wirksamkeit isolierter Lymphocyten ist von Mancini[1] und von Tschernoruski[2] studiert worden, aber einen evtl. Gehalt an Saccharase haben diese Autoren nicht mitgeteilt. Man weiss, dass die Mucosa des Dünndarmes ziemlich reich an Lymphocyten ist; aber zu einer Schätzung ihrer Zahl per Flächeneinheit Darmschleimhaut reichen die vorliegenden Angaben nicht aus. Immerhin dürften die oben erwähnten Versuche nicht wesentlich von den Lymphocyten beeinflusst sein.

Nach einer von Euler und Svanberg[3] geäusserten Ansicht wird die Rohrzuckerspaltung im Darm durch ein Enzym vermittelt, welches nicht — oder wenigstens nicht direkt — in wässrige Lösung geht, und welches also an der Oberfläche der Mucosa bzw. von Mucosabestandteilen wirkt.

In der histologischen Literatur wird, wenn die enzymatische Wirkung des Darmes behandelt wird, in der Regel nur von den Lieberkühnschen Drüsen gesprochen. Über die Zahl der Lieberkühnschen Drüsen per Oberflächeneinheit Darmwand scheinen in der histologischen Literatur bis jetzt keine genauen Angaben vorzuliegen. Nach mikroskopischen Schnitten lässt sich schätzen, dass auf 1 qcm Darmwand rund 100 Lieberkühnsche Drüsen kommen, wobei die Zotten berücksichtigt sind. Wegen der Kergringschen Falten ist aber die Oberfläche der Mucosa grösser, als die an der äusseren Darmwand vorgenommene Ausmessung ergeben hat, und zwar etwa um 150 %, so dass auf den Quadratzentimeter rund 250 Lieberkühnsche Drüsen kommen.

Sieht man von dem Sekret dieser Drüsen ab, so wäre mit ihrer wirksamen Oberfläche zu rechnen. Als Dimensionen findet man in der Regel angegeben 0,4—0,3 mm Länge und einen Durchmesser an der Öffnung von im Mittel 60 μ. Die Oberfläche einer Lieberkühnschen Drüse kann im Mittel auf 0,1 qmm geschätzt werden. Indessen kann keineswegs die Gesamtoberfläche der Lieberkühnschen Drüsen als aktive Oberfläche für die enzymatische Wirkung in Betracht kommen.

Rechnet man nur den oberen Rand der Lieberkühnschen Drüsen als wirksame Kontaktfläche, so erhält man abgerundet für jede Drüse 0,003 qmm Oberfläche, also per qcm Darm 0,75 qmm, oder bei einer Mucosaoberfläche des Jejunums von 1500 qcm rund 10 qcm wirksame Drüsenoberfläche.

Zum Vergleich kann angegeben werden, dass 1 g der eingehend untersuchten Unterhefe H eine Oberfläche von 26 000 qcm besitzt.

Euler und Svanberg (l. c.) haben die Verteilung der Saccharase in den verschiedenen Teilen des menschlichen Darmes untersucht und stellen ihre Resultate in folgender Tabelle zusammen, in welcher k die Inversionskonstanten (gemessen bei 32°) bezeichnen:

Darmteil	Länge	Fläche	k	$\dfrac{k}{qcm} \cdot 10^5$
Duodenum, Pylorusteil	9 cm	81 qcm	0,011	13,5
Duodenum, Pankreasteil	8 „	80 „	0,015	19
Jejunum, 1,5 m distal vom Duodenum . .	12 „	48 „	0,024	50
Jejunum, 1—30 cm vom Duodenum . . .	6 „	42 „	0,037	88
Ileum, Abschnitt vor Eintritt ins Caecum .	6 „	42 „	0,0015	4

[1] Mancini, Biochem. Zs 26, 140; 1910.

[2] Tschernoruski, H. 75, 216; 1911.

[3] Euler u. Svanberg, H. 115, 43; 1921.

Es geht aus den obigen Zahlen auch hervor, dass der Saccharasegehalt des menschlichen Ileums pro Quadratzentimeter Darmwand nur etwa 5% desjenigen des Jejunums beträgt.

Zum Vergleich sei angegeben, dass der Wert $10^5 \cdot k/qcm$ für den mittleren Teil eines Schweinsdarms zu 5 gefunden wurde.

Berechnet man den gleichen Wert für Unterhefe H, so ergibt sich für $k \cdot 10^5$ pro Quadratzentimeter der Wert 2,4.

Aciditätsbedingungen. Nach den eingehenden Messungen von Sörensen, Michaelis u. a. liegt das Aciditätsoptimum der Hefensaccharase bei pH = 4,5.

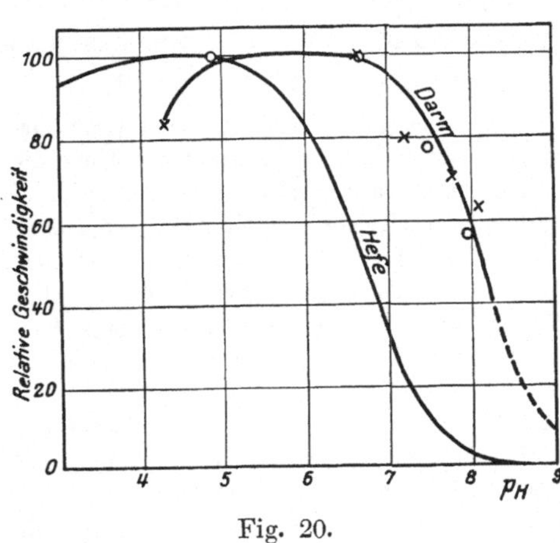

Fig. 20.

Da andererseits die H·-Konzentration des Darmsaftes von Auerbach und Pick zu $h = 0,5 \cdot 10^{-8}$ angegeben wird, so war es von allgemeinem Interesse, die Wirksamkeit der Darmsaccharase bei diesem Säuregrad zu untersuchen. Dabei zeigte sich, dass in dieser Hinsicht zwischen dem rohrzuckerspaltenden Enzym des Darms und dem der Hefe beträchtliche Unterschiede bestehen. Dieselben gehen am deutlichsten aus vorstehender Figur hervor, welche zeigt, dass die Saccharase des Menschendarms ihr Aciditätsoptimum bei pH = 5 — 7 besitzt, also bei einer H·-Konzentration, welche etwa 50 mal kleiner ist, als die für Hefensaccharase normale.

Die mit Darmextrakt erhaltenen Inversionskonstanten sind die folgenden:

Anfängl. pH	Schliessl. pH	k	Relative Geschwindigkeit
4,5	5,25	0,00372	100
6,6	6,84	0,00372	100
7,5	7,48	0,00291	78
8,0	7,95	0,00213	57

Kinetik. Euler und Svanberg (l. c.) haben ihre Versuche teils direkt mit fein zerschnittenem normalem Darm angestellt, teils mit Darmextrakt. Im ersteren Fall waren die absoluten Geschwindigkeiten grösser, die Reaktionskoeffizienten 1. Ordnung, $k = 1/t \ln a/a — x$, gaben eine genügende Konstanz, wie folgendes Beispiel zeigt (l. c. Beilage 13):

Stunden	Drehung	k
0	2,40	
20	0,29	0,023
29	0,09	0,022
168	—	

Bei Anwendung von Darmextrakt fielen die k-Werte kleiner aus und nahmen im allgemeinen im Verlauf eines etwa 1 Tag dauernden Versuchs ab, vermutlich infolge der Labilität des Enzyms; siehe auch Euler und Myrbäck[1].

Einfluss der Temperatur. Da sich hinsichtlich der optimalen Acidität deutliche Unterschiede zwischen Darm- und Hefesaccharase ergeben hatten, wurde von Euler und Myrbäck[1] auch die Temperaturstabilität der Darmsaccharase näher studiert. Wurde der Darmextrakt 1 Stunde auf verschiedene Temperaturen (bei optimaler Acidität) erhitzt, so ergab sich:

Erhitzungstemperatur	18⁰	45⁰	50⁰	52⁰	55⁰
Inversionskonstante $k \cdot 10^4$	23	23	15	7	0.

Berechnet man hieraus den Inaktivierungskoeffizienten $k_C \cdot 10^4$ nach der Formel (32)

$$k_C = \frac{1}{t} \log \frac{k_a}{k_t},$$

(siehe Teil I, S. 247), so erhält man:

Erhitzungstemperatur	18⁰	45⁰	50⁰	52⁰	55⁰
Inaktivierungskoeffizient k_C 10^4	0	0	31	86	∞.

Mit einer Lösung von Hefensaccharase von ähnlicher absoluter Wirksamkeit erhält man:

Erhitzungstemperatur	18⁰	50⁰	55⁰	58⁰	60,5⁰
Inaktivierungskoeffizient $k_C \cdot 10^4$	0	0	19	45	161.

Die Temperatur der halben Inaktivierung bei einstündiger Erhitzung ergibt sich aus den erwähnten Messungen für

Darmsaccharase	51⁰
Hefesaccharase	58,3⁰.

Man findet also einen Temperaturunterschied in der Stabilität der beiden Enzyme von über 7⁰. Auch bei verschiedenen Hefe-Saccharaselösungen findet man Schwankungen in der Termostabilität, welche jedoch geringer als die hier gefundenen Unterschiede sind (siehe S. 190 u. ff.).

B. Saccharasen der Phanerogamen.

Vorkommen. Die ausserordentlich grosse Verbreitung der Saccharase im Pflanzenreich geht besonders aus einer Arbeit von Kastle und Clark[2] hervor. Dieselben fanden Saccharase nicht nur in solchen Pflanzenteilen,

---

[1] Euler u. Myrbäck, H. 115, 68; 1921.
[2] Kastle u. Clark, Amer. Chem. Jl 30, 422; 1903.

welche Rohrzucker als Reservestoff enthalten, sondern weit allgemeiner, überall da, wo Stärke oder Inulin aufgespeichert wird.

Man findet Saccharasen in grünen Blättern (z. B. von Tropaeolum[1], Tabak[2], Kartoffel[3] Polyscias nodosa), Früchten[4], besonders in Körnern der Gramineen[5], in Pollen[6], in Stengeln, Knollen (Kartoffel), seltener in Wurzeln und Rüben.

Bei Untersuchung des Enzymgehalts in den Blättern einiger stärkefreier Monokotyledonen hat Chapman[7] Saccharase in Schneeglöckchen (Galanthus nivalis) und Lauch (Allium porrum) nicht aber in Zwiebel (Allium cepa) gefunden. Nach einer Untersuchung von Colin und de Cugnac[8] enthält besonders die Gruppe der Graminaceen, welche Lävulosane als Vorrat ablagert, viel Saccharase in dem Stengel.

Besonderes Interesse verdient die Verteilung der Saccharase in der Zuckerrübe, welche zuerst von Robertson, Irvine und Dobson[9], dann von Ruhland[10] und von H. Collin[11] studiert worden ist. In der Rübe von Beta vulgaris wird unter normalen Verhältnissen keine Saccharase angetroffen, und zwar weder im 1. noch im 2. Jahr; sehr saccharasereich sollen dagegen die Betablätter sein; der Enzymgehalt des Stammes nimmt vom Blatt bis zur Wurzel ab.

Die Eigenschaften der Saccharase in Bananen haben K. G. Falk und Mc Guire[12] untersucht. Sie geben an, dass eine lösliche Saccharase mit dem pH-Optimum bei 3,5—4,5 und eine unlösliche Saccharase mit dem Optimum bei pH = 4—4,5 vorliegt.

Darstellung. In der Regel lässt sich ein saccharasehaltiger Saft durch Auspressen des frischen Materials gewinnen; derselbe enthält aber oft oxydierende Enzyme und Polyphenole und lässt sich deswegen nicht immer direkt zu Versuchen benutzen. Es empfiehlt sich also, die Saccharase durch Alkohol oder Aceton aus dem Presssaft auszufällen, oder aber das Pflanzenmaterial zu trocknen und dann mit Wasser oder einer verdünnten Phosphatlösung zu extrahieren.

---

[1] Brown u. Morris, Trans. Chem. Soc. 63, 604; 1893.

[2] Oosthuizen u. Shedd, Jl Amer. Chem. Soc. 35, 1289; 1913. — Mosca, Gazz. chim. ital. II, 431; 1913.

[3] Doby, Biochem. Zs. 71, 495; 1916.

[4] Besonders genau untersucht ist das Enzym der Dattel, und zwar von Vinson, Jl Amer. Chem. Soc. 30, 1005; 1908 sowie das Enzym der Bananen.

[5] J. O'Sullivan, Jl Chem. Soc. 77, 691; 1900.

[6] van Tieghem, Bull. Soc. Bot. France 33, 216; 1886.

[7] Chapman, Biochem. Jl 18, 1388; 1924.

[8] H. Colin u. de Cugnac, C. r. 182, 1637; 1926.

[9] Robertson, Irvine u. Dobson, Biochem. Jl 4, 258; 1909.

[10] Ruhland, Zs Ver. D. Zuckerind. 1912, 1.

[11] H. Collin, C. r. 160, 777; 1915.

[12] K. G. Falk u. Mc Guire, Jl Gen. Physiol. 3, 595; Jl Biol. Chem. 54, 665; 1923. — Jl Amer. Chem. Soc. 45, 1539; 1923.

Die von Vinson (l. c.) studierte Dattelsaccharase soll erst bei der Reife löslich werden, während die unreifen Früchte das Enzym an einen unlöslichen Stoff gebunden enthalten.

Kinetik. Einige Versuche mit Saccharase aus Kartoffelknollen teilt Doby (l. c.) mit.

C. Saccharasen der Kryptogamen.

I. Hefensaccharase.

Vorkommen. Ein Rohrzucker hydrolysierendes Enzym findet sich in den meisten Hefen, sehr wahrscheinlich ausnahmslos in den Kulturhefen unserer Gärungsgewerbe und in den eigentlichen Weinhefen. Saccharomyces albicans (Soorpilz), Schizosaccharomyces octosporus, viele Formen von Saccharomyces apiculatus, sowie einige Torulaceen sollen frei von Saccharase sein.

Hinsichtlich des Nachweises von Saccharase in gärfähigen Hefezellen ist zu erwähnen, dass die Vergärbarkeit des Rohrzuckers möglicherweise für die Anwesenheit der Saccharase nicht beweiskräftig ist. Nimmt man nämlich mit Willstätter und Steibelt[1], sowie mit Willstätter und Lowry jr.[2] an, dass Disaccharide auch direkt der Vergärung unterliegen können, so ist die Vergärung eines solchen Zuckers an sich kein Beweis für die Gegenwart des betreffenden hydrolysierenden Enzyms. Bei Prüfung auf Saccharase sollte also die Gärung durch Zusatz von Antiseptica gehindert werden, was man früher in der Mehrzahl der Fälle nicht getan hat. Sicher muss man von denjenigen Hefen, welche Rohrzucker nicht, wohl aber Glucose vergären, annehmen, dass sie keine Saccharase enthalten; nach Willstätter fehlt ihnen aber ausserdem die spezifische Rohrzuckerzymase (oder ihr Co-Enzym).

Bei zahlreichen Formen von Saccharomyces apiculatus hat Klöcker 1913 Vergärbarkeit von Rohrzucker nachgewiesen. Es wäre nach dem oben Gesagten noch festzustellen, ob in diesen Formen nur die Vergärung erfolgt oder ob dieselben auch Saccharase enthalten[3].

Über die Methodik der Saccharasebestimmung in frischen Hefen siehe S. 205. In der nachstehenden Tabelle sind die Inversionsfähigkeiten der in hiesigem Laboratorium untersuchten Hefen aufgenommen.

Über Steigerung des Saccharasegehaltes der Hefe siehe I. Teil, S. 397 ff., sowie unten (S. 148 u. 195).

Isolierung der Saccharase. Eine ausgezeichnete Kritik der Methoden zur Isolierung der Saccharase aus der Hefe verdankt man Willstätter, dessen Darstellung wir hier folgen.

Die verschiedenen Isolierungsmethoden unterscheiden sich im wesentlichen darin, dass nach den einen der Zellinhalt ohne enzymatischen

---

[1] Willstätter u. Steibelt, H. 115, 211; 1921.
[2] Willstätter u. Lowry jr., H. 150, 287; 1925.
[3] Bezüglich Torula-Arten siehe Will, Zbt. Bakt. (2) 21, 386, 459; 1908 und 34, 1; 1912.

Übersicht über die bis jetzt bestimmten Inversionsfähigkeiten verschiedener Hefen.

Nr.	Hefe	Zellenzahl per g Trokkengewicht	t	Bestimmungslösung			$\frac{g}{\text{Hefe}}$	$\frac{\%}{\text{Trok-kengew.}}$	Abs. Zellenzahl	k	Inv. (Mittel)
				ccm	Rohrzucker g	%					
1	Unterhefe H.	$0{,}16 \cdot 10^{11}$	17^0	20—60	4—10	8—16	0,1—0,5	30	$0{,}05{-}0{,}65 \cdot 10^{10}$	$20{-}125 \cdot 10^{-4}$	$10 \cdot 10^{-12}$
2a	Brennerei-Oberh. SB	$0{,}30 \cdot 10^{11}$	17^0	60—100	5—10	8—10	0,2—1	30	$0{,}1{-}0{,}26 \cdot 10^{10}$	$7{-}27 \cdot 10^{-4}$	$3 \cdot 10^{-12}$
2b	,, ,, R	$0{,}26 \cdot 10^{11}$	17^0	60	4,8	8	0,3—0,4	25	$0{,}23{-}0{,}26 \cdot 10^{10}$	$35{-}46 \cdot 10^{4}$	$8{,}5 \cdot 10^{-13}$
3	Brau.-Oberh. Grönw.	—	17^0	60	4,8	8	1 ccm Rohhefe		$0{,}24 \cdot 10^{10}$	$37{,}5 \cdot 10^{-4}$	$7{,}5 \cdot 10^{-12}$
4	Brau.-Unterh. ,,	—	17^0	60	4 8	8	1 ccm Rohhefe		$0{,}22 \cdot 10^{10}$	$59{,}5 \cdot 10^{-4}$	$13{,}0 \cdot 10^{-12}$
5	Lab. Kultur S. ellips.	$0{,}47 \cdot 10^{11}$	30^0	100	10	10	0,29	(30)	$1{,}36 \cdot 10^{10}$	$65 \cdot 10^{4}$	$4{,}8 \cdot 10^{-12}$
6	Torula Hansen (Svb.)	$2\ 5 \cdot 10^{11}$	18^0	100	8	8	—	—	$31{.}5 \cdot 10^{10}$	$40 \cdot 10^{-4}$	$0{,}11 \cdot 10^{-12}$
7	Sacch. thermantiton	—	17^0	60	4,8	8	—	—	$0{,}29 \cdot 10^{10}$	$30 \cdot 10^{-4}$	$5 \cdot 10^{-12}$
		—	19^0	100	8	8	—	—	$0{,}28 \cdot 10^{10}$	$25 \cdot 10^{-4}$	$7 \cdot 10^{-12}$
8	Sacch. Marxianus	$0{,}72{-}10^{11}$	17^0	60	4,8	8	—	—	$0{,}76 \cdot 10^{10}$	$0{,}73 \cdot 10^{-7}$	$4{,}6 \cdot 10^{-14}$

1, 2a, 3—7 Euler, Svanberg und Laurin. — 2b und 8 Euler und Josephson.

Abbauvorgang von den Zellwänden bzw. von den festen und unlöslichen Bestandteilen der Zelle abgetrennt wird, während er nach den anderen Verfahren durch enzymatische Reaktionen chemisch verändert wird, ehe man ihn von den Heferesten entfernt.

Die erstgenannten Methoden (Michaelis, Meisenheimer) zielen darauf hin, durch Zerstörung der Zellstruktur die Saccharase, welche von der lebenden Hefe nicht an Wasser abgegeben wird, in Lösung überzuführen. Die Ergebnisse sind, wie Willstätter[1] betont, stets unbefriedigend, „weil sich die Saccharase in solchem geschützten Zustande oder derart mit hochmolekularen organischen Verbindungen vergesellschaftet vorfindet, dass sie nicht wasserlöslich ist".

„Die Methode, durch enzymatische Abbauvorgänge die Saccharase frei und löslich zu machen, lässt sich so gestalten, dass die frische Hefe unverdünnt der langdauernden Autolyse überlassen wird (C. O'Sullivan und F. W. Tompson)[2], oder dass sie dabei unter mässiger Verdünnung mit Wasser der Wirkung eines antiseptischen und abtötenden Mittels unterworfen wird (C. S. Hudson[3], Rapid autolysis)."

„Die Hefeverflüssigung durch abtötende Mittel bewirkt an sich keine Abgabe des Enzyms an Wasser. Und je nach dem dabei angewandten Zellgift werden die enzymatischen Vorgänge verschieden geleitet, so dass ... der chemische Apparat der Saccharasefreilegung entweder geschont (Toluol) oder geschädigt wird (Essigester); daher ist nur im ersten Fall die durch Hefeverflüssigung beschleunigte Autolyse für die Saccharasegewinnung brauchbar."

Unter den angegebenen Methoden ist somit die beschleunigte Autolyse weitaus am günstigsten. C. S. Hudsons Vorschrift haben Willstätter und Racke[4] eingehend untersucht und verbessert, indem sie das Ziel der präparativen Methode aufstellten, „den enzymatischen Vorgang der Invertin-

[1] Willstätter u. Racke, Lieb. Ann. 425, 1; 1921.

[2] C. O'Sullivan u. F. W. Tompson, Jl Chem. Soc. 57, 834; 1890.

[3] C. S. Hudson u. H. S. Paine, Jl Amer. Chem. Soc. 32, 774; 1910. — C. S. Hudson, ebenda 36, 1566; 1914.

[4] I. Abh. Lieb. Ann. 425, 1; 1921. II. Abh. Lieb. Ann. 427, 111; 1921.

freilegung von der allgemeinen Selbstauflösung der Hefe zu trennen und so zu leiten, dass das Invertin vollständig in Lösung geht, zusammen mit möglichst wenig von anderen Inhaltsstoffen der Hefe".

Folgende Arbeitsweisen kommen nunmehr in Betracht:

1. **Verfahren von Hudson (rasche Autolyse bei Anwendung von Toluol).**

Die frische Presshefe wird in das gleiche bis doppelte Gewicht Wasser eingetragen, mit 5—10$^0/_0$ ihres Gewichtes an Toluol vermischt und nach kräftigem Durchschütteln, das man alle Tage wiederholt, bei Zimmertemperatur etwa 7 Tage der Autolyse überlassen. Nach wenigen Stunden setzt unter beträchtlicher Gasentwicklung Selbstgärung ein, die bis zum folgenden Tage beendet ist. Nach einer Woche filtriert man die Hefeflüssigkeit ab. Der abfiltrierte Auszug beträgt etwa 1400 ccm für 1 kg 20—22$^0/_0$iger Frischhefe (oder bei Anwendung von 2 Teilen Wasser 2100 ccm), d. i. ungefähr 80$^0/_0$ der entstandenen Hefeflüssigkeit, und sein Trockengewicht 85—123 g. Den Zeitwert (vgl. S. 203) fanden Willstätter und Racke 160—206 bei Anwendung von Brauereihefen vom Zeitwert 230—350.

2. **Verfahren der raschen Autolyse mit (Essigester +) Toluol unter Neutralisieren mit Ammoniak oder Ammonphosphat nach Willstätter und Racke.**

Das Verfahren hat den Vorzug günstigerer Saccharaseausbeute und etwas grösserer Reinheitsgrade. Die Frischhefe wird nach dem Eintragen in das gleiche (oder doppelte) Gewicht Wasser durch Versetzen mit Toluol und Essigsäureester (je 50 ccm auf 1 kg) verflüssigt. Willstätter beginnt bald die auftretende Säure mit verdünntem Ammoniak zu neutralisieren und vervollständigt die Neutralisation in den ersten Stunden oft und weiterhin am ersten Tage noch einige Male. Die Auflösung der Saccharase erfordert 3—4 Tage. Um die Enzymlösung filtrierbar zu machen, muss man sie mit Essigsäure neutralisieren, wodurch ein sehr starker Eiweissniederschlag entsteht, und lässt noch eine Stunde lang stehen. Dann lassen sich ungefähr 1500 ccm (aus 1 kg Hefe mit gleichem Gewicht Wasser) abfiltrieren mit meistens grösserem Saccharasegehalt, als derjenige der Hefe war, und mit einem Trockengewicht von 57—85 g. Der Zeitwert einer solchen Lösung, auf Trockenrückstand bezogen, betrug 114—142. Die weitere Reinigung zeigt keinen Unterschied gegenüber dem Hudsonschen Verfahren. Durch die Fällung mit Bleiacetat verminderte sich das Trockengewicht auf 47 (in mehreren Beispielen), während sich der Zeitwert auf 70—90 verbesserte.

Die Anwendung von Ammoniumphosphat ist gleichmässiger, die Autolysenflüssigkeit in diesem Falle schon ohne Behandlung mit Essigsäure besonders gut filtrierbar, Reinheitsgrad und Saccharaseausbeute pflegen höher zu sein. Man verwendet für 1 kg Frischhefe 25 g $(NH_4)_2HPO_4$. Die filtrierte Saccharaselösung wird entweder direkt mit Bleiacetat von Phosphorsäure und Proteinen befreit oder man fällt zuerst mit Magnesiumchlorid die Phosphorsäure aus und enteiweisst das Filtrat mit Bleizucker, in diesem Fall mit einer viel geringeren Menge.

3. Das Verfahren der raschen Autolyse bei neutraler Reaktion nach Willstätter und Schneider[1] (VIII. Abh., S. 266) besteht in der Einwirkung von Chloroform auf unverdünnte Hefe, Verdünnen und Neutralisieren erst nach der Verflüssigung und Autolyse in 1—2 Tagen. Die Autolysate haben bei 90% Ausbeute ungefähr dreimal günstigere Zeitwerte als die Trockenhefe; Hefen 315, 264, Autolysate 99, 86.

4. Rasche Autolyse mit Toluol und Essigester ohne Neutralisation. Im hiesigen Laboratorium[2] hat sich folgendes einfache Verfahren bewährt: Die frische evtl. durch Gärung vorbehandelte Hefe (80% Wassergehalt) wird mit Toluol und dem von Willstätter vorgeschlagenen Essigester während 4 Tagen verflüssigt. Filtration durch viele Faltenfilter. Ausgehend von Hefe vom mittleren Zeitwert 250 gelangen wir zu einem Saft vom Zeitwert 110—120, also If = 0,4, wobei etwa 70% des Gesamtsaccharasegehaltes der Hefe gewonnen werden.

5. Die Methode der fraktionierten Autolyse nach vorangegangener Saccharaseanreicherung durch Gärführung bei niedriger Zuckerkonzentration (IX.[3] und X. Abh.[4] von Willstätter und Mitarbeitern).

Gärführung. 200 g abgepresste Hefe werden in 4 Liter Nährsalzlösung eingetragen, die in 10 Liter-Filtrierstutzen auf 28° vorgewärmt ist. Sie enthält je 8 g primäres Kaliumphosphat und primäres Ammonphosphat, sowie je 2 g Kaliumnitrat und wasserhaltiges Magnesiumnitrat. Die Flüssigkeit wird mit mechanischer Rührung in starker Bewegung gehalten. Das Gefäss befindet sich in einem elektrisch geheizten Bade, das die Temperatur während der Versuchsdauer auf 27° hält. 20%ige Rohrzuckerlösung tropft aus einer tubulierten Flasche durch eine Capillare ein und zwar so, dass 100 ccm Lösung (10% Zucker, bezogen auf das Gewicht der abgepressten Hefe) in einer Stunde einfliessen. Nach je 2—3 Stunden trennt man zweckmässig die Hefe von der alkoholhaltigen Flüssigkeit und erneuert die Nährlösung. Man kann nach den ersten 2 Stunden noch leicht dekantieren, nach einer Führung von 3 Stunden gewöhnlich nicht mehr, oder nur manchmal auf Zusatz von kaltem Wasser. Dann pflegen Willstätter und Mitarbeiter die Abtrennung mit der Zentrifuge auszuführen, zweckmässig mit einer Überlaufzentrifuge von Haubold. Zumeist wird die Führung so vorgenommen, dass in 5—8 Stunden 50—80% Zucker eintropfen, sodann durch eine engere Capillare weitere 10—20% über

<hr>

[1] Willstätter u. Schneider, H. 142, 257; 1925.

[2] Josephson, Arkiv f. Kemi 8, 26; 1922/23. — Euler u. Josephson, Chem. Ber. 56, 446, 1097; 1923; 57, 299, 859; 1924; 59, 1129; 1926.

[3] Willstätter, Lowry jr. u. Schneider, H. 146, 158; 1925.

[4] Willstätter, Schneider u. Bamann, H. 147, 248; 1925.

Nacht. Die übliche Versuchsdauer beträgt etwa 17 Stunden, die günstigsten Werte wurden allerdings erst nach noch etwas längerer Führung erreicht.

Beispiele für die Invertinvermehrung bei Gärführung
mit geringster Zuckerkonzentration.

Nr.	Zeitwert der Ausgangshefe	Erreichte Zeitwerte während der Gärführung		Invertinvermehrung
		Zwischenbestimmung	Endwert	
1	148	3 Stunden 40 % Zucker 36	17,5	8,5 fach
2	165	3 „ 30 % „ 42	15	11 „
3	216	3½ „ 45 % „ 41	18	12 „
4	278	3 „ 40 % „ 41	19	14,7 „
5	290	1½ „ 20 % „ 21	21	13,8 „

Fraktionierte Autolyse: „340 g invertinreiche Hefe, die abgepresst 23,5 % Trockengewicht hatte, enthielt beim Zeitwert 19,4 83 S.-E., etwa soviel als 5 kg gewöhnliche Hefe. Die Hefe, vorgewärmt im Thermostaten, verrührten wir bei 30° kräftig mittels eines dicken Glasstabes mit 35 ccm auf 30° erwärmtem Toluol. Die Verflüssigung, die bei Zimmertemperatur Stunden erfordern würde, erfolgte in 45 Minuten und zwar so, dass der Brei recht dünnflüssig war. Man verdünnte mit 340 ccm Wasser von 30°. Es ist für die Gewinnung eines hochwertigen Autolysates günstig, mit dem Abtrennen noch etwa 1—1½ Stunden zu warten. Dann füllten wir zu 1 Liter auf und trennten mittels der Zentrifuge die Heferückstände ab, die noch mit 1 Liter Wasser von 30° ausgewaschen wurden. Der abgetrennte Verflüssigungssaft mitsamt dem Waschwasser enthielt in unserem Beispiel 13,8 % des angewandten Invertins und 17,4 g Trockensubstanz, d. i. 22 % des Hefentrockengewichts, so dass also der Zeitwert dieser ersten Fraktion 30,5 betrug.“

„Die Heferückstände werden sogleich mit 340 ccm toluolgesättigtem Wasser von 30° unter Zusatz von Toluol aus den Zentrifugenbechern herausgespült. Die Autolyse nimmt im Thermostaten bei 30° ihren Fortgang. Nach beispielsweise 5 und 7 Stunden entnehmen wir, um den zeitlichen Verlauf der Freilegung zu verfolgen, Proben von 5 ccm, die klar filtriert zur Bestimmung des Vergleichswertes[1] angewandt werden. ½, später ¼ ccm reicht dafür .... Die Ausbeuten sind danach, eingerechnet das Invertin der abgetrennten Flüssigkeit, bei idealer Filtration 81 und 88 % des angewandten Hefeinvertins.“

„An diesem Punkt, in anderen Beispielen bei einem etwas späteren, aber unter Vermeidung unnötig langer Dauer, wird die Autolyse abgebrochen ... Vor der Isolierung der Lösung wird der dünne Brei zur Beseitigung von etwas gelöstem Eiweiss vorsichtig unter tüchtigem Umrühren mit n/20-Essigsäure angesäuert, und zwar bis zur Rotfärbung von Lackmus. Dann säuert man noch etwas mehr an; man stellt nämlich mit Methylrot auf pH = 3,5—4 ein. Dafür

---

[1] Willstätter, Graser u. Kuhn, H. 123, 1 und zwar S. 24; 1922.

waren 220 ccm der Essigsäure erforderlich. Das Autolysat wird mittels der Zentrifuge von den Heferückständen abgetrennt", und mit geglühtem Kieselgur geklärt. Nach dem Filtrieren wird mit verdünntem Ammoniak neutral gemacht.

Das im obigen Beispiel gewonnene Autolysat enthielt 64% des Gesamtinvertins der angewandten Hefe. Der Zeitwert des Autolysates war 2,6 (S.-W. $= 0,385$).

Die Anwendung des oben beschriebenen Freilegungsverfahrens lässt sich noch mehr verbessern durch Neutralisation und Neutralhalten der verflüssigten Hefe (Willstätter, Schneider und Wenzel[1], XII. Abh.). Die zumeist von Willstätter, Schneider und Wenzel angewandte Methode besteht in der Abtötung der invertinreichen Hefe mit Toluol bei 30°, „Verdünnen mit gleichem Gewicht Wasser nach 1 Stunde und Neutralisieren mit verdünntem Ammoniak, Abtrennung der neutral gehaltenen Vorfraktion nach zwei weiteren Stunden, Freilegung des Invertins in einem Arbeitstag oder einem ganzen Tag bei 30° mit einer Ausbeute von 95% des nach der Abtrennung noch vorhandenen oder ungefähr 85% des gesamten Invertins. Das mit der doppelten oder vierfachen Wassermenge verdünnte Autolysat wird zunächst mit der Zentrifuge abgetrennt und zweckmässig erst danach durch geringes Ansäuern mit Essigsäure von Eiweiss vollständig befreit."

Allgemeines über Reinigung der Saccharasepräparate.

Verfolgung der Reinigungsarbeit. Sowohl beim Ausarbeiten von Reinigungsverfahren als bei der Reinigung von Lösungen zu präparativen Zwecken ist es unerlässlich, die Wirksamkeit der Substanz per Gewichtseinheit ständig zu verfolgen. Die Masseinheiten der Saccharase findet man S. 202 u. ff. ausführlich besprochen, nämlich den „Zeitwert" nach O'Sullivan und Thompson, die „Inversionsfähigkeit" nach Euler und Svanberg, sowie die „Saccharase-Einheit" (S.-E.) und „Saccharase-Wert" (S.-W.) nach Willstätter.

Reinigung der Saccharase durch Adsorption. Die älteren Methoden, die Saccharase in den Autolysaten ausschliesslich durch Fällung und Dialyse von den Verunreinigungen zu befreien, führt zwar zu einer gewissen Steigerung des Reinheitsgrades, die grossen Fortschritte bei der Reinigung treten aber nur bei der selektiven Adsorption des Enzyms selbst durch beispielsweise Tonerdehydrat oder Kaolin und darauffolgendem Loslösen (Elution) des Enzyms aus dem Adsorbat ein.

Hinsichtlich des Verhaltens der Saccharase zu den verschiedenen Adsorptionsmitteln ist die zuerst von Willstätter und Racke[2] gefundene

---

[1] Willstätter, Schneider u. Wenzel, H. 151, 1; 1926.
[2] Willstätter u. Racke, Lieb. Ann. 425, 1; 1921, 427, 111; 1921.

Tatsache von grosser Bedeutung, dass die Adsorptionsverhältnisse der Saccharase von den Begleitstoffen abhängig ist. Man findet die Saccharase in den Autolysaten „mit einem grossen Vielfachen komplizierter organischer Verbindungen vergesellschaftet, nicht einfach im Zustand eines Gemisches, sondern durch Kräfte verbunden, wie sie auch in den Adsorptionsverbindungen mit unlöslichen Adsorbentien wirken". Die Begleitstoffe der Saccharase in den Hefeauszügen sind ihrer Zusammensetzung nach durchaus nicht konstant, sondern man kann die Autolyse des Pilzprotoplasmas verschieden leiten, so dass die Natur der amphoteren Stoffe aus der Klasse der Proteine und Proteinabbauprodukte ungemein schwankt. Davon ist das Verhalten gegen Adsorbentien und im Adsorbate abhängig. „Daher sagt die Adsorptionsanalyse oder die elektrische Überführung über die Natur des Ferments nichts aus, sondern sie lässt nur erkennen, ob in dem aus einem Ferment und seinen jeweiligen Begleitstoffen gebildeten Additions- oder Adsorptionsprodukt die Säure- oder Basennatur überwiegt."

Einen gewissen Erfolg hinsichtlich der selektiven Adsorption hatte Kullberg[1] im hiesigen Laboratorium mit kolloider Eisenlösung erzielt; indessen blieb die Ausbeute bei seinen Vorversuchen gering. Es ist zuerst Willstätter und Racke gelungen, durch Anwendung von Aluminiumhydroxyd als Adsorptionsmittel wesentliche Fortschritte in der Reinigung von Saccharaselösungen zu erzielen. Auch über die Zerlegung von Adsorbaten haben Willstätter und Racke wichtige Tatsachen gefunden; sie bezeichnen die Zerlegung der Adsorbate als „Elution"; diese beruht auf „die Überwindung der kleinen Affinitätsbeträge, die in den Adsorbaten wirken, durch etwas stärkere Affinitäten". Diese Elution ist besonders durch schwache Alkalien, wie Ammoniak von $0,01—0,1\,^0/_0$ bzw. sekundäre Alkaliphosphate durchzuführen; auch durch Rohrzucker $+$ primäres Alkaliphosphat; in vielen Fällen auch mit primärem Alkaliphosphat allein (Trennung von Maltase), liess sich die Saccharase aus dem Tonerdeadsorbat eluieren.

„Die Zusammensetzung und demzufolge das Verhalten der Adsorbate ist von den Bedingungen ihrer Bildung abhängig. Wenn das Invertin aus dem wässrigen Hefeauszug bei Gegenwart von Ammoniak adsorbiert wird, ... so verhält sich das Adsorbat anders als nach der Darstellung aus ammoniakfreier, am besten acetonhaltiger Lösung. Das Invertin ist im ersteren Falle aus dem Adsorbat gar nicht durch Ammoniak eluierbar. Dem Adsorbat fehlen entweder Stoffe, die beim Eluieren mitwirken, oder es enthält zusammen mit dem Invertin Stoffe, die es fester an das Aluminiumhydroxyd binden."

Begleitstoffe beider Art kommen in den Adsorbaten vor; Willstätter unterscheidet sie als „Koadsorbientien" und „Koeluentien".

Zur Deutung der gefundenen Tatsachen nimmt Willstätter an, dass das Adsorbendum an das Adsorbens sowohl unmittelbar gebunden, wie auch durch Vermittlung eines Koadsorbens gebunden auftritt; die verschiedenen Fälle werden durch folgende Formeln zum Ausdruck gebracht:

---

[1] Euler u. Kullberg, H. 73, 335; 1911.— Vgl. Euler u. Svanberg, H. 107, 269, 290; 1919.

<pre>
                        /Koadsorbens ···· Adsorbens
             I. Enzym
                        \Koeluens
                 (eluierbar durch Ammoniak)
</pre>

II.	III.
Enzym ··· Koadsorbens ··· Adsorbens	Enzym ··· Adsorbens
(nicht eluierbar durch Ammoniak)	(eluierbar durch Ammoniak).

Hinsichtlich des Verhaltens von Kaolin zu Saccharase hatte Michaelis[1] gefunden, dass dieses saure Adsorptionsmittel zwar Proteine nicht aber Saccharase adsorbiert. Willstätter und Racke machten dann die Beobachtung, dass zwar unreine Saccharase in den rohen Autolysaten nicht adsorbiert wird, während nach vorangegangener Reinigung mit Tonerdeadsorption also bei höheren Reinheitsgraden das Enzym von Kaolin gebunden wird. Wie später Willstätter und Wassermann[2] fanden, ist es möglich, die bei der Kaolinadsorption störenden Einflüsse der Begleitstoffe, mit denen das Enzym assoziiert ist, durch sehr grosse Verdünnung und unter Einstellung einer geeigneten Acidität auszuschalten, so dass die Saccharase unmittelbar aus den Hefeautolysaten durch Kaolin adsorbiert wird. Willstätter und Schneider[3] gingen dann einen Schritt weiter, indem sie in stark essigsaurer Lösung (bis zu 10% Essigsäure) das Enzym mit Kaolin ohne das Autolysat zu verdünnen, adsorbieren konnten.

In diesem Zusammenhang möge hier

das Verhalten der Saccharase zu Sorptionsmitteln

näher beschrieben werden.

Bei der Sorption von Enzymen an festen Oberflächen handelt es sich, wie im I. Teil, S. 98 u. ff. betont wurde, im allgemeinen um chemische Reaktionen. Vermutlich werden dabei schwach saure oder schwach basische Gruppen des Enzympräparates neutralisiert. Über solche Oberflächenreaktionen zwischen chemisch definierten Stoffen ist noch wenig bekannt, so dass die Anwendungen der Sorption zur Reinigung von Saccharaselösungen noch empirisch sind. Wegen der allgemeinen Bedeutung der Sorptionsvorgänge für die Enzymchemie gehen wir hier näher auf die besonders durch Willstätter bekannt gewordenen Tatsachen ein.

a) Allgemeines.

Wirksamkeit des Enzyms im Adsorbat. Michaelis[4] hat zuerst nachgewiesen, dass die Saccharase im Zustand der Adsorptionsverbindung mit Tonerdehydrat oder Eisenhydrat noch wirksam ist. Dieses Ergebnis ist von Meyerhof, Nelson und Mitarbeiter, Willstätter und Kuhn, wie auch im

[1] Michaelis, Biochem. Zs 7, 488; 1907.
[2] Willstätter u. Wassermann, H. 123, 181; 1922.
[3] Willstätter u. Schneider, H. 133, 193; 1924.
[4] Michaelis, Biochem. Zs 7, 488; 1907/08.

hiesigen Laboratorium bestätigt worden. Nach Willstätter und Schneider[1] ist die Saccharase auch im Kaolinadsorbat wirksam, während bei den Bleifällungen von Willstätter, Graser und Kuhn[2] manchmal Hemmung der Enzymwirkung gefunden wurde. In den Bleifällungen findet man beispielsweise nur 10—17 % des wirklichen Invertingehalts, von dem 86 % eluiert werden konnten. In diesem Falle hat man wahrscheinlich mit einer Hemmung durch das Schwermetall von ähnlicher Art wie z. B. die Hemmung durch Silber- oder Quecksilbersalzen zu tun.

In den Adsorbaten scheint die Saccharase meistens weniger beständig als in wässriger Lösung (pH optimal) zu sein. Die bei der Kaolinadsorption oft sofort erfolgende teilweise Saccharasezerstörung schreitet nach Willstätter und Schneider nur langsam im Adsorbat weiter.

Adsorptionswert. Das Adsorptionsvermögen eines Adsorptionsmittels für Saccharase kann man nach Willstätter zweckmässig durch den „Adsorptionswert" ausdrücken. Die ursprüngliche Definition des Adsorptionswertes haben Willstätter und Wassermann[3] folgendermassen modifiziert: Der Adsorptionswert gibt die Saccharasemenge in M.-Z.-Q. („Menge-Zeit-Quotienten"; Inversion von 4 g Rohrzucker zur Nulldrehung) an, die von 1 g Adsorbens unter bestimmten Bedingungen aufgenommen wird, wobei die Angaben für Tonerde auf Al_2O_3, nicht auf $Al(OH)_3$ bezogen werden. Da nunmehr der Ausdruck M.-Z.-Q. durch „Saccharase-Einheit" (S.-E.) ersetzt ist[4], so sollte auch bei der Definition des Adsorptionswertes S.-E. anstatt M.-Z.-Q. eingesetzt werden.

„Für eine gegebene Sorte von Tonerde ist der Adsorptionswert in erster Linie von der Zusammensetzung der Enzymlösung, ferner von den Enzymkonzentrationen vor der Adsorption und nach Einstellung des Gleichgewichtes abhängig." Die Angabe des Adsorptionswertes muss also mit der Angabe des Volumens der Enzymlösung in Kubikzentimeter, das die Saccharase-Einheit (1 S.-E.) enthält, und des Bruchteils der Enzymadsorption ergänzt werden.

In vielen Fällen kann man sich an die Aktivität der Enzymlösung vor und nach der Adsorption halten und die Inversionseinheiten (gemessen durch die Inversionskonstante k bei bestimmten Bedingungen) angeben, welche durch 1 g Sorbens unter gegebenen Bedingungen aus der Lösung entfernt werden.

b) Die wichtigsten Sorptionsmittel.

1. Aluminiumhydroxyde.

Bei der Anwendung des Tonerdehydrats zur Adsorption der Saccharase und anderen Enzymen beobachtet man grosse Unterschiede der Wirksamkeit. Die verschiedenen Eigenschaften der in verschiedener Weise

[1] Willstätter u. Schneider, H. 133, 193; 1924.
[2] Willstätter, Graser u. Kuhn, H. 123, 1; 15; 1922.
[3] Willstätter u. Wassermann, H. 123, 181; 1922.
[4] Willstätter u. Kuhn, Chem. Ber. 56, 509; 1923.

erhaltenen Tonerdepräparate lassen sich nach Willstätter und Kraut nicht allein auf Dispersitätsunterschiede zurückführen, sondern auf verschiedene chemische Eigenschaften der Präparate, welche verschiedene chemische Verbindungen darstellen. Man verdankt Willstätter und Kraut[1] eine eingehende Untersuchung der Tonerdehydrate, insbesondere ihr Verhalten zur Saccharase.

Aluminiumhydroxyd A, durch Fällen von Aluminiumsulfat in der Hitze mit auf 50^0 erwärmtes $20^0/_0$iges Ammoniak und nachfolgendes langdauerndes (2 Tage) Erhitzen mit Ammoniak dargestellt, stellt nach dem Auswaschen eine gelbliche, ziemlich kompakte und zähe Masse dar, welche sich in warmer $35^0/_0$iger Salzsäure nur langsam auflöst.

Aluminiumhydroxyd B stellen Willstätter und Kraut in folgender Weise dar: 250 g $Al_2(SO_4)_3 + 18\ H_2O$ in 750 ccm Wasser erwärmt man auf 55^0 und trägt die Lösung auf einmal unter stärkstem mechanischem Rühren in 2,5 l auf 55^0 erwärmtes Ammoniak von 15 Gew.-$^0/_0$ ein. Die Temperatur steigt auf 58^0 und wird unter fortgesetztem Rühren kurze Zeit (höchstens $^1/_2$ Stunde) zwischen 55^0 und 60^0 gehalten. Die sehr voluminöse Fällung wird während des Digerierens etwas dünner, aber nicht eben flockig. Man verdünnt die Suspension im Filtrierstutzen auf 12 l und wäscht unter möglichst vollständigem Dekantieren häufig mit Wasser. Am besten vor dem vierten Male wird der Niederschlag zur Zerlegung noch vorhandener Spuren basischen Sulfats mit $1^1/_2$ l $15^0/_0$igen Ammoniak verrührt. Dann wäscht man so lange aus, bis das Wasser drei aufeinanderfolgende Male nicht mehr klar geworden ist. Während der letzten Waschungen wird der Niederschlag immer kompakter, so dass am Ende die Waschflüssigkeit von dem am Boden klebenden plastischen Gele vollständig abgegossen werden kann. An diesem Zeichen erkennt man, dass das Auswaschen genügt. Das Tonerdehydrogel B ist gelblich weiss, plastisch, und in $35^0/_0$iger Salzsäure viel leichter löslich als Präparat A.

Aluminiumhydroxyd C. Die heisse Lösung von 500 g $Al_2(SO_4)_3 + 18\ H_2O$ in 1 l Wasser wird auf einmal in 6,5 l Ammoniumsulfat-Ammoniak-Wasser von 60^0 eingetragen. Dieses Reagens enthält 300 g Ammoniumsulfat und 430 ccm $20^0/_0$iges Ammoniak. Während des Fällens und eine weitere Viertelstunde wird lebhaft gerührt, wobei man die Temperatur nicht unter 60^0 sinken lässt. Man verdünnt auf 40 l und dekantiert. Beim vierten Dekantieren wird zum Waschwasser 80 ccm $20^0/_0$iger Ammoniak hinzugefügt. Nach häufigem Auswaschen (zwischen dem zwölften und zwanzigsten Mal) wird die Waschflüssigkeit nicht mehr klar, wonach man noch zweimal dekantiert. Das Präparat ist ein ziemlich plastisches Gel, welches sich in $35^0/_0$iger

---

[1] Willstätter u. Kraut, Chem. Ber. **56**, 149, 1117; 1923; **57**, 58, 1082; 1924; **58**, 2448, 2458; 1925.

Salzsäure in der Wärme sofort löst. Es zieht CO_2 stark an. Das Präparat ist auch in Alkalien leicht löslich.

Von diesen Präparaten wurde früher ausschliesslich das Präparat A von Willstätter und Racke benutzt. Nunmehr verwenden Willstätter und Schneider[1] das mehr reaktionsfähige Präparat C. Ein von Willstätter, Kraut und Erbacher dargestelltes Tonerde-Gel von der Zusammensetzung AlO·OH ist ein sehr schlechtes Adsorbens für Invertin. Es wird zur Trennung der Maltase und der Saccharase verwendet[2] (siehe S. 118).

Die ursprünglichen Adsorptionswerte, welche Willstätter und Racke mit ihren Hefeautolysaten erreichten, entsprechen der Grössenordnung 0,15 für die Zahl der von 1 g Al_2O_3 aufgenommenen Enzymeinheiten. „Die Adsorptionswerte sind dann durch Berücksichtigung der für die Adsorption jeweils geeigneten Verdünnung und optimalen Acidität, durch fraktionierte und mehrmals wiederholte Anwendung des Adsorbens und andere methodische Verbesserungen auf mehr als das Tausendfache, auf A.-W. > 200 gesteigert worden[1]. Nun enthält 1 g Al_2O_3 die Saccharase von 12—14 kg frischer Brauereihefe, von 3—$3^1/_2$ kg Trockenhefe. Wenn ein gutes Invertinpräparat von Tonerde mit diesem Adsorptionswert aufgenommen wird, so hat das von 1 g Adsorbens gebildete Adsorbat das Gewicht von $2^1/_2$ g."

Hinsichtlich der Bedeutung der Acidität bei der Adsorption der Saccharase an Tonerdehydrat liegt eine Versuchsreihe von Euler und Myrbäck[3] vor.

10 ccm Enzymlösung (If $= 7$) $+$ 0,009 g $Al(OH)_3$ in 3 ccm.

pH	3,25	3,75	4,45	6,25	7,7	etwa 9
$^0/_0$ adsorb. Saccharase	30	46	78	89,3	71	46,5

Es zeigte sich also ein ausgesprochenes pH-Maximum der Adsorption bei etwa 6.

Im angeführten Versuch würden von 0,01 g $Al(OH)_3$ aus der untersuchten Lösung etwa 0,014 Inversionseinheiten adsorbiert werden können.

H. Kraut und E. Wenzel[4], sowie Willstätter und Schneider[5] finden auch die maximalen Adsorptionswerte bei pH $= 5$—6.

2. Kaolin.

Das fein verteilte Handelspräparat wird nach Willstätter und Racke geeignet stundenlang in $20^0/_0$iger Salzsäure ausgekocht und dann weitgehend mit destilliertem Wasser durch Dekantieren ausgewaschen, bis es sich schliesslich zum Teil kolloid verteilt. Durch diese Behandlung soll das Adsorptionsvermögen des Kaolins erhöht werden.

---

[1] Willstätter u. Schneider; VIII. Abh. über Invertin, H. 142, 257; 1924/25.
[2] Willstätter u. Bamann, H. 151, 273; 1926.
[3] Euler u. Myrbäck, H. 127, 115; 1923.
[4] H. Kraut u. E. Wenzel, H. 142, 71; 1925.
[5] Willstätter u. Schneider, H. 142, 257; 1925.

Für die Verarbeitung vorbehandelter, frischer Autolysate oder Saccharaselösungen höheren Reinheitsgrades ist nach Willstätter und Schneider (5. Abh.) eine sehr weitgehende Vorbehandlung des Kaolins mit heisser, konzentrierter Salzsäure, die eine beträchtliche Zersetzung des Tonerdesilicats und eine gewisse Beladung mit Chlorwasserstoff zur Folge hatte, vorteilhaft.

„500 g Kaolin wurden mit 1,5 Liter reiner Salzsäure vom spezifischen Gewicht 1,18 gut vermischt und erwärmt, zunächst so langsam, dass es einen Tag bis zum beginnenden Kochen dauerte, dann einen weiteren Tag zum lebhaften Sieden. Durch Verdünnen und wiederholtes Dekantieren mit Wasser trennte man die eisenhaltige Lösung vom Kaolin ab und wiederholte noch dreimal diese Behandlung mit Salzsäure, so dass im ganzen 14 Tage dafür nötig waren. Schliesslich wurde das Kaolin für alle Versuche" in der fünften Abhandlung „mit kaltem Wasser nur so weit ausgewaschen, dass das Wasser fast keine saure Reaktion mehr zeigte, während aber eine kleine Probe des Kaolins auf Lackmuspapier noch stark saure Reaktion aufwies."

„Bei den gealterten, aber keinen Reinigungsoperationen unterworfenen Autolysaten, wie sie für das Verfahren der Invertindarstellung von Willstätter und Wassermann dienen, hat die Beschaffenheit des Kaolins sehr wenig Einfluss." Dieses Ergebnis ist auf den Gehalt der Autolysate an Proteinsubstanzen zurückzuführen, die eine Schutzwirkung ausüben.

Während der Adsorptionswert des Kaolins bei frischen Autolysaten in n/20-essigsaurer Lösung ungefähr 0,008 beträgt, steigt er beim Altern der Autolysate auf 0,06—0,12. Bei der Adsorption von gereinigten Lösungen mit dem Zeitwert $> 0,2$ ist der Adsorptionswert zum Werte 1,6—1,7 gewachsen. Die reineren Saccharasepräparate ergeben jedoch bei der Kaolinadsorption oft grosse Verluste.

Willstätter und Wassermann[1], sowie Willstätter und Schneider[2] haben sich auch elektro-osmotisch gereinigten Kaolins bedient.

Bei den im hiesigen Laboratorium von Josephson ausgeführten Reinigungsversuchen wurde das Kaolin einfach 5 Stunden mit 18—37%iger Salzsäure im Kolben unter Rückflusskühler ausgekocht und dann mehrmals durch Dekantieren bis zum Verschwinden der Cl'-Reaktion des Waschwassers gewaschen.

3. Bleiphosphat.

Durch in der Lösung entstehendes Bleiphosphat lässt sich die Saccharase adsorbieren. Nach Willstätter und Schneider[3] soll es dabei möglich sein, inaktivierte Saccharase von aktiver abzutrennen. „Die ersten Fraktionen des Phosphatniederschlags enthielten das wenigst aktive Enzym."

„Der Niederschlag wurde häufig so erzeugt, dass man für einen gewissen Anteil des Enzyms die ausprobierte Menge von Ammonphosphat in die

---

[1] Willstätter u. Wassermann, H. 123, 181; 1922.
[2] Willstätter u. Schneider, H. 133, 193; 1924. (V. Abh.)
[3] Willstätter u. Schneider, H. 151, 1; 1926. (XII. Abh.)

konzentrierte Invertinlösung aus der Bürette einfliessen liess, sodann aus einer zweiten unter heftigem Schütteln die äquivalente Menge Bleiacetat. Der Niederschlag bildet eine feinflockige Suspension, ein kleiner Teil aber blieb milchig und war in der Zentrifuge nicht zu klären." Bei der Fraktionierung der Saccharase mit Bleiphosphat haben Willstätter und Schneider Verschiebung des Tryptophangehaltes der Invertinpräparate beobachtet.

4. Andere Sorptionsmittel.

Kohle. Michaelis und Ehrenreich[1] fanden, dass Saccharase von Kohle sowohl in alkalischer als in neutraler oder saurer Lösung adsorbiert wird. Die Bindungsverhältnisse zwischen Saccharase und Kohle haben anschliessend hieran A. Eriksson[2] sowie Nelson und Griffin[3] untersucht.

Bemerkenswert ist Erikssons Angabe, dass er eine bedeutende Elution der Saccharase durch Rohrzucker erzielt hat. Die abweichenden Resultate von Nelson und Griffin können wohl durch Verschiedenheiten der in der Lösung in grossen Mengen vorhandenen Verunreinigungen veranlasst sein.

Josephson[4] fand bei einer gereinigten Enzymlösung mit If $= 51$ keine Adsorption der Saccharase durch Kohlepulver.

Organische Sorptionsmittel. Mastix ist nach Michaelis und nach Willstätters Befunden unwirksam. Die Sorption der Saccharase durch Kollodium ist bei der Verwendung von Kollodiumsäcken zur Dialyse manchmal hinderlich. Es scheint jedoch, dass Saccharase in gereinigtem Zustand nicht sorbiert wird, sondern nur dann, wenn sie mit fremden sorbierbaren Gruppen (Koadsorbentien nach Willstätter) behaftet ist.

Tannin. Unter üblichen Bedingungen gibt Saccharase keine Fällung mit Tannin; beim Abkühlen auf 7^0 tritt jedoch nach Willstätter und Schneider (12. Abh.) Trübung ein, die bei 4^0 dichter wird und bei 0^0 die Form eines weissflockigen Niederschlags annimmt. Die Beständigkeit der Saccharase gegen Tannin ist bei gewöhnlicher Temperatur ziemlich gering; nur durch rasches Arbeiten bei tieferen Temperaturen gelingt es, beim Studium der Wirkung des Tannins die Enzymzerstörung in mässigen Grenzen zu halten. Es ist bemerkenswert, dass die Adsorption der Saccharase an Tonerde durch die Gegenwart des Tannins nicht gestört wird. Man kann daher das Enzym leicht vom Tannin trennen, sei es beim Verarbeiten der Tannatfällung, die in der Kälte aufgelöst und mit Tonerde versetzt wird, oder bei der Isolierung der Saccharase aus der Mutterlauge der Fällung nach starker Verdünnung. Die Tanninbehandlung ist brauchbar zur Trennung der Saccharase von

[1] Michaelis u. Ehrenreich, Biochem. Zs 10, 283; 1908.
[2] A. Eriksson, H. 72, 313; 1911.
[3] J. M. Nelson u. Griffin, Jl Amer. Chem. Soc. 38, 1109; 1916.
[4] Josephson, Arkiv f. Kemi, Bd. 8, Nr. 26; 1922/23.

Hefegummi; der Tryptophangehalt des Invertins hat sich jedoch vor und nach der Tanninbehandlung als gleich gross erwiesen.

c) Elution der Saccharase aus den Adsorbaten.

Dass Rohrzucker eine eluierende Fähigkeit besitzt, wurde von O. Meyerhof[1] entdeckt, welcher Saccharase aus seiner Verbindung mit Eisenhydroxyd durch Rohrzuckerlösung freimachen konnte. Es scheint aber besonders nach den Studien von Willstätter[2] und Michaelis[3], dass die ablösende Wirkung des Rohrzuckers nicht streng spezifisch ist und ferner, dass keineswegs ein Enzym allgemein von seinem Substrat eluiert wird. Einen bedeutenden Unterschied findet man auch zwischen der Wirkung des Zuckers allein oder in Gegenwart von Phosphat- oder Citratpuffer mit pH = 4,5. Bei Gegenwart des Puffers ist die Auslösung der Saccharase aus dem Adsorbat schneller und vollständiger. (Dies steht wahrscheinlich damit in Zusammenhang, dass primäres Phosphat eluierend wirken kann.) Die Elutionserscheinungen sind auch von der Natur der Adsorbate, von ihrem Gehalt an Begleitstoffen, wesentlich abhängig.

Die meist anwendbaren Elutionsmittel sind schwache oder sehr verdünnte Basen, wie sekundäre Alkaliphosphate, Arseniate oder Citrate, verdünntes Ammoniak (0,01—0,1 %; oft 0,02 n) oder verdünnte Sodalösung (pH = 8—10). Während die Phosphate oder Arseniate im allgemeinen bei der Elution aus den Tonerdeabsorbaten am zweckmässigsten sind, verwendet man im allgemeinen Ammoniak oder Sodalösung zur Einstellung der für die Elution aus den Kaolinadsorbaten günstigen schwachen Alkalinität.

Auch bei der Elution mit puffernden Salzen oder Alkalien machen sich die Begleitstoffe der Saccharase geltend.

Nach Willstätter und Bamann[4] kann man bei der Trennung der Saccharase und Maltase von dem Umstand Gebrauch machen, dass nur das erste Enzym durch primäres Kalium- oder Natriumphosphat gut eluiert wird.

d) Die Methoden der Saccharasereinigung.

Die Versuche zur Reinigung der Saccharase durch Adsorptionsmethoden, und zwar unter Anwendung von Aluminiumhydroxyd und Kaolin als Adsorptionsmittel, welche in der 1. Mitteilung von Willstätter und Racke[5] beschrieben wurden, führten zu Präparaten mit Zeitwerten 0,55—0,50. Das Verfahren von Willstätter und Racke begann mit einer Vorreinigung der durch rasche Autolyse gewonnenen Hefeautolysate mit Kaolin in aceton-

---

[1] O. Meyerhof, Pflüg. Arch. 157, 251; 1914.

[2] Willstätter u. Racke l. c. — Willstätter u. Kuhn, H. 116, 53; 1921.

[3] Michaelis, Biochem. Zs 115, 269; 1921.

[4] Willstätter u. Bamann, H. 151, 273; 1926.

[5] Willstätter u. Racke, Lieb. Ann. 425, 1; 1921.

haltiger Lösung, wodurch sich gewisse hartnäckig anhaftende Proteine beseitigen liessen. Darauf folgte die erste Adsorption mit Aluminiumhydroxyd. Diese wurde im allgemeinen in schwach saurer, 28% Aceton enthaltender Lösung vorgenommen. Die Elution aus dem Tonerdeadsorbat gelang mit $0,04\%$igem Ammoniak. Nach Einengen der so gewonnenen Lösung wurde durch Aceton gefällt, das noch grosse Mengen von Hefegummi enthaltende feste Präparat wieder in Wasser gelöst und bei schwach essigsaurer Lösung mit Kaolin adsorbiert. Elution mit verdünntem Natriumbicarbonat, Einengen im Faust-Heim-Apparat und Dialyse in Fischblasen.

In der 2. Mitteilung zur Kenntnis des Invertins von Willstätter und Racke[1] sind die Freilegung der Saccharase aus der Hefe, sowie die Adsorptionsmethoden weiter untersucht. Hierbei wurden Invertinpräparate von ähnlicher Konzentration wie die in der ersten Arbeit beschriebenen erhalten.

In der 3. Mitteilung haben Willstätter, Graser und Kuhn[2] eine ganz neue Methode der Saccharasedarstellung ausgearbeitet, welche die Isolierung durch Fällung mit Bleiacetat verwertet; dabei wurden sog. gealterte Autolysate, in welchen durch die proteolytischen Wirkungen der Hefeproteasen die Proteine der rohen Invertinlösung weitgehend abgebaut sind, aufgearbeitet wurden. „Die Wiederholung der Adsorption von Invertin durch die Bleiacetatfällung, am besten mit der Reinigung durch Aluminiumhydroxyd kombiniert, führt zu Invertinlösungen vom Zeitwert 0,35—0,2." Die Untersuchung bezweckte vor allem die Fraktionierung nach dem Phosphorgehalt. „Die reineren Invertinlösungen, z. B. vom Zeitwert 0,35, wurden von Bleiacetat nur noch teilweise gefällt. Der Phosphor geht zum grossen Teil in die Fällung, die Restlösung enthält das Invertin sehr phosphorarm." Bei der Fraktionierung wurden Enzymlösungen mit den Zeitwerten 0,50, 0,29, 0,20 und den Phosphorgehalten 0,006, 0,02 und $0,027\%$ erzielt:

Der Gang der Methode geht aus dem folgenden Beispiel hervor.

Das Autolysat war nach rascher Autolyse während $6^1/_2$ Monaten gealtert. Zeitwert 180. 26,5 Liter wurden mit 930 g Bleizucker, das ist 75% der Menge, die in einem Vorversuch zur vollständigen Niederschlagbildung benötigt wurden, versetzt. Der Niederschlag enthält das gesamte Invertin. Zentrifugieren und Waschen mit destilliertem Wasser. Zur Elution dienten zweimal $6^1/_2$—7 Liter $0,5\%$ige Dikaliumarseniatlösung, die noch $0,05\%$ freies NH_3 enthält. Nach Klärung mit Kieselgur werden die 14 Liter Elution mit Essigsäure schwach angesäuert, mit 5,6 Liter Alkohol versetzt und mit 59 g Aluminiumhydroxyd adsorbiert. Zentrifugierung und dreimalige Waschung, dann Elution zweimal mit im ganzen 12 Litern $0,1\%$igem Ammoniak. Zeitwert der Elution 2,75. Nach Eindampfen in Vakuum zweite Bleifällung (20 g Bleizucker),

---

[1] Willstätter u. Racke, Lieb. Ann. 421, 111; 1921.
[2] Willstätter, Graser u. Kuhn, H. 123, 1; 1922.

wobei 79 % sorbiert wurden. Elution und dann eine dritte Bleiacetat-fällung ergab schliesslich nach der Enddialyse ein Präparat mit dem Zeit-wert 0,29. Die Verarbeitung der Restlösungen ergab andere Präparate mit etwas schlechteren Zeitwerten.

Die Methode von Willstätter und Wassermann[1] (4. Abh.) ist darauf gegründet, dass durch sehr grosse Verdünnung der Saccharase und Einstellung geeigneter Acidität die bei der Kaolinadsorption störenden Einflüsse der Begleitstoffe in den Hefeautolysaten ausgeschaltet werden, so dass die Saccha-rase unmittelbar aus den Hefeautolysaten durch Kaolin, und zwar sogar aus-wählend adsorbiert werden kann. Bei der Verarbeitung von 5 Liter Autolysat (M.-Z.-Q. 12,9), die mit 200 Liter n/20-Essigsäure auf die geeignete Acidität gebracht waren, konnten Willstätter und Wassermann durch 125 g elektro-osmotisches Kaolin 86 % von der Saccharase, entsprechend dem Adsorptions-wert 0,088, adsorbieren. Die mit 0,05 % Ammoniak erhaltenen, vereinigten Elutionen, 2,5—3 Liter, enthielten Invertin von M.-Z.-Q. 9,78. Nach An-säuerung mit Essigsäure wurde mit Kieselgur geklärt. Eindampfung unter stark vermindertem Druck und Dialyse. Zeitwerte der so gewonnenen Prä-parate 0,48—0,75.

Es konnte auch die Methode von Willstätter und Racke (Isolierung mit Tonerde) dank den Beobachtungen über auswählende Adsorption ver-bessert werden, wobei schon nach der ersten Tonerdebehandlung Präparate von ähnlichem Reinheitsgrad wie früher erst nach dem Fällen und Adsorbieren mit Kaolin gewonnen wurden.

Noch einen Schritt weiter gingen hinsichtlich der Adsorption mit Kaolin Willstätter und Schneider[2] (5. Abh.). Sie adsorbierten einfach aus einem beliebigen Autolysat, ohne es zu verdünnen, die Saccharase mit Kaolin, in-dem sie so stark ansäuerten, als bei kürzester Operationsdauer von dem En-zym noch vertragen wird. Die einmalige Adsorption mit Kaolin (jedoch nach Vorreinigung durch Alkoholfällung) führte dabei in einem Beispiel zu Invertin vom Zeitwert 0,284, die Kombination mit einmaliger Adsorption durch Ton-erde zum Zeitwerte 0,178 bzw. 0,163 (If = 342 bzw. 374). Bei der Anwendung dieses Verfahrens erwies sich die von Euler und Josephson[3] angewandte Vorreinigung der Autolysate durch Alkoholfällung als sehr nützlich. „Für die direkte Adsorption des Invertins mit Kaolin ist eine Vorreinigung bei jungen Autolysaten unentbehrlich, bei gealterten nicht notwendig", aber oft vor-teilhaft.

In der 8. Abhandlung zur Kenntnis des Invertins war es für Willstätter und Schneider[4] ein leitender Gedanke, die Adsorptionsmethode für Invertin

---

[1] Willstätter u. Wassermann, H. 123, 181; 1922.

[2] Willstätter u. Schneider, H. 133, 193; 1924.

[3] Euler u. Josephson, Chem. Ber. 56, 446 u. 453 u. 1097; 1923. Josephson, Arkiv f. Kemi, 8, 26; 1922/23.

[4] Willstätter u. Schneider, H. 142, 257; 1925.

dadurch zu vervollkommnen, dass das präparative Verfahren in engem Zusammenhang mit den von H. Kraut und E. Wenzel[1] veröffentlichten Untersuchungen „Über Enzymadsorption" ausgeführt wurde. „Die Adsorptionsmethode ist nämlich so geleitet worden, dass sich das Verhalten des Enzyms gemäss den nach H. Freundlich[2] ermittelten Adsorptionskurven mehr und mehr dem Adsorptionsverhalten eines reinen Stoffes genähert hat.....
Die systematische Anwendung der Tonerdeadsorption auf die frischen Neutralautolysate (nach Kaolinadsorption und darauffolgender Eiweissfällung) hat bei den zahlreichen Wiederholungen des Verfahrens bis zur Grenze seines Leistungsvermögens unter den heute bekannten Bedingungen zu dem Ende geführt, dass sich das Invertin wie eine einheitliche Substanz verhält, wenn es, ohne erheblichen Aktivitätsverlust zu erleiden, den Saccharasewert 5 erreicht hat.... Wenn diese Anwendung nicht zu einer höheren Steigerung der Enzymkonzentration geführt hat, so trägt daran die Vergesellschaftung des Enzyms mit einem wahrscheinlich grossen tryptophanhaltigen Peptidkomplex schuld."

„Die mit unseren Präparaten beobachteten Adsorptionskurven sind in Wirklichkeit nicht diejenigen des Invertins selbst, sondern sie sind durch das Adsorptionsverhalten eines invertinführenden Begleitstoffes oder adsorptiv verbundenen Gemisches von Begleitstoffen bedingt."

In der 9. Abh. beschreiben Willstätter, Lowry jr. und Schneider[3] die neue Methode der Saccharaseanreicherung, welche wir schon auf S. 148 mitgeteilt haben. Die durch diese Gärführung der Hefe bei niedriger Zuckerkonzentration bedingte Verschiebung des Verhältnisses der Saccharase zu anderen Enzymen und sonstigen Inhalts- und Abbaustoffen der Hefe wird dann durch das neue Verfahren der fraktionierten Autolyse von Willstätter, Schneider und Bamann[4] (10. Abh.) noch gesteigert. (Siehe hierzu S. 149.)

Die durch fraktionierte Autolyse saccharasereicher Hefe gewonnenen Hefeauszüge haben sich als ein günstiges Material für die Darstellung von Invertin im Reinheitsgrade von ungefähr S.-W. 5 erwiesen. „Aus frischem Autolysat vom Zeitwert 3,6, n/5-Essigsäure, bei einer Verdünnung 1 S.-E. in $^1/_2$ Liter, 1 oder 4 Liter, wurde das Invertin von Kaolin mit dem hohen Adsorptionswert 0,22 aufgenommen. Die Elution mit 0,5 %iger Diammonphosphatlösung ergab 77 % Ausbeute. Nach der Ausfällung von Phosphorsäure und der Dialyse, die ohne Verlust verlief, besass das Invertin den Zeitwert 0,177 (S.-W. 5,65). Dieser Reinheitsgrad verbesserte sich gar nicht bei einer darauffolgenden Reinigung mit Tonerde."

Adsorption des Invertins aus Rohrzuckerlösung[4]. Ein Autolysat vom Zeitwert 2,5 wurde durch Alkoholfällung unter gleichzeitiger Bildung von

[1] H. Kraut u. E. Wenzel, H. **133**, 1; 1923/24; **142**, 71; 1925.
[2] H. Freundlich, Kapillarchemie, III. Aufl. Leipzig 1923, S. 232 ff.
[3] Willstätter, Lowry jr. u. Schneider, H. **146**, 158; 1925.
[4] Willstätter, Schneider u. Bamann, H. **147**, 248; 1925.

Tricalciumphosphat vorgereinigt. Die erhaltene Saccharaselösung vom Zeitwert 0,68 erreichte, in üblicher Weise mit Tonerde gereinigt, den Zeitwert 0,24. Von diesem Präparat wurden 6,4 S.-E. in 278 ccm Wasser mit 330 ccm $20\,^0/_0$iger Rohrzuckerlösung versetzt und nach Umschütteln 38 ccm Tonerdesuspension (0,114 g Al_2O_3) in die Lösung eingetragen. Das Adsorbat wurde nach Abzentrifugierung mit Diammonphosphat eluiert. Die Tonerde hatte mit A.-W. 44 (fast ebenso wie in rohrzuckerfreier Lösung) gewirkt und $80\,^0/_0$ des Enzyms aus der Zuckerlösung aufgenommen. Die Elution enthielt 4,70 E., also $93\,^0/_0$ der adsorbierten Menge. Zeitwert nach Dialyse und Elektrodialyse 0,157 (S.-W. 6,35). Fast unveränderter Tryptophangehalt.

Bei einem anderen Versuch wurde in Gegenwart von Rohrzucker und primärem Phosphat mit Tonerde adsorbiert. Die Elution zeigte nach Dialyse und Elektrodialyse S.-W. 8,55 (Zeitwert $0,117 \pm 0,02$). Diese Methode scheint jedoch keineswegs allgemein anwendbar zu sein, indem in anderen Beispielen der Adsorptionswert der Tonerde durch die Zusätze stark erniedrigt wurde, wie ja auch Rohrzucker + prim. Phosphat, wie vorher erwähnt wurde, als Elutionsmittel verwendet werden kann.

Die 12. und letzte Abhandlung zur Kenntnis des Invertins von Willstätter, Schneider und Wenzel[1] versucht die Adsorptionsmethode noch weiter zu entwickeln, nachdem durch die neue Methode der fraktionierten Autolyse der saccharasereichen Hefe unter Neutralisation Autolysate mit Zeitwerten zwischen 2 und 1 geschaffen worden sind. Um mit Invertin künftig zu arbeiten, empfiehlt es sich nach Willstätter, wenn Beimischungen von Hefegummi und von Peptiden nicht stören, einfach die so erhaltenen, noch dialysierten Autolysate anzuwenden (Zeitwert nach Dialyse rund 0,4). Zu Präparaten von höherem Reinheitsgrade gelangt man (ohne Dialyse des Autolysates) am einfachsten durch einmalige Adsorption an Kaolin (Abh. 10) oder zweckmässig durch Fällung mit Alkohol, einmalige Adsorption an Tonerde und Dialyse der Elution wie im folgenden Beispiel.

Das frisch bereitete Autolysat (1,5 Liter, 20,9 S.-E., Zeitwert 1,15) wurde bei $0\,^0$ nach Ansäuerung mit 5 ccm n/1-Essigsäure (pH = 5) mit dem gleichen Volumen auf $-20\,^0$ gekühlten Alkohols vermischt. Die entstandene Suspension wurde durch 2 Filter, die mit einer 1 mm dicken Schicht von Kieselgur bedeckt waren, gesaugt. Beim Verrühren des Gurs mit Wasser erhielt man 370 ccm Lösung (20,7 S.-E.) vom Zeitwert 0,45. Die Lösung wurde auf 92 ccm eingeengt und bei dieser hohen Konzentration mit 0,40 g Tonerde 18,7 E. adsorbiert. Die Elution (Diammonphosphat) enthielt 13 S.-E.; die Dialyse und Elektrodialyse bewirkte $14\,^0/_0$ Verlust. Zeitwert danach 0,158.

Mittels der Adsorption an anteilweise gefälltem Bleiphosphat gelang es Willstätter, Schneider und Wenzel in einer Anzahl von Fällen, wenn auch durchaus nicht in allen untersuchten Beispielen, die enzymatische

---

[1] Willstätter, Schneider u. Wenzel, H. 151, 1; 1926.

Konzentration der Saccharase höher zu steigern, an denen sich die Leistungsfähigkeit der bisherigen Methoden erschöpft hatte. Bei zwei beständigen Präparaten waren die Höchstwerte nach dem Bleiphosphatverfahren **S.-W. 9,6** und **9,7.** In einem anderen Beispiel wurde ein Präparat erhalten, welches wegen der geringeren Beständigkeit bei der Dialyse und Elektrodialyse nach dem Bleiphosphatverfahren, einen Saccharasewert von 5,0 besass [da aber keine Trübung eingetreten und keine Filtration vorgekommen war, leiten die Verfasser den S.-W. 11,9 (Zeitwert 0,084) für die gewonnene Restlösung ab].

Die Geschichte des Präparates vom Saccharasewert 9,70 war die folgende: „Autolysat vom Zeitwert 1,12 (20 E.) wurde nach dreitägigem Altern bei Zimmertemperatur nach dem Verfahren der dritten Abhandlung ohne Phosphatzusatz mit Bleiacetat gefällt. Die Restlösung, die bleifrei war, enthielt 17,0 E. und wurde der Adsorption mit Tonerde unterworfen. Das Material für die Bleiphosphatfällung betrug 6,75 E. vom S.-W. 5,75, 3,4% Tryptophan enthaltend. Mit dem Bleiphosphat aus 0,22 g und 0,33 g Ammonphosphat fielen 1,03 und 2,67 S.-E. aus, die zusammen beim Eluieren Invertin vom S.-W. 4,17 lieferten; 3,0% Tryptophan. Die Restlösung enthielt 3,05 E., nach Dialyse und Elektrodialyse 3,02 E., der S.-W. betrug 9,70 (Zeitwert 0,103), der Tryptophangehalt 3,5%.“

Nach Willstätter, Schneider und Wenzel ermöglicht auch das Tanninverfahren, „den Reinheitsgrad von Invertinpräparaten, an denen die Reinigung mit Kaolin und Tonerde ein Ende erreicht zu haben scheint, noch weiter zu steigern“.

Beispiel: 2,5 S.-E. (S.-W. 7,04, Tryptophangehalt 5,8%) wurden auf 3,4 ccm eingedampft und auf 0° abgekühlt; „auch die Lösung von 0,82 g Tannin in 3 ccm stand in Eis. Den Becher einer Zentrifuge füllten wir mit Calciumchloridlösung von —15° und befestigten darin mit Korkstücken ein kleines Zentrifugenglas. In diesem nahmen wir die Fällung vor, um sofort zu zentrifugieren. Den Niederschlag von zäher Konsistenz verrührte man mit Wasser von 0°. Die trübe Flüssigkeit enthielt zufolge der sofort ausgeführten Bestimmung 1,64 E., die Restlösung 0,14 E., der Verlust betrug also 28%. Mit Tonerde wurden bei 0° 1,48 E. adsorbiert und mit Diammonphosphat 1,46 E. eluiert. Für das Invertin der Elution berechnet sich aus der gemessenen Wirkung und dem Trockengewicht nach der Dialyse und Elektrodialyse der S.-W. 9,43 (Zeitwert 0,106); infolge kleiner Verluste bei beiden Dialysen besass aber das Invertin vor der Elektrodialyse nur den S.-W. 8,34 und am Ende 8,07. Der Tryptophangehalt war 5,9%.“

Will man die unzweifelhaft recht umständliche und nicht bei allen Hefelieferungen reproduzierbare Saccharaseanreicherung der Hefe durch Gärführung und die fraktionierte Autolyse umgehen, so empfiehlt es sich nach den

Erfahrungen von Josephson, zur Gewinnung von Saccharaselösungen mit If = 250—350 (S.-W. etwa 4—6) die Reinigung des Autolysates mit einer Alkoholfällung zu beginnen. Dann wird mit Kaolin (auch bei Gegenwart von Rohrzucker) adsorbiert, wonach die Tonerdebehandlung folgt. Ein Beispiel soll die von uns angewandte, wie es scheint allgemein brauchbare Methode, erläutern[1].

Das durch rasche Autolyse der Hefe (If = 0,2) gewonnene Autolysat wurde zuerst unter Kühlung mit Alkohol gefällt (auf je einen Liter Autolysesaft 1—1,25 Liter $95^0/_0$iger Alkohol). Die durch Extraktion der entstandenen und abzentrifugierten Fällung erhaltene Lösung wurde dann in Gegenwart von $8^0/_0$ Rohrzucker und 0,5 n.-Essigsäure durch 47 g Kaolin sorbiert. Die Elution mit insgesamt 600 ccm 0,02 n.-NH_3 ausgeführt, enthielt $95^0/_0$ der vor der Adsorption vorhandenen aktiven Saccharasemenge. Die in der stark essigsauren Lösung bei gleichzeitiger Anwesenheit von Rohrzucker durchgeführte Adsorption war also nur mit sehr geringem Aktivitätsverlust verbunden. Zur weiteren Reinigung wurde die Lösung in $8^0/_0$iger Rohrzuckerlösung mit Tonerdehydrat adsorbiert. Die Anwesenheit des Rohrzuckers bei der Adsorption hatte auch diesmal den Adsorptionswert der Tonerde kaum beeinträchtigt. In der Elution nach der Tonerdeadsorption, mit $0,5^0/_0$ Na_2HPO_4 ausgeführt, wurden $73^0/_0$ der aktiven Saccharase wiedergefunden.

Die Elution wurde dann einer 9 Tage dauernden Dialyse in Kollodiummembranen gegen destilliertes Wasser unterworfen. In der dialysierten Lösung waren $60^0/_0$ von der vor den Adsorptionen vorhandenen aktiven Saccharasemenge noch in aktiver Form vorhanden. Die Aktivitätsbestimmung der so ohne Eindampfung und ohne Elektrodialyse gewonnenen Lösung ergab I f = 320. Setzt man nach dem Vorgange von Willstätter die Aktivität vor der Dialyse, das Trockengewicht nach derselben in die Berechnung von If ein, so würde man If zu 355 gefunden haben.

Eigenschaften der gereinigten Saccharasepräparate.

Die durch Adsorptionsmethoden gereinigten Saccharasepräparate, welche bei den Saccharasewerten 5,9—6,7 etwa 2000mal enzymatisch reiner sind als die Hefe, ist nach Willstätter[2] zusammengesetzt aus:

„a) Enzymatischer Substanz, nämlich Saccharase selbst, weiteren polyosen und glucosidespaltenden und anderen Enzymen und aus Substanzen, die den aktiven Enzymen am nächsten verwandt sind, nachweislich Zersetzungsprodukten (inaktiviertem Enzym) und wahrscheinlich Vorstufen. Für die

---

[1] Euler u. Josephson, B. **59**, 1129; 1926. Ältere Mitteilungen: Josephson, Arkiv f. Kemi **8**, 26; 1922/23. Euler u. Josephson, Chem. Ber. **56**, 446, 1097; 1923; **57**, 299, 859; 1924; H. **145**, 130; 1925.

[2] 10. Abh. H. **147**, 248; 1925. — Vgl. Chem. Ber. **59**, 1; 1926. Jl Chem. Soc. **1927**, 1359.

Abtrennung der einem Enzym am nächsten verwandten Stoffe ist die Adsorptionsmethode bisher noch wenig ausgebildet.

b) Fremden Stoffen, die vom Zerfall des Hefeprotoplasmas herrühren. Sie üben eine Schutzwirkung auf das Invertin aus, mit dem sie adsorptiv zusammenhängen. Obwohl nicht die einzelnen Begleitstoffe, wie Hefegummi, Tryptophanpeptid oder Tyrosinpeptid, eine spezifische Bedeutung haben und das Enzym ihre Gesellschaft zu wechseln vermag, so hat doch ihre Abtrennung Beständigkeitssturz oder -abnahme zur Folge."

Da die einzelnen Begleitstoffe der Saccharase selbst in den reinsten Präparaten wechseln können, so müssen auch die Reaktionen der verschiedenen Präparate wechseln. Nur findet man einige Reaktionen, welche sehr oft positiv ausfallen, wie z. B. die von Euler und Josephson entdeckte Tryptophan-Reaktion in den meisten Saccharasepräparaten. Einige Saccharasepräparate geben jedoch diese Reaktion nicht, so dass Willstätter schloss, dass das Tryptophanpeptid nur einer der hartnäckigsten Begleiter ist.

In allen untersuchten Saccharasepräparaten hat man Stickstoff als ein charakteristisches Element gefunden. Dasselbe gilt hinsichtlich des von Euler und Josephson in Saccharasepräparaten gefundenen Schwefels, wenn auch die Zahl der auf Schwefel geprüften Präparate nicht so gross ist.

Viele Saccharasepräparate scheinen die Reaktion von Molisch auf Kohlenhydrate zu geben, wenn auch Kohlenhydrate nach Willstätter nur als Verunreinigung vorhanden sind. Dasselbe gilt für die phosphorhaltigen Begleitstoffe gewisser Präparate.

„Die Erscheinung der Enzymspezifität, die Beobachtungen über Zersetzung und Stabilisierung gereinigter Invertinlösungen und besonders die Einflüsse der Verteilung auf die enzymatische Wirkung, die bei anderen Enzymen gefunden wurden", haben Willstätter[1] zu der Auffassung geführt, „dass das Molekül eines Enzyms aus einem kolloiden Träger und einer rein chemisch wirkenden aktiven Gruppe besteht." Diese Annahme heischt nach Willstätter, Schneider und Wenzel[2] eine Ergänzung, die nach dem nun vorliegenden analytischen Material gegeben werden kann. Die gewonnenen Erfahrungen machen es wahrscheinlich, dass die Natur des kolloiden Trägers veränderlich ist. „Ein einzelner kolloider Träger ist entbehrlich, wenn dem Enzym ein anderer geeigneter zur Verfügung steht; das Enzym vermag seine Aggregate zu wechseln." Diese neue Ergänzung bringt die von Willstätter vertretene Auffassung in nahe Übereinstimmung mit der schon 1924 von Josephson[3] in folgender Weise formulierten Anschauung der Stockholmer Schule: „Ungleichheiten in Zusammensetzung und somit

---

[1] Willstätter, Chem. Ber. 55, 3601; 1922.
[2] Willstätter, Schneider u. Wenzel, H. 151, 1; 1926.
[3] Josephson, H. 136, 224, und zwar S. 230; 1924.

Reaktionen (Eiweissreaktionen) können auch durch verschiedene Bausteine in verschiedenen Saccharasen erklärt werden" ..., indem „die kleineren Bausteine des gewaltigen Enzymmoleküls wechseln können", wobei zu dem Enzymmolekül natürlich auch gerade der zur Erhaltung der Aktivität notwendige kolloide Träger gerechnet wurde.

Im Gegensatz zu Willstätter, der nunmehr nur „die chemisch wirkende aktive Gruppe" als das eigentliche Saccharasemolekül ansehen will, obwohl er auch findet, dass „es noch nicht als erreichbar erscheint", diese aktive Gruppe „unter Erhaltung der Wirksamkeit von den schützenden Kolloiden vollkommen abzutrennen", haben Euler und Josephson ihre Ansicht über die Natur des kolloiden Trägers der aktiven Gruppe näher präzisiert. Euler und Josephson finden nämlich, dass dieser Teil des „Saccharasekomplexes" von proteinähnlicher Natur zu sein scheint.

Eine Ähnlichkeit zu Proteinen haben Euler und Josephson[1] gesehen

1. in seinem Dispersitätsgrad;

2. in seiner kolloiden Beschaffenheit;

3. in dem Umstand, dass die quantitative Untersuchung der Wärmeinaktivierung auch hochgereinigter Präparate der Wärmedenaturation vieler Proteine sehr nahe kommt; eine wesentlich andere Wärmeempfindlichkeit noch reinerer Präparate ist bis jetzt nicht festgestellt worden;

4. in dem Stickstoffgehalt.

Hinsichtlich des Stickstoffgehalts der Saccharasepräparate liegen die Befunde folgendermassen: Willstätter und Schneider geben in der 7. Arbeit „Zur Kenntnis des Invertins" für Präparate von If über 200 Werte von 6 bis 10% N an, in der 8. Abhandlung 4,83—10,6% N. In der letzten (12.) Abhandlung sind 5 hochaktive Präparate analysiert worden:

$$\text{S.-W.} \quad 5{,}00 \quad 9{,}70 \quad 9{,}62 \quad 5{,}00 \quad 4{,}55$$
$$(11{,}9)$$
$$\%\ \text{N} \quad 8{,}20 \quad 8{,}92 \quad 9{,}52 \quad 9{,}90 \quad 7{,}72$$

Die Analyse der von Euler und Josephson[2] in ihrer 6. Mitteilung über Saccharase beschriebenen Präparate hatte das folgende Ergebnis gegeben:

Präparat	If	Gesamt-N	Amino-N		Trypto-phan	S
			vor	nach		
			der Hydrolyse			
		%	%	%	%	%
LaKA [3]	303	10,3	0,92	6,3	6,5	1,4
7aKA [4]	320	10,8	0,96	7,8	4,2	—

[1] Siehe z. B. Euler u. Josephson, H. 145, 130, und zwar S. 133; 1925.
[2] Euler u. Josephson, Chem. Ber. 59, 1129; 1926.
[3] Aus Löwenbräuhefe.
[4] Aus Unterhefe H.

Unser Ergebnis hinsichtlich der Bindungsart des Stickstoffs in den Saccharasepräparaten, dass der Stickstoff zu ähnlichem Betrage wie in Proteinen in Form von Peptid-N vorhanden ist, hat Willstätter nicht widerlegt; solange nicht gezeigt worden ist, dass der Stickstoff z. B. im Präparat mit S.-W. 9,70 und dem N-Gehalt 8,92 $\%$ zum grossen Teil nicht in Peptidbindung vorliegt, müssen wir annehmen, dass auch ein solches hochaktives Präparat zu einem grossen Bruchteil aus proteinähnlichen Stoffen aufgebaut ist und dass diese Stoffe zum grossen Teil den kolloiden Träger bilden.

Seit der Entdeckung des Tryptophans in gereinigten Saccharasepräparaten von Euler und Josephson[1] ist die Untersuchung des Tryptophangehalts der verschiedensten Präparate von grosser Bedeutung für die Kennzeichnung und für den Vergleich der Invertinpräparate und für die Leistungsfähigkeit der Adsorptionsmethoden bei den Arbeiten von Willstätter und seinen Mitarbeitern geworden. Willstätter, Schneider und Wenzel[2] schreiben in ihrer letzten abschliessenden Mitteilung: „Es ist auch jetzt noch nicht möglich, auf einfache, leicht reproduzierbare Art die Saccharase vom tryptophanhaltigen Peptid zu befreien. Indessen sind wir, wie früher, auch in dieser Arbeit, und zwar bei der Bleiphosphatadsorption einer Fraktion des Invertins vom S.-W. 0,81 (indirekt bestimmt 4,17) begegnet, die das Enzym vollkommen frei von Tryptophan- (wie von Tyrosin-)Peptid enthielt“[3]. Schon in der ersten Mitteilung, wo Euler und Josephson ihre ersten Befunde hinsichtlich des Tryptophans in Saccharasepräparaten mitgeteilt haben, wurde auch „ausdrücklich betont“, dass die Zahlen hinsichtlich des Tryptophangehalts usw. sich nur auf bestimmte Saccharasepräparate beziehen und dass die Analysen anderer Saccharasen von anderer Herkunft unbedingt erforderlich waren, um eine Entscheidung über die Zusammensetzung des Enzyms zu ermöglichen.

Die umstehende Tabelle enthält einige Analysenergebnisse aus dem Stockholmer und dem Münchener Laboratorium hinsichtlich des Tryptophans.

Hinsichtlich des Aschengehaltes ist zu erwähnen, dass die neueren dialysierten bzw. elektrodialysierten Präparate nur einen ganz geringen Aschengehalt besitzen, bei einigen der letzten Präparate aus Willstätters Laboratorium z. B. 0,54 und 0,45 $\%$ Asche. Einen Aschengehalt von nur 0,13 $\%$ beobachteten Euler und Josephson[4] bei einem Präparat mit If = 213 (242).

Mit dem sehr aschearmen Präparat mit If = 213 (242) haben Euler und Josephson elektrometrisch die Stärke des Präparates als Säure und als Base zu bestimmen versucht. Das Präparat zeigte tatsächlich amphotere

---

[1] Euler u. Josephson, Chem. Ber. 57, 859; 1924.

[2] Willstätter, Schneider u. Wenzel, H. 151, 1, und zwar S. 5; 1926.

[3] In der 10. Abh. „Zur Kenntnis des Invertins“ haben Willstätter, Schneider u. Bamann (H. 147, 248; 1925) hervorgehoben, dass „wenn Invertin zum Beispiel eine sehr starke Beimischung von Tryptophanpeptid mitschleppt (9,2 $\%$ Tryptophan), zeigt es gegen Tonerde das Verhalten eines homogenen Stoffes“.

[4] Euler u. Josephson, H. 133, 279; 1924. — Chem. Ber. 57, 299; 1924.

Tryptophangehalt einiger Saccharasepräparate.

Zitat	Darstellungsweise des Präparates	If	S.-W.	Trypto-phan %
Euler u. Josephson, Chem. Ber. 57, 859; 1924	Kaolin-Tonerdeadsorption	225	∽ 3,7	5,25
	„ „	241	∽ 4,0	5,56
	„ „	245	∽ 4,1	5,51
Euler u. Josephson, Chem. Ber. 59, 1128; 1926	„ „	303	∽ 5,0	6,5
	„ „	320	∽ 5,3	4,2
Willstätter u. Schneider, H. 142, 257; 1924	„ „	405	6,67	8,9
	„ „	253	4,16	0
Willstätter, Schneider u. Bamann, H. 147, 248; 1925	Alkoholfällung, Tonerde-adsorption	520	8,55	8,6
Willstätter, Schneider u. Wenzel, H. 151, 1; 1926	Dial. Autolysat. Kaolinads.	315	5,18	0,7
	Restlösung nach Bleifällung	49	0,81	0
	„ „ „	307	5,05	2,0
	„ „ „	304	5,0 (11,9)	3,9
	„ „ „	590	9,7	3,5
	„ „ „	459	7,55	5,8

Eigenschaften, und zwar wurden die Dissoziationskonstanten geschätzt zu K_a etwa 10^{-7} und K_b etwa 10^{-11}.

Eine wichtige Stütze für die Auffassung der Stockholmer Schule, dass die aktive Saccharase ein hochmolekularer Stoff ist, bzw. dass die Aktivität der Saccharase mit einem hochmolekularen Komplex fest verbunden ist, liefern die direkten Versuche, das Molekulargewicht durch Diffusionsmessungen zu bestimmen. Diese Versuche zeigen unzweideutig, dass sich „die aktive Gruppe" wenigstens bei den bis jetzt untersuchten Reinheitsgraden an oder in einem hochmolekularen Komplex ($D_{20^\circ} = 0{,}047$—$0{,}050$) befindet. Der berechnete Wert des Molekulargewichts (etwa 20 000) könnte allerdings die Grösse einer Anzahl miteinander assoziierter Saccharasemoleküle kennzeichnen, aber Versuche mit Präparaten von verschiedenen Reinheitsgraden und Dar-

If	Präparat von	Diffusions-Koeffizient D (20°)	$M = 49 : D^2$
11; 5—7; 7	Euler, Hedelius, Svanberg[1]	0,047	22 000
84; 34,2	Euler u. Ericson[2]	0,0488	20 600
168	Euler u. Josephson[3]	0,0476	21 600
198 (220)	Euler u. Josephson[3]	0,0500	19 600

[1] Euler, Hedelius u. Svanberg, H. 110, 190; 1920.
[2] Euler u. Ericson, Koll. Zs 31, 3; 1922.
[3] Euler, Josephson u. Myrbäck, H. 130, 87; 1923.

stellungsweisen zeigen, dass der Dispersitätsgrad sich mit dem Reinheits-grad im untersuchten Gebiet nicht merkbar ändert, wie aus vorstehender Tabelle hervorgeht.

Mit dem vorher erwähnten Präparat mit If = 213 (242) haben Euler und Josephson[1] Viscositätsmessungen bei verschiedener Acidität angestellt. Das Minimum der Viscosität (isoelektrischer Punkt) wurde bei pH = 4,5 gefunden.

Über die von Euler und Svanberg und besonders von Myrbäck gezogenen Schlussfolgerungen hinsichtlich der verschiedenen durch „Enzym-gifte" nachweisbaren Atomgruppen in Saccharase siehe S. 171 u. ff.

Aciditätsbedingungen.

Im I. Teil dieses Buches sind die über die Aciditätsbedingungen der Saccharase ermittelten Tatsachen eingehend besprochen worden, da die Unter-suchungen der Saccharase in dieser Hinsicht für das Studium anderer Enzyme vorbildlich gewesen sind.

Es sei hier also zunächst nochmals auf die Kurven von Sörensen und von Michaelis verwiesen (Teil I, Fig. 11 und 12, S.63 und 65), aus welchen hervorgeht, dass die „optimale Zone" im Aciditätsgebiet pH etwa 3,5—5 liegt.

Es erscheint bemerkenswert, dass nach Euler und Myrbäck[2], wie auch nach Willstätter, Graser und Kuhn[3] die mit viel weitergehend gereinigten Präparaten (bis zum If-Wert 100) gefundenen Aciditätskurven gleich den älteren mit dem unreineren Material erhaltenen Kurven sind. Wegen dieser Unabhängigkeit der Lage des Aciditätsoptimums vom Reinheitsgrad des Enzyms erscheint es wahrscheinlich, dass die diesbezüglichen Verschieden-heiten der Lösungen von Darmsaccharase[4] wie auch den Saccharasen in Asper-gillus oryzae[5], Aspergillus flavus[6] und Penicillium glaucum[7] nicht auf ver-schiedene Reinheitsgrade, sondern auf verschiedenen Eigenschaften verschiedener Enzyme zurückgeführt werden können.

Die theoretische Deutung und die quantitative Berechnung der Aciditäts-kurve von Euler, Josephson und Myrbäck ist schon im I. Teil S. 67 ein-gehend besprochen. Durch die gegebene Theorie wird der Verlauf des alkali-schen Astes der Aktivitäts-pH-Kurve beschrieben.

Der saure Ast der pH-Kurve, in welchem Gebiet Josephson[8] mit einer

---

[1] Euler u. Josephson, H. 133, 279; 1924.
[2] Euler u. Myrbäck, H. 120, 61; 1922.
[3] Willstätter, Graser u. Kuhn, H. 123, 1, und zwar S. 60; 1922.
[4] Euler u. Svanberg, H. 115, 43; 1921.
[5] Leibowitz u. Mechlinski, H. 154, 64, und zwar S. 80; 1926.
[6] Josephson, H. 138, 144; 1924.
[7] Euler, Josephson u. Söderling, H. 139, 1; 1924.
[8] Josephson, H. 134, 50; 1924.

Änderung der Affinität zwischen Enzym und Substrat rechnet, ist hiernach von der Konzentration des Substrates abhängig.

Nimmt man an, dass die Bindung des Rohrzuckers an der Saccharase durch eine basische Gruppe vermittelt wird[1] [2], an welcher die Salzbildung die Bindungsmöglichkeit für den Rohrzucker bestimmt, so kann man, wie Myrbäck[2] gezeigt hat, den ganzen Verlauf der Aktivitäts-pH-Kurve durch die folgende Formel beschreiben.

$$\text{Rel. Aktivität} = \frac{1}{\left[1 + \dfrac{K_a}{[H]}\right]\left[1 + \dfrac{K_m}{[S]}\left(1 + \dfrac{K_b}{[OH]}\right)\right]}.$$

In dieser Formel bedeuten also K_a bzw. K_b die saure und basische Dissoziationskonstante der Saccharase und der Saccharase-Rohrzuckerverbindung, K_m die gemessene Affinitätskonstante beim optimalen pH; [H], [OH] und [S] die Konzentration der Wasserstoff- und Hydroxylionen und die Konzentration des Substrates. Ist pH $>$ etwa 4, wird $\dfrac{K_b}{OH}$ sehr klein und die Formel geht in den Ausdruck von Euler, Josephson und Myrbäck über.

Salze und Paralysatoren. Inaktivierungserscheinungen.

Einfluss von Neutralsalzen. Gegen die neutralen Halogenide und Sulfate der Alkalien, alkalischen Erden und seltenen Erden (z. B. Thoriumsulfat) ist Saccharase wenig empfindlich. Dies wird auch durch moderne Versuche von Fales und Nelson[3] gezeigt, nach welchen sich die Wirkung von NaCl erst in 2-norm. Lösung geltend macht, wenn der pH-Wert optimal ist. Es dürfte sich hier um eine der nichtenzymatischen „Neutralsalzwirkung" verwandte Erscheinung handeln[4]. Stärker wird diese Salzwirkung ausserhalb des Aciditätsoptimums. Am alkalischen Ast der pH-Kurve besteht die Salzwirkung in einer Horizontalverschiebung der Kurve. Eine weitere Untersuchung der freien Basen $Ca(OH)_2$, $Ba(OH)_2$, $Mg(OH)_2$ und der seltenen Erdbasen bei z. B. pH = 6 wäre erwünscht.

Unter älteren Untersuchungen ist noch diejenige von Cole[5] zu erwähnen; aus neueren Messungen glaubte Neuschlosz[6] schliessen zu können, dass die Neutralsalze vom Enzym adsorbiert werden und dadurch die Ladung und den Dispersitätsgrad herstellen. Diese Theorie ist jedoch kaum mit unserer Deutung der Aciditätskurve vereinbar.

---

[1] Euler u. Josephson, H. 155, 1, und zwar S. 10; 1926; Chem. Ber. 59, 1129, und zwar S. 1132: 1926.

[2] Myrbäck, H. 158, 160 und zwar S. 233; 1926.

[3] Fales u. Nelson, Jl Amer. Chem. Soc. 37, 2769; 1915. — Vgl. Myrbäck, Arkiv f. Kemi Bd. 8, Nr. 29, S. 30; 1923.

[4] Siehe hierzu Michaelis, Biochem. Zs 115, 269; 1922.

[5] Cole, Jl of Physiol. 30, 281; 1904.

[6] Neuschlosz, Pflüg. Arch. 181, 45; 1920.

Schwermetallsalze. Die Wirkung von Quecksilber-, Silber- und Kupferionen ist zuerst eingehend von Euler und Svanberg[1] studiert worden. Sie stellten unter anderem fest, dass die sehr starke Giftwirkung, welche Quecksilber- und Silbersalze auf Saccharase ausüben, quantitativ reversibel ist. Euler und Myrbäck[2] haben hinsichtlich der Inaktivierung durch Ag-Salze gezeigt, dass die Kurve Inaktivierungsgrad-Giftmenge eine Dissoziationskurve ist. Es wurde weiter gefunden, dass bei Aciditäten pH > 3,5 der Vergiftungsgrad von der Substratkonzentration unabhängig ist, was so gedeutet werden muss, dass die Bindung des Zuckers von der Bindung von Ag unabhängig ist, d. h. an einer anderen Gruppe im Enzymmolekül stattfindet. Die Versuche sind in völligem Einklang mit der von Myrbäck[3] gemachten Annahme, dass Silber an Stelle des Wasserstoffatoms tritt, dessen Dissoziation (nach der Theorie von Euler, Josephson und Myrbäck) den alkalischen Ast der Aktivitäts-pH-Kurve bestimmt.

Es ist bemerkenswert, dass der Reinheitsgrad des Enzyms (bis zum If-Wert 200) nur eine ganz untergeordnete Rolle hinsichtlich des Vergiftungsgrades spielt, wie aus der folgenden, der Arbeit von Myrbäck entnommenen Tabelle hervorgeht. Inwieweit die Inaktivierung in höherem Grade von den im Präparat mit If = 200 noch vorhandenen Verunreinigungen abhängig ist, lässt sich natürlich aus diesem Versuchsmaterial nicht ableiten.

Es ist von Interesse, dass die theoretischen Berechnungen aus der Vergiftung mit Silberionen, hinsichtlich der molekularen Konzentration der Saccharase bei kinetischen Versuchen, zu einem Höchstwert von etwa 10^{-6} führen[4].

Inaktivierung zu 50%.

pH	[Ag]	
	If = 17	If = 200
4,2	10^{-5}	10^{-5}
4,6	$5 \cdot 10^{-6}$	$4 \cdot 10^{-6}$
5,3	$2 \cdot 10^{-6}$	10^{-6}
5,6	10^{-6}	$8 \cdot 10^{-7}$
6,1	$5 \cdot 10^{-7}$	$4 \cdot 10^{-7}$

Das Silberäquivalent der Saccharase[5] berechnet Myrbäck zu rund 5000.

Im Hinblick auf die von Euler und Josephson vertretene Ansicht über die Proteinähnlichkeit der Saccharase sind die von Myrbäck hervorgehobenen grossen Ähnlichkeiten im Verhalten der Saccharase zu Silber usw. mit den von J. Loeb[6] gefundenen Verhältnissen bei der Silberbindung der Gelatine bemerkenswert.

Viel schwächer als Silber werden Kupfer, Blei, Zink und Cadmium nach

---

[1] Euler u. Svanberg, Fermentforschung 1920, 1. Mitt. **3**, 330. Siehe daselbst ältere Angaben. — 3. Mitt. **4**, 90. — 6. Mitt. **4**, 142.

[2] Euler u. Myrbäck, H. **121**, 177; 1922. — Myrbäck, Arkiv f. Kemi, Bd. 8, Nr. 29; 1923.

[3] Myrbäck, H. **158**, 160, und zwar S. 172 ff.; 1926.

[4] Vgl. Josephson, H. **147**, 1, und zwar S. 56; 1925. — H. **157**, 115; 1926.

[5] Siehe hierzu auch Euler u. Josephson, Chem. Ber. **56**, 453, und zwar S. 455; 1923.

[6] J. Loeb, Proteins and the Theory of colloidal behavior, New York 1922.

den Versuchen von Myrbäck an die Saccharase gebunden. Die Dissoziationskonstanten wurden berechnet zu

$$K_{Ag} \qquad K_{Cu} \qquad K_{Pb} \qquad K_{Zn} \qquad K_{Cd}$$
$$10^{-7,4} \quad 2,6 \cdot 10^{-4} \quad 2,7 \cdot 10^{-4} \quad 3,4 \cdot 10^{-4} \quad 5,7 \cdot 10^{-4}$$

Hinsichtlich der Inaktivierung der Saccharase durch Quecksilbersalze wurde gefunden, dass der Inaktivierungsgrad nicht wie im Falle der Silberinaktivierung unabhängig von der Konzentration des Rohrzuckers ist. Hieraus kann man entweder mit Myrbäck schliessen, dass die inaktivierenden Quecksilbersalze sich an die (basischen) substratbindenden Gruppen des Enzyms anlagern oder auch, dass die Anlagerung der Quecksilbersalze an das Saccharasemolekül eine Herabsetzung der Affinitätskonstante der Saccharase-Rohrzuckerverbindung mit sich bringt; daneben könnte auch die Zerfallsgeschwindigkeit in ähnlicher Weise wie bei der Silberinaktivierung herabgesetzt werden. Eine genaue Berechnung der quantitativen Verhältnisse bei der Vergiftung durch Quecksilbersalze wird auch durch die ungenügenden Kenntnisse der Dissoziationsverhältnisse der Quecksilbersalze selbst erschwert.

S	Relative Aktivität ($\Sigma = 100$)	
	ohne Hg	mit Hg
0,146	79	34
0,292	87	53
0,585	94	78

Die nebenstehende Tabelle zeigt die Inaktivierung bei verschiedenen Rohrzuckerkonzentrationen (S), bei pH $= 3,62$ und bei einer Hg-Konzentration $5 \cdot 10^{-7}$n.

Der Vorgang bei der Metallvergiftung der Saccharase kann wegen der eintretenden Komplexbildung quantitativ elektrometrisch verfolgt werden. Bei vergleichenden Messungen an zahlreichen Substanzen (Euler und Svanberg) wurde ein starkes Bindungsvermögen für Ag$^+$ beim Eieralbumin von Sörensen, bei Cystein und bei Nucleinsäure gefunden. Die elektrometrisch gemessene Bindung des Silbers an Cystein weist jedoch keine solche Abhängigkeit von der Acidität in dem in Frage kommenden Gebiete auf, wie man bei Saccharase findet[1].

Über die Selbstregeneration der Saccharase bei Hg-Inaktivierung. Schon im I. Teil S. 181 sind die Befunde von Euler und Svanberg[2] über die Selbstregeneration der Saccharase nach Hg-Inaktivierung und die durch die neueren Versuche von Euler und Myrbäck[3] gestützte Deutung derselben eingehend behandelt. Bemerkenswert ist nun der Befund von Myrbäck[4], dass auch in reineren Enzymlösungen zwar keine Selbstregeneration eintritt, dass aber nach Zusatz von Gelatine (wie auch bei Zusatz von NaCN) eine zeitlich bedingte Regeneration der mit Hg inaktivierten Saccharase eintritt. Aus den Versuchen wurde weiter der Schluss gezogen, dass die Bindung des Queck-

---

[1] Myrbäck, Arkiv f. Kemi, Bd. 8, Nr. 29; 1923.

[2] Euler u. Svanberg, Fermentforschung 3, 330; 1920/21.

[3] Euler u. Myrbäck, Zs exp. Med. 33, 483; 1923.

[4] Myrbäck, H. 158, 160, und zwar S. 226ff.; 1926.

silbers an Saccharase unmessbar schnell verläuft, aber die Ablösung des Metalls eine gewisse Zeit fordert. Nach Myrbäck weisen die Erscheinungen bei der Regeneration der Hg-vergifteten Saccharase durch HCN bemerkenswerte Analogien mit den bei gewissen Enzymen (wie Papain) beobachteten Aktivierungen durch Blausäure auf.

Salpetrige Säure. Aus den Versuchen von Myrbäck geht hervor, dass die Saccharase sehr empfindlich gegen salpetrige Säure ist. Aus den Versuchen bei verschiedener Acidität scheint hervorzugehen, dass nur die freie Säure, nicht aber ihre Salze inaktivierend wirken. Es ist jedoch nicht ausgeschlossen, dass der beobachtete Aciditätseinfluss auf einer Veränderung der empfindlichen Gruppen im Enzym (wie z. B. der Dissoziationszustand von Aminogruppen) beruht. Von besonderem Interesse ist die Tatsache, dass Zuckerarten wie Fructose, Glucose (und Invertzucker) eine Schutzwirkung gegen die Einwirkung der salpetrigen Säure zeigen. Lactose und Maltose zeigen dagegen keine oder jedenfalls geringere Schutzwirkung als Glucose und Fructose. Es verdient vielleicht hervorgehoben zu werden, dass die Schutzwirkungen von Fructose und Glucose von ganz ähnlicher Grössenordnung sind, obwohl die Bindung der Fructose und der Glucose (wenigstens der α-Form der Glucose) zur Hefesaccharase vielleicht verschiedenartig ist (siehe unten).

Myrbäck schliesst aus seinen Versuchen, dass die Inaktivierung durch salpetrige Säure in der Einwirkung von HNO_2 auf die Gruppe $R\text{-}NH_2$ im Enzym besteht, und weiter, „dass wenigstens eine der substratbindenden Gruppen der Saccharase eine Aminogruppe ist, die auch die basischen Eigenschaften des Enzyms bestimmt".

Pikrinsäure, Phosphorwolframsäure und Kieselwolframsäure. In saurer Lösung (pH $<$ 4,5) tritt durch Pikrinsäure eine nicht unbeträchtliche Inaktivierung ein, und zwar ist der Inaktivierungsgrad von der Konzentration des Rohrzuckers bei der Inversion abhängig, wodurch wahrscheinlich gemacht wird, dass sich das Enzym zwischen Zucker und Gift verteilt. Myrbäck führte die Inaktivierung auf die Bildung eines wenig dissoziierten Salzes zwischen der Pikrinsäure und einer substratbindenden Aminogruppe der Saccharase zurück. Die Dissoziationskonstante dieses Salzes wurde zu $K_p =$ 0,00025 $\pm$ 0,00005 berechnet.

Ähnliche Verhältnisse liegen bei Phosphorwolframsäure und Kieselwolframsäure vor, bei welchen man jedoch neben der reinen Salzbildung mit einer zeitlich fortschreitenden irreversiblen Inaktivierung rechnen muss. Die Inaktivierung durch Phosphorwolframsäure ist sehr gross. Bei pH $=$ 2,9 war durch Zusatz von 0,5 mg Phosphorwolframsäure die relative Reaktionsgeschwindigkeit bei einem Versuch auf etwa 15 % herabgesetzt.

Anorganische Nichtelektrolyte. Wasserstoffsuperoxyd zerstört nur unbedeutend; in höherem Grade inaktiviert Ozon; ein Sauerstoffstrom, enthaltend 0,2 mg O_3, in 5 ccm Enzymlösung eingeleitet, liess aus einer Lösung vom Zeitwert etwa 5 in wenigen Minuten $31\,{}^0/_0$ der Aktivität verschwinden[1].

Wie zuerst Euler und Landergren[2] gefunden haben, inaktiviert Jod die Saccharase stark und zwar irreversibel. Euler und Josephson[3] haben dann gezeigt, dass die Zeit der Einwirkung des Jods auf die Saccharase („Inkubationszeit") auf den Grad der Inaktivierung von Bedeutung ist. Die erste Einwirkung des Jods erfolgt momentan, wobei die Aktivität auf rund die Hälfte herabgesetzt wird. Dann schreitet die Inaktivierung langsam weiter. Die Geschwindigkeit dieser zweiten Phase der Jodinaktivierung ist nach Myrbäck[4] von der Acidität abhängig. Dagegen hat die sog. Jodsaccharase dieselbe Aciditätskurve wie die nicht inaktivierte Saccharase, wie Euler und Josephson gezeigt haben. Durch die Einwirkung des Jods wird auch die Affinität zum Rohrzucker nicht verändert.

Die Jodempfindlichkeit der Saccharase ist so gross, dass 1 g-Atom Jod die Wirksamkeit von 20 000 g Invertin von If $= 230$ auf die Hälfte erniedrigt. Hinsichtlich der Natur der ersten Phase der Jodinaktivierung haben Euler und Josephson die Möglichkeit hervorgehoben, dass sie z. B. in einer Kondensation von 2 SH-Gruppen zu -S-S- bestehen könnte. Die Annahme einer Jodierung von Ringkohlenstoff (Myrbäck) liegt ebenfalls im Bereich der Möglichkeit[5].

Auch Brom[6] und Chlor[7] inaktivieren, und zwar ausserordentlich schnell. Osmiumtetroxyd wirkt nach Myrbäck stark inaktivierend.

Organische Hemmungskörper. Bei der Untersuchung von Euler und Svanberg[8] haben sich unter den organischen Saccharase-„Giften" besonders Anilin und p-Toluidin als sehr wirksam erwiesen. Die Zusammenfassung ihrer Resultate ist, dass die Reaktion zwischen Saccharase und dem Amin (Anilin und dessen Derivate) ein Dissoziationsgleichgewicht ist, vergleichbar mit dem zwischen Amin und einem gewöhnlichen Aldehyd. Es wurde mit Anilin, p-Toluidin und o-Aminobenzoesäure festgestellt, dass die Reihenfolge der Inaktivierung der Reihenfolge der Affinität der Amine zu Formaldehyd bei der Bildung der sog. Schiffschen Basen entspricht. Die Inaktivierung tritt weiter momentan ein, und sie ist von der Substratkonzentration unabhängig, so dass „der Zucker bei der Anilinvergiftung der Saccharase nur schwache Schutzwirkung ausübt". Hieraus könnte man also den Schluss ziehen, dass

[1] Svanberg, Arkiv f. Kemi Bd. 8, Nr. 6; 1921.
[2] Euler u. Landergren, Biochem. Zs 131, 386; 1922.
[3] Euler u. Josephson, H. 127, 99; 1923.
[4] Myrbäck, l. c. S. 236 ff.
[5] Vgl. hierzu Blum u. Strauss, H. 112, 111; 1921.
[6] Euler u. Josephson, H. 127, 99; 1923.
[7] Myrbäck, l. c. S. 236 ff.
[8] Euler u. Svanberg, Fermentforschung 4, 29; 1920/21.

das Amin sich nicht an die für die Affinität zwischen Enzym und Substrat massgebenden Gruppen anlagert. Eine teilweise Regeneration durch gewisse Aldehyde wurde erzielt[1].

Wichtig für die Beurteilung der Aminvergiftung war die Feststellung von Rona und Bloch[2], dass der Acidität eine Bedeutung für die Vergiftung zukommt. Mit Chinin fanden sie, dass die Giftwirkung nur von der freien Base ausgeübt wird. Euler und Myrbäck[3] fanden dann ganz ähnliche Verhältnisse bei der Inaktivierung durch die aromatischen Amine.

Die früheren Versuche sind von Myrbäck[4] wesentlich erweitert worden. Ausgehend von der Feststellung, dass nur die freie Aminbase, nicht das Salz, an das Enzym gebunden wird, wurde die bei verschiedenen Aciditäten sich einstellenden Gleichgewichte zwischen Saccharase und Anilin berechnet. Die so gewonnenen Vergiftungskurven (Fig. 21) sind mit der Aktivitäts-pH-Kurve der Saccharase gleichförmig. Hieraus kann man schliessen, dass die Saccharase, sei sie undissoziiert oder als Base oder Säure dissoziiert, bei jeder Acidität Amine gleich stark bindet; d. h. die Atomgruppe des Enzyms, die mit der Amingruppe reagiert, verändert sich in dem untersuchten pH-Gebiet nicht mit der Acidität. Aus allem geht

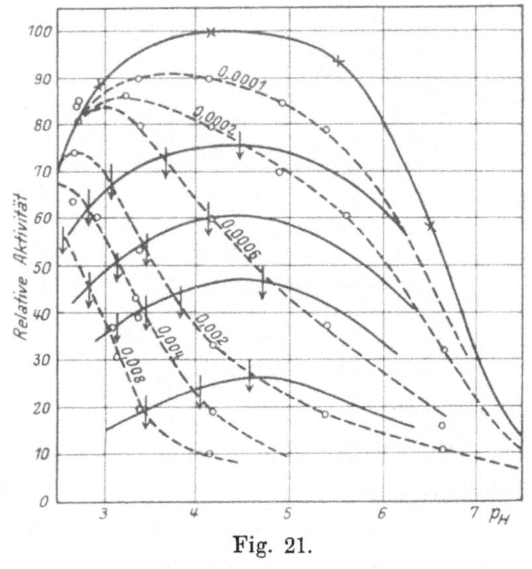

Fig. 21.

hervor, dass die Übereinstimmung zwischen Aminvergiftung der Saccharase und der Schiffbasen-Bildung sehr gross ist.

Aus der folgenden Formel lassen sich die Dissoziationskonstanten der Saccharase-Aminverbindungen berechnen:

$$K = \frac{[OH] \cdot A \cdot R}{[OH + K_b] \cdot [100-R]}$$

K_b = basische Dissoziationskonstante des Amins.

R = relative Aktivität des Enzyms,

A = Konzentration des Amins.

---

[1] Über Reaktivierung Amin-inaktivierter Saccharase durch reduzierende Zuckerarten siehe Euler u. Josephson, H. 152, 1; 1926. Aldosen reaktivieren stärker als Ketosen, wie auch echte Aldehyde stärker reaktivieren als Ketone.

[2] Rona u. Bloch, Biochem. Zs 118, 185; 1921.

[3] Euler u. Myrbäck, H. 125, 297; 1923. — Myrbäck, Arkiv f. Kemi, Bd. 8, Nr. 32; 1923.

[4] Myrbäck, H. 158, 160, und zwar S. 258 ff.; 1926.

In der folgenden Tabelle sind die von Myrbäck durchgeführten Berechnungen nach dieser Formel zusammengestellt. Die Werte von K_b sind die von Myrbäck bestimmten.

Amin	Dissoziationskonstante des Amins: $\log K_b$	Dissoziationskonstante der Enzym-Amin-verbindung: $\log K$	Dissoziationskonstante der Amin-Lactose-verbindung: $\log K_L$
Anilin	— 9,48	— 3,48	—
p-Toluidin	— 9,07	— 3,68	— 0,75
m-Toluidin	— 9,34	— 4,05	— 1,10
o-Toluidin	— 9,54	— 3,26	— 0,46
p-Chloranilin	— 10,24	— 1,85	— 0,80
m-Chloranilin	— 10,60	— 2,62	— 1,03
o-Chloranilin	— 11,64	— 1,41	— 0,29
p-Bromanilin	— 10,28	— 1,70	— 0,64
m-Bromanilin	— 10,68	— 2,59	— 0,82
o-Bromanilin	— 11,68	— 1,34	+ 0,30
p-Aminobenzoesäure	— 11,80	— 1,09	— 0,19
m-Aminobenzoesäure	— 11,44	— 2,28	— 0,72
o-Aminobenzoesäure	— 12,20	— 0,51	etwa + 1
p-Anisidin	— 8,74	— 3,28	—
p-Aminobenz. Äthyl	—	— 1,04	—
o-Aminobenz. Methyl	—	— 0,46	—

Hinsichtlich der Regelmässigkeiten innerhalb dieser Reihe ist hervorzuheben, dass von den 3 Isomeren jedes Anilinderivates die Metaverbindungen am stärksten inaktivieren, danach folgen die Para- und schliesslich die Orthoverbindungen. Auch zeigt sich eine gewisse Parallelität zwischen Basenstärke und Inaktivierungsgrad.

Nach Myrbäck wird die Affinität des Formaldehyds zu den Aminen nicht von demselben Gesetze beherrscht, indem keine solche Abhängigkeit der Dissoziationskonstante von der Konstitution des Amins existiert; dagegen kann man bei dem System Amin-Lactose dieselben Regelmässigkeiten wie bei der Saccharase wiederfinden. Diese Tatsachen stehen also in Übereinstimmung mit der Anschauung von Myrbäck, dass ein Aldoserest im Saccharasemolekül die Amine bindet.

Bei Phenylhydrazin wurde die Diss.-Konstante der Saccharase-Phenylhydrazin-Verbindung zu K = 0,014 berechnet. Die Inaktivierung durch Phenylhydrazin wird jedoch mit der Zeit grösser. Hydroxylamin wirkt viel schwächer inaktivierend. Semicarbazid war ohne Wirkung. Aminoguanidin inaktiviert recht stark. Da weiter Cyanwasserstoff nur schwache Wirkung hat und SO_2 ohne Wirkung ist (Euler und Svanberg, Myrbäck), so ist ersichtlich, dass das Verhalten der Saccharase zu den Aldehydreagenzien gut mit der Annahme des Vorkommens einer ähnlich wie in den Zuckern umgestalteten Aldehydgruppe vereinbar ist.

Saccharase und Aldehyde. Formaldehyd ist nur schwach inaktivierend (Euler und Svanberg, l. c.). Die Inaktivierung ist grösser bei grösserer Alkalinität (Euler und Myrbäck)[1]. Auch Acetaldehyd wirkt hemmend (Euler und Josephson)[2]. Durch Zusatz von Glucose kann die Bindung zwischen der Saccharase und dem Aldehyd teilweise aufgehoben werden. Es ist deshalb wahrscheinlich, dass die Bindung des Aldehyds an einer glucosebindenden Gruppe des Enzyms erfolgt[3].

Übrige organische Stoffe. Ohne Wirkung erwies sich Benzylalkohol, welcher von Landergren in Rücksicht auf die Ergebnisse von Macht[4] und von Jacobson[5] untersucht wurde.

Eine langsam verlaufende, vermutlich irreversible Zerstörung des Enzyms tritt mit m- und p-Nitrophenol ein, wie eine interessante Studie von Rona und Bach[6] ergeben hat.

Bei Untersuchung der Einwirkung narkotischer Gifte auf Saccharase fand Meyerhof[7] eine reversible Hemmung, welche steigend in den homologen Reihen gefunden wurde. Rona, Airila und Lasnitzki[8] haben die kombinierte Wirkung solcher Narkotica und Chinin untersucht, wobei sie eine Schwächung der Wirkung eines Giftes (Verdrängung) durch das Zufügen des anderen fanden.

Die früheren Untersuchungen von Rona und Bloch (l. c.), durch welche die Bedeutung der Acidität bei der Vergiftung durch Chinin nachgewiesen wurde, haben Rona, van Eweyk und Tennenbaum[9] auf mehrere Alkaloide der Atropin-, Cocain- und Morphingruppe ausgedehnt. Die untersuchten Alkaloide hemmen nur als freie Basen; die Hemmung ist völlig reversibel und geht bei Änderung der Acidität ins saure Gebiet zurück; die Hemmung wurde weiter proportional dem Logarithmus der Konzentration des Alkaloids gefunden.

Verhalten zu organischen Lösungsmitteln.

Wir haben hier zwei Tatsachengebiete zu unterscheiden. Einerseits wird die Enzymwirkung durch den Zusatz von organischen, mit Wasser mischbaren Lösungsmitteln verlangsamt, zweitens wird Saccharase in Gegenwart von organischen Lösungsmitteln mit einer gewissen Geschwindigkeit zerstört.

---

[1] Euler u. Myrbäck, H. 125, 297; 1923.
[2] Euler u. Josephson, H. 132, 301; 1923/24.
[3] Euler u. Josephson, H. 152, 31; 1925/26.
[4] Macht, Jl of Pharm. 11, 263; 1918.
[5] Jacobson, Soc. Biol. 83, 255 u. 1054; 1920.
[6] Rona u. Bach, Biochem. Zs 118, 232; 1921.
[7] Meyerhof, Pflügers Archiv 157, 251; 1914.
[8] Rona, Airila u. Lasnitzki, Biochem. Zs 130, 582; 1922.
[9] Rona, van Eweyk u. Tennenbaum, Biochem. Zs 144, 490; 1924.

1. Inversionsgeschwindigkeit in wässrig-alkoholischen Lösungen. Steigert man in Saccharaselösungen unter sonst konstant gehaltenen Konzentrationsbedingungen den Gehalt an Äthylalkohol, so nimmt die enzymatische Inversionsgeschwindigkeit, wie schon O'Sullivan und Tompson[1] für kleine Alkoholmengen gefunden haben, mit steigendem Alkoholzusatz stark ab. Genaue Untersuchungen über den Einfluss des Äthylalkohols auf die Inversionsgeschwindigkeit durch Saccharase verdankt man C. S. Hudson und Paine[2]. Ihr Ergebnis geht aus der Fig. 22 hervor.

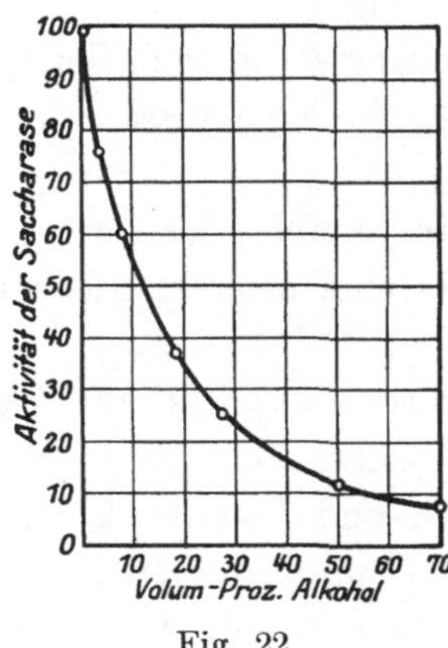

Fig. 22.

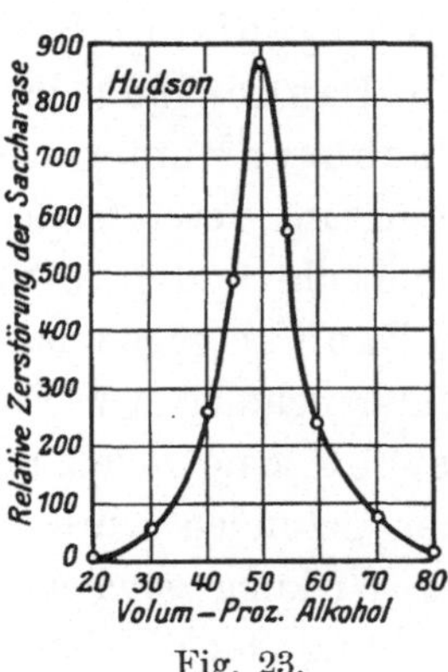

Fig. 23.

Mit einem Präparat von höherem Reinheitsgrad (If = 140) hat Josephson[3] den Einfluss des Alkohols auf die Inversionsgeschwindigkeit untersucht und eine völlige Übereinstimmung mit der von Hudson und Paine ermittelten Kurve gefunden:

% Äthylalkohol ..	0	2	5	10	20
Rel. Inv.-Geschw. ...	100	82	72	56	35

Bei diesen Versuchen kann die irreversible Zerstörung der Saccharase durch den Alkohol keinen Einfluss auf die Inversionsgeschwindigkeit gehabt haben, da das angewandte Enzympräparat unter den gewählten Versuchsbedingungen in Alkohol unter 20% nicht irreversibel inaktiviert wird (vgl. unten).

Auch andere Alkohole sowie Aceton setzen die enzymatische Inversionsgeschwindigkeit stark herab. So ist z. B. in 70%igem Glycerin die Inversionsgeschwindigkeit sehr gering.

2. Irreversible Inaktivierung der Saccharase durch Alkohol und Aceton. Die erste eingehende Untersuchung hierüber haben Hudson und Paine (l. c.) ausgeführt, deren Messungen ein sehr scharfes Maximum der Zerstörung der Saccharase bei 50 Vol.-% Alkohol ergeben haben (siehe Fig. 23).

[1] O'Sullivan u. Tompson, Jl Chem. Soc. 57, 834, und zwar S. 860; 1890.
[2] C. S. Hudson u. Paine, Jl Amer. Chem. Soc. 32, 1350; 1910.
[3] Euler, Josephson u. Myrbäck, H. 130, 87, und zwar S. 93; 1923.

Neuere Versuche von Josephson (l. c.) mit einem reineren Präparat, das bei den Versuchen nicht ausgefällt wurde, haben ein anderes Resultat ergeben. Die Kurve in Fig. 24 gibt die Versuchsergebnisse wieder. Die Versuche sind mit einer Einwirkungsdauer von 30 Minuten ausgeführt. Nach Verlauf dieser Inkubationszeit wurde die Inversionskonstante gemessen und die gefundenen Inversionskonstanten wegen des oben besprochenen reaktionshemmenden Einflusses des Alkohols korrigiert.

Während Hudson und Paine mit hochprozentigem Alkohol, wahrscheinlich wegen seiner fällenden Wirkung, geringe Schädigung beobachteten, wird das reinere Präparat auch bei 90% Alkohol weitgehend geschädigt. Auch das scharfe Maximum bei 50% Alkohol wurde mit dem reineren Präparat nicht wiedergefunden.

Rohrzucker übt eine merkliche Schutzwirkung aus.

Willstätter und Racke[1] fanden, dass Aceton die Saccharase in ähnlicher Weise hemmt und zerstört wie Äthylalkohol. Die Zerstörung ist auch hier in hohem Masse vom Reinheitsgrad des Enzyms abhängig.

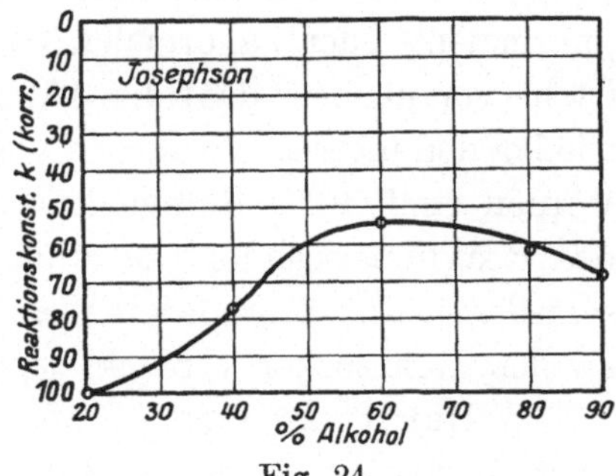

Fig. 24.

Kinetik.

Kein anderes Enzym ist hinsichtlich des zeitlichen Verlaufs seiner Wirkung und hinsichtlich der Konzentrationsbedingungen so eingehend untersucht worden wie die Saccharase. Da ausserdem bei diesem Enzym die Verhältnisse in mancher Hinsicht ziemlich einfach liegen — das Substrat ist leicht rein darstellbar, Co-Enzyme wirken nicht mit, der chemische Vorgang ist, (abgesehen von der Mutarotation der entstehenden Zucker, wodurch die Saccharasewirkung beeinflusst wird), recht einfach — so ist die Rohrzuckerspaltung der Prüfstein der älteren und moderneren Theorien über die Kinetik enzymatischer Reaktionen gewesen. Im I. Teil dieses Buches ist auch die Kinetik der Rohrzuckerinversion durch Saccharase als Beispiel für enzymatische Reaktionen überhaupt ausführlich behandelt worden. Wir können also hier auf das dort Gesagte hinweisen und werden uns hier nur mit einigen wichtigeren Resultaten der späteren Zeit beschäftigen.

a) Zeitlicher Verlauf der Rohrzuckerinversion.

Im ersten Teil wurde die von Michaelis aufgestellte Reaktionsgleichung der Saccharasewirkung eingehend behandelt. Es muss hier hinzugefügt werden, dass diese Gleichung in vielen Fällen den Verlauf der Inversion sehr gut

---

[1] Willstätter u. Racke, Lieb. Ann. 425, 1; 1921.

wiedergibt, trotzdem ihre theoretische Grundlage etwas modifiziert werden musste. Die neueren Ergebnisse über den Einfluss der Mutarotation auf die Affinität der verschiedenen Glucose- und Fructoseformen zeigen, dass die Berechnung der Affinitätskonstanten der Fructose- und besonders der Glucose-Saccharaseverbindungen in der von Michaelis und Menten gegebenen Weise nicht immer zulässig ist (siehe unten sowie I. Teil, S. 159).

Sehr genaue Messungen über die Kinetik der Rohrzuckerinversion haben J. M. Nelson[1] und seine Mitarbeiter ausgeführt. Die aufgestellten Gleichungen sind allerdings rein empirisch und eine theoretische Deutung des „normalen" oder „anormalen" Reaktionsverlaufes steht noch aus. Übrigens ist hervorzuheben, dass die Anwendung so hoher Rohrzuckerkonzentrationen wie bei den meisten Versuchen von Nelson und seinen Mitarbeitern verwendet worden sind ($10^0/_0$ Rohrzucker), kaum geeignet zu sein scheint, das „Wesen des Reaktionsverlaufs" zu studieren, da die Affinitätsunterschiede der verschiedenen Enzympräparate wegen der fast vollständigen Bindung des Enzyms an den Rohrzucker verdeckt sind.

Willstätter, Graser und Kuhn[2] haben interessante Beobachtungen über die Bedeutung der Acidität für die Kinetik gemacht. Der Gang der Reaktionskoeffizienten erster Ordnung war bei einem Präparat bei $pH = 5{,}5$ am stärksten. Auch hier ist die Änderung der Affinität des Enzyms zum Substrat und zu den Spaltungsprodukten zu berücksichtigen[3].

b) Einfluss der Rohrzuckerkonzentration.

Die Annahme von Michaelis und Menten[4], dass die Aktivitäts-[S]-Kurve eine Dissoziationskurve ist, muss nunmehr als sichergestellt angesehen werden. Die Einwände Hedins[5] konnten Josephson[6] und Michaelis widerlegen.

Hinsichtlich der Bedeutung der Acidität für die Affinität zwischen Saccharase und Rohrzucker steht fest, dass die Aktivitäts-[S]-Kurve bei Vergrösserung der Alkalinität vom Optimum nicht verändert wird[7]. Die Theorie von Euler, Josephson und Myrbäck[8], welche schon im I. Teil behandelt

[1] Nelson u. Vosburgh, Am. chem. Soc. 39, 790; 1917. — Nelson u. Hitchcock, Am. chem. Soc. 43, 2632; 1921. — Nelson u. Hollander, Biol. Chem. 58, 291; 1924. — Nelson u. Kerr, Biol. Chem. 59, 495; 1924. — Nelson u. Bodansky, Am. chem. Soc. 47, 1624; 1925.

[2] Willstätter, Graser u. Kuhn, H. 123, und zwar S. 63; 1922.

[3] Vgl. Euler u. Josephson, Sv. Vet. Akad. Arkiv f. Kemi, Bd. 9, Nr. 4; 1924.

[4] Michaelis u. Menten, Biochem. Zs 49, 333; 1913.

[5] S. G. Hedin, Grundzüge der physikalischen Chemie in ihrer Beziehung zur Biologie, 2. Aufl., 1924, 151. — H. 146, 122; 1925. — H. 154, 252; 1926.

[6] Josephson, H. 147, 1, und zwar S. 55; 1925. — H. 157, 115; 1926. — Vgl. L. Michaelis, H. 152, 183; 1925/26. — R. Kuhn u. H. Münch, H. 163, 1, und zwar S. 3ff.; 1927.

[7] R. Kuhn, H. 125, 28; 1923.

[8] Euler, Josephson u. Myrbäck, H. 134, 39; 1924.

wurde, vermag diese Tatsache zu erklären. In dem sauren Gebiet hatte Josephson[1] festgestellt, dass die Aktivitäts-[S]-Kurve von der Acidität abhängig
ist, und zwar verminderte sich die gemessene (scheinbare) Affinitätskonstante
bei Vergrösserung der Acidität:

pH	4,5	2,77	2,63
K_M	54	35	22

Wie schon erwähnt worden ist, kann man diese Tatsache durch die Annahme einer basischen Dissoziation des Enzyms erklären[2]; durch die Salzbildung an einer basischen Gruppe wird die Affinität aufgehoben oder wenigstens
stark herabgesetzt.

c) Hemmung durch die Spaltungsprodukte.

Bei Untersuchung der Hemmung der beiden mutameren Formen der
Glucose hatte Kuhn[3] bei einem Saccharasepräparat aus Münchener Löwenbräuhefe keine Hemmung durch die α-Form gefunden. Bei Anwendung von
Saccharase aus Stockholmer Unterhefe H fanden Euler und Josephson[4]
im Gegensatz hierzu eine Hemmung durch α-Glucose, die nur unbedeutend
geringer als die Hemmung durch β-Glucose war. Später wies Josephson[5]
nach, dass bei einem Präparat aus Münchener Löwenbräuhefe auch Hemmung durch α-Glucose eintrat. Y. Hattori[6] fand wieder keine Hemmung,
während J. M. Nelson und R. S. Anderson[7] Versuche mitgeteilt haben,
aus welchen eine hemmende Wirkung durch α-Glucose hervorgeht.

R. Kuhn und Münch[8] haben dann die Frage von neuem aufgenommen
und in ihrer letzten Mitteilung beschreiben diese Forscher Versuche mit nicht
weniger als 11 verschiedenen Saccharasepräparaten, welche alle in ihrer Wirkung
durch α-Glucose gehemmt wurden. Es scheint also die von uns aufgedeckte
Hemmbarkeit der Saccharase aus Kulturhefen durch α-Glucose recht allgemein zu sein.

J. M. Nelson und R. S. Anderson (l. c.) haben darauf aufmerksam
gemacht, dass die Hemmungen durch α-Glucose und β-Glucose von verschiedener Art sind, indem die Hemmung durch die frisch gelöste Form des
Traubenzuckers eine viel geringere Abhängigkeit von der Konzentration des

---

[1] Josephson, H. 134, 50; 1924. — Vgl. Euler u. Josephson, H. 155, 1; 1926.

[2] Siehe hierzu Euler u. Josephson, Chem. Ber. 59, 1129, und zwar S. 1132; 1926;
H. 155, 1, und zwar S. 10; 1926. — Myrbäck, H. 158, 160, und zwar S. 233; 1926.

[3] Kuhn, H. 127, 234; 1923; 129, 57; 1923.

[4] Euler u. Josephson, H. 132, 301; 1924.

[5] Josephson, H. 149, 71 und zwar S. 92; 1925.

[6] Y. Hattori, Jl Biochemistry (Tokyo) 5, 39; 1925.

[7] J. M. Nelson u. R. S. Anderson, Jl of Biol. Chem. 69, 443; 1926. — R. S. Anders-
son, Diss. New York 1925. — Siehe auch Nelson u. Bodensky, Jl Amer. Chem. Soc.
47, 1624; 1925.

[8] R. Kuhn u. Münch, H. 150, 220; 1925; 163, 1; 1927.

Substrates als die Hemmung durch β-Glucose zeigt. Kuhn und Münch sind neuerdings zu dem Ergebnis gekommen, dass die Hemmung durch α-Glucose überhaupt nicht von der Rohrzuckerkonzentration abhängig ist, sondern lediglich in einer Änderung der Zerfallsgeschwindigkeit des Enzymsubstrats besteht, während die Hemmung durch die β-Glucose in einer Verdrängung des Substrats vom Enzym bestehen soll. Y. Hattori teilt im Gegensatz hierzu mit, dass die Hemmung durch β-Glucose unabhängig von der Substratkonzentration ist. Josephson[1] hat die Hemmung der Saccharasewirkung und Raffinasewirkung des Hefeinvertins untersucht und dabei gefunden, dass die Raffinosespaltung durch sowohl α- wie β-Glucose stärker als die Rohrzuckerspaltung gehemmt wird, was jedoch auf eine Konkurrenz zwischen Substrat und hemmenden Zuckern deutet, da die Affinität der Saccharase zur Raffinose geringer als die Affinität zum Rohrzucker ist.

Nach allen diesen zum Teil sich widersprechenden Befunden muss man schliessen, dass das Verhalten der Saccharase zu den mutameren Formen der Glucose bei verschiedenen Enzympräparaten wechselt. Euler und Josephson[2] haben sogar die Beobachtung gemacht, dass bei einer Hefe, deren Saccharase nur unbedeutend von α-Glucose gehemmt wird, diese nach Vorbehandlung der Hefe mit Rohrzucker oder Glucose stärker von α-Glucose gehemmt wird.

Während die freie α-Glucose ein wechselndes Verhalten zur Saccharase aus Hefe zeigt, so scheint das α-Methylglucosid immer stark zu hemmen, ohne dass sich die Grösse der Hemmung bei Änderung der Konzentration des Substrats ändert (Michaelis und Pechstein, Kuhn, Josephson, Nelson). Die Hemmung ist sehr bedeutend. Josephson (H. 149, 71) fand, dass bei einem Gehalt der Versuchslösungen von $2^0/_0$ α-Methylglucosid die Inversionsgeschwindigkeit nur $11^0/_0$ von der in Abwesenheit eines hemmenden Stoffes gemessenen Geschwindigkeit war. Im Gegensatz zu den Verhältnissen bei den anderen hier besprochenen Hemmungen wurde die Hemmung mit Raffinose als Substrat kleiner als mit Rohrzucker als Substrat gefunden.

Hinsichtlich des Verhaltens der Saccharase zur Fructose stimmen die an der Aufklärung der Frage beteiligten Forscher in der Auffassung überein, dass die Hemmung durch die Gleichgewichtsform der Fructose darin besteht, dass der Rohrzucker durch die Fructose teilweise aus der Bindung mit dem Enzym verdrängt wird. Die Hemmung ist also von der Konzentration des Rohrzuckers abhängig und die Affinität zwischen der Saccharase und der Fructose scheint durch die von Michaelis und Menten abgeleitete Formel, die schon im I. Teil (S. 147—149 und 310) besprochen wurde, berechnet werden zu können.

Im Hinblick auf das oben Gesagte scheint uns die in der früheren Literatur vorkommende Einteilung der Hemmungserscheinungen in solche, welche durch

---

[1] Josephson, H. 136, 62; 1924.
[2] Euler u. Josephson, H. 152, 66; 1926; 153, 10; 1926.

„Affinität" zustande kommen und solche, welche in einer Änderung der Zerfallsgeschwindigkeit des Enzymsubstrates bestehen (Michaelis, Kuhn), nicht genügend begründet[1]. Auch die letzteren Hemmungen dürften sehr oft durch eine Affinität zwischen Enzym und Hemmungsstoff ganz oder teilweise verursacht sein, obwohl diese Affinität von solcher Art sein kann, dass sie nicht durch die von Michaelis und Menten abgeleitete Formel berechenbar ist.

Einfluss der Acidität auf die Hemmung durch Fructose und Glucose. Bei Untersuchung der Abhängigkeit der Hemmung durch Gleichgewichtsfructose und Gleichgewichtsglucose von der Acidität hat Josephson[2] festgestellt, dass Fructose ein geringeres Hemmungsvermögen im sauren Gebiet als beim pH-Optimum der Saccharasewirkung besitzt; bei Vergrösserung der Alkalinität wird die Hemmung noch etwas vergrössert. Anders liegen die Verhältnisse hinsichtlich der Glucose. Die Gleichgewichtsform dieses Zuckers hemmt nämlich am stärksten beim pH-Optimum der Saccharasewirkung; sowohl nach der mehr sauren wie mehr alkalischen Seite hin wird die Hemmung verkleinert. Inwieweit diese Tatsache in Beziehung zur Aktivitäts-pH-Kurve der Saccharase gesetzt werden kann, lässt sich zur Zeit nicht sagen. Nach Kuhn und Münch[3] ist das besprochene Verhalten der Gleichgewichtsglucose hauptsächlich der β-Form des Zuckers zuzuschreiben.

Schlussfolgerungen aus den Hemmungserscheinungen mit Hinsicht auf die Theorien über die Wirkungsweise der Saccharase[4].

Was nun die Schlussfolgerungen aus den Versuchen über Hemmung der Saccharasewirkung durch die verschiedenen Formen der Glucose und durch die Gleichgewichtsform der Fructose betreffen, so wollen wir nunmehr keine bestimmteren Rückschlüsse auf die Affinität der Saccharase zu den in den Rohrzucker eingehenden glucosidisch gebundenen γ-Fructose- und α-Glucosekomponenten aus den Ergebnissen der Versuche mit freier Gleichgewichtsfructose oder freier α-Glucose ziehen. Die Lage der Sauerstoffbrücke im Fructoserest sowie die Glucosidbildung bei der Vereinigung der Monosen zum Disaccharid muss sicher eine entscheidende Rolle spielen.

Wenn auch die Saccharase zu der Gleichgewichtsform der Fructose eine Affinität im Sinne von L. Michaelis und R. Kuhn unzweifelhaft besitzt, so ist diese wahrscheinlich von der Affinität der Saccharase zum γ-Fructoserest zahlenmässig verschieden[5].

---

[1] Euler u. Josephon, H. 166, 294; 1927. — Vgl. Josephson, H. 149, 71; 1925.

[2] Josephson, H. 134, 50; 1924. — Vgl. Euler u. Josephson, H. 155, 1; 1926.

[3] Kuhn u. Münch, H. 163, 1, und zwar 68; 1927.

[4] Euler u. Josephon, H. 166, 294; 1927.

[5] Die frühere Berechnung der Michaelisschen Konstanten K_M aus K_{M_1} und K_{M_2} kann demgemäss für den vorliegenden Fall nicht aufrecht erhalten werden uud wäre an solchen Fällen zu prüfen, in welchen die Konfiguration der freien und der zum Substrat verbundenen Reste die gleiche ist.

Von nicht geringem Einfluss scheint auch die Glucosidifizierung der Monosen zu sein. Haben wir doch gesehen, dass das Verhalten von α-Glucose und von α-Methylglucosid zu der Saccharase von grosser quantitativer Verschiedenheit ist. Das Bemerkenswerteste ist nun in diesem Zusammenhang, dass die freie α-Glucose mit einer reaktionsfähigen freien glucosidischen Gruppe (welche nach den Erfahrungen der letzten Zeit unter anderem mit Aminogruppen des Enzyms reagieren könnte[1]) im Verhältnis zu dem im allgemeinen viel weniger reaktionsfähigen α-Methylglucosid ziemlich geringe Wirkung auf die Saccharase hat und nach den älteren Befunden von R. Kuhn und denen von Y. Hattori in gewissen Fällen sogar ausbleiben kann. Das α-Methylglucosid, welches in konstitutioneller und konfigurativer Hinsicht unzweifelhaft mit dem Glucosidteil des Rohrzuckers grosse Ähnlichkeiten besitzt, hat nun tatsächlich eine im Verhältnis zu anderen untersuchten Glucosiden und freien Zuckern ungewöhnlich grosse Wirkung auf das rohrzuckerspaltende Enzym der Hefe, und zwar wurde die Wirkung bei der Spaltung des Rohrzuckers grösser, als bei der Spaltung der Raffinose gefunden, obwohl die gemessene Affinität des Enzyms zu Rohrzucker grösser als die Affinität zu Raffinose war. Der experimentelle Befund, dass die Hemmung durch das besprochene Glucosid von der Konzentration des Rohrzuckers wenigstens innerhalb gewisser Konzentrationsgebiete unabhängig ist, schliesst nach unseren Ausführungen keineswegs die Möglichkeit aus, dass die von Kuhn als Fructosaccharasen bezeichneten rohrzuckerspaltenden Enzyme eine gewisse Affinität zum α-Methylglucosid und zum α-Glucosidorest des Rohrzuckers besitzen. „Die Bahn zu einer erneuten Diskussion über die Wirkungsweise des Enzyms", welche R. Kuhn und H. Münch nach der Erkenntnis, „dass die vielfach auftretende α-Glucosehemmung mit den Beziehungen der Saccharase zur Saccharose nichts zu tun hat", freilegen, kann also die von uns in der Diskussion eingeführte Hemmung durch α-Methylglucosid nicht umgehen[2].

Schon in der ersten Mitteilung über die „Zwei-Affinitätstheorie" der Saccharase hatte H. v. Euler[3] hinsichtlich der verschiedenen Spezifität der zwei angenommenen Affinitätsgruppen der Hefen-Saccharase das Folgende hervorgehoben:

---

[1] Vgl. Euler u. Josephson, H. 153, 1; 1926.— Euler, Brunius u. Josephson, H. 155, 259; 1926. — Euler u. Brunius, Chem. Ber. 59, 1581; 1926; 60, 992 u. 997; 1927. — Sörensen u. Lorber, Chem. Ber. 60, 999; 1927.

[2] Merkwürdigerweise hemmt nach Hattori (Biochem. Zs 150, 150; 1924) α-Methylglucosid die Wirkung der „Glucosaccharase" in Aspergillus oryzae (Taka-Saccharase) überhaupt nicht. Ist der Glucoserest im Rohrzucker mit dem des α-Methylglucosids identisch, so scheint sich die von Kuhn gemachte Annahme, dass diese Saccharase sich an den Glucoserest des Rohrzuckers anlagert, schwer mit diesem Befund in Einklang bringen zu lassen. Falls sich diese widersprechenden Angaben der Literatur bestätigen, so muss doch vielleicht angenommen werden, dass die Glucosereste im Rohrzucker und α-Methylglucosid nicht identisch sind. In solchem Falle kann die Hemmbarkeit der Fructosaccharase durch α-Methylglucosid zur Aufklärung der Wirkungsweise dieses Enzyms nicht dienen.

[3] H. v. Euler, H. 143, 79; 1924/25.

„Schon aus den jetzt vorliegenden Tatsachen ist es unverkennbar, dass die beiden Affinitäten der Saccharase, die wir oben mit 1 (Fructose) und 2 bezeichnet haben, nicht nur nicht den gleichen Zahlenwert besitzen (dies könnte als eine Zufälligkeit betrachtet werden), sondern auch ihrer Natur nach nicht gleichwertig sind. Wir wollen die beiden in diesen und analogen Fällen als spezifische und Gruppenaffinität unterscheiden.‟

„Die scharfe Abgrenzung dieser Spezifitäten scheint mir eine wesentliche experimentelle Aufgabe der Enzymchemie.‟ Versuche zu einer solchen Abgrenzung der beiden Affinitätsgruppen wurden von K. Josephson[1] in der fünften Mitteilung über die Affinitätsverhältnisse der Saccharase begonnen, und zwar durch Hemmungsversuche mit gleichzeitig zwei hemmenden Stoffen (Fructose oder Glucose + der zweite Hemmungsstoff). Diese Versuche wurden dann in einer folgenden Arbeit[2] fortgesetzt und die Annahme der verschiedenen Spezifität der zwei Affinitätsstellen bestätigt. „Die viel geringere Spezifität der glucosebindenden Affinitätsstelle der Saccharase im Verhältnis zu der grossen Spezifität der fructosebindenden Enzymgruppe bestätigt sich. Die Spezifität der fructosebindenden Gruppe ist also stark ausgeprägt, wahrscheinlich lässt sie jedoch die Bindung verschiedener Fructoseformen zu.‟ Dieser letztere Schluss wurde aus der beobachteten Hemmung durch Gleichgewichtsfructose gezogen.

Euler hatte in seiner oben zitierten Mitteilung hinsichtlich der Spezifität der Affinitätsgruppen weiter folgendes betont: „Die Affinität 1 können wir bis jetzt durch keine andere Gruppe absättigen, als durch die in der Fructose enthaltene; damit ist schon ausgedrückt, dass Fructosederivate, die diesen Rest unverändert enthalten, ebenfalls diese spezifische Affinität zeigen werden, konstitutiv etwa so beeinflusst, wie die elektrolytische Dissoziationskonstante einer Säure durch Substitution usw. konstitutionschemisch beeinflusst wird.‟

„Die Spezifität der Affinität 2 ist offenbar viel geringer. Es geht dies vor allem aus den Hemmungsversuchen hervor, welche ja, seit ihrer Einführung, überhaupt sehr wesentliche Aufklärungen in kinetischer Hinsicht gebracht haben. Die meisten der hemmenden Zuckerarten dürften an der Affinitätsstelle 2 gebunden werden und somit — wenn Rohrzucker vorhanden ist — den Übergang von Molekülart Saccharase-Fructose in Saccharase-Rohrzucker hindern. Vergleichende Hemmungsversuche mit je einem Paar von Zuckerarten dürften hierüber Aufschlüsse geben. Die Affinität der Affinitätsstelle 2 dürfte aber noch viel umfassender sein und die Bindung messbarer Beträge von aliphatischen Alkoholen überhaupt ermöglichen, wobei natürlich sowohl der Affinitätsbetrag selbst von Fall zu Fall stark variieren kann, als auch die Spaltungsgeschwindigkeit bzw. Reaktionsgeschwindigkeit des ganzen Komplexes

---

[1] K. Josephson, H. 149, 71; 1925.
[2] H. v. Euler u. K. Josephson, H. 152, 31; 1926.

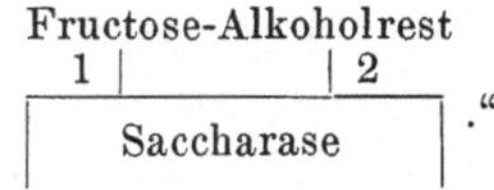

Unsere früheren Darstellungen der Affinitätsverhältnisse zwischen Rohrzucker und Saccharase lassen nun die Tatsache unerklärt, dass die Hemmung der Saccharasewirkung durch α-Methylglucosid (unter Umständen auch, wie Kuhn hervorhebt, durch α-Glucose) von der Substratkonzentration unabhängig ist.

Auf Grund dieser Tatsache unsere Vorstellung von zwei Affinitätsstellen der Saccharase und des Rohrzuckers aufzugeben, scheint uns aber im Gegensatz zu Kuhn nicht notwendig und nicht zweckmässig; wohl aber war diese Tatsache die nächste Veranlassung zu einer Modifikation unserer früheren Darstellung, welche wir nun folgendermassen präzisieren wollen:

Nach unserer Auffassung kann die Verschiedenheit der Natur und Spezifität der zwei Affinitätsstellen auch gerade äusserlich dadurch zum Ausdruck kommen, dass ein Hemmungsstoff, der an die spezifische Affinitätsstelle 1 gebunden ist, in seiner Hemmung von der Konzentration des Substrates abhängig ist, und sich nach der Formel von Michaelis und Menten für Affinitätsmessungen verwerten lässt, während der Bindungsgrad eines an der Affinitätsstelle 2 haftenden Stoffes sich mit der Substratkonzentration nicht zu ändern braucht.

Wir gehen von der Annahme aus, dass die enzymatische Rohrzuckerspaltung durch eine Fructo-Saccharase dadurch eingeleitet wird, dass sich ein Komplex von folgender Art bildet:

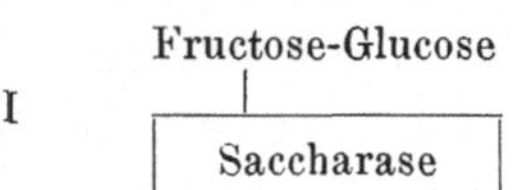

Diese Molekülart wird als „reaktionsvermittelnde Moleküle erster Ordnung" bezeichnet. Wir behalten die Annahme bei, dass die Vereinigung des Fructoserestes des Rohrzuckers mit der Saccharase mit unmessbar grosser Geschwindigkeit verläuft und legen der messbaren Affinitätskonstante K_M das Gleichgewicht zugrunde:

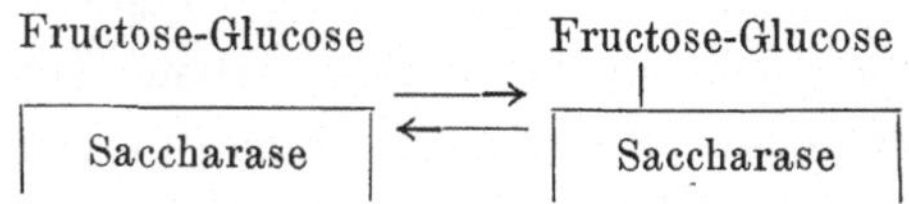

Der Komplex I geht dann in den Komplex II über, welchen wir als „reaktionsvermittelnde Moleküle zweiter Ordnung" bezeichnen.

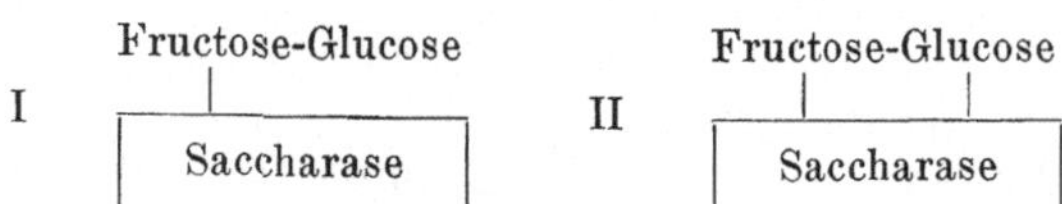

Hinsichtlich dieses Überganges ist folgendes zu sagen:

Wir nehmen an, dass die „reaktionsvermittelnden Moleküle zweiter Ordnung" so instabil sind, also so schnell gespalten werden, dass das den Affinitätsverhältnissen entsprechende Gleichgewicht I $\rightleftarrows$ II nicht erreicht wird. Demgemäss nehmen wir in den Reaktionslösungen nur eine sehr kleine Konzentration der „reaktionsvermittelnden Moleküle zweiter Ordnung" an. Damit soll jedoch nicht behauptet werden, dass die Häufigkeit des Eintrittes einer Bindung II mit der Häufigkeit der zur Rohrzuckerspaltung führenden „erfolgreichen Zusammenstösse" zusammenfällt.

Wird ein hemmender Stoff, etwa α-Methylglucosid, an die Affinitätsstelle 2 angelagert, so liegt die Annahme nahe, dass auch die Konzentration der Molekülart I geändert wird, wodurch — bei im übrigen gleichbleibenden Versuchsbedingungen — die Wahrscheinlichkeit der zur Molekülart II und zum Rohrzuckerzerfall führenden Reaktionsstösse abnimmt. Wir möchten gegenüber Kuhn betonen, dass die Hemmung, welche bereits durch kleine Konzentrationen von α-Methylglucosid eintritt, kaum anders gedeutet werden kann, als dass an einem reaktionsvermittelnden Molekül durch den hemmenden Stoff eine für die Reaktion wichtige Stelle durch diesen Hemmungsstoff besetzt wird. Wenn wir diese Besetzung auf die Affinität zwischen Hemmungsstoff und Enzym zurückführen, so liegt darin nur die Anwendung physikalisch-chemischer Grundsätze und der gebräuchlichen Nomenklatur.

Die sehr wahrscheinlich grosse Ähnlichkeit oder Identität zwischen der im α-Methylglucosid und der im Rohrzucker vorhandenen Glucoseform gestattet dann den weiteren Schluss, dass auch zwischen dem Glucoseteil des Rohrzuckers und der das α-Methylglucosid bindenden Gruppe der Saccharase eine entsprechende Affinität besteht.

Wir kommen dann auf den Umstand, dass die Hemmung durch α-Methylglucosid entgegen der theoretisch zu erwartenden Beziehung von der Rohrzuckerkonzentration unabhängig ist. Eine endgültige Aufklärung dieser eigentümlichen Tatsache steht noch aus. Zwei Wege zum Verständnis dieser Hemmung scheinen uns möglich:

Durch den Zusatz von α-Methylglucosid zum System Saccharase-Rohrzucker könnte die Konzentration der Molekülart I deswegen praktisch ungeändert bleiben, weil die Geschwindigkeit, mit welcher die Bindung an die Affinitätsstelle 2 der Saccharase sich vollzieht, gering ist, vielleicht wegen vorausgehender Umlagerung oder wegen der zur Bildung der Moleküle II zu überwindenden Spannung. Die Wirkung des Hemmungsstoffes besteht also lediglich in einer Änderung der Konzentration der reaktionsvermittelnden Moleküle zweiter Ordnung.

Eine andere, unter gewissen Umständen nicht ganz ausgeschlossene Deutung wäre die, dass die Bindung und Hemmung an den Affinitätsstellen 1 und 2 sich bei wachsendem Rohrzuckerzusatz gerade kompensieren.

Kuhns Ansicht, dass die reaktionsvermittelnden Enzym-Rohrzucker-moleküle nur an einer Stelle verbunden sind, stellt, wie wir glauben, die Verhältnisse nicht befriedigend dar. Sie vermag die folgenden Tatsachen noch nicht zu erklären:

1. Die vermutliche Verschiedenheit der α-Glucosidase der Hefe (Hefe-Maltase) und Gluco-Saccharase.

2. Den Befund von J. Leibowitz und Mechlinski[1], dass Präparate von Takasaccharase, welche Rohrzucker und Maltose spalten, nicht auf α-Methylglucosid einwirken, sowie den Befund von Hattori, dass α-Methylglucosid die Wirksamkeit der Taka-Saccharase nicht beeinflusst.

3. Das vermutliche Vorkommen einer Gluco-Lactase und einer „Galakto-Raffinase" in Emulsin (E. F. Armstrong, Neuberg, Kuhn).

Was im vorstehenden von der Hemmung durch α-Methylglucosid gesagt wurde, gilt in gewissem Grade auch von α-Glucose. Die sehr verschiedene Hemmung durch α-Methylglucosid und α-Glucose wird man eventuell darauf zurückführen können, dass die freie α-Glucose zum grossen Teil eine andere Form (anderen Ring) besitzt als diejenige, welche dem Glucoserest im α-Methylglucosid und im Rohrzucker zukommt.

Dem Umstand, dass die in dem Rohrzucker vorhandene Form der Fructose (2,5) (evtl. auch die der Glucose) nicht oder wenigstens nur zum ganz geringen Teil in die freie Fructose (Glucose) eingeht, ist es vermutlich zuzuschreiben, dass die enzymatische Synthese des Rohrzuckers, welche im Pflanzenreich eine so wesentliche Rolle spielt, in vitro noch nicht gelungen ist.

Schliesslich wollen wir in diesem Zusammenhang noch die Möglichkeit betonen, dass das verschiedene Verhalten anderer Di- und Trisaccharide gegenüber Enzympräparaten auch durch Ungleichheiten der Lage der Sauerstoffbrücken bedingt sein kann.

e) Vergleich von Enzymhydrolyse und Säurehydrolyse des Rohrzuckers.

Mit der Vorstellung als Ausgangspunkt, dass die katalytischen Wirkungen von sowohl Säuren (Wasserstoffionen) als Enzymen erst nach der Vereinigung von Katalysator und Substrat zustande kommen, hat Euler[2] durch spezielle Annahmen über die Natur der reaktionsvermittelnden Moleküle und die verschiedenen Affinitätskräfte zwischen Substrat und Katalysator eine Auffassung über die Konzentrationen dieser reaktionsvermittelnden Moleküle oder — wenn diese Konzentrationen in anderer Weise zu berechnen sind — Anhaltspunkte über die spezifischen Reaktionsfähigkeiten der Katalysator-Substratverbindungen zu erhalten gesucht.

---

[1] Leibowitz u. Mechlinsky, H. 154, 64; 1925.
[2] Euler, Chem. Ber. 55, 3582; 1922; H. 143, 79 und zwar S. 85; 1925. Vgl. auch I. Teil, S. 171.

Die älteren Berechnungen über dieses Thema haben Euler und Josephson[1] neuerdings unter Berücksichtigung neuer Versuchsergebnisse ergänzt.

Zur Berechnung der Verhältnisse bei der enzymatischen Hydrolyse des Rohrzuckers gehen wir von dem folgenden Versuch aus:

Totalvolumen der Reaktionsmischung: 50 ccm.
Konzentration des Rohrzuckers 0,118 m.
Enzymmenge: 0,03 mg Präparat mit If = 320 (18°).
Versuchstemperatur: 25,00 ± 0,05°.

Minuten	Drehung (°)	Drehungs-änderung	% Spaltung	Zahl der gesp. Mol. Zucker	Zahl der gesp. Mol. Zucker pro Min.
0	(2,68)	—	—	—	—
0,5	2,65	(0,03)	—	—	—
10	2,09	0,59	16,7	0,00099	0,000099
15	1,78	0,90	25,4	0,00150	0,00010
20	1,52	1,16	32,8	0,00194	0,000097
∞	—0,86	3,54	100	0,00590	—

Aus den Zahlen der letzten Spalte der Tabelle berechnen wir also, das im Mittel durch 0,03 mg Enzympräparat in den 50 ccm 0,118 m Rohrzuckerlösung (pH = 4,46) pro Minute rund 0,00010 Mol. Rohrzucker gespalten werden. 0,03 mg Präparat mit If = 320 entsprechen 0,02 mg Präparat mit If = 500, welcher Wert als die Minimi-Inversionsgeschwindigkeit unserer reinen (von Verunreinigungen und inaktivem Enzym befreiten) Saccharase geschätzt wurde. Setzen wir das Molekulargewicht des Enzyms gleich 20 000, welcher Wert durch Messen der Diffussionsgeschwindigkeit von gereinigten Saccharasepräparaten aufgeschätzt wurde, so erhalten wir die ungefähre Grössenordnung der molekularen Konzentration des Enzyms in der Reaktionsmischung beim obigen Versuch

$$[E] = \frac{0,02 \cdot 10^{-3} \cdot 20}{M} = 0,02 \cdot 10^{-3} \cdot 20/20\,000 = 2 \cdot 10^{-8}.$$

Setzen wir ferner die Dissoziationskonstante der Saccharase-Rohrzuckerverbindung gleich 0,02 (Affinitätskonstante $K_M = 50$), so erhalten wir die Konzentration der reaktionsvermittelnden Verbindung erster Ordnung

$$X = E \cdot \frac{S}{S + K_m} = 2 \cdot 10^{-8} \cdot \frac{0,118}{0,118 + 0,02} = 1,7 \cdot 10^{-8}.$$

Der nach der Formel für monomolekulare Reaktionen berechnete Reaktionskoeffizient $k = 1/t \cdot \log (\alpha/\alpha — x)$ betrug bei dem oben beschriebenen Versuch $83 \cdot 10^{-4}$ und das Verhältnis k/X (die spezifische Reaktionsfähigkeit) berechnet sich also in diesem Falle zu

$$\frac{83 \cdot 10^{-4}}{1,7 \cdot 10^{-8}} = 5 \cdot 10^5 = rq.$$

---

[1] Euler u. Josephson, H. 166, 294, und zwar S. 311 ff.; 1927.

Zum Vergleich mit den obigen für die enzymatische Hydrolyse des Rohrzuckers mit Saccharase aus Unterhefe H abgeleiteten Verhältnissen führen wir die folgenden aus einer Arbeit von H. v. Euler und A. Ölander[1] gewonnenen Zahlen über die Inversion des Rohrzuckers durch verdünnte Chlorwasserstoffsäure an.

Bei den Versuchen von Euler und Ölander wurden 5 g reinste Saccharose in 200 ccm Salzsäurelösung aufgelöst; die Konzentration des Rohrzuckers entspricht einer 0,073 m-Lösung. Die Konzentration der Chlorwasserstoffsäure sind durch die elektrometrisch gemessenen pH-Werte charakterisiert.

pH	$10^7\,k_{25}$	$10^3\,k_{25}:h$
1,51	962	3,11
1,95	329,5	2,94
2,92	37,7	3,13

Die Versuche bei 25° lassen sich in der nebenstehenden Tabelle zusammenfassen.

In dem vorliegenden pH-Gebiet lässt sich

$$k = B \cdot h = S^+ \cdot rq = \frac{K_b}{K_w} \cdot rq \cdot h$$

setzen, wenn S^+ die Konzentration der Kationen des Rohrzuckers und K_b die Dissoziationskonstante des Rohrzuckers als Base ist. Ist ferner die Rohrzuckerkonzentration S, so gilt

$$S^+ \cdot oh = K_b \cdot S.$$

Somit

$$K_b \cdot rq = \frac{k}{h} \cdot K_w = B \cdot K_w.$$

Bei der Versuchstemperatur 25° ist nach der obigen Tabelle B = 0,00306, weiter ist $K_w = 1,29 \cdot 10^{-14}$ und wir erhalten

$$rq = \frac{0,00306 \cdot 1,29 \cdot 10^{-14}}{K_b} = \frac{3,95 \cdot 10^{-17}}{K_b}.$$

Nimmt man für K_b den auch der Grössenordnung nach noch unsicheren Wert 10^{-20} an, so erhält man $rq = 4 \cdot 10^3$. Dies wäre also die Zerfallsgeschwindigkeit der Rohrzuckerionen.

Einfluss der Temperatur.

a) Stabilität der Saccharase.

Den eingehenden Erörterungen des ersten Teiles, S. 244—282 können wir zunächst folgende Tatsachen entnehmen:

Die Stabilität des Enzyms wird ausgedrückt durch einen Reaktionskoeffizienten erster Ordnung, k_c. Da dieser Koeffizient um so grösser ist, je schneller die Inaktivierung verläuft, so wird er als **Inaktivierungskoeffizient** bezeichnet. Er ist nicht unabhängig von der Verdünnung des Enzyms und von der Erhitzungszeit; deswegen sind zur Bestimmung des

---

[1] Euler u. A. Ölander, Zs anorg. u. allg. Chem. 156, 143; 1926.

Inaktivierungskoeffizienten bzw. der Inaktivierungskonstanten[1] folgende Bedingungen vorgeschlagen worden:

Erhitzungszeit 50—70 Minuten, Interpolation auf 60 Minuten. Die Enzymkonzentration ist so zu wählen, dass bei Zimmertemperatur die Inversionskonstante unter Normalbedingungen den Wert $40 \cdot 10^{-4}$ erreicht.

Die Stabilität der Saccharase ist in erster Linie von der Acidität und von der Temperatur und schliesslich von der Gegenwart von Schutzstoffen und Adsorbentien abhängig.

Betrachten wir zunächst schutzstofffreie Lösungen, so liegen hinsichtlich des Einflusses der Acidität die von Laurin[2] gegebenen Kurven vor (Fig. 25). Sie zeigen ein ausgeprägtes Optimum im Aciditätsgebiet pH = 4—5[3].

Die Inaktivierungsgeschwindigkeit, also auch der Wert von k_c, wächst sehr stark mit der Temperatur (vgl. I. Teil, S. 261ff.) wie folgende Zahlen zeigen, welche für die Stabilität einer Oberhefensaccharase in wässriger (nur Puffer enthaltenden) Lösung und für optimale Acidität gelten:

Temperatur	58	60	62	64
$k_c \cdot 10^3$	3	8	20	45

Berechnet man die Temperaturkonstante Q aus den experimentell ermittelten Inaktivierungskoeffizienten k_c nach der Formel

$$k_{c_2} = k_{c_1} \cdot e^{\frac{Q\,(T_2 - T_1)}{2\,T_2 T_1}},$$

so ergibt sich Q zu 101 000. Diese Temperaturkonstante Q ändert sich, wie Figur und Tabelle auf S. 263 u. 264 des I. Teiles ausweisen, nicht unerheblich mit der Acidität.

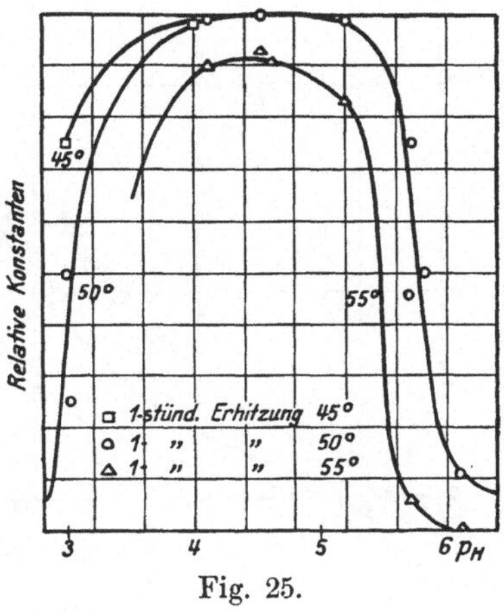

Fig. 25.

Die von Euler und Laurin ermittelten Zahlen beziehen sich auf Enzymlösungen mit einer Aktivität entsprechend im Mittel If = 7,5. Bei Wiederholung der Messungen mit wesentlich reineren Enzymlösungen (If = rund 70[4] und If = 240[5] hat sich ergeben, dass die Reinigung keine bedeutenden Änderungen hinsichtlich der Stabilität der Saccharase zur Folge hat. Auch mit einem Präparat von If = 320 haben Euler und Josephson[6] keine wesentliche Verschiebung des Wertes der Inaktivierungskonstante gefunden ($k_c =$

$$= \frac{1}{t} \log \frac{k_a}{k_t} = 35 \cdot 10^{-4} \text{ bei } 59^{\circ}).$$

---

[1] Ihr inverser Wert, $1/k_c$ wird Stabilitätskonstante genannt.

[2] Euler u. Laurin, H. 108, 64; 1919 und 110, 55; 1920.

[3] J. M. Nelson u. Fr. Hollander (Jl Biol. Chem. 58, 291; 1923) fanden bei einigen Präparaten das Stabilitäts-Optimum bei pH = 5,8.

[4] Euler u. Myrbäck, H. 115, 68; 1921.

[5] Euler, Josephson u. Myrbäck, H. 130, 87; 1923.

[6] Euler u. Josephson, H. 152, 254; 1926.

Verschiedenheiten zwischen verschiedenen Präparaten ergeben sich unter anderem darin, dass bei einigen Präparaten die Hitzeinaktivierung vollkommen monomolekular erfolgt, während bei anderen Präparaten die berechneten Werte von k_c mit der Zeit abfallen. Dazu ist zu bemerken, dass dieser Unterschied in der Hitzeinaktivierung nicht durch den Reinheitsgrad bestimmt wird, indem zwei Präparate mit gleichem Reinheitsgrad sich sehr ungleich verhalten. Es ist eine oft wiederkehrende Tatsache, dass k_c nicht gleichmässig abnimmt, sondern im Anfang stark fällt, um dann angenähert konstant zu bleiben. Diese Tatsache lässt sich durch Annahme von dem Vorhandensein zweier verschiedener Modifikationen der Saccharase in den Lösungen erklären. Die beiden Modifikationen · sollen verschiedene Stabilität besitzen und jede der beiden Saccharasen durch eine monomolekulare Reaktion inaktiviert werden.

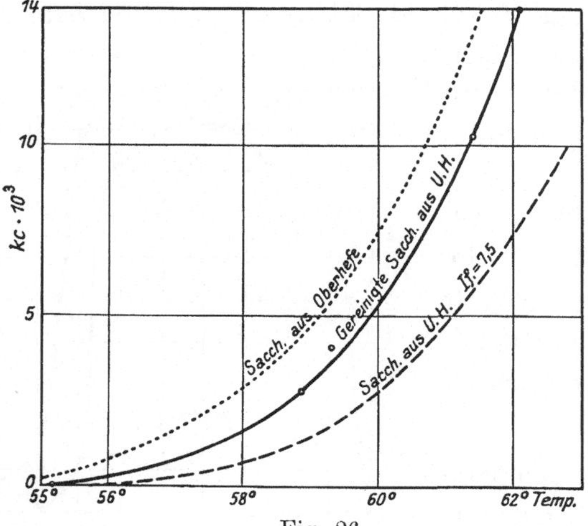

Fig. 26.

Hinsichtlich der Art der Verschiedenheiten der hypothetischen Modifikationen ist man sicher berechtigt, sie auf Verschiedenheiten in den sog. kolloiden Trägern zurückzuführen; die verschiedenen aktiven Gruppen der Saccharase können sich auf verschieden gebaute kolloide Träger verteilen.

Willstätter, Schneider und Wenzel[1] geben an, dass ihre hochwertigen Präparate sehr ungleiche Stabilität aufweisen. Unzweifelhaft hängen diese Ungleichheiten mit den verschiedenen stabilisierenden kolloiden Bestandteilen der Enzymlösungen (kolloiden Trägern) zusammen.

Beträchtliche Schutzwirkungen üben der Rohrzucker bzw. dessen Spaltprodukte aus: Hinsichtlich der Fructose lagen schon einige ältere Versuche von Hudson und Paine[2] vor. Mit neuerer Methodik hat Laurin die Wirkung eines Zusatzes von $4^0/_0$ Rohrzucker bei 60° untersucht und gefunden, dass schon durch diesen verhältnismässig geringen Zusatz eine Schutzwirkung von etwa $40^0/_0$ der gesamten Inaktivierung erreicht wird. Die Schutzwirkung des Rohrzuckers bzw. der Fructose ist auf der sauren Seite geringer als auf der alkalischen. Dies steht mit der von Josephson gefundenen Affinitätsverminderung im sauren Gebiet in bestem Einklang.

Von Interesse ist der neuere Befund von Josephson[3], dass bei einem

[1] Willstätter, Schneider u. Wenzel, H. 151, 1; 1926.
[2] Hudson u. Paine, Jl Amer. Chem. Soc. 32, 985, und zwar S. 988; 1910.
[3] Euler u. Josephson, H. 152, 254; 1926.

Präparat von If = 320 Fructose und Glucose gleich grosse Schutzwirkungen ausüben. Die teilweise Wärmeinaktivierung der Saccharase bei Abwesenheit oder Anwesenheit von Fructose oder Glucose hatte keine nachweisbare Änderung der Affinitätsverhältnisse der Saccharase zur Folge. Auch die Hemmbarkeit der Saccharasewirkung durch α-Glucose war nach der Erhitzung ungeändert. Die verschiedenen „Affinitätsgruppen" werden also bei der Hitzeinaktivierung nicht ungleichmässig beeinflusst.

b) Aktivitätssteigerung der Saccharase durch Erwärmen.

Neuerdings hat I. Lindståhl[1] in hiesigem Laboratorium die Beobachtung gemacht, dass gewisse Saccharaselösungen beim Erwärmen auf 56—60° eine Aktivitätssteigerung zeigen können. Beim Erhitzen einer Saccharaselösung während 60 Minuten auf 56° betrug diese Aktivitätssteigerung rund 50%. Hiernach können also die Saccharaselösungen, nachdem sie gewissen Reinigungsverfahren unterworfen sind, vom Maximum ihrer Aktivität entfernt sein.

c) Einfluss der Temperatur auf die Inversionsgeschwindigkeit.

Bereits im ersten Teil ist in der Tabelle S. 277 gezeigt worden, dass der Temperaturkoeffizient der Saccharasewirkung demjenigen der meisten anderen Enzymreaktionen entspricht, indem sich zwischen 20° und 30° die Geschwindigkeit bei einer Temperatursteigerung von 10° verdoppelt; $k_{30} : k_{20}$ = etwa 2. Der Temperaturkoeffizient Q der Arrheniusschen Temperaturformel nimmt mit steigender Temperatur nicht unerheblich ab. Nach neueren Messungen von Laurin[2] lässt sich Q durch eine Interpolationsformel

$$Q = 11\,400\,(1 - 0{,}009\,t)$$

zwischen 0° und 50° gut darstellen. Mit dieser Formel stehen auch die früher von Kjeldahl und von O'Sullivan und Tompson gewonnenen Resultate gut im Einklang.

Bemerkenswert ist, dass der Temperaturkoeffizient der nicht enzymatischen Säurekatalyse des Rohrzuckers erheblich grösser ist als derjenige der enzymatischen Inversion. Für die Temperatur von 20° ist nämlich bei der Reaktion

Rohrzucker-Salzsäure	Rohrzucker-Saccharase
Q = 25 600	9400.

Die Temperaturabhängigkeit der Saccharasewirkung setzt sich aus verschiedenen Temperatureinflüssen zusammen, welche in der Arbeit von Euler und Laurin (1920) näher besprochen sind. Aus den dortselbst mitgeteilten Messungen scheint hervorzugehen, dass die Gleichgewichtskonstante zwischen Saccharase und Rohrzucker, welche ja die Konzentration der reagierenden

---

[1] Euler u. Lindståhl, Svensk kemisk Tidskrift 37, 18; 1925. — Euler u. Josephson, H. 145, 130; 1925.

[2] Euler u. Laurin, H. 110, 55; 1920.

Molekülart bestimmt und damit auf die Reaktionsgeschwindigkeit einen wesentlichen Einfluss besitzt, sich mit der Temperatur nicht wesentlich ändert. Natürlich ist zu berücksichtigen, dass die Reaktionsfähigkeit des Rohrzuckers selbst mit der Temperatur wächst, und auch die elektrolytischen Dissoziationsgleichgewichte von Enzym und Substrat von der Temperatur beeinflusst werden können.

Einfluss der Strahlung.

(Vgl. I. Teil, S. 282 ff.)

Wie Downes und Blunt, Fernbach[1], Emmerling[2] sowie Jamada und Jodlbauer[3] fanden, wird Saccharase von den Strahlen des Sonnenlichts in sauerstofffreier Atmosphäre nur wenig geschädigt, erst die Gegenwart von Sauerstoff bedingt eine erheblichere Lichtdestruktion.

Durch Zusatz gewisser Gruppen von fluorescierenden Stoffen kann die Lichtempfindlichkeit der Saccharase erhöht werden, und zwar sind auf Saccharase als Sensibilisatoren Stoffe aus der Fluorescein-, Anthracen-, Thiazin- und Chinolingruppe wirksam[4].

Ultraviolette Strahlen wirken nach Jodlbauer und v. Tappeiner[5] dagegen unabhängig von der Gegenwart von Sauerstoff. Agulhon[6] sucht die Lichtzerstörung durch die Bildung von Wasserstoffsuperoxyd und dessen Einwirkung auf die Saccharase zu erklären. Svanberg[7], der zur Aufklärung dieser Frage Versuche in Quarzgefässen mit einer Quecksilberlampe ausgeführt hat, fand eine Lösung mit If = 8,6 erheblich empfindlicher als noch unreinere Lösungen. Die Lichtwirkung konnte durch Einleiten von Wasserstoff verhindert werden, was darauf hindeutet, dass es sich hier grösstenteils um einen sekundären photochemischen Effekt handelt. Die Vermutung Agulhons, dass die Lichtdestruktion auf die Bildung von Wasserstoffsuperoxyd zurückzuführen ist, trifft indessen nicht zu; Saccharase ist gegen dieses Oxydationsmittel sehr unempfindlich. Viel grösser ist ihre Empfindlichkeit gegen Ozon, aber auch diese Wirkung ist für die quantitative Erklärung des Lichteffektes nicht ausreichend.

Hinsichtlich des Einflusses von radioaktiven Substanzen und ihren Strahlungen[8] haben neuerdings G. A. Bonino und V. Mazzucchetti[9] mitgeteilt,

[1] Fernbach, Ann. Pasteur 3, 483; 1889.

[2] Emmerling, Chem. Ber. 34, 3811; 1901.

[3] Jamada u. Jodlbauer, Biochem. Zs 8, 62; 1908.

[4] Jodlbauer u. v. Tappeiner, Arch. f. klin. Med. 82, 520; 1905.

[5] Jodlbauer u. v. Tappeiner, Arch. f. klin. Med. 87, 373; 1906.

[6] Agulhon, Ann. Pasteur 26, 38; 1912.

[7] Svanberg, Sv. Vet. Akad. Arkiv f. Kemi, Bd. 8, Nr. 6; 1921.

[8] Vgl. I. Teil, S. 291.

[9] G. A. Bonino u. Valera Mazzucchetti, Arch. di biol. 2, 81; 1925. — Ber. Ges. Physiol. 37, 884. — Chem. Zbl. 98, I, 2084; 1927.

dass bei einer Konzentration der radioaktiven Substanz entsprechend $6{,}2 \cdot 10^{-8}$ g Ra pro Kubikzentimeter oder $4{,}5 \cdot 10^{-8}$ Curie-Emanation pro Kubikzentimeter die Saccharase deutlich geschwächt werden soll. Die Hauptwirkung schreiben die Autoren den α-Strahlen zu.

Alle diese Versuche beziehen sich auf Saccharaselösungen, welche keiner Reinigung durch die neuen Adsorptionsmethoden unterworfen wurden.

Anreicherung lebender Hefezellen an Saccharase.

Die ersten Versuche wurden von Wortmann 1882 und von Fernbach 1890 angestellt; die Untersuchung des letzteren Forschers muss, wie schon früher betont wurde, als eine für die damalige Zeit bedeutende Leistung bezeichnet werden, wenn auch die angewandten Methoden und die Berechnung der Messungen nicht mehr dem jetzigen Stand der Enzymforschung entsprechen. Von teilweise anderen Gesichtspunkten aus und mit modernen Hilfsmitteln hat Euler mit einer Reihe von Mitarbeitern den Einfluss der Nährlösung und die Bedingungen der Temperatur und der Acidität studiert, unter welchen eine Hefe ein Maximum an Saccharasegehalt erreicht[1]. Im ersten Teil dieses Buches (S. 397 ff.) ist schon ziemlich ausführlich darüber berichtet worden, so dass hier nur mehr unter Hinweis auf die Originalarbeiten die wesentlichsten Punkte erwähnt zu werden brauchen.

Die Vermehrung der Saccharase findet im allgemeinen in Lösungen statt, welche neben geeigneter Stickstoffnahrung (besonders Aminosäuren, Peptiden und Peptonen) einen gärfähigen Zucker enthalten. Letzterer kann durch andere Kohlenstoffnahrung nicht ersetzt werden. Der Verlauf der Enzymbildung ist dann ziemlich regelmässig, eine Verdoppelung trat bei den Versuchen von Euler und Svanberg im allgemeinen in 12—20 Stunden ein, und die Anreicherung konnte mehrmals wiederholt werden, so dass der Enzymgehalt schliesslich bis auf den siebenfachen ursprünglichen Betrag der Hefe gesteigert werden konnte.

Was den Temperatureinfluss[2] betrifft, so ist ein gewisser Zusammenhang zwischen Enzymbildung und Zellenzuwachs wahrscheinlich geworden. Bei der daraufhin untersuchten Unterhefe H lag das Optimum der Saccharasebildung bei $27{,}5^{0}$, das Optimum des Zellenzuwachses bei $23{,}5^{0}$.

Die gleiche Unterhefe zeigte (Fig. 27) ein ausgesprochenes Aciditäts-Maximum der Saccharasebildung[2] bei pH $= 5$—6. Dabei ist zu bemerken, dass sich die Hefe einerseits bis zu einem gewissen Grade der Acidität der Lösung anpasst (Euler und Emberg 1918), andererseits selbst eine gewisse,

---

[1] Euler u. af Ugglas, Sv. Vet. Akad. Arkiv f. Kemi, Bd. 3, Nr. 34; 1910. — Euler u. Johansson, H. 76 u. 84. — Euler u. Meyer, H. 79. — Euler u. Cramér, H. 88 u. 89. — Euler, Biochem. Zs 85, 406; 1918. — Euler u. Svanberg, H. 106, 201; 1919.
[2] Euler u. Svanberg, H. 106, 201; 1919.

allerdings über ihrem Aciditätsoptimum liegende Acidität in der Nährlösung einstellt.

Auch der Rückgang der Anpassung an die Temperatur ist durch einige orientierende Versuche von Euler und Svanberg untersucht worden.

In letzterer Zeit haben Willstätter, Lowry jr. und Schneider[1] bemerkenswerte Beobachtungen über Invertinanreicherung in der Hefe publiziert. Nach diesen Forschern wird die früher beobachtete Enzymvermehrung weit überholt, wenn man, statt die Hefe in starker Zuckerlösung zu führen, eine Gärführung mit minimaler Zuckerkonzentration anwendet. In 2—3 Stunden mit 20—30% (berechnet auf die Hefemenge) Zucker werden die bisher besten Zeitwerte erreicht, in einem Tag die Endwerte des Invertingehaltes, nämlich Zeitwerte zwischen 15 und 22, also 16fach bessere als bei dem Ausgangsmaterial, die frische Brauereihefe. Unter den Bedingungen dieser Gärführung, deren praktische Ausführung schon auf S. 148 wiedergegeben ist, treten in der Sekunde in eine Hefezelle etwa $1,3 \cdot 10^7$ Moleküle Rohrzucker ein, um vergoren zu werden, während unter den Bedingungen der Gärführung nach Euler und Svanberg der einzelnen Hefezelle $1,0 \cdot 10^{12}$ Zuckermoleküle dargeboten werden.

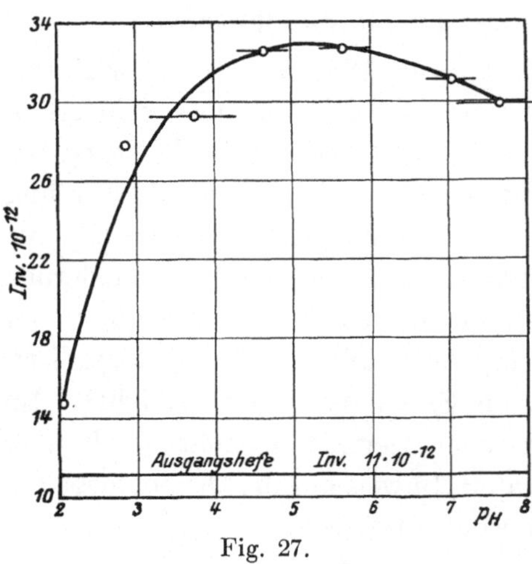

Fig. 27.

Die Anreicherung der Saccharase bei dieser Gärführung ist ausgesprochen selektiv. Die Maltasezunahme ist verhältnismässig gering. Die Vermehrung der Enzyme in der Hefe erstreckt sich nicht auf die β-Glucosidase und die proteolytischen Enzyme; auch das Gärvermögen wird nicht verändert.

Gärführung mit	Anfangszeitwerte für		Zeitwerte nach Anreicherung			
			nach einigen Stunden		nach einem Tage	
	Invertin	Maltase	Invertin	Maltase	Invertin	Maltase
Saccharose	187	39	38	22	28	—
Saccharose	165	25	53	22	22	20
Glucose	165	25	30	28	24	27
Maltose	165	25	58	24	63	45
Malzextrakt	165	25	40	17	32	20

Zweifellos ist der physiologische Zustand von Organismen für die Enzymbildung wichtig, wie auch Willstätter für die Invertinanreicherung in der

[1] Willstätter, Lowry jr. u. Schneider, H. 146, 158; 1925.

Hefe betont. „Sie ist von dem physiologischen Zustand, von der spezifischen Energie des Pilzes abhängig, und zwar so, dass Hefe, die in der Brauerei eine grössere Zahl von Gärungen durchgemacht hat, schlechter zur Enzymbildung taugt als Hefe nach nur wenigen Gärführungen. Während einer Anzahl von Gärungen im Brauereibetrieb erfolgt . . ." Degeneration der Hefe. Auch wurde Verschlechterung des Invertinzeitwerts der Hefe, bei einem Teilstamm von 148—290 nach 7 Gärungen in der Brauerei beobachtet.

Saccharasebildung während der Autolyse.

Bei der beschleunigten Autolyse fanden Willstätter und Racke öfters in den Auszügen mehr Saccharasewirkung als in den angewandten Hefen. Unter 27 Hefeproben wurde in 14 Fällen Zuwachs an Inversionsvermögen gefunden. Beim Zerreiben der frischen Hefe pflegte eine derartige Vermehrung der enzymatischen Wirksamkeit nicht einzutreten, denn die Bestimmungen mit zerriebener Hefe waren gute Bestätigungen der Saccharasebestimmung in frischer Hefe. Als aber einmal eine besonders saccharasearme Hefe mit der 2—3fachen Menge Seesand kräftig zerrieben und mit Wasser eine halbe Stunde geschüttelt wurde, lieferte sie $119 \pm 4^0/_0$ der ursprünglichen Saccharase. Willstätter und Racke ziehen also den Schluss, dass die Hefezelle zwar oft nur fertige Saccharase enthält, zuweilen aber neben der fertigen in untergeordnetem Masse auch eine Vorstufe derselben.

Auf die Erscheinung der Saccharasebildung während der Autolyse fällt nun nach Willstätter, Lowry jr. und Schneider (l. c.) „Licht durch die Erfahrungen über Gärung mit minimaler Zuckerkonzentration. Die Bedingungen solcher Gärung sind bei der sog. Selbstgärung in der Zelle gegeben während der langsamen Abtötung der mit Wasser verdünnten Hefe bei dem Verfahren der Invertinfreilegung. . . . Die Invertinbildung in diesen Fällen ist nicht, wie früher angenommen worden, eine postmortale, sondern sie geht, wohl verkoppelt mit der Gärung der Inhaltskohlenhydrate, der Abtötung der Hefe voraus, ähnlich wie die bei Dialyse von Pflanzenwurzeln beobachtete Peroxydasebildung[1]".

Saccharaseverminderung in der Hefe durch Säure- oder Alkalibehandlung.

Durch Einwirkung verdünnter Mineralsäuren (0,15—0,3 n-H_2SO_4) oder verdünnter Alkalilaugen (0,05—0,1 n-NaOH) lässt sich der Saccharasegehalt von untergäriger Brauereihefe und obergäriger Brennereihefe nach Willstätter und Lowry jr.[2] herabmindern, und zwar zu ähnlichen Werten

---

[1] Willstätter, Lieb. Ann. 422, 47 und zwar S. 53; 1920.
[2] Willstätter u. Lowry jr., H. 150, 287; 1925.

(Zeitwert 10000—20000) wie dem von Euler und Josephson[1] bei Saccharomyces Marxianus gefundenen (Inv. = etwa $5 \cdot 10^{-14}$).

Bei 1—2stündiger Einwirkung von 0,15—0,30 n-H_2SO_4 oder bei 10 Minuten bis 1 Stunde dauernder Einwirkung von 0,05 n-Natronlauge sank der Saccharasegehalt auf ungefähr $^1/_{20}$, ohne dass die Gärkraft der Hefe wesentlich geändert wurde. Die an Invertin verarmte Hefe kann bei Gärführung mit niedrigster Zuckerkonzentration wieder invertinreich erhalten werden. In der Rohrzuckergärung durch die invertinärmste Hefe bei pH = 2, wo die Saccharasewirkung im Verhältnis zur Gärungsgeschwindigkeit stark herabgesetzt ist, findet Willstätter Stütze für seine Auffassung, dass Rohrzucker direkt, d. h. ohne vorangehende Inversion vergärt werden kann.

II. Übrige Saccharasen.

Unter den Mucorarten ist nach E. Chr. Hansen[2] nur Mucor racemosus imstande, Rohrzucker zu invertieren. S. Kostytschew und Eliasberg[3] haben nun die interessante Beobachtung beschrieben, dass nur „Mucor racemosus —" Saccharase enthält, während „Mucor racemosus +" gar keine Inversion des Rohrzuckers bewirkt. Wie die Autoren betonen, ist es beachtenswert, dass zwei Pilzrassen, „die morphologisch absolut nicht zu unterscheiden sind, ganz prägnante physiologische Unterschiede zeigen".

Saccharase der Aspergillaceen.

Schon lange weiss man, dass sich die Saccharase in Aspergillaceen findet[4], besonders durch Arbeiten von Bourquelot[5], Fernbach[6], Duclaux, Went, Effront. Quantitative Versuche haben später ergeben[7], dass die Inversionsfähigkeit per Gramm Zellensubstanz bei den untersuchten Schimmelpilzen bedeutend kleiner ist, als bei den Kulturhefen. Es wurden nämlich folgende approximative Werte für If gefunden:

	If	Rel. Inv.-fähigkeit
Unterhefe	rund 0,15	100
Oberhefe	„ 0,09	60
Penicillium glaucum[7] . . .	„ 0,015	10
Aspergillus niger[8]	„ 0,0032	2
Aspergillus flavus[9]	„ 0,002	1,4

[1] Euler u. Josephson, H. 120, 42; 1922.
[2] E. Chr. Hansen, Medd. Carlsb. Lab. 2, 143; 1888.
[3] S. Kostytschew u. Eliasberg, H. 118, 233; 1922.
[4] Zuerst beobachtet von Béchamp, C. r. 46, 44; 1858.
[5] Bourquelot, Jl de Pharm. et de Chim. (6) 16, 578.
[6] Fernbach, Ann. Inst. Pasteur 4, 1; 1890.
[7] Euler u. Borgenstam, Fermentforsch. 4, 242; 1921. — Euler, Josephson u. Söderling, H. 139, 1; 1924.
[8] Euler u. Asarnoj, Fermentforsch. 3, 318; 1919.
[9] Josephson, H. 138, 144; 1924.

Von den Saccharasen in Aspergillaceen sind nunmehr dank den Arbeiten von Kuhn und von Leibowitz die des Aspergillus oryzae am meisten untersucht. Kuhn[1] fand, dass die Wirkung eines Präparates von Taka-saccharase durch Fructose nicht, aber durch α-Glucose stark gehemmt wird[2]. Hieraus wurde geschlossen, dass dieses Enzym eine spezifische Verschiedenheit von der gut bekannten Saccharase der Kulturhefen hat, und zwar so, dass für die Takasaccharase der Glucoserest des Rohrzuckers als Vermittler der Bindung zwischen Enzym und Substrat dient, während für die Hefesaccharase dem Fructoserest diese Rolle zukommen soll. H. H. Schlubach und G. Rauchalles[3] wiesen aber nach, dass ein Taka-Saccharasepräparat das h-Methylfructosid von Ch. Menzies zu spalten vermag, und hierbei ist die Wirkung einer „Glucosaccharase" auszuschliessen. Für die „Glucosaccharase" ist es weiter kennzeichnend, dass sie neben dem Rohrzucker wohl auch Melezitose, nicht aber Raffinose hydrolysiert. Nun hat Frl. Rohdewald[4] ein Taka-Saccharasepräparat untersucht, welches Raffinose ohne vorherige Ablösung von Glucose an der Rohrzuckerbindung spaltet und das gegen Melezitose vollkommen wirkungslos ist. In diesem Präparat ist also anzunehmen, dass eine Fructo- und nicht eine Glucosaccharase vorhanden war. Die ursprüngliche Annahme Kuhns, dass die Glucosaccharasen und die Fructosaccharasen in ihren natürlichen Vorkommnissen streng geschieden sind, kann also nicht mehr aufrecht erhalten werden[5].

Besonders aus den späteren Untersuchungen von Kuhn und Münch[6] und von Leibowitz und Mechlinski[7] geht jedoch hervor, dass zwei verschiedene Saccharasen existieren, von welchen die eine (Fructosaccharase) besonders in den Kulturhefen vorkommt, während sich die andere oft, aber nicht immer, ohne Beimischung von Fructosaccharase in Aspergillus oryzae und vielleicht auch in anderen Pilzen, höheren Pflanzen und Tieren findet.

Die Aktivitäts-pH-Kurve der Takasaccharase haben Leibowitz und Mechlinski untersucht; sie fanden das pH-Optimum bei pH etwa 6.

Das pH-Optimum des rohrzuckerspaltenden Enzyms in Aspergillus flavus liegt nach den Messungen Josephsons[8] bei pH etwa 5; die Saccharase in Penicillium glaucum[9] hat ein breites Optimum zwischen 4,5 und 6. Wegen der Nichtbeeinflussung der Inversion durch Fructose, wohl aber durch

---

[1] Kuhn, H. 129, 57; 1923.

[2] Hattori (Jl Biochemistry, Tokyo, 5, 39) fand die Hemmung durch α-Glucose von der Rohrzuckerkonzentration abhängig. α-Methylglucosid hemmt nicht (Biochem. Zs 150, 150; 1924). Vgl. Fussnote 2, S. 184.

[3] H. H. Schlubach u. G. Rauchalles, Chem. Ber. 58, 1842; 1925.

[4] Mitgeteilt durch Kuhn u. Münch, H. 163, 1, und zwar S. 17; 1927.

[5] Vgl. Josephson, H. 149, 71, und zwar S. 92; 1925.

[6] Kuhn u. Münch, H. 150, 220; 1925; 163, 1; 1926/27.

[7] Leibowitz u. Mechlinski, H. 154, 64; 1926.

[8] Josephson, H. 138, 144; 1924.

[9] Euler, Josephson u. Söderling, H. 139, 1; 1924.

Glucose wurde die Anreihung des untersuchten Enzyms an die Glucosaccharasen wahrscheinlich gemacht.

Kosmann[1] hat Saccharase auch in anderen niederen Pilzen nachgewiesen. In Fusarien findet sich Saccharase nach Wasserzug[2] und ist in verschiedenen Fusariumarten von Hawkins[3] näher studiert worden.

Bakteriensaccharase.

Wegen des Nachweises in verschiedenen Bakterienarten sei auf die Zusammenstellungen von Fuhrmann[4] und von Kruse[5], besonders auch auf die Arbeiten von Fermi und Montesano[6] verwiesen. Bemerkenswert ist der Befund von Avery und Glenn E. Cullen[7], dass das Aciditätsoptimum des Pneumokokken-Enzyms bei etwa $pH = 7$ liegt. Es ist zu vermuten, dass dies für die Saccharasen vieler anderer Bakterien gilt, welche sich ebenfalls bei dieser Acidität oder in ganz schwach alkalischer Lösung am besten entwickeln.

B. Delbrücki enthält Saccharase (Cramér), Milchsäure-Streptokokkus Sbg. nicht (Fermentf. 2, 194).

Saccharase der Leukocyten.

In einer interessanten Arbeit hat es Boissevain[8] wahrscheinlich gemacht, dass in den Leukocyten des normalen tierischen Blutes Saccharase enthalten ist. Rohrzucker scheint eine Schutzwirkung auf diese Saccharase auszuüben. Die Tatsache, dass nach Injektion von Rohrzucker ins Blut die invertierende Wirkung desselben steigt, deutet Boissevain damit, dass die aus den Leukocyten austretende Saccharase durch den Rohrzucker gebunden und dadurch vor schneller Zerstörung bewahrt wird. Als Aciditätsoptimum für die Leukocytensaccharase wurde $pH = 7{,}9$ gefunden.

Saccharase als „Abwehrferment".

Ein typischer Versuch, auf welchen Abderhalden seine Behauptung stützt[9], dass nach intravenöser Injektion von Rohrzucker bei höheren Tieren Saccharase als Abwehrferment gebildet wird, ist im I. Teil, S. 387 angegeben worden. Es würde zu weit führen, hier auf die sehr interessante, aber noch ungeklärte Frage einzugehen, ob, resp. wann Saccharase als Abwehrferment

---

[1] Kosmann, Bull. Soc. Chim. 27, 251; 1877.

[2] Wasserzug, Ann. Inst. Pasteur 1, 525; 1886.

[3] Hawkins, Jl Agr. Research 6, 1916. Ref. Zbl. f. Biochem. 21, 404; 1920.

[4] Fuhrmann, Bakterienenzyme. Fischer, Jena 1907.

[5] Kruse, Allgemeine Mikrobiologie, Leipzig 1910.

[6] Fermi u. Montesano, Zbl. Bakt. (2) 1, 482, 542; 1895. Fermi, Zbl. Bakt. 12, 713.

[7] Avery u. Glenn Cullen, Jl of exp. med. 32, 583; 1920.

[8] Boissevain, Ned. Tijdschr. Geneesk. 1, 226; 1918 u. Arch. Neerl. Physiol. II, 3, 415.

[9] Die ersten Angaben über das Auftreten einer Saccharase nach subcutaner Injektion im Blut junger Hunde verdankt man Weinland (Zs f. Biol. 47, 279; 1906).

auftritt[1]. Wird nach Einführung von Rohrzucker ins Blut der Saccharasegehalt der Leukocyten oder Organzellen vermehrt, so ist diese Enzymbildung vielleicht wesensgleich mit der in Hefezellen genauer studierten.

An der Auffassung, dass durch Injektion von Rohrzucker ein „Abwehrferment" gebildet wird, hält Abderhalden nicht mehr fest.

<h3 style="text-align:center">Anhang: Antisaccharase.</h3>
(Vgl. Teil I, S. 390 u. ff.)

Über die Existenz einer spezifischen Antisaccharase können bis jetzt noch keinerlei endgültige Angaben gemacht werden. Schuetze und Bergell haben sich nach ihren 1907 an Kaninchen ausgeführten Versuchen allerdings sehr entschieden ausgesprochen:

„Es ist . . . durch unsere Tierversuche bewiesen, dass durch eine monatelang fortgesetzte Behandlung von Kaninchen mit subcutanen Injektionen von Invertin sich ein Serum gewinnen lässt, welches Invertin in nachweisbarer Weise beeinflusst."

Indessen ist zunächst hervorzuheben, dass die Spezifität der von den genannten Forschern beobachteten Hemmung nicht nachgewiesen ist. Auch was überhaupt den Eintritt einer Hemmung oder genauer, die Vergrösserung der normalen Saccharasehemmung durch Serum nach Enzyminjektion betrifft, ein Effekt, der evtl. unspezifisch sein könnte, so sind weitere Versuche wünschenswert[2]; denn selbst wenn man von der schnellen Bildung von Antikörpern nach Enzyminjektion im Blut überzeugt ist, bleibt zu bedenken, dass die bis jetzt injizierten Saccharasepräparate aus Hefe stammten[3], deren rohrzuckerspaltendes Enzym mit der Blutsaccharase vermutlich nicht identisch ist.

Neue Versuche, welche E. v. Knaffl-Lenz im hiesigen Laboratorium ausgeführt hat (H. 120, 110; 1922), konnten auch keinen Beweis für die Existenz einer Antisaccharase liefern.

Bach, Engelhardt und Samysslov[4] haben neuerdings mitgeteilt, dass ungereinigte Saccharasepräparate stärker wirkende „Immunsera" als gereinigte Präparate geben. Auch durch Hitze inaktiviertes Enzym soll die Fähigkeit besitzen, „Immunsera" zu erzeugen; die Verfasser schliessen, dass „die dem Ferment vergesellschafteten Begleitstoffe als Antigene fungieren" (vgl. Abderhalden und Wertheimer, Fermentforschung, 6, 286; 1922).

---

[1] Siehe hierzu auch Herzfeld u. Klinger, Biochem. Zs 114, 27; 1921. — Abderhalden, ebenda 117, 161; 1921; 121, 283; 1922. — Knaffl-Lenz, H. 120, 110; 1922.

[2] Über Hemmungen der Saccharasewirkung durch Serum siehe auch Anselm Eriksson (H. 72), dessen Ergebnisse allerdings auch durch Nichtkonstanz der Aciditätsbedingungen beeinflusst sein können.

[3] Nach Schuetze u. Braun (Zs Klin. Med. 64, 509; 1907) wirkt Antimalzamylase nicht auf tierische Amylasen.

[4] Bach, Engelhardt u. Samysslow, Biochem. Zs 160, 261 1925. — Vgl. auch Samysslow, Biochem. Zs 164, 110; 1925.

D. Methoden zur Messung der Rohrzuckerspaltung. Definitionen und Einheiten der Saccharasewirkung.

In erster Linie kommt hier die polarimetrische Methode in Betracht. Besonders zur Verfolgung der Inversion des Rohrzuckers ist sie wegen der grossen Drehungsänderung sehr genau und auch bisher zu dem vorliegenden Zweck fast ausschliesslich angewandt worden.

Wenn die Beobachtung der Drehung wegen Trübheit der Lösung schwer oder unmöglich ist, so kann man den Fortschritt der Reaktion durch das Reduktionsvermögen der Lösung — etwa durch Bestimmung der Totalmenge des reduzierenden Invertzuckers nach Bertrand[1] oder, falls andere jodverbrauchende Substanzen nicht anwesend sind, durch Bestimmung der gebildeten Glucose nach Willstätter und Schudel[2] — messen.

Mikromethoden sind angegeben von Rona, sowie neuerdings von Mislowitzer[4], bei dessen Zuckerbestimmung Ferro-Eisen elektrometrisch gemessen wird.

Wesentlich ist, dass man, wie schon O'Sullivan und Tompson getan haben, die Inversion bei der optimalen Acidität durch Zusatz von Puffern, wie primäres Alkaliphosphat (pH = etwa 4,4) bei der Hefesaccharase, verlaufen lässt. Hinsichtlich der Temperatur wird man in der Regel die Inversion zwischen 15 und 30° verlaufen lassen, wobei jedoch natürlich in jedem Falle die Temperatur konstant gehalten werden muss.

Die Reaktionsgeschwindigkeit ist auch von der Konzentration des Rohrzuckers abhängig und diese muss also in Rechnung gezogen werden (siehe S. 180), sofern man nicht zur Prüfung der Wirksamkeit einer Lösung gewissen Vorschriften folgt, was zu empfehlen ist.

Da bei der Hydrolyse des Rohrzuckers die zuerst entstehenden Glucose- und Fructoseformen (siehe S. 137) der Mutarotation unterliegen, muss man, bei Anwendung der polarimetrischen Methode, die Ablesung erst dann vornehmen, wenn nach Sistierung der Enzymwirkung (z. B. durch Sublimat) die Mutarotation beendet hat; am besten empfiehlt sich, die Enzymwirkung durch Sodalösung abzubrechen, denn bei der schwach alkalischen Reaktion derselben geht die Mutarotation äusserst rasch zu Ende.

Für die Berechnung der Inversionskonstanten k kann man die Enddrehung entweder experimentell bestimmen oder aus der Anfangsdrehung berechnen. Die maximale Linksdrehung (Enddrehung), L. max., ergibt sich nach der Formel[4]:

$$\text{L max.} = \text{R max.} \ (0{,}417 - 0{,}005 \ t).$$

Zur Messung der Wirksamkeit sind folgende Methoden in Gebrauch.

---

[1] Bertrand, Bull. Soc. Chim. France 35, 1285; 1906.

[2] Willstätter u. Schudel, Chem. Ber. 51, 780; 1918. — Vgl. Josephson, Chem. Ber. 56, 1758; 1923.

[3] Mislowitzer, Biochem. Zs. 168, 217; 1926.

[4] C. S. Hudson, Jl Ind. a. Engin . Chem. 2, 143; 1910. — Willstätter u. Schneider, H. 133, 193 und zwar S. 226; 1924.

1. Bestimmung des Zeitwertes nach O'Sullivan und Tompson. 0,05 g getrocknete Hefe (odre der dieser Menge entsprechende Auszug) oder 0,05 g Enzympräparat (bei Anwendung anderer Enzymmengen wird auf diese Menge unter Berücksichtigung der Proportionalität zwischen Enzymmenge und Reaktionsgeschwindigkeit umgerechnet) werden in 5 ccm 0,5 n NaH_2PO_4-(KH_2PO_4)-Lösung aufgeschlemmt bzw. gelöst und dann zu 20 ccm 20%iger Rohrzuckerlösung gegeben. Man misst die Zeit, welche verfliesst, bis bei gegebener Temperatur (15,5°; Messungen bei anderen Temperaturen sollen auf diese Temperatur umgerechnet werden) nach Aufhebung der Mutarotation (durch Soda) die Drehung bei gelbem Licht 0° beträgt.

Die so ermittelte Zahl Minuten wird als Zeitwert ($\pm$ 0° = t Minuten) bezeichnet. Der Zeitwert ist offenbar ein Mass für die Saccharasemenge in der Lösung bzw. für den Reinheitsgrad des Präparates. Man kann natürlich auch, statt feste Saccharasepräparate einzuwägen, aus dem Trockengewicht von Saccharaselösungen den Zeitwert bestimmen.

Die Drehung 0° entspricht bei der Polarisationstemperatur 20° für die D-Linie einer Spaltung von 75,93% der Totalreaktion. Willstätter u. Racke bringen die pufferhaltige Zuckerlösung mit etwa so viel Saccharaselösung auf 100 ccm, dass die Hydrolyse zur Nulldrehung 60—180 Minuten erfordert. Zwischen 50 und 75% Spaltung wird die Reaktion durch Eintragen von 25 ccm in 5 ccm 2-n. Soda gehemmt.

Für die Extrakte bezieht Willstätter die Zeitwerte auf die verarbeiteten Hefen (Saccharase aus 0,05 g wasserfreier Hefe), so dass sie ein Mass der Ausbeute darstellen (Zeitwerte bezogen auf Hefe):

$$\frac{\text{Zeitwert der Hefe}}{\text{Zeitwert d. Extr. b. a. H.}} \cdot 100 = \text{Ausbeute.}$$

Um auch die Enzymmengen (und bei den Präparaten die Ausbeute) zu bestimmen und zu vergleichen, hat Willstätter zwei Ausdrücke eingeführt:

Menge-Zeit-Produkt   und   Menge-Zeit-Quotient.

Ersteres ist die Zeit, die zur Inversion des Rohrzuckers bis auf 75,75% erforderlich wäre, wenn die gesamte Enzymmenge unter den angegebenen Bedingungen auf 4 g Rohrzucker in 25 ccm einwirken würde.

Der Menge-Zeit-Quotient (M.-Z.-Q.) ist der reziproke Wert und ist also Enzymmenge in einer konstanten willkürlich gewählten Gewichtseinheit ausgedrückt, nämlich der Quotient des in Form von Hefe, Extrakt oder Präparat gewogenen (bzw. abgemessenen) Materials und seiner durch den Minutenwert gemessenen Wirkungszeit. Dieser Wert, der Enzymmenge direkt proportional, ist additiv; den Summen verschiedener Saccharasemengen entsprechen die Summen ihrer Menge-Zeit-Quotienten.

Nunmehr hat Willstätter[1] an Stelle dieser Bezeichnungen neue Einheiten und Definitionen eingeführt, nämlich die Saccharase-Einheit (S.-E.) und Saccharase-Wert (S.-W.), welche jedoch in sehr naher Beziehung zu den älteren Einheiten stehen.

---

[1] Willstätter u. Kuhn, Chem. Ber. 56, 509; 1923.

Statt durch den Zeitwert wird der Reinheitsgrad durch das Reziproke derselben gekennzeichnet. Dieser Saccharase-Wert gibt gleichzeitig die Anzahl der Saccharase-Einheiten in 50 mg Substanz an.

Die Saccharase-Einheit ist die Enzymmenge in 50 mg invertinhaltiger Substanz vom Zeitwert 1 unter den Bedingungen der Definition von C. O'Sullivan und Tompson. Die S.-E. ersetzt also den früheren Ausdruck M.-Z.-Q.

Um die Saccharase-Einheiten verschiedener Saccharasen mit sehr ungleicher Affinität vergleichbar zu machen, können sie auf Saccharase von der mittleren Affinitätskonstante 50 ($K_m = 0,02$) nach der Formel S.-E.$_\text{red.}$ = S.-E. $(n + K_m) : (n + 0,02)$ umgerechnet werden, worin die Normalität der Rohrzuckerlösung bedeutet, in welcher die Wirksamkeit bestimmt wurde.

2. Bei den Bestimmungen im hiesigen Laboratorium haben wir es vorgezogen, die katalytische Wirkung eines Saccharasepräparates oder einer Lösung durch die sog. Inversionsgeschwindigkeit (If) auszudrücken. Die Inversionsgeschwindigkeit ist definiert durch die Beziehungen[1]

$$\text{If} = \frac{k \cdot g\,\text{Zucker}}{g\,\text{Trockensubstanz}} \quad \text{bzw.} \quad \frac{k \cdot g\,\text{Zucker}}{g\,\text{Präparat}}.$$

Die in diesen Gleichungen eingehende Inversionskonstante k wird berechnet nach der Gleichung

$$k = \frac{1}{t}\log\frac{R + L}{\alpha + L}$$

wo R die Anfangsdrehung, L die Enddrehung und α die Drehung zur Zeit t bezeichnet. Es wird mit dekadischen Logarithmen gerechnet und die Zeit in Minuten ausgedrückt. Die Inversionstemperatur ist 18^0.

Die Inversionskonstante k (mit 8$^0/_0$iger Zuckerlösung bestimmt) dividiert durch die Konzentration des Enzympräparates ($^0/_0$) ergibt die Aktivitätszahl $k/^0/_0$.

Zeitwert t und Reaktionskonstante k sind (bei gleicher Temperatur) durch die Gleichung verbunden:

$$k \cdot t = 0,6153.$$

Aus der Aktivitätszahl $k/^0/_0$ wird If erhalten durch Multiplikation mit

$$\frac{0,08}{\text{Trockensubstanzprozent der Enzymlösung}}$$

Wegen des oft eintretenden Ansteigens der Inversionskonstante empfiehlt es sich zur Umrechnung des If-Wertes zum S.-W. und umgekehrt den k-Wert für die Drehung $\pm 0^0$ zu benützen[2]. Die Umrechnung geschieht dann unter Anwendung der folgenden Beziehungen[3]:

---

[1] Euler u. Svanberg, H. 106, 201; 1919; 107, 269; 1919. Gewöhnlich wird bei der If-Bestimmung mit 4,8 g Rohrzucker, 10 ccm 4$^0/_0$-KH$_2$PO$_4$-Lösung in 60 ccm Totalvolumen gearbeitet. Proben von 10 ccm werden in 5 ccm 5$^0/_0$iger Sodalösung einpipettiert.

[2] Euler u. Josephson, Chem. Ber. 56, 1749; 1923.

[3] Willstätter u. Kuhn, H. 133, 226; 1923/24.

$$\text{If}_{15,5^\circ} = \frac{0,0597 \cdot 4}{0,05} \cdot \text{S.-W.} = 47,8 \cdot \text{S.-W.}$$

$$\text{If}_{18^\circ} = \frac{0,608 \cdot 4 \cdot 1,25}{0,05} \cdot \text{S.-W.} = 60,8 \cdot \text{S.-W.}$$

$$\text{If}_{20^\circ} = \frac{0,619 \cdot 4 \cdot 1,45}{0,05} \cdot \text{S.-W.} = 71,8 \cdot \text{S.-W.}$$

Zur Berechnung des Reinheitsgrades aus Messungen bei 25°, welche Temperatur bei kinetischen Messungen sehr oft angewendet wird, gilt nach Kuhn und Münch[1] die Gleichung

$$\text{S.-W.} = \frac{k_m \cdot \text{g Rohrzucker}}{\text{g Präparat} \cdot 100,5},$$

worin k_m den Mittelwert der Reaktionskonstanten bedeutet. Bei dieser Berechnung wurde also dasselbe Prinzip wie bei den If-Bestimmungen befolgt.

3. Vergleichszeitwert nach Willstätter und Steibelt[2]. Um die Wirkungen der Hefe und Enzympräparate auf verschiedene Zuckerarten und Glucoside zu vergleichen, benutzen Willstätter und Steibelt den Vergleichs-zeitwert, welcher die Zeit in Minuten darstellt, die zur Spaltung von 1,1875 g Rohrzucker zu 50°/₀ bei 30° und mit 0,5 g Hefe oder Präparat in 25 ccm Lösung erforderlich sind.

Zwischen dem Vergleichszeitwert und dem Zeitwert nach O'Sullivan und Tompson besteht nach Willstätter, Graser und Kuhn[3] die Beziehung

$$\text{Zeitwert} = 166 \cdot \text{Vergleichszeitwert}.$$

Bestimmung der Saccharase in den Hefezellen.

Es ist zur Charakterisierung der verschiedenen Hefen wesentlich, den Enzymgehalt, hier den Saccharasegehalt der Zellen, quantitativ bestimmen zu können. In dieser Hinsicht sind folgende Tatsachen hervorzuheben:

Suspendiert man frische Hefezellen in Rohrzuckerlösungen, so tritt während der Inversion die Saccharase nicht in die Rohrzuckerlösung über, wie durch Abzentrifugieren der Hefe während der Reaktion gezeigt werden kann[4]. Arbeitet man mit den gewöhnlichen saccharasereichen Kulturhefen, und zwar mit Unter- oder Oberhefe, so dürfte beim Aufschlemmen geeigneter Hefemengen in Rohrzuckerlösungen der gesamte Saccharasegehalt der Hefe zur Wirkung kommen, und zwar unabhängig davon, ob die Zellen durch Trocknen (bei Zimmertemperatur) entwässert oder durch Toluol bzw. Chloroform an Zuwachs oder Gärtätigkeit gehemmt werden oder frisch zur Anwendung kommen. Dieses Resultat ist auch durch Willstätter und Racke eingehend bestätigt worden, welche nachwiesen, dass Zerreiben der Zellen usw. die

---

[1] Kuhn u. Münch, H. 163, 1 und zwar 18 (Fussnote); 1927.

[2] Willstätter u. Steibelt, H. 111, 157, und zwar 169; 1920.

[3] Willstätter, Graser u. Kuhn, H. 123, 1, und zwar 24; 1922.

[4] O'Sullivan, Jl Chem. Soc. 61, 593; 1892/93. — Euler u. Kullberg, H. 71, 29; 1910.

enzymatische Tätigkeit nicht verändert. Die in der gewöhnlichen Weise ausgeführten Bestimmungen fallen aber bei den an Saccharase sehr armen Hefen nicht sicher aus. Bei der Prüfung ihrer säure- oder alkalibehandelten ausserordentlich invertinarmen Hefen haben nämlich Willstätter und Lowry jr.[1] die Beobachtung gemacht, dass die erste Beobachtungszeit der Invertinbestimmung keine oder fast keine Invertinwirkung, aber die späteren Beobachtungszeiten Zeitwerte von z. B. 25000 und 20000 ergeben. „Es scheint, dass das wenige noch vorhandene Invertin unzugänglich ist, vielleicht durch Gerinnungsvorgänge versperrt. Es ist nötig, die Hefe so wie bei der Maltasebestimmung nach R. Willstätter und W. Steibelt[2] im unverdünnten Zustand mit Zellgift, am besten mit Essigester, abzutöten und gegebenenfalls die dabei auftretende Säure zu neutralisieren..." Für die Saccharasebestimmung solcher Hefen scheint eine Verflüssigungszeit von etwa 30 Minuten geeignet zu sein.

„Wenn bei diesen Hefen zu wählen ist zwischen den äusserst niedrigen Werten, die sich direkt bestimmen lassen, und den höheren, die nach Verflüssigung gefunden werden, so sollen" nach den zitierten Autoren „die letzteren vorgezogen werden". Es ist jedoch in Erwägung zu ziehen, ob nicht bei dieser Hefeverflüssigung eine Neubildung enzymatisch aktiver Saccharasemoleküle eintreten kann, wie Willstätter und Racke bei der Autolyse gewöhnlicher Hefen beobachtet haben. Willstätter und Lowry jr. finden jedoch eine solche Möglichkeit weniger wahrscheinlich.

Die Bestimmung des Saccharasegehaltes gewöhnlicher Hefe führt man, um die Resultate unmittelbar vergleichen zu können, am besten unter ein- für allemal festgelegten Bedingungen aus.

In den neueren Bestimmungen aus dem Stockholmer Laboratorium war die Reaktionsmischung ähnlich wie bei der If-Bestimmung von Saccharasepräparaten zusammengesetzt:

4,8 g Rohrzucker	25 ccm Emulsion der Hefezellen (etwa 0,5 g Hefe),
10 ccm 4%ige KH_2PO_4-Lösung	25 ccm Wasser.

Bei schwacher Saccharasewirkung muss Toluol hinzugesetzt werden. Zur Ausschaltung der Gärung bei schwacher Saccharasewirkung ist auch der Zusatz von 0,5 ccm Chloroform zu der obigen Inversionsmischung zu empfehlen[3].

Die Abbrechung der Inversion geschieht durch Einpipettieren der von Zeit zu Zeit entnommenen Proben in Sodalösung, von welcher die Hefe baldmöglichst abfiltriert wird, oder in Sublimatlösung.

---

[1] Willstätter u. Lowry jr., H. 150, 287; 1925.
[2] Willstätter u. Steibelt, H. 111, 157, und zwar S. 168; 1920.
[3] Vgl. Euler u. Josephson, H. 120, 42; 1922.

Willstätter und Racke (l. c. S. 12) empfehlen Anwendung von $16^o/_o$iger Rohrzuckerlösung und suspendieren 2,00 g frische Hefe in 100 ccm. Die Wirksamkeit drückt Willstätter durch den Zeitwert oder durch den Vergleichszeitwert (siehe S. 205) aus.

Euler und Svanberg[1] führen das Inversionsvermögen, Inv. ein und berechnen es durch den Ausdruck:

$$\text{Inv.} = \frac{k \cdot g \, \text{Zucker}}{\text{Zellenzahl}} .$$

Für die Umrechnung in die Inversionsfähigkeit If (vgl. S. 204) muss man die Zellenzahl der Hefe pro Gewichtseinheit kennen. Für frische Hefe ist, wie für Präparate

$$\text{If} = \frac{k \cdot g \, \text{Zucker}}{g \, \text{Trockengewicht der Hefe}} .$$

Aktivitätsgrad.

In den meisten Saccharasepräparaten befinden sich neben katalytisch wirksamen „aktiven" Saccharasemolekülen auch inaktive. Dieser Umstand trübt besonders den Einblick in die Fortschritte der Reinigungsarbeit. Die gebrauchten Ausdrücke (If, S.-W., Zeitwert) zur Angabe der Wirksamkeit von Saccharasepräparaten geben an, welche Inversionsgeschwindigkeit durch die Gewichtseinheit des zu untersuchenden Präparates unter festgesetzten Bedingungen hervorgerufen wird. Wird ein Ausdruck wie If oder S.-W. als Mass für den Reinheitsgrad der Saccharase benutzt, so liegen, wie Euler und Josephson[2] hervorgehoben haben, darin wenigstens zwei Hypothesen, nämlich

1. die Annahme, dass nur eine Art von Saccharase, und zwar von konstanter Wirksamkeit existiert, und

2. die Annahme, dass die gesamte Saccharase in aktiver Form vorhanden ist, bzw. dass der inaktive Anteil der Saccharase vernachlässigt werden kann.

In vielen Fällen dürfte aber keine von diesen Annahmen erfüllt sein.

Die Existenz verschiedener Saccharasen geht schon aus dem Umstand hervor, dass Saccharasepräparate ganz erhebliche Differenzen hinsichtlich der Affinität zu dem Substrat und zu den Spaltungsprodukten desselben aufweisen können; dass solche Differenzen tatsächlich auf Verschiedenheiten der Saccharasen selbst zurückzuführen sind, geht daraus hervor, dass ein solches Präparat sowohl bei der Reinigung vom Zustand in der Hefe bis zur Erreichung der höchsten erreichten Reinheitsgraden wie auch

---

[1] Euler u. Svanberg, H. 106, 201; 1919. — Siehe auch Euler u. Cramér, H. 88, 430; 1913.

[2] Euler u. Josephson, H. 145, 130; 1925.

nach teilweiser Inaktivierung in der Wärme seine ursprünglichen Eigenschaften wenigstens hinsichtlich der Affinität zu dem Substrat beibehält (im Falle der Wärmeinaktivierung ist dies auch hinsichtlich der Spaltprodukte konstatiert).

Hat man mit einem bestimmten Saccharasepräparat oder mit Präparaten aus derselben Hefeprobe zu tun, so dürfte man jedoch vorläufig von der möglichen Gegenwart verschiedener Saccharasen absehen können. Dagegen kann die zweite der oben geäusserten Annahmen nicht ohne weiteres vernachlässigt werden, wie in den letzten Jahren deutlich geworden ist.

Nun kann man mit $\mathrm{If_{max}}$ oder $\mathrm{S.\text{-}W._{max}}$ die maximale Aktivität bezeichnen, welche das durch seine chemische Zusammensetzung charakterisierte, von allen für die Erhaltung der Aktivität nicht notwendigen Beimengungen befreite Saccharasemolekül erreichen kann. Dann ist der Aktivitätsgrad bestimmt durch das Verhältnis

$$\frac{\mathrm{If}}{\mathrm{If_{max}}} = \frac{\mathrm{S.\text{-}W.}}{\mathrm{S.\text{-}W._{max}}}.$$

Der Reinheitsgrad eines Präparates ist dagegen bezeichnet durch den Quotienten

$$\frac{\text{Saccharase (aktive + inaktive)}}{\text{g Trockensubstanz (Gesamtmenge)}}.$$

Als Beispiel zur Unterscheidung der beiden Begriffe Reinheitsgrad und Aktivitätsgrad sei ein Beispiel aus der zwölften Mitteilung „zur Kenntnis des Invertins" aus Willstätters Laboratorium angeführt[1].

Die Restlösung nach einer Bleifällung enthielt 2,61 S.-E., die beim Stehen auf 1,25 S.-E., bei der Dialyse und Elektrodialyse auf 1,08 S.-E. zurückgingen. Der Saccharasewert (S.-W.) betrug nach diesen Verlusten 5,0; da aber keine Trübung eingetreten und keine Filtration vorgekommen war und da man wohl weiter annehmen darf, dass keine Saccharase ausdialysiert oder von dem Membran adsorbiert war, würde man unter Berücksichtigung dieser Verluste eine Verschlechterung des Aktivitätsgrades im Verhältnis 2,61 : 1,08 berechnen können. Wäre diese Verschlechterung nicht eingetreten, so sollte der Reinheitsgrad mindestens entsprechend dem Wert S.-W. gleich $5{,}0 \cdot 2{,}61/1{,}08 = 12$ gesetzt werden. Könnte man auch $\mathrm{S.\text{-}W._{max}}$ gleich 12 setzen, wäre also der Aktivitätsgrad 5/12. Da es jedoch nicht bekannt ist, in welchem Umfange die schon bei den vorher vorgenommenen Reinigungsoperationen inaktivierten Saccharaseteile bei den späteren Reinigungen mitgefolgt haben, sowie in welchem Masse Verunreinigungen noch im Präparat eingehen, so muss dieser Wert des Aktivitätsgrades als ein Maximiwert angesehen werden.

---

[1] Willstätter u. Schneider, H. 151, 1, und zwar S. 26—27; 1926.

E. Raffinosespaltung.

Die Annahme, dass die Raffinose durch die Fructosaccharase der Hefen gespalten wird, stützt sich besonders auf die neueren Ergebnisse von Willstätter und Kuhn[1].

Raffinose krystallisiert in Nadeln, enthaltend 5 Mol. Krystallwasser ($C_{18}H_{32}O_{16} + 5\,H_2O$). Schmelzp. 118—119^0. $[\alpha]_D = +104^0$ (Hydrat); $+123^0$ (Anhydrid). Fehlingsche Lösung wird nicht reduziert. Wird enzymatisch in zweierlei Weise gespalten:

1. in Fructose und Melibiose durch Fructosaccharase,

2. in Galaktose und Rohrzucker durch eine Komponente des Emulsins (Galaktoraffinase; Neuberg[2], Willstätter und Csányi[3]), woraus die Anordnung der 3 Hexosen im Molekül hervorgeht:

$$\underbrace{\text{Fructose} - \overbrace{\text{Glucose}}^{\text{Melibiose}} - \text{Galaktose}}_{\text{Rohrzucker}}$$

Zemplén[4] hat die Raffinose als Galaktosido ⟨1,5⟩-3-glucosido ⟨1,5⟩-fructosid[2,5] formuliert. Haworth und seine Mitarbeiter haben jedoch neuerdings dargetan, dass der Galaktoserest wahrscheinlich mit dem Kohlenstoffatom 6 des Glucoserestes verkettet ist (siehe den Abschnitt über Melibiase).

a) Raffinosespaltung durch Hefen.

In gewissem Widerspruch zu der Annahme, dass die Saccharase als Raffinase fungiert, scheint das Ergebnis zu stehen, dass nicht alle Hefen, welche Rohrzucker spalten, zur Raffinosespaltung fähig sind. Nach Lindner vergären Monilia candida Hansen und Hefe Nr. 602 des Berliner Institutes für Gärungsgewerbe (gewonnen aus Danziger Jopenbier) Rohrzucker, greifen aber Raffinose nicht an. Nimmt man mit Willstätter an, dass Hefe Rohrzucker direkt ohne vorangegangene Hydrolyse durch Saccharase vergären kann, so können diese Befunde dadurch erklärt werden, dass die oben aufgezählten und ähnlichen Hefen keine Saccharase enthalten, wohl aber die spezifische Rohrzuckerzymase. Bei Schizosaccharomyces octosporus Beijerinck und Hefe Nr. 370, welche umgekehrt Raffinose, nicht aber Rohrzucker vergären, müsste man dann vielleicht die Annahme machen, dass sie eine spezifische Raffinosezymase enthalten.

Aus dem experimentellen Befund, dass der Quotient

$$\frac{\text{Zeitwert für Raffinase}}{\text{Zeitwert für Saccharase}}$$

---

[1] Kuhn, H. 125, 28; 1922/23. — Vgl. Willstätter u. Kuhn, H. 115, 180; 1921.
[2] Neuberg, Biochem. Zs 3, 519; 1907.
[3] Willstätter u. Csányi, H. 117, 172; 1921.
[4] Zemplén, Chem. Ber. 60, 923; 1927.

für verschiedene Hefen ungleich war, hatten Willstätter und Kuhn[1] ursprünglich den Schluss gezogen, „dass die Spaltung der beiden Zuckerarten (Rohrzucker und Raffinose) nicht auf ein und dasselbe Enzym zurückgeführt werden kann". Immerhin war es schon aus den Zahlen dieser ersten Untersuchung aus Willstätters Laboratorium über die Spezifität der Saccharase- und Raffinasewirkung ersichtlich, mit wie grosser Annäherung die enzymatischen Spaltungen der beiden Zuckerarten in den verschiedensten Hefen parallel laufen, und der Eindruck dieser weitgehenden Parallelität wurde noch verstärkt durch den Vergleich der Quotienten der Raffinase- und Saccharasezeitwerte von Saccharasepräparaten[2], die verschiedenen Reinigungsverfahren unterworfen worden sind.

Präparat	Quotient
Nur durch Al(OH)$_3$ gerein. Zeitw. 4,8. Frei v. Melibiase	11,2
Dass. Präp., weiter d. Kaolinads. gerein. Zeitw. 0,86	11,2
Ebenso gerein., dann mit Uranacetat behandelt. Zeitw. 1,96	11,4
Präp. aus frakt. enzym. Hefeabbau, d. Ads. gerein. Zeitw. 1,4	9,3

Der Umstand, dass der Quotient nicht den Wert 1 besitzt, sagt natürlich an sich nichts über die Existenz oder Nichtexistenz einer besonderen Raffinase aus, denn ein und derselbe Katalysator wird in der Regel zwei verschiedene Substrate mit verschiedener Geschwindigkeit spalten, z. B. eine organische Säure zwei verschiedene Ester[3].

Die Auffassung, dass die Hydrolyse von Raffinose und Rohrzucker von demselben Enzym bewirkt wird, wurde früher von E. Fischer[4], A. Bau[5], H. E. Armstrong (l. c.), E. F. Armstrong[6], Hérissey[7] und C. S. Hudson[8] vertreten.

Nachdem die quantitative Theorie der relativen Spezifität der Enzyme

---

[1] Willstätter u. Kuhn, H. 115, 180; 1921.

[2] H. E. Armstrong u. Glover (Proc. Roy. Soc. B. 80, 312; 1908) hatten mit einer nicht näher definierten Saccharaselösung den Quotienten (für 50 % Hydrolyse) zu 5,4 gefunden.

[3] E. F. Armstrong u. Caldwell (Proc. Roy. Soc. B. 73, 526; 1904 u. 74, 195; 1905) fanden für die relative Geschwindigkeit der Hydrolyse durch katalysierende, stark dissoziierte Säuren die folgenden Werte:

Lactose	1	Rohrzucker	1240
Maltose	1,27	Raffinose	1040.
α-Methylglucosid	0,17		

[4] Fischer u. Niebel, Sitz.-Ber. d. Preuss. Akad. 5, 73; 1896. — E. Fischer, H. 26, 60; 1898. — Siehe auch Pantz u. Vogel (Zs f. Biol. 32, 304; 1895), nach welchen Raffinose durch den Dünndarm des Hundes und Pferdes nicht gespalten wird.

[5] Bau, Wochenschr. f. Brau. 17, 698; 1900.

[6] E. F. Armstrong, The simple Carbohydrates. 3. Aufl. London 1919.

[7] Hérissey u. Lefèvre, Jl de Pharm. et de Chim. (6) 26, 56; 1907.

[8] C. S. Hudson, Jl Amer. Chem. Soc. 36, 1566; 1914. — C. S. Hudson u. Harding, ebenda 37, 2193; 1915.

unter Anwendung des Massenwirkungsgesetzes formuliert worden war[1], wurde auch die frühere Auffassung von Willstätter und Kuhn[2] zugunsten der älteren Annahme der Identität der beiden Hefeenzyme abgeändert[3]. „Die von R. Willstätter und R. Kuhn[2] beobachteten Schwankungen des Quotienten, $\dfrac{\text{Zeitwert für Raffinase}}{\text{Zeitwert für Saccharase}}$, die sich beim Vergleich verschiedener Hefen ergaben, sind nicht durch ein wechselndes Mengenverhältnis absolut spezifischer Hefeenzyme zu erklären."

„Sie sind bedingt durch die wechselnde Affinität, die dem Invertin verschiedener Hefen gegenüber dem Di- und Trisaccharid eigen ist. Das Verhältnis der Dissoziationskonstante der Saccharase-Saccharoseverbindung K_S zur Dissoziationskonstanten der Raffinase-Raffinoseverbindung K_R ist für alle untersuchten Invertine übereinstimmend $K_S : K_R = 1 : 16$."

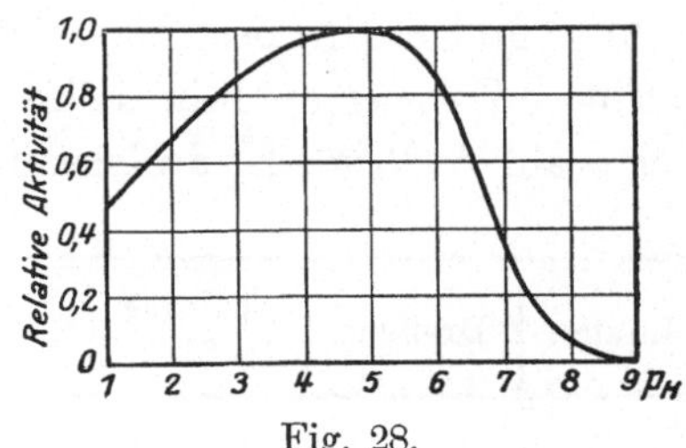

Fig. 28.

„Ebenso erweist sich das Verhältnis des molaren Umsatzes von Rohrzucker und Raffinose, den eine bestimmte Enzymmenge unter optimalen Bedingungen in gleichen Zeiten bewirken könnte, der für unendlich hohe Substratkonzentration extrapolierte Zeitwertquotient Q_∞ als konstant. $Q_\infty = 2,0$.

Vergleich von Geschwindigkeitsquotient und Affinität
verschiedener Invertine.

Invertin	$Q_{0,138}$	K_S	K_R	$K_R : K_S$	Q_M	Q_∞
Berliner Rasse II	4,8	0,016	0,24	15	16	2,0
Berliner Rasse XII.	5,0	0,016	0,24	15	16	2,0
Dänische Brennereihefe . . .	5,0	0,017	0,27	16	16	1,9
Münchener Brauereihefe . . .	8,3	0,040	0,66	17	17	1,9

Die Annahme der Identität der Hefesaccharase und Heferaffinase scheint also gut begründet[4].

Aciditätsbedingungen. Aus der von Willstätter und Kuhn ermittelten Kurve (Fig. 28) geht hervor, dass das Aciditätsoptimum der Raffinosespaltung recht nahe mit demjenigen der Rohrzuckerspaltung zusammenfällt; es liegt bei etwa pH = 4,5—5. Insbesondere die alkalischen Äste der pH-Kurven für die Saccharase- und Raffinasewirkung stimmen sehr nahe überein; dies

---

[1] Kuhn, H. 125, 1; 1922/23.
[2] Willstätter u. Kuhn, H. 115, 180; 1921.
[3] Kuhn, H. 125, 28; 1922/23.
[4] Vgl. Josephson, H. 136, 62; 1924.

wurde durch die von Euler, Josephson und Myrbäck entwickelte Theorie
der Aktivitäts-pH-Kurve der Saccharase erklärt, indem die für die Saccharase
geltende Formel auch bei Anwendung der Raffinose als Substrat ihre Gültigkeit beibehält.

Kinetik. Proportionalität von Reaktionsgeschwindigkeit und Enzymmenge trifft für die Spaltung der Raffinose in demselben Bereich wie für die
Rohrzuckerinversion zu.

Der zeitliche Verlauf der Spaltung erinnert ebenfalls an die für die Saccharase bekannt gewordenen Verhältnisse. Die Gültigkeit der Reaktionsgleichung
erster Ordnung ist zuerst von H. E. Armstrong und Glover behauptet
worden. Dies wird innerhalb der Grenzen von 30—60% Spaltung von Willstätter und Kuhn bestätigt. Diese Forscher haben also zur Bestimmung des
Raffinose-Zeitwertes mit Hilfe der theoretischen Kurve ihre gefundenen
Werte auf 50%ige Hydrolyse interpoliert.

Minuten	Drehung	Spaltung %	$k \cdot 10^4$	Minuten	Drehung	Spaltung %	$k \cdot 10^4$
0	13,71⁰	0,0	—	60	11,14⁰	39,4	36,2
10	13,26⁰	6,9	31,0	80	10,55⁰	48,4	35,9
20	12,76⁰	14,5	34,0	110	9,80⁰	60,0	36,2
30	12,30⁰	21,6	35,2	160	9,00⁰	72,1	34,6
45	11,67⁰	31,3	36,2	220	8,35⁰	82,1	34,0
				∞	7,18⁰	100	—

Hemmung durch die Spaltprodukte. Josephson[1] hat die Hemmung
der Raffinosespaltung durch die Spaltungsprodukte der Raffinose (Fructose
und Melibiose) untersucht; während Fructose stark hemmt, zeigte Melibiose
keine Hemmung. Die Hemmung durch Fructose liess sich durch die von
Michaelis und Menten abgeleitete Formel quantitativ verwerten. Die
aus den Hemmungsversuchen mit Raffinose als Substrat berechneten Affinitätskonstanten der Fructose-Raffinaseverbindung stimmen mit den aus der
Hemmung der Saccharosespaltung berechneten Werten überein.

Auch Glucose (und Galaktose) hemmt nach Josephson die Raffinosespaltung, und zwar wurde die Hemmung durch β-Glucose etwas grösser als
die Hemmung durch α-Glucose gefunden. Auch die Ergebnisse mit Glucose
(und Galaktose) stimmen sehr gut mit der Annahme der Identität der Saccharase und Raffinase überein.

α-Methylglucosid. Bei Untersuchung der Hemmung der Raffinasewirkung
durch α-Methylglucosid hat Josephson[2] die bemerkenswerte Beobachtung
gemacht, dass die Hemmbarkeit durch dieses Glucosid bedeutend geringer ist

---

[1] Josephson, H. 136, 62; 1924.
[2] Josephson, H. 149, 71; 1925.

als bei der Saccharosespaltung. Die Geschwindigkeit der Raffinosespaltung durch das angewandte Enzympräparat wurde durch 2% α-Methylglucosid im Reaktionsgemisch auf etwa die Hälfte herabgesetzt, während die Geschwindigkeit der Saccharosespaltung durch denselben Gehalt an α-Methylglucosid auf etwa den zehnten Teil erniedrigt wurde.

In Anbetracht der vielen Tatsachen, welche für die Identität der beiden Enzyme Fructosaccharase und Fructoraffinase sprechen, ist also anzunehmen, dass die Wirkung des α-Methylglucosids auf die Raffinose-Saccharaseverbindung verschieden ist von der Wirkung auf die Saccharose-Saccharaseverbindung. Es ist zu vermuten, dass die spezifische Wirkung des α-Methylglucosids auf die Saccharase nach Anlagerung der Raffinose gerade deshalb in geringerem Grade zum Vorschein kommt, weil die Glucosekomponente der Raffinose wegen des Eintritts der Galaktose nicht mehr in dem Masse mit dem α-Methylglucosid übereinstimmt, wie dies bei dem Rohrzucker zutreffen dürfte. Es wird also bei der Raffinosespaltung die vor der schliesslichen Spaltung vielleicht eintretende Bindung der zweiten Komponente des Zuckers in geringerem Masse als bei der Rohrzuckerspaltung beeinflusst. Wie diese Verschiedenheiten bei der Spaltung der verschiedenen Substrate näher zu verstehen sind, lässt sich aber mit unseren jetzigen Kenntnissen nicht sagen.

b) Übrige Raffinasen.

Durch die Glucosaccharase des Aspergillus oryzae (Gluco-Takasaccharase) wird die Raffinose nicht gespalten[1]. „Das genaue Studium des Mechanismus der Raffinosespaltung durch Takadiastase ergibt", nach Leibowitz und Mechlinski, „dass die Saccharasewirkung erst nach der Abspaltung des Galaktoserestes einzutreten vermag."

Nach Bourquelot[2] und Gillot[3] kommt Raffinase in Schimmelpilzen vor. Eine umfassendere Untersuchung der Raffinosespaltung durch Schimmelpilze verdankt man Pringsheim und Zemplén[4]. Collin[5] hat die Hydrolyse der Pilzsaccharide durch Botrytis cinerea studiert.

Invertebraten: Mollusken und Crustaceen. In zahlreichen wirbellosen Tieren haben Bierry und Giaja ein Enzym nachweisen können, welches Raffinose spaltet; so Bierry und Giaja[6] im Magen-Darmsaft von Helix, Giaja[7] zum Teil gemeinschaftlich mit Gompel in Mollusken, Crustaceen und Insekten.

---

[1] Leibowitz u. Mechlinski, H. 154, 64; 1925.

[2] Bourquelot, Soc. Biol. 48, 205; 1896.

[3] Gillot, Bull. Acad. R. sc. Belg. 1899, 211 und 1900, 99.

[4] H. Pringsheim u. Zemplén, H. 62, 367; 1909.

[5] Collin, Thèses, Paris 1911.

[6] Bierry u. Giaja, Soc. Biol. 61, 485; 1906. — Bierry, Biochem. Zs 44, 426; 1912.

[7] Giaja u. Gompel, Soc. Biol. 62, 1197 und 63, 508; 1907. — Giaja, Thèses, Paris 1909.

Bierry bezeichnet das Enzym, welches u. a. Trisacchariden auch Raffinose aufspaltet, als Lävulopolyase. Bierry sowie Bourquelot und Bridel betonen, dass im allgemeinen die Fructose zuerst aus der Raffinose freigemacht wird, so dass Melibiose zurückbleibt, welche dann weiter zerlegt wird.

In höheren Tieren ist eine enzymatische Spaltung der Raffinose mehrmals vergeblich gesucht worden (E. Fischer und Niebel, l. c.); keinesfalls ist eine solche Spaltung mit Sicherheit nachgewiesen[1]. Dieser Umstand scheint dafür zu sprechen, dass die tierische Saccharase (Glucosaccharase?) nicht als Raffinase fungieren kann.

Über die zweite Art der Raffinosespaltung (durch die Galaktoraffinase in Emulsin) siehe Neuberg, Biochem. Zs 3, 519; 1907, sowie Willstätter und Csányi, H. 117, 172; 1921.

c) Methoden zur Bestimmung der Raffinasewirkung.

Die Spaltung der Raffinose in Melibiose und Fructose wird polarimetrisch verfolgt. Willstätter und Kuhn (l. c.) ermitteln als Zeitwert „die Anzahl Minuten, welche 0,5 g Trockengewicht von Hefe oder Enzympräparat brauchen würden, um bei 30^0 und optimalem pH in 25 ccm 2,061 g $C_{18}H_{32}O_{16} \cdot 5\,H_2O$ zu $50^0/_0$ zu spalten. Die vollständige Hydrolyse liefert $2,5^0/_0$ige Fructoselösung. Das Aciditätsoptimum (pH = 4,5) wurde durch Zusatz von 1 ccm $20^0/_0$iger NaH_2PO_4-Lösung eingestellt.“

F. Anhang.

Gentianase (Fructo-Gentianase).

Substrat: Gentianose, $C_{18}H_{32}O_{16}$, kommt in den Wurzeln der Gentianaarten vor. Schmelzp. 209—211^0. $[\alpha]_D = +31,2^0 - 33,4^0$. Säuren spalten in 1 Mol. Fructose und 2 Mol. Glucose. Die Anordnung der Hexosen geht aus folgendem Schema hervor:

$$\underbrace{\text{Rohrzucker}}$$
$$\text{Fructose} - \underbrace{\text{Glucose} - \text{Glucose}}_{\text{Gentiobiose}}$$

Vorkommen: Ein Hefenenzym bewirkt die Spaltung in Fructose und Gentiobiose, während durch Emulsin und besonders durch Extrakte aus Aspergillus niger die Aufteilung in Rohrzucker und Glucose ermöglicht wird (Bourquelot[2]).

---

[1] Möglicherweise findet eine Hydrolyse der Raffinose im Darm durch Vermittlung von Bakterien statt (Kuriyama u. Mendel, Jl of Biol. Chem. 31, 124; 1917).

[2] Bourquelot, C. r. 126, 1045; 1898; 133, 690; 1902. — Jl de Pharm. et Chim. (6) 16, 578; 1902. — Bourquelot u. Hérissey, C. r. 132, 571; 1901; 135, 290 u. 399; 1902; 136, 762; 1903. — Bourquelot u. Bridel, Jl de Pharm. et Chim. (7) 3, 569; 1911. — C. r. 152, 1060; 1910.

Durch Enzymgemische aus Invertebraten, besonders Schnecken, erfolgt nach Bierry[1] zuerst Abtrennung von Fructose, dann Spaltung der Gentiobiose.

Ebenso wie die Saccharase der Hefen als Raffinase fungiert, so ist es sehr wahrscheinlich, dass dieses Enzym identisch mit der Fructo-Gentianase ist. Eine Gluco-Gentianase dürfte mit der Gentiobiase (oder Amygdalase) identisch sein können[2].

Fructo-Stachyase.

Substrat: Stachyose, zuweilen auch Mannotetrose benannt, $C_{24}H_{42}O_{21}$ + 4 H_2O, wird nach Schulze und Planta[3], sowie Winterstein[4] aus Stachys tubifera und aus dem Wurzelsystem von Lamium album und Labiaten, sowie aus weissem Jasmin gewonnen. Verlust des Krystallwassers bei 115—120°. Schmelzp. des Anhydrids 167—170° (Tanret[5]). Für die Hydratform ist $[\alpha]_D = 133,9°$ (Neuberg[6]).

Die sog. Lupeose (Schulze, Chem. Ber. 43) aus Lupinensamen ist nach Tanret (C. r. 155) vermutlich mit Stachyose identisch.

Enzymatische Spaltung. Die Anordnung der vier Hexosereste im Molekül und die Wirkung der Enzyme geht aus folgendem Schema hervor:

Fructose — Glucose — Galaktose — Galaktose

Mannotrisaccharid
(Hefenenzym und Kefirlactase)

Das Mannotrisaccharid hat Neuberg als Osazon isoliert.

Das spaltende Hefenenzym wurde von Neuberg (l. c.) nach der von E. Fischer für Maltase angegebenen Vorschrift dargestellt und deswegen entsprechend bezeichnet. Über die Identität dieses Enzyms mit anderen hydrolysierenden Enzymen dieser Gruppe, besonders mit Saccharase, liegen noch keine Anhaltspunkte vor[7].

Auch von Enzymen aus dem Magen-Darmkanal von Wirbellosen wird Stachyose nach Bierry[8] gespalten, und zwar nimmt dieser Forscher drei Stufen und drei Enzyme an.

Eine andere mögliche Spaltung in Rohrzucker und Digalaktose durch Emulsin ist noch hypothetisch, wie besonders aus der Untersuchung von Neuberg hervorgeht.

---

[1] Bierry, C. r. 148, 949; 1909. — Biochem. Zs 44, 426; 1912.

[2] Siehe hierzu Josephson, H. 169, 301; 1921.

[3] Schulze u. v. Planta, Chem. Ber. 23, 1692; 1890; 24, 2705; 1891; 43, 2230; 1910.

[4] Winterstein, Landw. Versuchsst. 41, 375.

[5] Tanret, C. r. 134, 1586; 1902; 136, 1569; 1903. — Bull. Soc. Chim. 27 u. 29.

[6] Neuberg u. Lachmann, Biochem. Zs 24, 171; 1910. — Siehe auch Neuberg, ebenda 3, 519; 1907.

[7] Siehe hierzu auch Vintilesco, Jl de Pharm. et de Chim. (6) 30, 167; 1909.

[8] Bierry, Biochem. Zs 44, 446; 1912.

Verbaskose aus Verbascum Thapsus ist ein vermutlich mit Stachyose isomerer Zucker (Bourquelot und Bridel, C. r. 151). Über die enzymatische Spaltung ist nichts bekannt.

Melezitase

aus Aspergillus niger soll Melezitose (Melezitotriose) in 1 Mol. Glucose und 1 Mol. Turanose zerlegen (Bourquelot[1]).

Da die Melezitose als Abkömmling des Rohrzuckers, durch Paarung der Fructosehälfte mit Glucose entstanden, erscheint[2], so ist die Melezitase sicher nicht eine Fructo-Saccharase. Hefe-Saccharase greift auch nicht in die Melezitose ein. Dagegen scheint nach Kuhn und v. Grundherr die Spaltung, welche Enzympräparate aus Aspergillus oryzae bewirken, eventuell auf die Glucosaccharase zurückgeführt werden zu können[3].

Emulsin greift unter verschiedenen pH-Bedingungen weder Melezitose noch ihr Spaltungsprodukt Turanose an. Maltasehaltige Autolysaten aus frischer Löwenbräuhefe greifen die Rohrzuckerbindung der Melezitose an; es liegt wahrscheinlich eine von der Maltase und Saccharase spezifisch verschiedene „Melezitase" vor. In der obergärigen Hefe der Sinner A.-G. konnte die „Melezitase" nicht angetroffen werden.

---

[1] Bourquelot u. Hérissey, Bull. Soc. Mycol. France 9; 1893.

[2] Kuhn u. v. Grundherr, Chem. Ber. 59, 1655; 1926. — Zemplén u. Braun, Chem. Ber. 59, 2230, 2539; 1926.

[3] Bridel und Aagaard (Bull. Soc. Chim. Biol. 9, 884; 1927) finden jedoch, dass die Spaltung der Melezitose durch Aspergillus niger wahrscheinlich nicht durch die Saccharase derselben, sondern durch ein besonderes Enzym bewirkt wird.

6. Kapitel.

β-Glucosidase.

Bearbeitet von **Karl Josephson**.

In diesem Kapitel behandeln wir die Reaktionen, durch welche die Alkyl-
und Arryl-β-Glucoside gespalten werden. Die enzymatische Spaltung der
Oxynitril-β-Glucoside durch die β-Glucosidase, sowie die Spaltung der β-Bioside
durch Enzyme, die unter dem Gruppennamen β-Glucosidasen untergebracht
werden können, wollen wir dann in den folgenden Kapiteln besprechen.

I. Allgemeines über Emulsin.
Ausgangsmaterial zur Darstellung des Emulsins. Vorkommen.

Robiquet und Boutron-Charlard[1] haben 1830 die Entdeckung gemacht, dass ein Bestandteil der bitteren Mandeln die Fähigkeit besitzt, das
Amygdalin zu spalten. Wöhler und Liebig[2] haben die Wirkung des aktiven
Stoffes auf Amygdalin näher untersucht, und die Bezeichnung „Emulsin" eingeführt. Diese Bezeichnung des vorliegenden Enzymgemisches ist ja dann
allgemein angenommen worden[3], während die von Robiquet[4] vorgeschlagene
Bezeichnung „Synaptase" nicht in Gebrauch gekommen ist.

Da das Emulsin nicht an einem bestimmten, sondern an verschiedenen
Substraten geprüft worden ist, besteht kaum eine genauere Definition für
dieses Präparat als die, dass es in wässriger Lösung natürliche β-Glucoside
spalten soll; dabei hat man zur Prüfung unter natürlichen Glucosiden meist
die in höheren Pflanzen vorkommenden Verbindungen der Glucoside mit
aromatischen Resten ausgewählt, also Arryl-Glucoside vom Salicin-Typus,
oder es wurde die Wirkung speziell an Amygdalin geprüft, was wohl zum Teil
auf den angegebenen historischen Gründen beruht.

Als Ausgangsmaterial für die im Handel vorkommenden Emulsinpräparate werden meist süsse oder bittere Mandeln verwendet. Doch kommen
glucosidspaltende Enzyme keineswegs nur in Mandeln vor, vielmehr sind sie
sehr verbreitet in verschiedenen Organen zahlreicher Pflanzen, und zwar soll
sich Emulsin auch in solchen Pflanzen finden, welche keine eigentlichen

---

[1] Robiquet u. Boutron-Charlard, Ann. Chim. Phys. (2) 44, 352; 1830. — Jl Pharm.
23, 589; 1837. — Liebig, Ann. de Chim. 25, 175; 1838. Hier auch ältere Literatur.
[2] Wöhler u. Liebig, Ann. Chem. Pharm. 22, 1; 1837. — Poggend. Ann. 41, 345.
[3] Vgl. H. v. Euler u. K. Josephson, Chem. Ber. 56, 453; 1923. Fußnote 1.
[4] Robiquet, Jl Pharm. 24, 196, 326; 1838.

β - Glucoside enthalten; diese Angaben bedürfen allerdings noch einer Prüfung.

Nächst den Mandeln sind als Ausgangsmaterial für die Darstellung zunächst die Samen anderer Prunaceen zu nennen, z. B. von Prunus domestica und Prunus persica.

Eingehende Untersuchungen über das Vorkommen von „Emulsin" in Organen höherer Pflanzen verdankt man Bourquelot und besonders seinem Mitarbeiter Hérissey[1], ferner Guignard[2], Tanret, Bertrand, H. E. und E. F. Armstrong und Horton[3] und Rosenthaler[4]. Aus allen Angaben geht hervor, dass die grössten Emulsin-Ausbeuten aus Rosaceen gewonnen werden, es kommen also ausser den Prunaceen auch noch die anderen Unterfamilien in Betracht, und zwar gewinnt man Emulsin nicht nur aus den Samen[5], sondern auch aus den Stielen und Blättern, so z. B. beim Kirschlorbeer, Prunus laurocerasus, bei Prunus serotina u. a.

Über das Vorkommen im übrigen mag hier noch erwähnt werden:

Samen: Körner von Hülsenfrüchten nach Bertrand und Rivkind[6]. Samen von Ericineen und Ribesarten. Polygala[7]. Gekeimte Gerste[8], Tabak[9].

Wurzeln: Orchideen nach Guignard[10]. Enzian[11]. Verbascum Thapsus (Harlay 1905). Gräser.

Blätter: Aucuba japonica[12], Sambucus-Arten[13], Tabak[9].

Rinde: Betula alba, Fraxinus excelsior (Bourquelot).

Milchgefäss-System des Embryo: Euphorbiaceen (Manihot-Arten) (Guignard).

In niederen Pflanzen hat ausser Bourquelot und Hérissey besonders Gérard[14] das Vorkommen von Emulsin studiert. Einige Kulturhefen spalten Amygdalin, Salicin, Arbutin (Henry und Auld[15], Bokorny[16], Neuberg

---

[1] Hérissey, Recherches sur l'émulsine. Thèses, Paris 1899.

[2] Guignard, C. r. 110, 477; 1890. — Jl de Bot. 4, 3; 1890. — Zum Teil hat Guignard den Nachweis des Emulsins auf Farbenreaktionen gegründet, welche mit den Wirkungen von Glucosidasen nichts zu tun haben. Die betreffenden Angaben erfordern eine Nachprüfung.

[3] H. E. und E. F. Armstrong und Horton, Proc. Roy. Soc. 85, 363; 1912.

[4] Rosenthaler, Arch. d. Pharm. 251, 56; 1913.

[5] Bourquelot u. Hérissey, C. r. 137, 56; 1903. — Äpfel- und Birnensamen sollen nur geringe Emulsinwirkung zeigen (Huber, Landw. Versuchsst. 75, 462; 1911).

[6] Bertrand u. Rivkind, C. r. 143, 970; 1906. — Bull. Soc. Chim. (4) 1, 497; 1906.

[7] Bourquelot, Jl de Pharm. et de Chim. (5) 30, 433; 1894.

[8] Maestrini, Atti Acad. d. Lincai 29 (5), 164; 1920.

[9] Oosthuizen u. Shedd, Jl Amer. Chem. Soc. 35, 1289; 1913. — Traetta Mosca, Gaz. chim. ital. 43, II, 431; 1914.

[10] Guignard, C. r. 141, 637; 1905.

[11] Bourquelot u. Hérissey, Jl de Pharm. et de Chim. (6) 16, 513; 1902.

[12] Bourquelot u. Hérissey, Soc. Biol. 56, 655; 1904. — C. r. 138, 114, 1114; 1904.

[13] Guignard, C. r. 141, 16; 1905.

[14] Gérard, Soc. Biol. 45, 651; 1893. — Jl de Pharm. et de Chim. (5) 28, 11; 1893.

[15] Henry u. Auld, Proc. Roy. Soc. 76, 568; 1905.

[16] Bokorny, Biochem. Zs 75, 376, 1916.

und Färber[1]). Aspergillus oryzae enthält nach Hatano eine β-Glucosidase (siehe S. 221).

In vielen Flechten hat Heut[2] Emulsin gefunden.

Ein ausführliches Referat der Angaben über das Vorkommen von „Emulsin" kann hier um so eher unterbleiben, als diese Angaben sich meist nur auf eine Komponente des Emulsins beziehen. Insbesonders muss hervorgehoben werden, dass der Nachweis einer Bildung von Glucose aus Amygdalin das Vorkommen der Amygdalase beweist, nicht aber das der eigentlichen β-Glucosidase (Prunase). Dagegen ist es nach den Arbeiten von Willstätter, Kuhn und Sobotka[3], sowie von Josephson[4] sehr wahrscheinlich, dass dasjenige Enzym, welches die Spaltung der natürlichen und synthetischen Arryl-β-Glucoside bewirkt, auch als Alkyl-β-Glucosidase fungiert. Die Alkyl-β-Glucosidase ist also wahrscheinlich mit der Arryl-β-Glucosidase wie auch mit der Oxynitril-β-Glucosidase identisch; die quantitativen Verschiedenheiten, welche man bei Untersuchung von verschiedenen Substraten, sowie bei Prüfung verschiedener Enzympräparate findet, können vielleicht ganz auf die verschiedene relative Spezifität der β-Glucosidase gegenüber den verschiedenen spaltbaren Substraten zurückgeführt werden.

Bekanntlich haben früher mehrere Enzymchemiker die Existenz zahlreicher, auf spezielle Glucoside spezifisch wirkender Enzyme angenommen. So hat Sigmund geglaubt, aus seinen Versuchen den Schluss ziehen zu können, dass Salicin durch eine spezifische Salicase gespalten wird, ebenso Arbutin durch eine Arbutase, Äskulin durch eine Äskulase, Populin durch eine Populase usw.

Bezüglich der Wirkung der Enzympräparate aus verschiedenen Pflanzen mag folgender Hinweis auf die früheren Arbeiten genügen:

Substrat	Vorkommen	Verfasser	Schriftstelle
Salicin	Salix und Populus	Sigmund	Wien. Sitz.-Ber. I, **117**, **1213**; 1908 Monatsh. f. Chem. **30**, 77; 1909
	Salix und Populus	Weewers	Rec. Trav. bot. Néerl. **7**, 1; 1910
		Bolin	H. **87**, 182; 1913
	Verschiedene Pflanzen	H.E. Armstrong, E.F. Armstrong und Horton	Proc. Roy. Soc. B. **85**, 363; 1912
	Kürbis	Krauch	Landw. Versuchsst. **23**, 77

---

[1] Neuberg u. Färber, Biochem. Zs **78**, 264; 1916.
[2] Heut, Arch. d. Pharm. **239**, 581; 1900.
[3] Willstätter, Kuhn u. Sobotka, H. **129**, 33; 1923.
[4] Josephson, H. **147**, 1; 1925.

Substrat	Vorkommen	Verfasser	Schriftstelle
Arbutin	Calluna- und Vacci-nium-Arten	Sigmund	Wien. Sitz.-Ber. I, 117, 1213; 1908
		Fichtenholz	Soc. Biol. 66, 830; 1909 Jl de Pharm. et de Chim. 30, 199; 1909
	Grevillea robusta Birnbaumblätter	Bourquelot und Fichtenholz	C. r. 151, 81; 1910 Jl de Pharm. et de Chim. (7) 2, 97; 1910; 4, 145, 441; 1911; 5, 425; 1912
		Bourquelot und Hérissey	C. r. 146, 764; 1908 Jl de Pharm. et de Chim. 27 421; 1908
Populin	Salix	Sigmund	l. c.
	Populus	Weewers	l. c.
	Aspergillus	Hérissey	Thèse, 1899
Äskulin	Äskulus, Rinden und Samen	Sigmund	Monatsh. f. Chem. 31, 657; 1910
Primiverin	Primula officinalis u. andere Primulaceen	Goris u. Maseré	C. r. 149, 947; 1909
Elateringlucosid	Ecballium elaterium	Berg	Soc. Biol. 71, 74; 1911 C. r. 154, 370; 1912

Hinsichtlich der von Procter[1] entdeckten sog. Gaultherase ist zu erwähnen, dass die Meinungen über die Struktur ihres spezifischen Substrates, Gaultherin, in letzterer Zeit revidiert werden musste. Karrer[2] hat aus Acetobromglucose das synthetische sog. β-Gaultherin dargestellt und ihre Spaltbarkeit durch Emulsin nachgewiesen. Karrer hat nun die Vermutung ausgesprochen, dass das natürliche Gaultherin die entsprechende α-Verbindung sei. Auch dieser Schluss ist wohl doch nicht richtig, da Bridel neuerdings zeigen konnte, dass das in Betula lenta vorkommende Gaultherin (Schneegans und Gerock, Arch. d. Pharm. Bd. 232, S. 437. 1894) als Zucker nicht Glucose, sondern Primverose (Xylose + Glucose) enthält. Dieses Glucosid soll nämlich mit dem in Monotropa Hypopitys gefundenen Primverosid Monotropitin (C. r. 178, 1310; 1924) identisch sein (siehe S. 266).

Schliesslich wollen wir noch die folgenden Angaben über enzymatische Spaltung besonders von β-Phenylglucosiden durch Pflanzen und Pflanzenteilen wiedergeben.

---

[1] Procter, Amer. Jl Pharmac. XV, 341; vgl. Bourquelot, Jl de Pharm. et de Chim. (6) 3, 577; 1896. — Schneegans u. Gerock, Arch. de Pharm. 232, 437; 1894. — Beyerinck, Zentralbl. f. Bakt. II, 5, 425; 1899.

[2] Karrer u. Weidmann, Helv. Chim. Acta, 32, 52; 1920. — Kuhn (Lieb. Ann. 443, 17; 1925) hat hervorgehoben, dass die starke Linksdrehung des natürlichen Gaultherins der α-glucosidischen Natur widerspricht.

Malzextrakt spaltet nach van Laer[1] Salicin nicht.

Die Glucosidspaltung durch Kryptogamen wurde von Bourquelot[2] nachgewiesen, und zwar greifen sowohl höhere als niedere Pilze, Hefen und Bakterien Phenyl-β-Glucoside an. Hérissey fand eine Glucosidase in Moosen[3] und Flechten[4]; Heut[5] fand das Enzym des Löcherpilzes besonders dem Amygdalin und Arbutin gegenüber als sehr wirksam.

Bourquelot[6] gibt ein Verzeichnis derjenigen höheren Pilze, bei welchen er Spaltung von Salicin und Coniferin (und Amygdalin) nachweisen konnte; darunter befinden sich Hydnum cirrhatum, Fuligo varians, Auricularia sambucina, Polyporus fomentarius; für die beiden letzteren werden die Versuche ausführlicher beschrieben. Ausser einer Beobachtung an Agaricus campestris von Kobert (Lehrb. d. Intox.) ist noch eine Untersuchung von Zellner[7] zu erwähnen, welcher Spaltung von Salicin und Koniferin, nicht von Phlorrhizin, durch Holzpilze fand.

Auch bezüglich des Vorkommens in niederen Pilzen, besonders Schimmelpilzen, stammen die ersten gründlichen Untersuchungen von Bourquelot und Hérissey[8], Behrens[9] (Botrytis vulg., Monilia fructigena u. a.) und Klebs[10]. Ein biologisch reineres Enzympräparat gewinnt man nach Pottevin aus Aspergillus niger; das Aspergillus-Emulsin spaltet nämlich nur β-Glucoside, keine β-Galaktoside und keinen Milchzucker (vgl. S. 229).

Helicin wird nach Schäffer (Diss. Erlangen 1901) durch Mucoreen zerlegt.

Aspergillus oryzae (Taka-diastase) spaltet nach Hatano (Biochem. Zs 151, 501; 1924) Salicin, Äsculin, β-Methylglucosid wie auch Amygdalin (eb. 151, 498; 1924).

Unter den zahlreichen Angaben über Hydrolyse von Glucosiden durch Bakterien seien die von Gonnermann[11] (Darmbakterien) mit Salicin und Arbutin angestellten erwähnt, diejenigen von van der Leck[12] über Äsculinspaltung durch B. coli und besonders eine eingehende, von Twort[13] an 49 Glucosiden angestellte Untersuchung mit Typhoid-Kolibakterien. Dabei wurden Salicin, Arbutin, Coniferin, Phlorrhizin und 23 andere angegriffen.

---

[1] van Laer, Soc. Biol. 84, 471; 1921.

[2] Bourquelot, Soc. Biol. 45, 653, 804; 1893. — Bull. Soc. Mycol. France 9, 189, 230; 1893; 10, 49; 1894; 11, 235; 1895.

[3] Hérissey, Soc. Biol. 50, 532; 1898.

[4] Hérissey, Bull. Soc. Mycol. France 15, 44; 1899.

[5] Heut, Arch. d. Pharm. 239, 581; 1901.

[6] Bourquelot, C. r. 117, 383; 1893.

[7] Zellner, Wien. Sitz.-Ber. IIb, 118, 439; 1907.

[8] Bourquelot u. Hérissey, C. r. 121, 693; 1895.

[9] Behrens, Zbt. Bakt. II, 4, 514; 1898.

[10] Klebs, Jahrb. wiss. Bot. 32, 1; 1898.

[11] Gonnermann, Pflügers Arch. 113, 168; 1906.

[12] v. d. Leck, Zbt. Bakt. II, 17, 366; 1907.

[13] Twort, Proc. Roy. Soc. B. 79, 329; 1907.

Nach Weintraub (Zentralbl. f. Bakter. u. Parasitenk. I. Abt., 91, 273; 1924) wird β-Methylglucosid von allen eigentlichen Kolibakterien gespalten.

Tierische Phenyl-β-Glucosidasen.

Genauere Angaben über diese Enzyme oder ihre Wirkungsart liegen nicht vor, sondern meist nur Beobachtungen über ihr Vorkommen, also Angaben, dass gewisse β-Glucoside von gewissen Organen gespalten worden sind[1]. Der Übersichtlichkeit wegen seien deshalb die Ergebnisse, zu welchen die verschiedenen Beobachter gekommen sind, tabellarisch zusammengefasst. Dazu muss aber bemerkt werden, dass das den Angaben zugrunde liegende Tatsachenmaterial manchmal recht dürftig und unsicher erscheint. Negative Resultate können natürlich auch oft durch ungeeignete Acidität der Lösung veranlasst sein.

Über die Wirkungsbedingungen der tierischen β-Glucosidasen ist, wie erwähnt, nichts bekannt. Es bleibt zu untersuchen, ob sich nicht die Aciditätsbedingungen dieser tierischen β-Glucosidasen von denen der pflanzlichen in ähnlicher Weise unterscheiden, wie dies bei den Saccharasen nachgewiesen ist.

II. Isolierung und Darstellung der β-Glucosidase des Mandelemulsins.

Als Ausgangsmaterial werden im allgemeinen bittere oder süsse Mandeln verwendet. Die älteren Versuche, das Emulsin aus dem Zellverband in einer zum Studium der Enzymwirkungen geeigneten Form zu erhalten, haben H. Hérissey[2] (vgl. E. Bourquelot[3]), sowie H. E. Armstrong, E. F. Armstrong und E. Horton[4] zu allgemein gebrauchten Methoden modifiziert.

Die von Hérissey gegebenen Vorschriften lauten:

100 g süsse Mandeln taucht man während etwa 1 Minute in kochendes Wasser, lässt abtropfen und entschält sorgfältig; man zerstösst sie in einem Marmormörser ohne Zugabe von Wasser möglichst fein. Man weicht das erhaltene Produkt in 200 ccm einer Mischung von gleichen Teilen reinen, destillierten und chloroformgesättigten Wassers bei Zimmertemperatur ein. Nach 24 Stunden koliert man durch ein angefeuchtetes Siebtuch. Man gewinnt auf diese Weise 150—160 ccm Lösung, welcher man tropfenweise Eisessig zugibt, um das Casein[5] zu fällen; hierauf filtriert man durch ein nasses Filter. Die trübe Flüssigkeit (120—130 ccm) wird nun mit 500 ccm 95 %igem Alkohol versetzt; man sammelt den Niederschlag auf ein Faltenfilter, lässt abtropfen, gibt eine Mischung von Alkohol und Äther zu und trocknet dann im Vakuum über Schwefelsäure. Man erhält durchsichtige, hornartige Blätter, welche durch Zerreiben ein fast rein weisses Pulver liefern.

Eine wesentliche Verbesserung in den Methoden zur Darstellung wirksamer Emulsinlösungen wurde von R. Willstätter und Csányi[6] eingeführt,

---

[1] Es ist seit langem bekannt, dass Säugetiere nach Eingabe von Salicin Salicylsäure im Harn ausscheiden, welche als Oxydationsprodukt des Salicylalkohols angesehen wird.

[2] H. Hérissey, Thèse (1899) und zwar S. 44.

[3] E. Bourquelot, Arch. Pharm. 245, 172; 1907.

[4] H. E. Armstrong, E. F. Armstrong u. E. Horton, Proc. Roy. Soc. 80, 321; 1908.

[5] Richtiger das Protein der Mandeln.

[6] Willstätter u. Csányi, H. 117, 172; 1921.

Tiere u. spaltende Organe	Gespalt. Glucosid	Bemerkung	Beobachter	Schriftstelle
Kaninchen, Katze, Hund; Leber und Niere	Salicin, Arbutin Helicin	Negative Resultate mit Organextrakten	Grisson	Diss. Rostock. 1887, Malys Jahresb. 17
Pferd, Kaninchen; Leber und Niere	Salicin	Wirksam ist die wässrige Enzymlösung, nicht die alkohol. Fällung	Gérard	Soc. Biol. 53, 99; 1901
Nur in Niere von Pferd, nicht Hund, Kaninchen, Rind, Schaf	Phlorrhizin		Charlier, i. Anschluss an Arbeiten von Minkowsky	Soc. Biol. 53, 494; 1901
Rinds-, Hasen-, Hunde- und Pferdeleber	Arbutin	Nur colorim. qualitat. Prüfung auf Glucose (unsicher)	Gonnermann	Pflügers Arch. 113, 168; 1926
Leber und Niere von Pflanzenfressern (Kaninchen, Hammel, Rind, Schwein)	Salicin	Bei Fleischfressern (auch Mensch) mit Leber u. Niere höchstens schwache Wirkung[1]	K. Omi	Biochem. Zs 10, 258; 1908
Kaninchen und Hund	Salicin	Ausscheidung v. Ätherschwefelsäure nach Eingabe von Salicin	Kusumoto	Biochem. Zs 10, 264; 1908
Menschl. Placenta; Leber und Niere v. Kaninchen	Salicin, Arbutin, Helicin		Higuchi	Biochem. Zs 17, 21; 1909
Leber und Niere v. Katze, Schwein, Kaninchen, nicht Mensch	Salicin, Arbutin		R. Bass	Zs f. exp. Path. 10, 120; 1911
Stierhoden	Salicin	Schwache Wirkung	Mihara	H. 75, 443; 1911
Hirn von Mensch, Kaninchen, Meerschweinchen	Arbutin		Leo Hess	Wien. klin. Wochenschr. 24, 1009, 1911
Darm höherer Tiere	Salicin (?)	Bei vielen Tieren erfolgt die Spaltung im Darm durch Bakterien	Thomas u. Frouin	Ann. Inst. Pasteur, 23, 261; 1909
Avertebraten.				
Krebse	Salicin		Kobert	Pflügers Arch. 99, 116; 1903
	Populin, Phlorrhizin		Giaja und Gompel	Soc. Biol. 62, 1197; 1907
Zahlreiche Käfer, Puppen, Kanthariden, Würmer usw.	Salicin, Arbutin		Kobert	l. c.

[1] In der Leber von Hunden wurde nach Exstirpation des Pankreas eine Salicinspaltung beobachtet, die sich bei normalen Hunden nicht zeigte.

welche Methode nach den Ergebnissen in diesem Laboratorium von E. Norde-feldt[1] sich auch für die Isolierung der Oxynitrilase eignet, indem die Extraktion des entfetteten Mandelpulvers nicht, wie bei den älteren Versuchen, in neutraler oder sogar saurer Lösung, sondern in schwach alkalischer Lösung vorgenommen wurde.

Willstätter und Csányi[2] geben folgende ausführliche Vorschrift:

„Die Mandeln werden zunächst in trockenes, ölfreies Pulver verwandelt. Um sie zu enthäuten, erwärmt man sie $1/4$ Stunde mit Wasser von $60-70^0$. Man trocknet sie oberflächlich an der Luft, zerkleinert sie in der Mandelmühle und entzieht ihnen in der hydraulischen Presse die Hauptmenge des Öles. Darauf werden sie mit dem Dreifachen an Äther in einer Flasche extrahiert, nach dem Absaugen in einer Walzenmühle gemahlen und nochmals mit der doppelten Menge Äther ausgezogen, abgesaugt und nachgewaschen. Das in einem warmen Luftstrom getrocknete Material wird in einer Siebmühle aufs feinste gemahlen. An Pulver, das für die Bestimmungen im Vakuumexsiccator zu trocknen ist, erhält man etwa $1/3$ vom Gewicht der Mandeln. Beim Aufbewahren nimmt es an enzymatischer Wirkung ab, z. B. in einem halben Jahre um $10\,^0/_0$.

Verschiedene Proben aus süssen wie aus bitteren Mandeln ergaben ziemlich übereinstimmende Zeitwerte für Amygdalinspaltung: 425, 480 und 500.

100 g Mandelpulver werden in einer Flasche mit 250 ccm n/10-Ammoniak verrührt und nach Verdünnen mit weiteren 100 ccm Wasser 5 Stunden lang mit der Maschine geschüttelt. Den ammoniakalischen Auszug trennt man am besten mittels der Zentrifuge von den Rückständen, um diese sogleich in den Zentrifugengläsern wieder mit 100 ccm Wasser unter Zusatz von 10 ccm n/10 Ammoniak anzurühren, von neuem zu zentrifugieren und ebenso einen dritten Auszug zu bereiten, abermals, falls die alkalische Reaktion verschwunden ist, unter Zusatz einiger Kubikzentimeter Ammoniak. Die vereinigten Auszüge, etwa $1/2$ Liter, erhalten $60\,^0/_0$ der Trockensubstanz der Mandeln. Einen grossen Teil der Eiweissstoffe, etwa $8\,^0/_0$ vom Pflanzenmaterial, fällen Willstätter u. Csányi, wie üblich, mit verdünnter Essigsäure (300 ccm n/10 oder 60 ccm n/2) aus; der Niederschlag enthält $5-8\,^0/_0$ vom Emulsin.

Das Filtrat gibt schon mit wenig $95\,^0/_0$igem Alkohol ($30\,^0/_0$ seines Volumens) eine Fällung, die hauptsächlich aus Eiweiss und Gummi besteht, aber auch etwa $20\,^0/_0$ der Enzyme einschliesst. Trennt man diese Fraktion ab, so wird das Rohprodukt des Emulsins reiner. Aber da für das Präparat doch eine Umfällung erforderlich ist, bewährt es sich nicht, die etwas verlustbringende fraktionierte Fällung vorzunehmen. Man fällt daher die Lösung mit der vierfachen Menge Sprit und isoliert mittels der Zentrifuge den rein weissen Niederschlag, der mit absolutem Alkohol und Äther gewaschen wird."

„Das Rohprodukt betrug exsiccatortrocken 2,5—3,5 g, beispielsweise vom Zeitwert 25 22, 18, 16, was Ausbeuten von etwa $60-75\,^0/_0$ der Theorie entspricht."

„Durch die Fällung und Trocknung ist ein Teil des noch beigemengten Proteins unlöslich geworden. Daher lässt sich der Reinheitsgrad leicht durch Umscheiden verbessern. Das feine Pulver teigt man mit wenig Wasser in der Reibschale an und spült es mit dem Dreissigfachen von Wasser in die Zentrifugengläser über, in denen die Lösung geklärt wird. Darauf fällt man das Emulsin zum zweiten Male mit Alkohol, wenn es für die Ausflockung nötig ist unter Zusatz einer Spur Calciumchlorid. Diese Reinigung lässt sich fast ohne Verlust ausführen, die umgefällten Präparate wiesen Zeitwerte von 10—18 auf."

„Die Emulsinpräparate sind in Wasser klar löslich, hellbräunlich bei grosser Konzentration. Die Lösung wird durch Salzsäure gefällt."

Willstätters und Csányis Präparat zeigte auch nach langem Erwärmen mit Wasser keine reduzierende Wirkung auf Fehlingsche Lösung; bei langdauerndem Erwärmen mit verdünnter Säure tritt etwas Reduktionswirkung auf. Die genannten Autoren finden stets

---

[1] E. Nordefeldt, Biochem. Zs 131, 390; 1922.
[2] Willstätter u. Csányi, H. 117, 172; 1921.

noch schwache Millon- und Biuretreaktion und Xanthoproteinreaktion; ihr Präparat vom Zeitwert 18 zeigte $[\alpha]_D = -60^0$.

a) Isolierung der β-Glucosidase aus Pflaumenkernen.

Helferich[1] zerreibt 1,75 g Kerne mit 4,4 l Wasser, verrührt zum Brei und lässt mit 290 ccm Toluol 3 Tage bei Zimmertemperatur stehen. Das Filtrat liefert bei der Alkohol-fällung eine wirksamere Substanz, wenn es längere Zeit (etwa 9 Wochen) aufbewahrt war. Nach dieser Zeit wurde die filtrierte Flüssigkeit auf das Dreifache mit Wasser verdünnt, wobei eine starke Trübung auftrat, und durch ein Zsigmondyfilter von de Haen (Poren-weite 1 oder 5) ultrafiltriert. Die klare Flüssigkeit wird dann in die 10fache Menge 95 %-igen Alkohols unter Umschütteln eingegossen. Nach 20 Stunden wurde vom Niederschlag dekantiert und dieser abgesaugt, unter möglichst beschränktem Luftzutritt mit absolutem Alkohol behandelt und im Exsiccator getrocknet. Das trockene, weisse Präparat war nur mehr mässig hygroskopisch. Ausbeute 28 g aus 3 l ursprünglicher Lösung (E I).

Reinigung (nach Helferich).

Präparat E I wurde in 185 ccm Wasser gelöst; beim Reiben krystallisiert viel Magnesium-phosphat aus. Nach zweistündigem Aufbewahren bei 0^0 wurde der Niederschlag abgesaugt, das dunkel gefärbte Filtrat wurde mit 950 ccm Wasser verdünnt und diese Lösung in das 10fache Vol. 95%igen Alkohols gegossen. Ausbeute 12,1 g (Präp. E II). Durch 16stündige Dialyse (Fischblase) schritt die Reinigung fort; nach Entfernung eines geringen Niederschlags wurde unter 4 mm Druck konzentriert, filtriert und wieder mit der 10fachen Alkoholmenge gefällt. Die abzentrifugierte Fällung wurde nochmals in ähnlicher Weise umgefällt; Aus-beute: 0,4 g (Präp. E III). Durch eine weitere Umfällung ergab sich Präp. E IV[1].

Die Wirksamkeit der Präparate zeigt sich in folgender Zusammenstellung:

Präparat	$k \cdot 10^4$	Zeitwert
E I	26,3	114
E II	53,6	56,1
E III	88,8	33,9
E IV	120,2	25,05
käufl. Emulsin Kahlbaum	8,82	341

b) Darstellung und Reinigung der β-Glucosidase durch Adsorption.

Die ersten Versuche unter Anwendung der modernen Methoden der Enzym-reinigung, die β-Glucosidase zu reinigen und von den Begleitenzymen in dem Emulsin zu befreien, liegen von K. Josephson[2] vor.

Als Vorreinigung vor der Anwendung der Adsorptionsmethoden eignet sich nach Josephson die Fällung der rohen, nach Willstätter und Csányi durch Extraktion des Mandelpulvers mit verdünntem Ammoniak gewonnenen Enzymlösungen mit Alkohol oder Aceton. Die von Josephson durch An-wendung der Fällung mit Alkohol oder Aceton gewonnenen Emulsinpräparate[3] zeigen schon vor der weiteren Reinigung etwas höhere β-Glucosidaseaktivitäten als die früheren von Willstätter und seinen Mitarbeitern beschriebenen Prä-parate.

---

[1] Helferich, H. 117, 159 und zwar 166; 1921.
[2] K. Josephson, Chem. Ber. 58, 2726; 1925. 59, 821; 1926.
[3] K. Josephson, H. 147, 1 und zwar S. 9; 1925. Hier auch die ältere Literatur.

Beispiel für die Vorreinigung. 400 g entfettetes Mandelpulver (Placenta amygdalarum amararum von der Firma Vitrum in Stockholm) wurden mit 1000 ccm 0,1 n.-Ammoniak während 3 Stunden auf der Schüttelmaschine geschüttelt. Nach Trennung der Extraktionsflüssigkeit von den nicht in Lösung gegangenen Teilen des Pulvers durch Zentrifugierung wurden die letzteren nochmals mit verdünntem Ammoniak (800 ccm 0,02 n.-NH_3) extrahiert. Die vereinigten Lösungen wurden mit 45 ccm 2 n.-Essigsäure versetzt und die dabei ausfallenden Eiweissstoffe durch Zentrifugieren abgetrennt. Die erhaltene Lösung (1300 ccm) wurde in der dreifachen Menge 95%igen Alkohols eingetragen. Nach Abtrennen von der Flüssigkeit und Wiederauflösen der Fällung in Wasser wurde mit Kieselgur geklärt. Die Aktivitätsbestimmung ergab Sal. f. = 0,25 (siehe unten).

Die β-Glucosidase wird sowohl durch Tonerde wie durch Kaolin adsorbiert. Das Sorptions-pH-Optimum bei der Sorption mit Tonerde liegt in der Nähe des Neutralpunktes:

pH	Sorption in %	Relative Sorption
3,69	16	52
3,96	18	58
4,55	22	71
5,76	30	97
6,17	31	100
6,53	31	100
6,86	31	100
9,08	28	90

Bei der Adsorption der β-Glucosidase an Kaolin liegt aber das pH-Optimum bei pH = 4,4. Das Sorptions-pH-Optimum fällt also mit dem Optimum der Enzymwirkung zusammen.

pH	Adsorption in %	Relative Adsorption
3,76	88	95
3,89	91	98
4,35	93	100
4,75	89	96
5,14	82	88
5,50	59	63

Als Beispiele für die Reinigung durch Tonerde-Adsorption werden die folgenden zwei Versuche angeführt.

Präparat E_{10}: 100 ccm einer Lösung des Präparates E_8, enthaltend 30 mg in 1 ccm wurden nach Verdünnen auf das vierfache Volumen mit 20 ccm einer Tonerde-Suspension (enthaltend 0,84 g Al_2O_3) versetzt. Dabei wurden 25% der β-Glucosidase adsorbiert. Nach Zusatz von weiteren 55 ccm $Al(OH)_3$-Suspension wurde das Adsorbat abzentrifugiert. Die Untersuchung der Restlösung ergab, dass rund 95% der β-Glucosidase adsorbiert waren. Die Elution wurde mit 150 ccm einer 0,75%igen Na_2HPO_4-Lösung vorgenommen. Nach Neutralisation mit Essigsäure wurde die Aktivität geprüft. Es zeigte sich, dass nur rund 20% der adsorbierten β-Glucosidasemenge eluiert worden waren. Bei der nachfolgenden zweitägigen Dialyse in Kollodium-Membranen traten wieder grosse Enzymverluste ein, so dass in der schliesslichen Lösung E_{10} nur etwa 10% von der in der ursprünglichen Lösung E_8 vorhandenen β-Glucosidasemenge erhalten wurden. Trotzdem war die Aktivität der Lösung pro Gramm Trockengewicht mehr als verdoppelt, indem Sal. f zu 0,55 (β-Gl.-W. = 9,1) bestimmt wurde.

Präparat E_{11}: Das Präparat wurde in analoger Weise wie das Präparat E_{10} dargestellt, durch fraktionierte Adsorption aus der Lösung E_9. Die dialysierte Elution E_{11} zeigte Sal. f = 0,61 (β-Gl.-W. = 10,1). Nach der Adsorption wurden in der Restlösung nur 3% von der ursprünglichen β-Glucosidase-Aktivität wiedergefunden, während von der Amylasewirkung noch 10% in nicht adsorbierter Form zurückblieben.

Noch günstiger stellt sich die Aktivitätserhöhung bei Anwendung von Kaolin als Sorptionsmittel; jedoch scheint die Adsorption an sich zur Reinigung der β-Glucosidase nicht so günstig zu sein. Die grossen Fortschritte der Reinigung treten bei der folgenden Elution des Enzyms aus dem Sorbat ein.

Zu den als Beispiel für die Reinigung unten angeführten Versuchen wurde die oben beschriebene durch Alkoholfällung gereinigte Lösung mit Sal. f = 0,25 verwendet.

Aus 100 ccm E_{12} wurden durch 14 g Kaolin rund 50% der β-Glucosidase sorbiert. Die Restlösung zeigte Sal. f = 0,31. Zur Elution wurde das Sorbat in 80 ccm 0,01 n.-Ammoniak suspendiert. Nach Trennung der Elutionsflüssigkeit von dem Kaolin wurde mit Essigsäure die Acidität auf pH rund 5 gebracht. Hierbei trat eine Ausflockung des zum Teil kolloidal verteilten Kaolins ein. Nach Abfiltrieren von diesen Kaolinresten (unter Zusatz von Kieselgur) wurde die Aktivität der jetzt klaren Lösung bestimmt. Sal. f betrug 1,24 (β-Gl.-W. = 20). ($E_{12}K_1$) Elutionsausbeute 60%.

Bei einem zweiten Versuch, welcher unter Berücksichtigung der optimalen Acidität der Adsorption (siehe oben) ausgeführt wurde, konnte die Reinigung noch etwas gesteigert werden: 500 ccm E_{12} wurden mit 50 ccm 0,4 n.-Essigsäure und 500 ccm Kaolinsuspension (entsprechend 86 g Kaolin) versetzt. Die Elution aus dem Adsorbat geschah mit 500 ccm 0,01 n.-Ammoniak. Die Aktivität der mit Kieselgur geklärten Elution ($E_{12}K_2$) entsprach Sal. f = 1,6 (β-Gl.-W. = 26). Die Ausbeute betrug 60% von der angewandten Enzymmenge.

Die durch Kaolin-Adsorption und darauffolgende Elution mit NH_3 gewonnenen β-Glucosidaselösungen lassen sich durch Dialyse von verunreinigenden Salzen und anderen niedrigmolekularen Stoffen befreien. Während die früheren Versuche zur Dialyse von β-Glucosidaselösungen nicht ohne grosse Verluste an enzymatischer Aktivität durchgeführt werden konnten[1], trat bei der Dialyse des oben erwähnten Präparates von Sal. f = 1,6 nur eine Aktivitätsverminderung von etwa 10% ein. Durch die Entfernung von Verunreinigungen war aber der Reinheitsgrad nach der Dialyse sehr verbessert. Sal. f des dialysierten Präparates wurde nämlich zu 4,8 (β-Gl.-W. = 80) bestimmt.

Die Elution nach der ersten Kaolin-Adsorption lässt sich auch durch eine erneute Adsorption mit Kaolin weiter reinigen. Die nach der zweiten Kaolin-Adsorption mit einer Ausbeute von 44% erhaltene Elution $E_{12}KK$ zeigte vor der Dialyse Sal. f = 3,07, also β-Gl.-W. = rund 51 und nach der Dialyse (3 Tage) Sal. f = 4,9, also β-Gl.-W. = 81.

Bei der Adsorption wurden 400 ccm $E_{12}K$ (Sal. f = 1,6) mit 4 ccm 0,4 n.-Essigsäure versetzt und dann 75 ccm Kaolinsuspension (entsprechend 13 g Kaolin) hinzugesetzt. Die Elution

---

[1] Josephson, H. 147, 1 und zwar S. 15; 1925.

aus dem abzentrifugierten und einmal mit Wasser gewaschenen Adsorbat geschah mit 200 ccm 0,01 n.-NH_3. Bei der Dialyse trat eine Aktivitätsverminderung von 38 % ein. Wäre diese Aktivitätsverminderung auf die Auslöschung der enzymatisch aktiven Gruppen allein zurückzuführen, so wäre also der Reinheitsgrad des Enzyms nach der Dialyse entsprechend Sal. f = rund 7,9 (β-Gl.-W. 130) zu schätzen.

Die kaolin-adsorbierten Präparate gaben nicht die Molischsche Reaktion. Bei Erwärmung mit Salpetersäure trat eine sehr geringe Gelbfärbung ein; bei darauffolgender Übersättigung mit Natronlauge trat eine deutliche, aber nur schwache Braunfärbung ein.

Mit den Präparaten E_{12} und $E_{12}K$ sowie der Restlösung $E_{12}R$ nach Kaolin-Adsorption wurden Versuche zur Prüfung der Amylaseaktivität ausgeführt. Die Werte von Sal. f, Sf^{30} und den Quotienten Sal. f/Sf^{30} sind in der folgenden Tabelle zusammengestellt:

Präparat	Sal. f	Sf^{30}	Sal. f/Sf^{30}
E_{12}	0,25	0,00026	960
$\rightarrow E_{12}K$	1,24	0,00026	4080
$E_{12}R$	0,31	0,00056	550

Während bei dem Ausgangsmaterial (Placenta amygdalarum amararum) das Verhältnis Sal. f/Sf^{30} 200 betrug, war also dieser Quotient bei dem kaolin-adsorbierten Präparat $E_{12}K$ auf 4080 gestiegen. Der Gehalt dieses Präparates an Mandel-Amylase war also sehr gering.

Durch die Anwendung der Adsorptionsmethoden lässt sich also eine Trennung der β-Glucosidase des Emulsins von dem stärkespaltenden Enzym in den Mandeln[1] bewirken. Durch diese Ergebnisse von Josephson ist also bewiesen, dass die Mandelamylase nicht identisch mit der β-Glucosidase sein kann.

Aus den Untersuchungen von H. E. und E. F. Armstrong und Horton[2], sowie von Caldwell und Courtauld und ferner von Rosenthaler ging hervor, dass im Mandelemulsin wenigstens vier Enzyme enthalten sind, nämlich folgende:

1. Amygdal(in)ase, welche das Amygdalin in Mandelsäurenitrilglucosid und Glucose spaltet (siehe S. 268 u. ff.).

2. Eine β-Glucosidase (Prunase), welche Mandelsäurenitrilglucosid in Benzoylnitril und Glucose zerlegt (siehe S. 276 u. ff.).

3. Eine Oxynitrilase (siehe S. 284 u. ff.).

4. Eine Lactase[3].

---

[1] Siehe Kuhn, H. 135, 12; 1924; Lieb. Ann. 443, 1; 1925. — Pringsheim und Leibowitz, Chem. Ber. 58, 1262; 1925.

[2] H. E. u. E. F. Armstrong u. Horton, Proc. Roy. Soc. B. 80, 321; 1908.

[3] Bourquelot u. Hérissey, Soc. Biol. 55, 219; 1903.

Dazu kommt also die von Josephson als selbständiges Enzym anerkannte Amylase, sowie die Gentiobiase und Cellobiase, deren Abgrenzung von der Amygdalase bzw. β-Glucosidase noch nicht ganz klargestellt ist.

Die eventuelle Beziehung der Raffinase im Emulsin zur Lactase ist nicht klargestellt.

Nach Pottevin[1] hydrolysieren die Emulsinpräparate aus Aspergillus niger Milchzucker und überhaupt β-Galaktoside nicht, und wurden daher als physiologisch reiner als die gewöhnlichen Emulsinpräparate aus Mandeln angesehen. Man kann vielleicht hoffen, dass es gelingen wird, durch die modernen Methoden der Enzymreinigung und Enzymtrennung die Einzelenzyme des Enzyms noch weiter präparativ zu differenzieren, wie es ja schon hinsichtlich der β-Glucosidase und der Amylase, wie erwähnt, gelungen ist.

Die quantitative Charakterisierung der Emulsinpräparate auf Grund ihrer Wirksamkeit in bezug auf verschiedenen Reaktionen wurde von Willstätter und Csányi[2] begonnen, welche die Zeitwertquotienten der β-Methylglucosid-, Lactose- und Raffinosespaltung zur Amygdalinspaltung und zur Prunasinspaltung in verschiedenen Ausgangsmaterialien und Emulsinpräparaten verglichen. Die Untersuchung wurde dann von Willstätter und Oppenheimer[3] auf Helicin, Salicin, β-Phenylglucosid, Arbutin ausgedehnt und auch weitere Versuche mit Amygdalin, Prunasin und β-Methylglucosid wurden ausgeführt. Die einzige Regelmässigkeit, durch welche sich die Beschreibung des Enzymgemisches vereinfachte, war die Konstanz der auf Helicin bezogenen Zeitwertquotienten für Salicin und β-Phenylglucosid.

Die durch diese Untersuchungen scheinbar gestützte Annahme einer Verschiedenheit der Enzyme, welche die Natur zum Abbau der aromatischen und des aliphatischen Glucosids ausbildet, musste jedoch dank der wichtigen Arbeit von Willstätter, Kuhn und Sobotka[4] ganz revidiert werden. Nach der Untersuchung von Willstätter, Kuhn und Sobotka, deren Ergebnisse durch die Arbeit von Josephson[5] in der vorliegenden Hinsicht eine weitgehende Bestätigung erfahren haben, lassen sich die quantitativen Verschiedenheiten bei der Prüfung verschiedener Emulsinpräparate gegenüber aliphatischen und aromatischen Glucosiden durch die neuere Theorie der relativen Spezifität erklären. Die theoretischen Ausführungen über dieses Thema sind schon im I. Teil S. 349ff. behandelt. Dank der Feststellung, dass die Alkyl-β-Glucosidase und Arryl-Glucosidase mit Gewissheit identisch sind, können wir hier die Wirkung des Emulsins auf aliphatische und aromatische Glucoside zusammen behandeln.

---

[1] Pottevin, Ann. Inst. Pasteur 17, 31; 1903.

[2] Willstätter u. Csányi, H. 117, 172; 1921.

[3] Willstätter u. Oppenheimer, H. 121, 183; 1922.

[4] Willstätter, Kuhn u. Sobotka, H. 129, 33; 1923.

[5] Josephson, 147, 1; 1925.

III. Substrate der β-Glucosidasewirkung.

Unter den β-Glucosiden mit aliphatischen Alkoholkomponenten ist das β-Methylglucosid das wichtigste Substrat der β-Glucosidasewirkung.

β-Methylglucosid, $CH_3 \cdot OC_6H_{11}O_5$; die farblosen Prismen schmelzen bei 104°; $[\alpha]_D = -33°$. Durch Säuren wird das β-Glucosid nach van Ekenstein[1] etwa dreimal so schnell hydrolysiert wie die α-Verbindung, nach Armstrong und Glover[2] 1,8 mal.

Zahlreiche andere Alkylglucoside, welche sämtlich durch Emulsin gespalten werden, sind beschrieben. Dagegen haben Veränderungen im Glucosidoteil einen hohen Einfluss auf die Spaltbarkeit. Über die Spezifität siehe S. 249 u. ff.

Unter den aromatischen Glucosiden kommen in erster Linie die in der Natur vorkommenden Salicin, Helicin, Arbutin in Betracht. Die Spaltbarkeit dieser und anderer aromatischer Glucoside durch dieselbe Glucosidase, welche die Alkylglucoside spaltet, ist hinsichtlich der zwei ersteren durch Willstätter, Kuhn und Sobotka, hinsichtlich des Arbutins durch Josephson wahrscheinlich gemacht.

Diejenigen aromatischen Substrate, an welchen die enzymatische Spalt-

Gruppe	Aromat. Teil	Glucosid	Vorkommen
I. Phenole	Phenol	Phenylglucosid	Synth. Fischer und Armstrong, Chem. Ber. 34
	Hydrochinon	Arbutin	Ericaceen, Blätter
II. Aromat. Alkohole	Benzylalkohol	Benzylglucosid	Synth. Fischer, Chem. Ber. 26. u. 27. Fischer und Helferich, Lieb. Ann. 383.
	Salicylalkohol $HO \cdot C_6H_4 \cdot CH_2OH$	Salicin	Salix und Populus, Blätter
	Koniferylalkohol CH_3O—〈 〉—$CH:CH \cdot CH_2OH$ HO—	Koniferin	Kambialsaft der Koniferen
III. Phenolaldehyd	$HO \cdot C_6H_4 \cdot CHO$	Spiraein	Spiraea
IV. Phenolsäuren u. deren Derivate	4,5 Dioxy-cumarin HO—〈 〉— HO—〈 〉—CO O	Äskulin	Äskulus, Rinde
V. Oxynitrile	$HO \cdot C_6H_4 \cdot COOCH_3$	β-Gaultherin	Synth. Karrer und Weidmann, Helv. Chim. Acta, 3, 252.
	$C_6H_5 \cdot \overset{H}{\underset{CN}{C}} \cdot OH$	Prunasin	Siehe das folgende Kapitel.

[1] van Ekenstein, Rec. d. trav. Pays-Bas **13**, 185; 1894.
[2] H. E. Armstrong u. Glover, Proc. Roy. Soc. B. **80**, 132; 1908.

barkeit besonders geprüft ist, können nach den aromatischen Komponenten etwa so gruppiert werden, wie in der ersten Spalte der vorstehenden Tabelle geschehen ist. Daneben ist als Beispiel eine typische Glucosidkomponente und das entsprechende Glucosid nebst seinem Vorkommen angegeben.

Die Enzyme spezieller Glucoside, wie der Rubierytrinsäure, der Anthocyane, Saponine, des Indicans können hier nicht untergebracht werden (vgl. S. 261 u. ff.).

Spez. Drehung einiger Glucoside und die Enddrehung bei vollständiger hydrolytischen Spaltung derselben.

Glucosid	Spez. Drehung	Faktor zur Berechnung der Enddrehung aus der Anfangsdrehung
β-Methylglucosid	$-32{,}6$ [1]	$-1{,}49$
Salicin	$-63{,}91$ [2]	$-0{,}517$
Helicin	$-60{,}43$ [3]	$-0{,}55$
Arbutin	$-64{,}3$ [4]	$-0{,}541$

IV. Aciditätsbedingungen.

Die richtige optimale Acidität der Salicinspaltung wurde schon von E. Vulquin und Martini[5] zu $h = 0{,}4 \cdot 10^{-4}$ (pH = 4,4) bestimmt.

Für die Spaltung des β-Methylglucosids und einer Reihe anderer Glucoside verschiedener Konstitution wurden von E. Fischer[6] die Optimalbedingungen bezüglich der Acidität zu etwa $h = 10^{-5}$ angegeben.

Die optimalen Wasserstoffionenkonzentrationen für die Spaltung des β-Methylglucosids und Prunasins haben R. Willstätter und W. Csányi[7] zu pH = 4,7—5,1 bzw. 4,4 angegeben. R. Willstätter und G. Oppenheimer[8] haben die Lage der pH-Optima für die enzymatische Spaltung des Salicins, Helicins, β-Phenylglucosids und Arbutins untersucht. Sie geben die folgenden pH-Werte als Optimalbedingungen an:

Aktivitäts-pH-Optima der Glucosidspaltungen nach R. Willstätter und G. Oppenheimer.

Substrat	β-Methylglucosid	Prunasin	Salicin	Helicin	β-Phenylglucosid	Arbutin
pH-Optimum	4,4	4,4	4,4	5,3	$\infty 5$	4,1

---

[1] 2%ige Lösung. Vgl. A. van Ekenstein, Rec. d. trav. chem. Pays-Bas. **13**, 184; 1894. — C. N. Riiber, Chem. Ber. **57**, 1797; 1923.

[2] 2%ige Lösung. O. Hesse, Lieb. Ann. **176**, 89; 1874/75 und zwar 116.

[3] 1,4%ige Lösung. R. Wegscheider in F. Tiemann, Chem. Ber. **18**, 1600; 1885.

[4] 5%ige Lösung. Vgl. E. Bourquelot u. H. Hérissey, C. r. **146**, 764; 1908.

[5] Vulquin u. Martini, C. r. Soc. Biol. **70**, 270, 763; 1911.

[6] E. Fischer, H. **107**, 176; 1919.

[7] R. Willstätter u. W. Csányi, H. **117**, 172; 1921.

[8] Willstätter u. Oppenheimer, H. **121**, 183; 1922.

Josephson[1] konnte diese Zahlen hinsichtlich β-Methylglucosid, Salicin und Arbutin bestätigen. Das Optimum der Helicinspaltung fällt aber nach Josephsons Versuchen sehr nahe mit ·dem Optimum der Salicinspaltung zusammen, was auch bei Anwendung der mit den Adsorptionsmethoden gereinigten Präparate bestätigt wurde.

Zu den neuen Versuchen wurde das Präparat $E_{12}KK$ mit Sal. f = 3,07 (β-Gl.-W. = 51) verwendet. Die Versuchsergebnisse sind in den nebenstehenden Tabellen zusammengestellt.

Diese Versuche zeigen, dass die Aktivitäts-pH-Kurven der beiden Glucosidspaltungen durchaus ähnlich sind, und dass die Optima (pH = 4,4—4,6) nahe zusammenfallen.

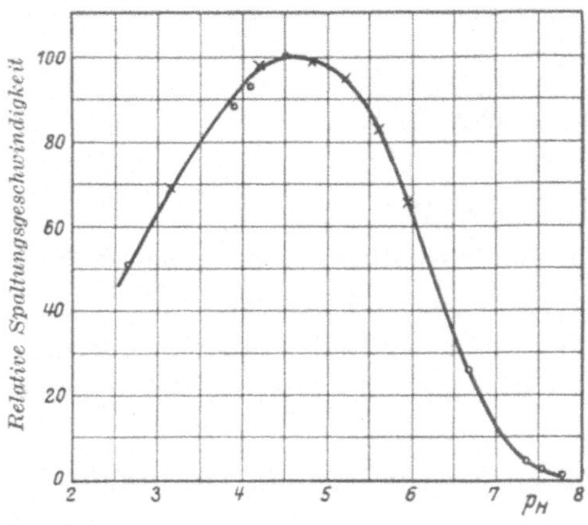

Fig. 29.
Aktivitäts-pH-Kurve der Salicinspaltung.

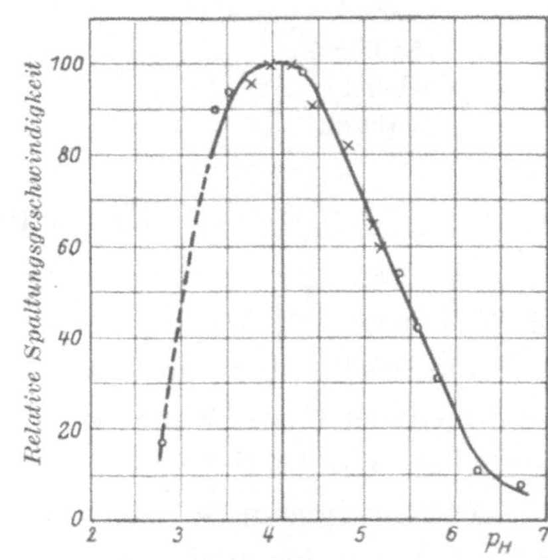

Fig. 30.
Aktivitäts-pH-Kurve der Arbutinspaltung.

Die Aktivitäts-pH-Kurven der Salicin- und β-Methylglucosidspaltung lassen sich durch die von Euler, Josephson[2] und Myrbäck hinsichtlich der pH-Kurven der Saccharase- und Raffinasewirkung entwickelten Formel theoretisch ableiten, wenn die Affinitätsänderung bei Variation der Acidität berücksichtigt wird (Josephson, H. 147).

Unerklärt bleibt nur die Abweichung der pH-Kurve der Arbutinspaltung (Fig. 30).

V. Paralysatoren. Verhalten zu organischen Reagenzien und Lösungsmitteln.

Über den Einfluss von Neutralsalzen auf die β-Glucosidase ist nur wenig bekannt. Eine moderne Untersuchung über die Einwirkung von Schwermetallsalzen steht noch aus.

---

[1] Josephson, H. 147, 1; 1925. — Chem. Ber. 59, 821; 1926.
[2] Euler, Josephson u. Myrbäck, H. 134, 39; 1924. Siehe auch I. Teil dieses Buches S. 67.

Aktivitäts-pH-Kurve der Salicin-Spaltung.
2,2 mg Präparat $E_{12}KK$ in 50 ccm Reaktionsmischung. 2 % Salicin.

pH	Min.	Drehung	$k \times 10^4$	$k \times 10^4$ Mittel	Relative Reaktionsgeschwindigkeit
3,56	0	− 1,90	—		
	30	− 0,93	59		
	45	− 0,62	57	57	85
	60	− 0,35	56		
	∞	+ 0,98	—		
4,54	0	−· 1,90	—		
	30	− 0,82	68		
	45	− 0,45	68	67	100
	60	− 0,20	65		
4,93	0	− 1,90	—		
	30	− 0,86	65		
	45	− 0,51	64	63	94
	60	− 0,27	60		
5,87	0	− 1,90	—		
	30	− 1,05	51		
	45	− 0,75	49	49	78
	60	− 0,50	48		
6,27	0	− 1,90	—		
	30	− 1,30	34		
	45	− 1,07	33	33	49
	60	− 0,86	32		

Aktivitäts-pH-Kurve der Helicin-Spaltung.
0,88 mg Präparat $E_{12}KK$ in 50 ccm Reaktionsmischung. 2 % Helicin.

pH	Min.	Drehung	$k \times 10^4$	$k \times 10^4$ Mittel	Relative Reaktionsgeschwindigkeit
3,55	0	− 1,69	—		
	22	− 0,89	72	72,5	79
	30	− 0,65	73		
	∞	+ 0,93			
4,39	0	− 1,69	—		
	22	− 0,71	93	91,5	100
	30	− 0,48	90		
4,62	0	− 1,69	—		
	22	− 0,70	94	91,5	100
	30	− 0,49	89		
4,86	0	− 1,69	—		
	22	− 0,72	91	90	98
	30	− 0,49	89		
5,95	0	− 1,69	—		
	22	− 0,96	65	64,5	71
	30	− 0,76	64		

Nach Agulhon[1] ist Borsäure in kaltgesättigter Lösung ohne Wirkung. H_2S ist nach Fermi und Pernossi[2] ohne Wirkung.

Toluol und Chloroform lassen die Wirksamkeit unverändert. Pyridin hemmt nach Zemplén[3] erst in höheren Konzentrationen ($> 12\%$).

Hinsichtlich der Hemmung der β-Glucosidasewirkung durch Alkohole und durch Phenole liegen mehrere ältere Beobachtungen vor. So haben Bourquelot und Bridel den Einfluss von Alkoholen auf die Gentiopikrin- und Salicinspaltung[4], Arbutinspaltung[5] und β-Methylglucosidspaltung[6] untersucht. Selbst in so hohen Konzentrationen wie 90% soll Alkohol wie auch Aceton die β-Glucosidasewirkung nicht ganz hemmen. Nach Helferich[7] wirkt Methylalkohol wie auch Diazomethan und Acetylchlorid stark inaktivierend.

Die Wirkung von Methyl- und Äthylalkohol wie auch von Phenolen und anderen Spaltungsprodukten der Arryl-β-Glucoside hat Josephson[8] eingehend untersucht. Die aliphatischen Alkohole haben eine bedeutend geringere Wirkung als die Phenole. Es wurde weiter ein nicht geringer Parallelismus zwischen einerseits Hemmung durch die betreffenden Alkohole oder Phenole und der Affinität zu den entsprechenden Alkohol- oder Phenolglucosiden. Die Affinität der β-Glucosidase zu β-Methyl- und -Äthylglucosid ist bedeutend geringer als die Affinität zu den Phenolglucosiden. Auch innerhalb der Reihe von Phenolglucosiden ergeben sich gewisse Regelmässigkeiten. Diese Regel wurde als eine Stütze der Auffassung betrachtet, dass die Alkohol- oder Phenolkomponente der Glucoside von entscheidender Bedeutung für die relative Spezifität der β-Glucosidase gegenüber den verschiedenen spaltbaren Substraten ist.

Es folgt hier eine Zusammenstellung einiger von Josephsons Ergebnissen über die Hemmung durch Alkohole und Phenole.

Hemmung der Salicinspaltung durch Methylalkohol. 0,035 n.-Salicin.

Vol.-$\%$ Methylalkohol	0	5	10	15	20	30	40	50
$k \cdot 10^4$	190	135	95	64	49	30,5	14,5	9,8
k rel	100	71	50	34	26	16	7,6	5,1

[1] Agulhon, C. r. 148.

[2] Fermi u. Pernossi, Zs f. Hyg. 18, 83; 1894.

[3] Zemplén, H. 85, 415; 1913.

[4] E. Bourquelot u. M. Bridel, Jl de Pharm. Chim. [7] 4, 385; 1911; 5, 388; 1912; 6, 13; 1913; 7, 27, 65; 1914; C. r. 154, 944, 1737; 1912; 155, 319; 1912. Vgl. V. Henri, Thèse, Paris 1903; E. F. u. H. E. Armstrong, Proc. Roy. Soc. 86, 561; 1913. Vgl. auch Willstätter u. Csányi, H. 117, 172; 1920 (Amygdalinspaltung).

[5] E. Bourquelot u. M. Bridel, Ann. Chym. Phys. [8] 28, 145—218; 1913.

[6] E. Bourquelot u. M. Bridel, Jl de Pharm. Chim. [7] 9, 104; vgl. 230; 1914; vgl. M. Bridel, Jl de Pharm. Chim. 25, 129; 1922.

[7] Helferich, Speidel u. Toeldte, H. 128, 99; 1923.

[8] Josephson, H. 157, 1 u. zwar 107 ff. 1925.

Hemmung der Salicinspaltung durch Äthylalkohol. 0,035 n.-Salicin.

Vol.-$\%$ Äthylalkohol	0	5	10	15	20	25	30	40
$k \cdot 10^4$	186	119	85	59	42,5	33	27	15
k rel	100	64	46	32	23	18	14,5	8

Hemmungsstoff	Substrat		
	Salicin 0,035 n.	Helicin 0,036 n.	Arbutin 0,036 n.
	Relative Reaktionsgeschwindigkeit		
Ohne Hemmungsstoffe	100	100	100
1$\%$ Phenol	62	—	—
1$\%$ Saligenin	68	71,5	—
2$\%$ Saligenin	49	54	—
0,4$\%$ Salicylaldehyd	—	88	—
1$\%$ Hydrochinon	46	—	44
1,1$\%$ Hydrochinonmonomethyläther	52	—	—

Durch die Versuche von Josephson über Hemmung der Salicin- und Arbutinspaltung durch Hydrochinon werden die älteren Versuche von Frl. A. Fichtenholtz[1], in welchen die Versuchsbedingungen so gewählt worden sind, dass keine Schlussfolgerungen über die relativen Spaltungsgeschwindigkeiten gezogen werden können, richtiggestellt. Es wird also die Identität der salicin- und arbutinspaltenden Enzyme wahrscheinlich gemacht.

Bei Gegenwart von 40 Vol.-$\%$ Aceton im Reaktionsgemisch fand Josephson die Reaktionsgeschwindigkeit auf etwa ein Viertel herabgesetzt.

Bei allen diesen Hemmungen wurde eine geringe Abhängigkeit der Hemmung von der Konzentration des Substrates gefunden.

VI. Kinetik.

Der zeitliche Verlauf der Hydrolyse des β-Methylglucosids in Methylalkohol und Glucose ist unter Einhaltung optimaler Aciditätsbedingungen von Willstätter und Csány (l. c.) untersucht worden:

0,8$\%$ Glucosidlösung; 100 mg Emulsin; pH $=$ 4,4; Temperatur 30^0.

Stunden	$\%$ gespalten	$k \cdot 10^4$
2	7,1	370
16	48,35	410
19	57,45	450
23	62,0	420
26	65,4	410
41	81,0	400
48	84,2	380

[1] A. Fichtenholtz, Jl Pharm. Chim. [6] 30, 199; 1909.

Was den Einfluss der Enzymkonzentration betrifft, so geben die genannten Autoren 2 Versuchsreihen an; nach diesen ist für eine etwa 40%ige Spaltung das Produkt aus Zeit $\times$ Emulsinmenge = Konst. In Bestätigung dieser Versuche findet auch Josephson das Verhältnis monomolekulare Reaktionskonstante : Emulsinmenge = Konst.

Präparat E_1; 2% β-Methylglucosid; pH = 4,4.

Enzymmenge in 50 ccm	$k \cdot 10^6$	$\dfrac{k \cdot 10^6}{\text{Enzymmenge}}$
5 mg	18	3,60
20	73	3,65
100	361	3,61
200	721	3,61

Hinsichtlich der Spaltung der aromatischen natürlichen Glucoside Amygdalin, Salicin, Arbutin und Koniferin verdankt man Tammann[1] grundlegende Versuche. Der zeitliche Verlauf ergibt sich nach Tammanns Versuchen an Salicin als monomolekular oder etwas langsamer als monomolekular. Hudson und Paine[2], welche ebenfalls Salicin als Substrat verwendet haben, haben die Tatsache berücksichtigt, dass bei der Spaltung β-Glucose entsteht. Sie haben auch die Acidität der Lösung konstant zu halten versucht. Weitere Beobachtungen liegen von

Substrat	Zeit Min.	Cu mg	Spaltung %	$\dfrac{10^4}{t} \lg \dfrac{a}{a-x}$
Salicin	20	27,2	19,2	462,9
	35	43,4	30,9	458,4
	55	62,5	45,3	476,3
	76	78,4	57,6	490,3
	100	91,7	68,0	494,8
Arbutin . . .	40	39,8	29,2	374,9
	65	56,5	41,9	362,6
	95	76,6	57,0	385,8
	125	88,7	64,8	362,6
	175	101,9	77,6	371,0
Phenylglucosid .	45	27,7	19,5	209,3
	135	64,3	46,8	203,0
	180	81,7	60,0	221,0
	225	93,6	69,6	225,3
Helicin	5	28,0	7,0	27,3
	12	35,8	13,6	23,0
	22	42,0	18,5	17,5
	36	54,9	29,2	18,1
	56	68,1	40,3	17,4
	80	80,7	51,0	16,8
	120	94,7	63,2	15,7
	200	111,9	79,7	15,0

---

[1] Tammann, H. 16, 298; 1891. — Zs f. physik. Chem. 18, 435; 1895.
[2] Hudson u. Paine, Jl Amer. Chem. Soc. 31, 1242; 1909.

Henri[1], Herzog[2], Visser[3] sowie von Helferich[4] vor. Entweder wurden die Reaktionskoeffizienten erster Ordnung konstant oder abfallend gefunden. Die divergierenden Resultate, welche man mit verschiedenen Emzympräparaten findet, sind auf die wechselnden Affinitäten zum Substrat und zu den Spaltungsprodukten zurückzuführen.

In der neueren Arbeit von Willstätter und Oppenheimer[5] wird angegeben, dass die Spaltung des Salicins, Arbutins und Phenylglucosids sich dem monomolekularen Gesetz fügen, während diese Regel nicht auf Helicin anwendbar ist (siehe vorhergehende Tabelle).

Diese Ergebnisse konnte Josephson nicht ganz bestätigen. Unter Anwendung der polarimetrischen Methode wurde nämlich bei der Spaltung des Salicins sowie des Helicins eine nahe Anschliessung an die Formel für monomolekulare Reaktionen konstatiert. Abweichend wurde nur die Arbutinspaltung gefunden, wie auch die Arbutinspaltung nach Josephson hinsichtlich des pH-Optimums von den anderen untersuchten Glucosidspaltungen abweicht.

Kinetik der Salicinspaltung. 100 ccm 2 %ige Salicinlösung.
Optimale Acidität (pH = 4,4). 100 bzw. 1 mg Präparat E_1.

Enzymmenge in 100 ccm	Min.	Drehung	Drehungs-änderung	$k = \dfrac{1}{t} \log \dfrac{a}{a-x}$
1 mg	0	− 1,90	—	—
	720	− 1,44	0,46	$105 \cdot 10^{-6}$
	1410	− 1,14	0,76	$94 \cdot 10^{-6}$
	2820	− 0,64	1,26	$89 \cdot 10^{-6}$
	5700	− 0,14	1,76	$72 \cdot 10^{-6}$
	9960	+ 0,31	2,21	$63 \cdot 10^{-6}$
	∞	+ 0,98	2,88	—
100	0	(− 1,89)	—	—
	0,6	− 1,85	(0,04)	—
	10	− 1,30	0,59	$100 \cdot 10^{-4}$
	20	− 0,82	1,07	$101 \cdot 10^{-4}$
	35	− 0,29	1,60	$101 \cdot 10^{-4}$
	55	+ 0,12	2,01	$95 \cdot 10^{-4}$
	80	+ 0,46	2,35	$93 \cdot 10^{-4}$
	∞	+ 0,98	2,87	—

Nur bei sehr kleinen Enzymmengen und dadurch bedingten langen Versuchszeiten fallen bei der Salicinspaltung die Reaktionskoeffizienten mit der

[1] Henri, Thèse, Paris 1903.
[2] Herzog, K. Akad. v. Wetensch. te Amsterdam, 1903, 332. — Zs f. allgem. Phys. 4, 163; 1904.
[3] Visser, Zs f. physik. Chem. 52. 257; 1905.
[4] Helferich, H. 117, 159; 1921.
[5] Willstätter u. Oppenheimer, H. 121, 183; 1922.

Zeit erheblich ab, indem Inaktivierung des Enzyms eintritt. Die Proportionalität zwischen Enzymmenge und Reaktionsgeschwindigkeit ist bei den oben wiedergegebenen Versuchen erfüllt, wenn die Anfangsgeschwindigkeiten betrachtet werden.

Kinetik der Helicinspaltung. 11 mg Präparat E_6 in 100 ccm 1%ige Helicinlösung. Optimale Acidität (pH $= 4,5$).

Min.	Drehung	Drehungs-änderung	$k \cdot 10^4$
0	$(-0,93)$	—	—
0,5	$-0,92$	$(0,01)$	—
5	$-0,85$	$0,08$	49,6
12	$-0,74$	$0,19$	51,2
20	$-0,63$	$0,30$	50,7
50	$-0,29$	$0,64$	51,1
80	$-0,07$	$0,86$	49,3
∞	$+0,51$	$1,44$	—

Kinetik der Arbutinspaltung. 110 mg Präparat E_6 in 100 ccm 1%ige Arbutinlösung. Optimale Acidität (pH $= 4,1$).

Min.	Drehung	Drehungs-änderung	$k \cdot 10^5$
0	$-0,91$	—	—
55	$-0,77$	$0,14$	80
90	$-0,70$	$0,21$	78
150	$-0,60$	$0,31$	72
200	$-0,53$	$0,38$	69
1440	$+0,29$	$1,20$	59
∞	$+0,49$	$1,40$	—

Durch Hemmungsversuche hat Josephson festgestellt, dass die Hemmungen durch Saligenin und Salicylaldehyd, welche bei der Spaltung von Salicin bzw. Helicin entstehen, von nahe übereinstimmender Grössenordnung sind, während die Hemmung durch Hydrochinon, das Spaltungsprodukt des Arbutins, viel stärker ist. Da weiter die Affinitäten zu Helicin und Salicin grösser als die Affinität zu Arbutin gefunden wurden, so lassen sich die von Josephson festgestellten Verschiedenheiten hinsichtlich der Kinetik der Arbutinspaltung und der Salicin- oder Helicinspaltung in einfacher Weise erklären.

Hinsichtlich des Einflusses der Enzymkonzentration ist noch hinzuzufügen, dass der Schluss von Helferich[1], „dass der Reaktionskoeffizient mit der Enzymkonzentration zwar steigt, aber nicht proportional, sondern langsamer als diese", wie aus dem oben Angeführten hervorgeht, sich nicht

[1] Helferich, H. 117, 159; 1921. — Siehe hierzu auch Willstätter, Kuhn u. Sobotka, H. 129, 33 und zwar S. 45; 1923.

bestätigt hat. Wie bei der Saccharase, kann man bei den in Betracht kommenden Enzymkonzentrationen mit einer genauen Proportionalität zwischen Enzymkonzentration und Reaktionsgeschwindigkeit rechnen, natürlich vorausgesetzt, dass die übrigen Versuchsbedingungen besonders hinsichtlich der Acidität aufrecht erhalten werden.

Einfluss der Substratkonzentration.

Mit Salicin als Substrat hat zuerst Henri (l. c.) einige Zahlen angegeben, aus welchen hervorzugehen schien, dass der in gleichen Zeiten stattfindende prozentische Umsatz mit steigender Salicinkonzentration (0,035 norm. bis 0,14 norm.) abnimmt.

Die erste moderne Arbeit über den Einfluss der Substratkonzentration bei der β-Glucosidasewirkung verdankt man Willstätter, Kuhn und Sobotka[1], welche gerade durch Studium dieser Verhältnisse bei Anwendung verschiedener Substrate zum Ergebnis gekommen sind, dass die verschiedenen Glucosidspaltungen (β-Methylglucosid-, β-Phenylglucosid-, Salicin-, Helicin-) durch eine gemeinsame β-Glucosidase bewirkt werden. Aus ihren Versuchen haben die erwähnten Autoren die folgenden Dissoziations- und Affinitätskonstanten der verschiedenen Glucosid-Glucosidaseverbindungen berechnet:

Emulsinpräparat	Substrat	K_m	$K_{\overline{M}}$
Bittere Mandeln (entöltes Pulver)	β-Methylglucosid	0,60	1,7
Bittere Mandeln (entöltes Pulver)	β-Phenylglucosid	0,065	15
Bittere Mandeln (entöltes Pulver)	Salicin	0,035	29
Emulsin „Merck"	β-Methylglucosid	0,40	2,5
Emulsin „Merck"	β-Phenylglucosid	0,040	25
Emulsin „Merck"	Salicin	0,035	29
Aprikosenkerne (entöltes Pulver)	β-Methylglucosid	0,65	1,5
Aprikosenkerne (entöltes Pulver)	Salicin	0,041	24
Präp. d. (β-Gl.-W. = 2,59). Aus süssen Mandeln	β-Methylglucosid	1,12	0,9
Präp. d. (β-Gl.-W. = 2,59). Aus süssen Mandeln	Salicin	0,017	59

Die für bittere Mandeln, für Mercksches Emulsin und für Aprikosenkerne ermittelten Dissoziations- bzw. Affinitätskonstanten der Salicin-β-Glucosideverbindung stimmen innerhalb der Versuchsfehler überein. Die doppelt so grosse Affinität, welche nach der Tabelle dem Präparat d aus süssen Mandeln zukommt, ist, nach Willstätter, Kuhn und Sobotka, bedingt durch die achtmal geringere Enzymmenge, die bei den entsprechenden Versuchen angewandt wurde. „Weit mehr als im System Saccharase-Rohrzucker ist nämlich", nach diesen Autoren, „bei der Spaltung der β-Glucoside der Parameter der Aktivitäts-pS-Kurve abhängig von der Menge des Enzym-

---

[1] Willstätter, Kuhn u. Sobotka, H. **129**, 33; 1923.

materials, wie es die nach B. Helferich[1] nicht erfüllte Proportionalität von Enzymmenge und Reaktionsgeschwindigkeit zu erwarten liess. In unseren Versuchen bewirkten zwar vom Emulsin „Merck" Mengen, die sich wie 1 : 25 erhielten, in 0,1 n.-Salicinlösung Spaltungsgeschwindigkeiten, die in genau gleichem Verhältnis standen, aber aus dem Verhältnis der Reaktionskoeffizienten, die in nur 0,0187 und 0,044 n.-Lösungen bei Anwendung der Aprikosenkerne gefunden wurden, berechnen wir für

$$2 \text{ mg Enzym} \qquad K_{Sal} = 0,022$$
$$10 \text{ mg Enzym} \qquad K_{Sal} = 0,033.$$

Der unter Anwendung von 1,2 mg erhaltene Wert 0,017 der Tabelle dürfte demnach bei der in allen anderen Fällen benützten Menge von 10 mg in Übereinstimmung mit den übrigen Werten 0,04 betragen."

Hierzu hat Josephson[2] hervorgehoben, dass die Genauigkeit dieser Berechnungen kaum durchaus befriedigt, indem die beobachtete wechselnde Kinetik, welche sich bei diesen Versuchen ziemlich stark geltend gemacht hat, die genaue Berechnung der Affinitätskonstanten nicht erlaubt.

Sehen wir also von dem mit dem Präparat d gefundenen Wert ab, so ist die Affinität zu Salicin innerhalb der Versuchsfehler konstant und $K_M =$ 25—30, welche Grössenordnung auch mit dem von Josephson ermittelten Wert 33 nahe übereinstimmt.

„Nur wenig geringer ist die Affinität der Glucosidase zum Glucosid des Phenols." Hier ergeben sich jedoch Unterschiede bei den verschiedenen Präparaten, welche die Fehlergrenze der Affinitätsmessung zu übersteigen scheinen. Die Affinität der bitteren Mandeln verhält sich zu jener des käuflichen Emulsins wie 3 zu 5. Genau im nämlichen Verhältnis stehen nach Willstätter, Kuhn und Sobotka die Affinitäten dieser Präparate zum β-Methylglucosid, nur ist die Verbindung des Enzyms mit dem aliphatischen Glucosid 10 mal stärker dissoziiert.

Die bei der Hydrolyse von Helicinlösungen gewonnenen Zahlen gestatten nach Willstätter, Kuhn und Sobotka keine Auswertung in bezug auf die Dissoziationskonstante. Diese Autoren fanden nämlich stark ausgeprägte Maxima des Produktes Reaktionskoeffizient $\times$ Helicinkonzentration, nämlich bei zwei verschiedenen Versuchsreihen schon in 0,03 bzw. 0,04 n.-Lösung. Diese Abweichung der experimentellen Aktivitäts-[S]-Kurven von theoretischen Dissoziationsrestkurven führen sie auf eine besonders starke Hemmung des Salicylaldehyds zurück, welche Annahme allerdings nicht durch einige Versuche belegt ist. Josephson findet, dass die Hemmung durch Salicylaldehyd keineswegs von so grosser Bedeutung ist. Auch konnte aus dem Verlauf des ersten Teils der Aktivitäts-[S]-Kurven für Helicin die Dissoziationskonstante und Affinitätskonstante abgeleitet werden. Wenn man von den

---

[1] Helferich, H. 117, 159; 1921.
[2] Josephson, H. 147, 1, und zwar 61; 1925.

Substratkonzentrationen, die über etwa 0,04 n. liegen, absieht, also von höheren Substratkonzentrationen, bei welchen der reaktionshemmende Einfluss des Substrats selbst einen grösseren Wert annimmt, kann mit ziemlich grosser Genauigkeit die Dissoziationskonstante der Helicin-β-Glucosidaseverbindung zu etwa 0,016 geschätzt werden; die Affinitätskonstante ist also gleich rund 62 zu setzen, also etwa den doppelten Wert der Affinitätskonstante der Salicin-β-Glucosidaseverbindung.

In der Arbeit von Josephson finden sich auch Versuche über den Einfluss der Substratkonzentration bei der Spaltung des β-Methylglucosids und des Arbutins. Hinsichtlich des aliphatischen Glucosids stimmen die Versuchsergebnisse sehr nahe mit denen aus Willstätters Laboratorium überein. K_M für β-Methylglucosid wurde nämlich zu 1,4 berechnet. Die folgende Tabelle zeigt die Änderung der Reaktionskonstante k und des Produktes k. [S] bei Variation der Substratkonzentration.

Einfluss der Glucosidkonzentration bei der Spaltung des β-Methylglucosids.
Affinität zu β-Methylglucosid. 138 mg Präparat E_3 in 50 ccm.

Konzentration des β-Methylglucosids [S]	Minuten	Drehung	$k \cdot 10^5$	$k \cdot 10^5 \cdot$ [S]
0,047 n.	0	— 0,45	—	
	230	- 0,16	56,6 ⎫ 56,4	2,65
	260	— 0,13	56,2 ⎭	
	∞	+ 0,67	—	
0,090 n.	0	— 0,86	—	
	220	— 0,41	46,6 ⎫ 46,6	4,19
	260	— 0,34	46,5 ⎭	
	∞	+ 1,28	—	
0,180 n.	0	— 1,71	—	
	210	— 0,91	43,0 ⎫ 42,3	7,61
	260	— 0,77	41,6 ⎭	
	∞	+ 2,55	—	
0,280 n.	0	— 2,57	—	
	200	— 1,47	40,9 ⎫ 40,1	11,2
	260	- 1,23	39,2 ⎭	
	∞	+ 3,83	—	
0,375 n.	0	— 3,43	—	
	200	— 2,06	38,0 ⎫ 37,1	13,9
	260	— 1,77	36,1 ⎭	
	∞	+ 5,11	—	
0,475 n.	0	— 4,32	—	
	200	— 2,72	35,0 ⎫ 34,0	16,2
	260	— 2,39	33,0 ⎭	
	∞	+ 6,44	—	
0,620 n.	0	— 5,62	—	
	150	— 4,16	31,9 ⎫ 31,5	19,5
	200	— 3,76	31,0 ⎭	
	∞	+ 8,38	—	

Die Versuche über Arbutinspaltung wurden mit zwei verschiedenen Enzymkonzentrationen [17,8 mg E_4 (Sal. f = 0,27) und der vierfachen Menge] und bei optimaler Acidität (pH = 4,1) ausgeführt. Die Erhöhung der Enzymmenge bewirkte keine bemerkenswerte Änderung in dem gefundenen Verlauf der Aktivitäts-[S]-Kurve. Bei Anwendung der kleineren Enzymmenge wurde nämlich K_M = etwa 24 und bei Anwendung der grösseren Enzymmenge K_M = etwa 22 berechnet. Die Affinität ist also unbedeutend schwächer als die Affinität zwischen Salicin und der β-Glucosidase und steht in ungefähr demselben Verhältnis zu der letzteren Affinität wie die von Willstätter, Kuhn und Sobotka gemessene Affinität zu dem β-Glucosid des Phenols.

Alle diese Versuche zur Bestimmung der Affinität zwischen der β-Glucosidase beziehen sich auf die optimale Acidität der betreffenden Glucosidspaltungen. Durch Variation der Acidität bei der Affinitätsmessung im Falle der Salicinspaltung[1] hat Josephson festgestellt, dass die Affinität zu dem Glucosid bei optimaler Acidität der Enzymwirkung ein Maximum besitzt. Sowohl bei Vergrösserung wie Verkleinerung der Acidität fällt die (scheinbare) Affinitätskonstante etwas ab:

pH	2,82	4,4	6,53
K_m =	0,044	0,031	0,046
K_M =	23	32	22

Die Bedeutung der Acidität für die Affinität zwischen Enzym und Substrat ist also nur im sauren Gebiet übereinstimmend mit den Verhältnissen bei der Saccharasewirkung. Im Falle der Saccharase wird nämlich die scheinbare Affinität nur am sauren Ast der pH-Kurve verkleinert, während sie am alkalischen Ast konstant bleibt[2].

Über die durch die verschiedene Affinität zu verschiedenen Substraten bedingte Verschiedenheit des scheinbaren Glucosidasewert-Quotienten bei Änderung der Substratkonzentration siehe das Kapitel über chemische Spezifität im ersten Teil dieses Werkes (S. 349 ff.).

Hemmung durch die Spaltungsprodukte.

Über die verzögernde Wirkung von Alkoholen und aromatischen Spaltungsprodukten siehe S. 234—235.

Hinsichtlich der Hemmung durch Glucose liegen Versuche von E. F. Armstrong[3] und Henri[4] vor. Nach Kuhn[5] soll die α-Form der Glucose keine

---

[1] Vgl. Kuhn u. Sobotka, Zs physik. Chem. 109, 65; 1924.
[2] Josephson, H. 134, 50; 1924.
[3] E. F. Armstrong, Proc. Roy. Soc. 73, 516; 520.
[4] Henri, Thèse, Paris 1903.
[5] Kuhn, H. 127, 240; 1923.

Beeinflussung auf die Umsatzgeschwindigkeit des Salicins und Helicins ausüben. Nur die β-Form soll hemmen. Diese Ergebnisse konnte jedoch Josephson[1] nicht bestätigen. Sowohl α-Glucose wie β-Glucose verzögern die β-Glucosidasewirkung, wenn auch eine quantitative Verschiedenheit zwischen den Wirkungen der beiden Formen besteht.

Wie bei der Saccharase wurden die Berechnungen von K_{m_1} (Dissoziationskonstante der angenommenen Glucose-β-Glucosidaseverbindung) unter Anwendung der von L. Michaelis und M. Menten[2] abgeleiteten Formel durchgeführt:

$$K_{m1} = \frac{G \cdot K_m}{(S + K_m) \cdot (v_0/v - 1)},$$

in welcher Formel also die eingehenden Grössen folgende Bedeutung haben:

K_{m_1} = Dissoziationskonstante der Enzym-Glucoseverbindung (K_{m_1} = $1/K_{M_1}$),

K_m = Dissoziationskonstante der Enzym-Substratverbindung (K_m = $1/K_M$),

S = Molare Konzentration des Substrats,

G = Molare Konzentration der Glucose (des hemmenden Stoffes),

v_0 = Anfangsgeschwindigkeit beim Versuch ohne Glucose,

v = Anfangsgeschwindigkeit beim Versuch mit Glucose.

In folgenden drei Versuchsreihen mit den drei verschiedenen Substraten (wie auch bei Versuchen mit Arbutin) findet man die berechneten Werte von K_{M_1} für sowohl α-Glucose wie Gleichgewichtsglucose innerhalb der Versuchsfehler konstant. Besonders in Anbetracht der stark divergierenden Affinitäten zu den Substraten ($K_{M\ \beta\text{-Methylgluc.}} = 1,4$, $K_{M\ \text{Helicin}} = 62$) muss diese gute Übereinstimmung als ein Beweis für die Richtigkeit der gemachten Voraussetzungen hinsichtlich der Anwendbarkeit des Massenwirkungsgesetzes in der hier angewandten Form betrachtet werden.

β-Methylglucosid: $K_m = 0,71$. $K_M = 1,4$.

Konzentration des Glucosids und der Glucose	v_0/v	K_{m_1}	K_{M_1}
0,1 n.-Methylglucosid . . . . 0,055 n.-Glucose	1,27	0,18	5,6
0,1 n.-Methylglucosid . . . . 0,11 n.-Glucose	1,52	0,185	5,4
0,165 n.-Methylglucosid . . . 0,055 n.-Glucose	1,23	0,195	5,1
0,165 n.-Methylglucosid . . . 0,11 n.-Glucose	1,43	0,21	4,8

Mittel für Gleichgewichtsglucose $K_{M1} = 5,2$.

[1] Josephson, H. 147, 1 und zwar S. 94 ff.; 1925.
[2] Michaelis u. Menten, Biochem. Zs 49, 333; 1913.

Salicin: $K_m = 0,030$. $K_M = 33$.

Konzentration des Glucosids und der Glucose	v_0/v	K_{m_1}	K_{M_1}
0,035 n.-Salicin 0,055 n.-α-Glucose	1,09	0,28	3,6
0,035 n.-Salicin 0,055 n.-Gleichgew.-Glucose	1,16	0,16	6,2
0,035 n.-Salicin 0,11 n.-α-Glucose	1,25	0,205	4,9
0,035 n.-Salicin 0,11 n.-α-Glucose	1,22	0,23	4,3
0,035 n.-Salicin 0,11 n.-Gleichgew.-Glucose	1,33	0,155	6,4
0,035 n.-Salicin 0,11 n.-β-Glucose	1,36	0,141	7,1

Mittel für α-Glucose . . . . . $K_{M_1} = 4,3$.
Mittel für Gleichgewichtsglucose $K_M = 6,3$.

Helicin: $K_m = 0,016$. $K_M = 62$.

Konzentration des Helicins und der Glucose	v_0/v	K_{m_1}	K_{M_1}
0,033 n.-Helicin 0,055 n.-α-Glucose	1,09	0,20	5,0
0,033 n.-Helicin 0,055 n.-Gleichgew.-Glucose	1,11	0,165	6,1
0,033 n.-Helicin 0,11 n.-α-Glucose	1,135	0,265	3,8
0,033 n.-Helicin 0,11 n.-Gleichgew.-Glucose	1,26	0,14	7,1

Mittel für α-Glucose . . . . . $K_{M_1} = 4,4$.
Mittel für Gleichgewichtsglucose $K_{M_1} = 6,6$.

Auch andere einfache Zuckerarten üben eine verzögernde Wirkung auf die β-Glucosidasewirkung aus. Bemerkenswert ist der Befund, dass die Hemmung der β-Glucosidase durch die verschiedenen Formen der Xylose (wie auch der Glucose) eine weitgehende Übereinstimmung mit den im hiesigen Laboratorium bei der Saccharase gemachten Beobachtungen aufweist.

VII. Methoden zur Bestimmung der Wirksamkeit von β-Glucosidasepräparaten.

Da es nunmehr als ziemlich sichergestellt angesehen werden muss, dass die β-Glucosidase sowohl die Spaltung der aliphatischen β-Glucoside vom Typus des β-Methylglucosids wie die der aromatischen vom Typus des Salicins,

Helicins und Arbutins bewirkt, empfiehlt es sich, zur Bestimmung der Wirksamkeit von β-Glucosidasepräparaten eine Standardsubstanz zu wählen. Als solches Standardsubstrat scheint Salicin besonders geeignet zu sein. Salicin besitzt eine ziemlich starke Affinität zu dem Enzym und gehört zu den leichtest zugänglichen und billigsten β-Glucosiden. Salicin wurde auch als solche Standardsubstanz von Helferich[1], Willstätter, Kuhn und Sobotka[2], sowie von Josephson[3] zu dem vorliegenden Zweck angewandt.

Helferich bestimmt den Zeitwert in folgender Weise: 2,0000 g Salicin werden im Messkolben in etwa 65 ccm Wasser warm gelöst, abgekühlt, 10,0 ccm n/10-Natriumacetat und 8,0 ccm n/10-Essigsäure zugegeben und nach dem Abkühlen auf 0^0 bis zu 100 ccm aufgefüllt. Dies entspricht einer H-Ionenkonzentration von $1,7 \cdot 10^{-5}$ (pH = 4,7). Bei den Bestimmungen der monomolekularen Reaktionskonstante verfährt Helferich dann folgendermassen: „0,0100 g über Phosphorpentoxyd bei Zimmertemperatur und 1—2 mm Druck getrocknetes Emulsin werden in einem geschlossenen Jenaer Kölbchen von 50 ccm Inhalt abgewogen, auf 0^0 abgekühlt, und zu einer bestimmten Zeit 5,0 ccm einer auf 0^0 abgekühlten Salicinlösung von der oben angegebenen Konzentration zugegeben. Beim Umschwenken geht die geringe Menge Ferment in wenigen Sekunden in Lösung. Nach t-minutenlangem Aufbewahren bei 0^0 (je nach der Wirksamkeit des Präparats kürzer oder länger) werden 0,2 g festes, gepulvertes Kaliumcarbonat zugegeben und tüchtig umgeschüttelt, die Lösung auf Zimmertemperatur erwärmt, durch ein trockenes Filter filtriert und die Drehung — möglichst im 2-Dezimeterrohr — für Natriumlicht bei 20^0 bestimmt." Hieraus wird der Zeitwert, also die Anzahl Minuten, welche zur Spaltung der halben Substratmenge erforderlich ist, ausgerechnet durch den Quotienten log 2 : k.

Willstätter, Kuhn und Sobotka drücken, entsprechend den von Willstätter und Kuhn[4] vorgeschlagenen Masseinheiten für Enzyme, die Konzentrationen und Ausbeuten in den aus den Samen der Prunaceen und Pomaceen gewonnenen Enzympräparaten durch das mit 1000 multiplizierte Reziproke der von Willstätter und Csányi[5] bzw. von Willstätter und Oppenheimer[6] angewandten Zeitwerte aus. „Bei Messung der durch die Hydrolyse von Salicin gekennzeichneten „Hauptwirkung"[7] ist z. B. jene Enzymmenge als β-Glucosidaseeinheit (β-Gl.-E.) zu betrachten, die bei 30^0 und optimalem pH (4,4) in einer Minute 20 ccm 0,02 n.-Salicinlösung[8] zu 50% spaltet.

---

[1] Helferich, H. 117, 159; 1921.

[2] Willstätter, Kuhn u. Sobotka, H. 129, 33; 1923.

[3] Josephson, H. 147, 1 und zwar S. 26 ff.; 1925.

[4] Willstätter u. Kuhn, Chem. Ber. 56, 509; 1923.

[5] Willstätter u. Csányi, H. 117, 172; 1921.

[6] Willstätter u. Oppenheimer, H. 121, 183; 1922.

[7] H. 125, 1 und zwar S. 17; 1922/23.

[8] An Stelle der von Willstätter u. Csányi a. a. O. angegebenen Normalität 0,0196, welche einer 1 $\%$-igen Amygdalinlösung entsprach.

Der β-Glucosidasewert (β-Gl.-W.) ist die in 1 g Trockengewicht enthaltene Anzahl von Glucosidaseeinheiten."

Josephson hat in Übereinstimmung mit dem Vorschlag von Euler und Josephson[1] allgemeine Ausdrücke von der Form

$$X_1 f = \frac{k \cdot g \text{ Substrat}}{g \text{ Enzympräparat}}$$

oder

$$X_2 f = \frac{k}{g \text{ Enzympräparat}}$$

zur Messung der Wirksamkeit von Enzympräparaten zu benutzen, die Bedingungen zur Anwendung solcher Ausdrücke im Falle der Salicinspaltung näher untersucht. Bei Anwendung von Konzentrationen des Salicins zwischen 2 und 5 % ist es also möglich, eine Formel von der ersten der beiden erwähnten Formen zur Charakterisierung der Aktivität zu verwenden. Als „Standard"-Konzentration zu der Bestimmung der Aktivität von β-Glucosidasepräparaten hat Josephson es allerdings für zweckmässig angesehen, die Konzentration 2 % (0,07 n.) festzustellen. Verwendet man ein Totalvolumen des Reaktionsgemisches von 50 ccm, so wird also die Substratmenge 1 g und die Salicinspaltungsfähigkeit lässt sich dann definieren als

$$\text{Sal. } f = \frac{k}{g \text{ Enzympräparat}},$$

in welcher Formel

k die nach der Formel für monomolekulare Reaktionen berechneten Reaktionskoeffizienten darstellt (Mittelwert aus z. B. drei Bestimmungen) bei der Spaltung von 1 g Salicin in 50 ccm Lösung bei optimaler Acidität (pH = 4,4, zweckmässig durch KH_2PO_4 eingestellt) und bei einer Temperatur von 30°;

g Enzympräparat bedeutet, wie immer, die Menge des Enzympräparates (Trockengewicht der Enzymlösung), welche bei Bestimmung von k in den 50 ccm der Reaktionsmischung zugegen ist. k dürfte bei dieser Bestimmung Werte zwischen etwa 10^{-4} und 10^{-2}, vielleicht mit noch grösserem Intervall, haben können.

Die Aktivitäten einiger β-Glucosidasepräparate, nach dieser Methode berechnet, finden sich in der nachfolgenden Tabelle.

„Um den Vergleich zwischen verschiedenen Präparaten zu ermöglichen, wenn die Aktivität entweder durch den Ausdruck Sal. f oder den Willstätterschen Ausdruck β-Gl.-W. ausgedrückt ist, lässt sich in folgender Weise der letztere Ausdruck in den ersten umrechnen und umgekehrt.

Nach der Definition von R. Willstätter, R. Kuhn und H. Sobotka ist der β-Glucosidasewert die in 1 g Trockenpräparat enthaltene Anzahl von β-Glucosidaseeinheiten (β-Gl.-E.), wo eine Glucosidaseeinheit die

---

[1] Euler u. Josephson, Chem. Ber. 56, 1749; 1923.

Zusammenstellung der Aktivitäten einiger β-Glucosidasepräparate.

Präparat	Methode der Darstellung	Sal. f	β-Gl.-W.
E_1	Fällung mit der 4fachen Menge Alkohol. Trocknen mit Alkohol und Äther. Wiederauflösung in Wasser . . .	0,15—0,20	~ 3
E_2	Fällung mit Aceton	0,27	4,5
E_3	desgl.	0,20	3,3
E_4	Fällung mit der 3fachen Menge Alkohol	0,27	4,5
E_5	Fällung mit Aceton	0,09	1,5
E_6	E_5 mit Alkohol umgefällt	0,14	2,3
E_7	E_6 dialysiert	0,17	2,8
E_{10}	Durch Tonerdeadsorption gereinigt .	0,55	9,1
E_{11}	desgl.	0,61	10,1
$E_{12}K_1$	Durch Kaolinadsorption gereinigt . .	1,24	20
$E_{12}K_2$	desgl.	1,6	26
	Dasselbe Präparat nach der Dialyse .	4,8	80
$E_{12}KK$	Durch zweimalige Kaolinadsorption gereinigt	3,07	51
	Dasselbe Präparat nach der Dialyse .	4,9	81
		(7,9)	(130)

Enzymmenge darstellt, die bei 30^0 und optimalem pH (4,4) in einer Minute 20 ccm 0,02 n.-Salicinlösung zu $50^0/_0$ spaltet.

Unter den Versuchsbedingungen bei der β-Gl.-W.-Bestimmung gibt also 1 β-Gl.-E. den Reaktionskoeffizient erster Ordnung

$$k_{0.02} = \log 2 = 0,3010.$$

Dieselbe Enzymmenge in 50 ccm 0,02 n.-Lösung würde also die Konstante

$$k'_{0,02} = 2/5 \cdot 0,3010 = 0,1204$$

ergeben.

Wenn X die mit dem Substrat verbundene Enzymmenge (X = Konzentration der Enzym-Substratverbindung) und Σ die gesamte Enzymmenge darstellt, ergibt sich unter der Annahme, dass die Reaktionsgeschwindigkeit [umgesetzte Substratmenge pro Zeiteinheit] $(d x/d t)_0 = k_1 (a)$, proportional mit X/Σ ist, in 0,02 n.-Lösung

$$X_{0,02}/\Sigma = \frac{K_M \cdot 0,02}{1 + K_M \cdot 0,02} = c \cdot k'_{0,02} \cdot 0,02,$$

in 0,07 n.-Lösung

$$X_{0,07}/\Sigma = \frac{K_M \cdot 0,07}{1 + K_M \cdot 0,07} = c \cdot k'_{0,07} \cdot 0,07.$$

Beim Übergang von 0,02 n. zu 0,07 n.-Lösung ändert sich also k' im Verhältnis

$$\frac{k'_{0,07}}{k'_{0,02}} = \frac{1 + K_M \cdot 0,02}{1 + K_M \cdot 0,07}.$$

Unter den Bedingungen bei der Bestimmung von Sal. f ergibt also 1 β-Gl.-E.

$$k'_{5,07} = 0{,}1204 \cdot \frac{1 + K_M \cdot 0{,}02}{1 + K_M \cdot 0{,}07}.$$

Die Aktivität β-Gl.-W. = 1 entspricht also

$$\text{Sal. } f = 0{,}1204 \cdot \frac{1 + K_M \cdot 0{,}02}{1 + K_M \cdot 0{,}07}.$$

Zur Umrechnung müssen wir also die Affinitätskonstante der Salicin-β-Glucosidaseverbindung kennen. Bei den hier untersuchten Präparaten wurde K_M zu etwa 33 bestimmt, und der Umrechnungsfaktor wird dann **0,0605**. Dieser Wert wurde zur Umrechnung der in der Tabelle aufgezählten Werte von Sal. f verwendet.

Das von Willstätter und Oppenheimer, sowie von Willstätter, Kuhn und Sobotka untersuchte Präparat d aus süssen Mandeln hatte β-Gl.-W. = 2,59 und K_M = 59 (K_m = 1/K_M = 0,017) und mit dem in diesem Falle gültigen Umrechnungsfaktor 0,0512 findet man, dass, unter den Bedingungen der Sal. f-Bestimmung untersucht, dieses Präparat also Sal. f = 0,13 ergeben haben würde."

VIII. Temperatureinfluss.

Stabilität des Enzyms. Aus den Arbeiten von Tammann (l. c.) ergibt sich für die Temperaturen über 60° eine verhältnismässig geringe Stabilität des Enzyms (wobei allerdings unsicher ist, ob bei den Versuchen optimale Acidität geherrscht hat), noch etwas geringer als bei Saccharase; bei 60° beträgt nämlich (siehe Teil I, S. 248 u. 249) $k_c \cdot 10^3 = 13$.

Für den Temperaturkoeffizienten der Stabilität (also von k_c) berechnet sich Q in der Formel (29) Teil I, S. 245 aus Tammanns Zahlen im Bereich 60—75° Q = 45 000, also ein auffallend kleiner Wert.

Nach Armstrong und Horton (Proc. 80, 325) bleibt die Aktivität gegen Salicin und Amygdalin nach mehrstündigem Erhitzen des Mandelextraktes auf 55° noch erhalten, erst Erhitzen auf 59° zerstört.

Werden Mandeln mit Wasser bei 57° extrahiert, so war die Lösung, welche bei 38° gegen β-Methylglucosid, Salicin und Amygdalin aktiv war, nach Erhitzen auf 62° (Dauer?) unwirksam.

In alkoholischer Lösung, in welcher das Enzym nicht ausgefällt ist, tritt nach Bourquelot und Bridel[1] die Inaktivierung bei um so niedrigerer Temperatur ein, je höher die Alkoholkonzentration ist. Ausgefälltes Enzym (60—95% Alkohol) ist im allgemeinen widerstandsfähiger gegen höhere Temperaturen[2].

---

[1] Bourquelot u. Bridel, C. r. 155, 319; 1912. — Jl Pharm. et Chim. (7) 7, 27; 1913.

[2] Dass ausgefällte Glucosidase noch wirksam ist, betont besonders Bayliss (Jl of Physiol. 50, 85; 1915).

Helferich macht über die Stabilität seines gereinigten Präparates E II folgende Angaben:

24 stündiges Aufbewahren des trockenen Präparates E II unter absolutem Alkohol, Aceton oder Äther beeinträchtigt die Wirksamkeit nicht. 10 Minuten Kochen mit Äthylalkohol setzt die Wirksamkeit erheblich herab.

Zeitwert vor dem Kochen: 56,1; Zeitwert nach dem Kochen: 88,7.

24 stündiges Aufbewahren des trockenen Präparates E II unter Methylalkohol bei Zimmertemperatur schwächt die Wirksamkeit erheblich.

Kurze Einwirkung von 0,1 n.-Ammoniak schwächt die Glucosidase nicht.

Temperaturkoeffizient der Glucosidspaltung. Nach den Versuchen von Tammann ist der Temperaturkoeffizient k_{t+10}/k_t zwischen 15° und 25° ziemlich hoch, nämlich 2,4; die Konstante Q der Temperaturformel (29) (Teil I, S. 245) beträgt für die Salicinspaltung 15 000.

IX. Spezifität der β-Glucosidase.

Eingehende Untersuchungen über den Einfluss der Struktur auf die Wirkung des „Emulsins" verdankt man E. Fischer und seinen Mitarbeitern, besonders Helferich[1]. Die älteren Ergebnisse, bei welchen die Acidität der Lösungen oft von der für β-Glucosidase optimalen weit entfernt war, bedürfen, wie Fischer bemerkt, einer Nachprüfung. Bei Fischers Versuchen hat sich schliesslich gezeigt, dass bei Einhaltung geeigneter pH-Werte die meisten β-Glucoside durch Emulsin gespalten werden.

Die Untersuchungen von Fischer über dieses Thema betreffen sowohl die Spaltbarkeit einiger Glucoside, in welchen die Zuckerkomponente in verschiedener Weise verändert war, wie auch die relativen Spaltungsgeschwindigkeiten bei Spaltung von Glucosiden mit verschiedenen Alkoholkomponenten. Diese Versuche von Fischer zeigen einerseits, dass die Konstitution und Konfiguration der Zuckerkomponente von ausschlaggebender Bedeutung für die Angreifbarkeit durch die β-Glucosidase ist, andererseits geht mit Deutlichkeit hervor, dass auch die Alkohol-(Phenol-)Komponente auf die Angreifbarkeit einen wesentlichen Einfluss ausübt.

Hinsichtlich der Bedeutung der Konstitution eines Glucosids für die Angreifbarkeit ist besonders hervorzuheben, dass man sowohl mit einer Änderung der Affinität zwischen dem Glucosid und dem Enzym wie auch mit einer Änderung der Zerfallsgeschwindigkeit des Enzymsubstrates zu rechnen hat. Bei gewissen Substitutionen im Zuckerrest scheint die Affinität zu der β-Glucosidase aufgehoben werden zu können, während bei Veränderungen

---

[1] E. Fischer u. Helferich, Lieb. Ann. **383**, 85; 1911. — E. Fischer u. Zach, Chem. Ber. **45**, 3761; 1912. — E. Fischer, H. **107**, 176; 1919. — E. Fischer, H. **108**, 3; 1919. — E. Fischer, Bergmann u. Schotte, Chem. Ber. **53**, 509; 1920. — Helferich und Mitarb., H. **128**, 141; 1923.

im Alkoholrest die absolute Spezifität der β-Glucosidase weniger als die relative Spezifität von Bedeutung ist.

Betreffs der Aufhebung der Spaltbarkeit bei Veränderungen im Zuckerrest liegen die folgenden Beobachtungen von Fischer vor:

<table>
<tr><td>Durch Emulsin spaltbare Glucoside:</td><td>Durch Emulsin nicht spaltbare Glucoside:</td></tr>
<tr><td>β-Methylglucosid</td><td>β-Methylglucosid-6-bromhydrin</td></tr>
<tr><td>β-Methyl-d-isorhamnosid</td><td>β-Methylglucosid-2-bromhydrin</td></tr>
<tr><td>Bromallylglucosid</td><td>Methylxylosid</td></tr>
<tr><td></td><td>2-Desoxy-methylglucosid</td></tr>
<tr><td></td><td>Anhydro-methylglucosid</td></tr>
</table>

Besonders auffallend ist das Ergebnis, dass das β-Methylglucosid und β-Methyl-d-iso-rhamnosid von Emulsin gespalten werden, während β-Methylglucosid-6-bromhydrin nicht spaltbar ist; wie die folgende schematische Formel zeigt, steht das Bromhydrin gewissermassen in der Mitte zwischen den beiden anderen Glucosiden.

$$\begin{array}{ccc} \text{R} \cdot \text{OCH}_3 & \text{R} \cdot \text{OCH}_3 & \text{R} \cdot \text{OCH}_3 \\ | & | & | \\ \text{CH}_2\text{OH} & \text{CH}_2\text{Br} & \text{CH}_3 \end{array}$$

β-Methylglucosid	β-Methylglucosid-6-bromhydrin	β-Methyl-d-iso-rhamnosid
spaltbar	nicht spaltbar	spaltbar

Ob für diese Verschiedenheit eine ähnliche Erklärung gefunden werden kann, wie man sie hinsichtlich der durch Emulsin nicht spaltbaren Methylxyloside und anderer Pentoside in letzterer Zeit versucht hat, nämlich durch eine veränderte Lage der Sauerstoffbrücke im Zuckerrest[1], kann erst die weitere Bearbeitung dieser noch nicht endgültig gelösten Konstitutionsfrage in der Zuckerchemie beantworten. Nach den neuesten Anschauungen der meisten auf diesem Gebiete beteiligten Forscher sind auch bei den normalen α- und β-Methylglucosiden wie bei den Pentosiden 1,5-Sauerstoffringe die wahrscheinlichsten. Nach diesem Stand der Forschung vermögen also die Formelbilder von beispielsweise β-Methylglucosid und β-Methylxylosid die absolute Spezifität der β-Glucosidase nicht zu erklären.

Hinsichtlich der hier nicht eingehender behandelten Hexoside, Heptoside, Pentoside usw. wollen wir an dieser Stelle nur betonen, dass sie, wie es scheint ohne Ausnahmen, von Emulsin nicht bzw. nur sehr schwer angegriffen werden. Wir können uns also hier damit begnügen, die typischen hierher gehörenden Substrate, soweit sie auf enzymatische Spaltbarkeit durch Emulsin geprüft sind, tabellarisch zusammenzustellen.

Die folgenden Substrate sollen also nach den Angaben von E. Fischer durch Emulsin (β-Glucosidase) nicht gespalten werden.

---

[1] Die Bedeutung der neueren Erkenntnisse hinsichtlich der Existenz von Zuckern und Zuckerderivaten mit verschiedenen Sauerstoffringen für die Erklärung der Spezifitätsverhältnisse der β-Glucosidase haben B. Helferich und W. Schäfer (Chem. Ber. 57, 1913; 1924) hervorgehoben. Siehe hierzu auch Josephson, H. 147, 1 und zwar S. 148; 1925.

Substrat.	Literatur.
Methyl-l-Glucosid	E. Fischer, Chem. Ber. 28, 1152; 1895.
Methyl-d-Mannosid	E. Fischer, Chem. Ber. 26, 2401; 1893; 27, 3483; 1894. — Lobry de Bruyn u. van Ekenstein, Rec. Trav. Chim. Pays-Bas 15, 223; 1896. Vgl. S. 136.
Methyl-Fructosid	E. Fischer, Chem. Ber. 28, 1160; 1895. — Hudson u. Brauns, Jl Amer. Chem. Soc. 38, 1216; 1916.
Methyl-Sorbosid	E. Fischer, Chem. Ber. 28, 1159; 1895.
Methyl-Glucoheptosid	E. Fischer, Chem. Ber. 28, 1156; 1895.
Methyl-Arabinosid	E. Fischer, Chem. Ber. 26, 2407; 1893; 28, 1429; 1895. — Purdie u. Rose, Jl Chem. Soc. 89, 1204; 1906. — Ryan u. Ebrill, Proc. Irish Akad. 26 B, 53; 1906.
Methyl-Xylosid	E. Fischer, Chem. Ber. 28, 1145; 1895; H. 26, 68; 1898. Chem. Ber. 45, 3765; 1912; H. 107, 191; 1919.
Methyl-l-Rhamnosid	E. Fischer, Chem. Ber. 27, 2985; 1894; 28, 1158; 1895; H. 26, 60; 1898.

Gegenüber den in der Natur vorkommenden Rhamnosiden, welche Xanthon- oder Flavonderivate sind, scheint Emulsin ebenfalls unwirksam zu sein.

β-Methyl- und β-Phenyl-Maltosid (Fischer und Armstrong, Chem. Ber. 34 u. 35) werden durch Emulsin gespalten, indem Maltose freigemacht wird, und das gleiche gilt von einem Menthol-Maltosid.

Die andere Richtung dieser Untersuchungen von Fischer betreffen, wie erwähnt, den Einfluss der Konstitution der Alkoholkomponente. Hinsichtlich der Verhältnisse bei den Glucosidosäuren (H. 107, S. 181) lässt sich folgendes sagen: Die freien Säuren werden offenbar nur langsam gespalten (pH nicht optimal), die Salze schneller und ohne Einfluss der Kationen. Von den Derivaten sind die Ester, Amide und Nitrile am leichtesten hydrolysierbar; für die Glucosidoglykolsäure ist im I. Teil dieses Buches, S. 342 eine kleine Tabelle über beobachtete Spaltungsgrade angegeben.

„Die Derivate der Glucosido-β-Oxyisobuttersäure sind auffallend resistent; denn die Salze zeigen kaum eine Spaltung und auch bei Ester, Amid und Nitril (Linamarin) geht die Hydrolyse sehr langsam vonstatten. (Bei dem Nitril war diese Erscheinung schon von Armstrong und Horton beschrieben.) Offenbar hängt dies zusammen mit der Bindung des Zuckerrestes an das tertiäre Kohlenstoffatom. Auch bei dem Amylenhydratglucosid, wo ebenfalls der Zuckerrest an eine tertiäre Alkoholgruppe gebunden ist, findet die Hydrolyse durch Emulsin verhältnismässig langsam statt.“

Bei der Glucosidomandelsäure soll ein Unterschied zwischen den Derivaten der d- und l-Mandelsäure bestehen. Denn die Salze und das Amid der Glucosido-d-Mandelsäure sollen nicht angegriffen werden(?). Dagegen werden die Salze der l-Verbindung offenbar gespalten, wie die Versuche mit dem Gemisch der beiden Glucosidomandelsäuren zeigen.

„Noch merkwürdiger ist das Verhalten der Methylester. Auch hier werden die Derivate beider Mandelsäuren durch Emulsin gespalten.“ Die Bildung von d-Mandelmethylester aus dem Glucosido-d-Mandelester ist durch enzymatische Hydrolyse experimentell festgestellt; eine tautomere Form ohne asymmetrisches Kohlenstoffatom kann also hier nicht entstehen. Wie Fischer hervorhebt, verdient also der Fall des Glucosido-d-Mandelsäuremethylesters bei allgemeinen stereochemischen Betrachtungen über Zusammenhang von Enzymwirkung und Konfiguration eine besondere Berücksichtigung[1].

Wie einleitungsweise hervorgehoben wurde, muss bei Variation der Eigenschaften des Substrates sowohl mit einer Änderung der Affinität zum Enzym wie mit einer Änderung der Zerfallsgeschwindigkeit des Enzymsubstrates gerechnet werden. Da die oben zitierten Untersuchungen diese neuere Erkenntnis nicht berücksichtigen konnte, so müssen sie vor der eingehenden Diskussion ergänzt werden.

E. Fischer hat hervorgehoben, dass die aromatischen Glucoside durch Emulsin viel leichter als die aliphatischen Glucoside gespalten werden. Aus den Arbeiten von Willstätter, Kuhn und Sobotka[2], sowie von Josephson[3], geht hervor, dass diese Verschiedenheit zu einem grossen Teil durch die viel geringere Affinität des gemeinsamen Enzyms zu dem aliphatischen Glucosid als zu dem aromatischen bedingt ist. (Im I. Teil S. 357 sind die Ergebnisse von Willstätter, Kuhn und Sobotka näher beschrieben.)

Josephson hat einen Versuch gemacht, diese Affinitätsverhältnisse theoretisch durch die Annahme der Mitwirkung der Alkohol- bzw. Phenolkomponente bei der Bindung des Glucosids an das Enzym zu erklären. Die grössere Affinität zu den aromatischen Glucosiden ist nämlich parallel mit einer grösseren Affinität zu den Phenolen als zu den aliphatischen Alkoholen verbunden.

Kuhn und Sobotka[4] haben hervorgehoben, dass sich die relative Spezifität der β-Glucosidase durch die verschiedene Affinität allein nicht beschreiben lässt. Eine Beziehung zwischen den Reaktionskonstanten der Säurehydrolyse und denjenigen der Emulsinspaltung ist — wie die im I. Teil S. 358 mitgeteilte Tabelle zeigt — nicht ersichtlich. Dasselbe gilt auch für die Spaltung des Arbutins, welches Glucosid nach Josephson in dieser Hinsicht nahe mit dem Phenylglucosid übereinstimmt:

Vergleich von Enzym- und Säurehydrolyse des Salicins,
β-Phenylglucosids und Arbutins.

Substrat	Q_{Enzym}	$Q_{Säure}$	$\dfrac{Q_{Enzym}}{Q_{Säure}}$
Salicin:β-Phenylglucosid . . .	$8,3 \pm 0,5$	0,46	18
Salicin:Arbutin	9,3	0,39	24

---

[1] Eine ausgeprägt spezifische Auswahlfähigkeit zwischen Antipoden haben Karrer, Nägeli u. Smirnoff beim Umsatz von dl-Acetobromglucose mit dem Silbersalz der dl-Mandelsäure beobachtet (Helv. 5, 141; 1922. — Vgl. auch Nägeli, Dissertation, Zürich 1921).

[2] Willstätter, Kuhn u. Sobotka, H. 129, 33; 1923.

[3] Josephson, H. 147, 1; 1925.

[4] Kuhn u. Sobotka, Zs physik. Chem. 109, 65; 1924.

X. Enzymatische Synthese von β-Glucosiden.

Umkehrbarkeit der Glucosidspaltung. Wie bereits im I. Teil erwähnt wurde, ist es Bourquelot und seinen Mitarbeitern gelungen, eine grosse Reihe von β-Glucosiden, darunter auch viele der cyclischen Reihe, durch Emulsin zu synthetisieren. Die 1914 von Bourquelot[1] nach Versuchen von Bridel und Hérissey angegebene Reihe sei hier nochmals angeführt:

Aliphatische Reihe:	Cyclische Reihe:
Methyl-Glucosid β	Benzyl-Glucosid
Äthyl-Glucosid	Phenyläthyl-Glucosid
Propyl-Glucosid	Cinnamyl-Glucosid
Isopropyl-Glucosid	o-Oxybenzyl-Glucosid
Butyl-Glucosid	o-Methoxybenzyl-Glucosid
Isobutyl-Glucosid	m-Nitrobenzyl-Glucosid
Isoamyl-Glucosid	p-Methoxybenzyl-Glucosid
Allyl-Glucosid	Naphthyl-Glucosid
Geranyl-Glucosid	Cyclohexanyl-Glucosid
Glycyl-mono-Glucosid	o-Methylcyclohexanyl-Glucosid
Glycyl-di-Glucosid	Thymotinyl-Glucosid
α-Oxypropyl-β-Glucosid	o-, m-, p-Xylylglycyl-mono-Glucosid
Glyceryl-mono-Glucosid.	

Die Anzahl der synthetisierten Glucoside ist später noch vermehrt worden. Auch mit mehrwertigen Alkoholen der aromatischen Reihe wurden Synthesen erzielt, so mit o- und p-Phthalylalkohol[2].

$$C_6H_4 \Big\langle {\overset{\displaystyle CH_2 \cdot O \cdot C_6H_{11}O_5}{CH_2 \cdot OH}}$$

Nach den Ergebnissen von Bourquelot kann es keinem Zweifel unterliegen, dass durch die β-Glucosidase Gleichgewichte von beiden Seiten her eingestellt werden, und dass dabei übereinstimmende Gleichgewichtslagen erreicht werden. Bourquelot und Bridel gingen z. B. von folgender Lösung aus:

β-Methylglucosid (entsprechend 2 g Glucose) . . . 2,1555 g
Methylalkohol 10
Wasser 100
Emulsin in Pulverform 0,30

Die unmittelbar einsetzende Hydrolyse kam zum Stehen, als die Anfangsdrehung — $1^0 26'$ ($l = 2$) in $+ 1^0 20'$ übergegangen war, wobei aus 1,6934 g Methylglucosid 1,5712 g Glucose gebildet worden waren. Weiterer Emulsinzusatz änderte das Gleichgewicht nicht.

[1] Bourquelot, Jl de Pharm. et de Chim. (7) 10, 361 u. 393; siehe auch Ann. Chim. Phys. (9) 3, 287; 1915; 4, 310; 1915; 7, 153; 1917. — Hérissey, Bull. Soc. Chim. 33, 349; 1923.
[2] Bourquelot u. Ludwig, C. r. 149, 213; 1914.

Ein Parallelversuch zum obengenannten wurde mit einer Lösung begonnen, welche 2 g Glucose im entsprechenden Alkohol-Wassergemisch enthielt; er kam von der Anfangsdrehung 2^0 auf $+ 1^0 12'$.

Entfernte man einen Teil der Glucose aus der Lösung, was durch Zusatz von Hefe geschehen konnte, so schritt die Hydrolyse bis zum Eintritt eines neuen Gleichgewichtes weiter.

Ein weiterer Versuch ist in folgender Tabelle zusammengestellt; er bezieht sich auf eine Lösung, welche 30,2 Vol.-$^0/_0$ Methylalkohol enthält.

Von beiden Seiten her wird also die gleiche Enddrehung (Mittel 11') erreicht.

Den Einfluss der Alkoholkonzentration sehen wir aus der Kurve, welche bereits im I. Teil (S. 307, Fig. 44) dargestellt worden ist. Sie zeigt, dass bei hohem Alkoholgehalt (z. B. 95$^0/_0$) der grösste Teil der Glucose im Gleichgewicht in Glucosid verwandelt ist.

Synthese.		Hydrolyse.	
1 g Glucose in 100 ccm		1,077 g Methylglucosid in 100 ccm	
Versuchstage	Drehung (2 dm)	Versuchstage	Drehung (2 dm)
0	+ 64'	0	− 42'
1	+ 58'	1	− 36'
2	+ 48'	2	− 26'
4	+ 40'	4	− 18'
8	+ 28'	8	− 6'
13	+ 16'	13	+ 6'
18	+ 12'	18	+ 10'

Über die theoretische Berechnung der Gleichgewichtslage bei diesem Versuch von Euler und Josephson[1] siehe Teil I, S. 305—311.

Nachdem also durch diese Versuche von Bourquelot und seinen Mitarbeitern, von denen hier besonders Hérissey und Bridel zu nennen sind, die Umkehrbarkeit der β-Glucosidasewirkung bewiesen worden ist, hat Josephson die Aciditäts- und Affinitätsverhältnisse bei der enzymatischen β-Glucosidsynthese näher untersucht. Die Versuche und theoretischen Berechnungen von Josephson[2], welche in Anschluss an Versuche über die enzymatische Spaltung von β-Glucosiden angestellt wurden und deshalb mit diesen auch in quantitativer Hinsicht verglichen werden konnten, bestätigen die Identität des spaltenden und des synthetisierenden Enzyms, und zwar wurde diese Identität durch Anwendung des Massenwirkungsgesetzes, also unter Einführung des Affinitätsbegriffes bei der Synthese, ermöglicht. Ebenso wie die enzymatische

[1] Euler u. Josephson, Sv. Vet. Akad. Arkiv f. Kemi 9, Nr. 7; 1924. — H. 136, 30; 1924. — Eine Berechnung des enzymatischen Glucosid-Gleichgewichtes hat auch Bailly (Jl Chim. Phys. 16, 28; 1918) mitgeteilt.

[2] Josephson, H. 147, 155; 1925.

Aktivitäts-pH-Kurve der Synthese des β-Methylglucosids. 40 Vol.-% Methylalkohol. 5 Gew.-% Glucose.

pH	Zeit in Tagen	Drehung	Drehungs-änderung	Relative Anfangs-geschwindigkeit
3,38	0	4,28	—	35
	1	4,21	0,07	
	2	4,18	0,10	
	3	4,18	0,10	
4,12	0	4,27	—	80
	1	4,11	0,16	
	2	3,95	0,32	
	3	3,79	0,48	
4,59	0	4,27	—	100
	1	4,07	0,20	
	2	3,87	0,40	
	3	3,69	0,58	
4,64	0	4,28	—	100
	1	4,08	0,20	
	2	3,89	0,39	
	3	3,68	0,60	
4,72	0	4,26	—	100
	1	4,06	0,20	
	2	3,87	0,39	
	3	3,67	0,59	
5,36	0	4,27	—	88
	1	4,09	0,18	
	2	3,93	0,34	
	3	3,76	0,51	
5,57	0	4,26	—	75
	1	4,11	0,15	
	2	3,95	0,31	
	3	3,82	0,44	
6,25	0	4,27	—	49
	1	4,17	0,10	
	2	4,09	0,18	
	3	3,97	0,30	
6,90	0	4,24	—	15
	1	4,21	0,03	
	2	4,19	0,05	
	3	4,17	0,07	
7,75	0	4,26	—	6
	1	4,25	0,01	
	2	4,24	0,02	
	3	4,22	0,04	

Spaltung von β-Glucosiden wird auch die enzymatische Synthese durch das Massenwirkungsgesetz geregelt.

Die Versuche über die pH-Abhängigkeit der Synthesegeschwindigkeit bei der Synthese des β-Methylglucosids zeigen, dass die pH-Kurve der Synthese mit derjenigen der Spaltung sehr nahe übereinstimmt.

Die Versuche wurden mit Lösungen enthaltend 40 Vol.-$^0/_0$ Methylalkohol ausgeführt. Die Konzentration der Glucose betrug 5 Gew.-$^0/_0$. In jeder Versuchsmischung von 100 ccm Totalvolumen befanden sich 10 ccm 0,3 n.-Phosphatlösung mit variierender Acidität und 55 mg des Enzympräparates E_3 (Sal. f = 0,20). Elektrometrische pH-Bestimmung.

Die Versuchsergebnisse sind in der vorhergehenden Tabelle wiedergegeben und die Aktivitäts-pH-Kurve ist in der Fig. 31 gezeichnet.

Bei der theoretischen Besprechung und Berechnung des enzymatischen β-Methylglucosidgleichgewichts hatten H. v. Euler und K. Josephson die Annahme gemacht, dass die durch Hemmungsversuche bei der Spaltung berechenbare Affinitätskonstante der Glucose-Enzymverbindung auch für die Synthesegeschwindigkeit massgebend ist. Die Berechtigung dieser Annahme wird durch Josephsons Versuche in einwandfreier Weise bewiesen. Es wird nämlich gezeigt, dass die durch Variation der Glucosekonzentration bei der Synthese berechenbare Affinitätskonstante der Glucose-Enzymverbindung denselben Wert besitzt wie die vorher durch Hemmungsversuche ermittelte Affinitätskonstante. Zum erstenmal wird also die Affinität eines synthetisierenden Enzyms zum Substrat (Glucose) ermittelt; die Übereinstimmung dieser Affinität mit der unter Anwendung des Massenwirkungsgesetzes in ganz anderer Weise ermittelten Affinität des spaltenden Enzyms zum betreffenden Substrat zeigt die Leistungsfähigkeit der Auffassung der Aktivitäts-[S]-Kurven als Dissoziationsrestkurven.

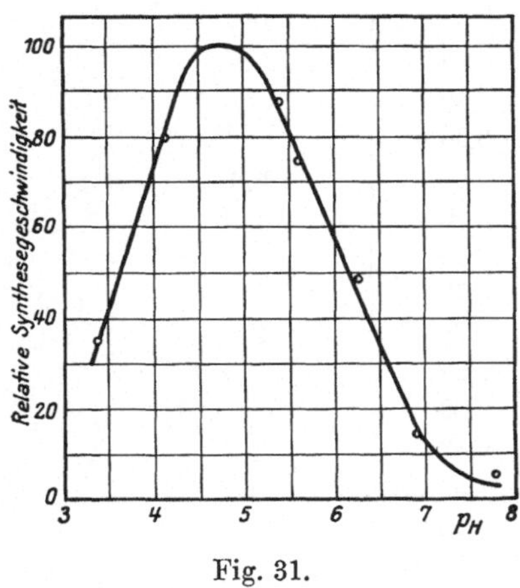

Fig. 31.

Bei den Versuchen wurde innerhalb jeder Versuchsreihe der Alkoholgehalt konstant gehalten und nur die Anfangsgeschwindigkeiten bei der Synthese (Drehungsänderung pro Zeiteinheit) gemessen. Die Anfangsgeschwindigkeiten können also durch

$$v = c \cdot [\text{Glucose-Enzym}],$$

wo

$$\frac{[\text{Glucose-Enzym}]}{[\text{Glucose}] \cdot [\text{Enzym}]} = K_M$$

ist, ausgedrückt werden. K_M stellt also, wie bei der enzymatischen Spaltung, die Affinitätskonstante der Enzym-Substratverbindung dar, und die Versuchsmethodik und Berechnung kann also in ähnlicher Weise wie bei der Spaltung gestaltet werden.

Zwei Versuchsreihen mit Methylalkohol (30 bzw. 40 Vol.-$^0/_0$) und eine

Synthese des β-Methylglucosids. 40 Vol.-$^0/_0$ Methylalkohol. Variation der Glucosekonzentration. 46 mg Präparat E_2 in 100 ccm Reaktionsmischung.

Konzentration der Glucose	Zeit in Tagen	Drehung	Drehungsänderung	Relat. Anfangsgeschwindigkeit
0,055 n.	0	0,89	—	28
	1	0,85	0,04	
	2	0,80	0,09	
	3	0,76	0,13	
	4	0,73	0,16	
0,111 n.	0	1,73	—	48
	1	1,65	0,08	
	2	1,58	0,15	
	3	1,51	0,22	
	4	1,45	0,28	
0,166 n.	0	2,57	—	61
	1	2,47	0,10	
	2	2,37	0,20	
	3	2,29	0,28	
	4	2,20	0,37	
0,222 n.	0	3,43	—	72
	1	3,31	0,12	
	2	3,20	0,23	
	3	3,08	0,35	
	4	2,97	0,46	
0,333 n.	0	5,14	—	86
	1	5,00	0,14	
	2	4,86	0,28	
	3	4,72	0,42	
	4	4,60	0,54	
0,444 n.	0	6,88	—	95
	1	6,73	0,15	
	2	6,57	0,31	
	3	6,41	0,47	
	4	6,28	0,60	
0,555 n.	0	8,57	—	99
	1	8,41	0,16	
	2	8,24	0,33	
	3	8,08	0,49	
	4	7,93	0,64	
0,666 n.	0	10,14	—	100
	1	9,98	0,16	
	2	9,81	0,33	
	3	9,64	0,50	
	4	9,48	0,66	

Versuchsreihe mit Äthylalkohol (30 Vol.-%) wurden ausgeführt. Wie erwartet werden konnte, wurde K_M bei den beiden Methylalkoholkonzentrationen sowie bei Austausch des Methylalkohols gegen Äthylalkohol innerhalb der Versuchsfehler konstant gefunden:

30 Vol.-% Methylalkohol	40 Vol.-% Methylalkohol	30 Vol.-% Äthylalkohol
$K_m = 0,18$	$K_m = 0,185$	$K_m = 0,19$
$K_M = 5,5$	$K_M = 5,4$	$K_M = 5,3$

Diese Werte (Mittel für $K_M = 5,4$), welche sich auf das pH-Optimum der Synthese beziehen, stimmen mit den bei der Hemmung der Salicin-, Helicin-, Arbutin- und Methylglucosidspaltung durch Glucose ermittelten Werten 6,3, 6,6, 5,1, 5,2 (oder im Mittel 5,8) für die Gleichgewichtsform der Glucose überein. In der vorstehenden Tabelle werden die Versuchsdaten bei einer Versuchsreihe zur Bestimmung von K_M bei der Synthese des β-Methylglucosids wiedergegeben.

Zur Untersuchung des Einflusses der Alkoholkonzentration auf die Geschwindigkeit der Synthese des β-Methylglucosids hat Josephson 5 Versuche mit 10, 20, 30, 40 und 50 Vol.-% Methylalkohol in jeder Versuchsmischung von 100 ccm Totalvolumen ausgeführt. Die Konzentration der Glucose betrug in allen Fällen 2% (0,11 n.). Zu jedem Versuch kamen 46 mg des Präparates E_2 zur Verwendung. Die Versuchsdaten sind in der nebenstehenden Tabelle zusammengestellt.

Die Änderung des Drehungswinkels wurde während 40 Tagen zeitlich verfolgt. Nach dem Verlauf dieser Zeit dürfte in allen Lösungen das enzymatische Gleichgewicht erreicht oder wenigstens sehr nahe erreicht sein. In der Tabelle sind die relativen Anfangsgeschwindigkeiten (Drehungsänderung pro Zeiteinheit bei Versuchsbeginn) wiedergegeben. Es wurde auch versucht, die experimentell gemessene Reaktionsgeschwindigkeit (Geschwindigkeit der Synthese—Geschwindigkeit der Spaltung des gebildeten Glucosids) nach der Formel für monomolekulare Reaktionen zu berechnen, wobei also in der

$$\text{Formel } k = \frac{1}{t}\log\frac{a}{a-x},$$ die totalen Drehungsänderung (nach 40 Tagen) $= a$

gesetzt wurde. Wir sehen aus den Zahlen der letzten Kolumne in der Tabelle, dass die gemessene Reaktionsgeschwindigkeit recht genau durch diese Formel wiedergegeben werden kann.

Wegen des reaktionshemmenden Einflusses des Methylalkohols zeigen die Reaktionsgeschwindigkeiten keine Proportionalität mit der Alkoholkonzentration. Unter Hinzuziehung seiner Ergebnisse über die Hemmung durch Methylalkohol bei der Spaltung der β-Glucoside hat Josephson gesucht, die Synthesegeschwindigkeiten wegen dieses hemmenden Einflusses zu korrigieren. Die korrigierten Werte der Synthesegeschwindigkeiten zeigten nun eine weitgehende Proportionalität mit der Alkoholkonzentration.

Aus den Untersuchungen von Bourquelot und seinen Mitarbeitern geht

Synthese des β-Methylglucosids bei verschiedenen Alkoholkonzentrationen.

Vol.-% Methylalkohol	Zeit in Tagen	Drehung	Drehungs-änderung	Relat. Anfangs-geschwindigkeit	$k \cdot 10^3$ (t in Tagen)
10	0	1,53	—	6	—
	1	1,48	0,05		71 ⎫
	3	1,40	0,13		72 ⎬ 69
	8	1,30	0,23		65 ⎭
	20	1,20	0,33		—
	40	1,20	0,33		—
20	0	1,53	—	13	—
	1	1,41	0,12		68 ⎫
	3	1,24	0,29		62 ⎬ 62
	8	0,99	0,54		57 ⎭
	20	0,77	0,76		—
	40	0,70	0,83		—
30	0	1,56	—	14	—
	1	1,43	0,13		51 ⎫
	3	1,26	0,30		42 ⎬ 51
	8	0,84	0,72		51 ⎪
	20	0,47	1,09		59 ⎭
	40	0,38	1,18		—
40	0	1,57	—	12	—
	1	1,46	0,11		36 ⎫
	3	1,28	0,29		34 ⎬ 37
	8	0,84	0,73		40 ⎭
	20	0,25	1,32		—
	40	0,18	1,39		—
50	0	1,60	—	10	—
	1	1,50	0,10		27 ⎫
	3	1,30	0,30		29 ⎬ 31
	8	0,80	0,80		36 ⎭
	20	0,06	1,54		—
	40	— 0,06	1,66		—

die verschiedene Reaktionsfähigkeit verschiedener Alkohole mit Glucose unter Mitwirkung der β-Glucosidase hervor. Wir erinnern an den Versuch von Bourquelot und Hérissey[1] über die enzymatische Synthese in Saligenin-Glucoselösungen, wobei nicht, wie Visser[2] und van't Hoff[3] annahmen, Salicin gebildet wurde, sondern ein Glucosid, dessen Phenylhydroxylgruppe noch frei war, und in welchem also die primäre aliphatische HO-Gruppe der Seitenkette mit grösserer Leichtigkeit in Reaktion getreten war.

Schon van't Hoff hat darauf aufmerksam gemacht, dass die Leichtigkeit, mit welcher ein Alkohol unter Mitwirkung eines Enzyms mit Glucose

---

[1] Bourquelot u. Hérissey, Jl Pharm. Chim. (7) 8, 49; 1913.
[2] Visser, Zs physikal. Chem. 52, 257; 1905.
[3] van't Hoff, Sitzungsber. d. K. Preuss. Akad. d. Wissenschaften 42, 1065; 1909; 48, 963; 1910.

unter Bildung eines Glucosids reagiert, vielleicht parallel geht mit der Reaktionsgeschwindigkeit zwischen den Alkoholen und schwachen organischen Säuren; diese Esterbildung, hat bekanntlich Menschutkin eingehend studiert.

Da van't Hoff nur teils primäre Alkohole vom Typus Arr. CH_2OH und teils alicyclische Alkohole in der erwähnten Hinsicht untersucht hat, lagen bis vor kurzem keine eindeutigen Versuche über das enzymatische Gleichgewicht bei Phenolglucosiden vor, in welchen das phenolische Hydroxyl in Reaktion getreten war. Die sehr geringe Reaktionsfähigkeit der aromatischen (tertiären) Phenylhydroxylgruppe mit der Glucose-β-Glucosidaseverbindung geht aus den Versuchen von Josephson hervor. Die bei einem Versuch mit 20 ccm 10%-Glucoselösung, 75 ccm einer Acetonlösung von Phenol (20%) und 5 ccm Enzymlösung (E_6) beobachtete Drehungsänderung, welche nach Josephsons Versuchen auf Glucosidbildung zurückzuführen ist, entspricht nur einer Synthese des β-Phenylglucosids von rund 4% der Glucose. Das Gleichgewicht scheint also nahe bei der vollständigen Spaltung des Glucosids zu liegen.

Sehr interessant sind Bourquelots und Bridels[1] Versuche über die gleichzeitige Einwirkung von α- und β-Glucosidase auf wässrig-alkoholische Lösungen von Glucose. Untersucht man unter gewissen Konzentrationsbedingungen (1 g Glucose, 20 g Äthylalkohol in 100 ccm wässriger Lösung) die Gleichgewichte zwischen Glucosid und Glucose für jede der beiden Glucosidasen getrennt, so erhält man:

$$\text{für } \alpha\text{-Äthylglucosid } 32{,}6\ /67,\ 4 = k_a$$
$$\text{,, } \beta\text{-Äthylglucosid } 23{,}30/76{,}61 = k_b$$

und zwar sind die Werte beider Konstanten in weiten Grenzen unabhängig von der absoluten Konzentration der Glucose.

Bezeichnet man für ein gegebenes Lösungsvolum (etwa 100 ccm) mit

q die Gesamtmenge Glucose (frei und gebunden)
x die Menge von α-Äthylglucosid ⎤
y ,,   ,,   ,, β-Äthylglucosid ⎬ im Gleichgewicht,
z ,,   ,, der freien Glucose ⎦

so gilt die Gleichung: $x + y + z = q$.

Ferner gilt, wenn k_a und k_b wie oben Gleichgewichtskonstanten bezeichnen, allgemein

$$\text{für } \alpha\text{-Äthylglucosid } x = k_a \cdot z$$
$$\text{,, } \beta\text{-Äthylglucosid } y = k_b \cdot z$$

somit

$$k_a z + k_b z + z = q \text{ und also } z = \frac{q}{k_a + k_b + 1}.$$

---

[1] Bourquelot u. Bridel, Jl de Pharm. et de Chim. (7) 9, 104, 155, 230; 1914; 10, 361, 393; 1914.

Die im Gleichgewicht frei gebliebene Glucosemenge ist also nach gleichzeitiger Einwirkung der beiden Glucosidasen gleich der Menge der angewandten Glucose, dividiert durch $1 + k_a + k_b$.

Zur Prüfung dieser Formel wurde u. a. folgende Mischung hergestellt, welche bei Zimmertemperatur (15—19⁰) das Gleichgewicht erreichte.

Glucose	1,9935	g
Äthylalkohol	20,0	g
Wasser	50	ccm
Dazu: Maceration (1 : 10) getrockneter Unterhefe	20	ccm
Emulsin[1]	0,3	g
	Wasser zu 100	ccm

Für diese Lösung berechnet sich der Wert z:

$$z = \frac{1,9935\ \text{g}}{\dfrac{32,6}{67,4} + \dfrac{23,39}{76,61} + 1} = 1,1143\ \text{g}.$$

Folgende Drehungen wurden erhalten:

Versuchsdauer Tage	Drehung	Freie Glucose
0 (Beginn)	2⁰ 6′	1,9935 g
2	2⁰ 22′	—
8	2⁰ 56′	1,240 „
16	2⁰ 46′	1,134 „
28	2⁰ 44′	1,1164 „
36	2⁰ 44′	1,1164 „

Es zeigt sich also zwischen dem für freie Glucose berechneten Werte 1,1143 und dem hier gefundenen, 1,1164 sehr gute Übereinstimmung.

Berechnet man die Werte für x und y, so findet man

für x : 0,5388 entsprechend 0,622 g α-Äthylglucosid
„ y : 0,340 „ 0,393 g β-Äthylglucosid.

Für die Mischung 1,1143 g Glucose + 0,622 g α-Äthylglucosid + 0,393 g β-Äthylglucosid

Drehung berechnet 2⁰ 45′
„ beobachtet 2⁰ 44′.

Anhang.

Spaltung besonderer β-Glucoside.

Ausser den Glucosiden vom Typus des Salicins kennt man noch zahlreiche natürliche Glucoside, welche — wie die Anthocyane und Saponine — grosse, besondere Gruppen von Pflanzenstoffen ausmachen.

---

[1] Die beiden Enzyme wirkten nicht unter ihrem etwas verschiedenen Aciditätsoptimum (pH = 6,4 bzw. 4,5), immerhin dürften beide nicht allzuweit von diesen Optimalbedingungen entfernt gewesen sein.

Wenn auch über ihre enzymatische Zerlegung und Bildung noch wenig bekannt ist, so sollen sie — schon weil sie ein interessantes Material der künftigen Enzymforschung bilden — auch hier nicht ganz übergangen werden, und man findet sie also in diesem Abschnitt mit einer Anzahl von künstlich dargestellten Glucosiden zusammengestellt.

Wir beschränken uns an dieser Stelle auf die wichtigsten stickstofffreien und diejenigen stickstoffhaltigen Glucoside, bei welchen das Stickstoffatom nicht in direkter Bindung mit dem glucosidischen C-Atom des Zuckers steht. Die N-haltigen Glucoside mit Stickstoff in direkter Bindung mit dem glucosidischen C-Atom vom Typus der Purin-Glucoside sind im Teil II, 2 dieses Buches behandelt. Die Systematik muss sich wegen Mangel an Angaben über die Enzyme auch hier wieder an die Substrate halten.

An dieser Stelle soll auch an die von E. Fischer verlangte Abgrenzung des Begriffes „Glucosid" erinnert werden: „Die frühere Gewohnheit" — schreibt Fischer[1] — „alle natürlichen Derivate der Glucose, die keine blossen Kohlenhydrate sind, Glucoside zu nennen, lässt sich nicht beibehalten. Ich verstehe unter Glucosiden nur die Stoffe, welche den Methyl- oder den Phenolglucosiden ähnlich konstituiert sind."

Dass die Spaltbarkeit der Glucoside durch ein bestimmtes Enzym oder Enzympräparat schon von kleinen Konstitutions- und Konfigurationsunterschieden stark verändert werden kann (es dürfte sich aber meistens um quantitative Änderungen handeln), ist im Anschluss an Fischer schon früher betont worden. Auch im agluconischen Teil können Verlängerungen und Substitutionen in der Seitenkette oder am Phenylrest die Angreifbarkeit wesentlich beeinflussen. Man muss sich aber erinnern, dass dies doch keine reine Besonderheit der Enzymreaktionen ist, sondern dass grosse Variationen der Reaktionsfähigkeit auch bei der nicht enzymatisch-katalytischen Spaltung von Homologen auftreten.

a) Glucosidosäuren.

Die meisten bisherigen Erfahrungen über die Spaltung der Glucosidosäuren sind den Arbeiten von E. Fischer und seiner Mitarbeiter[2] zu entnehmen, und Fischer hat gerade den Unregelmässigkeiten, welche bei dieser Gruppe hinsichtlich des Verhaltens zu Emulsin beobachtet werden, seine Aufmerksamkeit gewidmet.

Während manche Derivate der Phenolcarbonsäuren, z. B. Glucovanillinsäure, Glucosyringasäure, Glucosidogallussäure von Emulsin gespalten werden, sind die freien Säuren, z. B. die Glucosidoglykolsäure als widerstandsfähig gegen das Enzym erkannt (zu hohe Acidität) im Gegensatz zu ihrem Amid,

---

[1] E. Fischer, Chem. Ber. **46**, 3253; 1913. — Depside S. 32.
[2] E. Fischer u. Helferich, Lieb. Ann. **383**, 68; 1911.

das leicht hydrolysiert wird[1]. Um diese Verhältnisse aufzuklären, hat Fischer[2] eine grosse Anzahl von Spaltungsversuchen an einer Anzahl von Glucosidosäuren und ihre Derivate angestellt, nämlich an:

> Glucosidoglykolsäure
> Glucosido-β-oxyisobuttersäure
> Glucosidomandelsäuren
> Amygdalinsäure
> Cellosidoglykolsäure
> Glucosidosyringasäure und
> Glucosidogallussäure.

Die Ergebnisse, über welche an anderen Stellen dieses Buches (siehe auch Teil I, S. 342 u. ff.) berichtet ist, sind für die Beurteilung der Konstitutions- und Konfigurationseinflüsse auf Enzymreaktionen von grösstem Interesse. Weitere Einsichten in diese Verhältnisse würde man vielleicht durch die Bestimmung der **Affinitäten** und **Spaltungsgeschwindigkeiten** der verschiedenen Substrate gewinnen.

Es ist kein Anlass, zu bezweifeln, dass die hier besprochene β-Glucosidase diejenige Komponente des Emulsins ausmacht, welche auch die Glucosidosäuren spaltet.

b) Terpenalkohole.

Fischer und Raske[3] haben das Borneol-β-Glucosid, Fischer und Bergmann[4] das Menthol-β-Glucosid synthetisiert und die leichte Spaltbarkeit durch Emulsin nachgewiesen. Eine Reihe olefinischer, monocyclischer und bicyclischer Terpenalkohole sind von J. Hämäläinen[5] mit Glucose kombiniert worden, so z. B. das Citronellol, Sabinol, Cyclohexanol und r-Borneol und auch für diese wurde die Spaltbarkeit durch eine Komponente des Mandelemulsins festgestellt. Alicyclische Reste verhindern also nicht die Wirksamkeit dieses Enzyms, das offenbar mit der Alkyl- und Phenyl-β-Glucosidase identisch ist.

Die Glucoside der Terpenalkohole treten wahrscheinlich als Zwischenprodukte im Stoffwechsel auf, wenn man die betreffenden Alkohole entweder an Tiere verfüttert oder als Arzneimittel beim Menschen verwendet. Sie sind im normalen Organismus unbeständig, indem sie zu entsprechenden gepaarten Glucuronsäuren oxydiert werden (Schmiedeberg und Meyer, Sundvik; E. Fischer). Bemerkenswert ist nach Hämäläinen die Analogie zwischen den isomeren Borneolglucosiden und den entsprechenden gepaarten

---

[1] Methyl-epi-Glucosamin wird von Emulsin nicht gespalten. (Fischer, Bergmann, Schotte, Chem. Ber. 53, 809; 1920.)

[2] E. Fischer, H. 107, 176; 1919.

[3] E. Fischer u. Raske, Chem. Ber. 42, 1470; 1909.

[4] E. Fischer u. Bergmann, Chem. Ber. 50, 711; 1917.

[5] J. Hämäläinen, Biochem. Zs 49, 398; 1913 und 50, 209; 1913.

Glucuronsäuren. Wenn man nämlich an Kaninchen, denen vorher Emulsin subcutan eingepritzt wurde, d- und l-Borneol verfüttert, so ist der Umfang der Glucuronsäurepaarung gesteigert.

c) Gepaarte Glucuronsäuren.

Den Nachweis, dass gepaarte Glucuronsäuren β-Glucoside sind, verdankt man Neuberg und Neimann[1], welche die mit der natürlichen identische Phenolglucuronsäure synthetisch dargestellt haben. Neuberg hat auch ihre Konstitution und die Spaltbarkeit der Phenolglucuronsäure durch Emulsin dargetan.

$$\overset{\displaystyle \lceil\underline{\quad\quad}O\underline{\quad\quad}\rceil}{C_6H_5O \cdot CH \cdot CH(OH) \cdot CH(OH) \cdot CH \cdot CH(OH) \cdot COOH}$$

Phenol-Glucuronsäure.

Indessen scheinen nicht alle gepaarten Glucuronsäuren von Emulsin angegriffen zu werden. Positive Resultate haben Neuberg und Neimann[1] mit Euxanthonsäure erhalten, Hämäläinen[2] mit einigen Derivaten der Terpenglucoside, z. B. l-Campho-d-Glucuronsäure (während die d-Campho-d-Glucuronsäure nicht gespalten werden soll), und Hildebrandt[3] mit der von ihm aus Syringin erhaltenen Syringaglucuronsäure. Mit Borneolglucuronsäure hat Hämäläinen keine Spaltung erhalten.

d) Flavonfarbstoffe und Anthocyane.

Wie durch die Untersuchungen von Willstätter[4] bekannt geworden ist, stehen diese beiden Farbstoffgruppen miteinander in nächster Beziehung. Den gelben Farbstoffen liegt das Flavon oder Flavonol zugrunde, während die mit dem Zucker verbundenen Anteile der Anthocyane, die Anthocyanidine Oxoniumbasen (Benzopyryliumbasen) sind, wie z. B. das Cyanidin.

Quercetin   Cyanidinchlorid

Anthocyane sind durchweg Glucoside, und zwar Mono- und Diglucoside; bei einigen kommt ausser Glucose noch Rhamnose vor, aus Idaein wird Galaktose gewonnen. Durch Eintritt der Hexosen an die verschiedenen

---

[1] Neuberg u. Neimann, H. 44, 114; 1905.

[2] Hämäläinen, Skand. Arch. Physiol. 23, 297; 1910.

[3] Hildebrandt, Hofm. Beitr. 7, 438; 1905. Die aus Thymotinpiperidid dargestellte gep. Glucuronsäure wird durch Hefenenzym gespalten und dürfte also ein α-Glucosid enthalten.

[4] Willstätter u. Everest, Lieb. Ann. 401, 189; 1913. — Willstätter und Mitarbeiter, Lieb. Ann. 408; 1915.

HO-Gruppen der Anthocyanidine leiten sich von ihnen zahlreiche Anthocyane ab.

Was die Flavonolfarbstoffe betrifft, so scheint ihre enzymatische Spaltung oft schwer durchführbar zu sein. Über Besonderheiten der diesen Glucosidgruppen entsprechenden Enzyme ist bis jetzt sehr wenig bekannt.

Nach Keeble, E. F. Armstrong und Jones[1] wird ein zwar nicht genauer untersuchtes Anthocyan in Cherianthus cheiri durch Emulsin gespalten. Bei Polygonum compactum hat Noack[2] Anthocyanspaltung beobachtet.

e) Alizaringlucosidase. Erythrozym.

In der Wurzel von Rubia tinctorium kommt ein Enzym vor, welches nur auf das in der gleichen Pflanze enthaltene Glucosid, Rubian oder Ruberythrinsäure wirken soll, indem es aus demselben u. a. Glucose und Alizarin bildet. Die einzige Beschreibung stammt vom Entdecker dieses Enzyms, Schunck[3], aus dem Jahr 1851. Dieser gibt an, dass die gleiche Wirkung auch durch Emulsin hervorgerufen werden kann. Aus dem wässrigen Extrakt soll es durch Bleiacetat und Quecksilberchlorid gefällt werden.

Es ist schwer, sich aus Schuncks Angaben eine Vorstellung über die Besonderheit des erwähnten Enzyms bzw. Enzymgemisches zu bilden. Enzyme, welche Anthrachinon-Glucoside angreifen, kommen übrigens ausser in Leguminosen auch in Flechten vor, und zwar hier, wie Euler fand, begleitet von Oxydations- und Reduktionsenzymen.

In Rheum und Rumex hat Wasicky[4] Enzyme gefunden, welche die in Rinden verbreiteten Oxyanthrachinon-Rhamnoside spalten.

f) Saponine. Digitalisglucoside.

Bekanntlich werden die Saponine durch verdünnte Mineralsäuren gespalten, und zwar in Produkte, welche in kaltem Wasser wenig oder gar nicht löslich und physiologisch sehr wirksam sind, Sapogenine, und in Hexosen, Pentosen oder ein Gemisch beider.

Bei wichtigen Angehörigen dieser Gruppe, wie beim Digitonin, ist die Glucosidnatur schon lange erkannt[5]. Dagegen finden sich über die enzymatische Spaltung nur vereinzelte Angaben. Viele Saponine, wie z. B. Cyclamin, widerstehen offenbar der Einwirkung des Emulsins.

Aber der Umstand, dass im Tierkörper eine Zerlegung stattfindet und ferner dass gewisse Mikroorganismen imstande sind, manche Saponine unter Verbrauch des Zuckers abzubauen, zeigt, dass Enzyme existieren müssen, durch welche sich eine Hydrolyse erzielen lässt.

Über die enzymatische Spaltung der Digitalisglucoside ist kaum etwas Näheres bekannt.

g) Primverosidase.

Die Glucoside der Primverose (Xyloglucose) fasst Bridel[6] unter der Bezeichnung Primveroside zusammen. Diese scheinen im Pflanzenreich recht verbreitet zu sein, indem sie bereits in sechs zu den Dicotyledonen zählenden Familien aufgefunden wurden: Betulaceae, Primulaceae, Gentianaceae,

---

[1] Keeble, E. F. Armstrong u. Jones, Proc. Roy. Soc. B. 87, 113; 1913.

[2] Noack, Zs Bot. 10, 561; 1918; 14, 1; 1922.

[3] Schunck, Phil. Trans. 1851, 433, und 1853, 74. — Jl prakt. Chem. 63, 222; 1854.

[4] Wasicky, Ber. Bot. Ges. 33, 37; 1915.

[5] Schmiedeberg, Arch. f. exp. Pathol. 3, 23; 1875. — Windaus, H. 121, 62; 1922.

[6] Bridel, C. r. 180, 1421; 1925. — Bull. Soc. Chim. Biol. 7, 926; 1925.

Rhamnaceae, Monotropeae, Rosaceae. Das alle Primveroside spaltende Enzym, welches früher als Betulase, Gaultherase, Primverase bezeichnet worden ist, hat Bridel Primverosidase genannt, worunter also das Enzym der linksdrehenden Primveroside, welche als Derivate der β-Primverose aufzufassen sind, zu verstehen ist.

Das in der Rinde von Betula lenta nach Schneegans und Gerock[1] vorkommende, durch Kondensation von Salicylsäuremethylester und Glucose entstandene Gaultherin existiert nach Bridel[2] als solches nicht. Das Glucosid, das hier vorhanden ist, liefert bei der Hydrolyse mit Primverosidase Salicylsäuremethylester und Primverose, und es ist mit dem Monotropitin (Monotropitosid) des Monotropa Hypopitys identisch.

Nach Picard[3] existiert allerdings noch ein zweites Glykosid des Salicylsäuremethylesters. Dieses in Viola cornuta und Viola gracilis vorkommende Violutosid genannte Glucosid besteht nach Picard wie das Monotropitosid aus je 1 Mol. Salicylsäuremethylester und einer Hexopentose, welche letztere als Pentose nicht Xylose, sondern Arabinose enthalten soll. Das Disaccharid des Violutosids müsste also vielleicht mit der Vicianose identisch sein. Das Violutosid wird durch ein in Cornus sanguinea enthaltenes Enzym hydrolysiert.

h) N-haltige Glucoside.

Indican und Isatan.

Unter den natürlichen N-haltigen Glucosiden ragt Indican an Bedeutung wegen seiner Beziehung zum Indigo hervor.

Dass Indigofera tinctoria ein Enzym enthält, welches zur Bildung von Indigo aus Indican befähigt ist, hat v. Lookeren-Campagne[4] zuerst erkannt. Eine Glucosidase als wirksames Agens neben einer Oxydase wurde in den Blättern von Isatis alpina von Bréaudat[5] vermutet. Die Reaktion des hydrolysierenden Enzyms besteht nach diesem Forscher in der Bildung von Glucose und Indigweiss, welch letzteres durch Oxydation in Indigo übergeht.

Beijerinck[6], Hazewinkel[7], ter Meulen[8] und Bergtheil[9] haben dieses Enzym näher untersucht. Auch Gaunt, Thomas und Bloxam[10] haben ein Enzympräparat (durch Fällen mit Alkohol) dargestellt, welches

---

[1] Schneegans u. Gerock, Arch. d. Pharm. 232, 437; 1894.

[2] Bridel, C. r. 178, 1310; 1924. — Bull. Soc. Chim. Biol. 6, 659; 1924. — Jl Pharm. Chim. (7), 30, 304; 1924.

[3] Picard, C. r. 182, 1167; 1926.

[4] v. Lookeren-Campagne, Landw. Versuchsst. 43. 401; 1894.

[5] Bréaudat, C. r. 127, 769; 1898.

[6] Beijerinck, Akad. v. Wet. Amsterdam, 1900, 572.

[7] Hazewinkel, Akad. v. Wet. Amsterdam, 1900, 590.

[8] ter Meulen, Rec. trav. chim. Pays Bas 24, 444; 1905.

[9] Bergtheil, Jl Chem. Soc. 85, 870; 1904.

[10] Gaunt, Thomas u. Bloxam, Jl Soc. Chem. Ind. 26, 1174; 1907.

aus Indican Indoxyl abspaltet. Ein besonderes Enzym, welches nur Isatan, nicht Indican angreift, ist nach Beijerinck in Isatis tinctoria enthalten.

Dass Indican tatsächlich enzymatisch hydrolysiert werden kann, ist nicht zu bezweifeln. In welcher Beziehung aber die beschriebenen Enzyme zu den übrigen Glucosidasen stehen, lässt sich gegenwärtig noch nicht angeben. Isatis tinctoria und Rubia tinctoria enthalten wenig Prunasin (S. 279).

Die Indigweiss abspaltenden Enzyme sollen am besten in saurer Lösung wirken.

i) Bankankosin
aus dem Samen einer Strychnos-Art.

Dieses Glucosid ist besonders von Bourquelot und Hérissey 1908 eingehend studiert worden (C. r. 147). Es wird durch Emulsin nach folgender Gleichung zerlegt.

$$C_{21}H_{23}O_8N + H_2O = C_{10}H_{13}O_3N + C_6H_{12}O_6.$$

7. Kapitel

Amygdalinspaltung.

Bearbeitet von **K. Josephson** und **H. v. Euler.**

Amygdalase, Prunase
bearbeitet von Karl Josephson.

Wir behandeln in diesem Abschnitt diejenigen Enzyme, welche bei der Spaltung des Amygdalins und anderer Oxynitril-β-Glucoside mitwirken. Wie schon auf S. 228 hervorgehoben wurde, ging aus den Untersuchungen von H. E. und E. F. Armstrong, sowie von Caldwell und Courtauld und ferner von Rosenthaler hervor, dass die vollständige Spaltung des Amygdalins in zwei Moleküle Glucose, Benzaldehyd und Cyanwasserstoff durch die Tätigkeit der drei Enzyme Amygdalase, Prunase (β-Glucosidase) und Oxynitrilase durchgeführt wird. Die Prunase, welche das Prunasin in Mandelsäurenitril und Glucose spaltet, ist nach dem schon im vorigen Kapitel Gesagten mit grosser Wahrscheinlichkeit mit der gewöhnlichen β-Glucosidase identisch. Jedoch haben wir es für zweckmässig gehalten, die Wirkung dieses Enzyms als Oxynitril-β-Glucosidase in Zusammenhang mit den anderen in diesem Kapitel beschriebenen bei der Amygdalinspaltung wirkenden Enzymkomponenten des Emulsins zu behandeln.

A. Die Wirkung der Amygdalase.

Das für die Untersuchung des Emulsins früher am häufigsten benutzte Glucosid, das Amygdalin, ist das d-Mandelsäurenitrilglucosid eines Disaccharides, Amygdalose. Die partielle Hydrolyse des Amygdalins in Amygdalose und Mandelsäurenitril glaubte Giaja[1] beobachtet zu haben. Giaja beschreibt den aus Amygdalin durch die Wirkung des Presssaftes von Helix pomatia entstehenden Zucker als nicht reduzierend, was jedoch mit den späteren Erfahrungen über die Konstitution der Amygdalose nicht vereinbar ist. Die Amygdalose ist nämlich als eine 1,6-β-Glucosido-Glucose zu betrachten; der von Kuhn[2] geführte Beweis stützt sich auf die Beobachtungen über die Mutarotation des Traubenzuckers, der bei rascher enzymatischer Hydrolyse des Amygdalins entbunden wird. Diese Beobachtungen von Kuhn

---

[1] Giaja, C. r. 150, 793; 1910.
[2] Kuhn, Chem. Ber. 56, 857; 1923.

wurden fast gleichzeitig durch den Nachweis von Haworth[1] und Hudson[2], dass die Amygdalose identisch mit der Gentiobiose sein muss, bestätigt.

Der Konfiguration des Amygdalins entspricht die Formel[3]

$$\begin{array}{c}
\text{Formel des Amygdalins} \\[2pt]
\end{array}$$

Neuerdings konnte auch die Synthese des Amygdalins mit Hilfe der Acetobromgentiobiose durchgeführt werden (Zemplén[4], Campbell und Haworth[5], Kuhn und Sobotka[6]). Die Synthese der Gentiobiose (Amygdalose) verdankt man B. Helferich[7]). Auf enzymatischem Wege (mit Emulsin) hat schon früher Bourquelot Gentiobiose aus Glucose erhalten.

Amygdalin krystallisiert aus Wasser mit 3 Mol. H_2O. Die Krystalle geben über Schwefelsäure 1 Mol. H_2O ab, werden bei 110—120° wasserfrei und schmelzen dann bei 205°; das von Campbell und Haworth synthetisch gewonnene Amygdalin schmolz bei 208—212°. $[\alpha]_D = -41{,}6°$ (Auld). Löslich in 12 Teilen Wasser, ziemlich löslich in Alkohol, unlöslich in Äther.

Die Hydrolyse des Amygdalins durch Säuren ist von Caldwell und Courtauld[8], Walker[9] und V. K. Krieble[10] untersucht worden. Konzentrierte HCl hydrolysiert zunächst die CN-Gruppe unter Bildung von Amygdalinsäure, dann entsteht d-Mandelsäureglucosid[9]; durch verdünnte Salzsäure entsteht Mandelsäurenitrilglucosid[8]. Durch Säuren wird nämlich die Bindung zwischen den beiden Glucoseresten relativ leicht hydrolysiert. Die Spaltung des Benzoxynitrils soll durch 1 n H_2SO_4 weniger beschleunigt werden als durch HCl in entsprechender Konzentration[10]. (? Vgl. hierzu die Untersuchung von Nordefeldt, Biochem. Zs 131, 390; 1922.)

Nach Emmerling[11] soll es gelingen, das natürliche Amygdalin vermittels

[1] Haworth u. Wylam, Jl Chem. Soc. 123, 3120; 1923.

[2] Hudson, Jl Amer. Chem. Soc. 46, 483; 1924.

[3] Hinsichtlich der Lage der Sauerstoffbrücken wurde die neuere Formulierung mit 1,5-Ringen gewählt (vgl. auch Charlton, Haworth u. Peat, Jl Chem. Soc. London 1926, 89).

[4] Zemplén u. Kunz, Chem. Ber. 57, 1357; 1924.

[5] Campbell u. Haworth, Jl of Chem. Soc. 125, 1337; 1924.

[6] Kuhn u. Sobotka, Chem. Ber. 57, 1767; 1924.

[7] Helferich und Mitarbeiter, Lieb. Ann. 440, 1; 1924; 447, 19, 27; 1926.

[8] Caldwell u. Courtauld, Jl Chem. Soc. 91, 666; 1907.

[9] J. Wallace Walker, Jl Chem. Soc. 83, 472; 1903.

[10] J. Wallace Walker u. Vernon K. Krieble, Jl Chem. Soc. 95, 1369; 1909.

[11] Emmerling, Chem. Ber. 34, 3810; 1901.

Hefenextrakt aus Mandelsäurenitrilglucosid und Glucose enzymatisch zu synthetisieren.

Da, wie schon erwähnt, an der Spaltung des Amygdalins nach der Formel

$$\text{Amygdalin} \rightarrow \text{Benzaldehyd} + \text{Blausäure} + 2 \text{ Mol. Glucose}$$

drei Enzyme beteiligt sein sollen, so ist der Verlauf dieser Gesamtreaktion kein einfacher und die Beurteilung der Geschwindigkeit aus der Bildung einer einzigen Komponente ist nicht eindeutig.

Bezüglich des Vorkommens der bei der Gesamtreaktion beteiligten Enzyme muss auf das im vorigen Kapitel über Emulsin Gesagte verwiesen werden. Wird Amygdalin als Substrat verwendet, so muss jedenfalls immer ausdrücklich erwähnt werden, welche Reaktion studiert bzw. welches Spaltprodukt bestimmt wurde. Auch sollen die verschiedenen pH-Optima der drei Enzymwirkungen berücksichtigt werden.

Nachdem die Identität der Amygdalose und der Gentiobiose bewiesen worden ist, muss gefragt werden, ob nicht die Amygdalase identisch mit der Gentiobiase ist. Die Gentiobiose wird von Emulsin gespalten und synthetisiert (Bourquelot) und es ist also nicht ausgeschlossen, dass dabei die Amygdalase, also das Enzym, welches bei der Spaltung des Amygdalins mitwirkt, tätig ist. Dagegen soll die Amygdalase in Hefen vorkommen, während nach den älteren Angaben der Literatur Gentiobiose durch Hefe nicht gespalten werden soll. Diese Frage muss also von neuem untersucht werden. Nach Kuhn[1] soll man auch Gentiobiase zuweilen in Hefen finden können. Pringsheim[2] gibt neuerdings an, dass die Gentiobiase tatsächlich in Unterhefen, nicht aber in Bäckerhefen vorkommt[3]. Auch haben Pringsheim, Bondi und Leibowitz durch Unterhefe die Gentiobiose synthetisieren können. Nach den Anschauungen von Leibowitz[4] besteht die Verschiedenheit der Gentiobiase und der Amygdalase darin, dass das erste Enzym spezifisch auf den Glucosidoteil der Gentiobiose und das letztere Enzym spezifisch auf den mit dem Mandelnitrilrest behafteten Teil des Amygdalins eingestellt ist. Die Gentiobiose, in welcher der Glucoseteil des Disaccharids nicht durch den Mandelnitrilrest verbunden ist, soll also nicht von der Amygdalase angegriffen werden. Vgl. die wegen eines Versehens in der ersten Mitteilung von Leibowitz veranlasste Diskussion von Josephson[5]. Die Entscheidung, in welcher Art die spezifischen Verschiedenheiten der beiden Enzyme zustande kommen, kann nach Josephson erst durch weitere experimentelle Untersuchungen getroffen werden.

---

[1] Zitiert nach Oppenheimer-Kuhn, Die Fermente und ihre Wirkungen, 5. Aufl. I. 586; 1925.

[2] Pringsheim, Chem. Ber. 59, 1983; 1926.

[3] Spaltung der Gentiobiose durch eine Unterhefe haben schon Bourquelot u. Hérissey beobachtet (Ann. Chim. et Phys. (7) 26; 1902).

[4] Leibowitz, H. 172, 319; 1927; vgl. H. 149, 184; 1925.

[5] Josephson, H. 169, 301; 1927.

Aciditätsbedingungen. Die Abspaltung von Glucose aus Amygdalin ist hinsichtlich des Aciditätsoptimums von Willstätter und Csányi (l. c.) neuerdings genau untersucht worden.

Die Abhängigkeit dieser Amygdalinspaltung von pH in der Nähe des Optimums ermittelten Willstätter und Csányi mit 1 mg Emulsin vom Zeitwert 31 bei 1stündiger Einwirkung auf 0,1 g Amygdalin.

Puffer	pH	% Spaltung in 60 Minuten
5 NaAc + 4 Essigsäure	5,0	62,3
0,4 sek. + 9,6 prim. Phosphat	5,5	63,1
1,2 „ + 8,8 „ „	6,0	72,5
2,0 „ + 8,0 „ „	6,25	66,25
3,0 „ + 7,0 „ „	6,5	65,0

Fig. 32 enthält ihre für verschiedene Substrate mit Emulsin erhaltenen Resultate. Aus Kurve a geht hervor, dass das Optimum für Amygdalin bei pH = 6 liegt. Diese Zahl ist nicht sehr verschieden von der früher von Vulquin[1] (ebenfalls mit der Sörensenschen Methodik) gewonnenen, pH = 5,5 bis 5,7.

Auld fand Neutralität (pH = 7) am günstigsten: Die frühere Angabe von Bertrand und Compton[2], das Optimum der Amygdalinspaltung trete bei

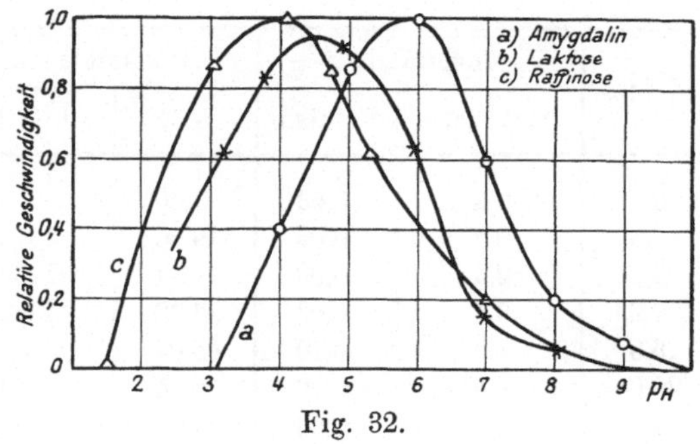

Fig. 32.

schwacher Alkalinität ein, wurde von diesen Autoren später dahin ergänzt, dass beim Altern des Emulsins das Optimum zur sauren Seite übergeht[3]; dieses Ergebnis versuchen Willstätter und Csányi (l. c. S. 180) darauf zurückzuführen, dass in Bertrands Emulsin mit zunehmendem Alter vorwiegend die Amygdalase zerstört worden ist, wobei die Prunasewirkung mehr in den Vordergrund tritt.

Neutralsalzwirkung. Kleinere Mengen Neutralsalz scheinen keinen nennenswerten Einfluss zu besitzen. Willstätter hat mit Phosphat- und Acetatpuffern gleicher Acidität übereinstimmende Wirkung gefunden.

Kinetik. Die ersten kinetischen Versuche über Amygdalinspaltung verdankt man Tammann[4]. Er untersuchte den Einfluss verschiedener Emulsin- und Amygdalinmengen und teilt auch Versuche über den zeitlichen Verlauf der Amygdalinspaltung mit.

---

[1] Vulquin, Soc. Biol. **70**, 270 u. 763; 1911.

[2] Bertrand u. Compton, C. r. **153**, 360; 1911.

[3] Bertrand u. Compton, Bull. Soc. Chim. France (4) **29**, 229; 1921.

[4] Tammann, Zs f. physik. Chem. **3**, 25; 1889. Vgl. **18**, 426; 1895. — H. **16**, 271; 1892.

Auld[1] hat bei seinen ausgedehnten Studien über Amygdalinspaltung die Reaktion zunächst in der Weise verfolgt, dass er die freigewordene Cyanwasserstoffsäure jodometrisch bestimmte. Da die Abspaltung des Cyanwasserstoffs erst nach der Wirkung der Amygdalase und der Prunase eintritt, so kann die Messung des freigewordenen Cyanwasserstoffs sicher keine Schlussfolgerungen auf die Wirkung der Amygdalase erlauben. Auld hat hierüber das Folgende hervorgehoben:

„Falls Mandelnitrilglucosid als Zwischenprodukt der Reaktion gebildet und langsamer hydrolysiert wird als Amygdalin (was der Fall zu sein scheint), dann sollen Bestimmungen der freien Blausäure und des gebildeten Benzaldehydes (relativ) niedrigere Spaltungszahlen ergeben als die Bestimmungen der Glucose."

Auld gibt auch an, dass durch die Bestimmung von HCN und Benzaldehyd in Übereinstimmung hiermit niedrigere Spaltungswerte erhalten werden als durch Bestimmung der Glucose. Er gibt folgende Tabelle:

Stunden	Angewandt g		Entstanden mg		% Spaltungsgrad berechnet aus		
	Amygdalin	Emulsin	HCN	Cu_2O kor.	HCN	Glucose[2]	Benz-aldehyd[2]
0,5	0,4	0,03	5,56	609	23,5	27,8	—
1,0	0,4	0,03	10,00	1052,0	42,5	48,0	---
1,25	0,4	0,03	11,87	1280,0	50,2	58,4	49,9
2,25	0,4	0,03	17,72	1861,0	75,0	85,1	75,8
16,0	1,2	0,10	65,01	—	91,7	—	91,0
20,0	1,5	0,20	76,65	2080,0	93,4	94,9	94,0
4,0	0,3	0,06	14,30	1990,0	87,0	90,8	—
1,75	0,3	0,06	13,30	1930,0	81,5	88,1	—
0,25	0,3	0,04	4,69	—	28,4	—	28,6
24,0	1,5	0,30	79,69	2135,8	97,0	97,5	96,5

Auld zieht aus seinen Resultaten den Schluss, dass die Reaktion in zwei Stufen verläuft und dass die Biosebindung in Amygdalin gegen Emulsin weniger resistent ist als die Bindung des Benzaldehydcyanhydrins.

Bezüglich der Bildung von Blausäure und Glucose kamen H. E. Armstrong, E. F. Armstrong und Horton[2] zu ähnlichen Resultaten wie Auld. Die ersteren Forscher geben in der nächsten Tabelle folgende Zahlen an (Versuchsbedingungen nicht näher bezeichnet).

Die Fig. 33 macht die mittels der 3 analytischen Methoden erhaltenen Divergenzen noch anschaulicher. Die englischen Autoren haben eine Berechnung der obigen Zahlen, die sich auf eine zusammengesetzte Reaktion beziehen, nach der für monomolekulare Reaktionen geltenden Formel nicht für lohnend gehalten.

[1] Auld, Jl Chem. Soc. 93, 1251; 1908.
[2] Benzaldehyd bestimmt nach der Methode von Ripper, Glucose gravimetrisch.
[3] H. E. Armstrong, E. F. Armstrong u. Horton, Proc. Roy. Soc. B. 80, 321; 1908.

Diese Resultate stehen also damit in Einklang, dass die sog. Prunase das Amygdalin gar nicht angreift, indem ihre Wirkung erst nach der Abspaltung eines Glucosemoleküls durch die Amygdalase bei der weiteren Spaltung des Prunasins einsetzt;

Stunden	Prozentische Spaltung, gemessen durch		
	Drehung	HCN	Glucose
1	14,6°	9,9	16,7
3	33,0	26,7	35,5
5	44,7	38,6	46,1
7	53,7	48,5	56,7
9	59,9	56,9	63,9
11	65,5	63,3	69,0
25	76,8	80,7	79,1

endlich resultiert das Benzaldehyd und die Blausäure durch die Spaltung des aus dem Prunasin durch Prunase freigelegten Mandelsäurenitrils.

Schliesslich sei eine Versuchsreihe von Willstätter und Csányi[1] angeführt, welche die gebildete Glucose nach Sonntag-Bertrand bestimmten.

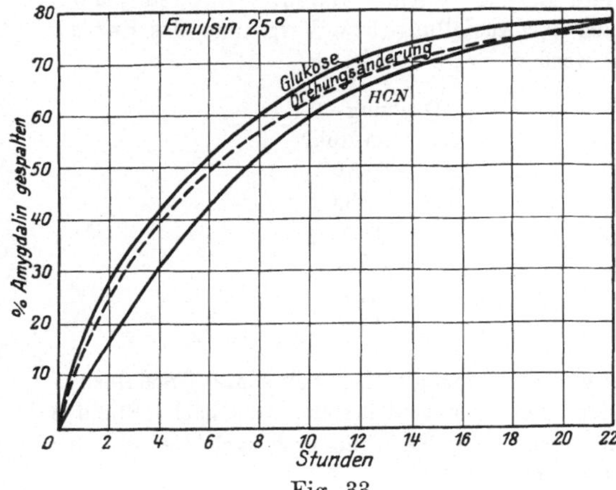

Fig. 33.

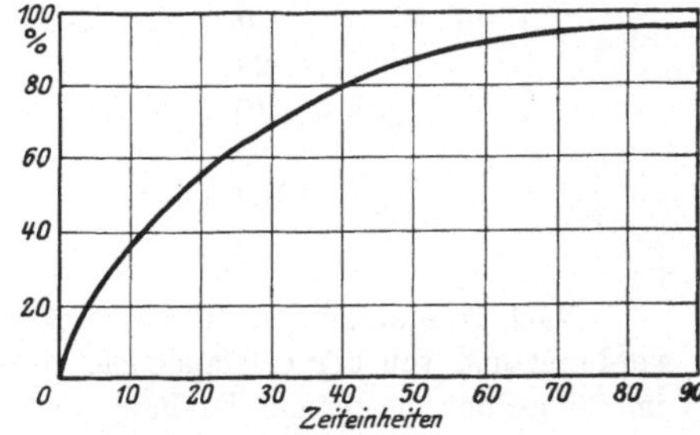

Fig. 34. Zeitlicher Verlauf der Amygdalin-Glucosespaltung (pH = 6).

Die Fig. 34 ist der gleichen Arbeit entnommen.

Polarimetrische Versuche über die Amygdalinspaltung haben Henri und Lalou[2] sowie Auld[3] mitgeteilt. Wie Kuhn[4] hervorhebt, entsprechen die von Auld nach Unterbrechung der Amygdalinhydrolyse durch Zusatz von Ammoniak beobachteten Drehungsabnahmen

1 %ige Amygdalinlösung; 2,5 mg Emulsin; pH = 6; Temp. 30°.

Minuten	% Spaltung	$\dfrac{10^4}{t} \ln \dfrac{a}{a-x}$
12	6,68	57,5
24	10,95	48,3
40	14,50	49,2
60	22,03	41,4
90	31,84	42,5
120	39,24	41,5
180	51,75	40,4
1200	96,00	(25,7)

[1] Willstätter u. Csányi, H. 117, 172; 1921.
[2] Henri u. Lalou, Soc. Biol. 55, 868; 1903.
[3] Auld, Jl Chem. Soc. 93, 1276; 1908.
[4] Kuhn, Chem. Ber. 56, 857; 1923.

nicht der Mutarotation des gebildeten Zuckers. Der beobachtete Effekt ist vielmehr durch die beträchtliche Drehungsabnahme bedingt, die eine Amygdalinlösung auf Zusatz von Ammoniak zeigt. Wird nach Sistierung der Enzymwirkung durch Sublimat die Drehungsänderung beobachtet, so ergibt sich, dass durchwegs Drehungszunahmen eintreten. Es konnte durch Beobachtung der Drehungsänderung und Bestimmung des Spaltungsgrades mittelst Messung des Reduktionsvermögens gezeigt werden, dass das durch die Amygdalase freigelegte Glucosemolekül wie auch das durch die Prunase freigelegte zweite Glucosemolekül primär in β-Form auftritt.

Die folgende Versuchsreihe von Kuhn sei angeführt.

2 g Amygdalin + 4 ccm Phosphatpuffer + 1 g Emulsin Merck wurden nach 10 Minuten langer Einwirkung bei Zimmertemperatur (19⁰) durch 20 ccm 6⁰/₀iger Sublimatlösung auf 50 ccm ergänzt. Durch Filtration unter Zusatz von 0,1 g spanischer Klärerde liess sich die in der Zentrifuge von der Quecksilberfällung befreite Lösung vollends klären. Die erste polarimetrische Bestimmung konnte 15 Minuten nach der Ausfällung bzw. Vergiftung des Enzyms (25 Min. nach Versuchsbeginn) vorgenommen werden.

Zeit (Min.)	Drehung (⁰) im 2-dm-Rohr
0	(— 0,65)
25	— 0,435
40	— 0,325
60	— 0,23
100	— 0,19
160	— 0,185

Nach 24 Minuten wurde eine Probe von 10 ccm mit dem gleichen Volumen n/1-Sodalösung verdünnt und von der entstandenen, glucosidhaltigen Fällung abfiltriert. Das nach 2 Stunden im 2-dm-Rohr bestimmte Drehungsvermögen betrug — 0,22⁰. Eine erst nach 160 Minuten gleichartig behandelte Probe ergab übereinstimmend — 0,21⁰.

Hydrolyse von Iso-amygdalin. Nach Kuhn wird auch das durch Racemisierung des natürlichen Amygdalins durch Alkali darstellbare (d-l-)Iso-Amygdalin entgegen einer von J. W. Walker und V. K. Krieble[1] geäusserten Vermutung in ähnlicher Weise wie das natürliche Amygdalin gespalten. Bei der Spaltung des Iso-Amygdalins entstehen gleichfalls zwei Moleküle β - Glucose.

Einfluss der Amygdalinkonzentration.

Auld hat Versuche mit variierenden Amygdalinkonzentrationen angestellt. Da aber nicht die gebildete Glucosemenge, sondern nur die gebildete Cyanwasserstoffsäure gemessen wurde, so lassen sich keine Rückschlüsse auf die Einwirkung durch die Amygdalase hieraus ziehen. Hervorgehoben sei nur, dass in verdünnten Amygdalinlösungen die Reaktionskonstante wie es die Theorie verlangt, unabhängig von der Amygdalinkonzentration gefunden wurde. Bei der folgenden Versuchsreihe von Auld war das Reaktionsvolumen 20 ccm und in diesem kamen 3 ccm 2⁰/₀iger Emulsinlösung.

---

[1] J. W. Walker u. V. K. Krieble, Jl Chem. Soc. 95, 1437; 1909.

Minuten	Angewandt g Amygdalin	Gebildet mg HCN	Gespalten % Amygdalin	$0{,}4343 \cdot 10^4 \cdot$ $1/t \lg(a/a-x)$
10	0,05	1,38	0,0252	304
10	0,03	0,85	0,0155	315
10	0,02	0,53	0,0097	297

Einfluss der Enzymkonzentration. Die folgenden Zahlen von Auld (l. c. 1268) beziehen sich auf eine Versuchsreihe, bei welcher 50 ccm einer 2%igen Amygdalinlösung mit einer steigenden Anzahl Kubikzentimeter einer 2%igen Emulsinlösung gemischt wurden.

Enzymmenge	2	3	4	6	12	25	50 ccm
Nach 10 Minuten hydrolysiert in %	3,6	6,0	8,9	12,5	17,1	21,6	24,1

Willstätter und Csányi fanden durch Bestimmung der gebildeten Glucose:

Versuchs-Nr.	mg Emulsin	Minuten	% Spaltung
1	0,5	60	40,10
	1,0	30	40,37
2	0,5	120	62,27
	1,0	60	60,70
	5,0	12	62,27

Das Produkt Zeit × Enzymmenge zeigt also eine sehr befriedigende Konstanz.

Hinsichtlich des Einflusses der Spaltprodukte ist es aus den vorliegenden Zahlen von Auld nicht möglich, zu sagen, inwieweit die beobachteten Hemmungen durch Glucose oder Benzaldehyd auch auf eine Hemmung der Amygdalase beruht. Von besonderem Interesse wäre die Untersuchung des Einflusses der Gentiobiose sowie der Glucose auf die Amygdalasewirkung. Besitzt die Amygdalase keine Affinität zu dem reduzierenden Teil der Gentiobiose (wie Pringsheim, Bondi und Leibowitz annehmen), so dürfte sie wahrscheinlich auch nicht von der freien Glucose gebunden werden.

Hemmungsstoffe. Nach Hébert[1] sollen Zirkonium- und Thoriumsulfat schon in kleinen Konzentrationen die Amygdalinspaltung schädigen, nicht dagegen Cer- und Lanthansulfat (Aciditätsbeeinflussung?).

Die gebräuchlichen anästhetischen Mittel Toluol, Chloroform, Äther, auch Thymol sind ohne Wirkung. Dagegen wird Formaldehyd als Paralysator bei der Amygdalinspaltung angegeben.

Zerstörung durch andere Enzyme. Eine ältere Angabe von Claude Bernard, dass Magensaft das amygdalinspaltende Enzym zerstört, ist wohl auf die hohe Acidität dieser Flüssigkeit zurückzuführen[2].

---

[1] Hébert, Bull. Soc. Chim. **35**, 1209; 1906.
[2] Siehe hierzu Frouin u. Thomas, Soc. Biol. **60**, 1039; 1906.

Einfluss der Temperatur und der Strahlung auf die Spaltung des Amygdalins.

Die folgenden Versuchszahlen sind ebenfalls der Arbeit von Auld entnommen. Euler hat die angegebenen k-Werte graphisch interpoliert und daraus die Koeffizienten Q der Temperaturformel (29) I. Teil, S. 245, berechnet.

Temperatur	gef.	$k \cdot 10^4$ (interpoliert)	Q (interpoliert)
15	139	—	—
20	263	245	—
25	330	350	11 900
30	478	478	10 800
35	707	625	10 400
40	807	807	10 150
45	970	1060	9 900
50	1384	1330	—
55	1015	—	—
60	914	—	—

Q bei 25° etwa = 11 000. Wie bei den meisten enzymatischen Reaktionen nimmt Q mit steigender Temperatur ab.

Strahlung.

Einige Angaben über die Wirkung des Sonnenlichtes findet man bei Marino (Arch. de Fisiol. 8, 40; 1910); durch ultraviolettes Licht tritt nach dem Befund von Giaja[1] Inaktivierung ein.

B. Die Wirkung der Prunase (β-Glucosidase).

Nachdem durch die Wirkung der Amygdalase der eine Glucoserest des Amygdalins abgespalten ist, setzt die Spaltung des Prunasins ein. Das Prunasin wird als ein echtes β-Glucosid mit grosser Wahrscheinlichkeit durch die schon im vorigen Kapitel behandelte β-Glucosidase gespalten[2], welche hier wegen ihrer Beziehung zu dem Prunasin Prunase genannt wird.

Das typische Substrat der Prunase, das Prunasin, welches E. Fischer und M. Bergmann[3] synthetisch gewonnen haben, ist das β-Glucosid des d-Mandelsäurenitrils:

$$\begin{array}{c} CN \\ H \cdot \overset{\cdot}{C} \cdot O \cdot C_6H_{11}O_5 \\ \underset{\cdot}{C_6H_5} \end{array}$$

---

[1] Giaja, Soc. Biol. 72, 2; 1912.

[2] Willstätter, Kuhn u. Sobotka, H. 129, 33; 1923. — Willstätter u. Oppenheimer, H. 121, 183; 1922.

[3] E. Fischer u. Bergmann, Chem. Ber. 50, 1047; 1917.

Das natürliche Amygdalin und das Prunasin, sowie deren Derivate, werden also nunmehr, soweit sie bei der Hydrolyse linksdrehende Mandelsäure liefern, als d-Verbindungen bezeichnet, nachdem Freudenberg, Brauns und Siegel[1] die Zugehörigkeit der linksdrehenden Mandelsäure zur Reihe der d-α-Oxysäuren dargetan haben.

Ausser dem Prunasin leiten sich vom Mandelsäurenitril (Benzoxynitril) noch zwei Monoglucoside ab, nämlich das Prulaurasin und das Sambunigrin. Prulaurasin ist die racemische Mischung von d- und l-Mandelnitrilglucosid und entsteht sowohl aus Prunasin als Sambunigrin[2] durch Racemisierung mit verdünntem Alkali. Hérissey[3] hat das Prulaurasin durch Einwirkung von Hefenextrakt (Amygdalase) auf Isoamygdalin erhalten. Die durch Caldwell und Courtauld sowie Bourquelot und Hérissey aufgeklärten Beziehungen der 3 Glucoside lassen sich schematisch folgendermassen darstellen:

Amygdalase

Racem. ↓	Amygdalin	⟶ Prunasin	(d-Mandelnitril-β-Gluc.)	↓ Racem.
durch	(dl) Isoamygdalin	⟶ Prulaurasin	(dl-Mandelnitril-β-Gluc.)	durch
Alkali ↑	Unbekannt	⟶ Sambunigrin	(l-Mandelnitril-β-Gluc.)	↑ Alkali od. Baryt[4]

Es folgen einige Daten über Vorkommen, Schmelzpunkt und Drehung der 3 Stoffe:

Glucosid	Vorkommen	Schmelzpunkt	Drehung
Prunasin	Cerasus Padus (junge Zweige)[5]	147—149°	— 26,85°
	Prunus serotina (Rinde)[6]	147—149°	
Prulaurasin (od. Laurocerasin)	Prunus laurocerasus (Blätter)[5] u. Cotoneaster microphylla (Zweige)[7]	120—122°	— 52,6°
Sambunigrin	Sambucus nigra[8]		
	Ribes rubrum[9]	151—152°	— 76,3°

Ein Derivat des Prunasins ist das Dhurrin aus Sorghum vulgare, welches nach Dunstan und Henry[10] bei der Spaltung HCN und p-Oxybenzaldehyd liefert.

---

[1] Freudenberg, Brauns u. Siegel, Chem. Ber. 56, 193; 1923. — Siehe auch Clough, Jl Chem. Soc. 113, 526; 1918. — Campbell u. Haworth, Jl Chem. Soc. 125; 1339 (Fussnote); 1924. — Kuhn u. Sobotka, Chem. Ber. 57, 1767; 1924.

[2] Bourquelot u. Hérissey, Jl de Pharm. et de Chim. (6) 5; 1907. — Arch. d. Pharm. 245, 463 u. 474; 1907.

[3] Hérissey, Jl de Pharm. et de Chim. (6) 26, 198; 1907.

[4] Caldwell u. Courtauld, Jl Chem. Soc. 91, 671; 1907.

[5] Hérissey, Jl de Chim. et de Pharm. 26, 194; 1907. — Arch. d. Pharm. 245, 641; 1907.

[6] Power u. Moore, Jl. Chem. Soc. 95, 243; 1909.

[7] Hérissey, Jl de Chim. et de Pharm. (6) 24, 537; 1906. — Soc. Biol. 61, 399; 1906.

[8] Bourquelot u. Danjou, Arch d. Pharm. 245, 200; 1907.

[9] Guignard, C. r. 141, 448; 1905.

[10] Dunstan u. Henry, Proc. Roy. Soc. B. 70, 153; 1902. — Siehe auch Schröder und Dammann, Chem. Ztg. 35, 1436; 1911. Brünnich, Jl Chem. Soc. 83, 788; 1903.

Pflanze	HCN aus			Glucose
	Linamarin	Amygdalin	Prunasin	Salicin
Prunus laurocerasus (Okt. 1910) . .	1,0	1,2	61,5	39,1
„ „ (Nov. 1910) . .	1,2	1,5	40,7	21,0
„ „ Samen	—	84,4	89,2	—
„ „ Samen-Hülse . .	—	1,5	9,7	—
„ amygdalus (dulcis)	2,2	1,7	13,7	—
„ „ (nana)	1,2	1,5	17,1	6,6
* „ „ (amara)	—	—	10,5	3,6
Laurus lusitanica	0,7	3,1	45,7	47,2
„ „ Samen	—	86,5	91,7	—
„ „ Samen-Hülse . . .	—	10,7	19,5	—
Aucuba japonica	0,5	2,5	79,5	67,6
„ „ Samen	—	3,0	76,0	56,7
„ longifolium	0,5	3,2	76,5	48,7
Garrya elliptica	0,5	1,2	32,7	29,8
„ thuretii	0,7	0,7	13,2	—
Laurustinus	0,5	0,5	1,2	—
Skimmia japonica, Samen	—	—	2,2	—
*Salix ruba (1910)	0,7	3,8	16,5	27,3
„ „ (1911)	—	—	—	45,7
Epilobium angustifolium (1910) . . .	1,5	2,3	16,5	9,6
„ „ (1910) . . .	0,7	0,7	4,1	4,8
Epilobium angustifolium				
*Schweiz, Saas Tal (1910)	—	—	5,7	29,1
Aryshire (1911)	—	—	—	4,5
Norwegen ⎰ Myrdal (1911)	—	—	—	34,7
⎱ Voss-Bergen (1911) . .	—	—	—	14,5
Fjaerland (1911) . . .	—	—	—	17,1
Epilobium hirsutum (Thames) (1911) .	—	—	—	3,2
Gaultheria shallon	0,5	0,7	1,6	0,7
„ procumbens	—	—	26,0	10,0
„ „ Samen . .	—	—	27,5	7,0
Arbutus unedo	0,5	0,7	4,2	1,8
Calluna vulgaris	—	—	3,0	—
*Arctostaphylos uva-ursi	—	—	1,0	6,0
*Vaccinium Myrtillus	—	—	29,0	1,0
„ uliginosum	—	—	—	—
*Castanea sativa, Frühjahr 1910 . .	1,5	6,2	65,5	55,8
„ „ Herbst 1911 . . .	—	—	—	—
Vicia sativa	1,2	1,6	11,5	—
„ cracca	8,0	7,8	24,7	15,8
„ sepium	3,2	4,5	36,9	31,8
„ sylvatica	1,8	2,5	11,1	—
„ villosa	2,5	2,5	10,0	—
Lathyrus pratensis	2,0	1,5	5,6	—
„ aphaca	1,2	0,7	2,3	—
Ononis arvensis	—	—	28,0	—
Medicago sativa	6,7	3,2	14,5	—
Onobrychis sativa	2,5	2,0	7,5	—
Trifolium pratense	2,5	2,5	8,2	—

* Diese Blätter wurden vor dem Trocknen vollkommen gewaschen.

Pflanze	HCN aus			Glucose
	Linamarin	Amygdalin	Prunasin	Salicin
Galega officinalis	—	—	3,0	—
Lythrum salicaria	—	—	15,7	—
Spiraea ulmaria	—	—	4,0	—
Lotus corniculatus	64,5	2,7	32,0	27,8
„ uliginosus (major)	1,8	1,5	2,0	—
„ jacobaeus	86,0	—	—	—
Aquilegia vulgaris	1,5	—	—	—
Thalictrum aquilegifolium	0,7	—	—	—
Asperula odorata	—	—	4,2	—
Galium verum	—	—	8,6	3,2
Isatis tinctoria	—	—	2,7	—
Rubia tinctoria	—	—	1,7	—

Über Spaltung dieser und anderer Oxynitrilglucoside, besonders von Linamarin und Vicianin siehe auch S. 281 u. ff.

Vorkommen. Im Verdauungsapparat von Kaninchen und Hunden haben Moriggia und Ossi Amygdalinspaltung in Blausäure und Benzaldehyd beobachtet. Fischer und Niebel fanden bei Wiederkäuern (Rind, Schaf) keine Spaltung, dagegen starke Hydrolyse bei Pferd und Kaninchen. Über die Verbreitung eines prunasinspaltenden Enzyms in höheren Pflanzen liegen ausgedehnte Versuche von H. E. Armstrong, E. F. Armstrong und Horton[1] vor. In der nebenstehenden Tabelle sind die für die Prunasinspaltung gewonnenen Zahlen mit denen zusammengestellt, welche für die Spaltung des Linamarins[2], Amygdalins und Salicins gefunden wurden.

Die Zahlen sind in der Weise gewonnen, dass 1 g getrocknetes und gemahlenes Pulver der betreffenden Blätter zu 100 ccm 0,2 normaler Lösungen der betreffenden Glucoside gegeben wurden. Nach 24-stündiger Reaktion bei 37° wurde die prozentische Spaltung festgestellt, und zwar wurde bei den 3 ersten Glucosiden leider nicht die Glucose sondern die Blausäure bestimmt, beim Salicin die Glucose.

Die Zahlen sind aber kaum zum Vergleich der Wirkung der Prunase auf die Oxynitrilglucoside mit der Wirkung auf Salicin verwertbar. Dagegen dürften sie zum Vergleich der Wirkungen auf Linamarin und Prunasin Interesse bieten können.

Inwieweit diese Zahlen einer Korrektion bedürfen wegen der Abweichungen der Reaktionslösungen von der optimalen Acidität lässt sich natürlich schwer beurteilen.

Malzextrakt spaltet nach Marc van Laer[3] Amygdalin, nicht Salicin und dürfte also Amygdalase, nicht aber β-Glucosidase (Prunase) enthalten.

---

[1] H. E. Armstrong, E. F. Armstrong u. Horton, Proc. Roy. Soc. B. 85, 363; 1912.

[2] Linamarin ist Glucosido-acetoncyanhydrin: $CH_3 \cdot \overset{\overset{\displaystyle CN}{|}}{\underset{\underset{\displaystyle CH_3}{|}}{C}} \cdot O \cdot C_6H_{11}O_5$.

[3] Marc van Laer, Soc. Biol. 84, 471; 1921. — Siehe auch Maestrini, A. R. acad. Lincei 29, 164; 1920.

Willstätter und Csányi[1] verdankt man auch die folgenden Zahlenangaben über die Wirksamkeit von Mandeln und Emulsinpräparaten gegenüber verschiedenen Substraten.

Zeitwert für Spaltung von	Bittere Mandeln		Süsse Mandeln	Aprikosenkerne
	Ältere Probe (5 Monate)	Frische Probe		
Prunasin	—	—	—	770
Amygdalin	528	500	1 240	1200, 1250
β-Methylglucosid	345 000	339 000	332 000	—
Lactose	—	860 000	—	442 000
Raffinose	645 000	610 000	423 000	308 000

Zeitwert für Spaltung von	Präparat 1 Zeitwert für Amygdalin frisch 10; 6 Mon. alt	Präparat 2 Zeitwert für Amygdalin frisch 18; 5 Mon. alt	Präparat 3 Zeitwert für Amygdalin frisch 41; 7 Mon. alt	Handelspräparat
Prunasin	11	39	56	130
Amygdalin	18	54	93	140
β-Methylglucosid	12 200	10 800	22 600	90 000
Lactose	26 400	75 000	111 050	486 000
Raffinose	140 000	—	142 000	170 000

Wählt man die Prunasinspaltung als Einheit, so berechnen sich aus letzterer Tabelle folgende (abgerundeten) relativen Zahlen.

Relativer Zeitwert für Spaltung von	Präparat 1	Präparat 2	Präparat 3	Handelspräparat
Prunasin	1	1	1	1
Amygdalin	1,6	1,4	1,65	1,08
β-Methylglucosid	1 110	277	4 000	7 000
Lactose	2 400	1 924	20 000	37 000
Raffinose	12 730	—	25 000	13 100

In Fortsetzung der Arbeit von Willstätter und Csányi haben Willstätter und Oppenheimer die Quotienten der Emulsinwirkungen auf Helicin, Salicin, β-Phenylglucosid, Prunasin, Amygdalin, Arbutin und β-Methylglucosid bei verschiedenen Präparaten untersucht. Die folgende Tabelle, welche wir der Arbeit von Willstätter und Oppenheimer entnehmen, enthält eine Zusammenstellung der Zeitwertquotienten, bezogen auf Helicin.

---

[1] Willstätter u. Csányi, H. 117, 172; 1921.

Substrat	Bittere Mandeln Nr. 1	Bittere Mandeln Nr. 2	Süsse Mandeln Nr. 3	Zwetschgen Nr. 4	Emulsin-Rohprod. Nr. 5	Emulsin umgef. Präp. Nr. 6	Emulsin umgef. Präp. Nr. 8	Emulsin käufl. Präp. Nr. 9
Salicin	5,7	5,3	5,8	5,6	5,8	5,8	5,8	5,1
β-Phenylglucosid	50	49	50	52	48	52	52	49
Prunasin . . .	**1,6**	—	**1,08**	**1,30**	**1,75**	**1,88**	**1,85**	—
Amygdalin . .	**0,89**	**1,34**	**1,19**	**0,85**	**1,06**	**1,28**	**1,30**	**1,47**
Arbutin . . .	77	110	118	219	90	137	93	122
β-Methylglucosid	475	302	333	2930	—	512	570	670

Wie man aus den Zahlen für Prunasin ersieht, sind die Schwankungen der Zeitwertquotienten nicht grösser, als dass man sie wahrscheinlich durch die Variation der Affinitäten des Enzyms zu Prunasin und zu Helicin erklären kann. Affinitätsmessungen mit Prunasin als Substrat liegen allerdings noch nicht vor.

Aciditätsbedingungen. Das pH-Optimum der Prunasewirkung stimmt nach Willstätter und Csányi mit dem der β-Glucosidasewirkung auf Salicin oder β-Methylglucosid überein. Das Aciditätsoptimum liegt also bei pH = etwa 4,4. Das Optimum der Prunasewirkung ist im Verhältnis zu der Amygdalasewirkung um 1,5 pH-Einheiten nach der sauren Seite verschoben. Diese Verschiedenheit der beiden sehr oft bei der Amygdalinspaltung gleichzeitig wirkenden Enzyme muss natürlich berücksichtigt werden, indem bei pH = 6 (Optimum der Amygdalasewirkung) die Prunasewirkung wesentlich herabgesetzt ist, und bei pH = 4,4 (Optimum der Prunasewirkung) umgekehrt die Wirkung der Amygdalase nur etwa 50% von der Wirkung bei pH = 6 ausmacht.

Bildung und Variation der amygdalinspaltenden Enzyme in Pflanzen.

Hérissey teilt in seiner Dissertation 1899 die interessante Beobachtung mit, dass sich in Samen von Cerasus avium Emulsin zeitiger bildet als Amygdalin.

Man findet in der bereits zitierten Mitteilung von Armstrong und Eyre einige Angaben, welche den Wechsel der Aktivität und der Mengen der Enzyme mit der Jahreszeit betreffen.

Siehe ferner Guignard, Jl de Pharm. et de Chim. (5) 21, 233; 1890.

C. Spaltung anderer Nitril-β-Glucoside.

Sambunigrin (l-Mandelnitril-Glucosid) wird in β-Glucose und l-Mandelnitril gespalten. Das l-Mandelnitril leitet sich von der rechtsdrehenden l(+)-Mandelsäure ab. Prulaurasin, das Prunasin und Sambunigrin entsprechende, im Mandelnitrilrest racemische Glucosid, wird durch die

Prunase in β-Glucose und d,l-Mandelnitril gespalten. Das Prulaurasin entsteht bei der Spaltung des racemischen Iso-(d,l)-Amygdalins durch Amygdalase.

Spaltung des Dhurrins. Durch ein mit der Prunase wahrscheinlich identisches Enzym wird das Dhurrin, welches in den Stengeln von Sorghum vulgare vorkommt, gespalten[1]. Dhurrin ist ein Glucosid des p-Oxy-Benzoxynitrils.

Spaltung des Glykolnitrilglucosids und Glykolnitrilcellosids. Das Glykolnitrilglucosid, welches E. Fischer[2] zwar nicht ganz rein erhielt, wird nach Fischer durch Emulsin langsam gespalten. Die entsprechende Verbindung der Cellose, Glykolnitrilcellosid, haben E. Fischer und Anger[3] aus Acetobromcellose synthetisch erhalten und auch auf Verhalten gegen Emulsin geprüft. Mit käuflichem Emulsin wurde bei 37^0 in 24 Stunden 92—96$^0/_0$ der theoretischen Menge Traubenzucker gewonnen. Diese Spaltbarkeit der Celloseverbindung ist besonders von Interesse, da man vielleicht annehmen muss, dass die Spaltung hier wie beim Amygdalin unter Mitwirkung von mehreren Enzymen erfolgt. Ob die erste Spaltung durch Amygdalase oder Cellobiase bewirkt wird, lässt sich vorläufig nicht sagen.

Spaltung des Linamarins. Ein HCN-abspaltendes Enzym wurde von Jorissen und Hairs[4] mit Linamarin im unreifen Samen von Linum usitatissimum entdeckt. Dunstan, Henri und Auld[5], die es in Phaseolus lunatus fanden und studierten, änderten den Namen Linase in Phaseolunatase um. Weitere Angaben über die Verbreitung und Eigenschaften des Enzyms, welches nach der allgemein angenommenen Nomenklatur besser Linamarase genannt werden sollte, findet man bei Auld, sowie bei H. E. Armstrong und Eyre[6] wie auch bei Armstrong und Horton (Proc. 82, 349). Siehe auch die Tabelle S. 278. In einer neueren Arbeit teilt Rosenthaler[7] mit, dass er durch 47 von 50 untersuchten Samen und Früchten das Linamarin in Cyanwasserstoff, Aceton und Glucose spalten konnte.

Durch die schon S. 279 (Fussnote 2) angegebene Formel des Linamarins ist es als Acetonoxynitrilglucosid charakterisiert. Die Synthese des Linamarins ist von E. Fischer und Anger[3] durchgeführt worden, und zwar aus Acetobromglucose und Oxy-isobuttersäure-äthylester; über Glucosido-α-oxy-isobutyramid entstand Tetracetyl-linamarin und daraus durch NH_3 Linamarin. Das synthetische Glucosid schmolz bei 142—143^0 (korr.); Dunstan und Henri hatten für das natürliche Glucosid 141^0 gemessen. In 3$^0/_0$iger wässriger Lösung

[1] Dunstan u. Henry, Proc. Roy. Soc. 70, 153; 1902.

[2] E. Fischer, Chem. Ber. 52, 197; 1919.

[3] E. Fischer u. Gerda Anger, Chem. Ber. 52, 854; 1919.

[4] Jorissen u. Hairs, Bull. Acad. R. Belg. (3) 21, 529; 1891.

[5] Dunstan, Henri u. Auld, Proc. Roy. Soc. 78, 145; 1906 u. 79, 315; 1907. — Siehe auch Dunstan u. Henry, ebenda 72, 285; 1903.

[6] H. E. Armstrong u. Eyre, Proc. Roy. Soc. 85, 370; 1912.

[7] Rosenthaler, Fermentforschung 8, 279; 1925.

war $[\alpha]_D^{18} = -29,1^0$ für das synthetische Glucosid, während für das natürliche niedrigere Drehungen, $27,4^0$ bis $27,2^0$ (de Jong) angegeben werden.

Das Linamarin ist aber für die Lein-Enzyme keineswegs allein spezifisch, denn auch Prunasin, Salicin und β-Methylglucosid werden von Enzympräparaten aus Linumarten zerlegt.

Die Annahme einer besonderen Linamarase („Linase") war darin begründet, dass Amygdalin von Leinenzymen gar nicht angegriffen wird. Dies besagt aber zunächst nur, dass im Lein eine Amygdalase fehlt. Es ist dann allerdings zu bemerken, dass das Phaseolusenzym sowohl Prunasin als Linamarin angreift, während Prunase gegen Linamarin wirkungslos sein soll. Da das Emulsin ohne Wirkung auf Linamarin zu sein scheint, ist also die Annahme einer besonderen Linamarase (vgl. Rosenthaler l. c.) recht wohl begründet. Es muss jedoch hervorgehoben werden, dass die Wirkungslosigkeit der β-Glucosidase des Emulsins auf Linamarin vielleicht durch eine stark ausgeprägte relative Spezifität erklärt werden kann[1]. Schon die gewöhnlichen aliphatischen β-Glucoside wie das β-Methylglucosid besitzen ja eine viel geringere Affinität zu der β-Glucosidase als die Phenolglucoside. Die Kuppelung des Acetonoxynitrils mit der Glucose könnte die Affinität zum Enzym noch weit herunterdrücken. Die Fähigkeit des Leinenenzympräparates, das Linamarin mit verhältnismässig grosser Leichtigkeit zu zerlegen, könnte also auf eine spezifische Einstellung des betreffenden Enzyms auf die Acetonoxynitrilkomponente des Glucosids erklärt werden[2].

Ähnliche Enzymkomplexe sind weiter von H. E. Armstrong[3] in Lotus corniculatus (verschiedener Standorte) und von van Romburgh[4] in Hevea brasiliensis und Manihot utilissima gefunden worden.

Spaltung des Vicianins. Wie G. Bertrand[5] gefunden hat, wird Vicianin, das in Vicia angustifolia und Vicia macrocarpa vorkommt, enzymatisch in Vicianose (eine Gluco-Arabinose), HCN und Benzaldehyd gespalten. Vicianin unterscheidet sich vom Amygdalin also nur durch die zweite Zuckerkomponente. Das Enzym Vicianinase, welches diese Fähigkeit besitzt, haben Bertrand und Rivkind in den meisten Leguminosensamen gefunden. Da die Vicianinase das im Vicianin enthaltene Disaccharid als solches abspaltet, scheint die Annahme ihrer Verschiedenheit von der Prunase gut begründet zu sein (siehe auch H. E. und E. F. Armstrong und Horton, Proc. Roy. Soc. 85, 360). In den beiden genannten Viciaarten wird die Vicianinase nicht von einem

---

[1] E. Fischer u. Gerda Anger (l. c.) teilen mit, dass das synthetisch gewonnene Linamarin tatsächlich von Emulsin langsam gespalten wird, was auch Armstrong u. Horton mit dem natürlichen gefunden haben.

[2] Vgl. hierzu Josephson, H. 147, 1 und zwar S. 140 ff. (1925).

[3] H. E. u. E. F. Armstrong u. Horton, Proc. Roy. Soc. 84, 471; 1912.

[4] van Romburgh, Ann. Jardin Buitensorg 16, 1; 1899.

[5] Bertrand, C. r. 143, 837; 1906. — Bertrand u. Rivkind, C. r. 143, 970; 1906. — Bertrand u. Weissweiler, C. r. 147, 252; 1908 und 150, 180; 1910.

weiteren Enzym begleitet, welches Vicianose zerlegt. Ein Enzym, welches Vicianose in Glucose und Arabinose hydrolysiert, haben Bertrand und Weissweiller[1] in Helix Pomatia (?) gefunden.

Spaltung des Gynokardins. Aus diesem Glucosid, das unter anderem in den Samen von Gynocardia odorata vorkommt, lässt sich 1 Mol. Glucose, HCN und eine Verbindung gewinnen, welche vermutlich ein Trioxyaldehyd oder Keton ist[2]. Der Unterschied des in Gynocardia wirksamen Enzyms, Gynokardase, gegen Linamarase (Phaseolunatase) dürfte gering sein.

Zur Frage, ob ein besonderes Enzym vorliegt, siehe Moore und Tutin (Trans. Chem. Soc. 97; 1910). Ein Enzym in Pangium edule beschreibt de Jong (Rec. trav. chim. Pays-Bas 30; 1911).

Spaltung des Lotusins. Dunstan und Henry[3] haben weiter aus Lotus arabicus das Glucosid Lotusin isoliert. Es enthält das Flavonderivat Lotoflavin (1,3,3′,5′-Tetraoxyflavon) und einen Disaccharid-Cyanhydrinrest (Maltose-Cyanhydrin mit der CN-Gruppe an den Zucker gebunden). Wenn sich dies bestätigt, wäre das betreffende Enzym, die „Lotase", vielleicht den Flavonolglucosidasen anstatt der Prunase anzureihen.

Zur Kenntnis der HCN-liefernden Pflanzen sei auf die eingehende Übersicht von Greshoff[4] verwiesen.

Weitere Literatur über enzymatische Spaltung von Nitrilglucosiden:

Heut, Arch. d. Pharm. 239, 582; 1901.

van Italie, Arch. d. Pharm. 243, 553; 1905 und 248, 251; 1910.

Bourquelot, C. r. 117, 383; 1903. — Bourquelot u. Hérissey, Bull. Soc. Myc. France 10, 49; 1899 und 11, 19; 1895. — C. r. 121, 693; 1895.

Puriewitsch, Bot. Ber. 16, 368; 1898.

D. Vorgänge und Gleichgewichte im System Benzaldehyd, Cyanwasserstoffsäure, Wasser und Oxynitril.

Bearbeitet von Hans v. Euler.

Obwohl es nunmehr feststeht, dass sich das Gleichgewicht

$$C_6H_5 \cdot CHO + HCN \rightleftarrows \text{rac. } C_6H_5 \cdot CH\begin{array}{c} \diagup OH \\ \diagdown CN \end{array}$$

ohne Mitwirkung enzymatischer Katalysatoren von beiden Seiten her einstellt, ist eine eingehendere Behandlung dieser Reaktion gerechtfertigt und sogar notwendig. Denn an Vorgängen wie die Spaltung und Bildung des Benzoxynitrils ist Gelegenheit gegeben, die Wirksamkeit enzymatischer und nicht enzymatischer Katalysatoren zu vergleichen und in die Besonderheiten der ersteren einzudringen.

---

[1] Bertrand u. Weissweiller, C. r. 151, 325; 1910.

[2] Power u. Lees, Proc. Chem. Soc. 21, 88; 1905. — Jl Chem. Soc. 87, 349; 1905.

[3] Dunstan u. Henry, Proc. Roy. Soc. 67, 224; 1901; 68, 374; 1901.

[4] Greshoff, Arch. d. Pharm. 244, 397 u. 665; 1905.

I. Symmetrische Reaktion und Gleichgewicht
(ohne Mitwirkung von Enzym).

Als erste Untersuchungen, welche in diesem Zusammenhang interessieren, sind diejenigen von Lapworth[1] und Ultee[2] zu nennen, welche unter anderem die Tatsache behandeln, dass die Synthese des Oxynitrils durch geringe Mengen von Alkali beschleunigt, durch geringe Säuremengen verzögert wird. In einer eingehenderen Arbeit fand dann Wirth[3], dass Hydroxylionen die Geschwindigkeit, mit der das Gleichgewicht von beiden Seiten erreicht wird, vergrössern, Wasserstoffionen dagegen die beiden Reaktionen verzögern. Ferner

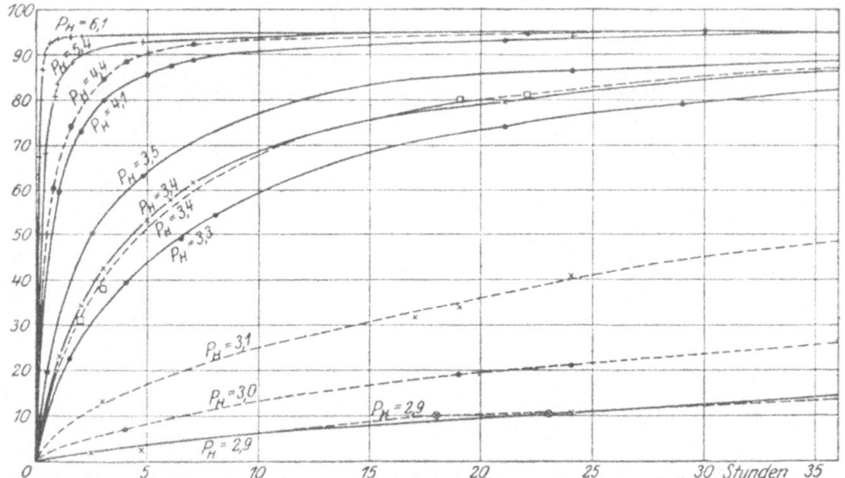

Fig. 35. Die Geschwindigkeit der Oxynitrilsynthese bei verschiedenen Aciditäten. Die Kurven der Versuche bei Gegenwart von Emulsin sind gestrichelt.

fand er, dass die Dissoziation des Oxynitrils bei Verdünnung und bei Erwärmung zunimmt, um bei Konzentrierung und bei Abkühlung wieder zurückzugehen.

Ein wesentlicher Fortschritt ist in diesem Gebiet durch die Messungen von Nordefeldt[4] erzielt worden, welcher die Geschwindigkeit der Bildung und der Spaltung des Oxynitrils unter dem Einfluss verschiedener Aciditäten untersuchte[5].

Es seien zunächst einige Versuche Nordefeldts als Beispiele angegeben. Methodik: Titration der freien HCN mit $AgNO_3$ nach Volhard.

Synthese: Reaktionsgemisch: 5 ccm = 5,141 g C_6H_5CHO + 36,71 ccm HCN-Lösung (1,32 norm.) + 0,06 ccm verdünnte Schwefelsäure.

[1] Lapworth, Jl Chem. Soc. 83, 995; 1903.

[2] Ultee, Rec. Trav. Chim. Pays-Bas 28, 1 u. 248; 1909.

[3] Wirth, Arch. d. Pharm. 249, 382; 1911.

[4] Nordefeldt, Biochem. Zs 118, 15; 1921.

[5] Siehe bezüglich dieses Einflusses auch die Mitteilung von Krieble und W. A. Wieland (Jl Amer. Chem. Soc. 43, 164; 1921).

Stunden	ccm $AgNO_3$ für 2 ccm Lösung	$\%$ HCN gebunden	$k \cdot 10^3$
2,5	22,7	2,2	0,09
4,75	22,6	2,5	0,05
24	20,8	10,3	0,03
72	17,5	24,6	0,04
198	12,2	47,7	0,04
240	10,5	54,7	0,09

Mittel: $k \cdot 10^3 = 0,06$; pH $= 2,9$.

Nordefeldt hat die Aciditätsfunktion[1] der Geschwindigkeit der Oxynitril-Synthese in folgender Tabelle dargestellt:

pH	2,9	3,0	3,1	3,3	3,4	3,5	4,1	4,4	5,3	6,1	8,0
$k \cdot 10^3$	0,6	0,11	0,3	1,4	2,2	3,6	12	18	50	290	2000

Mit diesen Zahlen ist die Kurve in Fig. 36 gezeichnet.

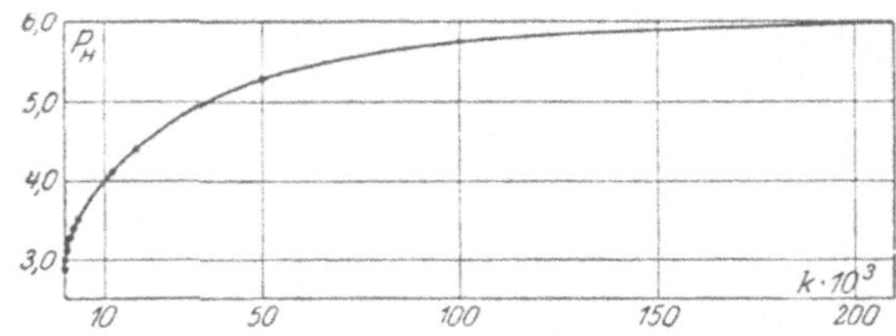

Fig. 36. Acidität und Reaktionsgeschwindigkeit bei der Oxynitrilsynthese.

Bei der Spaltung und Bildung des Oxynitrils wurde dasselbe Gleichgewicht erhalten.

Einige Zahlen bezüglich des Zusammenhanges zwischen Acidität und Spaltungsgeschwindigkeit findet man in folgenden Tabellen. Ausgangsmaterial war ein Reaktionsgemisch mit 95,1 $\%$ gebundenem HCN; je 2 Proben von 10 ccm wurden schwach alkalisch bzw sauer gemacht und in Alkohol zu 100 ccm gelöst.

pH $= 7,5$			pH $= 2,9$		
Stunden	ccm $AgNO_3$ verbr.	HCN $\%$ geb.	Stunden	ccm $AgNO_3$ verbr.	HCN $\%$ geb.
0,02	1,55	87,4	0,02	0,5	95,1
6	1,55	87,4	6	0,5	95,1
22	1,55	87,4	22	0,5	92,7

Die der Arbeit von Nordefeldt entnommene Fig. 35 veranschaulicht, wie (bei unveränderter Temperatur und Konzentration) die Geschwindigkeit der Synthese von der Acidität der Lösung bestimmt wird. Zwischen pH $= 3$ und 6 vermindert sich die Reaktionszeit von etwa zwei Monaten bis auf eine Stunde, d. h. die Geschwindigkeit nimmt mit abnehmender Acidität ausserordentlich stark zu.

[1] Siehe hierzu auch Nordefeldt, Biochem. Zs 137, 489; 1923.

Auch bei der Spaltung des Oxynitrils findet man einen derartigen Zusammenhang zwischen Geschwindigkeit und Acidität (siehe oben).

Die Geschwindigkeit der Oxynitril-Spaltung fand Nordefeldt (Biochem. Zs Bd. 137, S. 490) bei konstant gehaltenem pH von der Anwesenheit von Enzym (Emulsin) unabhängig. Dies zeigte z. B. folgender Versuch:

a) 40 ccm Alkohol (95 proz.) + 22 ccm Emulsinlösung (1 : 50) + 6 ccm Acetatpuffer (n/1, in 47 proz. Alkohol gelöst) + 2 ccm (= 2,2114 g) inaktives Benzoxynitril. Temperatur = 16°, pH = etwa 5, Titrationsprobe = 5 ccm.

b) Wie in a), aber anstatt Emulsinlösung 22 ccm Wasser. Dasselbe pH wie in a).

a)			b)		
Zeit in Stunden	$AgNO_3$ verbraucht ccm	HCN frei %	Zeit in Stunden	$AgNO_3$ verbraucht ccm	HCN frei %
$^1/_4$	0,1	0,8	$^1/_{10}$	0,1	0,8
$1^1/_4$	0,6	5,0	1	0,6	5,0
2	0,7	5,8	2	0,7	5,8
12	0,8	6,7	12	0,8	6,7
24	0,8	6,7	24	0,8	6,7
68	0,8	6,7	68	0,8	6,7

Danach wurde ein wenig NaOH bis zur stark alkalischen Reaktion zugefügt, wodurch das Endgleichgewicht fast augenblicklich erreicht wird (Wirth), dann mit HNO_3 wieder sauer gemacht und titriert: $AgNO_3$ = 0,9 ccm, 7,6 % HCN entsprechend, in a) sowohl als in b).

In einer genügend sauren Lösung (pH = etwa 3) verläuft folglich sowohl die Bildung wie die Spaltung des Oxynitrils äusserst langsam. Damit werden also auch die früheren qualitativen Resultate von Ultée u. a. bestätigt, nach welchen Benzoxynitril in saurer Lösung recht beständig ist.

Der Zusatz von Emulsin hat, wie schon Bayliss (1913) und Krieble (1915) fanden, keine Veränderungen des Gleichgewichtes zur Folge. Dagegen wird von Emulsin, wie von anderen Substanzen, die pH steigern, die Geschwindigkeit der Synthese entsprechend vergrössert. In einer Mischung mit Geschwindigkeitskonstante $k \cdot 10^3$ = 3,6 wird z. B. durch Zusatz von 0,2 g Emulsin diese auf den Wert 18 erhöht (Nordefeldts Versuche 4 und 9). Der Grund ist, dass das Emulsinpräparat, wie andere Eiweissstoffe, die Säure (Benzoesäure) zu binden vermag, die bei der Oxydation des Aldehyds gebildet wird; diese Bildung geschieht bei reichlicher Luftzufuhr sehr schnell.

Wesentlich ist ausserdem, dass bei Gegenwart von Emulsin das Oxynitril optisch aktiv (asymmetrisch) gefunden wird.

II. Wirkungen von verschiedenen Emulsinpräparaten.

Die ersten Untersuchungen über Einwirkung des Emulsins auf die Bildung und Spaltung des Oxynitrils verdankt man Rosenthaler[1], welcher

---

[1] Rosenthaler, Biochem. Zs 14, 238; 1908. — 17, 257; 1909. — 19, 186; 1909; 26, 1 u. 7; 1909. — 28, 408; 1910. — 50, 486; 1913. — Arch. d. Pharm. 246, 365; 1908. — 248, 105 u. 534; 1910. — 249, 510; 1911. — 251, 56 u. 85; 1913.

damit zweifellos eine Reihe interessanter Probleme entrollt und im Verlauf seiner Arbeiten auch bemerkenswerte Tatsachen gefunden hat.

Rosenthalers Befund (Arch. d. Pharm. 1908), dass bei Gegenwart von Mandel-Emulsin aus Benzaldehyd und HCN rechtsdrehendes d-Benzaldehydcyanhydrin (d-Benzoxynitril) entsteht, ist eine nunmehr sicher gestellte Tatsache.

Feist[1] fand linksdrehendes Benzoxynitril, wenn eine Lösung von inaktivem Oxynitril mit Emulsin behandelt und dabei ein Luftstrom durch das Gemisch geleitet wurde. Durch diese Wegführung der Spaltprodukte gelang es ihm, auch aus anderen Oxynitrilen die l-Form im Überschuss zu erhalten. Die Drehungsrichtung der durch Spaltung gewonnenen Oxynitrile war also der durch Synthese dargestellten entgegengesetzt, und mit Hilfe von Emulsin konnten jetzt beide optischen Isomeren erhalten werden. Im Gegensatz zu Rosenthaler nimmt Feist an, dass das d-Oxynitril, welches bei Amygdalinspaltung mit Emulsin gefunden wird, schon als solches im Amygdalin vorhanden ist, und bei der Spaltung frei wird.

Venth[2], ein Schüler Rosenthalers, findet, dass die asymmetrische Oxynitrilsynthese sich bei Verwendung einer ganzen Reihe von enzymartigen Präparaten vollzieht, die aus den verschiedensten Pflanzen gewonnen werden können, wobei in der Regel d-Oxynitril erhalten wird. In einem Falle aber (mit einem Präparat aus den Blättern von Taraktogenos Blumei) erhielt er die l-Form, wodurch er die Existenz eines synthetischen l-Enzymes (l-Oxynitrilese) bestätigt findet.

Nordefeldt[3] hat eingehend untersucht, wie sich in einer Lösung, welche Mandel-Emulsin als Katalysator enthält, die optische Drehung der Lösung mit der Zeit ändert, und wie diese zeitliche Drehungsänderung von der Temperatur und der Emulsinmenge abhängt. Die folgende Darstellung schliesst sich zum grossen Teil an die Untersuchungen Nordefeldts an.

Emulsinpräparate: Wegen der Herstellung des Roh-Emulsins sei auf das S. 222 u. ff. Gesagte verwiesen. Auch für die Herstellung solcher Präparate, welche im System Benzaldehyd, Blausäure, Oxynitril wirken sollen, empfiehlt sich bei der Herstellung aus Mandeln die Extraktion in schwach alkalischer Lösung.

Rosenthaler hat seine systematischen Versuche mit einem käuflichen Präparat von Th. Schuchardt ausgeführt (vgl. Biochem. Zs 14, S. 242). Er schrieb die von ihm entdeckte asymmetrische, synthetisierende Wirkung des Emulsins einem besonderen Bestandteil desselben zu, den er syn-Emulsin (σύν-Emulsin, σ-Emulsin) nannte.

H. E. Armstrong und Horton[4] sprechen im gleichen Sinne von einer Benzcyanase, und nach einem Nomenklaturvorschlag des Verfassers[5] wäre ein Enzym, dessen Wirksamkeit in der asymmetrischen Synthese von d-Oxynitril besteht, als d-Oxynitrilese zu bezeichnen. Man kann vermuten, dass es sich hier um die Wirkung eines katalysierenden Alkaloides handelt (vgl. die Versuche von Bredig u. Fiske, S. 297).

---

[1] Feist, Arch. d. Pharm. 247, 226 u. 542; 1909. — 248, 101; 1910.

[2] Venth, Diss. Strassburg 1912.

[3] Nordefeldt, Biochem. Zs 130; 1922.

[4] H. E. Armstrong und Horton, Proc. Roy. Soc. B. 82, 349; 1910.

[5] Euler, H. 74, 13; 1911.

Nach Rosenthaler konnte das syn-Emulsin in mehr oder weniger reiner Form isoliert werden durch Erwärmen einer Emulsinlösung während 1—2 Wochen auf 40—45°, oder durch Behandeln von Emulsin zuerst mit Schwefelsäure und dann mit einer der Säure äquivalenten Menge von Alkalihydroxyd; in beiden Fällen wurden die übrigen enzymatischen Bestandteile beinahe vollständig zerstört. Die Wirkung des syn-Emulsins wurde vom Überschuss an Benzaldehyd, nicht aber von Cyanwasserstoff, geschwächt. Die Eigenschaft des syn-Emulsins, zur Bildung von optisch aktiven Oxynitrilen zu führen, zeigte sich nicht nur beim Benzaldehyd, sondern es gelang Rosenthaler, von verschiedenen Aldehyden ausgehend, eine ganze Reihe von asymmetrischen Oxynitrilen darzustellen, von welchen die meisten rechtsdrehend waren.

Als Krieble[1] fand, dass Präparate aus Blättern von wilder Kirsche (Prunus serotina) und aus Pfirsichblättern linksdrehendes Oxynitril gaben, wurde darin eine neue Oxynitrilese, l-Oxynitrilese, angenommen.

Etwa gleichzeitig mit Krieble hat auch Rosenthaler[2] Fälle mitgeteilt, in welchen er die Bildung von l-Oxynitril beobachtet hat.

Dass das syn-Emulsin Rosenthalers die totale Synthese beschleunigt, beruht auf dem Alkaligehalt seiner Emulsinlösung.

dia-Emulsin. Zum Unterschied von syn-Emulsin wurde von Rosenthaler der enzymatische Bestandteil des Emulsins, welcher Amygdalin wie übrige β-Glucoside spaltet, dia-Emulsin ($\delta\iota\dot{\alpha}$-Emulsin, δ-Emulsin) genannt. Nunmehr ist indessen klar, dass dia-Emulsin im wesentlichen eine Mischung von Amygdalase und Prunase ist (vgl. Abschnitt A—C).

Dieses Enzym soll nach Rosenthaler isoliert werden können, wenn eine Emulsinlösung mit einer gesättigten Lösung von Magnesiumsulfat oder mit Kupfersulfat gefällt wird, wobei es im Filtrat verbleibt. Er findet jedoch, dass die Methode mit Kupfersulfat bisweilen versagen kann. Durch Erwärmung während längerer Zeit auf 40—45° wurde das dia-Emulsin grösstenteils zerstört, eine Lösung von syn-Emulsin ertrug aber eine kurze Erhitzung bis 70—80°.

Weil das dia-Emulsin aus Amygdalin Benzaldehyd und Cyanwasserstoff abspaltet, sollte es auch das Zwischenprodukt Benzoxynitril zerlegen können. Die synthetisierende Wirkung des syn-Emulsins würde folglich bei Anwesenheit von dia-Emulsin mehr oder weniger geschwächt, wodurch der sehr variierende Effekt verschiedener Emulsinpräparate des Handels erklärt wäre.

Von Nordefeldts[3] ersten Angaben über sein Mandel-Emulsinpräparat sind zunächst diejenigen erwähnenswert, welche sich auf das Verhalten bei der Dialyse beziehen.

Die Dialysen gingen bei Anwesenheit von Toluol in einer Anzahl Kollodiumschläuchen vor, je etwa 15 ccm fassend, 3 Tage lang, mit oft wiederholtem Umtausch von Aussenflüssigkeit, deren totales Volumen 1500 ccm betrug, und die dann bei 30—35° zum Volumen 50 ccm im Vakuum eingeengt wurde.

Aschenanalyse: $PO_4 = 75,8\%$. — $K_2O = 14,6\%$. — $CaO = 7,5\%$. — $MgO = 1,5\%$. — $SiO_2 = 0,3\%$.

Die Aussenflüssigkeit enthielt nach der Dialyse, ausser einer geringen Menge stickstoffhaltiger Stoffe (die beim Erhitzen der Lösung koagulierten), lösliche Kohlenhydrate, die nach Hydrolyse mit verdünnter Schwefelsäure und Bestimmung nach Bertrands Methode, als Glucose berechnet, bzw.

---

[1] Krieble, Jl Amer. Chem. Soc. 35, 1643; 1913.
[2] Rosenthaler, Arch. d. Pharm. 251, 85; 1913.
[3] Nordefeldt, Biochem. Zs 131, 390; 1922.

21% und 23% von dem Trockengewicht der Substanz ausmachten. Durch mehrtägige Dialyse gegen strömendes Wasser kann beinahe alle Asche entfernt werden, ohne dass die katalytische Wirkung abnimmt.

Diese nach der Dialyse entfernte Aussenflüssigkeit zeigte an sich keine merkbare optisch-aktivierende Wirkung bei der Oxynitrilsynthese; der Katalysator konnte also Kollodiumschläuche nicht durchdringen.

Die dialysierte Emulsinlösung, die Innenflüssigkeit, zeigte auch nur geringe oder keine katalytische Wirkung. Wenn aber die beiden Flüssigkeiten gemischt wurden, zum gleichen Volumen wie vor der Dialyse, wurde wieder deutliche optische Aktivität erhalten, obgleich nicht eine so starke wie mit der ursprünglichen undialysierten Lösung.

Indessen tritt bei Verwendung nur dialysierter Lösung eine neue Erscheinung auf. Im Gegensatz zu einer gewöhnlichen Emulsinlösung, aus welcher bei Vermischung mit dem Substrat sofort reichlich Protein ausfällt, ergibt eine dialysierte Lösung keine Fällung, wenn sie dem Substrat zugesetzt wird, sondern höchstens eine starke Opalescenz. Diese verschwindet aber nicht und kann auch nicht durch Filtrierpapier entfernt werden, weshalb die Polarisierung in einem längeren Rohr dann unmöglich und auch in $1/2$ dm-Rohr so erschwert ist, dass zuverlässige Resultate nicht haben gewonnen werden können, obgleich es den Eindruck gemacht hat, dass optische Aktivität dabei nicht entstanden ist.

Falls aber eine solche dialysierte Emulsinlösung wieder mit Aussenflüssigkeit versetzt wird, erhält man mit dem Substrat wieder die Proteinfällung und deutliche optische Aktivität wird ausgebildet; auch die auf 80^0 erhitzte Aussenflüssigkeit und selbst die Asche genügt zu dieser Reaktivierung; ausser Phosphat zeigen auch $MgSO_4$ und andere Salze mehrwertiger Ionen diesen Effekt.

In einer Fortsetzung der erwähnten Arbeit hat Nordefeldt[1] die Ergebnisse seiner Reinigungsversuche folgendermassen zusammengefasst:

Das Roh-Emulsin wird am besten durch Extraktion von Mandelpulver mit schwach alkalischem Wasser hergestellt. Dabei werden die Säuren neutralisiert und das in den Zellen festgehaltene Enzym frei gemacht. Natürlich wird auch eine grosse Menge inaktiver Substanz herausgelöst. Durch Fällung mit 2 Volumen Aceton wird alles Enzym in einem leichten gelblichen Pulver erhalten. Da viel Mandelöl aus dem Niederschlag frei gemacht wird und nur mit grossen Mengen Aceton oder Äther beseitigt werden kann, ist es einfacher, von fettarmem Mandelpulver („Placent") auszugehen.

Zur Reinigung des Roh-Emulsins hat Nordefeldt ausser der Dialyse noch folgende Methoden versucht: Fällung mit Säuren, Sorption mit Tonerdehydrat und mit Eisenhydrat und Elution, ferner Fällung mit Bleiacetat und mit Tannin.

Reinigung mit Säure. Bringt man durch Säurezusatz die Acidität der Enzymlösung auf pH = 4,8, so wird der grösste Teil der Verunreinigungen gefällt. So können aus Roh-Emulsin etwa $3/4$ der Trockensubstanz ohne Enzymverlust entfernt werden.

Tonerdehydrat und Ferrihydrat, nicht aber Kaolin, sorbieren das Enzym, am besten bei pH = 6 bis 7. Das auch im Sorbat wirksame Enzym

---

[1] Nordefeldt, Biochem. Zs 159, 1; 1925.

wird durch Wasser nicht herausgelöst, wohl aber durch Alkali oder noch besser durch alkalische Phosphat- oder Arsenatlösung, wobei die Acidität pH = 8 bis 11 die beste Ausbeute gibt. Wiederholte Adsorption hat nicht zu grösseren Reinheitsgraden geführt.

Bleiacetat (neutrales oder basisches) fällt das Enzym. Der Niederschlag ist aktiv. Mit H_2S kann das Enzym herausgelöst werden, wobei die Verunreinigungen grösstenteils ungelöst bleiben. Durch Wiederholung der Bleiacetatbehandlung kann ein hochaktives Enzympräparat erhalten werden. Unter Zuhilfenahme der früher beschriebenen Methode konnten z. B. 98% der Verunreinigungen einer Roh-Emulsinlösung ohne wesentliche Abnahme der enzymatischen Wirkung entfernt werden. Durch diese Methode wird der Reinheitsgrad der Oxynitrilese viel mehr gesteigert als der des vergesellschafteten Enzyms β-Glucosidase.

Der Erfolg dieser Methoden geht aus folgender Zusammenstellung hervor, welche den relativen Reinheitsgrad angibt:

Wässriger Mandelextrakt mit Aceton gefällt . .	100
Fällung mit Säure	200
Sorption und Elution	700
1. Bleiacetatfällung	3 000
2. Bleiacetatfällung	10 000

Die spezifische Drehung der Enzympräparate sinkt während der Reinigung von etwa — 45° auf etwa — 35°. Diese spezifische Drehung ist indessen von der Aktivität des Präparates nicht merkbar abhängig.

Gereinigte Enzympräparate zeigen keine Eiweissreaktionen und nur schwache Molischreaktion. Die Fällbarkeit durch Phosphorwolframsäure kann dagegen auf Anwesenheit alkaloidartiger Stoffe deuten.

Als obere Grenze des Molekulargewichts hat Nordefeldt durch Diffusionsversuche nach Euler den Wert 5000 erhalten. Man kann nun vermuten, dass es sich um die Verbindung eines Alkaloides mit einer Peptid- oder Nuklein-Gruppe handelt.

III. Kinetik der Oxynitrilbildung.

a) Totale Synthese.

Zunächst zeigte sich, dass die optische Aktivität mit der Zeit abnimmt, während die totale Menge des Oxynitrils konstant bleibt.

„Die Bildungsgeschwindigkeit sowohl asymmetrischen wie totalen Oxynitrils steigt also mit der Temperatur. Ehe die totale Synthese ihr Maximum noch erreicht hat, fängt indessen die Asymmetrie an abzunehmen, und dies geschieht schneller bei höherer Temperatur, wodurch sich erklärt, dass dieselbe dann nicht so starke Entwicklung erreicht. Dies deutet darauf hin, dass ein die Asymmetrie aufhebender Faktor in die Reaktion eingreift, und der Einfluss dieses Faktors scheint mit steigender Temperatur zuzunehmen."

Versuch: 0,1 g Emulsin + 10 ccm Wasser + 9 ccm HCN (1,1 n.) + 1,05 g C_6H_5CHO. Titriertes Volumen 5 ccm. $AgNO_3$ 0,05 n.

<table>
<tr><td colspan="4" align="center">a) Temperatur 17°.</td><td colspan="4" align="center">b) Temperatur 36°.</td></tr>
<tr><td>Stunden</td><td>Drehung in Graden</td><td>HCN %</td><td>k · 10³</td><td>Stunden</td><td>Drehung in Graden</td><td>HCN %</td><td>k · 10³</td></tr>
<tr><td>1</td><td>0,98</td><td>51,2</td><td rowspan="3">4,2</td><td>¼</td><td>1,05</td><td></td><td rowspan="5">7,1</td></tr>
<tr><td></td><td></td><td></td><td>½</td><td>1,17</td><td>64,3</td></tr>
<tr><td>3</td><td>1,35</td><td>65,4</td><td>1</td><td>1,13</td><td>68,3</td></tr>
<tr><td>70</td><td>1,00</td><td>70,1</td><td>1½</td><td>1,05</td><td>69,3</td></tr>
<tr><td></td><td></td><td></td><td></td><td>6½</td><td>0,80</td><td>69,5</td></tr>
</table>

Den Verlauf der totalen Synthese bei verschiedenen Temperaturen ersieht man aus der Fig. 37. Man sieht, wie die Geschwindigkeit der totalen Synthese steigt. Von der Temperatur unabhängig steigt in allen Fällen die Menge des totalen Oxynitrils zu ungefähr ein und demselben Endwert, und dieser erleidet dann mit der Zeit keine Veränderung.

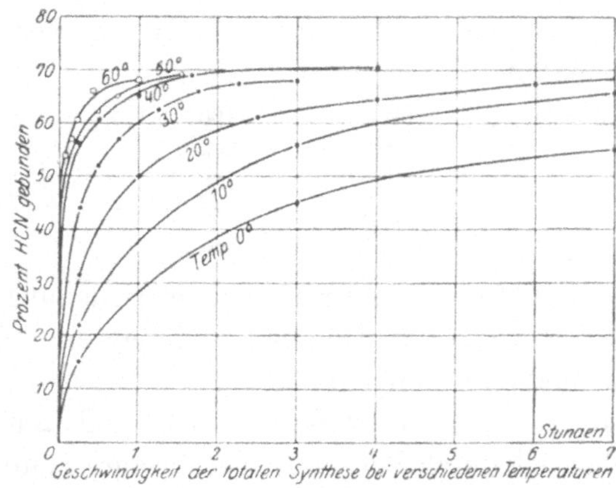

Fig. 37.

Innerhalb jedes einzelnen Versuches sinken die Werte der Reaktionskonstanten k ziemlich schnell mit der Zeit, was sich daraus erklärt, dass das zurückbleibende Benzaldehyd von der Luft oxydiert wird und dadurch die Acidität der Lösung immer mehr steigert, wodurch die Synthese langsamer geht.

Zu einer erschöpfenden kinetischen Durcharbeitung fehlt in erster Linie noch die Kenntnis der Dissoziationskonstanten des Oxynitrils.

Ferner ist noch das Gleichgewicht Benzaldehyd-HCN genauer festzulegen.

Zusammenfassend kann man sagen, dass sich sämtliche symmetrisch-kinetischen Wirkungen in den betrachteten Systemen auf Acidität s-Wirkungen zurückführen lassen.

b) Geschwindigkeit der optischen Drehungsänderung.

Aktivitäts-pH-Kurve.

Die Grösse der Rechtsdrehung und die Geschwindigkeit, womit sie erreicht wird, hängen in höchstem Grade von der Acidität ab. Nordefeldt hat deswegen die pH-Kurve bestimmt, wobei als Puffer molare Acetat-Essigsäuregemische benutzt wurden (Fig. 38).

Wie die Fig. 38 zeigt, liegt das Optimum bei pH = 5,2 bis 5,4.

Die optische Aktivität bildet sich bei niederer Temperatur

langsamer aus als das totale Oxynitril, bei höherer Temperatur dagegen schneller; aber das erreichte Maximum bleibt nicht konstant, sondern beginnt, wie schon Rosenthaler[1] gefunden hat, asymptotisch gegen Null zu sinken. Mit steigender Temperatur wird dieses Maximum immer niedriger und seine Abnahme immer schneller, wie Fig. 39 zeigt.

„Augenscheinlich steigt die Stärke des inaktivierenden Faktors stark mit der Temperatur, so dass er immer vollständiger und schneller die optisch aktiven Oxynitrilmoleküle umwandelt, die während der Einwirkung des Emulsinkatalysators entstehen."

Je geringer der Säuregrad der Lösung ist (je grösser also die pH-Werte sind), desto rascher nimmt die Ausbildung der optischen Aktivität ab. In einer fast neutralen Lösung findet sie augenscheinlich kaum die Zeit, sich auszubilden, bevor sie wieder verschwunden ist.

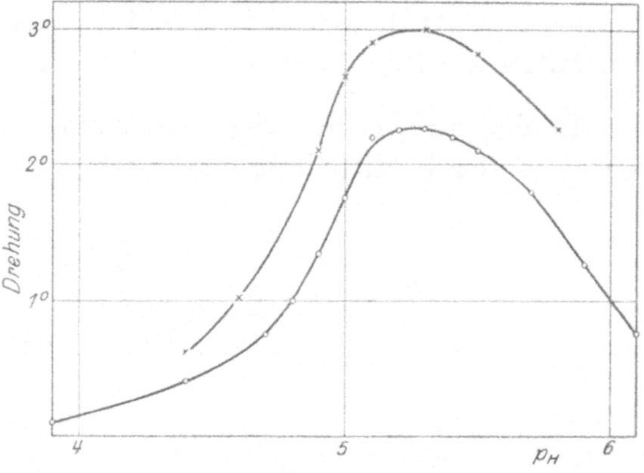
Fig. 38.

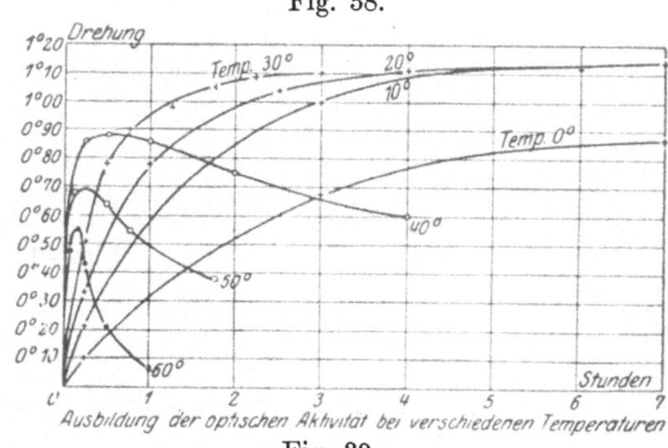

Fig. 39.

[1] Leider ist das von Rosenthaler beigebrachte Versuchsmaterial oft wenig vollständig und dies macht eine Beurteilung der darin enthaltenen Tatsachen schwierig. Zu dem hier besprochenen Punkt gibt Rosenthaler ein reichlicheres Zahlenmaterial, welches deswegen hier mitgeteilt sei (Biochem. Zs 50, 490).

Bezeichnung des Präparates	Synthetischer Versuch				Nitrilspaltung
	Drehung (Grade) des d-Benzaldehyd-cyanhydrins nach				Drehung (Grade) des l-Benzaldehydcyanhydrins
	2,5 St.	5 St.	12 St.	24 St.	
Emulsin Merck	+ 5,10	+ 5,08	+ 4,80	—	— 1,18
„ Schuchardt . .	+ 3,29	+ 3,45	+ 3,37	—	— 0,40
Enzympräparat aus					
bitteren Mandeln . .	+ 3,82	+ 4,42	+ 4,04	—	— 0,15
Äpfelkernen	+ 4,96	+ 5,24	+ 4,66	—	—
Kirschkernen	+ 5,08	+ 5,14	+ 4,88	—	— 0,95
Aprikosenkernen . . .	+ 0,69	+ 0,67	+ 0,63	—	0 (auch nach Verseifung)
süssen Aprikosenkernen	+ 5,40	+ 5,32	+ 4,78	—	— 0,15
Pfirsichkernen	+ 4,47	+ 4,44	+ 4,27	—	Spuren (nach Verseifung + 0,5)
Zwetschgenkernen . .	+ 1,38	+ 1,42	+ 1,96	+ 1,47	Spuren (nach Verseifung + 0,16)
Holzbirnenkernen . . .	+ 3,06	+ 2,90	+ 2,82	—	— 0,65

Der Zusammenhang zwischen Inaktivierungsgeschwindigkeit und Acidität ergibt sich aus folgenden Zahlen:

$$\text{pH} = \quad 3,3 \qquad 4,5 \quad 4,7 \quad 5,2 \quad 5,4 \quad 5,7 \quad 6,1$$
$$\text{Mittel } k' \cdot 10^3 = \text{sehr klein} \quad 1,6 \quad 2,3 \quad 8,1 \quad 11,8 \quad 23,2 \quad 63,3$$

In der Fig. 41 ist diese Beziehung graphisch dargestellt. Die untere Kurve ist der 1. Mitteilung von Nordefeldt (Biochem. Zs 118) entnommen.

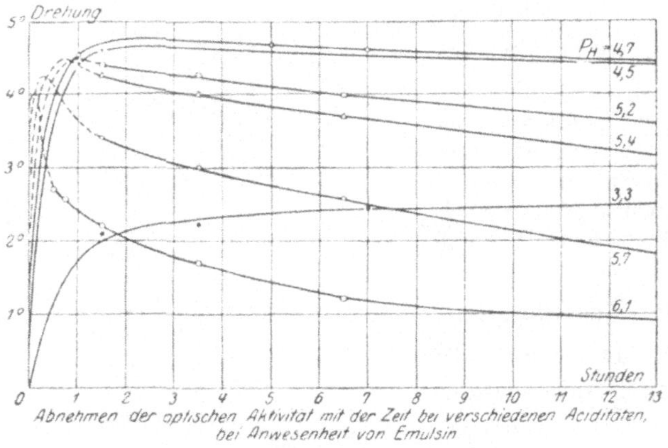

Fig. 40.

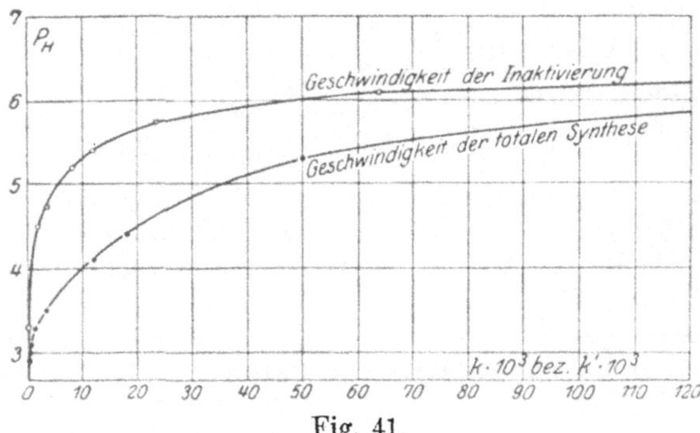

Fig. 41.

Nordefeldt hat auch noch erwogen, ob die beobachtete optische Inaktivierung mit einer nach der Gleichung

$$C_6H_5 \cdot CH{<}^{OH}_{CN} + 2\,H_2O \rightleftarrows C_6H_5 \cdot CH{<}^{OH}_{CO_2NH_4}$$

verlaufenden Hydrolyse und Bildung von Mandelsäure zusammenhängen kann. — Hierbei würde die Rechtsdrehung der Flüssigkeit immer mehr abnehmen, weil aus rechtsdrehendem Oxynitril, wie bekannt, linksdrehende Mandelsäure gebildet wird. Da aber der Zahlenwert der spezifischen Drehung bei dieser Mandelsäure (etwa -157^0, Lewkowitsch) vielmals grösser ist als beim Oxynitril (etwa $+14^0$, Feist) sollte zwar die Mischung nach einiger Zeit inaktiv, aber später immer stärker linksdrehend werden.

Wenn sich auch später[1] gezeigt hat, dass Mandelsäurenitril enzymatisch in Mandelsäure $+$ Ammoniak gespalten werden kann, so lagen doch keine Beweise vor für das Auftreten

---

[1] Euler, Sv. Vet. Akad. Arkiv f. Kemi 9, Nr. 47 (1927).

von Mandelsäure unter den Bedingungen der oben erwähnten Versuche, und demgemäss scheint auch Nordefeldts Schluss berechtigt, dass es sich hier um eine Racemisierung in inaktives Oxynitril handelt.

Für kleine Emulsinmengen ist die nach einer gewissen Zeit eintretende optische Aktivität des Substrats der Emulsinmenge proportional. Das wird aus folgenden Zahlen ersichtlich:

Substrat $= 14{,}1$ ccm HCN ($1{,}4$ n., in $96\,^0/_0$ igem Alkohol gelöst) $+ 2{,}09$ g $C_6H_5CHO + 10$ ccm Acetatpuffer (1 n., in $47\,^0/_0$ igem Alkohol gelöst, pH $= 4{,}4$),

ccm Emulsinlösung	5	7	10	12	15
Drehung nach 8 Stunden	0,3	0,5	0,75	0,90	1,15

Bei Annäherung an das Maximum der optischen Aktivität wird natürlich die absolute Wirkung weiterer Emulsinmengen kleiner, wie Fig. 42 zeigt.

Wesentlich für eine spätere abschliessende Durcharbeitung der Kinetik der asymmetrischen Oxynitrilbildung ist natürlich die Kenntnis der spezifischen Drehung des auftretenden reinen Nitrils. Nordefeldt hat für das d-Nitril den Wert 30^0 angegeben.

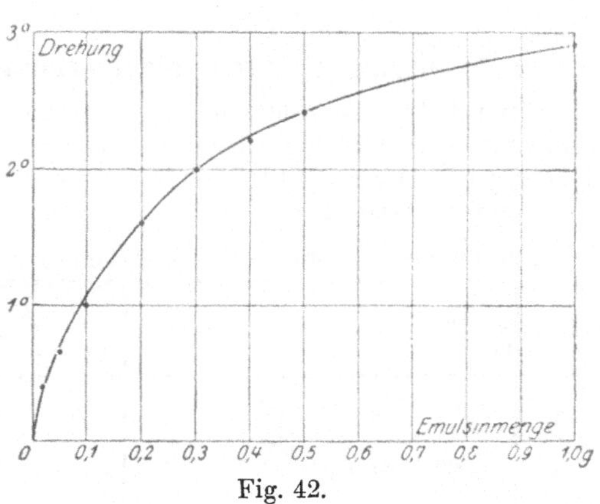

Fig. 42.

Über die Bindung des Katalysators an das Oxynitril liegen bis jetzt einige Anhaltspunkte in Nordefeldts Arbeit (Biochem. Zs 159) vor.

Temperatureinfluss auf die Emulsinwirkung. Stabilität des asymmetrisch wirksamen Katalysators.

Krieble und Wieland[1] fanden bei ihrer Untersuchung mit einem Präparate aus Pfirsichblättern, dass je nach der Temperatur die totale oder die asymmetrische Synthese vorherrschend wurde, und zwar letztere bei 0^0, erstere bei 35^0.

Nach Nordefeldts Versuchen (1922) mit Mandelemulsin wird zwischen 70^0 und 80^0 die hier wirksame Substanz schnell inaktiviert, um nach einer Stunde Erhitzen bis 80^0 in bezug auf ihre Fähigkeit optisch aktives Oxynitril zu bilden ganz inaktiv zu werden. Dies gilt wenigstens für pH $=$ etwa $4{,}9$, obgleich es möglich ist, dass in neutraler salzhaltiger oder schwach alkalischer Lösung, wo die Koagulierung nicht so leicht stattfindet, die Aktivität auch nach stärkerem Erhitzen weiter bestehen kann."

Später (1925) hat Nordefeldt eingehendere Versuche über die Thermo-

---

[1] Krieble u. W. A. Wieland, Jl Am. Chem. Soc. 43, 164; 1921. — Siehe auch Krieble, ebenda 35, 1643; 1913.

stabilität des an der Ausbildung der optischen Aktivität beteiligten enzymartigen Katalysators mitgeteilt.

Das pH-Stabilitäts-Maximum des Katalysators liegt bei der Acidität einer Natriumacetatlösung, die mit 2—3% Essigsäure versetzt ist.

Die Inaktivierungstemperatur, d. h. die Temperatur, wo das Enzym in Lösung nach einstündiger Erhitzung seine halbe Aktivität verliert (racemisiert wird), liegt also ein wenig höher als 75°.

Nordefeldt hat ferner die Inaktivierungskonstante k_c (vgl. I. Teil, 3. Aufl., S. 247) berechnet und für 75° zu 0,24 gefunden. Dieser Wert liegt nahe an den für die Racemisierungskonstante von Alkaloiden gefundenen.

c) Nitrilsynthese durch nicht erhitztes und durch erhitztes Emulsin.

Versuch 12. Emulsinlösung: 1 g Emulsin + 100 ccm Wasser, filtriert. Hiervon 1 Teil inaktiviert durch 1 stündiges Erhitzen auf 100° und Filtrieren. Reaktionsgemisch: 4,53 ccm HCN (2,06 n.) + 1,0 g C_6H_5CHO + 4,53 ccm von bzw. aktiver oder inaktiver Emulsinlösung oder Wasser. Temp. 17°.

Nichterhitztes Emulsin.				Erhitztes Emulsin.				Ohne Emulsin.			
Stunden	Drehung in Graden	HCN	$k \cdot 10^3$	Stunden	Drehung in Graden	HCN	$k \cdot 10^3$	Stunden	Drehung in Graden	HCN	$k \cdot 10^3$
2	0,70	46,1		2	—	40,3		2	—	32,0	
			1,8				0,9				0,6
4	0,82	54,9		4	—	46,1		4	—	37,4	
			0,8				0,5				0,2
6	0,80	57,8		6	—	49,0		6	—	38,8	
			0,5				0,2				0,1
19	0,76	67,5		19	—	55,3		19	—	42,2	

Eine auf 100° erhitzte (und filtrierte) Emulsinlösung, die keine optische Aktivität des Oxynitrils erzeugt, bewirkt also noch eine Steigerung der totalen Synthesegeschwindigkeit. Diese Wirkung ist nicht als enzymatisch zu betrachten, sondern hängt von dem Gehalt säurebindender Proteinsubstanz, die in der Lösung noch zurückbleibt, ab. Als Säure kommt hier Benzoesäure (aus dem Benzaldehyd stammend) in Frage. Nordefeldt gelangte 1925 auf Grund seiner Experimentalarbeiten (Biochem. Zs 159, 1; 1925) zum Schluss, dass als einzige Wirkung eines enzymatischen (vielleicht besser „enzymartigen") Katalysators die optische Aktivität des Oxynitrils zu betrachten ist[1].

d) Nicht-enzymatische, asymmetrisch-katalytische Wirkungen.

Wie Fischer[2] schon 1898 betont hat, ist die Spezifität der Enzyme optischen Antipoden gegenüber darauf zurückzuführen, dass sie als asym-

---

[1] Wenn es auch noch nicht feststeht, dass es sich bei der Ausbildung der optischen Drehung um eine reine Synthese handelt, so kann der Name „Oxynitrilese" doch einstweilen der Kürze halber beibehalten werden.

[2] E. Fischer, H. 26, 83; 1898.

metrisch gebaute Katalysatoren[1] wirken; man wird also nicht zu erwarten haben, dass die asymmetrische Katalyse auf einer besonderen Fähigkeit der Enzyme beruht, sondern dass eine solche asymmetrische Wirkung auch durch nicht enzymatische Katalysatoren bekannter Konstitution hervorgerufen werden kann. Fischer hat selbst einige Versuche über die katalytische Wirkung der d- und l-Formen einiger Säuren angestellt (vgl. I. Teil, 3. Aufl. S. 363), und in ähnlichem Sinne hat Marckwald[2] eine Verseifung von d- und l-Weinsäureester durch Nicotin vorgenommen.

Im I. Teil dieses Buches (S. 360 u. 374 ff.) wurde bereits auf die Erfolge hingewiesen, welche McKenzie[3] hinsichtlich asymmetrischer Synthesen erzielt hat. Dieser Forscher geht in seinen Synthesen von symmetrischen Molekülen, Benzoylameisensäure bzw. Brenztraubensäure aus, macht dieselben durch Einführung eines optisch aktiven Radikals asymmetrisch und erreicht dadurch, dass aus dem symmetrischen Teil der Moleküle durch Reduktion statt eines racemischen Reaktionsproduktes überwiegend eine der optisch aktiven Formen entsteht.

Noch ausgesprochener ist der katalytische Charakter der asymmetrischen Reaktionsbeeinflussung bei einer von Markwald[4] durchgeführten Synthese: Aus Methyläthylmalonsäure wird durch Erhitzen des sauren Salzes Carboxyl abgespalten und es entsteht eine Valeriansäure, welche ein „asymmetrisches Kohlenstoffatom“ enthält. Nimmt man die Erhitzung der Methyläthylmalonsäure in Gegenwart von Brucin vor, so erhält man, wenn man den Brucinrest entfernt, überwiegend die eine (l-) Spiegelbildform des Reaktionsproduktes.

Einen weiteren interessanten Fall, die Zersetzung der d- und l-Camphocarbonsäure haben Bredig und Fajans[5] beschrieben; die bemerkenswerten theoretischen Darlegungen von Fajans[6] sind bereits im I. Teil, 3. Aufl. (S. 378 ff.) referiert worden.

Besonders ist aber hier die Arbeit von Bredig und Fiske[7] zu erwähnen, in welcher eine asymmetrische Oxynitrilbildung durch Chinin und Chinidin beschrieben wird. Wir führen hier einen der zwei von Bredig und Fiske mitgeteilten Hauptversuche ausführlich an:

Von den beiden Hauptversuchen der folgenden Tabelle ist der eine mit Chinin, der andere mit Chinidin, die Kontrollversuche (Nullversuche) sind mit Chinidin ausgeführt, der eine ohne Blausäure und der andere ohne Benzaldehyd, aber in diesen Fällen wurde an Stelle der zweiten Komponente des Cyanhydrins so viel (etwa 8 g) racemische Mandelsäure, als etwa einer gesättigten Lösung derselben entsprach, zugegeben. „Diese Nullversuche wurden

---

[1] Auch hier sei nochmals auf die ausgezeichneten Untersuchungen von Dakin (Jl of Physiol. 30 u. 32; 1903—1905) verwiesen.

[2] Marckwald, Chem. Ber. 21, 723; 1898.

[3] McKenzie, Jl Chem. Soc. 85, 1249; 1904. — 87, 1373; 1905. — 89, 365; 1906.

[4] Marckwald, Chem. Ber. 37, 349, 1368; 1904.

[5] Bredig u. Fajans, Chem. Ber. 41, 752; 1908.

[6] Fajans, Zs f. physik. Chem. 73, 25; 1910.

[7] Bredig u. Fiske, Biochem. Zs 46, 7; 1912.

ausgeführt, um zu zeigen, dass unter den gegebenen Umständen schon fertige Mandelsäure durch eventuelle Einwirkung des Alkaloids nicht aktiviert wird, und andererseits um zu zeigen, dass optisch-aktive Mandelsäure nur dann erhalten wird, wenn sich ihr Nitril erst bei Gegenwart von Alkaloid synthetisch gebildet hatte."

„Es wurden 50 ccm Benzaldehyd (also 0,5 Mol) in einem gewöhnlichen 250 ccm-Masskolben in etwa 170 ccm Chloroform gelöst, hierauf wurden 20 ccm wasserfreier Blausäure (also 0,5 Mol) zugesetzt und das Gemisch eine Stunde lang im Thermostaten bei 25⁰ stehen gelassen; dann wurde es bis zur Marke mit Chloroform aufgefüllt und 0,5 g des Alkaloids zugegeben. Nach 24 Stunden wurde der Inhalt des Kolbens in einen grossen Schütteltrichter gegossen und mit 100 ccm einer etwa 4-normalen wässrigen Lösung von Schwefelsäure 5 Minuten tüchtig geschüttelt. Von jeder Schicht wurde dann eine Probe herausgenommen und im 2 dm-Rohr mit Natriumlicht „polarisiert" (Drehung I). Dann wurde die chloroformische Schicht nochmals mit 100 ccm der Säure behandelt und darauf die beiden Proben wie oben polarisiert (Drehung II). Die chloroformische Schicht wurde dann mit 100 ccm konzentrierter wässriger Salzsäure bei Zimmertemperatur 1 Stunde stehen gelassen und dann das Chloroform abdestilliert. Ausser der wässrigen Schicht blieb (wenn vorhanden) noch im Kolben etwas freier Benzaldehyd zurück. In diesen beiden Schichten schieden sich beim Abkühlen reichlich Krystalle von Mandelsäure ab. Um aber eine eventuelle Pasteursche Krystallisationstrennung zu vermeiden, wurden zunächst wieder alle Krystalle durch Zusatz von Wasser gelöst, erst dann wurde die wässrige Schicht von dem Benzaldehyd getrennt und letzterer mit Wasser mehrmals ausgewaschen, um alle eventuell vorhandene Mandelsäure daraus zu entfernen. Die wässrige Schicht samt allen Waschwässern wurde dann auf 500 ccm ergänzt und in einem 4 dm-Rohr polarisiert (Drehung III). (Die Nullversuche wurden von hier ab nicht weitergeführt.) Die Lösung wurde dann etwas eingedampft, mit Natronlauge bis zur alkalischen Reaktion versetzt, das Ganze nochmals zu 500 ccm ergänzt und mit 50 ccm Benzol ausgeschüttelt. Der benzolische Auszug wurde in einem 2 dm-Rohr und die wässrige alkalische Lösung selbst in einem 4 dm-Rohr polarisiert (Drehung IV und V).

| | Drehung I | | Drehung II | | Drehung III | Drehung IV | Drehung V |
	Chloroform-schicht	Wässrige Schicht	Chloroform-schicht	Wässrige Schicht			
Nullversuche:							
1. Ohne Blausäure	0,00⁰	+ 2,80⁰	0,00⁰	0,00⁰	− 0,01⁰	—	—
2. Ohne Benzaldehyd	− 0,02⁰	+ 2,50⁰	+ 0,01⁰	− 0,01⁰	− 0,01⁰	—	—
Hauptversuche:							
3. Mit Chinin . . .	+ 0,23⁰	− 2,24⁰	+ 0,32⁰	− 0,18⁰	− 0,81⁰	− 0,01⁰	− 0,60⁰
4. Mit Chinidin . .	− 0,27⁰	+ 2,43⁰	− 0,38⁰	− 0,33⁰	+ 0,92⁰	0,00⁰	+ 0,71⁰

Wie man schon durch den blossen Augenschein erkennen konnte, beschleunigen geringe Mengen der Alkaloide die Addition der Blausäure an den Benzaldehyd ausserordentlich stark. Da diese Reaktion nämlich mit einer starken Kontraktion verbunden ist, konnte man diese letztere in derselben Zeit an den mit Alkaloiden versetzten Versuchen sehr deutlich wahrnehmen, während in den Nullversuchen eine solche Kontraktion nicht sichtbar war."

„Aus der Tabelle geht hervor, dass die chloroformische Schicht in den Nullversuchen nach Ausschüttelung des Alkaloids mittels Schwefelsäure optisch inaktiv war, während in den Hauptversuchen, in denen sich Cyanhydrin gebildet hatte, diese chloroformischen Schichten eine erhebliche Drehung zeigten; und zwar zeigte sich hier bei Anwendung des linksdrehenden Chinins als Katalysator eine Rechtsdrehung, bei Anwendung des rechtsdrehenden Chinidins als Katalysator eine Linksdrehung."

Die asymmetrische Oxynitrilsynthese von Fajans wurde von Bayliss[1] experimentell bestätigt, welcher gleichfalls fand, dass der verwendete Katalysator auch bei Dissoziation des inaktiven Oxynitrils die Reaktionsgeschwindigkeit desselben Isomeren beschleunigt wie bei Synthese.

Auch aus diesen Versuchen geht also deutlich hervor, dass zwischen den asymmetrisch-katalytischen Wirkungen z. B. eines Alkaloids und denen eines Enzyms prinzipielle Unterschiede nicht bestehen. Nur die quantitative Durcharbeitung eines solchen Falles steht noch aus. Bezüglich der Oxynitrilbildung fehlt zunächst die genaue Kenntnis der Dissoziationskonstanten dieses Stoffes als Säure, um den Grad der mit Alkaloiden eintretenden Salzbildung zu berechnen.

Anti-Stoffe nach subcutaner Emulsin-Injektion.

Da in diesem Kapitel die Amygdalinspaltung besonders behandelt worden ist, so müssen auch diejenigen Versuche erwähnt werden, bei welchen eine Beeinflussung der Amygdalinspaltung durch Serum nach subcutaner Injektion von Emulsin beobachtet wurde.

Im Anschluss an die Versuche von Beitzke und Neuberg (s. I. Teil, 3. Aufl., S. 392) hat dann Ohta Kaninchen mit Emulsin Kahlbaum vorbehandelt (8 Injektionen von je 0,1 g Emulsinpräparat von „enormem Spaltungsvermögen gegen Amygdalin"). Bezüglich der spaltenden Wirkung (bestimmt wurde die aus Amygdalin gespaltene Glucose) kommt Ohta zum Resultat, dass an der hemmenden Wirkung des Immunserums im Vergleich mit Normalserum kein Zweifel bestehen kann.

Immerhin erscheint es nicht ausgeschlossen, dass die Unterschiede zwischen Immunserum und Normalserum, welche Ohta[2] gefunden hat, auf Verschiedenheiten der Acidität zurückzuführen sind, entsprechend einer früher von Bayliss[3] geäusserten Vermutung.

E. Methoden zur Verfolgung der Spaltung der Nitrilglucoside.

Es kommen hier drei Methoden in Betracht:

1. Die polarimetrische Methode (bei Anwendung der optisch-aktiven Formen) ist zur Messung der Amygdalin-Hydrolyse zuweilen in Anwendung gekommen. Selbst unter Beobachtung der erforderlichen Massnahmen zur Aufhebung der Mutarotation erscheint diese Methode hier nicht empfehlenswert, da die Berechnung der einzelnen Substanzkonzentrationen aus der Gesamtdrehung der Lösung wegen des gleichzeitigen Ablaufes mehrerer Teilreaktionen unsicher wird.

---

[1] Bayliss, Jl of Physiol. 46, 236; 1913.

[2] Ohta, Biochem. Zs 54, 430; 1913.

[3] Bayliss, Jl of Physiol. 43, 455; 1912.

2. Die Bestimmung der gebildeten Glucose nach einer geeigneten Reduktionsmethode. Durch die anwesende Blausäure wird die Methode von Pavy-Kumagawa- Suto unanwendbar, wie Caldwell und Courtauld[1] erkannt haben.

H. E. Armstrong, E. F. Armstrong und Horton (Proc. Roy. Soc. 80) haben die durch Schwefelsäurezusatz inaktivierten Proben mit Pottasche versetzt, die Blausäure durch $^1/_2$ stündige Destillation mit Wasserdampf vertrieben und die Glucose nach einem Reduktionsverfahren von Brown, Morris und Miller bestimmt.

Willstätter und Csányi[2] ziehen es vor, „aus der schwefelsauren Flüssigkeit, 1—2 ccm 10 %iger Schwefelsäure auf 20 ccm enthaltend, die Blausäure mit Wasserdampf abzutrennen, was in 30 Min. vollständig gelang". Amygdalin wird durch die Dampfdestillation nicht messbar hydrolysiert. Hierauf bestimmen sie den Zucker nach Sonntag[3] und Bertrand[4].

3. Auld[5] hat die Amygdalinspaltung durch die entbundene Blausäure gemessen, wobei natürlich nur eine der Teilreaktionen ermittelt wird. Die Blausäurebestimmung geschah nicht durch Titration mit Silbernitrat, sondern mit einer von Dunstan und Henry[6] beschriebenen titrimetrischen Methode, welche darin besteht, dass Blausäure in Gegenwart von Natriumbicarbonat mit einer titrierten Jodlösung nach der Gleichung umgesetzt wird:

$$HCN + J_2 = CNJ + HJ.$$

Zur Bestimmung der Bildung und Spaltung des Benzoxynitrils kann die Blausäure nach Volhardt durch eine Silberlösung titrimetisch bestimmt werden.

Eine Mikromethode zur Bestimmung der Blausäure hat Brunswick (Öst. bot. Zs 1923, 58) mitgeteilt.

Berechnung der enzymatischen Wirksamkeit.

Bei der Amygdalinspaltung handelt es sich nicht um eine einfache Reaktion, sondern um die gleichzeitige Wirkung zweier Enzyme, nämlich der Amygdalase und der „Prunase", eventuell auch noch einer Oxynitrilase; Reaktionskoeffizienten 1. Ordnung, $k = ^1/_t \log a/a{-}x$, können also hier nicht gemessen werden.

---

[1] Caldwell u. Courtauld, Jl Chem. Soc. 91, 666; 1907.
[2] Willstätter u. Csányi, H. 117, 172 und zwar 177; 1921.
[3] Sonntag, Arb. a. d. Kaiserl. Gesundheitsamt, 19, 447; 1903.
[4] Bertrand, Bull. Soc. Chim. (3) 35, 1285; 1906.
[5] Auld, Jl Chem. Soc. 93, 1251 und zwar 1263; 1908.
[6] Dunstan u. Henry, Proc. Roy. Soc. 72, 287; 1903.

Willstätter und Csányi[1] bestimmen für ihre Präparate den „Zeit-wert", d. h. sie messen die Zeit, welche zur 50%igen Spaltung von 0,10 g Amygdalin (20 ccm Lösung; 1 mg Emulsin; $30°$) erforderlich ist. Aus den jeweils beobachteten Spaltungsgraden ermitteln sie durch die in Fig. 33 S. 273 mitgeteilte Kurve die der 50%igen Spaltung entsprechenden Zeiten. (Dabei ist die Abspaltung von 2 Mol. Glucose als theoretischer Wert angenommen.)

Zur Bestimmung der Enzymausbeute wenden die genannten Forscher einen Menge-Zeit-Quotienten an, der Enzymmenge proportional, additiv, nämlich den Quotienten des emulsinhaltigen Materials in mg und seiner Wirkungszeit. Z. B. lieferten 20 g Mandeln vom Zeitwert 480 (M : Z = 41,7) 0,55 g Enzympräparat (Emulsin) vom Zeitwert 18 (M : Z = 30,6); Ausbeute $73,5\%$.

---

[1] Willstätter u. Csányi, H. 117, 172 und zwar 176; 1921.

8. Kapitel.

Glucosido-β-Glucosidasen.

Bearbeitet von Karl Josephson.

Die in diesem Kapitel behandelten Disaccharide, Cellobiose und Gentiobiose, werden von Mandel-Emulsin gespalten. Das deutet im allgemeinen auf die Zugehörigkeit zu den β-Glucosiden, wenn auch dieses Verhalten zu Emulsin, wie schon E. Fischer hervorhob, nicht ein ganz sicheres Kriterium ist. Durch Beobachtung der Drehung des primär bei enzymatischer Spaltung der Biose des Amygdalins (Gentiobiose) entstehenden Traubenzuckers (R. Kuhn) sowie durch die Synthese der Gentiobiose aus Acetobromglucose (B. Helferich) ist jedoch die β-Konfiguration der glucosidischen Bindung in diesem Zucker festgestellt.

Die Spezifität der Glucosido-β-Glucosidasen und ihre Abgrenzung von der im vorigen Kapitel behandelten Alkyl- und Arryl-β-Glucosidase scheint noch nicht ganz festzustehen.

A. Cellobiase.

Substrat. Die Cellobiose (Cellose) ist 1901 von H. Skraup und J. König[1] durch Verseifung des Acetolyseproduktes der Cellulose dargestellt worden. Der mikrokrystallinische Zucker (β-Form) schmilzt bei 225° unter Zersetzung.

$[\alpha]_D^{19,5} = + 33{,}87°$ (für $c = 10$)[2]; $[\alpha]_D^{16,5} = + 33{,}5°$ (für $c = 1{,}05$)[3]. Diese Zahlen gelten für das nach Beendigung der Mutarotation anwesende Gleichgewicht der α, β-Formen. Die β-Form hat $[\alpha]_D = + 16°$, [die α-Form $+ 72°$ (berechnet)][4]. Reduktionsvermögen nach Bertrand: 1,38 mg Cu per mg Cellobiose (grösser als das aller bekannter Disaccharide).

Die von Haworth[5], Bergmann[6] und Karrer[7] gegebene Formulierung der Gentiobiose als eine Glucosido-5-Glucose ist in letzterer Zeit durch Arbeiten

[1] Skraup u. König, Chem. Ber. 34, 1115; 1901. — Siehe auch Maquenne u. Goodwin, Bull. Soc. Chem. Paris (3) 31, 854; 1903.

[2] Bertrand u. Holderer, Bull. Soc. Chim. France (4) 7, 177; 1910.

[3] Willstätter u. Zechmeister, Chem. Ber. 46, 2401 und zwar 2408; 1913.

[4] Hudson u. Yanowsky, Jl Amer. Chem. Soc. 39, 1013; 1917.

[5] Haworth u. Hirst, Jl Chem. Soc. 119, 193; 1921.

[6] Bergmann u. Schotte, Chem. Ber. 54, 440 u. 1564; 1921. — Bergmann, Naturw. 9, 308; 1921.

[7] Karrer u. Widmer, Helv. 4, 295; 1921. — Karrer, Polymere Kohlehydrate 224; 1925.

von Charlton, Haworth und Peat[1] sowie von Hirst[2], Haworth, Long und Plant[3] und von Zemplén[4] dahin abgeändert worden, dass der Disaccharid als Glykosido-4-Glykose $\langle 1,5 \rangle$ charakterisiert wurde:

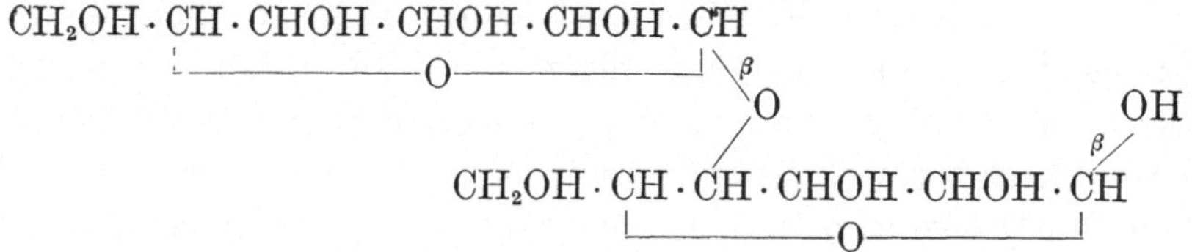

Nach einer von Pringsheim[5] sowie von Karrer[6] ausgesprochenen Theorie, stellt die Grundsubstanz der Cellulose ein mit der Diamylose isomeres Cellobioseanhydrid[7] dar, und die Entstehung der Cellobiose aus der Cellulose wäre also als eine Hydrolyse der einen glucosidischen Bindung des Biosans zu betrachten. Nach den neueren Ergebnissen von Hess[8] und von Pringsheim[9] ist jedoch zweifelhaft ob nicht der eigentliche Grundkörper der Cellulose eine Anhydroglucose anstatt einer Anhydrocellobiose ist. Ist dies der Fall, muss angenommen werden, dass das Auftreten der Cellobiose bei der Acetolyse der Cellulose oder bei enzymatischer Spaltung derselben auf eine Synthese aus der Anhydroglucose beruht. Dabei ist nach Hess allerdings mit einem intermediären Biosan zu rechnen:

$$\text{2 Mol. Anhydroglucose} \quad \langle 1,4 \rangle \quad \langle 1,5 \rangle \qquad\qquad \text{Biosan}$$

Unabhängig davon, ob der Grundkörper der Cellulose eine Anhydroglucose, oder eine Anhydrocellobiose ist, lässt sich die Entstehung der Cellobiose also wahrscheinlich als eine einseitige Hydrolyse eines entsprechenden Anhydrids verstehen[10].

---

[1] Charlton, Hawort u. Peat, Jl Chem. Soc. 129, 89; 1926.

[2] Hirst, Jl Chem. Soc. 129, 350; 1926.

[3] Haworth, Long u. Plant, Jl Chem. Soc. **1927**, 2809.

[4] Zemplén, Chem. Ber. 59, 1254; 1926.

[5] Pringsheim, Cellulosechemie 2, 57; 1921.

[6] Karrer, Cellulosechemie 2, 125; 1921. — Karrer u. Smirnoff, Helv. 4, 174; 1922. Karrer u. Widmer, Helv. 4, 174; 1921. — Karrer, Polymere Kohlehydrate S. 229 u. ff. 1925.

[7] Früher auch Cellosan genannt.

[8] Hess u. Mitarbeiter, Lieb. Ann. 435—456; 1923—1927. — Kolloidchem. Beih. **1926**, 93. — Naturwissenschaften **1925**, 1003; **1926**, 435, 822.

[9] Pringsheim u. Mitarbeiter, Chem. Ber. 58, 2135; 1925. — Lieb. Ann. 448, 163; 1926; 451, 308; 1927.

[10] K. Freudenberg u. Braun folgern in einer soeben erschienenen Arbeit (Lieb. Ann. 460, 288; 1928) dass Cellulose kein monomolekulares Glucoseanhydrid ist und dass also die Entstehung der Cellobiose nicht mehr durch Resynthese aus monomolaren Glucosanen erklärt zu werden braucht.

Vorkommen der Cellobiase. Die Cellobiose wird durch einen Bestandteil des Mandelemulsins gespalten. Bertrand gibt ferner andere Fruchtkerne (Aprikosen) und Getreidekörner als Fundorte einer Cellobiase an. Bertrand und Holderer[1] sowie E. Fischer und Zemplén[2] haben ein diese Biose angreifendes Enzym in Aspergillus niger und in Kefirkörnern festgestellt. In Russula hat sie Bertrand nicht gefunden. Bezüglich des Vorkommens in niederen Pilzen sei noch besonders auf die Arbeiten von H. Pringsheim und Zemplén[3] verwiesen, welche mit Presssäften von Aspergillus Wentii (besonders enzymreich), Allescheria Gayonii, Penicillium purpurogenum, Mucor mucedo reichliche Spaltung von Cellobiose erzielten (siehe Tab., l. c. S. 382). In Aspergillus oryzae fanden Neuberg und Rosenthal[4] Cellobiase. In denitrifizierenden Bakterien, in Wasserstoffgärungsbakterien und in thermophilen Bakterien hat H. Pringsheim[5] die Wirkung einer Cellobiase nachgewiesen.

Wichtig ist der Befund von Pringsheim und Leibowitz[6], dass wässrige Auszüge aus Gerstenmalz, welche Lichenin quantitativ in Traubenzucker aufspalten, auch Cellobiose spalten[7]. Unter Anwendung des Aluminiumhydroxyds gelang es Pringsheim und Beiser[8] Lichenase und Cellobiase zu trennen.

Auch das Lebersekret von Helix pomatia enthält neben vielen anderen Enzymen eine Cellobiase[9]. Was das Vorkommen der Cellobiase in tierischen Organen und Sekreten im übrigen betrifft, wie Pankreas, Darm, Pferdeserum (Porcher, Soc. Biol. 68) so bleibt noch zu untersuchen, inwieweit Bakterien oder Leukocyten an den beobachteten Cellobiosespaltungen beteiligt sind.

Über die Besonderheit der Cellobiase und ihre Abgrenzung und Unterscheidung von Alkyl- und Phenyl-Glucosidasen und anderen Enzymen besitzen wir noch nicht genug experimentelle Unterlagen. Bertrand hat sich mit Holderer (Bull. 7, l. c.) sowie mit Compton[10] auf Grund eigener Versuche nachdrücklich für die Existenz einer spezifischen Cellobiase ausgesprochen; die Vergleiche betreffen Lactase und Emulsin, und man wird den genannten Forschern bezüglich der Verschiedenheit der Cellobiase von Lactase zustimmen können; bezüglich Emulsin ist die Entscheidung wegen der zahlreichen Komponenten schwieriger. Jedenfalls wäre es sehr bemerkenswert, wenn sichergestellt werden könnte, dass die β-Alkyl- und Arrylglucoside

---

[1] Bertrand u. Holderer, C. r. 149, 1385; 1909; 150, 230; 1910. — Siehe auch Holderer, Woch. f. Brau. 26, 380; 1909.

[2] Fischer u. Zemplén, Lieb. Ann. 365, 1; 1909; 372, 254; 1910.

[3] Pringsheim u. Zemplén, H. 62, 367; 1909.

[4] Neuberg u. Rosenthal, Biochem. Zs. 143, 399; 1923.

[5] Pringsheim, H. 78, 266; 1912.

[6] Pringsheim u. Leibowitz, H. 131, 262; 1923.

[7] Cellobiase in Malz fand schon Holderer (Journ. Soc. Chem. Ind. 28, 733; 1909).

[8] Pringsheim u. Beiser, Biochem. Zs. 172, 411; 1926.

[9] Karrer u. Mitarbeiter, Helv. 7, 144, 154; 1927.

[10] Bertrand u. Compton, C. r. 151, 402; 1910. — Ann. Inst. Pasteur 24, 931; 1910.

spaltende Komponente des Emulsins zur Cellobiosespaltung nicht fähig ist, denn die α-Methylglucosidase ist doch mit der Glucosido-maltase identisch.

Sichergestellt ist, dass Cellobiose durch Maltase oder Trehalase, typische α-glucosidische, in Hefen vorkommende Enzyme, nicht angegriffen wird. Es bleibt noch zu untersuchen, ob diejenigen Hefen, welche zur Spaltung von beispielsweise Salicin oder α-Methylglucosid fähig sind, auch Cellobiose zu spalten vermögen.

Darstellung. Aus Aspergillus niger: Der Pilz wurde auf einer Asparagin-haltigen Nährlösung gezüchtet, dann nach der Vorschrift von Bourquelot[1] getrocknet. Hierauf wurden 2 g des zerriebenen Materials mit 20 ccm Wasser 24 Stunden bei 37° ausgelaugt. Mit 10 ccm dieser Lösung wurden 0,5 g Cello-biose unter Zusatz von Toluol 84 Stunden bei 37° stehen gelassen, dann war die Biose zum grössten Teil gespalten.

Aus Kefirkörnern: 25 g gewaschene Kefirkörner werden mit 150 ccm destillierten Wassers und 2,5 ccm Toluol bei 20°—23° während 48 Stunden unter zeitweisem Umschütteln stehen gelassen. Die Hydrolyse der Cellobiose erfolgt nur langsam.

Aus niedrigen Pilzen durch Presssäfte: Pringsheim und Zemplén, l. c.

Aus Gerstenmalz werden Auszüge, wie bei der Amylase beschrieben, bereitet. In den Auszügen ist die Cellobiase weniger stabil als die Lichenase. Die Cellobiase wird weiter durch Aluminium-metahydroxyd bei pH = 11 gut adsorbiert (Pringsheim und Beiser). Versuche, die Cellobiase aus dem Adsorbat zu eluieren, scheinen nicht vorzuliegen.

In dem Lebersekret von Helix pomatia konnten Karrer und seine Mit-arbeiter[2] die Lichenase, Cellobiase und Gentiobiase von anderen Begleit-enzymen durch Dialyse fast vollständig befreien. Durch Adsorption an basisches Aluminiumsulfat in essigsaurer Lösung wird in solchen Enzym-lösungen die Cellobiase leichter als die anderen Teilenzyme adsorbiert.

Der Einfluss der Acidität bei der Adsorption geht auch aus Beobachtungen von Bertrand und Holderer[3] hervor, dass für die Filtration durch Ton die Acidität sehr wesentlich ist. Dasselbe gilt für die Extraktion des Enzyms.

Wirkungsbedingungen. Aus Bertrands und Comptons[4] Angaben lässt sich entnehmen, dass das Aciditätsoptimum bei etwa pH = 6 liegt. Prings-heim und seine Mitarbeiter haben bei ihren Versuchen über Lichenin- und Cellobiosespaltung pH = etwa 5 eingestellt, Karrer und Mitarbeiter arbeiten bei einer Acidität entsprechend pH = 5,28.

Einfluss der Temperatur. Auch bezüglich der Temperatur liegt eine Untersuchung von Bertrand und Compton[5] vor, welche mit Extrakt aus

---

[1] Bourquelot, C. r. 116, 826; 1893.

[2] Siehe Karrer, Polymere Kohlenhydrate S. 110 u. ff.; 1925.

[3] Bertrand u. Holderer, Bull. Soc. Chim. (4) 7, S. 180 u. ff.

[4] Bertrand u. Compton, C. r. 153, 360; 1911.

[5] Bertrand u. Compton, Bull. Soc. Chim. France (4) 9, 100; 1911.

süssen Mandeln angestellt ist; die von ihnen angegebenen Kurven zeigen ein deutliches Maximum der Wirksamkeit bei etwa 46^0.

3 Minuten langes Erhitzen auf 75^0—77^0 hat das Enzym zerstört. Bereits bei 67^0 ist die Bakterien-Cellobiase genügend schnell inaktiviert, um den enzymatischen Abbau durch gewisse Bakterien so leiten zu können, dass die Cellulase (welche Cellobiose bildet) noch wirksam bleibt, während ein weiterer Abbau der entstandenen Biose verhindert wird. Dadurch ist es H. Pringsheim gelungen, wichtige Aufklärungen über die Cellulosespaltung zu erhalten (vgl. 12. Kap.).

Synthese. Wie schon im I. Teil erwähnt, hat Bourquelot zusammen mit Bridel und Aubry mit Hilfe von Emulsin Glucose zu Cellobiose synthetisieren können. Gleichzeitig wird Gentiobiose gebildet. Beim ersten Versuch[1] wurde Glykol als Lösungsmittel verwendet; dabei entstand ausserdem noch Glykolmonoglucosid und Glykoldiglucosid. Bei weiteren Versuchen in wässriger Lösung[2] war der Nachweis der Cellobiose neben Gentiobiose weniger scharf.

Spaltung des Cellobiosons und des Hydrocellobials.

Bemerkenswert ist, dass auch das Cellobioson durch Emulsin gespalten wird. E. Fischer und Zemplén[3], welche diesen Körper dargestellt haben, geben darüber folgenden Versuch an:

Eine Lösung von 1 g Cellobiose in 8 ccm Wasser blieb mit 0,5 g Emulsin 20 Stunden bei 36^0 stehen. Nach dem Aufkochen mit wenig Na Ac wurde filtriert. Die Flüssigkeit enthielt jetzt Glucoson und Traubenzucker, denn sie gab in der Kälte auf Zusatz von salzsaurem Phenylhydrazin und Na Ac sehr bald einen reichlichen Niederschlag von Phenylglucosazon.

Das Hydrocellobial, $C_{12}H_{22}O_9$ haben E. Fischer und K. v. Fodor[4] aus Hexa-acetylcellobial durch Reduktion mit Platinmohr nach Willstätter und Abspaltung der Acetylgruppen mittels Baryt erhalten. „Die nahen Beziehungen zum Glucal und Hydroglucal liessen sich beweisen durch die Hydrolyse des Hydrocellobials mit Emulsin."

„Eine Lösung von 2 g Hydrocellobial in 20 ccm Wasser blieb mit 0,8 g käuflichem Emulsin und einigen Tropfen Toluol in verschlossenem Gefäss 2 Tage bei 37^0 und wurde dann filtriert, aufgekocht, abermals filtriert und nochmals gekocht. Um die jetzt in der Lösung in reichlicher Menge enthaltene Glucose zu entfernen, haben wir mit 0,5 g obergäriger Hefe versetzt und unter den üblichen Vorsichtsmassregeln wieder 24 Stunden bei 37^0 gehalten. Die von der Hefe abfiltrierte Lösung, welche jetzt kaum noch reduzierte, wurde unter vermindertem Druck verdampft, der Rückstand mit Alkohol ausgekocht, das alkoholische Filtrat wieder verdampft und der Rückstand mehrmals mit Essigäther ausgekocht. Beim Verdampfen des Essigäthers blieb ein Sirup. Er wurde in sehr wenig Alkohol gelöst, bis zur beginnenden Trübung mit Petroläther versetzt und mit einem Kryställchen von Hydroglucal geimpft. Alsbald begann die Abscheidung von schön ausgebildeten Prismen." Dieselben schmelzen bei $85-87^0$ und gleichen in jeder Beziehung dem Hydroglucal, $C_6H_{12}O_4$.

---

[1] Bourquelot u. Bridel, C. r. 168, 1016; 1919.

[2] Bourquelot, Bridel u. Aubry, Jl de Pharm et de Chim. (7) 21, 129; 1920.

[3] E. Fischer u. Zemplén, Lieb. Ann. 365, 1; 1909.

[4] E. Fischer u. K. v. Fodor, Chem. Ber. 47, 2057; 1914.

Aus diesen Versuchen Fischers lässt sich entnehmen, dass die untersuchte Cellobiase spezifisch auf den Glucosidoteil der Cellobiose eingestellt ist. Hinsichtlich der Existenz einer Gluco-Cellobiase ist nichts bekannt.

B. Gentiobiase.

Substrat. Die von Bourquelot und Hérissey[1] entdeckte Gentiobiose schmilzt bei 190—195° (mit 2 Mol. Methylalkohol krystallisiert bei 85,5—86°). $[\alpha]_D = +9,6°$ für das α, β-Gleichgewicht; $[\alpha]_D$ der α-Form $= +31°$ (aus Methylalkohol); $[\alpha]_D$ der β-Form (aus 90 %igem Alkohol) $= -11°$.

Die Gentiobiose kann aus dem Trisaccharid Gentianose durch partielle Hydrolyse mit sehr verdünnten Säuren oder mit Hefe-Saccharase gewonnen werden. Zemplén[2] hat das gut krystallisierende Octaacetat der Gentiobiose direkt aus dem Extrakt der Enzianwurzel, Radix gentianae german.[3] gewonnen. Bourquelot, Hérissey und Coirre[4] haben 1913 die Synthese der Gentiobiose aus Glucose unter der Einwirkung von Emulsin durchgeführt und diese Synthese eignet sich auch zur Darstellung des Disaccharids. Gentiobiose ist weiter mit der Biose des Amygdalins (Amygdalose) identisch[5].

Die rein chemische Synthese der Gentiobiose gelang 1925 B. Helferich[6]. Durch diese Synthese wurde zugleich die Konstitution des Zuckers als Glucosido-6-Glucose festgestellt:

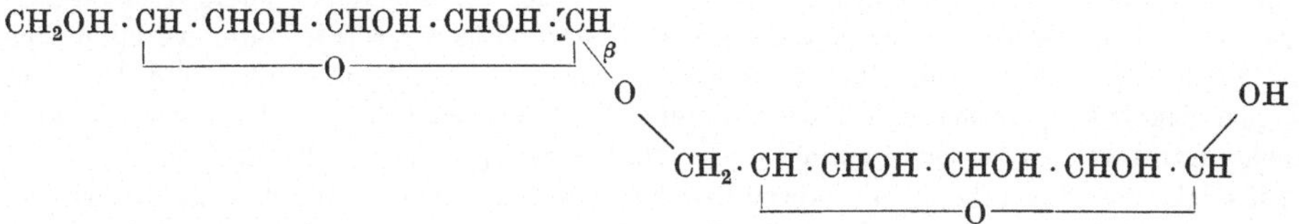

In der Gentianose ist Gentiobiose mit ihrer reduzierenden Gruppe mit Fructose glucosidifiziert, in dem Amygdalin mit dem Mandelnitrilrest.

Vorkommen der Gentiobiase. Die Verbreitung der Gentiobiase ist noch wenig untersucht. Ausser im Emulsin soll das Enzym in Schimmelpilzen vorkommen. Hinsichtlich des Vorkommens in Hefen ist zu erwähnen, dass nach älteren Angaben die Gentiobiase zu fehlen scheint. Nach neueren Angaben von Pringsheim, Bondi und Leibowitz[7] findet jedoch unter der

---

[1] Bourquelot u. Hérissey, C. r. 132, 571; 1900; 135, 290, 399: 1901. — Jl de Pharm. et de Chim. (6) 16, 420; 1901.

[2] Zemplén, H. 85, 399; 1913. — Chem. Ber. 48, 233; 1915.

[3] Gentianose kommt (neben Rohrzucker) auch in anderen Gentiana-Arten (cruciata u. purpurea) vor (Bridel, Soc. Biol. 83, 24; 1920).

[4] Bourquelot, Hérissey u. Coirre, C. r. 157, 732; 1913. — Jl de Pharm. et de Chim. (7) 8, 441; 1913. — Siehe auch Bourquelot u. Bridel, C. r. 165, 728; 1917 und 168, 253; 1919 (Glykol als Lösungsmittel).

[5] Haworth u. Wylam, Jl Chem. Soc. 123, 3120; 1923. — Hudson, Jl Amer. Chem. Soc. 46, 483; 1924. — Vgl. Kuhn, Chem. Ber. 56, 857; 1923.

[6] B. Helferich, K. Bäuerlein u. F. Wiegand, Lieb. Ann. 447, 27; 1926.

[7] Pringsheim, Bondi u. Leibowitz, Chem. Ber. 59, 1983; 1926.

Einwirkung von gewissen Hefen in konzentrierten Glucoselösungen eine Synthese von Gentiobiose statt, welche die erwähnten Autoren auf die Wirkung einer von der Amygdalase spezifisch verschiedenen Gentiobiase zurückführen. (Über die vermutliche Verschiedenheit der Amygdalase und Gentiobiase siehe S. 270.) Die Gentiobiose-Synthese trat jedoch unter Anwendung von Bäckerhefe nicht ein, so dass vielleicht der Schluss gezogen werden kann, dass die Gentiobiase wohl in Unterhefen nicht aber in Bäckerhefen vorkommt.

In dialysiertem Lebersekret von Helix pomatia fand Karrer[1] Gentiobiase neben der Lichenase und der Cellobiase.

Hinsichtlich der Wirkungsweise des Enzyms ist noch sehr wenig bekannt.

Synthetische Wirkung. Wie schon erwähnt, ist es Bourquelot, Hérissey und Coirre (l. c.) 1913 gelungen, die Synthese der Gentiobiose aus Glucose mittels Emulsin durchzuführen und diese Synthese, welche in der Geschichte der enzymatischen Synthesen einen hervorragenden Platz einnimmt, ist später von Zemplén[2] bestätigt worden. Wie erwähnt, eignet sich die biochemische Synthese zur Darstellung des Disaccharids.

Die genannten Forscher beschreiben folgenden Versuch:

1000 ccm einer Lösung von 50 g Glucose in 100 ccm ($\alpha = + 50^0\,30'$, $l = 2$) wurden mit 5 g Emulsin und 5 g Toluol versetzt, hierauf bei 15—20^0 während eines Monats täglich 2—3 mal umgeschüttelt. Die Drehung fiel auf $+ 44^0\,12'$.

Hierauf wurde die Lösung erhitzt, filtriert und einer Gärung durch obergärige Bierhefe unterworfen. Die gegorene, mittels $CaCO_3$ neutralisierte Lösung wurde unter vermindertem Druck ganz eingedampft. Der Rückstand wurde 3 mal mit 95 %igem Alkohol und 3 mal mit 90 %igem Alkohol (jedesmal mit 150 ccm) unter Rückfluss ausgekocht. Die nach Erkalten filtrierten Extrakte wurden mit Gentiobiose-Krystallen geimpft. Nach etwa 3 Wochen wurden die Flüssigkeiten dekantiert, von krystallisierten aschereichen Produkten abfiltriert und wieder mit Gentiobiose geimpft. Nach 6 Wochen wurden die aufs neue entstandenen Krystalle (etwa 8 g) gesammelt und aus 90 %igem Alkohol umkrystallisiert; sie erwiesen sich als Gentiobiose.

Sehr bemerkenswert ist der erwähnte Befund von Bondi und Leibowitz, dass eine Gentiobiosesynthese auch durch Unterhefe erzielt werden kann. Die weitestgehende Synthese wurde in 50%iger Glucoselösung bei pH = 6,6 erreicht. Die Charakterisierung des gebildeten Disaccharids als Gentiobiose geschah durch Darstellung des Osazons und der Oktaacetyl-Gentiobiose. Die Höchstausbeute an Gentiobiose betrug 4 % der angewandten Glucosemenge.

Spaltung der Gentianose.

Als Trisaccharid von der Zusammensetzung

Gentiobiose

Fructose-Glucose-Glucose

Saccharose

<hr>

[1] Karrer, Polymere Kohlenhydrate 111; 1925.
[2] Zemplén, Chem. Ber. **48**, 233; 1915.

erfolgt die Spaltung der Gentianose durch eine Fructo-Gentianase in Fructose und Gentiobiose. Diese in Hefen vorkommende Fructo-Gentianase ist mit aller Wahrscheinlichkeit mit der Fructo-Saccharase identisch. Durch eine Gluco(sido)-Gentianase erfolgt dagegen die Spaltung in Glucose und Rohrzucker. Mit Emulsin haben Bourquelot und Bridel[1] diese letzte Spaltung durchgeführt. Wie Bourquelot[2] schon viel früher fand, spaltet das gleiche Emulsinpräparat die Gentianose selbst viel langsamer als die freie Gentiobiose. Dies spricht jedoch natürlich nicht gegen die Annahme, dass die Gentiobiase mit der Gluco(sido)-Gentianase identisch ist. Wahrscheinlich kann die langsamere Spaltung der Gentianose teilweise darauf zurückgeführt werden, dass das Enzym eine geringere Affinität zum Trisaccharid besitzt, als zur Gentiobiose, in ähnlicher Weise wie eine viel geringere Affinität zwischen Saccharase und Raffinose als zwischen Saccharase und Rohrzucker besteht.

Über die Amygdalase siehe Kapitel 7.

C. Spaltung anderer Glucosido-β-Glucosen.

Isomaltose. E. Fischer[3] erhielt bei der Einwirkung von konzentrierter Salzsäure auf Glucose (100 g Glucose + 400 g rauch. HCl, 15 Std. bei 15°) eine Biose, welche er als Isomaltose bezeichnete. Harrison[4] fand für Isomaltose, die durch 0,7 n. HCl synthetisiert war $[a]_D = + 84,4°$. A. Georg und A. Pictet[3], welche die Eigenschaften der Isomaltose in einer neueren Arbeit näher beschreiben, fanden nach Beendigung der Mutarotation $[a]_D = + 98,4°$. Das Reduktionsvermögen fanden dieselben Autoren gleich 42,5% des Reduktionsvermögens der Glucose.

Nach Georg und Pictet dürfte der Isomaltose die Struktur einer Glucosido ⟨1,5⟩ 3-Glucose ⟨1,5⟩ oder einer Glucosido ⟨1,6⟩ 2-Glucose ⟨1,6⟩ zuerteilt werden können.

Das Vorkommen der Isomaltose im tierischen und pflanzlichen Organismus ist von manchen Forschern (Pavy, Röhmann) behauptet, von anderen bestritten worden. Auch über die enzymatische Bildung der Isomaltose aus Stärke gehen die Ansichten auseinander[5].

Durch Maltase wird Isomaltose nicht gespalten. E. F. Armstrong[6] fand, dass Isomaltose durch Emulsin hydrolysiert wird. Damit wäre nach unseren gegenwärtigen Ansichten die Tatsache vereinbar, dass die von Croft

[1] Bourquelot u. Bridel, C. r. 171, 11; 1920. — Jl de Pharm. et de Chin. (7) 22, 241; 1920.

[2] Bourquelet, Jl de Pharm. et de Chim. (6) 16; 1902.

[3] E. Fischer, Chem. Ber. 23, 3687; 1890; 28, 3024; 1895.

[4] Harrison, Jl Amer. Chem. Soc. 36, 586; 1914.

[5] A. Georg u. A. Pictet, Helv. 9, 612; 1926.

[6] E. F. Armstrong, Proc. Roy. Soc. B. 76, 592; 1905.

Hill[1] durch enzymatische Synthese erhaltene Biose Isomaltose[2] war. Obwohl Croft Hill zu seiner Synthese Bierhefe angewandt hatte, kann sich Isomaltose gebildet haben, da, wie Henry und Auld[3] und später Neuberg nachweisen konnten, Bierhefe auch etwas „Emulsin" (β-Glucosidase) enthält: Bayliss hat sich schon zeitig in dieser Richtung ausgesprochen.

Nach Pictet ist jedoch diese „Revertose" von der Isomaltose verschieden

Dextrinose, Amylobiose. Verschiedene Forscher haben von Zeit zu Zeit angegeben, dass bei der enzymatischen Spaltung der Stärke neben Maltose ein anderes Disaccharid gebildet wird. Dieser Zucker, dessen Natur und Beziehung zur Isomaltose nicht klargestellt ist, hat Syniewski[4] „Dextrinose" genannt. Die spezifische Drehung der Dextrinose soll + 141° sein.

Nach H. Pringsheim entsteht bei Spaltung der Stärke mit Säuren ein Disaccharid Amylobiose, welche K. Sjöberg[5] auch bei der enzymatischen Spaltung der Stärke mit Saccharomyces Sake als Restkörper fand. Eine Amylobiase, welche die Amylobiose zu spalten vermag, soll in Malz, nicht aber in Speichel oder Pankreas vorhanden sein. (Näheres hierüber siehe das Kapitel über Amylasen.)

„β-Glucosido-Maltose". Ling und Nanji[6] haben über die Gewinnung eines Trisaccharids durch enzymatische Spaltung des Amylopektins berichtet. Diese „β-Glucosido-Maltose" soll durch Emulsin in Glucose und Maltose gespalten werden. Pringsheim und Schapiro[7] haben nun mitgeteilt, dass auch bei Spaltung der Stärke durch das technische Enzym „Biolase" ein Trisaccharid entsteht, welches wahrscheinlich mit dieser β-Glucosido-Maltose identisch ist. Inwieweit jedoch die von diesen Autoren bestätigte Spaltbarkeit des Trisaccharids durch Emulsin auf eine β-Glucosidase oder auf die Mandel-Amylase[8] zurückzuführen ist, lassen sie dahingestellt bleiben. Sie finden es doch wahrscheinlicher, dass die Mandel-Amylase hier tätig ist.

---

[1] Croft Hill, Jl Chem. Soc. **73**, 634; 1898.
[2] Emmerling, Chem. Ber. **34**, 600 und 3810; 1901.
[3] Henry u. Auld, Proc. Roy. Soc. B. **76**, 568; 1905.
[4] Syniewski, Lieb. Ann. **324**, 212; 1902.
[5] K. Sjöberg, H. **162**, 223; 1927.
[6] Ling u. Nanji, Jl Chem. Soc. **123**, 2666; 1923; **127**, 629; 1925.
[7] Pringsheim u. Schapiro, Chem. Ber. **59**, 996; 1926.
[8] Vgl. Josephson, Chem. Ber. **58**, 2726; 1925.

9. Kapitel.

Galaktosidasen.

A. Alkyl-β-Galaktosidasen.

Sowohl α- als β-Methylgalaktosid ist von E. Fischer[1] dargestellt worden.

α-Methylgalaktosid, Schmelzpunkt 110°. $[\alpha]_D^{20} = +178,8°$. Weder Enzyme tierischen Ursprungs[2] noch Hefenenzyme noch Kefirenzyme[3] spalten. Pottevin[4] hat eine Einwirkung durch ein Enzym aus Aspergillus niger beobachtet und nach Bierry (C. r. 149) enthält Helix pomatia sowohl ein α- als ein β-Galaktosid.

β-Methylgalaktosid[1, 5], Schmelzpunkt 173—176°. Wässerige Lösung zeigt keine deutliche Drehung; in kalt ges. Boraxlösung (p = 8,5) $[\alpha]_D^{20} = +2,6°$.

Ausser diesen beiden Methylgalaktosiden, in welchen nach Haworth ein Amylenoxydring anzunehmen ist, haben Haworth, Ruell und Westgarth[6] noch ein neues Methylgalaktosid dargestellt, welchem sie die folgende Formel zuschreiben:

$$O \begin{cases} - HCOCH_3 \\ \quad H\overset{.}{C}OH \\ \; HO\overset{.}{C}\cdot H \\ - \overset{.}{C}H \end{cases}$$
$$H\overset{.}{C}OH$$
$$H_2\overset{.}{C}OH$$

Die beiden Stoffe unterscheiden sich also nur durch die räumliche Lage des Lactonringes.

Für die Geschwindigkeit der Säurespaltung geben Armstrong und Caldwell folgende relative Zahlen an[7]:

α-Methylglucosid	100
β-Methylglucosid	179
α-Methylgalaktosid	542
β-Methylgalaktosid	884
Lactose	582

[1] E. Fischer, Chem. Ber. 28, 1154; 1895. — Fischer und Beensch, Chem. Ber. 27, 2480; 1894.

[2] E. Fischer u. Niebel, Sitz.-Ber. Preuss. Akad. 5, 73; 1896.

[3] E. Fischer, Chem. Ber. 27, 2985 und 3482; 1894.

[4] Pottevin, Ann. Inst. Pasteur 17, 31; 1903.

[5] Königs u. Knorr, Chem. Ber. 34, 979; 1901.

[6] Haworth, Ruell u. Westgarth, Jl Chem. Soc. 2468; 1924.

[7] Siehe auch E. F. Armstrong, The simple Carbohydrates, 3. Aufl., S. 130.

Die Spaltung durch (Mandel-)Emulsin hat E. Fischer 1895 gefunden[1].

„Der Versuch ist interessant genug, um ausführlich mitgeteilt zu werden. 1 Teil des Galaktosids wurde in 10 Teilen Wasser gelöst, mit 0,2 Teilen Emulsin versetzt und während 3 Tagen auf 33⁰ erwärmt. Es waren dann 35⁰/₀ des Materials in Zucker verwandelt. Bei Anwendung der doppelten Menge Emulsin stieg die Spaltung auf 60⁰/₀“.

Wird ausserdem durch Kefirlactase[2] und durch ein Enzym aus Aspergillus niger gespalten, ferner wie oben erwähnt, durch ein Helix-Enzym[3]. Bierry hat übrigens an Helix-Material Beobachtungen gemacht, welche auf eine Verschiedenheit von β-Alkylgalaktosidasen und Lactase hindeuten können. Die Äthylgalaktoside verhalten sich analog mit den Methylverbindungen.

Das Gleichgewicht, welches unter Einwirkung von Emulsin zwischen Galaktose und Propylalkohol eintritt, hat Bridel[4] nach dem Massenwirkungsgesetz berechnet.

B. Lactase.

Substrat: Milchzucker; α-Modifikation (gewöhnlicher Milchzucker) $C_{12}H_{22}O_{11} + H_2O$. Das Krystallwasser entweicht erst bei 125⁰. $[\alpha]_D^{20} = + 90^0$. Die Mutarotation ist eingehend von Hudson[5] studiert. α-Lactose ist = α-Glucose-β-Galaktosid.

β-Modifikation; $C_{12}H_{22}O_{11}$; Umwandlungstemperatur in α-Modifikation 92—93⁰. $[\alpha]_D^{20} = + 35^0$. β-Lactose ist β-Glucose-β-Galaktosid. $[\alpha]_D^{20}$ im Gleichgewicht wasserhaltig $= + 55{,}3^0$.

Nach Charlton, Haworth und Peat[6] ist die Bindung zwischen der Glucose und der Galaktose folgende:

$$CH_2OH \cdot CH \cdot CHOH \cdot CHOH \cdot CHOH \cdot CH$$

Galaktoserest

$$CH_2OH \cdot CH \cdot CH \cdot CHOH \cdot CHOH \cdot CHOH$$

Glucoserest

Es sei aber gleichzeitig auf die bemerkenswerten Arbeiten von Zemplén[7] verwiesen.

Ferner ist zu erwähnen, dass es E. Fischer und Curme[8] gelungen ist, das Hydrolactal $C_{22}H_{22}O_2$ mittels Emulsin zu spalten. Der Nachweis der Spaltprodukte, Galaktose (als Schleimsäure) und Hydroglucal wurde in einwandfreier Weise geliefert.

---

[1] E. Fischer, Chem. Ber. 28, 1429; 1895.

[2] E. Fischer u. E. F. Armstrong, Chem. Ber. 35, 3155; 1902.

[3] Bierry u. Giaja, Soc. Biol. 61, 485; 1906.

[4] Bridel, C. r. 172, 1288; 1921.

[5] Hudson, Zs physik. Chem. 44, 487; 1903. — Jl Amer. Chem. Soc. 26, 1065; 1904.

[6] Charlton, Haworth u. Peat, Jl Chem. Soc. 1926, 89. — Haworth u. Ch. W. Long, Jl Chem. Soc. 1927, 544.

[7] Zemplén, Chem. Ber. 59, 2402; 1926.

[8] E. Fischer u. Curme, Chem. Ber. 47, 2047; 1914.

Die von Fischer und E. F. Armstrong (Chem. Ber. 35) synthetisch dargestellte Galaktosido-Glucose, welche von Armstrong als Melibiose angesehen wurde, dürfte nach Schlubach und Rauchenberger[1] mit Lactose identisch sein.

Durch den verdauenden Saft von Helix pomatia wird nach Bierry und Giaja[2] auch die Lactobionsäure angegriffen; es entsteht Galaktose und Gluconsäure; der macerierte Darm eines Kuh- oder Schaffötus zeigte diese Wirkung nicht oder nur in geringem Grad. Durch Helix-Saft soll sich auch das Lactosazon in Galaktose und Glucosazon zerlegen lassen[3].

I. Tierische Lactasen.

Vorkommen: Im Darm junger Säugetiere[4]; der Einfluss des zugeführten Zuckers ist noch nicht endgültig festgestellt (siehe z. B. Strauss, Berl. klin. Wochenschr. 1898). Demgemäss auch im Kot von Säuglingen (Langstein und Steinitz, 1906) und säugender Tiere (Porcher, 1900). Lactase tritt nach Porcher[5] bei Katzen, Hunden, Kälbern (hier am 45. Tage) in der Darmschleimhaut schon während des fötalen Lebens auf, und nimmt mit dem Alter des Fötus zu. Bei älteren Tieren nimmt der Lactasegehalt im Darm ab oder verschwindet ganz, soll aber durch längere Milchfütterung wieder hervorgerufen werden können[6]. Im menschlichen Darmsaft haben Hamburger und Hekma[7] keine Lactase gefunden.

Brustdrüsen von säugenden Katzen, Ziegen, Kühen zeigten keine Lactosespaltung. Auch ist es zweifelhaft, ob Milch Lactase enthält[8].

Pankreas soll weder beim Säugling[9] noch beim ausgewachsenen Menschen[10] und nach E. Fischers und Niebels Befund auch nicht bei Pferd und Rind Lactase enthalten; wogegen Weinland[11] im Hundepankreas Lactase fand, die bei Milchfütterung zunahm. Gegenteilige Angaben von Bierry[12] und Plimmer[13].

In anderen Organen höherer Tiere ist Lactase nicht angetroffen worden.

Der Verdauungstractus von Helix pomatia spaltet Milchzucker[14]; ungewiss ist, ob dieses Enzym mit der Lactase höherer Tiere identisch ist.

---

[1] Schlubach u. Rauchenberger, Chem. Ber. 58, 1184; 1925. — 59, 2102; 1926.

[2] Bierry u. Giaja, C. r. 147, 268; 1908.

[3] Bierry, C. r. 148, 949; 1909.

[4] Röhmann u. Lappe, Chem. Ber. 28, 2506; 1895. — Portier, Soc. Biol. 50, 387; 1898. — Bierry u. Salazar, Soc. Biol. 57, 181; 1904.

[5] Porcher, Soc. Biol. 83, 420; 1920.

[6] Foà, Arch. di Fisiol. 8, 121; 1910.

[7] Hamburger u. Hekma, Jl de Physiol. et Pathol. gén. 4, 805; 1902.

[8] Vandevelde, Bioch. Zs 11, 61; 1908. — Bradley, Jl Biol. Chem. 13, 431; 1913. — M. Hahn, Münch. med. Wochenschr. 1911.

[9] Ibrahim, H. 62, 287; 1909.

[10] Glaessner, H. 40, 465; 1903. — Mellanby u. Woolley, Jl of Physiol. 49, 246; 1915.

[11] Weinland, Zs Biol. 38, 607; 1899.

[12] Bierry, Soc. Biol. 58, 701; 1901.

[13] Plimmer, Jl of Physiol. 35, 20; 1906.

[14] Bierry u. Giaja, Soc. Biol. 60, 1038; 1906.

Andererseits bestehen vielleicht zwischen diesen und pflanzlichen Lactasen ähnliche Unterschiede wie zwischen den Saccharasen.

Über die Wirkungsbedingungen der tierischen Lactasen ist nichts Näheres bekannt.

Enzymbildung.

Im Anschluss an die Untersuchung von Virtanen (H. 137, 1; 1924) über die enzymatische Fettbildung im Kuheuter wurden in diesem Laboratorium auch Versuche über die Lactose- und Lactasebildung in diesem Organ angestellt. Die enzymatische Umwandlung der Glucose in Galaktose, die im weiblichen Säugetierorganismus zu Beginn der Lactationsperiode einsetzt, ist indessen noch nicht aufgeklärt.

Eine Antilactase wurde nach subcutaner Injektion von Kefirlactase gesucht (vgl. I. Teil, 3. Aufl., S. 392).

Zerlegung von Milchzucker im Blut nach subcutaner Injektion.

Abderhalden[1] hat im Anschluss an seine Arbeiten über „Abwehrfermente" mit Brahm diesbezügliche Versuche angestellt, und schliesst daraus, dass nach subcutaner Injektion des „blutfremden" Milchzuckers „das Plasma resp. Serum Eigenschaften annimmt, die vor den Injektionen nicht nachweisbar sind. Alles deutet darauf hin, dass Fermente auftreten, die die genannten Zuckerarten in ihre Komponenten zerlegen". Bestätigungen dieses Ergebnisses wären offenbar von grossem Interesse. — Bei Schwangeren kommt kein Abwehrenzym gegen Lactose vor (Münch. med. Wochenschr. 1913).

II. Lactosespaltung in höheren Pflanzen (Mandelemulsin).

Die Milchzuckerspaltung durch Mandelemulsin ist zuerst von H. E. und E. F. Armstrong[2] und ihren Mitarbeitern und erneut von Willstätter und Csányi[3] untersucht worden.

Das hierbei wirksame Enzym nennen wir im folgenden, dem Vorschlag von Bourquelot und Hérissey[4] folgend, Lactase; es muss dabei aber ausdrücklich betont werden, dass eine sichere Abgrenzung noch nicht gegen alle anderen Emulsinbestandteile durchgeführt ist[5], und dass andererseits dieses Mandelenzym mit der Kefirlactase vielleicht nicht[2], und mit den tierischen Lactasen wahrscheinlich nicht identisch ist.

Willstätters Tabelle über den Einfluss von Mandelpräparaten auf Lactose und andere Substrate ist bereits Seite 280 mitgeteilt.

Vorkommen. Es sei hier auf Kap. 6 und auf die dort angegebenen Reinigungsmethoden für Mandelpulver (S. 226 u. ff.) verwiesen.

Wirkungsbedingungen. Die optimale Acidität lässt sich aus den von Willstätter mitgeteilten Kurven, Fig. 32, S. 271, entnehmen, sie liegt im

---

[1] Abderhalden u. Brahm, H. 64, 329; 1910.

[2] H. E. u. E. F. Armstrong u. Horton, Proc. Roy. Soc. B. 80, 321; 1908.

[3] Willstätter u. Csányi, H. 117, 172; 1921.

[4] Bourquelot u. Hérissey, Soc. Biol. 55, 219; 1903.

[5] Willstätter (l. c.) hat gezeigt, dass das Verhältnis der Lactase zu Prunase im Emulsin veränderlich ist, nämlich 577 bei Aprikosenkernen, 3740 in einem Handelspräparat.

pH Gebiet 4,2—4,6; bei pH = 3 ist die Wirkung noch bedeutend; das zeigt auch folgender Auszug aus einer von Willstätter angegebenen Tabelle:

pH	3,2	3,8	4,4	4,9	6,0	7,0	8,0
Rel. Wirksamkeit . . .	62	85	100	91	62	14,5	4,5

Einfluss von Alkohol. Bemerkenswert ist die von Bridel[1] festgestellte Tatsache, dass Mandellactase noch in 85%igem Äthylalkohol zu spalten vermag.

Kinetik.

Die Messungen von Armstrong sind offenbar durch die Inkonstanz der Acidität (Mangel an Puffer) beeinflusst. Wir führen trotzdem einige Zahlen aus seinen Untersuchungen über Mandelemulsin an[2]. Neben den Versuchszeiten stehen die gespaltenen Mengen Milchzucker in Prozenten und in der 3. Kolumne die nach der Formel für monomolekulare Reaktionen berechneten k-Werte. Die 4. Kolumne ist vom Verf. berechnet.

2 g Milchzucker / 0,2 g Emulsin } in 100 ccm   2 g Milchzucker / 0,4 g Emulsin } in 100 ccm

Min.	x	$k \cdot 10^4$	$\dfrac{x}{\sqrt{t}}$	Min.	x	$k \cdot 10^4$	$\dfrac{x}{\sqrt{t}}$
0,5	3,2	282	4,5				
1	4,8	214	4,8	1	4,9	218	4,9
2	6,4	143	4,5	2	7,5	169	5,3
3	7,6	114	4,4				
4,5	9,0	91	4,2	4,5	9,4	95	4,4
6	10,0	91	4,1	6	10,6	81	4,3
				23	30,5	69	2,0
29	22,0	37	4,1	29	35,5	64	2,0
48	29,0	31	4,2	48	47,8	59	2,2
53	30,7	30	4,2	53	50,0	57	2,2
144	62,2	29	5,2	144	84,0	55	7,0
264	77,5	24	4,9				

Eine einfache Beziehung zwischen Reaktionszeit und umgesetzter Menge ist aus diesen Zahlen nicht ohne weiteres ersichtlich; ebensowenig geht aus den in der erwähnten Arbeit gegebenen Tabellen eine einfache Beziehung zwischen der Geschwindigkeit der Reaktion und der Enzymkonzentration hervor.

Spätere Versuche (Proc. Roy. Soc. 80, 326; 1908) geben einen engeren Anschluss an den Verlauf monomolekularer Reaktionen, wenn mit relativ viel Enzym (Mandelextrakt) gearbeitet wurde.

5%-ige Milchzuckerlösung.

	40 ccm Enzymlösung		60 ccm Enzymlösung	
Stunden	x	$k \cdot 10^4$	x	$k \cdot 10^4$
2	15,2	358	18,5	444
3	18,5	296	22,7	373
5	21,1	251	36,5	394
7	33,5	253	44,9	380
9	42,2	264	52,5	360
10	44,0	252	53,5	332
24	73,4	240	76,0	258

[1] Bridel, C. r. 173, 501; 1921. — Bez. Methylalkohol, Jl Pharm. Chim. (7) 22.
[2] E. F. Armstrong, Proc. Roy. Soc. B. 73, 500, 516, 526; 1904.

0,7%ige Lösung, 500 mg Emulsin;
pH = 4,4. 30°.

Stunden	x	k · 10⁴
4	15	410
7	24	390
21	55	380
24	61	390
30	69,5	396
46	85	410

Wie die dritte und fünfte Spalte ergibt, wurde auch bei diesen Versuchen keineswegs durchgehende Proportionalität zwischen Enzymkonzentration und Geschwindigkeit gefunden; nur relativ kleine Enzymmengen hydrolysierten ihren Konzentrationen proportional.

Die nebenstehende Tabelle ist der Untersuchung von Willstätter und Csányi entnommen. Hier ist die Konstanz von k recht befriedigend.

Armstrong gab folgende Tabelle über den Einfluss der Lactase-Konzentration auf die Spaltungsgeschwindigkeit einer 5%igen Milchzuckerlösung; sie zeigt die gespaltenen Zuckermengen in Prozenten (l. c. 73, 510).

ccm Lactase	1,5 Stunden	20 Stunden	25 Stunden	45 Stunden	68 Stunden
1,0	0,15	2,2	2,6	3,9	4,8
2,5	0,4	5,8	6,8	10,2	12,6
10	1,6	23,3	—	38,6	48,5
20	3,2	45,8	54,5	—	—

Die pro Zeiteinheit hydrolysierten Quantitäten werden also den Enzymkonzentrationen, solange diese nicht sehr gross sind, angenähert proportional gefunden. Dies zeigen auch die folgenden Zahlen (Proc. Roy. Soc. 80, 326).

Enzymmenge:	10	20	40	60 ccm
Geschwindigkeits-Konstante k · 10⁴:	107	212	279	385

Dann hört ihre Wirksamkeit auf, was so gedeutet wurde, dass die Spaltprodukte Glucose und Galaktose das Enzym binden und es dadurch der Reaktion mit dem Substrat entziehen.

5 g Milchzucker in 100 ccm. 40 ccm Extrakt aus bitteren Mandeln + 5 g Glucose oder Galaktose. (Armstrong, l. c. 328.)

Stunden	g Milchzucker gespalten		
	ohne Zusatz	Glucose	Galaktose
2	0,35	0,05	0,36
5	0,85	0,10	0,88
10	1,225	0,37	1,23
24	2,025	0,75	1,96

Über den Einfluss der Spaltprodukte haben H. E. Armstrong, E. F. Armstrong und Horton (Proc. Roy. Soc. 80) weitere Versuchsreihen angestellt.

Hier übt also Glucose eine stark hemmende Wirkung aus, was bei der Kefirlactase nicht der Fall ist.

Variiert man die Milchzuckermenge, so findet man, wenn relativ viel Enzym zugegen ist, Proportionalität zwischen der Zuckerkonzentration und der in der Zeiteinheit gespaltenen Menge, also gleiche Werte für die Reaktionskoeffizienten k.

Gespaltene Milchzuckermengen in Prozenten:

Milchzucker in 100 ccm	Gespalten nach 3 Stunden	k · 10⁴
1,0 g	0,185	296
0,5 g	0,098	298
0,2 g	0,0416	337

Für relativ grosse Substratmengen wird die prozentische Menge gespaltenen Zuckers umgekehrt proportional der Zuckerkonzentration, so dass also in der Zeiteinheit gleiche absolute Mengen Zucker gespalten werden, welches auch seine Konzentration ist.

Einfluss der Temperatur.

H. E. Armstrong, E. F. Armstrong und Horton (l. c. 80, 325) beschreiben bemerkenswerte Einflüsse der Temperatur auf das Emulsin.

Eine von ihnen aus Mandeln hergestellte Emulsinlösung war bei 15° gegen β-Methylglucosid ziemlich wirksam, während Milchzucker nur wenig angegriffen wurde; dagegen wurden bei 36° beide Substrate verhältnismässig rasch hydrolysiert. Dies liesse auf einen hohen Temperaturkoeffizienten der enzymatischen Milchzuckerspaltung durch die Mandel-Lactase schliessen.

Wurde der Extrakt etwa 3 Stunden auf 45° erwärmt, so verlor er dadurch vollständig seine Wirkung gegen Milchzucker, dagegen behielt er seine Aktivität gegen β-Methylglucosid, Amygdalin und Salicin, nicht allein nach 20stündiger Erhitzung auf 45°, sondern nach mehrstündiger Erhitzung auf 55° in Gegenwart dieser Substrate; erst Erhitzen auf 59° zerstörte. (In Betracht zu ziehen ist, dass sich die Lactase in einer für ihre Stabilität ungünstigen Acidität befunden haben kann.)

Ferner beschreiben die englischen Autoren einen qualitativen Versuch, bei welchem sie Mandeln bei 0° und darauf bei 45° mit Wasser extrahieren. Aus der Wirksamkeit der beiden Extrakte bei 38° und bei 15° glauben sie den Schluss ziehen zu können, dass die Lactase vorzugsweise bei der niedrigen Temperatur extrahiert wurde. Quantitative Messungen wären wünschenswert.

III. Lactase in Pilzen und Bakterien.

Vorkommen. In Milchzuckerhefen (Saccharomyces Kefir und Sacch. Tyrocola) von Beijerinck[1] und von E. Fischer[2] nachgewiesen. Aus armenischer Mazunhefe gewannen Buchner und Meisenheimer[3] einen Presssaft, welcher Milchzucker spaltete. Über wirksame Saccharomyceten siehe S. 318. Im allgemeinen wird die Fähigkeit Milchzucker zu spalten den Torulaceen zugeschrieben[4], wie denn auch die von Duclaux und Adametz beschriebenen Milchzuckerhefen als Torulaarten aufgefasst werden. Indessen muss hierzu bemerkt werden, dass der Nachweis von „Lactase" vielfach dadurch geführt worden ist, dass die Fähigkeit der betreffenden Mikroorganismen, Milchzucker zu vergären, gezeigt wurde. Nachdem aber Willstätter[5] die Auffassung ausgesprochen hat, dass auch eine direkte Vergärung des Milchzuckers (ohne

[1] Beijerinck, Zbt. Bakt. 6, 44; 1889.
[2] E. Fischer, Chem. Ber. 27, 2985 u. 3479; 1894.
[3] Buchner u. Meisenheimer, H. 40, 167; 1903,
[4] Siehe hierzu Will u. Scheckenbach, Zbt. Bakt. II, 35, 1; 1912.
[5] Willstätter u. G. Oppenheimer, H. 118, 168; 1922.

vorhergehende Hydrolyse) eintreten kann und oft eintritt, ist also — wie man sich auch zu dieser Annahme stellt — jedenfalls genau darauf zu achten, in welcher Weise der Nachweis einer Lactase in den einzelnen Fällen geführt worden ist.

Schliesst man sich übrigens der Auffassung von Willstätter an, so muss man die bisherige Darstellung vom Zusammenwirken der Streptokokken a und b (v. Freudenreich) mit der Kefirhefe und die Auffassung der Rolle der Milchsäurebakterien etwas modifizieren.

Auch anderen Streptobacillen wird die Fähigkeit der Lactosespaltung zugeschrieben. — Ausser in Torulaceen ist Milchzuckerspaltung noch in Aspergillaceen und in Mucorarten nachgewiesen worden.

Wegen der zahlreichen weiteren Angaben über Milchzuckerspaltung verweisen wir auf das Handbuch von Lafar[1], ausserdem auf eine bemerkenswerte Arbeit von H. Pringsheim und Zemplén[2].

Indessen ist hier eine Angabe von Pottevin zu prüfen, dass Aspergillus niger nur eine β-Glucosidase, keine β-Galaktosidase und keine Lactase enthält.

Über den Lactasegehalt einiger Milchzuckerhefen gibt folgender Auszug aus einer Tabelle von Willstätter und G. Oppenheimer Auskunft.

Hefe	Nährlösung	Lactase-Zeitwert
S. fragilis	Hefedekokt; 3 Proben	17—60
„	Bierwürze	2880; 2700
„	„	300—1560[3]
Berlin Sp. 60 a	anorganische Nährlösung + Pepton	11—7
„ „	kalter Malzauszug	35—25
„ „ 102	anorganische Nährlösung + Malzauszug	60

Darstellung. Als Ausgangsmaterial wurden von Fischer, Armstrong, Barendrecht Kefirkörner verwendet. Man findet Angaben über die Bereitung von Kefirlactase[4] bei Fischer und Zemplén[5] und Armstrong[6]. Kefirkörner des Handels sind nach Erfahrungen von Willstätter, die Verf. bestätigen kann, oft sehr wenig wirksam.

Willstätter und G. Oppenheimer haben Reinkulturen angewandt:
1. Von Sacch. fragilis Jörgensen[7]. (Weitergezüchtet mit Hefedekokt unter Zusatz

[1] Lafar, Handbuch d. techn. Mykologie, 2. Aufl., 1904—1907; siehe besonders Bd. I u. IV. Siehe ferner Heintze u. Cohn, Zs Hygiene 46, 286; 1904.
[2] H. Pringsheim u. Zemplén, H. 62, 367; 1909.
[3] Kleine Versuchszeiten scheinen hier kleine Zeitwerte zu ergeben.
[4] Über Züchtung der Kefirhefe siehe auch Barendrecht, Zs physik. Chem. 54, 367; 1906.
[5] E. Fischer u. Zemplén, Lieb. Ann. 372, 254; 1910.
[6] E. F. Armstrong, Proc. Roy. Soc. B 73, 500; 1904.
[7] A. Jörgensen, Die Mikroorganismen in der Gärindustrie, 5. Aufl., Berlin 1909, S. 377.

von 7—10% Lactose bei 26°: Ausbeute in 3 Kolben von je 3 l zusammen 8—20 g. Bei Anwendung von Bierwürze schien die Hefe ärmer an Lactase zu sein.)

2. Von 2 Milchzuckerhefen Sp. 60a und Sp. 102 aus dem Berliner Institut für Gärungsgewerbe. (In anorganischer Nährlösung + Pepton oder in kalt bereitetem Malzauszug oder in einer Mischung beider + 10% Milchzucker betrug die Ausbeute in 2 Wochen 2,5—3 g.)

Lactase lässt sich in der frischen Hefe nicht direkt, etwa wie Saccharase in Bierhefe, bestimmen. Die Methode der Maltasebestimmung in Hefe von Willstätter und Steibelt[1] (siehe S. 114 und 128) liess sich auch auf Lactase übertragen.

„Wird die Hefe mit dem abtötenden Mittel sorgfältig verrieben, so tritt im allgemeinen keine Gärung mehr ein, aber Ausnahmen kommen vor, sogar nach zweitägiger Einwirkung von Chloroform oder Toluol." „Bei der Lactase fällt durch die Gärung der Zeitwert zu niedrig aus. Es wäre am besten, die Analyse so zu vervollkommnen, dass nach der Zeitwertbestimmung die Hydrolyse bis zum Ende weitergeführt würde, wobei ein Zuckerverlust durch Gärung nicht unbemerkt bliebe."

Bestimmung der Lactasewirkung siehe S. 324 u. ff.

Während bei der Saccharasedarstellung die Enzymausbeute im Extrakt + Heferückstand gewöhnlich gleich dem des Ausgangsmaterials ist, erhielten Willstätter und Oppenheimer bei der Bestimmung der Lactase in den Hefeauszügen + Rückständen Verluste.

„Um ohne Trocknung aus der Hefe Lactase zu isolieren, wurde die Hefe (5 g S. fragilis vom Zeitwert 300) in frischem Zustand durch Verreiben während etwa 10 Minuten mit 1 ccm Chloroform verflüssigt, dann mit 7 ccm Wasser verdünnt und vorsichtig mit 1,1 ccm 1%igem Ammoniak neutralisiert. Im Laufe von 6 Stunden war die Flüssigkeit wieder merklich sauer, sie verbrauchte noch 0,3 ccm Ammoniak. — Nach etwa 3 Tagen wird die Lactaselösung abfiltriert; Ausbeute beispielsweise 77% (nach 3 Tagen)."

„Es ist mühsamer und nicht ergiebiger, die enzymatische Freilegung zu ersetzen durch weitgehende Zerstörung der Zellstruktur des Pilzes."

Beispiel der Darstellung von Lactase aus luftgetrockneter Hefe ohne Zerkleinerung und ohne Toluolzusatz: l. c. S. 181.

Wirkungsbedingungen. Als optimale Acidität der Hefenlactase nimmt Willstätter mit Vorbehalt pH = 7 an. Diese Acidität wird mit 10 ccm Phosphatpuffer nach Sörensen im Verhältnis 3,8 prim.: 6,2 sek. Salz eingestellt; grosse Puffermenge zweckmässig.

Sehr widerstandsfähig ist nach einer Beobachtung von Bridel[2] die Lactase gegen Methylalkohol. In Lösung von 70% Methylalkohol behielt ein Emulsinpräparat seine Aktivität gegen Milchzucker und gegen Äthylgalaktosid während 5 Jahren.

Paralysatoren. Toluol, Chloroform und Essigester scheinen die Wirkung der von Willstätter und Oppenheimer dargestellten Lactase nicht zu hemmen. Die von ihnen beobachteten Verschiedenheiten in der Geschwindigkeit

---

[1] Willstätter u. Steibelt, H. 111, 157; 1920.
[2] Bridel, Jl de Pharm. et de Chim. (7) 22, 323; 1920.

der Lactosespaltung bei Anwendung verschiedener abtötender Mittel wird auf ungenügende Unterdrückung der Gärwirkung zurückgeführt.

a) Kinetik.

Die ersten Versuche hat Armstrong (l. c.) mit Kefirenzym 1904 ausgeführt, mit der nicht ganz befriedigenden Versuchsanordnung der damaligen Zeit.

2 g Milchzucker per 100 ccm.

I			II		
100 ccm Enzym-Extrakt			40 ccm Enzym-Extrakt		
Stunden	x	$k \cdot 10^4$	Stunden	x	$k \cdot 10^4$
1	22,1	1085	0,33	3,2	423
2	31,2	812	0,66	6,4	430
3	38,9	713	1	9,6	438
4	45,8	665	1,5	13,2	410
5	51,5	629	2	16,4	389
6	56,6	664	3	20,8	338
10	69,0	509	5	25,2	252
17	84,2	471	23	47,6	122
23	92,4	461	100	89,6	82

5 % Lactose. — Lactase aus 0,8 g S. fragilis. — 30°. — pH = 7.

Minuten	mg Cu	% Spaltung	$k \cdot 10^4$
30	69,4	28	48
52	71,9	37	39
60	72,6	40	37
70	73,9	43	35
80	75,2	47	34,5
90	75,8	49	32,5
110	77,1	55	31,5
135	78,8	62	31
172	80,3	65	26,5
210	81,8	69	24
270	83,3	73,5	21
390	85,8	84	20
550	87,3	87,5	18

Barendrecht[1] fand mit ziemlich wirksamem Kefirextrakt in 8 %iger Milchzuckerlösung bei 30° eine starke Abnahme von k mit der Zeit.

Auch Willstätter und Oppenheimer stellen bei ihren mit moderner Methodik ausgeführten Messungen eine deutliche Abnahme der Reaktionskoeffizienten 1. Ordnung fest.

Was die Proportionalität von Reaktionsgeschwindigkeit und Enzymmenge betrifft, so fanden die gleichen Autoren „bei Versuchen mit wenig Lactase und sehr langer Dauer zu geringen Umsatz, offenbar deshalb, weil das empfindliche Enzym verdarb". Indessen fanden sie im engen Bereich (1 : 2) genau bestätigt, dass die Zeiten gleichen Umsatzes sich umgekehrt wie die Enzymmengen verhalten.

5 ccm Enzymlösung in 4 Stunden 14 % Spaltung
10 „   „   „ 2 „   14 % „

Bemerkenswert ist der verschiedene Einfluss, welchen die Spaltprodukte Glucose und Galaktose auf die Wirkung der Kefirlactase und des Emulsins

---

[1] Barendrecht, Zs physik. Chem. **54**, 369; 1906. Auf die Strahlungshypothese dieses Forschers ist schon im I. Teil, 3. Aufl., S. 338 hingewiesen worden.

ausüben. Es sei diesbezüglich auf die Untersuchung von E. F. Armstrong[1] verwiesen, aus dessen Tabelle folgender Auszug stammt:

Enzym	Substrat	Wirkung d. Glucose	Wirkung d. Galaktose	Wirk. d. Fructose
Kefir-Lactase	Milchzucker Alkyl-β-Galaktoside	keine Wirkung	Verzögerung	keine W.
Emulsin	β-Glucoside	starke Verzögerung	geringe Verzögerung	keine W.

Was die Deutung solcher Hemmungen betrifft, so müssen — was früher nicht geschehen ist — Verschiedenheiten der Konstitution der gebundenen und der entsprechenden freien Hexose berücksichtigt werden.

Über den Einfluss der Temperatur auf die Stabilität der Hefenlactase und über den Temperaturkoeffizienten der Hydrolyse liegen noch keine Messungen vor.

b) Lactase in der lebenden Hefe.

Wie schon erwähnt, hat Willstätter die Auffassung geäussert und durch wichtige quantitative Versuche zu stützen versucht, dass in Milchzuckerhefen eine direkte Vergärung der Lactose ohne vorhergehende Spaltung eintreten kann. Da es sich gegenwärtig kaum entscheiden lässt, ob dies die einzig mögliche bzw. die einfachste Deutung seiner experimentellen Ergebnisse ist, mag eine Diskussion dieser interessanten und schwierigen Frage hier unterbleiben; bei der Besprechung der Hefezymasen werden wir darauf zurückkommen müssen, und auch bei der Beschreibung der Enzyme der Milchsäurebakterien und anderer Lactose-verbrauchender bzw. -vergärender Bakterien (Coli u. a.) taucht das gleiche Problem auf.

Hier mag aus der Arbeit von Willstätter und Oppenheimer noch folgendes Zitat Platz finden:

„In der lebenden, gärenden Hefe wirkt die Lactase nicht wie in der abgetöteten. Entweder ist die Lactase noch gar nicht in dem (nach Willstätter) quantitativ bestimmten Betrage in der lebenden Hefe vorhanden, entsteht erst nach der Abtötung aus einem Zymogen, oder wahrscheinlicher, die Lactose findet in der lebenden Hefezelle nicht die Bedingungen, unter denen sie der enzymatischen Hydrolyse unterliegt wie unter den für die quantitative Bestimmung ausgewählten." Der Verf. möchte dagegen einstweilen die Auffassung beibehalten, dass die Lactase zum grossen Teil erst bei der Abtötung der Hefe (aus dem Protoplasma, das man in diesem Sinne auch als Zymogen bezeichnen kann) frei gemacht wird.

c) Enzymbildung.

Dienert[2] hat eine Reihe von Beobachtungen über die Akklimatisierung der Hefe an verschiedene Kohlenhydrate mitgeteilt. Unter anderem hat er

---

[1] E. F. Armstrong, Proc. Roy. Soc. **73**, 516; 1904.
[2] Dienert, C. r. **129**, 63; 1899.

auch gefunden, dass bei der Anpassung an das Substrat Lactose die Bildung bzw. die Abscheidung des entsprechenden Enzyms, der Lactase, gefördert wird. Verf. hat die Ergebnisse dieses Forschers nicht durchweg bestätigen können, indessen gewinnen sie durch die neuen Ergebnisse von Willstätter erhöhtes Interesse. Wie Willstätter schreibt, „bieten die Gärwirkungen der Milchzuckerhefen bei quantitativer Beobachtung ihres Verlaufes grosse Unregelmässigkeiten, die sich nur so verstehen lassen, dass die enzymatische Ausrüstung dieser Hefen in hohem Masse veränderlich ist". Ein eingehendes Studium der Enzymbildung, wie es Verf. für die Saccharase begonnen hat (vgl. I. Teil, 3. Aufl., S. 396ff.) führt vielleicht hier zu einer Einsicht in die chemischen Bedingungen der Lactasebildung (Einfluss von N-haltigen Nährstoffen, Anionen, Spuren gewisser Metallionen und Biokatalysatoren).

C. Melibiase.

Substrat. Die Formulierung der aus der Raffinose (S. 209) entstehenden Melibiose, $C_{12}H_{22}O_{11}$, $[\alpha]^D = + 143^0$ (wasserfrei), ist in den letzten Jahren vielfach besprochen worden. Charlton, Haworth und Hickinbottom[1] geben folgende Formel I an, während Zemplén[2] die Formel II vorgeschlagen hatte.

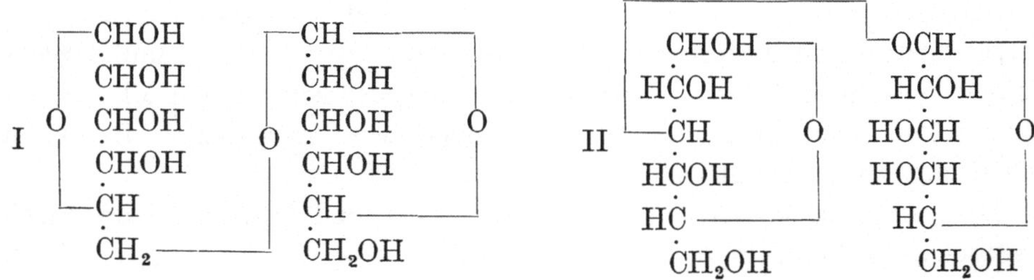

Nach Haworth, Loach und Long (l. c.) ist aber die β-Konfiguration der Melibiose zweifelhaft.

Die von Fischer und E. F. Armstrong[3] synthetisch erhaltene Biose ist wahrscheinlich nicht mit der Melibiose identisch. Dagegen scheinen Pictet und Vogel[4] die Melibiose-Synthese durchgeführt zu haben.

Vorkommen. Das Enzym ist in den meisten Unterhefen vom Frohberg- und Saaz-Typus, mit einer Ausnahme in allen untergärigen Betriebshefen gefunden worden[5, 6], scheint aber in Oberhefen zu fehlen, so dass die Fähigkeit

[1] Charlton, Haworth u. Hickinbottom, Jl Chem. Soc. 1927, 1527. — Siehe auch Haworth, Loach u. Ch. W. Long, Jl Chem. Soc. 1927, 3146.

[2] Zemplén, Chem. Ber. 60, 923; 1927.

[3] Fischer u. Armstrong, Chem. Ber. 35, 3144; 1902.

[4] Pictet u. H. Vogel, Helv. 9, 806; 1926.

[5] E. Fischer u. Lindner, Chem. Ber. 28, 3034; 1895. — A. Bau, Zs f. Spiritus. Ind. 17, 374; 1894.

[6] Bau, Woch. Brau. 19, 44; 1902 u. 20, 560; 1903.

zur Vergärung von Melibiose geradezu als Charakteristicum der Unterhefen angesehen wird; Ausnahmen kommen aber in beider Hinsicht vor[1]. Milchzuckerhefen sollen Melibiose nicht vergären. Eine eingehende Untersuchung über die Melibiosespaltung verdankt man A. Bau[2]. Auch Lindner hat eine grössere Anzahl Hefen auf Melibiosevergärung[3] hin untersucht. Nachdem nun aber Willstätter bei der Saccharose, Maltose und Lactose eine direkte Vergärung angenommen hat, wird immerhin der Nachweis einer Melibiase durch die Vergärung unsicher.

H. Pringsheim und Zemplén[4] haben die Melibiosespaltung durch zahlreiche Schimmelpilze mit negativem Resultat untersucht.

Fischer und Armstrong (l. c.) erzielten Melibiosespaltung auch durch Mandelemulsin, nicht aber durch Kefirenzyme.

Darstellung. Das Enzym ist in Dauerhefe bzw. Trockenhefe wirksam. Bau, l. c., trocknete seine Frohberg-Hefe bei 30—35°, erhitzte sie langsam zweimal 4 Stunden auf 100°. Die unter aseptischen Bedingungen hinzugefügte Melibiose wurde in 14 Tagen bei 28° vollständig gespalten, so dass nur Monosen zugegen waren.

Auch ein wirksamer Hefepresssaft kann dargestellt werden.

Über die optimale Acidität der Melibiase ist noch nichts bekannt.

Den Einfluss der Temperatur hat Bau insofern untersucht, als er an Presssaft eine Optimaltemperatur festzustellen suchte; er gibt an für:

Saccharase 52°
Melibiase   50°
Maltase   40°.

Nach Versuchen mit den Hefen selbst (Erwärmen in 2%iger Zuckerlösung) gibt Bau folgende Tötungstemperaturen an:

Maltase   55°
Melibiase   70°
Saccharase 75°.

Zur Kritik der „Optimaltemperatur" und „Tötungstemperatur" siehe Teil I, 3. Aufl., S. 280 und 272.

Dienert[5] glaubt eine Anpassung von Hefen an Melibiose festgestellt zu haben.

[1] Siehe hierzu Lafar, Handbuch, IV. Bd., 416 ff.
[2] Bau, Woch. Brau. 19, 44; 1902 u. 20, 560; 1903.
[3] Lindner, Woch. Brau. 17, 713; 1900.
[4] H. Pringsheim u. Zemplén, H. 62, 369; 1909.
[5] Dienert, C. r. 129, 63; 1899.

D. Spaltung synthetischer Gluco-Galaktoside und Galakto-Galaktoside.

Bemerkenswert ist die biochemische Synthese zweier Gluco-Galaktoside, welche Bourquelot und Aubry[1] mit Hilfe von Emulsin[2] durchgeführt haben. Ihre gut definierten krystallisierten Produkte sind mit den von Fischer und Armstrong erhaltenen nicht identisch.

Die von ihnen gewonnenen Galaktoside werden durch Emulsin wieder gespalten, bei der Galaktobiose II verlief sowohl Synthese als Spaltung sehr langsam.

Anhang.

a) Spaltung der Mannotriose.

Mannotriose, $C_{18}H_{32}O_{16}$, Schmelzpunkt 150^0, $[\alpha]_D^{20} = 167^0$ entsteht aus Stachyose (S. 215). Wird durch Säuren in 1 Mol. Glucose und 2 Mol. Galaktose gespalten. Man schreibt diesem Zucker folgende Zusammensetzung zu:

$$\begin{array}{c} \overbrace{\text{Gluco-Galaktose}} \\ \text{Glucose—Galaktose—Galaktose} \\ \underbrace{\hspace{4cm}} \\ \text{Digalaktose} \end{array}$$

Neuberg und Lachmann erzielten durch Emulsin eine Spaltung in Glucose und Digalaktose.

Nach Bierry tritt durch den Verdauungssaft von Schnecken vielleicht die zweite mögliche Spaltung in Galaktose und Gluco-Galaktose ein.

b) Spaltung der Stachyose.

Das Substrat ist bereits S. 215 besprochen worden. Der Digalaktoserest geht in die eben erwähnte Mannotriose ein.

E. Methoden zur Bestimmung der Galaktoside und ihrer Spaltung.

In erster Linie kommen hier die Methoden in Betracht, durch welche die Hydrolyse des Milchzuckers verfolgt werden kann.

Die polarimetrische Messung, welche bei der Rohrzuckerinversion so ausgezeichnete Dienste leistet, ist zur Bestimmung der Lactosespaltung deswegen wenig geeignet, weil die Drehung im Verlauf der Hydrolyse nur unbedeutend (rund 1 : 1,3) steigt. Dagegen liesse sich die Spaltung der Alkyl-β-Galaktoside polarimetrisch verfolgen.

---

[1] Bourquelot u. Aubry, Jl de Pharm. et de Chim. (7) 14, 65; 1916. — 15, 273; 1917. — Bourquelot, Ann. de Chim. (9) 13, 1; 1920.

[2] Auch mit getrockneter untergäriger Bierhefe tritt vermutlich eine Synthese von Gluco-Galaktosiden ein.

Eine Bestimmung des Milchzuckers neben den Spaltprodukten kann qualitativ (und schätzungsweise quantitativ) durch Herstellung der Osazone geschehen.

Eine von A. W. van der Haar[1] vorgeschlagene Methode zur Bestimmung freier und gebundener Galaktose beruht auf der Oxydation dieses Zuckers zu Schleimsäure.

Legrand[2] versuchte neuerdings eine Methode darauf zu gründen, dass Barfoedsche Lösung nur von den Hexosen, nicht von Lactose reduziert wird.

a) Reduktionsmethode nach Bertrand[3].

Bei der Verfolgung der Spaltung mit der Reduktionsmethode ist zunächst zu erwägen, dass sowohl Lactose als seine Produkte Reduktionsvermögen besitzen.

Für reine Lactoselösungen[4] gibt Bertrand folgende Tabelle.

$$\text{Fünfte Krystallisation: } [\alpha]_D = \frac{+\,13^{0}63 \times 50 \text{ ccm}}{2,500 \text{ g} \times 5 \text{ d}} = +\,54^{0}5 \ (t = 19^{0}).$$

Der angegebene Drehungswinkel bezieht sich auf das Hydrat: $C_{12}H_{22}O_{11} + H_2O$, die Tabelle dagegen auf das Anhydrid.

Zucker in mg	Cu in mg	Zucker in mg	Cu in mg	Zucker in mg	Cu in mg
10	14,4	32	44,8	54	73,7
11	15,8	33	46,1	55	74,9
12	17,2	34	47,4	56	76,2
13	18,6	35	48,7	57	77,5
14	20,0	36	50,1	58	78,8
15	21,4	37	51,4	59	80,1
16	22,8	38	52,7	60	81,4
17	24,2	39	54,1	61	82,7
18	25,6	40	55,4	62	83,9
19	27,0	41	56,7	63	85,2
20	28,4	42	58,0	64	86,5
21	29,8	43	59,3	65	87,7
22	31,1	44	60,6	66	89,0
23	32,5	45	61,9	67	90,3
24	33,9	46	63,3	68	91,6
25	35,2	47	64,6	69	92,8
26	36,6	48	65,9	70	94,1
27	38,0	49	67,2	71	95,4
28	39,4	50	68,5	72	96,6
29	40,7	51	69,8	73	97,9
30	42,1	52	71,1	74	99,1
31	43,4	53	72,4	75	100,4

[1] van der Haar, Biochem. Zs 81, 263; 1917.

[2] Legrand, C. r. 172, 602; 1921.

[3] G. Bertrand, Bull. Soc. Chim. 35, 1286; 1906. — Beschreibung der Methode am Ende dieses Buches.

[4] Reine Lactoselösungen können auch jodometrisch nach der Methode von Willstätter u. Schudel (Chem. Ber. 51, 780; 1918) bestimmt werden; diese sehr brauchbare Methode wird am Ende dieses Buches beschrieben.

Zucker in mg	Cu in mg	Zucker in mg	Cu in mg	Zucker in mg	Cu in mg
76	101,7	85	112,9	94	124,0
77	102,9	86	114,1	95	125,2
78	104,2	87	115,4	96	126,5
79	105,4	88	116,6	97	127,7
80	106,7	89	117,9	98	128,9
81	107,9	90	119,1	99	130,2
82	109,2	91	120,3	100	131,4
83	110,4	92	121,6		
84	111,7	93	122,8		

Willstätter und Oppenheimer[1] haben die Anwendbarkeit der Bertrandschen Methode dadurch erhöht, dass sie unter den Verhältnissen der enzymatischen Lactosespaltung Kupferwerte von 10 zu 10% Spaltung ermittelten, indem sie 5%ige Lösungen der Lactose (wasserhaltig) und der äquimolekularen Gemische von Glucose und Galaktose in den verschiedenen Verhältnissen aus Büretten in 25 ccm-Kolben einfliessen liessen, wovon nach Erwärmen auf 30° je 5 ccm entnommen und auf 100 ccm aufgefüllt wurden. Zur Bestimmung dienten 20 ccm. Der Bestimmungsfehler überschreitet nicht $\pm$ 0,05 ccm Permanganat, aber dieser Differenz entspricht schon ein Unterschied von $\pm$ 2,5% Lactosespaltung.

Kupferzahlen der Gemische von Lactose und
Glucose + Galaktose.

Lactose ccm	Glucose + Galaktose ccm	0,160 n. Perm. ccm	Cu (Mittel) mg
1,0	0	6,10; 6,15	62,35
0,9	0,1	6,30; 6,35	64,35
0,8	0,2	6,60; 6,65	67,45
0,7	0,3	6,90; 6,90	70,2
0,6	0,4	7,15; 7,15	72,8
0,5	0,5	7,45; 7,50	76,15
0,4	0,6	7,65; 7,70	78,15
0,3	0,7	8,09: 8,09	82,3
0,2	0,8	8,38; 8,38	85,3
0	1,0	9,00; 9,00	91,6

Willstätter und Oppenheimer setzten ihre Versuche mit Lactase folgendermassen an: 25 ccm 10%iger Lactoselösungen mit 10 ccm $\frac{1}{3}$ mol. Phosphatmischung wurden mit Enzym und Wasser auf 50 ccm gebracht. Reaktionstemperatur 30°. Proben von 5 ccm wurden in 5 ccm 2 n.-Soda sistiert; $\frac{1}{5}$ der Mischung wurde zur Kupferbestimmung verwendet. Der Sodazusatz ist ohne Einfluss auf die Permanganatmengen.

---

[1] Willstätter u. Oppenheimer, l. c.

Definition der Wirksamkeit.

Die Wirksamkeit des Mandelemulsins kann durch die Reaktionskonstante der Lösung und die angewandte Menge Enzympräparat bestimmt werden.

Bei der Hefenlactase sind die Reaktionskoeffizienten 1. Ordnung nicht konstant. Man ist hier auf die Festlegung eines Zeitwertes unter ganz bestimmten Bedingungen angewiesen. Willstätter misst die Wirksamkeit durch den Zeitwert in Minuten, welchen 1 g trockene Hefe oder die dieser Menge entsprechende Enzymlösung (vgl. S. 319) brauchen würde, um bei 30^0 und optimalem pH (= 7) in 50 ccm Lösung 2,5 g Lactose zu hydrolysieren.

Dass sich Lactase in frischer Hefe nicht, wie die Saccharase, direkt bestimmen lässt, ist bereits S. 319 erwähnt worden.

10. Kapitel.

Thioglucosidasen; Sinigrinase.

Unter den Senföl-Glucosiden ist Sinigrin (myronsaures Kalium) aus Brassica nigra das bekannteste; ihm reihen sich mehrere andere an, welche bei der Spaltung ebenfalls Isothiocyanate liefern. An der Spaltung dieser Glucoside ist zweifellos ein ihnen spezifisches Enzym (Enzymgruppe) beteiligt.

Bezüglich der Bezeichnung dieses Enzyms herrscht einige Verwirrung. Oft hat man dasselbe, dem Entdecker Bussy folgend, Myrosin genannt; später hat man diesen Namen, dessen Bildung eher auf ein Glucosid hindeutet, in Myrosinase verwandelt (Oppenheimer). Da das hauptsächliche Substrat Sinigrin ist, habe ich vorgeschlagen, dem gebräuchlichen, von v. Lippmann angegebenen Nomenklaturprinzip gemäss, die Bezeichnung Sinigrinase anzunehmen. Da es aber seither wahrscheinlich geworden ist, dass die aus dem Senfsamen gewonnenen Enzym-Rohpräparate 2 Enzyme enthalten, nämlich eine Sulfatase (vgl. S. 106) und daneben ein besonderes Enzym, welches nach Abspaltung des Sulfats den Thioglucose-Rest angreift, so ist vielleicht der rationelle Name Thioglucosidase der geeignetste[1].

Substrat: Das Sinigrin oder myronsaure Kalium (Will und Körner), Schmelzpunkt 126—127°, $[\alpha]_D = -15{,}5°$ wird, wie durch die Untersuchungen von Gadamer[2] nunmehr feststeht, unter dem Einfluss des Enzyms nach folgender Formel gespalten:

$$C_{10}H_{16}O_9NS_2K + H_2O = C_3H_5 \cdot N : CS + C_6H_{12}O_6 + KHSO_4.$$

Sinigrin   Allylsenföl   Glucose   Kaliumbisulfat.

Die Konstitution ist nach Gadamer folgende (I):

$$\mathrm{I} \quad C \underset{\diagdown S - C_6H_{11}O_5}{\overset{\diagup OSO_3K}{= N - C_3H_5}} \qquad\qquad C \underset{\diagdown SAg}{\overset{\diagup OSO_3Ag}{= N - C_3H_5}} \quad \mathrm{II}$$

Auch durch die Isolierung der Thioglucose von Schneider und Wrede wird diese Formel gestützt (Chem. Ber. 47, 1258; 1914).

Versetzt man die wässrige Lösung mit Silbernitrat, so entsteht unter Abspaltung von Glucose Senfölsilbersulfat = sinigrinsaures Silber (II).

---

[1] Die Sulfatase und die Sinigrinase (Thioglucosidase) sind sicher nicht identisch; vgl. hierzu Neuberg u. J. Wagner, Biochem. Zs **174**, 457; 1926.

[2] Gadamer, Arch. d. Pharm. 235, 44, 577; 1897. — Chem. Ber. **30**, 2322; 1897. — **32**, 2335; 1899. — Schneider u. Wrede, Chem. Ber. 47, 2225; 1914. — Wrede, Banik u. Brauss, H. 126, 210; 1922.

Eine ähnliche Konstitution (I) kommt nach Gadamer[1] dem Sinalbin aus Sinapis alba zu:

$$I \quad \begin{matrix} \diagup OSO_2 \cdot O \cdot C_{16}H_{24}NO_5 \\ C = N - CH_2 \cdot C_6H_4 \cdot OH \\ \diagdown S - C_6H_{11}O_5 \end{matrix}$$

$$HO - \underset{OCH_3}{\overset{OCH_3}{\bigcirc}} - CH = CH - COOH \quad II$$

Es zerfällt in Glucose, Sinalbinsenföl und saures schwefelsaures Sinapin; das Sinapin ist ein Ester der Sinapinsäure (II) mit Cholin, und erstere kann als Abkömmling der Gallussäure aufgefasst werden.

Auch bei einigen weiteren Glucosiden ist — besonders durch Gadamer — die Senfölkomponente erkannt:

Glucosid aus Tropaeolum majus und Lepidium savitum enthält Benzylsenföl[2]
   „   „ Cochlearia   „   sek. Butylsenföl[3]
   „   „ Nasturtium off. und Brassica rapa   „   Phenyläthylsenföl[4].

Schliesslich ist noch das durch die Arbeiten von W. Schneider[5] bekannt gewordene Cheirolin-Glucosid aus Cheiranthus (Goldlack) zu erwähnen. Auch dieses liefert bei der enzymatischen Spaltung ausser Glucose und Cheirolin noch Schwefelsäure und Kalium. Das Cheirolin ist ein Senföl von der Zusammensetzung[6]:

$$\text{Cheirolin} \quad CH_3 - SO_2 - CH_2 - CH_2 - CH_2 - NCS$$
$$\text{Allylsenföl} \quad\quad\quad CH_2 = CH - CH_2 - NCS.$$

Die unten stehende Formel des Allylsenföls veranschaulicht den nahen Zusammenhang zwischen beiden Stoffen. Auch Homologe dieses Glucosids sind von Schneider[7] synthetisiert worden.

Unter den Substraten kommen hier noch die von E. Fischer und K. Delbrück[8] hergestellten Thiophenol-Glucoside in Betracht.

Das eigentliche Thiophenol-Glucosid, $C_6H_5 \cdot S \cdot C_6H_{11}O_5$ wird nach Fischer von Emulsin unter den gewöhnlichen Bedingungen nicht verändert; es bleibt also Senfsamenextrakt als Spaltungsmittel zu prüfen.

Thiophenol-Lactosid wird von Emulsin in der Biosegruppe angegriffen; dagegen „war kein Geruch von Thiophenol bemerkbar".

Auf das sehr interessante, von W. Schneider[9] erhaltene Phenylthiourethan-d-Glucosid

[1] Gadamer, Chem. Ber. 30, 2327; 1897.
[2] Gadamer, Chem. Ber. 32, 2335, 1899. — Oxybenzylsenföl nach Beijerinck, Zbt. f. Bakt. II, 5, 429; 1899.
[3] Gadamer, Arch. d. Pharm. 239, 283; 1901.
[4] Gadamer, Arch. d. Pharm. 237, 510; 1899. — Kunze, Arch. d. Pharm. 245, 660; 1908.
[5] W. Schneider u. Lohmann, Chem. Ber. 45, 2954; 1912.
[6] W. Schneider, Lieb. Ann. 375, 218; 1910.
[7] W. Schneider, Lieb. Ann. 386, 346; 1912.
[8] E. Fischer u. K. Delbrück, Chem. Ber. 42, 1476; 1909.
[9] W. Schneider u. Clibben, Chem. Ber. 47, 2223; 1914.

$$C_6H_5 \cdot N : C \Big\langle {S \cdot C_6H_{11}O_5 \atop OC_2H_5}$$

ist Sinigrinase geprüft worden, aber auffallenderweise ohne Erfolg. Der gleiche Forscher hat aus dem Sinigrin ein sulfatfreies, bemerkenswertes Produkt erhalten, das er Merosinigrin nennt und folgendermassen formuliert (Chem. Ber. 47, 2226).

$$O \begin{bmatrix} CH \cdot S \\ \quad\quad\quad\;\; \rangle C : N \cdot C_3H_5 \\ CH \cdot O \\ CH \cdot OH \\ CH \end{bmatrix} \\ CH \cdot OH \\ CH_2 \cdot OH$$

Ohne Einwirkung ist Sinigrinase auf die von Schneider[1] gewonnenen α- und β-Alkyl-Thioglucoside, z. B. Methylthioglucosid, $C_6H_{11}O_5 \cdot S \cdot CH_3$. Auch Emulsin bzw. Hefenenzyme vermögen nicht zu spalten; vermutlich ist in den nicht spaltbaren Thioglucosiden die Konfiguration der Glucose eine andere als im Sinigrin. Zu prüfen bleibt der Thiozucker von U. Suzuki und Mori (Biochem. Zs 162, 412; 1925).

Schliesslich haben Schneider und Wrede[2] vergeblich versucht, ihre Thio-Isotrehalose durch Sinigrinase zu spalten; weder Emulsin noch Hefenmaltase noch Trehalase zeigten eine Wirkung.

Vorkommen. Charakteristisch ist die Sinigrinase für die Cruciferen, bei welchen sie mit den Senfölglucosiden besonders in den Samen, aber auch in verschiedenen Organen vorkommt. Sie ist aber nicht auf diese Familie beschränkt. Spatzier hat den Eintritt der Spaltung nach dem Senfölgeruch beurteilt und fand das Enzym ausserdem sowohl in Samen als in oberirdischen Organen der zur gleichen Ordnung gehörenden Resedaceen, ferner in Samen bei den Familien der Violaceen und Tropaeolaceen.

Bokornys Angabe, dass Sinigrinase in Hefen vorkommt, wurde von Neuberg und Färber[3] weder in untergäriger Münchener Trockenhefe noch in dessen Macerationssaft noch in frischer Berliner Ober- und Unterhefe bestätigt gefunden. Auch Kossovicz hatte 1905 mit Hefen keine Sinigrinspaltung erzielt. Gonnermann[4] fand es nicht in Bakterien.

Guignard[5] hat das Enzym ausserdem in Capparidaceen und sonst noch in einigen zu den Dikotylen gehörenden Familien gefunden, Bokorny in Leguminosen, Umbelliferen und Liliifloren. Was die von Guignard hierbei angewandte Methodik betrifft — sie stützt sich

[1] Schneider, Sepp, Stiehler, Chem. Ber. 51, 220; 1918.

[2] Schneider u. Wrede, Chem. Ber. 50, 793; 1917. — Siehe auch Wrede, H. 112. 1; 1920; 119, 46; 1922.

[3] Neuberg u. Färber, Biochem. Zs 78, 264; 1917.

[4] Gonnermann, Pflüg. Arch. 137, 453; 1911.

[5] Guignard, Jl de Bot. 4, 385, 412, 435; 1890; 6; 1893. — C. r. 111, 249, 920; 1890. Bull. Soc. Bot. France (3) 1, 418; 1894.

auf eine Beobachtung von Heinricher aus dem Jahre 1886 — so gibt dieselbe allerdings zu Bedenken Anlass und eine erneute kritische Untersuchung erscheint notwendig. Bezüglich der Verteilung des Enzyms in den Pflanzen kam Guignard zu folgenden Ergebnissen:

Wurzeln enthalten das Enzym besonders in der Rinde.

Stämme enthalten in der Rinde, im Pericykel und den davon abstammenden Geweben am meisten Enzym.

Blätter weisen sich besonders enzymhaltig bei einigen Papayaceen.

Blüten enthalten Sinigrinase, z. B. bei Tropaeolum. Bei den Cruciferenblüten fand Guignard das Enzym in den Fruchtblättern.

Auch Spatzier[1] hat durch Farbenreaktionen die Lokalisation des Enzyms näher studiert; bezüglich der Verbreitung der „Myrosinschläuche" sei auf das Original verwiesen.

Vergleichende Versuche an verschiedenen Pflanzen hat auch Heiduschka angestellt[2].

Wirksamkeitsbereich. Es liegen bis jetzt keine Angaben vor, welche ungleiche Sinigrinasen in verschiedenen Pflanzen vermuten lassen[3]. Andererseits ist die Einheitlichkeit der bis jetzt gewonnenen Enzymlösungen nicht garantiert; es ist noch nach den einzelnen Komponenten zu suchen (siehe oben). Wichtig ist der von E. Fischer[4] geführte Nachweis, dass Sinigrinase weder α- noch β-Methylglucosid angreift. Andererseits ist β-Phenylglucosidase (Emulsin) unwirksam gegen die Senfölglucoside.

Darstellung. Guignard zerkleinerte weisse Senfsamen und liess sie mehrere Stunden mit Wasser bei 40⁰ stehen. Das Filtrat wurde auf 70⁰ erhitzt, um den grössten Teil der Eiweissstoffe zu koagulieren. Nach Filtration wurde das Enzym durch das doppelte Volum 90⁰/₀igen Alkohols abgeschieden, filtriert, getrocknet und mit Äther gewaschen.

Eine ähnliche Vorschrift gibt auch Heiduschka[2] an.

Etwas anders verfuhren z. B. Schneider und Lohmann (l. c. 2960): „Der klare wässrige Auszug von 200 g weissem Senfmehl wurde durch Zusatz des gleichen Volumens Alkohol ausgefällt. Der abfiltrierte, ausgewaschene Niederschlag wurde dreimal mit Äther zur Entfernung mitgerissenen Sinalbin-Senföls ausgeschüttelt und dann hieraus der wässrige, myrosinhaltige Auszug hergestellt; die sauer reagierende Enzymlösung wurde dann neutralisiert."

Wirkungsbedingungen. Bei der Sinigrinspaltung bildet sich saures Sulfat, die Acidität der Lösung steigt also stark. Gadamer (Arch. 235) gibt an, dass man, um eine Hemmung der Spaltung zu vermeiden, von Zeit zu Zeit die entstehende Säure abstumpfen muss. Orientierende Versuche aus diesem Laboratorium[5] ergaben ein schwaches Wirksamkeitsoptimum bezüglich der Sulfatabspaltung in der Nähe des Neutralpunktes.

---

[1] Spatzier, Jahrb. wiss. Bot. 25, 93; 1893.

[2] Heiduschka, Ber. d. d. pharm. Ges. 264, 693; 1926.

[3] Smith, H. 12, 422; 1886. — Siehe hierzu auch z. B. die Beobachtung von Schneider (Chem. Ber. 45, 2955), dass das Enzym des Samens von Goldlack (Cheiranthus cheiri) das Sinigrin des schwarzen Senfs spaltet; umgekehrt gelang die Hydrolyse des Cheirolinglucosids durch Sinigrinase aus weissem Senf.

[4] E. Fischer, Chem. Ber. 27, 3483; 1894.

[5] Euler u. Sture E. Eriksson, Fermentf. 8, 518; 1925.

Die Verfasser heben aber hervor, dass die hier gemessene Wirkung, die diejenige einer Sulfatase war, und dass also die pH-Funktion für eine eigentliche Thioglucosidase noch zu ermitteln bleibt.

Paralysatoren. Guignard fand, dass die hemmende Wirkung von Salicylsäure und von Chloral erst bei Mengen einsetzt, welche 1% übersteigen. Ähnliches gilt nach Bokorny (Chem. Ztg. 24) für Formaldehyd, Hydroxylamin u. a. Tonerde und Borax sollen bei 8% unschädlich sein. 1% Tannin hemmt stark. Die zur Vergiftung nötigen Mengen (auch $AgNO_3$ usw.) hängen natürlich vom Reinheitsgrad des Enzyms bzw. von der Art der Verunreinigungen ab.

Kinetik. Über den Verlauf der enzymatischen Sinigrinspaltung liegen einige Versuche von Tammann (1892) vor.

Einfluss der Temperatur. Soweit sich aus den Versuchen von Guignard und Bokorny, die orientierenden Charakter haben, etwas entnehmen lässt, scheinen die Enzyme des Senfsamens verhältnismässig thermostabil zu sein.

Methodik.

Bestimmt man die Enzymwirkung durch Messung des abgespaltenen Sulfates (etwa mit Benzidin-Titration), so wird damit nach Euler und Eriksson nur eine Teilreaktion verfolgt.

Schneider beschreibt seine Methodik in Chem. Ber. 45, 2960.

11. Kapitel.

Amylasen.

Bearbeitet von **Karl Josephson** und **Knut Sjöberg**.

In diesem Kapitel wollen wir diejenigen Enzyme behandeln, welche die Bestandteile der Stärke, ferner das Glykogen und endlich die nächsten Abbauprodukte dieser Stoffe zu spalten vermögen.

Zu den Schwierigkeiten, welche sich bei der Untersuchung der in den früheren Kapiteln behandelten Carbohydrasen, besonders hinsichtlich der wechselnden Verunreinigungen der Enzyme, ergeben haben, kommt bei den enzymatischen Stärkespaltungen noch oft die Komplikation, die ein nicht einheitliches Substrat mit sich bringt. In zahlreichen früheren Arbeiten hat man der Beschaffenheit der Stärke nicht die nötige Aufmerksamkeit geschenkt; eine möglichst genaue Definition des Substrates ist bei Untersuchungen über enzymatische Stärkespaltung wichtig.

Die grössten Schwierigkeiten, die sich bei der theoretischen Behandlung der Chemie der Stärke ergeben, liegen jedoch in unseren jetzigen unvollständigen Kenntnissen über den Bau der Stärke und ihrer Abbauprodukte. Die neueren Arbeiten über Stärke und andere polymere Kohlenhydrate besonders von H. Pringsheim, P. Karrer, A. Pictet, M. Bergmann, K. Hess, R. Kuhn u. a. haben allerdings sehr bedeutende Beiträge zur Entscheidung der unklaren Strukturfragen gebracht und man darf wohl hoffen, dass die jetzige intensive Forschung auf dem Gebiet der Stärkechemie bald die noch offenen Konstitutionsfragen lösen wird.

Substrat.

(K. Josephson.)

Stärke. Die Rohstärken des Handels enthalten im Mittel etwa 13% Wasser. Zur Bestimmung des Wassergehaltes wird eine Probe zweckmässig im Vakuumexsiccator über Phosphorpentoxyd bis zur Gewichtskonstanz aufbewahrt. Bei Wasserbadtemperatur erfordert die Trocknung im Vakuum über Phosphorpentoxyd einige Stunden.

Die Stärkekörner bestehen aus einer äusseren Hüllensubstanz, Amylopektin, und einer inneren Substanz „Amylose". Diese beiden Stärkebestandteile können auf verschiedenem Wege, wie sie von Maquenne und Roux[1],

---

[1] Maquenne u. Roux, Ann. d. Chim. et de Phys. (8) 9, 179; 1906.

Gatin-Gruzewska[1], Malfitano und Moschkoff[2], sowie Samec und seinen Mitarbeitern[3] angegeben worden sind, getrennt werden. Ling und Nanji[4] haben neuerdings eine Methode angegeben, welche einen bedeutenden Fortschritt darstellt und deshalb kurz hier beschrieben wird.

Der 5%ige Stärkekleister wird bei — 10° während 12 Stunden gefroren. Beim Schmelzen bei Zimmertemperatur bleibt das Amylopektin ungelöst zurück. Der grösste Teil der „Amylose" ist schon nach dem Schmelzen in Lösung gegangen und Erwärmen auf 60° vervollständigt die Auflösung derselben. Nach Abtrennen des Amylopektins durch Zentrifugieren wird die Amyloselösung im Vakuum eingedampft und die Amylose mit Alkohol als weisses Pulver ausgefällt. Das Pulver wird durch mehrmalige Behandlung mit Alkohol von dem Wassergehalt befreit. Ausbeute etwa 14%, berechnet auf die angewandte trockene Stärke.

Die durch Zentrifugieren abgetrennte Amylopektinfraktion gibt nach dem Erwärmen auf 60° die letzten Reste Amylose sehr schwer ab. Um die Abtrennung vollständig durchzuführen, bringt man die Amylose durch Behandlung der ausgefällten Stärkefraktion mit einer alkoholgefällten Malzamylase bei Zimmertemperatur zur Auflösung. Nach 12 Stunden ist die Blaufärbung mit Jod verschwunden. Das nicht gelöste Amylopektin wird abzentrifugiert und durch mehrmaliges Waschen mit Wasser von der maltosehaltigen Lösung befreit. Trocknung mit Alkohol. Ausbeute etwa 25% der trockenen Stärke.

Eigenschaften der Amylose. Die sog. Amylose stellt ein weisses Pulver dar. Durch anhaltende Dialyse lässt sie sich vollkommen von Asche befreien. Die heisse, wässrige Lösung ist klar, dünnflüssig, nicht kleisternd und färbt sich mit Jod rein blau. Beim Abkühlen und Altern der Lösungen scheiden sich erhebliche Mengen der Substanz aus. $[\alpha]_D = + 189°$. Bei Spaltung der Amylose mit Malzamylase entsteht Maltose und unter Umständen daneben sog. Dihexosan.

Eigenschaften des Amylopektins. Das Amylopektin färbt sich in wässriger Lösung bei Jodzusatz braun bis violett. Unter der Wirkung des elektrischen Stromes wandert es im Überführungsversuch an den positiven Pol. Das Amylopektin ist die kleistererzeugende Komponente der Stärke und bedingt auch ihren Phosphorgehalt. Der Phosphor, welcher wahrscheinlich in Form von Phosphorsäure esterartig mit einem Teil des Amylopektins verbunden ist, beträgt etwa $0{,}175\%$ als P_2O_5 berechnet und lässt sich nicht durch Dialyse oder Behandeln mit Säuren oder Laugen in der Kälte entfernen. $[\alpha]_D = + 195$—$196°$. Bei der Spaltung des Amylopektins mit Malzamylase wurde Maltose und ein Restkörper, bestehend aus drei Hexoseresten („Trihexosan"), erhalten.

Lösliche Stärke. Durch Einwirkung gewisser Reagenzien auf die native Stärke lässt diese sich in eine nicht kleisterbildende, in Wasser lösliche Form überführen. Je nach der Art der Stärkebehandlung treten jedoch mehr oder weniger tiefgreifende Veränderungen der Stärke ein. Die meist bekannten

---

[1] Gatin-Gruzewska, C. r. 146, 540; 1908.

[2] Malfitano u. Moschkoff, C. r. 150, 710; 1910 ; 151, 817; 1910.

[3] M. Samec, Kolloidchem. Beih. 6, 23; 1914. — M. Samec u. H. Haedtl, Kolloidchem. Beih. 12, 280, 1910. — M. Samec u. A. Mayer, Kolloidchem. Beih. 13, 272; 1921.

[4] Ling u. Nanji, Jl Chem. Soc. 123, 2666; 1923.

Sorten von löslicher Stärke werden nach den Methoden von Lintner[1] oder von Zulkowsky[2] gewonnen.

Nach Lintner wird die lufttrockene Stärke während 2 Wochen in 1-normal Salzsäure aufbewahrt. Das abfiltrierte Produkt wird sorgfältig gewaschen und stellt dann eine Substanz dar, welche äusserlich der ursprünglichen Stärke gleicht, und den grössten Teil des Phosphors enthält.

Zur Bereitung der Zulkowsky-Stärke wird die Stärke mit Glycerin erhitzt, und dann die Stärke mit Alkohol ausgefällt. Zur Ersparung von Glycerin und Alkohol empfiehlt es sich, nach W. Ziese[3], nicht nach den Angaben von Zulkowsky, sondern folgendermassen zu arbeiten.

70 g lufttrockene Stärke werden mit 250 ccm Glycerin (Kahlbaum, doppelt destilliert) innig gemischt und die Mischung wird in einem Emailtopf auf 200 - 250⁰ erhitzt. Die Stärke scheint sich schon beim Einrühren in das Glycerin zu lösen, ohne dass die Viscosität wesentlich steigt. Bei 120—130⁰ entweicht in grösserer Menge Wasserdampf. Die Mischung wird so dickflüssig, dass man sie nur schwer umrühren kann. Bei 170⁰ beginnt die Zähigkeit zu sinken und bei 190⁰ wird die Lösung allmählich wieder dünnflüssig. Dieser Punkt ist in etwa einer halben Stunde erreicht. Nach dem Abkühlen lässt man die sirupöse Masse in dünnem Strahle in 2 l stark turbunierten 96⁰/₀igen Alkohol fliessen, wobei die Stärke als feinflockiger Niederschlag ausfällt. Man saugt ab, wäscht mit Alkohol und Äther, trocknet zuerst an der Luft, dann im Vakuum, löst in 150 ccm destilliertem Wasser, kocht mit wenig Tierkohle kurz auf, filtriert heiss durch ein mit Kieselgur bedecktes Filter und turbuniert nochmals langsam in 96⁰/₀-igem Alkohol. Die Umfällung muss zur vollständigen Entfernung von Glycerin noch zweimal wiederholt werden.

Das so erhaltene Produkt hat eine rein weisse Farbe und löst sich leicht in kaltem Wasser. Der Phosphor ist bei der Glycerinbehandlung so gut wie ganz abgespalten. Die Zulkowsky-Stärke, welche Jodlösung rein blau färbt und Fehlingsche Lösung nicht reduziert, dürfte zu enzymatischen Zwecken sehr geeignet sein, wenn man es nicht vorzieht, mit reiner Amylose oder Amylopektin zu arbeiten.

Da die native Stärke keine einheitliche Substanz darstellt, so wird die als Substrat der enzymatischen Spaltung benutzte Stärke zweckmässig durch ihr chemisches Verhalten oder durch physikalische Konstanten charakterisiert. Wichtige Anhaltspunkte kann die Aufnahmefähigkeit für Jod unter bestimmten Bedingungen liefern, und zwar wird man am besten die Jodaufnahme gelöster Stärke aus einer Lösung von Jod in Benzol oder Toluol bestimmen. Diese Jodaufnahme ist von Euler mit Myrbäck, S. Bergman und Landergren[4] sowie von Lottermoser[5] eingehend experimentell untersucht. Die Fig. 43 gibt das Resultat einiger Messungen von Euler und Landergren

---

[1] Lintner, Jl prakt. Chem. 39, 378; 1886.

[2] Zulkowsky, Chem. Ber. 13, 1398; 1880.

[3] W. Ziese, Dissertation, München 1928. — Vgl. Oppenheimer-Pincussen, Die Methodik der Fermente, S. 278; 1927.

[4] Euler u. Myrbäck, Lieb. Ann. 428, 1; 1922. — Euler u. Bergman, Koll. Zs 31, 81; 1922. — Euler u. Landergren, Koll. Zs 31, 89; 1922.

[5] Lottermoser, Zs f. angew. Chem. 34, 427; 1921; 36, 508; 1923; 37, 84; 1924; Zs f. Elektrochem. 27, 496; 1921.

über die Jodaufnahme von Stärkelösungen mit wechselnder Konzentration der Stärke, aber konstanter KJ-Konzentration (0,001 n.) wieder.

Die Frage nach der Natur der blauen Jodstärke schien in dem Sinne zu beantworten zu sein, dass in der blauen Substanz eine Lösung des Jods in der Stärke oder eine Adsorptionsverbindung vorliegt, jedoch hat M. Bergmann[1] neuerdings die Ansicht ausgesprochen, dass in der Stärke Sauerstoffbrücken mit ausgesprochenen Affinitätsresten vorhanden sind, welche die Bindung von Jodjodkalium vermitteln. Nach Bergmann braucht eine solche chemische Auffassung der Jodstärkebildung nicht mit den Tatsachen in Widerspruch stehen, dass die Jodstärke leicht dissoziierbar ist und dass die Aufnahme des Halogens durch die Stärke den Adsorptionsgesetzen gehorcht.

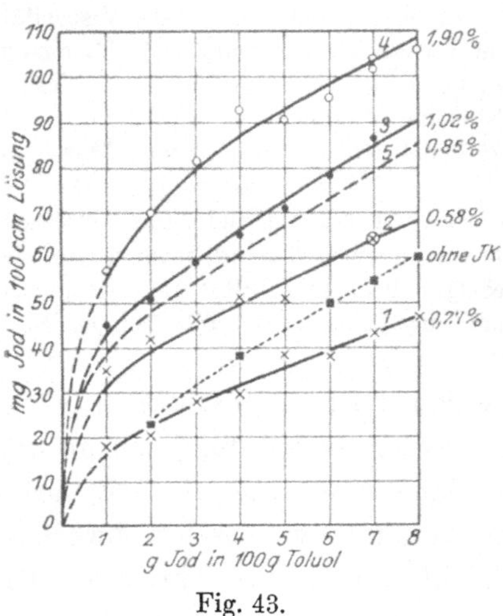

Fig. 43.

Unter den diagnostisch brauchbaren physikalischen Eigenschaften der Stärkepräparate bzw. ihrer Lösungen ist besonders die Viscosität zu nennen, welche Samec[2] eingehend untersucht hat.

Zur Konstitution der Stärke. Das Hauptergebnis der neueren Arbeiten zur Klärung der Konstitution der Stärke war bis vor etwa 3 Jahren etwa folgendes: früher fasste man die Stärke als einen hochmolekularen Stoff auf, entstanden durch die kettenförmige Vereinigung einer sehr grossen Zahl Glucosereste; demgegenüber hat man in späterer Zeit angenommen, dass die Stärke ein Polymerisations- oder Assoziationsprodukt einer Zahl kleinerer Grundkörper ist, welch letztere durch ringförmige Vereinigung einer geringen Zahl Glucosemolekeln unter Wasseraustritt entstanden sind[3].

Hinsichtlich der Konstitution dieser kleineren Grundkörper der Stärke ist man noch im unklaren geblieben, inwieweit die oben beschriebenen verschiedenen Stärkefraktionen (Amylose und Amylopektin) aus identischen oder verschiedenen Grundkörpern gebildet sind. Während P. Karrer[4] die Stärkeelementarmolekel als ein Disaccharidanhydrid vom Typus des Maltose-

---

[1] M. Bergmann, Chem. Ber. 57, 755; 1924. — Vergl. M. Bergmann u. Gierth, Lieb. Ann. 448, 48 und zwar S. 57 u. ff.; 1926.

[2] Samec, Kolloidchem. Beih. 6, 23; 1914.

[3] M. Bergmann hat die Anschauung ausgesprochen, „dass der Unterschied zwischen den krystallisierten, „hochmolekularen" Stoffen der Kohlenhydratgruppe und zwischen gewöhnlichen krystallisierten Stoffen kein prinzipieller ist, sondern nur in der relativen Festigkeit der übermolekularen Kräfte (z. B. Gitterkräfte) gegenüber Lösungsmitteln begründet ist". Siehe hierzu M. Bergmann u. E. Knehe, Lieb. Ann. 445, 1; 1925; 448, 76; 1926; 449, 302; 1926.

[4] Siehe hierzu P. Karrer, Polymere Kohlenhydrate, Leipzig 1925, S. 57 u. ff.

anhydrides angesehen hat, wobei die Verschiedenheiten der Amylose- und Amylopektinfraktionen nach seiner Meinung weniger wahrscheinlich „auf Verschiedenheiten in der Ausbildung der Elementarmolekel" als auf verschiedene kolloide Eigenschaften zurückgeführt werden können, hat Pringsheim[1] die Meinung vertreten, dass die Grundkörper der Amylose und des Amylopektins verschieden sind[2]. Der Grundkörper der Amylose soll in naher Beziehung zu dem durch Erhitzen der Amylose in Glycerin oder auf enzymatischem Wege darstellbaren sog. Dihexosan und der Grundkörper des Amylopektins in ähnlicher Weise in Beziehung zu dem sog. Trihexosan stehen, welch letztere teils durch Erhitzen des Amylopektins in Glycerinlösung teils als Restsubstanz bei enzymatischer Spaltung des Amylopektins gebildet werden soll. Für das Dihexosan hat Pringsheim neuerdings die folgende Formel als die wahrscheinlichste angegeben. In dem Trihexosan soll zwischen den gleichen γ-Glucoseresten sich ein dritter eingeschoben haben (siehe S. 342).

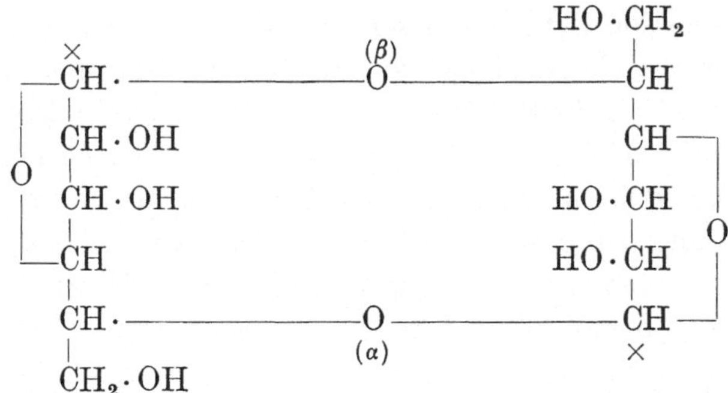

(Die Spannweite der Sauerstoff-Brücke 1,4 ist willkürlich angenommen.)

Diese Formel stützt sich besonders auf das wahrscheinliche Vorkommen einer α-glucosidischen neben einer β-glucosidischen Bindung[3] und auf die Anwendung der Hudsonschen Regeln über Beziehungen zwischen optischem Drehungsvermögen und Struktur. Weiter soll es nach H. Pringsheim[4] gelingen, Amylose und die unten beschriebenen sog. Polyamylosen (sowie auch Dihexosan?) durch kalte konzentrierte Salzsäure zu einem reduzierenden

<hr>

[1] H. Pringsheim, Die Polysaccharide, 2. Aufl. Berlin 1923, S. 198 u. ff. — Chem. Ber. 59, 3008; 1926.

[2] Ling u. Nanji haben die Anschauung ausgesprochen, dass die Grundkörper der Amylose und des Amylopektins von gleicher Molekulargrösse sind (6 Glucosereste), aber von verschiedener Konfiguration (6 α-Glucosidbindungen in der Amylose; 4 α- und 2 β-Bindungen in dem Amylopektin). Ling u. Nanji, Jl Chem. Soc. 123, 2666; 1923; 127, 629, 636; 1925.

[3] Die Vermutung, dass β-Bindungen neben Maltosebindungen in der Stärke vorhanden sind, hat O. v. Friedrichs (Arkiv f. Kemi, Bd. 5, Nr. 2; 1913) zuerst ausgesprochen. Vgl. Euler u. Helleberg, H. 139, 24; 1924. — R. Kuhn, Lieb. Ann. 443, 1; 1925.

[4] H. Pringsheim u. J. Leibowitz, Chem. Ber. 58, 2808; 1925. — C. S. Hudson, H. Pringsheim u. J. Leibowitz, Jl Amer. Chem. Soc. 48, 288; 1926.

Disaccharid, Amylobiose, zu spalten. Amylopektin (Trihexosan?) soll unter ähnlichen Bedingungen ein Trisaccharid, Amylotriose, geben[1].

Die durch Erhitzen in Glycerin und auf enzymatischem Wege gewinnbaren Hexosane zeigen von den Stärkebestandteilen ganz verschiedene Drehwerte; sie haben auch die Fähigkeit zur „Reassoziation" verloren und verhalten sich in enzymchemischer Hinsicht anders als die Stärke. Diese Hexosane müssen also in konstitutioneller Hinsicht von den Stärkeelementarkörpern verschieden sein. „Ob die Umlagerung der Stärkeelementarkörper in die Hexosane zwangsläufig mit der Ablösung aus dem hochmolekularen Zustande durch Desaggregation verbunden ist, oder ob sie z. B. bei der Amylose durch besondere Fermente verursacht wird, kann heute nicht entschieden werden."

„Die Voraussetzung für den Aufbau der Stärke in der Natur ist", nach H. Pringsheim[2], „die Bildung einer labilen Glucoseform, die bei der Assimilation der Kohlensäure direkt, jedenfalls ohne den Umweg über normale Glucose (oder gar Maltose) entsteht."

Ausgehend von den Befunden besonders von P. Karrer und H. Pringsheim, sowie von den Ergebnissen von R. Kuhn[3] über das Auftreten von α- bzw. β-Maltose bei der Spaltung der Stärke durch die sog. α- bzw. β-Amylasen (siehe unten) hat K. Josephson[4] in letzter Zeit eine Vorstellung entwickelt, durch welche die Bildung einer Grundsubstanz vom Dihexosantypus mit umwechselnd α- und β-Bindungen erklärt werden kann. Josephson nimmt im Anschluss an den neueren Vorstellungen von Hess, Bergmann, Pringsheim an, dass die eigentliche Muttersubstanz der Stärke eine Anhydroglucose[5], vielleicht die Anhydroglucose ⟨1,4⟩ ⟨1,5⟩, darstellt. In der folgend skizzierten Weise können nun zwei Moleküle Anhydroglucose ein Disaccharidanhydrid mit einer α- und einer β-glucosidischen Bindung bilden:

---

[1] Siehe hierzu H. Pringsheim u. J. Leibowitz, Chem. Ber. 57, 884; 1924. — Pringsheim u. K. Wolfsohn, Chem. Ber. 57, 887; 1924. — H. Pringsheim, Chem. Ber. 57, 1581; 1924; 59, 3008; 1926. — Es ist bemerkenswert, dass auch die β-Hexaamylose Amylobiose und nicht Amylotriose ergibt.

[2] H. Pringsheim, Chem. Ber. 59, 3017; 1926.

[3] R. Kuhn, Lieb. Ann. 443, 1; 1925.

[4] K. Josephson, H. 174, 179; 1928.

[5] In einer neuerdings erschienenen Arbeit (Lieb. Ann. 452, 141; 1927) haben M. Bergmann u. E. Knehe die Vermutung ausgesprochen, dass der von ihnen als „Individualgruppe" der Amylose bezeichneten „Grundkörper" eine Anhydroglucose ist. Im Gegensatz zu den anderen hier referierten Anschauungen über den Bau der Amylose sollen also nach dieser Theorie keine eigentlichen Glucosidbindungen in der Amylose vorgebildet sein. Die Bildung von Maltose und andern, glucosidische Bindungen enthaltenden Körpern aus der Amylose muss also nach dieser Theorie als Synthese höherer Verbindungen aus der „Individualgruppe" oder deren Umlagerungsprodukte betrachtet werden. Nach der hier näher referierten Theorie von Josephson soll jedoch in der Amylose ein Zusammentreten zweier Anhydroglucosemolekeln zu einem Disaccharidanhydrid eingetreten sein. Die Ergebnisse von Bergmann und Knehe über die Molekulargrösse der „Triacetylamylose" brauchen nicht notwendig in Widerspruch mit dieser Vorstellung zu stehen.

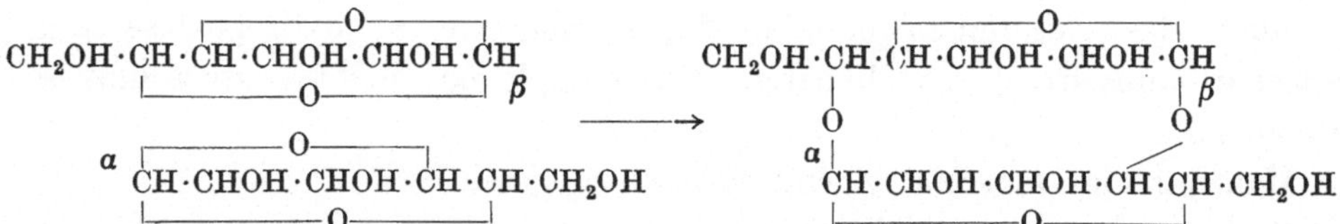

Eine Konstitution dieser oder ähnlicher Art schreibt Josephson der Elementarmolekel der Amylose zu.

Die Verschiedenheit der Elementarkörper des Amylopektins von denen der Amylose lässt sich nun in der Weise erklären, dass in der Amylopektinfraktion unveränderte Anhydroglucosemolekeln sich mit den entstandenen Disaccharidanhydriden vereinigt haben, vielleicht durch Inanspruchnahme von Affinitätsresten an bestimmten Sauerstoffbrücken. Der Elementarkörper der Amylopektinfraktion lässt sich also nach dieser Vorstellung einfach in folgender Weise formulieren:

$$
\begin{array}{c}
\text{CH}_2\text{OH} \cdot \text{CH} \cdot \text{CH} \cdot \text{CHOH} \cdot \text{CHOH} \cdot \text{CH} \\
\text{CH} \cdot \text{CHOH} \cdot \text{CHOH} \cdot \text{CH} \cdot \text{CH} \cdot \text{CH}_2\text{OH} \\
\text{CH}_2\text{OH} \cdot \text{CH} \cdot \text{CH} \cdot \text{CHOH} \cdot \text{CHOH} \cdot \text{CH}
\end{array}
$$

Die Anhydroglucosemolekeln bzw. die Disaccharidanhydridmolekeln können in der Amylopektinfraktion auch Gelegenheit haben, sich mit phosphorsäurehaltigen Kohlenhydratverbindungen, vielleicht Vorstufen der Anhydroglucose, zu aggregieren, wodurch der Phosphorgehalt des Amylopektins bedingt ist.

Der Grundgedanke dieser Theorie der Stärkebildung liegt also in der Annahme einer einzigen Muttersubstanz, nämlich einer Anhydroglucose, aus welcher die beiden Stärkefraktionen gebildet werden, und zwar ist die zur Amylosebildung führende Reaktion in der Amylosefraktion vollständig durchgeführt, in der Amylopektinfraktion aber unvollständig.

Durch die Aggregation mehrerer Elementarkörper unter Inanspruchnahme von Restaffinitäten an Sauerstoffbrücken soll der Stärke schliesslich hochmolekulare Beschaffenheit zuerteilt werden.

Dextrine. Unter den Dextrinen dürfte man verschiedene Assoziationsstufen der ursprünglichen oder umgelagerten Stärkeelementarkörper verstehen können, bisweilen mit reduzierenden Di- und Trisacchariden vermischt. Die Dextrine entstehen durch Enzym- oder Säurebehandlung der Stärke und es muss deshalb mit Umlagerungen der Sauerstoffbrücken in den ursprünglichen Elementarkörpern bei der Dextrinbildung gerechnet werden, wie auch das Zusammentreten niedriger Moleküle (Anhydroglucose und Disaccharidanhydride) zu höheren Ringkomplexen nicht ausgeschlossen werden kann.

Man hat die Dextrine folgendermassen eingeteilt:

1. Amylodextrine, welche durch Jod blau gefärbt werden. Löslich in 25%, gefällt durch 40% Alkohol.

2. Erythrodextrine, mit Jod rotbraun, löslich in 55%, gefällt durch 65% Alkohol.

3. Achroodextrine mit Jod farblos, löslich in 70% Alkohol.

Die Dextrine können zum Teil auch krystallisiert erhalten werden, wie das von Nägeli 1874 beschriebene in Sphärokrystallen krystallisierte Amylodextrin I, welches später von Brown und Morris[1] und in letzter Zeit von P. Klason und K. Sjöberg[2] eingehend untersucht wurde. Nach diesen Forschern ist dieses Amylose-oktadextrin ($[C_{12}H_{20}O_{10}]_8,H_2O$) ein Spaltungsprodukt der Amylose. Klason und Sjöberg unterscheiden Amylosedextrine, die von der Amylose stammen, und Amylopektindextrine, die sich vom Amylopektin herleiten. Die ersteren sollen bei der Verzuckerung mit Malzamylase ein Dihexosan, die letzteren aber ein Trihexosan als Restkörper geben.

Krystallisierte „Amylosen" (Polyamylosen). Schardinger ist es 1903 gelungen, durch Einwirkung des Bacillus macerans aus der Stärke neben Aceton noch krystallisierende Kohlehydrate zu gewinnen, welche durch H. Pringsheim, sowie P. Karrer eingehend studiert und ihrer Zusammensetzung und Struktur nach weitgehend aufgeklärt worden sind.

Bereits Schardinger hat die Mischung der krystallisierten Produkte in drei einheitliche Substanzen zerlegt, welche ursprünglich die Namen α-Dextrin, β-Dextrin und „Schlamm" geführt haben. Pringsheim hat diese Substanzen als krystallisierte Amylosen bezeichnet, welche Benennung — um den Verwechslungen mit der Maquenneschen „Amylose" (die eine Fraktion der nativen Stärke ist) vorzubeugen — gegen „Polyamylosen" ausgetauscht worden ist[3].

In der 2. Auflage seiner Monographie „Die Polysaccharide" unterscheidet Pringsheim die folgenden Polyamylosen:

α-Reihe.

		Spez. Drehung
α-Hexaamylose	$[(C_6H_{10}O_5)_2]_3$	$+ 139^0$
α-Tetraamylose	$[(C_6H_{10}O_5)_2]_2$	$+ 138,6^0$
Diamylose	$(C_6H_{10}O_5)_2$	$+ 136,6^0$.

---

[1] Brown u. Morris, Jl Chem. Soc. 54, 449; 1889.
[2] P. Klason u. K. Sjöberg, Chem. Ber. 59, 40; 1926.
[3] H. Pringsheim u. W. Persch, Chem. Ber. 54, 3162; 1921.

β-Reihe.

β-Hexaamylose	$[(C_6H_{10}O_5)_3]_2$	$+ 157,9^0$
Triamylose	$(C_6H_{10}O_5)_3$	$+ 151,8^0$.

Durch Acetylieren hat Pringsheim aus den Polyamylosen das Acetylderivat eines niedriger molekularen Kohlenhydrats. gewonnen. Durch Verseifen des Acetylkörpers lässt sich der freie Zucker in krystallwasserhaltigem Zustand isolieren (Zusammensetzung $[C_6H_{10}O_5]_2 \cdot 2\,H_2O$). Bei der Einwirkung von Acetylbromid bei Gegenwart von wenig Bromwasserstoff bzw. Eisessig auf Diamylose konnten P. Karrer und Nägeli[1] Acetobrommaltose (Ausbeute $80^0/_0$) erhalten. Karrer fasst die Diamylose als ein Anhydrid der Maltose auf. Es muss doch bemerkt werden, dass bei der Einwirkung des Acetylbromids bei saurer Reaktion Platzwechsel der Sauerstoffbrücken nicht ganz ausgeschlossen zu sein scheint.

Die Polyamylosen. werden von den Amylasen nicht gespalten. Bei der Bildung der Polyamylosen aus der Stärke muss also eine Strukturänderung eingetreten sein, etwa wie bei der folgenden hypothetischen Bildung eines Maltoseanhydrids aus dem Stärkeelementarmolekel

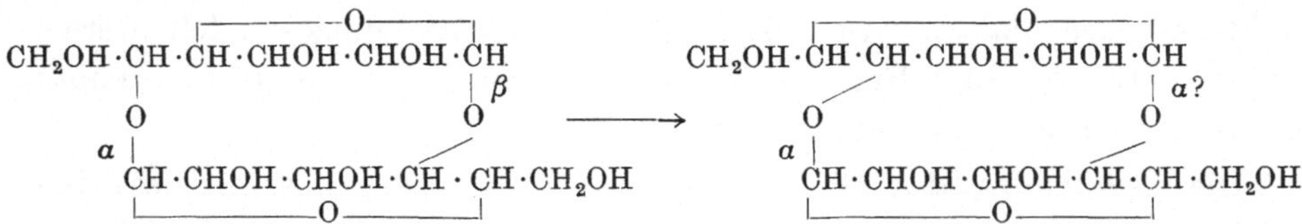

Die Anwendung der von Hudson gefundenen Beziehungen zwischen optischem Drehungsvermögen und Molekülbau auf die Diamylose ergibt jedoch nach Pringsheim und Leibowitz[2], dass Diamylose nicht zwei gewöhnliche Maltosebindungen und auch nicht eine Maltose- und eine Gentiobiosebindung enthalten kann. Hierzu muss aber bemerkt werden, dass die spezifische Drehung der Diamylose sehr nahe mit der Drehung des von Pictet[3] durch Spaltung des Trihexosans mit Emulsin gewonnenen Maltoseanhydrids ($[\alpha]_D = + 133,2^0$) übereinstimmt, obwohl diese beiden Körper unzweifelhaft Strukturverschiedenheiten besitzen.

Einige Schimmelpilze wie Aspergillus oryzae sind zur Spaltung der Polyamylosen fähig, wobei aber keine Maltose, sondern nur Glucose als Spaltprodukt nachgewiesen werden konnte[4]. Es erscheint mir deshalb nicht unwahrscheinlich, dass die Diamylose im Gegensatz zu (auf enzymatischem Wege) in Maltose überführbaren Dihexosanen zwei strukturell gleichwertige Glucosereste besitzt, etwa wie in dem oben formulierten Maltoseanhydrid.

---

[1] P. Karrer u. C. Nägeli, Helv. Chim. Acta 169, 679; 1921.

[2] H. Pringsheim u. J. Leibowitz, Chem. Ber. 58, 2808; 1925. — C. S. Hudson, H. Pringsheim u. J. Leibowitz, Jl Amer. Chem. Soc. 48, 288; 1926.

[3] A. Pictet u. R. Salzmann, Helv. Chim. Acta 7, 934; 1924; 8, 948; 1925.

[4] J. Leibowitz u. P. Mechlinski, Chem. Ber. 59, 2738; 1926.

Dihexosan und Trihexosan. Die durch Erhitzen der Amylose bzw. des Amylopektins in Glycerinlösung entstehenden Produkte, Dihexosan bzw. Trihexosan sind ihrer Zusammensetzung nach mit der oben erwähnten Diamylose und Triamylose vergleichbar, aber von diesen Körpern dennoch verschieden. Ausser durch Erhitzen in Glycerinlösung oder durch Acetylieren der Stärke (Pictet, Pringsheim) können Dihexosane und Trihexosane als Restkörper bei der Amylolyse der Stärke gewonnen werden. Trihexosan wird aus dem Amylopektin gewonnen (Pringsheim, Sjöberg), während nach Sjöberg[1] Dihexosan als Restkörper bei der Spaltung der Amylose gewonnen werden kann:

$$\left.\begin{array}{l}\text{Amylose }([\alpha] = +189^{\circ}) \\ \text{Amylopektin }([\alpha] = +196^{\circ})\end{array}\right\} \text{Amylase} \left\{\begin{array}{l}\text{Dihexosan }([\alpha] = +155^{\circ}) + \text{Maltose} \\ \text{Trihexosan }([\alpha] = +163{,}5^{\circ}) + \text{Maltose}\end{array}\right.$$

Die Verschiedenheit dieser Produkte der Spaltung der Stärke durch Amylase von den bei der Einwirkung des Bacillus macerans entstehenden Polyamylosen (Diamylose und Triamylose) geht besonders aus ihrem Verhalten zu Enzymen hervor. Sowohl Dihexosan wie Trihexosan sollen bei Gegenwart eines besonderen Hefe-Komplements (Pringsheim[2]) durch Pankreas- oder Malzamylase quantitativ in Maltose umgewandelt werden. Das von Pictet[3] durch Spaltung seines Trihexosans mit Emulsin gewonnene Dihexosan wurde auch durch Amylase in Maltose übergeführt.

Die Entstehung des Dihexosans bzw. Trihexosans aus Amylose bzw. Amylopektin kann durch Umlagerungen der Sauerstoffbrücken in den Elementarkörpern erklärt werden. Nach Josephson (l. c.) kann man sich die Bildung des Trihexosans aus dem Amylopektin dadurch vorstellen, dass das Anhydroglucosemolekül im Elementarkörper des Amylopektins sich an der α- oder β-glucosidischen Bindung im Disaccharidanhydridmolekül anlagert. Diese Anlagerung tritt an der α-glucosidischen oder β-glucosidischen Bindung ein, je nachdem eine α- oder β-Amylase die betreffende Bindung aufgelöst hat. Die durch Einwirkung von beispielsweise Malz- und Pankreasamylase entstehenden Trihexosane (Grenzdextrine) dürften eventuell nicht identisch sein, was durch die Ergebnisse von R. Kuhn[4] experimentell gestützt wird.

Amylobiose, Maltose, Amylotriose. Durch kalte konzentrierte Salzsäure wird nach H. Pringsheim[5] Amylose zu einem Disaccharid, Amylobiose, und Amylopektin zu einem Trisaccharid, Amylotriose, übergeführt. Die Bildung dieser Zucker kann man sich nach dem zitierten Autor durch Aufspaltung einer Glucosidbindung in Dihexosan bzw. Trihexosan denken.

[1] K. Sjöberg, Chem. Ber. 57, 1251; 1924.

[2] H. Pringsheim u. Mitarbeiter, Chem. Ber. 56, 1762; 1923. — Biochem. Zs 142, 108; 1923; 148, 336; 1924; 173, 399; 1926; 177, 406; 1926.

[3] A. Pictet u. R. Salzmann, Helv. Chim. Acta 7, 934; 1924; 8, 948; 1925.

[4] R. Kuhn, Lieb. Ann. 443, 1 und zwar S. 36 u. ff.

[5] H. Pringsheim, 57, 1581; 1924.

Bemerkenswert ist nun, dass Sjöberg[1] bei der Spaltung von sowohl Amylose wie Amylopektin mit Saccharomyces Saké Amylobiose als Restkörper fand. Neben der Amylobiose wurde bei der Spaltung der Amylose Dihexosan und bei Spaltung des Amylopektins ein anderer Körper erhalten. Die Bildung der Amylobiose aus den beiden Stärkefraktionen durch dasselbe Enzympräparat scheint mir in einfachster Weise durch die Vorstellung erklärt werden zu können, dass die Spaltung der beiden Stärkefraktionen in ganz ähnlicher Weise durch Aufspaltung der einen glucosidischen Bindung im Disaccharidanhydrid und eventuell Umlagerung einer Sauerstoffbrücke zu Amylobiose führt, und dass die Umlagerung dieses Disaccharids zu Maltose nicht eintritt wegen des Fehlens einer besonderen Komponente des Enzymgemisches. Die sog. Amylobiase dürfte also von der hier tätigen Amylase, welche die Aufspaltung der einen glucosidischen Bindung bewirkt, verschieden sein. In den meisten Malzamylasen scheint jedoch die Amylobiase vorhanden zu sein[2].

Die aus Amylopektin bzw. Trihexosan durch Salzsäurehydrolyse entstehende oben erwähnte Amylotriose ist von der von Ling und Nanji[3] bei Amylopektinabbau mit Amylase bei 70^0 gewonnene Glucosido-Maltose, welche auch Pringsheim und Schapiro[4] durch Einwirkung des technischen Enzympräparates „Biolase" auf Stärke bei 70^0 gewonnen haben, verschieden. Dagegen soll nach Meyerhof die Amylotriose als Restkörper bei der Glykolyse entstehen.

Glykogen und Isolichenin. Bei der amylolytischen Spaltung des Glykogens entsteht wie aus Stärke Maltose[5]. Die Beziehungen zwischen Stärke und Glykogen sind nicht ganz sichergestellt. Jedenfalls scheint Glykogen, welches Phosphorsäure verestert enthält, recht nahe der Amylopektinfraktion der Stärke zu stehen. Im Gegensatz hierzu soll nach H. Pringsheim[6] das sog. Isolichenin mit „Amylose" identisch sein; er konnte nämlich durch Erhitzen in Glycerinlösung daraus Dihexosan gewinnen, während Glykogen unter ähnlichen Bedingungen Trihexosan ergab. Aus dem Ergebnis von P. Karrer[7], dass Mannose neben Maltose bei der Säurehydrolyse des Isolichenins entsteht, geht jedoch hervor, dass das aus Isländisch-Moos zur Zeit isolierte „Isolichenin" nicht einheitliche „Amylose" darstellt.

Die amylolytische Spaltung des Glykogens erfolgt langsamer als die der

---

[1] K. Sjöberg, H. 162, 223; 1927.

[2] Nach H. Pringsheim (Chem. Ber. 58, 1263; 1925) sowie C. Oppenheimer (Die Fermente und ihre Wirkungen, 5. Aufl., S. 650; 1925) soll die Amylobiase mit der eigentlichen β-Amylase identisch sein, welcher Auffassung ich mich nach dem oben Gesagten nicht ohne weiteres anschliessen kann.

[3] A. R. Ling u. D. R. Nanji, Jl Chem. Soc. 123, 2666; 1923; 127, 629; 1925.

[4] H. Pringsheim u. E. Schapiro, Chem. Ber. 59, 996; 1926.

[5] Osborne u. Zobel, Jl of Physiol. 29, 1; 1903.

[6] H. Pringsheim, Chem. Ber. 57, 1581: 1924. — H. 144, 241; 1925.

[7] P. Karrer u. B. Joos, H. 141, 311; 1924. — P. Karrer, H. 148, 62; 1925.

Stärke[1], wie auch nach H. Pringsheim und A. Beiser[2] Amylopektin langsamer als Amylose gespalten wird.

Einteilung der Amylasen und Theorien des Stärkeabbaues.
(K. Josephson.)

Inwieweit die Spaltung der Stärke durch Amylase zur Maltose (+ Restkörper) die aufeinanderfolgende Mitwirkung verschiedener Enzymkomponenten bedarf, ist bis jetzt nicht festgestellt worden. Manche Forscher haben ein „stärkelösendes" und ein „stärkeverzuckerndes" Enzym angenommen und auch neben einer eigentlichen Amylase noch Dextrinasen vermutet. Fassen wir die Stärke als ein Assoziations- (oder Polymerisations-)Produkt einer oder mehrerer Grundkörper auf, so erhebt sich die Frage inwieweit die Aufhebung des Assoziationszustandes mit einem besonderen enzymatischen Prozess zusammenhängt oder ob die Aufhebung der Affinitätskräfte, welche das Zusammentreffen der Grundkörper zu den grösseren Komplexen bewirken, als eine Folge der mit der Spaltung des Grundkörpers eintretenden Strukturänderung betrachtet werden kann. Es erscheint noch nicht als möglich aus den zur Prüfung der „Zweienzymtheorie" angestellten Versuchen hinsichtlich Verschwinden der Jodreaktion, Änderung der Viscosität und Zunahme des Reduktionswertes bestimmte Schlussfolgerungen zu ziehen.

Wir müssen uns also hier begnügen, die Amylasen teils nach ihrem natürlichen Vorkommen einzuteilen, und zwar in:

A. Tierische Amylasen,
B. Pflanzliche Amylasen,

teils die einzelnen Amylasen, soweit dies möglich ist, als

α-Amylase oder β-Amylase,

je nachdem sie die entstehende Maltose primär in α- oder β-Form entstehen lässt (R. Kuhn[3]), zu charakterisieren.

Das von Kuhn angegebene Unterscheidungsmerkmal zwischen α- und β-Amylasen ist nach diesem Forscher „zunächst rein äusserlich, wenn es auch zweifellos in wesentlichen Verschiedenheiten im Wirkungsmechanismus der α- und β-Amylasen seinen Grund hat. Man sollte mit dieser Bezeichnung keinesfalls die Vorstellung verbinden, dass die ersteren etwa wie die Maltasen der Hefen α-spaltende Glucosidasen, die letzteren β-Glucosidasen vom Typ der im Emulsin vorhandenen Fermente sind".

In Bestätigung der Annahme, dass z. B. die β-Glucosidase des Emulsins nicht als eine β-Amylase zu betrachten ist, hat Josephson[4] gezeigt, dass

---

[1] Siehe hierzu Gruzewska u. Bierry, C. r. 149, 359; 1909. — R. V. Norris, Biochem. Jl 7, 26; 1913. — Euler u. Josephson, Chem. Ber. 56, 1756; 1923.

[2] H. Pringsheim u. A. Beiser, Biochem. Zs 148, 336; 1924.

[3] R. Kuhn, Lieb. Ann. 443, 1; 1925. — Die Bezeichnung α- oder β-Amylase ist mit der Bezeichnung α- und β-Diastase von Syniewski (Biochem. Zs 158, 87; 1925) nicht zu verwechseln.

[4] K. Josephson, Chem. Ber. 58, 2726; 1925; 59, 821; 1926.

die Amylasewirkung, welche Emulsinpräparate zeigen, auf die Anwesenheit einer besonderen Mandelamylase zurückzuführen ist, welche letztere von dem β-Glucoside spaltenden Enzym getrennt werden kann.

Es liegt nach Kuhn nahe, „die Ursache für die Verschiedenheit des Mutarotationssinnes in einer durch die α- oder β-Amylasen bewirkten optischen Umkehrerscheinung zu suchen. An dem soeben aufgestellten Einteilungsprinzip würde sich dadurch nichts ändern. Es ist aber für die folgenden Erörterungen von entscheidender Bedeutung, ob man die Annahme einer glatten Waldenschen Umkehr macht oder nicht; ob die durch die verschiedenen Amylasen gesprengten Glucosidbindungen identisch oder verschieden sind". Dass die Wirkung der Amylasen in Sprengung von Glucosidbindungen besteht, nimmt also auch Kuhn an. „Im Falle des Stärkeabbaues scheinen überdies die" von Kuhn beobachteten „Abweichungen, die sich zwischen colorimetrischen und reduktometrischen Messungen bei Anwendung der verschiedenen Amylasetypen ergeben, gegen eine glatte Waldensche Umkehrung und für eine Verschiedenheit der Angriffspunkte im Stärkemolekül zu sprechen."

Ausgehend von ihren Beobachtungen über die Gefrierpunktsdepression von „Triacetylamylose" haben M. Bergmann und E. Knehe[1] die Ansicht ausgesprochen, die „Individualgruppe" der Amylose sei ein Glucoseanhydrid. Sofern sich diese Struktur der Amylose weiterhin bestätigen lässt, „so wird man die Ansichten über ihre Umwandlung in Maltose auf eine neue Basis zu stellen haben. Dabei muss es besonders interessieren, zu untersuchen, ob diese Umwandlung eine direkte ist, oder ob intermediär andere Stoffe und besonders solche von der Natur der Disaccharidanhydride entstehen" (vgl. hierzu die Beobachtungen von Samec, welche S. 347 referiert sind). „Hingewiesen sei hingegen darauf, dass die Glucosanstruktur mit ihren beiden Sauerstoffringen die Möglichkeit für die von R. Kuhn geforderten verschiedenen Angriffspunkte der beiden verschiedenen Amylasetypen bietet."

H. Pringsheim[2] hat neuerdings das folgende Schema (S. 346) der enzymatischen Spaltung der Stärke mitgeteilt.

Ein von Ling und Nanji[3] gegebenes Schema rechnet mit der Bildung von Isomaltose neben der Maltose. Da der von Ling und Nanji beschriebene Disaccharid mit der Fischerschen Isomaltose nicht identisch zu sein scheint, wird der erwähnte reduzierende Disaccharid, dessen Natur unbekannt ist und dessen Existenz in Zweifel gezogen worden ist, nach Pictet besser Dextrinose genannt.

Nach R. Kuhn[4] gibt es drei Wege des Stärke-Abbaues, „die sich heute

[1] M. Bergmann u. E. Knehe, Lieb. Ann. 452, 141; 1927.
[2] H. Pringsheim, Chem. Ber. 59, 3008; 1926.
[3] A. R. Ling u. D. R. Nanji, Jl Chem. Soc. 127, 636 und zwar S. 651; 1925.
[4] R. Kuhn, Chem. Ber. 57, 1965; 1924. — Lieb. Ann. 443, 1; 1925.

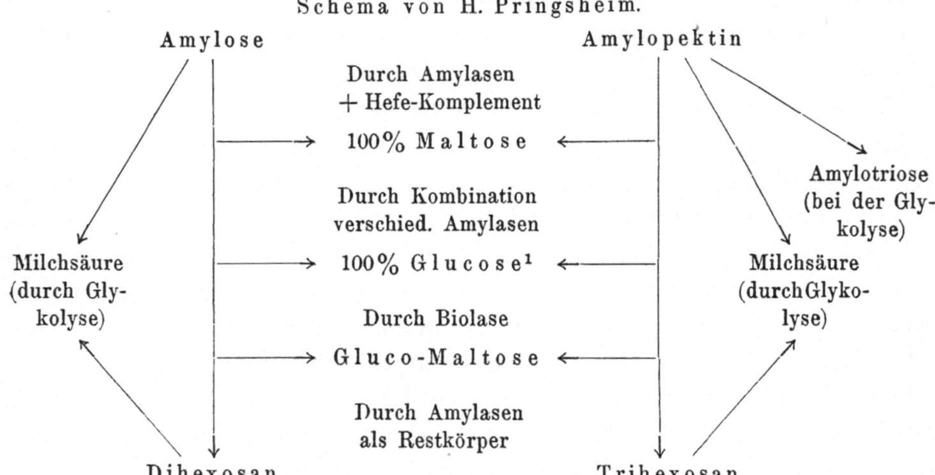

voneinander abheben und die durch den verschiedenartigen Verlauf der Umlagerung eines nur in den Grundkörpern von Amylose und Amylopektin stabilen Oxydo-Ringes verstanden werden können, wenn überhaupt unsere strukturchemischen Vorstellungen berufen sind, die Reaktionen des Polysaccharids zu erklären:

1. Die Hydrolyse durch Malz-Amylase, bei der die Isomerisierung in der reduzierenden Hälfte des gebildeten Malzzuckers erfolgt.

2. Die intraglucosidische Umlagerung in der nicht reduzierenden Hälfte eines Disaccharids, die bei der Hydrolyse durch Pankreas-Amylase vor sich geht und gleichfalls zu Maltose führt.

3. Interglucosidische Isomerisierungen, wie sie sich bei der Umlagerung der α- in die β-Polyamylosen und einigen anderen Reaktionen wiederfinden und zu Anhydriden von Trisacchariden führen können"[2].

Gehen wir von der schon früher gegebenen Formulierung der Amyloseelementarmolekel aus, wie sie nach der Theorie der Stärkebildung von K. Josephson aus der Anhydroglucose $\langle 1,4 \rangle \langle 1,5 \rangle$ hervorgeht, lassen sich die Wirkungen der α- und β-Amylasen in folgender Weise präzisieren. [Wenn sich die Bergmannsche Formulierung der Amylose-„Individualgruppe" als ein Glucoseanhydrid bestätigen sollte, so ist vielleicht im folgenden Schema die S. 339 skizzierte Bildung eines Disaccharidanhydrids als erste Teilreaktion der Amylolyse einzusetzen]:

---

[1] Die Bildung von Glucose bei der kombinierten Wirkung verschiedener Amylasen bei Abwesenheit von Maltase konnten P. Rona, D. Nachmansohn u. H. W. Nicolai (Biochem. Zs 187, 328; 1927), sowie K. Sjöberg (unveröffentlichte Versuche) nicht bestätigen.

[2] Bei diesen Umlagerungen muss vielleicht auch mit optischen Umkehrerscheinungen (wie die Waldensche) gerechnet werden.

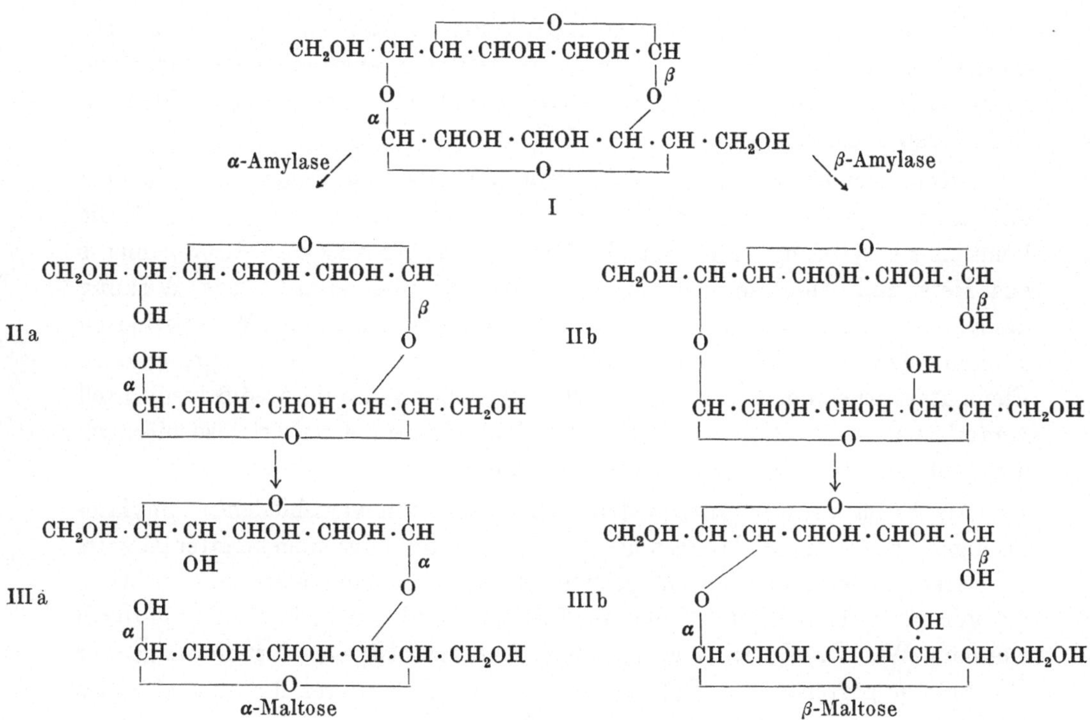

Die Aufspaltung des Körpers I konnte theoretisch durch zwei α-Amylasen und zwei β-Amylasen eintreten, da eine Amylase ihre spezifische Affinität in erster Linie zum Glucoserest mit 1,4- oder 1,5-Sauerstoffbrücke im Körper I äussern kann.

Durch eine Beobachtung von Samec[1], dass bei Spaltung der Stärke durch Malzamylase (nach dem in einem frühen Stadium der Spaltung eintretenden starken Ansteigen der Gefrierpunktserniedrigung) eine bedeutende Zunahme des Reduktionsvermögens bei konstanter Gefrierpunktserniedrigung eintritt, erhält die Annahme einer nichtreduzierenden Vorstufe der Maltose von übereinstimmender Molekülgrösse eine experimentelle Stütze.

Die Bildung des Dihexosans erfolgt nach der hier referierten Anschauung als Nebenreaktion, wobei eine Umlagerung eintritt, welche nicht in bleibender Sprengung einer Glucosidbindung resultiert. Mit einigen Amylasen oder bei Gegenwart des Hefekomplements kann auch die Überführung des Dihexosans zu Maltose eintreten. Das Komplement fungiert dann vielleicht als Affinitätsvermittler der Amylase zu dem vom Grundkörper der Amylose strukturverschiedenen Dihexosan.

Die Spaltung des Amylopektins zu Maltose erfolgt nach dieser Theorie in ganz ähnlicher Weise durch Sprengung des Disaccharidanhydrids im Elementarkörper, was vielleicht von einer Loslösung der Anhydroglucose vorangegangen

[1] Samec, Koll. Beih. 10. 289; 1919.

wird[1]. Die freie Anhydroglucose hat dann die Möglichkeit, sich zu Disaccharidanhydrid umzusetzen, welches weiter gespalten wird, oder sie kann sich mit aus Disaccharidanhydrid entstehenden Disacchariden zu Trihexosan umsetzen.

„Komplement" der Amylasen. Aktivatoren. Das sog. Trihexosan (wie auch das unter Umständen als Restkörper entstehende Dihexosan) wird durch die kombinierte Wirkung eines von H. Pringsheim entdeckten Komplements aus Hefe und Amylase vollständig zu Maltose übergeführt. Die Wirkung des Komplements dürfte man, wie R. Kuhn bemerkt hat, in der Weise erklären können, dass das Komplement die Affinität der auf den ursprünglichen Elementarkörper der Stärke spezifisch eingestellten Amylase zum strukturell veränderten Trihexosan vermittelt. Das Komplement erweitert also hiernach die Zahl der spezifischen Substrate der Amylase.

Als Erklärung der verschiedenen Eigenschaften verschiedener Amylaselösungen, wie Malzamylaselösungen aus gekeimter oder ungekeimter Gerste, mit Alkohol gefällter oder dialysierter Amylaselösungen usw. müssen Aktivatoren oder verschiedene Komponenten der Amylasen in Rechnung gezogen werden. Wie R. Kuhn hervorgehoben hat, erweist sich für die Lage der Verzuckerungsgrenze die Gegenwart eines oder mehrerer Inhaltsstoffe des Malzes als entscheidend. Die sog. „Selbstaktivierung" der Amylase dürfte man nach Kuhn auf Erhöhung der Affinität der Diastase besonders zu niedrigmolekularen Dextrinen zurückführen können. Es ist klar, dass die relativen Werte der Affinitäten der Enzyme zu der unveränderten Stärke, zu den Zwischen- und Endprodukten der Amylolyse von entscheidender Bedeutung für den Reaktionsverlauf wie auch für die relativen Mengenverhältnisse der Endprodukte der Amylolyse sein müssen.

A. Tierische Amylasen.

(K. Josephson.)

I. Speichel-Amylase (Ptyalin[2]).

Die stärkelösende Wirkung des Speichels ist 1831 von Leuchs entdeckt und dann von Schwann untersucht worden[3].

Vorkommen. Beim Menschen scheint die Hauptmenge der Speichelamylase von der Parotis geliefert zu werden, während die Glandula sub-

---

[1] Die grosse Viscositätsänderung, die bei der Spaltung des Amylopektins schon vor dem Auftreten reduzierender Abbauprodukte eintritt, dürfte nach dieser Theorie des Baues des Amylopektins in Zusammenhang mit der Aufsprengung des Komplexes in Anhydroglucose + Disaccharidanhydrid gesetzt werden können.

[2] Die Bezeichnung Ptyalin soll von Berzelius stammen.

[3] Ältere Schriften über Speichelamylase siehe bei Schlesinger, Virch. Arch. 125, 146.

maxillaris verhältnismässig wenig Amylase abscheidet[1]. Das gleiche trifft im allgemeinen auch bei Tieren zu, sofern ihr Speichel überhaupt Amylase enthält.

Immerhin steht nunmehr wohl fest, dass Amylase auch bei neugeborenen Kindern sowohl in der Parotis (Zweifel, Korowin), als in der Submaxillaris[2] vorkommt. Die Stärkeverdauung bei jungen Kindern hat Shaw[3] untersucht.

Im normalen menschlichen Speichel scheint der Amylasegehalt ziemlich unregelmässig zu schwanken; H. Pringsheim und A. Beiser[4] fanden jedoch regelmässig den Nachmittagsspeichel mehr aktiv als Morgenspeichel. Weiteres siehe F. N. Schulz in Oppenheimers Handbuch d. Biochemie, 2. Aufl., Bd. 4 (Jena 1924). Wesentlich für die Beurteilung dieser Verhältnisse ist der Umstand, dass der Salzgehalt des Speichels wechselt.

Pathologische Veränderungen beim menschlichen Speichel. Im allgemeinen sind hier keine grösseren Abweichungen von der normalen Amylaseproduktion oder sonst auffallende Resultate gefunden worden[5]. Kleinere Schwankungen können oft in Ungleichheiten der Versuchsbedingungen (Acidität, Salzgehalt) ihren Grund haben.

Bei Diabetes nach Wisel keine Veränderung. Auch bei Verdauungsstörungen des Darmes konnte Burger[6] keine Abnahme der Speichelamylase nachweisen. Nach Jawein[7] kein Effekt bei Fieber und bei Tuberkulose. Bei Geisteskrankheiten fand Christiani[8] die Speichelamylase vermehrt.

Tierischer Speichel. Starke Amylasewirkungen sind beim Schwein gefunden worden, ferner bei Ratten.

Bei Pflanzenfressern ist im allgemeinen die Amylasewirkung des Speichels ziemlich schwach, so z. B. beim Pferd (Ellenberger und Hofmeister, Hayden[9]). Beim Rind hat C. C. Palmer[10] starke zeitliche und individuelle Schwankungen gefunden. Die Amylase soll aus dem Blut stammen. Siehe auch Blutamylase S. 380.

Glykogenspaltung hat W. Lücking[11] beim Speichel vom Mensch und Schwein beobachtet, während der Speichel der Pflanzenfresser ohne Wirkung auf Glykogen gefunden wurde.

Bei Fleischfressern soll Amylase im Speichel nach Mendel und Carlson

---

[1] Siehe Grützner, Pflüg. Arch. 16, 105; 1877. — Mestrezat, Bull. Soc. Chim. (4) 3, 711; 1908.

[2] Schilling, Jahrb. Kinderheilk. 58, 518; 1903. Siehe daselbst auch ältere Arbeiten.

[3] Shaw, Albany Med. Ann. 1904 nach Biochem. Zbt. 2, 1458; 1904.

[4] H. Pringsheim u. A. Beiser, Biochem. Zs 148, 336; 1924. — Siehe hierzu auch Hilda Walker, Biochem. Jl 19, 221; 1925.

[5] Litmanowicz u. E. Müller, Zbt. Physiol. u. Pathol. d. Stoffw. N. F. 4, 81, 1909.

[6] Burger, Münch. med. Woch. 43, 220; 1896.

[7] Jawein, Wiener med. Presse 1892, 578. Zitiert nach Oppenheimer.

[8] Christiani, Zbt. med. Wiss. 506; 1905.

[9] C. E. Hayden, Amer. Jl Physiol. 45, 461; 1918.

[10] C. C. Palmer, Amer. Jl Physiol. 41, 4; 483; 1916.

[11] W. Lücking, Deutsche tierärztl. Woch. 34, 257; 1926.

oft ganz fehlen[1]. Bei der Katze wird Amylase von der Gl. submaxillaris ausgeschieden. Kaninchen sezernieren Amylase aus der Parotis oder auch überhaupt nicht[2]. Fische enthalten nach Krukenberg Amylase im Speichel;
Schlangen nach Launay (1903) nicht.

Darstellung. Cohnheim hat schon vor langer Zeit Versuche über die
Adsorption der Speichelamylase durch Calciumtriphosphat beschrieben. Durch
Auslösen des Enzyms aus dem Adsorbat mit Wasser wurde eine Abtrennung
von Eiweisssubstanzen erzielt. Durch Alkohol konnte die Amylase dann
ausgefällt werden. — Als weitere Reinigungsmethoden sind auch direkte
Fällung des Speichels mit Alkohol oder Aussalzen vorgeschlagen worden.
Durch Glycerinextraktion der Mundschleimhaut können in gewissen Fällen
auch brauchbare Präparate erhalten werden.

K. Myrbäck[3] hat im hiesigen Laboratorium Adsorptionsversuche mit
Tonerdehydrat ausgeführt. Durch Adsorption von 700 ccm Speichel mit
74 ccm 5 %iger Tonerdesuspension und nachfolgender Elution mit Na_2HPO_4
wurden 250 ccm Speichelamylaselösung erhalten, welche nach der 2 Tage
dauernden Dialyse eine Aktivität entsprechend Sf = 117 (Trockengewicht
2,1 mg pro 5 ccm) besass. Bei Verlängerung der Dialysezeit auf 10 Tage war
die Lösung jedoch vollkommen inaktiviert, auch nach Zusatz von Kochsalz
zur Bestimmungslösung.

Acidtätsbedingungen. Wie unten gezeigt wird, ist die Wirkung der
Speichelamylase in erster Linie von der Anwesenheit von Neutralsalzen, und
zwar ihrer Anionen, abhängig. Je nach der Natur dieser Neutralsalze liegt
das Gebiet der optimalen Acidität.

Die ersten, nach modernen Gesichtspunkten ausgeführten Versuche verdankt man E. W. Ringer und van Trigt[4], welche die Lage der optimalen
Reaktion in Phosphat- und Acetatmischungen bei 37° zu pH = 6,00 fanden,
und zwar ziemlich übereinstimmend mit der Zuckerreduktionsmethode von
Bertrand und mit der Jodmethode. In Citratlösungen zeigte sich die Lage
der optimalen Reaktion von der Konzentration des Puffers abhängig.

Michaelis und Pechstein[5] fanden nach Salzzusätzen folgende Wirkungs-
optima:

Salz:	Phosphat, Acetat, Sulfat	Chlorid, Bromid	Nitrat
pH:	6,1 bis 6,2	6,7	6,9.

E. Ernström[6] fand bei 37° bei Gegenwart von 0,058 n. Phosphat und
0,017 n. NaCl das Optimum bei pH = 6,5. Die Verschiebung der Optimal-

---

[1] A. J. Carlson u. Chittenden, Amer. Jl Physiol. 26, 169; 1910.
[2] Ryan, Amer. Jl Physiol. 24, 234; 1909.
[3] K. Myrbäck, H. 159, 1 und zwar S. 6; 1926.
[4] W. E. Ringer u. van Trigt, H. 82, 484; 1912.
[5] Michaelis u. Pechstein, Biochem. Zs 59, 77; 1914.
[6] E. Ernström, H. 119, 190; 1922.

Aktivitäts-pH-Kurve der Amylase ohne und mit NaCl.
0,06 n-Phosphatpuffer.

pH	t	M	$k \cdot 10^4$	$k_M \cdot 10^4$	R
4,50	90	7,0	7	7	5
4,86	33	10,1	30		
	60	16,9	28		
	90	20,9	26	28	21
5,30	60	21,6	41		
	80	26,6	41	41	30
5,59	20	10,1	50		
	40	19,5	54		
	60	26,0	53	52	39
6,10	20	10,8	53		
	40	19,5	54		
	60	26,6	55	54	40
6,35	33	17,3	55		
	60	26,6	55		
	90	33,1	53	55	41
6,80	20	6,5	31		
	40	13,0	32		
	75	21,6	33	32	24
6,97	33	8,7	25		
	60	14,4	25		
	90	17,3	21	24	18
7,10	33	8,7	25		
	60	13,8	21		
	90	17,3	21	22	16
7,50	40	2,9	6,5		
	90	8,0	8,5	7,5	5,5

Mit 0,01 n.-NaCl.

pH	t	M	$k \cdot 10^4$	$k_M \cdot 10^4$	R
5,33	23	15,9	66		
	50	28,1	64	65	48
6,10	20	22,3	116		
	45	39,6	128	122	90
6,7	20	25,2	137		
	45	40,4	133	135	100
7,8	20	17,3	84		
	45	27,4	70	77	57

bedingungen der Speichelamylase bei Zusatz verschiedener Salze ist weiter von A. Hahn[1] und neuerdings im hiesigen Laboratorium eingehend von K. Myrbäck untersucht worden. Besonders aus der Arbeit des letzteren

[1] A. Hahn u. Mitarbeiter, Zs f. Biol. 71, 287, 302; 1921; 73, 10; 1921; 74, 217; 1922; 76, 227.

geht hervor, dass die pH-Kurve der Speichelamylase in Gegenwart von Chloridionen anders als nur in Gegenwart von puffernden Salzen, wie Acetat oder Phosphat verläuft. Das Optimum der sog. Chloridamylase fand Myrbäck in Übereinstimmung mit älteren Befunden bei pH = 6,7, wobei die reduktometrische Bestimmungsmethode anstatt der von Michaelis und Pechstein angewandten Wohlgemutschen Methode verwendet wurde. Bei Gegenwart von nur Phosphat oder Acetat wurde wieder in Übereinstimmung mit älteren Versuchen das Optimum bei pH = 6,0—6,1 gefunden; die Aktivität der Amylase bei Gegenwart des Puffers war bei dieser Acidität 40 % von der Aktivität bei Gegenwart von NaCl beim pH-Optimum der Chloridamylase (pH = 6,7). Das pH-Optimum der Amylase in Gegenwart von Phosphaten oder Acetaten, welche nur als Puffer wirken sollen, fällt nun nach Myrbäck mit dem Optimum der salzfreien Speichelamylase zusammen und weiter soll auch die salzfreie Speichelamylase bei dieser Acidität eine Aktivität von 40 % der Aktivität der Chloridamylase bei deren Optimalbedingungen (pH = 6,7) besitzen. (Siehe Tabelle S. 351.)

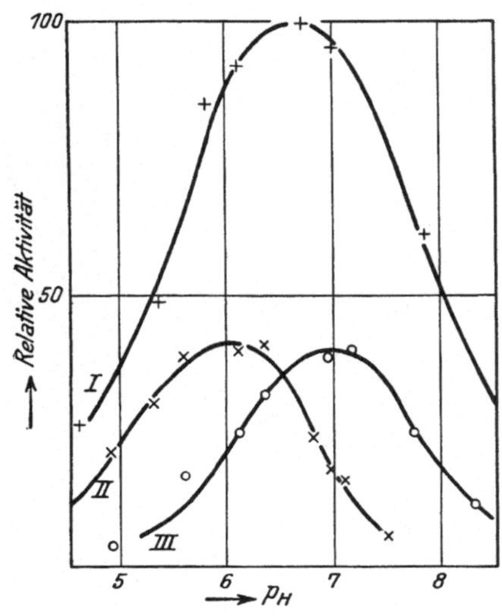

Fig. 44.
I Cl′-Amylase. II Salzfreie Amylase (Phosphat oder Acetat). III NO₃′-Amylase.

Bei Gegenwart von Nitrat wird die pH-Kurve der salzfreien Speichelamylase noch weiter nach der alkalischen Seite verschoben. Die Aktivität der Nitratamylase ist bei ihrem Optimum (pH = 6,9—7,0) etwa gleich der Aktivität der salzfreien Amylase bei pH = 6,0.

In Fig. 44 sind die pH-Kurven der Chlorid- und Nitratamylasen neben der der salzfreien Amylase wiedergegeben.

Mit Glykogen als Substrat fand Norris[1] die optimale Acidität bei pH = 6 (37°); Rona und van Eweyk[2] fanden mit ihrer nephelometrischen Methode bei pH = 6,5.

Salzwirkungen. Schon aus dem im vorigen Abschnitt über die Aciditätsbedingungen Gesagten geht hervor, dass Neutralsalze wie NaCl und KNO₃ einen sehr bedeutenden Einfluss auf die Wirksamkeit der Speichelamylase ausüben.

Mit undialysierten Amylaselösungen fand Kübel[3] Aktivierungen durch

---

[1] R. V. Norris, Biochem. Jl 7, 26; 1913; 8, 421; 1914.
[2] Rona u. van Eweyk, Biochem. Zs 149, 174; 1924.
[3] Kübel, Pflügers Arch. 76, 276; 1899.

Neutralsalze. Wird eine Speichelamylaselösung dialysiert, findet eine Schwächung der Aktivität statt und bei nachfolgendem Zusatz von Neutralsalzen, wie NaCl, wird die Lösung im allgemeinen (wenn die Dialyse auf nicht zu langer Zeit ausgedehnt worden ist, wobei irreversible Inaktivierung eintritt) wieder aktiver. Die meisten Forscher, welche sich mit dieser Frage beschäftigt haben, sind zu der Ansicht gekommen, dass die von Salzen vollständig befreite Speichelamylase ganz inaktiv ist, aber bei Zusatz von NaCl wieder aktiv wird[1]. Das Natriumchlorid lässt sich dabei gegen andere Salze austauschen, obwohl die Wirkung des Chloridions besonders ausgeprägt sein soll (Wohlgemuth[2]). Dass Br und J ähnlich wie Cl wirken, hatten Neilson und Terry[3] angegeben. Den Einfluss der Konzentration von KBr und KJ hat Fricker[4] untersucht.

Michaelis und Pechstein[5] haben, wie erwähnt, den Einfluss von Neutralsalzen auf die Lage des pH-Optimums der Speichelamylase untersucht. Michaelis (Die Wasserstoffionenkonzentration, 1. Aufl. S. 75) hat den Resultaten folgendes zugefügt:

„Die Vereinigung der Amylase mit den einzelnen Anionenarten zu den wirksamen Komplexen stellt eine unvollständige chemische Reaktion dar, die zu einem Gleichgewicht führt. Die Affinität der Amylase zu den einzelnen Anionenarten ist verschieden gross; sie ist sehr gross bei NO_3'; nicht viel kleiner bei Cl', Br'; sehr klein bei SO_4'', Acetat, Phosphat.

Jede einzelne dieser Amylase-Komplexverbindungen stellt einen Körper dar, der die Eigenschaften der übrigen Enzyme ganz regulär an sich trägt; er ist als Enzym wirksam nur als Anion, die Wirksamkeit hängt wie sonst von der Acidität ab.

Die relative enzymatische Wirksamkeit dieser verschiedenen Komplexverbindungen auf Stärke ist sehr verschieden. Am stärksten wirkt die Cl'-Verbindung (fast ebenso Br'); viel schwächer die NO_3'-Verbindung und noch sehr viel schwächer die Sulfat-, Acetat-[6] und Phosphatverbindungen."

Auf das Problem der Salzwirkung wird nun neues Licht durch die Ergebnisse von Myrbäck geworfen. Der Befund, dass die salzfreie Speichelamylase dasselbe pH-Optimum und dieselbe Aktivität besitzt wie bei Gegenwart von Phosphat oder Acetat deutet darauf hin, dass die Phosphat- und Acetationen

---

[1] Siehe hierzu Cole, Jl of Physiol. 30, 202, 281; 1904. — Bierry, Giaja u. Henri, C. r. Soc. Biol. 60, 479; 1906. — E. Starkenstein, Biochem. Zs 24, 210; 1910. — Bierry, Biochem. Zs 40, 357; 1912.

[2] J. Wohlgemuth, Biochem. Zs 9, 10; 1908.

[3] Neilson u. Terry; Amer. Jl Physiol. 22, 43; 1908.

[4] Fricker, Arch. Verdau. 16, 162 u. 369; 1910.

[5] Michaelis u. Pechstein, Biochem. Zs 59, 77; 1914.

[6] Rockwood (Jl Amer. Chem. Soc. 41, 228; 1919) fand auch die Anionen der Weinsäure und der Oxalsäure sehr wenig bzw. nicht wirksam, während nach einer älteren Beobachtung von John (Virch. Arch. 122, 271; 1890) Oxalsäure stark hemmen soll.

sich überhaupt nicht mit der Amylase verbinden, sondern dass die Wirkung sich auf die Einstellung der Acidität beschränkt.

Auch die Sulfationen verbinden sich nach Myrbäck nicht mit der Speichelamylase.

Anders liegen aber die Verhältnisse bei den Chloriden, Bromiden, Jodiden, welche sich mit der Amylase verbinden und damit das Aciditätsoptimum von pH = etwa 6 zu pH = 6,7—6,8 verschieben. Ähnliches findet bei Nitraten und Chloraten statt, nur scheint das Optimum noch etwas stärker (bis pH = 6,9—7,0) verschoben zu werden. Die Affinität zum Substrat scheint sich dagegen nicht zu ändern (siehe S. 360—361).

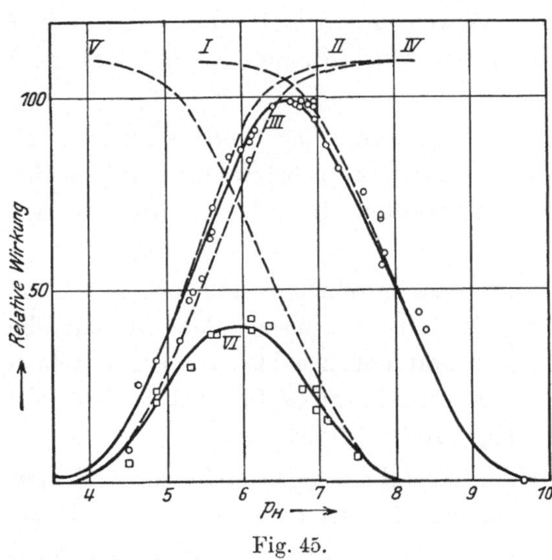

Fig. 45.

Diese Tatsachen können nun so gedeutet werden, dass durch die Salze die elektrochemischen Eigenschaften der salzfreien Amylase geändert werden. Betrachtet man die salzfreie Amylase sowie die Amylase-Substratverbindung als amphotere Elektrolyte mit den Dissoziationskonstanten $K_a = 10^{6,3}$ und $K_b = 10^{-8,4}$ (Kurven IV und V in der Fig. 45), so lässt sich die pH-Kurve der salzfreien Amylase als Dissoziationsrestkurve (Kurve VI) darstellen. Ändern sich nun die Werte von K_a und K_b bei Chloridzusatz auf die Werte $K_a = 10^{-8,1}$ bzw. $K_b = 10^{-8,6}$, so erhalten wir die Kurven I und II und die Dissoziationsrestkurve III (Aktivitäts-pH-Kurve der Chloridamylase). „Eine Änderung der Dissoziationskonstanten des amphoteren Enzyms durch die Anlagerung von Cl' oder NaCl erklärt also die verschiedenen maximalen Aktivitäten der salzfreien Amylase und der Salzamylasen, ohne dass man besondere Annahmen über verschiedene Affinitäten zu Stärke, über verschiedene Zerfallsgeschwindigkeiten der Enzymsubstratverbindungen usw. hinzuziehen muss."

	K_a	K_b
Chloridamylase	$10^{-8,1}$	$10^{-8,6}$
Bromidamylase	$10^{-8,0}$	$10^{-8,4}$
Jodidamylase	$10^{-7,4}$	$10^{-7,8}$
Salzfreie Amylase	$10^{-6,3}$	$10^{-8,4}$

In genau derselben Weise lassen sich die pH-Kurven der Bromid- und Jodidamylasen erklären. Die verschiedenen Dissoziationskonstanten der verschiedenen Amylasen sind in der vorstehenden Tabelle zusammengestellt.

Hinsichtlich der Bedeutung der Salzkonzentration liegen unter anderem Versuche mit wechselnden NaCl-Mengen von E. Ernström sowie von Myrbäck vor.

Für 0,058 n. Phosphatlösung und wechselnde NaCl-Mengen (mg in 100 ccm) gibt Ernström (l. c.) die bei pH = 6,5 ermittelte Kurve (Fig. 46), welche die Konzentrationsfunktion des Kochsalzes anschaulich macht.

Das Optimum erstreckt sich etwa von 1—1,6 $^0/_{00}$. Es ist bemerkenswert, dass dieses mit dem NaCl-Gehalt des Speichels sehr nahe übereinstimmt.

Was die anorganischen Kationen betrifft, so bedürfen die Angaben über die Aktivierung des Speichelenzyms durch Ca·· (Wohlgemuth, Bang) sowie durch Mg (Brunacci, Bull. soc. med. 80) noch weiterer Bestätigung.

Organische Aktivatoren. Zahlreiche ältere Angaben über die aktivierende Wirkung von Proteinen und deren Abbauprodukten[1] dürften darauf zurückzuführen sein, dass diese Stoffe als Puffer die Reaktionslösung der optimalen Acidität nähergebracht und so die Reaktionsgeschwindigkeit vergrössert haben. Asparagin ist mehrfach als besonderer Aktivator bezeichnet worden. In neuerer Zeit hat Rockwood[2] wieder angegeben, dass α-Aminosäuren, und zwar aliphatische wie aromatische (alle drei Aminobenzoesäuren in gleichem Grade) aktivieren, nicht dagegen Säureamide. Die genauere Nachprüfung unter Innehaltung der optimalen Acidität hat aber ergeben, dass die beobachtete Aktivierung nicht ausschliesslich auf Aciditätsverschiebung beruht[3]. H. C. Sherman und F. Walker[4] teilen auch mit, dass eine Reihe von Aminosäuren Aktivierung der Speichelamylase herbeiführen, ohne dass der Effekt als pH-Verschiebung gedeutet werden kann. (Weiteres siehe unter Pankreasamylase.)

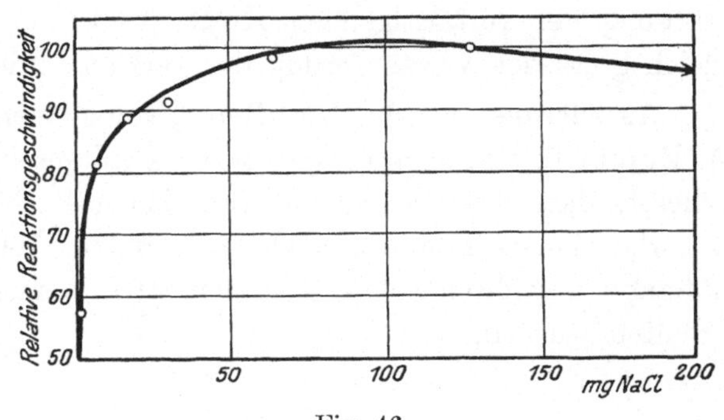

Fig. 46.

---

[1] Siehe z. B. Roger, Soc. Biol. 64, 16; 1908.

[2] Rockwood, Jl Amer. Chem. Soc. 39, 2745; 1917. — Vgl. aber Wohlgemuth, l. c. 1908. — H. C. Sherman u. M. Caldwell, Jl Amer. Chem. Soc. 44, 2926; 1922.

[3] Rockwood, Jl Amer. Chem. Soc. 46, 1641; 1924.

[4] H. C. Sherman u. F. Walker, Jl Amer. Chem. Soc. 43, 2461; 1921.

Eine aktivierende Wirkung der Galle fand Wohlgemuth[1] bei der Speichelamylase, wie bei anderen tierischen und pflanzlichen Amylasen, und zwar auch, wenn er wegen des Kochsalzgehaltes der Galle korrigierte. Wesentlich ist in dieser Arbeit der Nachweis, dass der aktivierende Bestandteil der Galle eine kochbeständige und dialysable Substanz ist.

Die Behauptung von Buglia[2], dass die aktivierende Wirkung der Galle durch die Natriumsalze der Glykocholsäure und Taurocholsäure bedingt sei, haben Wohlgemuth[3] und Minami nicht bestätigen können.

Auch im Serum sehr vieler Tiere und deren Organen fand Wohlgemuth (l. c. 1911) eine kochbeständige dialysable Substanz, welche alle tierische Amylasen aktiviert. Diese Substanz ist noch unbekannt; sie ist sicher nicht, wie behauptet worden ist, Lecithin, denn dieses ist nach neueren Untersuchungen[4] auf Speichelamylase ohne Wirkung. K. Hizume[5] fand die Verstärkung der verflüssigenden Kraft des Speichels durch verdünntes Serum gleich gross der Verstärkerung der verzuckernden.

Aktivierung durch das Hefe-„Komplement". H. Pringsheim und A. Beiser (l. c.) haben einige Versuche mitgeteilt, aus welchen hervorzugehen scheint, dass das sog. „Hefe-Komplement" der Amylase die Wirksamkeit der Speichelamylase etwas steigert, indem $100^0/_0$ Maltose aus der Stärke entstanden, während ohne Komplement in derselben Zeit 93 bis $96^0/_0$ Maltose erhalten wurden.

a) Paralysatoren.

Anorganische Stoffe. U. Olsson[6] hat die Wirkung von freiem Jod auf die Speichelamylase untersucht. Bei einer Jodkonzentration von $1{,}6 \cdot 10^{-5}$ n. wurde bei pH = 6,4 und bei Gegenwart von 0,017 n.-NaCl die Aktivität nach 11 Minuten, 17 und 38 Stunden Einwirkungsdauer eine Aktivitätsverminderung von 52 bzw. 57 und $64^0/_0$ gefunden. Die Amylase scheint also in sehr kurzer Zeit zu einem gewissen Betrag inaktiviert zu werden, und dann tritt eine weitere, langsamer verlaufende, fortgesetzte Inaktivierung ein (vgl. hierzu die Jodinaktivierung der Saccharase[7]).

---

[1] Wohlgemuth, Biochem. Zs 21, 432; 1909. — Groll (Ned. Tijdschr. Geneesk. 64, 1920) untersuchte neuerdings die Galle selbst, also die Summe aller Gallenbestandteile und fand eine Aktivierung der Speichelamylase nur bei geringer Gallenkonzentration $(0{,}1^0/_0)$, während mittlere Konzentrationen keine und Konzentrationen über $5^0/_0$ eine hemmende Wirkung ausübten (vgl. die Ergebnisse bei der Pankreasamylase S. 370).

[2] Buglia, Biochem. Zs 25, 239; 1910.

[3] Siehe Wohlgemuth, Biochem. Zs 33, 303; 1911.

[4] Lapidus, Biochem. Zs 30, 39; 1911. — Starkenstein, Biochem. Zs 33, 423; 1911. Minami, Biochem. Zs 39, 355; 1912.

[5] K. Hizume, Biochem. Zs 146, 52; 1924.

[6] U. Olsson, H. 117. 91 und zwar S. 120; 1921.

[7] Euler u. Josephson, H. 127, 99; 1923.

Aus einer Reihe älterer Arbeiten[1] schien hervorzugehen, dass Fluoride die Amylase hemmen. Dieses Ergebnis dürfte jedoch auf Aciditätsverschiebungen zurückgeführt werden müssen, denn Myrbäck (l. c.) fand bei Innehaltung konstanter Acidität KF ohne jede Wirkung. Mit KCN in geringen Mengen wurde starke Hemmung gefunden.

Hinsichtlich des inaktivierenden Einflusses von Schwermetallsalzen hat Hata[2] einige Versuche mitgeteilt, und zwar über Hg-Inaktivierung. Eine von U. Olsson[3] angestellte Versuchsreihe zeigt, dass auch die Inaktivierung der Speichelamylase durch $CuSO_4$ eine mit der Zeit fortschreitende Reaktion ist. Die Inaktivierung durch $CuSO_4$ wurde auch von H. C. Sherman und M. Wayman[4] untersucht.

Eingehend hat Myrbäck[5] die Schwermetallsalzinaktivierung der Speichelamylase untersucht. Er findet, dass die Inaktivierung durch Kupfer-, sowie Quecksilbersalze als Salzbildung der Chloridamylase mit dem Schwermetallsalz gedeutet werden kann. Die bei Variation der Acidität erhaltenen Vergiftungskurven verlaufen parallel mit dem absteigenden Ast der Aktivitäts-pH-Kurve der Chloridamylase (Fig. 47). Bei Abwesenheit von Chloriden wurde gefunden, dass die Inaktivierungskurve als zusammengesetzt aus

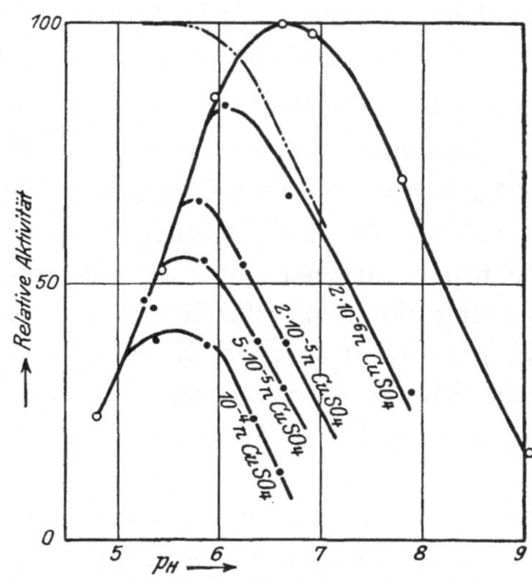

Fig. 47. Inaktivierung durch $CuSO_4$ bei wechselnder Acidität.

der pH-Kurve der unvergifteten Kurve und der Salzbildungskurve betrachtet werden kann.

Die durch eine gewisse Quecksilbersalzmenge bewirkte Inaktivierung der übrigens salzfreien Amylase ist beträchtlich grösser als die der Chloridamylase. Die Inaktivierung durch Silbersalze wurde mit der salzfreien Amylase untersucht. Die genaue Untersuchung der Einwirkung von Silberionen auf die Chloridamylase ist natürlich wegen der Schwerlöslichkeit des Chlorsilbers kaum ausführbar.

Nach Myrbäck bedingt Phosphatpuffer eine nicht unbeträchtliche Regeneration der Cu··-inaktivierten Amylase. Noch stärker wird die inaktivierte

---

[1] Wohlgemuth, l. c. 1908, S. 18. — Rockwod, Jl Amer. Chem. Soc. 41, 228; 1919. Kübel (l, c. 1899) sowie Patten u. Stiles, Amer. Jl Physiol. 17, 26; 1906 fanden eine Beschleunigung.

[2] Hata, Biochem. Zs 17, 156; 1909.

[3] U. Olsson, H. 117; 1921.

[4] H. C. Sherman u. M. Wayman, Jl Amer. Chem. Soc. 43, 2454; 1921.

[5] Myrbäck, H. 159, und zwar S. 48 u. ff.; 1926.

Amylase durch Glykokoll, beinahe vollständig durch Ferrocyankalium regeneriert.

Die Untersuchung der Einwirkung von Phosphorwolframsäure (und Pikrinsäure) ergab, dass die Inaktivierung der Chloridamylase durch diese Reagenzien in einfachster Weise als eine Salzbildung der als Base fungierenden Amylase erklärt werden kann. Myrbäck teilt auch einige Versuche mit salpetriger Säure mit. Eine deutliche Inaktivierung tritt ein, jedoch ist die Amylase bei den betreffenden Aciditäten recht instabil. Die Verbindungen der Speichelamylase mit $NaCl$, KCl oder $NaNO_3$ sind gegen HNO_2 viel empfindlicher als die salzfreie Amylase.

Den Einfluss einiger Arsen- und Antimonverbindungen auf die Speichelamylase haben Smorodinzew und Iliin[1] untersucht.

Organische Stoffe. Ptyalin ist, wie schon Bd. 1, S. 239 erwähnt, gegen 50%igen Alkohol verhältnismässig unempfindlich. Formaldehyd inaktiviert in 0,05 n.-Lösung in 1 Stunde um rund 50% (U. Olsson). Dagegen ist Anilin nach dem gleichen Autor ein weniger starkes Gift gegen Ptyalin; die Inaktivierung nimmt mit der Zeit zu (in $^1/_{40}$ n.-Anilinlösung verlor das Enzym nach 70 Minuten 9%, nach 27 Stunden 30% seiner Aktivität). Die Ergebnisse von Smorodinzew und Nowokoff[2] können wegen fehlender Aciditätsangaben nicht verwertet werden. Tannin inaktiviert nach Myrbäck die Speichelamylase sehr stark und zwar mit zunehmender Acidität stärker. Die Inaktivierung ist weiter von der Einwirkungszeit abhängig.

Kende[3] gibt an, dass der enzymatische Abbau der Stärke und des Glykogens durch Seifen der höheren Fettsäuren gehemmt wird, gleichgültig, ob man Speichel-, Pankreas- oder Malzamylase verwendet. Es bleibt nachzusehen, ob es sich hier nicht um eine Aciditätsbeeinflussung handelt. Benzylalkohol[4] fällt Eiweiss und hemmt schon in sehr grosser Verdünnung.

b) Kinetik.

Schon der Umstand, dass es sich beim Stärkeabbau wahrscheinlich nicht um eine einzige Reaktion handelt, sondern um eine Reihe von (enzymatischen und vielleicht auch nichtenzymatischen) Teilreaktionen, erschwert die Deutung der kinetischen Resultate. Unzweifelhaft verlaufen die verschiedenen Teilreaktionen bei Anwendung ungleichartigen Enzymmaterials in verschiedenem Umfang und mit variierenden Geschwindigkeiten. Dazu kommt noch die Frage, ob und in welchem Grad das Substrat — in der Regel lösliche Stärke — als einheitlicher Stoff betrachtet werden kann. In gewissen Fällen muss auch

---

[1] Smorodinzew u. Iliin, Biochem. Zs 141, 297; 1923,

[2] Smorodinzew u. Nowokoff, Biochem. Zs 140, 12; 1923.

[3] Kende, Biochem. Zs 82, 9; 1917.

[4] J. Jacobson, Soc. Biol. 83, 1054; 1920.

damit gerechnet werden, dass das Endprodukt der eigentlichen Amylolyse, die Maltose, durch vorhandene Maltase weiter gespalten wird.

Schon 1885 ist es Chittenden und seinen Mitarbeitern[1] aufgefallen, dass die Spaltung der Stärke durch Speichelamylase nicht glatt zur Bildung der theoretischen Menge reduzierender Maltose führt, sondern dass die Reaktion früher zum Stillstand kommt. Man hat diese Hemmung, welche man auch bei der Wirkung der Pankreas- und der Malz-Amylase wiederfindet, der durch die Reaktion gebildeten Maltose zugeschrieben, indem man einerseits an das Auftreten eines Gleichgewichtszustandes zwischen Substrat und Reaktionsprodukten gedacht hat, wie etwa das Gleichgewicht zwischen einem Ester und Alkohol + Säure, oder indem man angenommen hat, dass das Enzym ganz oder zum Teil von der Maltose gebunden wird. Eine solche Bindung ist ja in anderen Fällen bereits nachgewiesen, besonders genau zwischen Saccharase sowie β-Glucosidase und verschiedenen Zuckern.

Mc Guigan[2], der ebenfalls von einem Gleichgewicht spricht, das eintreten soll, wenn etwa $70\,^0/_0$ der Stärke verzuckert sind, findet jedoch durch seine eigenen Versuche, dass die Hemmung durch Maltose und Glucose nicht ausreicht, um die Verlangsamung der Reaktion nach Spaltung von etwa $70\,^0/_0$ Stärke zu erklären; er meint, dass ein anderes, noch unbekanntes Abbauprodukt stärker hemmen muss als Maltose. Das Enzym war beim „Gleichgewicht" noch aktiv.

Nunmehr muss es als festgestellt angesehen werden, dass der Stillstand der Reaktion nach Bildung von rund $70\,^0/_0$ der theoretisch möglichen Maltosemenge dadurch zustande kommt, dass ein Teil der Stärke in unspaltbare oder nur sehr schwer spaltbare sog. Restkörper übergeht, wie das sog. Trihexosan (Pringsheim), welches aus der Amylopektinfraktion der Stärke entstehen soll. Bei Anwesenheit des sog. Hefe-Komplements werden aber $100\,^0/_0$ Maltose gebildet.

Mit seiner allerdings nicht besonders genauen Methodik[3] fand Mc Guigan, dass in 30 Minuten von der gleichen Speichelmenge prozentisch angenähert gleich viel Stärke verzuckert wird, wenn die Konzentration der löslichen Stärke (Merck) von $2\text{—}10\,^0/_0$ variiert wurde; in verdünnteren Lösungen wurde prozentisch weniger verzuckert. Ferner erzeugt nach seinen Versuchen das gleiche Volumen Speichel in wachsenden Mengen $1\,^0/_0$iger Stärkelösung innerhalb gleicher Zeiten die gleiche Menge Zucker.

Einige nach der Jodmethode und der Verzuckerungsmethode (Bertrand)

---

[1] R. H. Chittenden u. Martin, Trans. Conn. Acad. 7, Malys Jb. 15, 263; 1885. — Chittenden u. Smith, eb. 6; Chittenden u. Painter, eb. 7; Malys Jb. 15, 256 ff. 1885. Zitiert nach Oppenheimer-Kuhn.

[2] Mc Guigan, Jl Biol. Chem. 39, 273; 1919.

[3] Auch in den älteren Arbeiten (Maszewski, H. 31, 58; 1900. — Bielfeld, Zs f. Biol. 41, 360; 1901. — Simon, Jl de Phys. Pathol. 9, 261; 1907) bleibt der Einfluss der Acidität und der Neutralsalze ganz unberücksichtigt.

angestellte vergleichende Versuchsreihen von C. L. Evans[1] ergaben, dass in 3%igen Stärkelösungen bei 46% bei kleinen Enzymmengen die Anfangsgeschwindigkeit proportional der Enzymmenge E ist.

E	1	2	3	5
$\%$ Maltose in 10 Min.	0,077	0,150	0,202	0,385

Bei kleinen Enzymmengen sind also auch die Reaktionskoeffizienten k (berechnet unter Annahme eines Endzustandes nach 75% des theoretisch möglichen Umsatzes) proportional der im gegebenen Volumen enthaltenen Enzymmenge.

Myrbäck[2] teilt auch einige Versuchsreihen über die Kinetik der Chlorid- und der Nitratamylase mit. Die mit Variation der Stärkekonzentration ausgeführten Versuche mit der Chloridamylase sind in der nebenstehenden Tabelle zusammengestellt.

Dialysierte Stärke. Amylasepräparat: $Sf = 117$. 0,03 mol. Phosphatpuffer. 0,02 n.-NaCl. pH = 6,9.

$\%$ Stärke	t	M	$\dfrac{\text{mg Maltose}}{\text{Minute}}$ anfangs
0,095	1	1,3	
	2	2,3	1,4
	3	2,9	
0,19	1	1,7	
	2	3,3	1,8
	3	4,5	
0,48	2	4,0	
	4	7,5	2,0
	6	10,5	
0,96	2	4,6	
	4	9,2	2,3
	6	12,8	
1,91	2	4,6	
	4	9,6	2,4
	6	14,0	

Die halbe maximale Reaktions-Geschwindigkeit dürfte hiernach der Stärkekonzentration $0,07\%$ entsprechen. Die Aktivitäts-[S]-Kurve der Nitratamylase hat einen ähnlichen Verlauf und man kann hieraus schliessen, dass die geringere Wirksamkeit der Nitratamylase kaum auf einer geringeren Affinität zum Substrat beruhen kann. Schon in etwa 1%iger Stärkelösung haben beide Amylasen das Maximum ihrer Wirksamkeit erreicht, und es ist nicht möglich, durch vergrösserte Substratkonzentration die Aktivität der Nitratamylase zu steigern. Weitere Versuche mit der Jodidamylase und der salzfreien Amylase stützen die Auffassung, dass die verschiedene Aktivität der Amylase und ihrer Salzverbindungen nicht auf verschiedene Affinitäten zum Substrat beruhen.

Eine wirkliche Affinitätsmessung ist natürlich wegen der unbekannten Molekulargrösse der Stärke nicht ausführbar. Es erscheint weiter nicht unwahrscheinlich, dass die Aktivitäts-[S]-Kurve von der Enzymkonzentration

---

[1] C. L. Evans, Jl Biol. Chem. 39, 273; 1919.

[2] Myrbäck, loc. cit. S. 36 u. ff.

abhängig ist, und zwar wegen der hochmolekularen Beschaffenheit von sowohl Enzym wie Substrat, und diese beiden Stoffe also in Konzentrationen von ähnlicher Grössenordnung vorhanden sein können, während bei den modernen, genauen Affinitätsmessungen die Substratkonzentration immer von einer viel höheren Grössenordnung als die Enzymkonzentration ist.

Die nebenstehenden Versuchsreihen von Myrbäck über den Verlauf der Spaltung durch die Chlorid- und die Nitratamylase seien noch angeführt.

In der Arbeit von R. Kuhn (Lieb. Ann. 443, 1) finden sich einige Versuche über die langsame Verzuckerung des „Pankreasgrenzdextrins' und des „Malzgrenzdextrins" durch Speichelamylase.

c) Einfluss der Temperatur.

Was zunächst die Temperaturstabilität des Ptyalins selbst betrifft, so ist dieselbe stark von der Acidität abhängig; diese

20 ccm 5% Stärkelösung,
10 ccm 0,3 mol. Phosphatpuffer,
5 ccm n.-NaCl,
63 ccm Wasser,
2 ccm Enzym: $Sf = 117$.
100 ccm; pH $= 6,9$.

t	Färbung mit Jod	M	$k \cdot 10^4$
1	blau	—	—
5	blauviolett	—	—
10	rotviolett	223	166
15	rotbraun	—	—
20	gelbrot	386	174
25	gelb	—	—
30	—	456	153
40	—	508	140
60	—	541	107
90	—	583	90
210	—	597	40
∞	—	700	—

0,1 n.-$NaNO_3$ anstatt NaCl.

t	Färbung mit Jod	M	$k \cdot 10^4$
1	blau	—	—
5	blau	—	—
10	blauviolett	110	74
15	violett	—	—
20	rotviolett	204	75
25	rotbraun	—	—
30	rotgelb	275	73
40	gelb	353	76
60	—	436	71
90	—	520	65
210	—	583	37

Funktion ist zum ersten Male von E. Ernström[1] einwandfrei festgestellt worden.

In zugeschmolzenen Röhren wurde die Enzymlösung 60 Minuten lang bei verschiedener Acidität auf 50° gehalten. Nach der Erhitzung wurden die Lösungen zur Stärkeverzuckerung verwendet, welche bei optimalem pH (6,5) in Gegenwart von 100 mg NaCl bei 37° ausgeführt wurde.

Die Fig. 48 zeigt, dass das Ptyalin bei pH $= 6,0$—6,1 am stabilsten ist, also in etwas sauererer Lösung als der maximalen Wirkung (6,5) entspricht.

Über die Möglichkeit, durch fraktionierte Hitze-Inaktivierung die stärkelösende und stärkeverzuckernde Kraft des Speichels ungleichmässig zu

---

[1] E. Ernström, H. 119, 190 und zwar S. 228 u. ff.; 1922.

beeinflussen und so Aufschlüsse über das eventuelle Vorkommen verschiedener Amylasekomponenten zu erhalten, geben die früheren Arbeiten keinen sicheren Anhaltspunkt. Nach Bourquelot[1] kann man einer Amylase durch geeignetes Erhitzen die Fähigkeit zur Endverzuckerung nehmen, während sie gegenüber den ersten Teilreaktionen des Stärkeabbaues ungeschwächt wirksam bleibt. Dies wird aber von Slosse und Limbosch[2] bestritten; diese konnten keine verschiedenen Temperaturempfindlichkeiten eventueller Amylase-Komponenten feststellen und nehmen deshalb nur eine einzige Speichelamylase an. Es muss auch bemerkt werden, dass eine Verschiebung der beiden Wirkungen in einem Enzympräparat nicht ohne weiteres als ein Beweis für die „Zwei-Enzymtheorie" betrachtet werden darf; bei einer solchen Verschiebung können

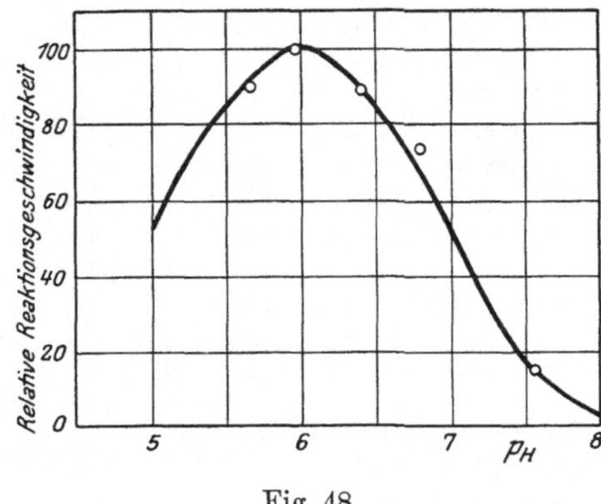

Fig. 48.

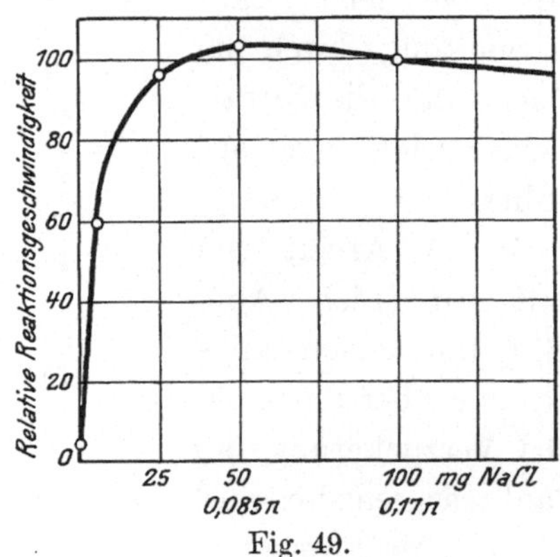

Fig. 49.

nämlich ungleichmässige Verschiebungen der Affinitäten der Amylase zu den höheren und niederen Stärkeprodukten eingetreten sein.

Einen ausserordentlich starken Einfluss auf die Stabilität hat der Kochsalzgehalt der Lösung, wie sich aus der Fig. 49 (Ernström) ergibt.

Die in der Abszisse angegebenen Milligramm NaCl beziehen sich auf 11 ccm Lösung (1 ccm Enzymlösung + 5 ccm Phosphatlösung + 5 ccm Wasser); darunter steht die NaCl-Normalität. Optimales pH; 1 Stunde auf 55° erhitzt. Nach Abkühlung 1 ccm dieser Enzymlösung + 50 ccm 2%iger Stärkelösung + 49 ccm Phosphatlösung + 2 g NaCl. 37°. Optimales pH.

Die Stabilität ist in einer etwa 0,1 n.-NaCl-Lösung etwa 25 mal so gross wie in der praktisch NaCl-freien Lösung[3]. Bei weiter steigender NaCl-Konzentration sinkt dann die Stabilität wieder, wie die folgenden Zahlen Ernströms zeigen:

mg NaCl in 11 ccm Lösung	NaCl-Normalität	Relat. Reakt. konst.
100	0,17	100
1000	1,7	58,5
2000	3,4	17

[1] Bourquelet, C. r. 104, 576; 1887.

[2] Slosse u. Limbosch, Arch. intern. Physiol. 6, 365; 1908. — Siehe auch K. Hizume, Biochem. Zs 146, 52; 1924.

[3] Vgl. hierzu die Angaben von Vernon bezüglich Pankreas-Amylase S. 368.

Die Kochsalzkonzentration der grössten Stabilität ist also etwa 10 mal so gross wie die Kochsalzkonzentration der grössten Aktivität; dabei ist allerdings zu bedenken, dass der Einfluss des Kochsalzes auf die Aktivität bei 37°, derjenige auf die Stabilität bei 55° festgestellt wurde.

Ausser durch NaCl wird die Amylase durch das Substrat wie auch durch Maltose, sowie Glucose gegen Hitzeinaktivierung geschützt, auch Rohrzucker und Fructose schützen gegen Hitzeinaktivierung, aber weniger als Maltose oder Glucose (K. Hizume[1]).

Ernström fand das Enzym um so temperaturempfindlicher, je verdünnter es war, obwohl Acidität und NaCl-Konzentration konstant waren. Als Tötungstemperatur (siehe I. Teil S. 272 u. ff.) der Speichelamylase gibt er bei Abwesenheit von NaCl 51,5—52°, bei optimaler NaCl-Konzentration etwa 57,5° an[2].

Einfluss der Temperatur auf die Reaktionsgeschwindigkeit. Slosse und Limbosch (l. c.) finden ein offenbar flaches Maximum der Reaktionsgeschwindigkeit zwischen 50° und 58°, während Evans 46° als „optimale Temperatur" bezeichnet. Wie im I. Band dieses Werkes näher auseinandergesetzt wurde, lässt sich eine „Optimaltemperatur" nicht allgemein feststellen. Als Temperaturkoeffizient $k_{t+10} : k_t$ kann für das Temperaturgebiet 10—30° rund 2 angegeben werden, Q ist dann etwa 12000. Zwischen 30° und 40° wächst Q stark mit der NaCl-Konzentration (Ernström). Von 30° an sinkt der Temperaturkoeffizient stark, möglicherweise zum Teil deswegen, weil sich die Verbindung Ptyalin-NaCl dissoziiert. Bei kleinen NaCl-Mengen fällt der Temperatur-Koeffizient, bzw. Q, zwischen 40° und 45° auf 0, dagegen ist Q bei optimalem NaCl im gleichen Temperaturgebiet rund 8000; auch zwischen 30° und 40° ändert sich Q stark mit dem NaCl-Zusatz (Ernström).

Hinsichtlich der Wirkung von Strahlungen sei auf das im I. Teil, S. 282 u. ff. Gesagte hingewiesen.

Anhang.

Stärkekörner als Substrat. O. Hammarsten[3] hat bereits 1871 festgestellt, dass Speichel die rohen Körner der verschiedenen Stärkesorten mit verschiedener Geschwindigkeit angreift. (Siehe Tabelle S. 364.)

Diese Unterschiede beruhen in der Hauptsache auf der Verschiedenheit der die Stärkekörner umgebenden Schicht; sie fallen, wie Hammarsten nachwies, fort, wenn die Stärkekörner fein gemahlen oder gekaut werden. Dass also die verschiedenen Stärken durch Amylasen, und zwar sowohl tierische

---

[1] K. Hizume, Biochem. Zs 146, 52; 1924.

[2] Hinsichtlich der Angaben über Steigerung der Aktivität inaktivierter Amylase wird auf den I. Teil, S. 269—270 hingewiesen.

[3] Hammarsten, Uppsala läkarefören. förhandl. 6, 471; 1871, — Verschiedene Stärken sind später untersucht worden von Solera, Malys Jb. 1885. — Lea, Jl of Physiol. 11, 234, 1890. — Kübel, Pflüg. Arch. 77, 276; 1898.

Stärke	Zucker nach	Stärke	Zucker nach
Kartoffel	2—4 Stunden	Korn	10—15 Minuten
Erbsen	$1^3/_4$—2 „	Hafer	5— 7 „
Weizen	$^1/_2$—1 Stunde	Roggen	3— 6 „
		Mais	2— 3 „

als pflanzliche, annähernd gleich schnell gespalten werden, wird durch eine Untersuchung von Sherman, Florence Walker und M. L. Caldwell[1] bestätigt.

II. Pankreas-Amylase.

Bouchardat und Sandras[2] entdeckten 1845 die Fähigkeit des Pankreassaftes, Stärke zu verzuckern.

Öfters ist behauptet worden, dass die Pankreasamylase mit der Speichelamylase identisch ist. Indessen hat man zwischen beiden Enzymen Unterschiede beobachtet[3].

Vorkommen. Unter den untersuchten Pankreassäften bzw. Extrakten scheint derjenige des Schweines am meisten Amylase zu enthalten[4]; schwächer wirken Hund[5], Rind[4] und Schaf[4,6] in einer nicht übereinstimmend festgestellten Ordnung. Auch im Embryo vom Rind ist Pankreasamylase nachgewiesen worden[7]. Kommt nach Zweifel nicht bei neugeborenen Menschen vor. Soll bei Pankreaserkrankungen zuweilen fehlen.

Den Amylasegehalt des Pankreas fand Grützner (1876) zu verschiedenen Zeiten nach aufgenommener Nahrung verschieden gross.

Dass der Pankreas sowohl der Menschen als aller daraufhin untersuchten Tiere hinsichtlich des Amylasegehaltes alle anderen Organe weit übertrifft, geht aus einer Untersuchung von Hirata[8] hervor.

Darstellung. Als Ausgangsmaterial kommt zunächst der Pankreassaft in Betracht, wie man ihn am besten durch permanente Fisteln gewinnt; einfacher gestaltet sich die Gewinnung der Amylase aus frischer oder getrockneter Pankreasdrüse, welche mit Wasser bzw. Salzlösung ausgezogen wird (Norris).

---

[1] Sherman, Florence Walker u. M. L. Caldwell, Jl Amer. Chem. Soc. 41, 1123; 1919.

[2] Bouchardat u. Sandras, C. r. 20, 143, 1085; 1845.

[3] Siehe hierzu z. B. Vernon, Jl of Physiol. 28, 156; 1902. — H. Pringsheim u. J. Leibowitz, Chem. Ber. 59, 991; 1926. Man vergl. auch das verschiedene Adsorptionsverhalten der Pankreas- und Speichelamylase, welches jedoch nicht gegen die Identität der wirksamen Enzymbestandteile sprechen muss.

[4] Roberts, Proc. Roy. Soc. 32, 145; 1910. — Floresco, Soc. Biol. 48, 77; 1896.

[5] C. Hamburger, Pflüg. Arch. 60, 545; 1895.

[6] Vernon, loc. cit.

[7] Stauber. Pflüg. Arch. 114, 619; 1906.

[8] Hirata, Biochem. Zs 27, 385; 1910. — L. H. Davis u, Ross (1921); Hauptquelle der Blutamylase (siehe S. 380).

Die Extraktion mit Glycerin (v. Wittich, Vernon[1]) führt nach den Ergebnissen von Willstätter, Waldschmidt-Leitz und Hesse[2] zu sehr guten und haltbaren Rohlösungen, welche sich für die weitere Reinigung eignen.

Die ersten Erfolge bei der Reinigung der Pankreasamylase hatten Sherman und seine Mitarbeiter[3]. Sherman und Schlesinger fanden das Enzym in 50%igem Alkohol ziemlich stabil. Sie extrahieren 20 g trockenes Pankreaspulver mit 200 ccm 50%igem Alkohol während 5—10 Minuten und filtrieren. Das Filtrat wird mit dem 7fachen Volumen einer Mischung von 1 Teil Alkohol und 4 Teilen Äther gefällt. Nach 15 Minuten hat sich ein öliger Niederschlag gebildet, welcher durch Dekantieren von der Lösung getrennt und wieder in möglichst wenig Wasser gelöst wird. Bei Zusatz zu der 5fachen Menge Alkohol fallen nun Flocken aus, die man bei Zimmertemperatur absitzen lässt und dann abfiltriert. Man löst den Rückstand in 200—250 ccm 50%igem Alkohol, der etwa 5 g Maltose enthält. Aus einem Kollodiumsack wird hierauf die Lösung gegen 2000 ccm 50%igem Alkohol dialysiert, welchen man im Verlauf von 40 Stunden noch zweimal erneuert. Schliesslich wird der Inhalt des Kollodiumsacks filtriert und in das gleiche Volumen Alkohol—Äther eingetragen. Auf diese Weise wird ein Präparat von ziemlich hoher Wirksamkeit erhalten. Allerdings wird durch diese Methodik — wie Sherman, Garard und La Mer zeigen — nur etwa 5% von der im Ausgangsmaterial vorhandenen Amylase in gereinigtem Zustand wieder gewonnen. Die Präparate enthalten auch noch eine Protease und etwas Maltase.

Die Wirksamkeit der von Sherman und seinen Mitarbeitern in der angegebenen Weise dargestellten Präparate, welche die charakteristischen Reaktionen der Eiweisskörper geben, entsprechen 3600 Einheiten in der angewandten Skala „n. Sk.". Dies entspricht, unter Berücksichtigung der Temperaturkoeffizienten der Stärkespaltung, S f = etwa 115.

Bedeutende Fortschritte in der Reinigung der Pankreasamylase haben dann Willstätter, Waldschmidt-Leitz und Hesse[4] erzielt. Als Ausgangsmaterial verwenden diese Forscher die aus getrockneter Pankreasdrüse gewonnenen Glycerinauszüge. Diese Rohextrakte klärt man durch Verdünnen mit dem 5fachen Volumen Wasser; dabei fällt ein reichlicher Niederschlag aus, mit dem sehr wenig Amylase und Trypsin, aber etwas mehr, z. B. 15% adsorbierte Lipase verloren gehen. Die Trennung der Amylase von der Lipase gelingt mit Aluminiumhydroxyd, welches bei einmaliger Behandlung in schwach saurer Lösung etwa 90% der Lipase adsorbiert. Durch eine zweite

---

[1] Vernon, Jl of Physiol. 29, 302; 1903.

[2] Willstätter, Waldschmidt-Leitz u. Hesse, H. 126, 143; 1923. — Willstätter u. Waldschmidt-Leitz, H. 125, 132 und zwar S. 153 u. 159; 1923.

[3] H. C. Sherman u. Mitarbeiter, Jl Amer. Chem. Soc. 33, 1195; 1911; 34, 1104; 1912; 35, 1790; 1913; 37, 1305; 1915; 40, 1138; 1918; 42, 1900; 1920.

[4] Willstätter, Waldschmidt-Leitz u. Hesse, H. 126, 143; 1923.

Behandlung mit der Hälfte der für die Adsorption der Hauptmenge der Lipase angewandten Aluminiumhydroxydmenge wird die Lipase vollständig entfernt. Die Restlösung enthält dann gewöhnlich 70—80% der Amylase. Zur Vermeidung von Zerstörung der Amylase wird diese Restlösung sofort neutralisiert.

Zur Trennung der Amylase vom Trypsin wird zweimal mit Kaolin in schwach essigsaurer Lösung adsorbiert. Bei der ersten Kaolinbehandlung wird Trypsin neben einem Teil der Amylase adsorbiert. Bei der zweiten Kaolinbehandlung wird der Rest des Trypsins adsorbiert, ohne dass Amylase dabei mitgeht.

„Die Adsorptionsmethode hat demnach als Restlösung das diastatische Enzym trypsinfrei, als Elution aus dem Kaolin das Trypsin frei von Amylase geliefert.

Die Amylase befindet sich in der enzymatisch homogenen Lösung in über 12 mal konzentrierterem Zustand als in dem geklärten Glycerinauszug.‟

Die weitere Reinigung der von Lipase und Trypsin befreiten Pankreasamylase gelingt nach Willstätter, Waldschmidt-Leitz und Hesse durch Adsorbieren des Enzyms mit Tonerdehydrat in mindestens 50% Alkohol enthaltender Lösung. Ohne Alkoholzusatz wird die Amylase von Tonerdehydrat kaum aufgenommen. Das in der Zentrifuge abgetrennte Adsorbat wird mit ammoniakalischem Phosphat angerührt, welches auf 114 ccm 1%iges $(NH_4)_2HPO_4$ 6 ccm n.-NH_3 und 80 ccm 87%iges Glycerin enthält. Die zweimalige Elution ergab sogar 120% Ausbeute an wirksamer Amylase. (Wird das Trockengewicht nach der Dialyse in Rechnung gezogen, beträgt der Amylasewert etwa 64 entsprechend S f = etwa 1205.)

In einer späteren Arbeit haben Willstätter, Waldschmidt-Leitz und Hesse[1] das Adsorptionsverhalten der Pankreasamylase näher untersucht und die Methodik der Reinigung etwas abgeändert. Sie trennen nunmehr die Lipase in einer Operation ab. Die Abtrennung vom Trypsin soll am zweckmässigsten mit kleinen Mengen und so rasch als möglich ausgeführt werden. „Aus der enzymatisch einheitlichen, neutralen Lösung lässt sich die Amylase durch Tonerde adsorbieren, und zwar auch ohne Gehalt der Lösung an Alkohol. Die Adsorbate wurden mit glycerinhaltigem $2^2/_3$ basischem Ammonphosphat eluiert, und nach Ausfällen der Phosphorsäure mit Magnesiamischung und Neutralisieren mit Essigsäure die Adsorption wiederholt. Bei erneuter Verarbeitung der erhaltenen Adsorbate gelang die Adsorption mit grösseren Mengen der Tonerde auch ein drittes Mal. Der Reinheitsgrad des Enzyms verbesserte sich einigermassen, aber eine durchgreifende Trennung von den Koadsorbentien wird auf diese Weise nicht erzielt.‟

Hinsichtlich des Einflusses der Verdünnung und des Verhaltens bei fraktionierter Adsorption wird auf das Original hingewiesen.

---

[1] Willstätter, Waldschmidt-Leitz u. Hesse, H. **142**, 14; 1925.

Die Verarbeitung der frisch verarbeiteten Glycerinauszüge ergab nach Wiederholung des Verfahrens der Adsorption mit Tonerde aus wässrig-alkoholischer Lösung einen ebenso günstigen Amylasewert (62; Aktivität vor der Dialyse, Trockengewicht nach derselben!) wie die beschriebene frühere mit gealtertem Auszug durchgeführte Methode.

Bei den besten Präparaten aus Willstätters Laboratorium waren die Millonsche und die Ninhydrinreaktionen negativ, während die Reaktion von Molisch einen geringen Gehalt an Kohlenhydrat anzeigte.

Im Gegensatz hierzu findet Sherman[1], dass auch nach der Methode von Willstätter, Waldschmidt-Leitz und Hesse gereinigte Präparate wie seine früheren von proteinähnlicher Natur sind.

Die Adsorption der Pankreasamylase an Tierkohle hat neuerdings Z. Unna[2] eingehend untersucht.

a) Aciditätsbedingungen.

Ältere Bestimmungen über den Einfluss von Säuren und Basen auf die Wirksamkeit der Pankreasamylase sind durch die von Sherman, Thomas und Baldwin[3] bei Gegenwart von NaCl festgestellte Kurve überholt. Dieselbe zeigt ein Maximum bei pH = 6,8. Zu demselben Resultat sind Willstätter, Waldschmidt-Leitz und

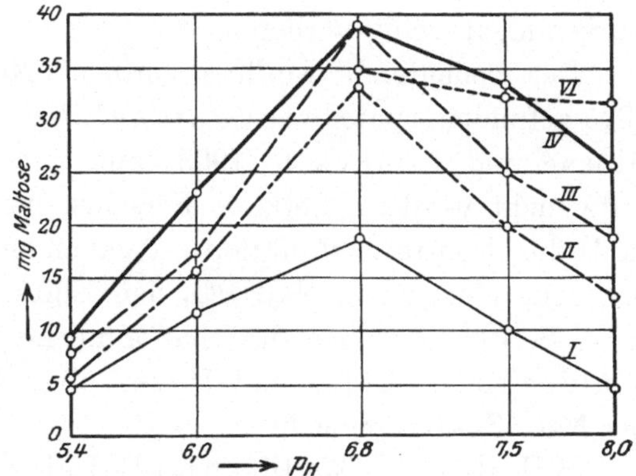

Fig. 50. Amylasewirkung bei NaCl-Zusatz und verschiedenem pH nach Willstätter, Waldschmidt-Leitz u. Hesse.

I   1 ccm Wasser in 36 ccm
II 1 ccm n/20 NaCl in 36 ccm
III 1 ccm n/10 NaCl in 36 ccm
IV 1 ccm n/5 NaCl in 36 ccm
VI 1 ccm 2 n.-NaCl in 36 ccm

Hesse[4] gekommen, und zwar sowohl bei Abwesenheit wie Anwesenheit des aktivierenden Natriumchlorids (Fig. 50). Es verdient wohl hervorgehoben zu werden, dass die Aktivität im Versuch ohne NaCl-Zusatz rund $45\,^0/_0$ von der Aktivität der mit NaCl optimal aktivierten Amylase beträgt. Myrbäck[5], der in Übereinstimmung mit diesen älteren Beobachtungen die pH-Kurve der NaCl-Pankreasamylase gleich der der NaCl-Speichelamylase findet, gibt jedoch an, dass die Aktivität der NaCl-freien Pankreasamylase bei pH = 6,1

---

[1] Sherman, Caldwell u. Adams, Jl Amer. Chem. Soc. 48, 2947; 1926.
[2] Z. Unna, Biochem. Zs 172, 392; 1926.
[3] Sherman, Thomas u. Baldwin, Jl Amer. Chem. Soc. 41, 231; 1919. — Vergl. Sherman, Caldwell u. Adams, Jl Amer. Chem. Soc. 49, 2000; 1927. — Sherman, Caldwell u. Dale, Jl Amer. Chem. Soc. 49, 2596; 1927.
[4] Willstätter, Waldschmidt-Leitz u. Hesse, H. 126, 143; 1923.
[5] Myrbäck, H. 159, 1; 1926.

rund 40% von der Aktivität der NaCl-Amylase bei pH $= 6{,}8$ haben soll und findet, dass die Speichel- und Pankreasamylasen sich in dieser Hinsicht ganz gleich verhalten. Eine genauere Untersuchung des Verlaufs der pH-Kurve der salzfreien Pankreasamylase liegt jedoch von Myrbäck nicht vor.

Den Verlauf der Aktivitäts-pH-Kurve der Pankreasamylase bei Gegenwart von Nitrat oder Chlorat findet Myrbäck ganz ähnlich der der Speichelamylase. Er will in den nahe übereinstimmenden Verhältnissen der Pankreas- und Speichelamylasen gegenüber Neutralsalzen bei wechselnder Acidität einen Beweis für die Identität der Enzyme erblicken.

Ältere Arbeiten über Neutralsalzwirkung. Nach Bierry[1] soll die Pankreasamylase ebenso wie die Speichelamylase durch erschöpfende Dialyse ihre Wirksamkeit völlig verlieren.

Der bedeutende Einfluss geringer Neutralsalzmengen ist von Nasse[2] 1875 gefunden, später von Grützner, Vernon[3], Bierry und Giaja[4], Preti, Slosse und Limbosch (1908) und von Kendall und Sherman[5] näher untersucht worden. Letztere Forscher erkannten, dass die Aciditätsfunktion und die Neutralsalzfunktion voneinander abhängen. Sie geben für eine gegebene Menge von Na_2HPO_4 den Einfluss von NaCl durch eine Kurve an (l. c. S. 1094). C. Böhne[6] hat ähnliche Beobachtungen wie Willstätter, Waldschmidt-Leitz und Hesse über die Verbreiterung der Optimalzone bei NaCl-Zusatz gemacht.

Willstätter, Waldschmidt-Leitz und Hesse teilen auch Versuche über Aktivierung durch andere Chloride sowie durch Mg-Acetat mit.

Der Arbeit von Sherman, Thomas und Baldwin werden folgende Zahlen über den Einfluss der NaCl-Konzentration entnommen; sie gelten für 40° und eine Na_2HPO_4-Konz. $= 0{,}001$ Mol. per Liter.

NaCl Mol. per Liter	Wirksamkeit (neue Skala)
0,0001	450
0,01	2960
0,02	2715
0,03	2750
0,05	2900
0,06	2875
0,07	2830
0,085	2835
0,10	2830

[1] Bierry, Biochem. Zs 40, 357; 1912.

[2] Nasse, Pflüg. Arch. 9, 138; 1875.

[3] Vernon, Jl of Physiol. 27, 174; 1901 u. 28, 156, 375; 1902.

[4] Bierry u. Giaja, Soc. Biol. 60, 479; 1906. — 62, 432; 1907.

[5] Kendall u. Sherman, Jl Amer. Chem. Soc. 32, 1087; 1910.

[6] C. Böhne, Fermentf. 6, 200; 1922. — Siehe auch A. Hahn u. Harpuder, Zs Biol. 71, 287; 1920.

Das Maximum würde hiernach etwa bei der Normalität 0,05 liegen, entschieden höher als bei der Speichelamylase nach Ernström oder als bei den neuen Versuchen über Pankreasamylase von Willstätter und seinen Mitarbeitern (0,003—0,03 n.). Hierzu ist noch zu erwähnen, dass nach einem Befund von A. Gross[1] das NaCl-Optimum bezüglich des Stärkeabbaues (gemessen durch Jodreaktion) und bezüglich der Verzuckerung das gleiche ist, während in dieser Hinsicht bei Taka-Amylase Verschiedenheiten gefunden worden sind.

Organische Aktivatoren. Wie bei der Speichelamylase liegen viele Beobachtungen über Aktivierung der Pankreasamylase durch Aminosäuren vor. Die älteren Angaben, wie diejenigen von Effront[2] und von Terroine[3] über spezifische Aktivierung durch Aminosäuren können wegen Nichtkenntnis der Aciditätsverschiebungen nicht beurteilt werden. Dasselbe gilt von der schon von Pozerski[4] angegebenen Peptonwirkung. In späterer Zeit haben besonders Sherman und seine Mitarbeiter den Einfluss von Aminosäuren auf die Pankreasamylase untersucht. Sherman und Florence Walker[5] haben die bei früheren Versuchen eventuell eingetretene Aciditätsverschiebung ausgeschaltet und stellten dennoch fest, dass bei Gegenwart von gewissen Aminosäuren die Hydrolyse der Stärke schneller erfolgt. Sie führen diesen Umstand wenigstens teilweise auf eine schützende Wirkung der Aminosäuren auf die Zerstörung (Hydrolyse) des Enzyms zurück. Weitere Versuche zur Stütze dieser Auffassung haben Sherman, Caldwell und Naylor[6] mitgeteilt. Nach Sherman soll Glykokoll sowohl die stärkelösende wie die stärkeverzuckernde Wirkung der Amylase aktivieren, während Tryptophan nur die letztere Wirkung aktiviert.

Wie Euler und Josephson[7] hervorgehoben haben, muss bei Studien über den Einfluss von Aminosäuren und Aminen auf die Wirkung der Carbohydrasen berücksichtigt werden, dass diese Stoffe sich mit den Spaltungsprodukten (in diesem Falle Maltose) vereinigen können, und dadurch die hemmende Wirkung derselben verkleinern und also scheinbar Aktivierung hervorrufen.

Der von Lapidus behauptete günstige Einfluss von Lipoiden wird von Starkenstein und Minami bestritten.

G. Buglia[8] und Korentschewski haben angegeben, dass gallensaure Salze beschleunigen, was jedoch nach den Ergebnissen von Wohlgemuth

[1] Siehe Sherman u. Schlesinger, Jl Amer. Chem. Soc. 35, 1784; 1915.
[2] Effront, Soc. Biol. 57, 234; 1904.
[3] Terroine u. Weill, Jl de Phys. Pathol. 14, 437; 1912.
[4] Pozerski, Thèses, Paris, 1902.
[5] Sherman u. Fl. Walker, Jl Amer. Chem. Soc. 45, 1960; 1923.
[6] Sherman, Caldwell u. Naylor, Jl Amer. Chem. Soc. 47, 1702; 1925.
[7] Euler u. Josephson, H. 152, 31; 1926.
[8] G. Buglia, Biochem. Zs 25, 239; 1910.

und von Minami[1] zweifelhaft erscheint. Nach Wohlgemuth[2] soll jedoch in der Galle ein kochbeständiger Aktivator für Pankreasamylase vorhanden sein. Willstätter, Waldschmidt-Leitz und Hesse[3] fanden beim optimalen pH einen hemmenden Einfluss von glykocholsaurem Natrium, sowohl bei Anwesenheit wie Abwesenheit von NaCl. Bei schwach alkalischer Reaktion ($pH = 8{,}0$) also unter den natürlichen Wirkungsbedingungen des pankreatischen Enzyms im Darm, erfolgt aber nach diesen Autoren bei gleichzeitiger Anwesenheit von NaCl eine geringe Aktivierung durch Glykocholat.

Über die Aktivierung der Pankreasamylase durch das Hefe-„Komplement" siehe Pringsheim und Schmalz[4]; über Aktivierung durch pepsinverdaute Eiweissstoffe Pringsheim und M. Winter[5].

Paralysatoren. Das Verhalten der Pankreasamylase gegenüber Paralysatoren ist mit dem der Speichelamylase sehr übereinstimmend. Hinsichtlich der Inaktivierung durch $HgCl_2$ liegt eine Versuchsreihe mit wechselnder Acidität von Myrbäck vor. Aus der gegebenen Kurve ersieht man die grosse Übereinstimmung mit den bei der Speichelamylase gewonnenen Ergebnissen. Aus einer Untersuchung von Sherman und Caldwell[6] geht hervor, dass die teilweise Inaktivierung der Pankreasamylase mit $HgCl_2$ durch Zusatz von Glykokoll aufgehoben wird. Sherman und M. Wayman[7] fanden die Pankreasamylase sehr empfindlich gegenüber $CuSO_4$.

Auch die Abhängigkeit der Inaktivierung durch Phosphorwolframsäure (sowie Pikrinsäure) von der Acidität stimmt mit den Ergebnissen bei Speichelamylase überein (Myrbäck).

Nach Sherman und W. Wayman (l. c.) ist die Pankreasamylase sehr empfindlich gegenüber Formaldehyd.

b) Kinetik.

Sowohl die Versuche von V. Henri[8] als die eingehenderen von Ch. Philoche[9] berücksichtigen nicht hinreichend den grossen Einfluss der Acidität (und der Neutralsalze); trotzdem haben diese Versuche in Übereinstimmung mit neueren Ergebnissen gezeigt, dass bei Berücksichtigung des „Grenzwertes" der Maltosebildung die nach der Formel für monomolekulare Reaktionen berechneten Reaktionskoeffizienten durchwegs gute Konstanz zeigen. Für den zeitlichen Verlauf der Verzuckerung in Stärkekonzentrationen 1—3%

[1] Minami, Biochem. Zs 39, 339; 1912.
[2] Wohlgemuth, Biochem. Zs 33, 303; 1911.
[3] Willstätter, Waldschmidt-Leitz u. Hesse, H. 126, 143; 1923.
[4] Pringsheim u. Schmalz, Biochem. Zs 142, 108 und zwar S. 116; 1923.
[5] Pringsheim u. M. Winter, Biochem. Zs 177, 406; 1926.
[6] Sherman u. Caldwell, Jl Amer. Chem. Soc. 44, 2923; 1922.
[7] Sherman u. M. Wayman, Jl Amer. Chem. Soc. 43, 2454; 1921.
[8] V. Henri, Thèses, Paris 1903.
[9] Ch. Philoche, Jl de Chim. Phys. 6, 212 u. 355; 1908.

ist die Kurve der Fig. 51 charakteristisch. Der bei Spaltung der natürlichen Mischung der beiden Stärkefraktionen oder sog. löslicher Stärke wegen Trihexosan- (bzw. Dihexosan-?)bildung eintretende „Grenzwert" liegt bei 70 bis 80% der theoretisch möglichen Maltosemenge. Bei der Berechnung der Reaktionskoeffizienten 1. Ordnung wird der Grenzwert als Endwert angenommen. Nach Willstätter, Waldschmidt-Leitz und Hesse[1] folgt dann die Stärkespaltung dem monomolekularen Verlauf bis zur Bildung von etwa 0,40 g Maltose aus 1 g Stärke. Dieselben Forscher finden mit Enzymmengen im Verhältnis 1:32 und mit Zeiten im Verhältnis von 1:4 genaue Proportionalität zwischen Reaktionsgeschwindigkeit (k zwischen 0,001 und 0,03 liegend) und Enzymmenge.

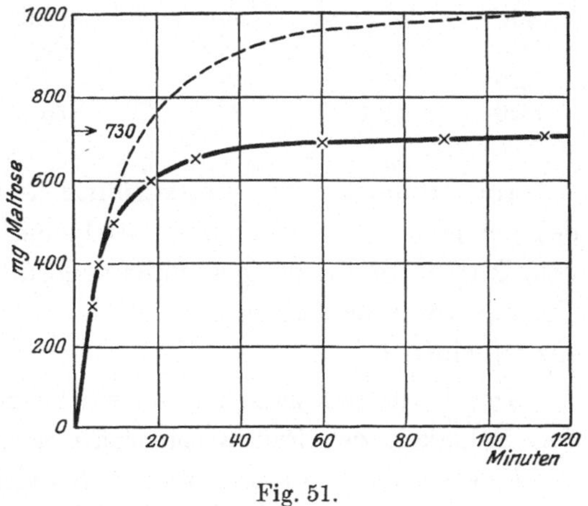

Fig. 51.

Nach einer Versuchsreihe von Kendall und Sherman[2] sind in 1—4%igen Stärkelösungen die Reaktionskonstanten der Substratkonzentration umgekehrt proportional. Demgemäss sind die Anfangsgeschwindigkeiten bzw. die im Anfang der Reaktion pro Zeiteinheit umgesetzten Mengen von der Stärkekonzentration 4—1% ziemlich unabhängig und fallen in grösserer Verdünnung zwar etwas, aber langsamer als die Stärkekonzentration.

In 100 ccm-Lösung 700 mg NaCl und 10 ccm 0,02 Mol. Dinatriumphosphat.
Reaktion 1 Stunde bei 40°.

Stärke %	0,15	0,30	0,45	0,60 mg Pankreatin
4	78	156	235	313
3	78	152	225	299
2	76	147	217	286
1	69	132	196	259
0,5	66	123	172	223
0,3	60	108	145	177
0,2	58	100	125	142
0,1	48	70	78	83 mg Cu₂O.

Eine bemerkenswerte Versuchsreihe von Sherman und Baker[3] hat ergeben, dass Amylose im Anfang etwa 50% schneller als Amylopektin durch Pankreasamylase verzuckert wird. Bei Fortschritt der Reaktion wird das Amylopektin immer langsamer verzuckert (Trihexosanbildung!):

[1] Willstätter, Waldschmidt-Leitz u. Hesse, H. 126, 143; 1923.
[2] E. C. Kendall u. H. C. Sherman, Jl Amer. Chem. Soc. 32, 1087; 1910.
[3] H. C. Sherman u. J. Baker, Jl Amer. Chem. Soc. 38, 1885; 1916.

Substratkonzentration: 0,5%. pH = 6,8. Temp. 40^0

Zeit (Min.)	Lintner-Stärke		Amylopektin		Amylose	
	Maltose %	$k \cdot 10^5$	Maltose %	$k \cdot 10^5$	Maltose %	$k \cdot 10^5$
30	4,4	65	4,2	62	6,1	91
60	10,8	83	7,5	56	11,3	87
90	13,1	67	11,4	58	16,8	86
120	17,0	67	14,9	58	22,6	93
150	21,9	71	18,0	57	28,2	96
180	25,7	72	21,0	57	33,7	99
210	28,8	70	24,0	57	38,7	101
240	31,5	68	26,5	56	43,2	102
360	39,0	59	34,8	51	55,0	96
1440	59,4	27	55,1	24	84,5	56

Im Hinblick auf die vermutlich nahe Verwandtschaft des Amylopektins mit dem Glykogen ist es bemerkenswert, dass nach Versuchen von Frl. Philoche in 2%igen Substratlösungen eine etwa doppelt so schnelle Verzuckerung der Stärke als des Glykogens durch die gleiche Menge Pankreasenzym eintritt.

Das Verhältnis zwischen der stärkeverflüssigenden und stärkeverzuckernden Fähigkeit der Pankreasamylase wird bei der Reinigung des letzteren nicht geändert (Sherman und Schlesinger[1]).

Neue kinetische Beobachtungen mit Pankreasamylase hat R. Kuhn[2] mitgeteilt. Nach diesem Forscher unterscheidet sich die Amylosespaltung durch Pankreasamylase von der durch Malz bewirkten Hydrolyse in auffallender Weise durch die Verschiedenheit der Verzuckerungsgrade, denen eine bestimmte Jodfärbung entspricht. Während bei Verzuckerung mit Malzamylase nach Bildung von $2/3$ bis $3/4$ der theoretischen Maltosemenge reine Blaufärbung mit Jod beobachtet wurde, war dieser Punkt in Versuchen mit dem Pankreasenzym bereits nach einer Verzuckerung von etwa $1/3$ der vorhandenen Stärke erreicht (siehe untenstehende Tabelle).

Zeit (Min.)	Jodfärbung	10 ccm red. n/10-Jod (ccm)	Spaltung %	$k \cdot 10^4$
7,5	blau	0,15	7,5	45,3
21	blau	0,32	16	36,2
40	rotstichig blau	0,56	28	35,8
63	rotbraun	0,81	40,5	35,9
290	farblos	1,13	56,5	12,5
1800	„	1,40	70	2,9
3300	„	1,49	74,5	1,8
∞	—	(2,00)	(100)	—

---

[1] H. C. Sherman u. M. D. Schlesinger, Jl Amer. Chem. Soc. 33, 1195; 1911; 34, 1104; 1912; 35, 1784; 1913.

[2] R. Kuhn, Lieb. Ann. 443, 1; 1925.

„Dieser Unterschied, den schon H. C. Sherman und J. C. Baker[1] beschrieben haben, lässt sich nicht auf das verschiedene Verhältnis von verflüssigender (amyloklastischer) und verzuckernder Kraft zurückführen, das nach den Untersuchungen von H. C. Sherman und M. D. Schlesinger[2] sowie von E. C. Kendall und H. C. Sherman[3] bei den einzelnen Amylasen besteht." „Die Verschiedenheit der Geschwindigkeitsquotienten Verschwinden der Jodreaktion: Zuckerbildung, die sich für Malz- und Pankreasamylase ergeben[4], deutet daher auf eine Verschiedenheit der Reaktionswege, auf denen das tierische und pflanzliche Enzym den Abbau der Amylose bewerkstelligen."

Nach den Vorstellungen des Verfassers dürfte man diesen Unterschied darauf zurückführen können, dass bei der Spaltung durch die Pankreasamylase (α-Amylase) diejenige Sauerstoffbrücke im Amyloseelementarkörper, welche für die Blaufärbung durch Jod verantwortlich ist, in einem frühen Stadium der Spaltung umgelagert wird. Es erscheint also möglich, dass die Seite 344 u. ff. skizzierte Formulierung des Reaktionsweges bei Spaltung durch α-Amylasen in der Richtung abgeändert werden müsste, dass die Erweiterung oder Aufsprengung der 1,4-Sauerstoffbrücke den einleitenden Prozess darstellt.

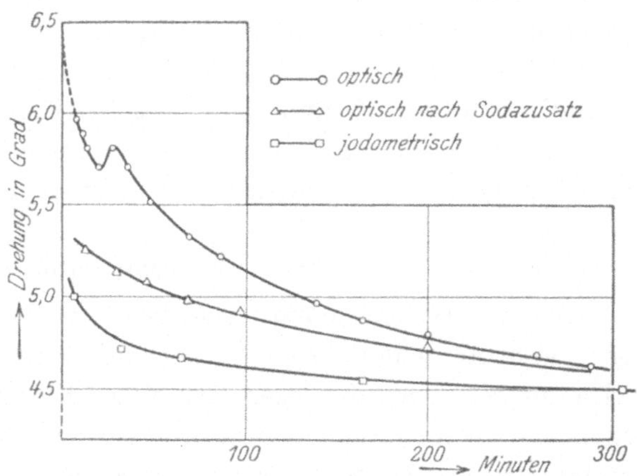

Fig. 52. Vergleich der Reduktions- und Drehungswerte bei Hydrolyse durch Pankreasamylase.

Sehr bemerkenswert sind die Versuche von Kuhn über optische Verfolgung des Stärkeabbaues durch die Pankreasamylase. Diese Versuche zeigen, dass der beim raschen Abbau entstehende Zucker abwärts mutarotiert. „Für die spezifische Drehung des primär gebildeten Disaccharids lässt sich aus den Mutarotationskurven $[\alpha]_D^{20} = + 158 \pm 5^0$ berechnen, was innerhalb der möglichen Versuchsfehler mit dem von C. S. Hudson und E. Yanovsky[5] aus Löslichkeitsmessungen für die α-Maltose vorhergesagten Wert $[\alpha]_D^{20} = + 160^0$ übereinstimmt." Durch diese Versuche wurde die Pankreasamylase als eine α-Amylase charakterisiert.

Kuhn stellte auch Versuche über Hemmung der Pankreasamylase-Wirkung

[1] H. C. Sherman u. J. C. Baker, Jl Amer. Chem. Soc. 38, 1885; 1916.

[2] H. C. Sherman u. M. D. Schlesinger, Jl Amer. Chem. Soc. 35, 1784; 1913.

[3] E. C. Kendall u. H. C. Sherman, Jl Amer. Chem. Soc. 32, 1087; 1910.

[4] Sherman u. Thomas, Jl Amer. Chem. Soc. 37, 623; 1915.

[5] C. S. Hudson u. E. Yanovsky, Jl Amer. Chem. Soc. 39, 1013; 1917.

durch die verschiedenen mutameren Formen der Glucose und der Maltose an. Die Versuche, welche teils bei pH = 6,8, teils bei pH = 6,0 und mit löslicher Stärke sowie mit Amylose als Substrat ausgeführt wurden, liessen keinen Unterschied zwischen den stereoisomeren Formen der Glucose einerseits und der Maltose andererseits erkennen. Dagegen zeigte sich, dass das Hemmungsvermögen der Glucose hinter demjenigen der Maltose weit zurücksteht. Bei Anwendung von 20 ccm $2^0/_0$iger Stärkelösung + 5 ccm Enzym (n/15 Phosphat und $1^0/_0$ NaCl enthaltend) wurde die Reaktionsgeschwindigkeit bei Zusatz von 2 g Maltose auf rund die Hälfte herabgesetzt.

In der erwähnten Arbeit von Kuhn finden sich auch Versuche über die Spaltung des sog. „Pankreasgrenzdextrins und Malzgrenzdextrins" durch Pankreas- und andere Amylasen.

In diesem Zusammenhange sei auch noch erwähnt, dass sowohl für den zeitlichen Verlauf der Stärkespaltung wie für den Einfluss der Enzym- und Substratkonzentrationen zahlreiche Formeln aufgestellt worden sind (V. Henri, Philoche, Kendall und Sherman). Ein Hinweis auf die erwähnten Arbeiten muss genügen, da eine nähere Einsicht in den Vorgang der enzymatischen Verzuckerung durch diese Formeln nicht gewonnen worden ist.

c) Temperatur.

Es geht aus den älteren Versuchen von Roberts (1881) und den neueren von Vernon[1] schon hervor, dass die Stabilität in kochsalzfreier Lösung viel geringer ist, als in Gegenwart dieses Elektrolyten. Dies wird durch eingehendere Versuche von Sherman und Schlesinger[2] bestätigt. Pankreasamylase ist in wässriger Lösung schon bei $5—10^0$ bedeutend weniger stabil als Malzamylase (dies gilt natürlich zunächst für die betreffenden Präparate). Quantitative Angaben findet man in Shermans Tabelle l. c. S. 1307; dort wird auch auf die grosse Labilität dialysierter Amylaselösungen eingegangen.

Eine neuere Arbeit verdankt man D. H. Cook[3], welcher die Stabilität der Pankreasamylase bei optimalem pH und bei Gegenwart von 0,05 Mol. NaCl untersucht hat: bei 50^0 war die Amylase schon nach 15 Min. völlig zerstört, während Malzamylase noch nach 30 Min. eine geringe Wirkung zeigt. Bei Abwesenheit des Substrats ist also die Pankreasamylase sehr empfindlich gegen Temperatursteigerung. Als Schutz haben sich nach Sherman besonders Aminosäuren als kräftig wirksam erwiesen.

Was die Reaktionsgeschwindigkeit der Pankreasamylase bei verschiedenen Temperaturen betrifft, so müssen hier in Ermangelung von anderen Angaben die „Optimum-Temperaturen" erwähnt werden. Nach

---

[1] Vernon, Jl of Physiol. **27**, 190; 1901.

[2] Sherman u. Schlesinger, Jl Amer. Chem. Soc. **37**, 1305; 1915.

[3] D. H. Cook, Jl Biol. Chem. **65**, 135; 1926.

Vernon liegt sie in salzarmer Lösung bei 35⁰. In Anwesenheit von 0,2⁰/₀ NaCl
fand er die maximale Wirkung bei 50⁰; die Wirksamkeit hörte auf zwischen
65 und 70⁰. Nach Kendall und Sherman ist der Temperaturkoeffizient
der salzarmen Lösung bereits zwischen 21⁰ und 40⁰ negativ, während er bei
Gegenwart von Salz normal ist. Die Autoren geben folgende Zahlen an:

In 100 ccm Lösung 10 ccm 0,02 Mol. Dinatriumphosphat und 700 mg NaCl; 0,5 mg
Enzympräparat wirken während einer Stunde bei folgenden Temperaturen:

Temperatur:	21	30	40	45	50	55	60	65
mg Cu_2O:	65	122	238	298	345	378	256	66

Der Temperaturkoeffizient zwischen 20⁰ und 40⁰ ist der schon von
Vernon festgestellte und auch für andere Amylasen öfters gefundene, wonach
eine Verdoppelung der Reaktionsgeschwindigkeit für eine Temperatursteigerung
von 10⁰ eintritt (auch von D. H. Cook, l. c., bestätigt). Über 40⁰ sinkt der
Temperaturkoeffizient bis etwa 55⁰, wo das „Optimum" gefunden wird. Vermutlich liegen die Temperaturverhältnisse ähnlich wie bei der Speichelamylase,
wo sie exakter untersucht worden sind.

Sherman und Schlesinger (1915) geben an, dass in der etwa 1⁰/₀-igen Lösung ihres
gereinigten Pankreas-Präparates Nr. 60 (300 mg in 30 ccm Wasser) zwischen 50⁰ und 55⁰
Koagulation eintrat; das Koagulum betrug 11,6⁰/₀ des ursprünglichen Trockengewichts und
enthielt 16,9⁰/₀ N, während im nicht-koagulierten Anteil 14,9⁰/₀ N gefunden wurden.

III. Darm-Amylase.

Wenn auch nunmehr feststeht, dass der Dünndarm seine eigene Amylase
besitzt (Röhmann[1], Grünert[2], Brown und Heron[3], Tebb[4]), so ist doch
die Menge der Amylase im Fistelsaft nur gering[5]. Nach Röhmann ist
Amylase im Jejunum reichlicher vertreten als im Ileum; Brown und Heron
fanden beim Schwein beide Teile gleich wirksam, das Duodenum verhältnismässig wenig; sie schreiben die Enzymabsonderung den Peyerschen Drüsen
zu. Nach Grützner (Pflüg. Arch. 16; 1877) enthalten die Brunnerschen
Drüsen keine Amylase. Im Dickdarmsekret des Hundes fanden Waka-
bayashi und Wohlgemuth sehr wenig Amylase.

Jedenfalls ist die Schleimhaut selbst viel wirksamer als der Darmsaft.

Ambard und Binet[6] finden, dass der Amylasegehalt des Hundedarms
sich mit der Ernährung nicht ändert.

Nach Koskowski[7] bewirkt subcutane Injektion von Histamin eine

---

[1] Röhmann, Pflüg. Arch. 41, 424; 1887.

[2] Grünert, Zbl. f. Physiol. 5, 285; 1892.

[3] Brown u. Heron, Lieb. Ann. 204, 228; 1880.

[4] Tebb, Jl of Physiol. 15, 42; 1893.

[5] Mendel, Pflüg. Arch. 63, 425; 1896 („paralytischer Darmsaft"). — Nagano, Mitt.
Grenzgeb. Med. Chir. 9, 393; 1902 (menschl. Fistelsaft). — Pregl, Pflüg. Arch. 61, 288;
1895 (Fistelsaft des Schafes). — Bierry u. Frouin, C. r. 143, 1565; 1906.

[6] Ambard u. Binet, Soc. Biol. 65, 259; 1908.

[7] W. Koskowski, Jl Pharm. and Exp. Therapeutics 26, 413; 1926.

Steigerung des Gehaltes des Dünndarmsaftes am Fistelhunde an Amylase (sowie Saccharase).

Amylasen im Verdauungstractus niedrigerer Tiere.

Der Magensaft des Flusskrebses (Potamobius astacus L.) ist in nenerer Zeit eingehend von Lowartz untersucht worden. Auch dieses Enzym wird durch NaCl aktiviert. Ein „Temperaturoptimum" wird zwischen 43 und 46° angegeben; Erwärmung auf 95° (Zeit?) soll noch keine vollständige Hemmung bewirken, und gekochter Magensaft soll lösliche Stärke „abbauen" (beurteilt nach der Jodreaktion); dabei soll es sich um eine „Regeneration" des aus der löslichen Stärke unter Mitwirkung des inaktivierten Enzyms im Sinne von Biedermann handeln.

Diese Arbeit, wie auch diejenigen von Biedermann, zeigen, wie wünschenswert es ist, dass bei solchen Untersuchungen wenigstens die Grundbegriffe der chemischen Dynamik berücksichtigt werden. Im Sekret der Mitteldarmdrüse des Flusskrebses sind übrigens schon früher zahlreiche Enzyme nachgewiesen worden; Hoppe-Seyler[1] fand unter diesen auch Amylase. Unter anderen Wirbellosen hat man besonders Würmer (Frédéricq, Krukenberg) und Gastropoden, am meisten Helix pomatia[2] hinsichtlich des Amylasegehaltes studiert. Bei allen Mollusken scheint die Mitteldarmdrüse, auch Hepatopankreas oder zuweilen Leber genannt, verhältnismässig reich an Amylase zu sein.

Auch im „Jecur" des Hummers, Nephrops norwegicus, fand C. M. Yonge[3] Amylase.

IV. Leber-Amylase.

Die stärkespaltende Fähigkeit der Leber des Menschen und höherer Tiere ist durch Claude Bernard[4] und v. Wittich[5] entdeckt worden. Eves (1884) erzielte bereits mit einem alkoholbehandelten Präparat aus Schafleber Stärkespaltung. Den Nachweis eines wirklichen diastatischen Enzyms in der Leber, dessen Existenz eine Zeitlang in Abrede gestellt wurde, verdankt man Pavy[6], Tebb[7], Pick[8] und Dastre[9].

Vorkommen. Die Leber ist nach Wohlgemuth ein verhältnismässig amylasearmes Organ ($D_{24}^{35°} = 10 - 200$ in Wohlgemuths Einheit). Nach Macleod[10] ist der Hund am reichsten an Leberamylase, dann folgen Schwein, Kaninchen[11] und Lamm. In der Rattenleber[12] beträgt der Amylasegehalt in der Wohlgemuthschen Einheit gemessen $D_{24}^{35°} = 156—250$. Der Enzymgehalt in Seiten- und Mittellappen der Froschleber[13] ist annähernd gleich.

---

[1] Hoppe-Seyler, Pflüg. Arch. 14, 394; 1877.

[2] Biedermann u. Moritz, Pflüg. Arch. 73, 247; 1898; 75, 1; 1899.

[3] C. M. Yonge, Brit. Jl Exp. Biol. 1, 343; Ber. Phys. 26, 417; 1924.

[4] Claude Bernard, C. r. 41, 461; 1855; 85, 519, 1877.

[5] v. Wittich, Pflüg. Arch. 7, 28; 1873.

[6] Pavy, Jl of Physiol. 22, 391; 1898.

[7] Tebb, Jl of Physiol. 22, 423; 1898.

[8] Pick, Hof. Beitr. 3, 63; 1902.

[9] Dastre, Soc. Biol. 53, 32; 1902.

[10] Macleod u. Pearce, Amer. Jl of Physiol. 27, 341; 1916.

[11] Die Schwankungen von dem Mittelwert fand Starkenstein (1910) recht gross, im Gegensatz zu Wohlgemuth ($D_{24}^{35°} = 5—12,5$).

[12] Shigenobu Kuriyama, Jl Biol. Chem. 33, 193; 1918.

[13] Kerner u. Lesser, Biochem. Zs 102, 284; 1920. — Lesser, ebenda 294 und 304.

Eingehende Untersuchungen über den Amylasegehalt der Schweineleber hat O. Holmbergh[1] mitgeteilt. Er findet den Amylasegehalt in verschiedenen Teilen der Leber wechselnd und gibt als Mittelwert $S f = 0,0038$ an; hiernach würde sich die Aktivität des Pankreas rund 4000 mal grösser berechnen. Die geringe Aktivität der Leber ist zum Teil auf Hemmung der Amylase zurückzuführen, da Lebergewebe auch die Wirkung der Pankreasamylase hemmt. Nach G. S. Eadie[2] sind jedoch die Bestimmungen des Amylasegehaltes der Leber von Holmbergh durch die Anwesenheit von Blutamylase beeinflusst. Eadie fand Rattenleber aktiver als Leber von Schwein oder Schaf.

In der embryonalen Leber fanden Mendel und Saiki[3] nur wenig Amylase.

Sehr wichtig ist für die Beurteilung der Rolle der Leberamylase die Frage, ob Glykogen und Amylase in der Leberzelle räumlich getrennt sind. Diese Frage ist neuerdings von Kerner und Lesser[4] wieder aufgenommen worden, und zwar mit dem Resultat, dass die Amylase aus der Leber des Frosches mit Ringerlösung herausgespült werden kann. Adrenalin soll nach Lesser die räumliche Trennung von Glykogen und Amylase in der Leber aufheben.

Da die Amylase offenbar für den Zuckerhaushalt im Tierkörper eine entscheidende Rolle spielt, so hat sie beim Studium der Störungen des Zuckerumsatzes, in erster Linie bei Diabetes, schon oft Beachtung gefunden, wenn auch eine abschliessende Untersuchung über dieses wichtige Kapitel noch fehlt.

Bainbridge und Beddard[5] haben auch bei Diabetikern Amylase in der Leber nachweisen können. Schlesinger[6] fand bei Diabetes keine Abweichung vom normalen Amylasegehalt.

Die Angabe Bangs, dass unmittelbar nach dem Zuckerstich beim Kaninchen der Amylasegehalt steigt, ein Maximum erreicht und dann wieder zurückgeht, konnte Starkenstein[7] nicht bestätigen.

Das Resultat von Zegla[8], dass bei pankreasdiabetischen Katzen die Leberamylase vermindert ist, bedarf vielleicht noch einer Nachprüfung, ebenso der Befund des gleichen Autors, dass bei Phlorrhizin-Diabetes der Kaninchen eine Vermehrung der Leberamylase eintritt[9].

Mehrere Forscher haben nach Zusammenhängen zwischen Adrenalinglucosurie und Wirksamkeit der Leberamylase gesucht. Nach Langfeldt[10]

[1] O. Holmbergh, H. 134, 68; 1924.

[2] G. S. Eadie, Biochem. Jl 31, 314; 1927.

[3] Mendel u. Saiki, Amer. Jl of Physiol. 21, 64; 1908.

[4] Kerner u. Lesser, Biochem. Zs 102, 284; 1920. — Lesser, ebenda 294 und 304.

[5] Bainbridge u. Beddard, Biochem. Jl 2, 89; 1907.

[6] Schlesinger, Deutsche med. Woch. 34, 593; 1908. — Siehe auch Bang, Hofm. Beitr. 10, 320; 1907.

[7] Starkenstein, Biochem. Zs 24, 191; 1910.

[8] Zegla, Biochem. Zs 16, 111; 1909.

[9] Siehe hierzu Wohlgemuth u. Benzur, Biochem. Zs 21, 460; 1909.

[10] Langfeldt, Jl Biol. Chem. 46, 391; 1921.

soll die Aktivität der Leberamylase durch Adrenalin gesteigert werden, sowie das pH - Optimum verschoben werden. Visscher[1] sowie Davenport[2] haben mit Glykogen bzw. Stärke als Substrat dies nicht bestätigen können. Die Wirkung der Adrenalinpräparate ist nach Davenport, sowie nach Eadie nur die gewöhnliche Aktivierung durch das in den Präparaten vorhandene Kochsalz.

Darstellung. Ausgangsmaterial ist hier nicht das Sekret, sondern das entblutete Gewebe des Organs. v. Wittich extrahierte getrocknete Leber mit Glycerin, Seegen und Kratschmer benutzten frische Leber, Pavy (l. c.) verrieb fein verteiltes frisches Lebergewebe von Kaninchen mit viel absolutem Alkohol und liess die Masse 6 Monate stehen. Dann wurde sie mit Äther gewaschen, getrocknet und gepulvert. Dieses Pulver, in $1^0/_0$iger Kochsalzlösung aufgeschlemmt, erwies sich nach 4 Stunden bei 46^0 deutlich diastatisch wirksam.

Tebb extrahierte das Enzym aus getrockneter Leber mittels $5^0/_0$iger Natriumsulfatlösung und entfernte das Salz durch Dialyse. Pick behandelte das fein verteilte frische Lebergewebe mit Alkohol und nahm die Extraktion des Pulvers mit physiologiseher Kochsalzlösung vor.

Wohlgemuth (1909) u. Zegla arbeiteten mit Presssaft, der nach Verreiben mit Quarzsand durch Auspressen bei 100—200 Atm. gewonnen war. Bang benutzte eine Aufschwemmung von frischem Leberbrei in physiologischer Kochsalzlösung Hierzu hebt Starkenstein (l. c.) mit Recht hervor, dass das Arbeiten mit frischen tierischen Organen für quantitative Vergleiche des Amylasegehaltes von Organen ungeeignet ist.

Nach O. Holmbergh empfiehlt es sich die Trocknung der Leber entweder nach Wiechowski und Wiener[3] (möglichst schnelle Trocknung der in einer dünnen Schicht auf Glasplatten ausgebreiteten Organmasse) oder durch Aufschlämmung der fein zerkleinerten Leber in Aceton und Äther auszuführen. Aus den Trockenpräparaten lässt sich die Amylase durch Extraktion mit Wasser oder Glycerin in Lösung bringen. Die Glycerinextrakte sind sehr haltbar.

Bei einem Präparat (durch Acetontrocknung dargestellt) betrug Sf = 0,00060. Durch Extraktion von 1 g des Präparates mit 10 ccm Wasser wurde eine Enzymlösung mit Sf = 0,0072 erhalten.

Bei der Dialyse von Leberamylaselösungen fand O. Holmbergh zwar eine Steigerung des Reinheitsgrades (bis auf das 6fache), aber gleichzeitig tritt ein starker Enzymverlust ein (in 46 Stunden $46^0/_0$).

Eadie hat zu seinen Versuchen Enzymlösungen verwandt, welche nach einer ähnlichen Methode, wie die von Holmbergh ausgearbeitete, dargestellt sind.

Hinsichtlich der Aciditätsbedingungen ist zu nennen, dass Holmbergh bei Anwesenheit von NaCl und Phosphatpuffer das Optimum bei pH = 6,9 fand. Nach Davenport soll das pH-Optimum bei verschiedenen

[1] Visscher, Jl Biol. Chem. 69, 3; 1926.
[2] Davenport, Jl Biol. Chem. 70, 625; 1926.
[3] Wiechowski u. Wiener, Hofm. Beitr. 9, 247; 1907.

Präparaten etwas verschieden sein. Eadie, der bei einem Präparat zwei wenig ausgeprägte Optima bei pH = 7 und bei pH = 6 fand, bei einem anderen aber kein Optimum bei pH = 7 deutet diesen Befund dahin, dass das Optimum bei pH = 7 der Blutamylase zukommt, während die eigentliche Leberamylase ihr Optimum bei etwas sauerer Reaktion hat. Die Frage scheint jedoch kaum endgültig aufgeklärt zu sein.

Die Wirkung von Neutralsalzen, speziell NaCl scheint wie bei Pankreas- oder Speichelamylase zu sein. Bemerkenswert ist jedoch, dass Holmbergh J'-Ionen stark hemmend auf die Verzuckerung, aber beschleunigend auf die Geschwindigkeit des Verschwindens der Jodreaktion (nach der Methode von Wohlgemuth gemessen) fand.

Eadie fand mit Glykogen als Substrat den Verlauf der Aktivitäts-[S]-Kurve in Übereinstimmung mit den Forderungen des Massenwirkungsgesetzes.

Bezüglich des Temperatur-Einflusses ist wohl anzunehmen, dass die Leberamylase in ähnlicher Weise wie die Speichel- und Pankreasamylase von der Temperatur beeinflusst wird; nur ein Befund von Pavy soll hier eigens Erwähnung finden, nämlich, dass er die diastatische Wirkung des Leberpulvers nach Kochen mit absolutem Alkohol nicht aufgehoben fand.

Muskeln

enthalten ebenfalls stets Amylase, und zwar wie Mendel und Saiki[1] bei einer Untersuchung am Schwein fanden, bereits vom Embryonalzustand an, während sonstige Organe verschiedener Tiere gewöhnlich mit zunehmender Entwicklung reicher an Enzym werden (Pugliese u. a.).

Nach Nasse u. a. geht ein solches Enzym in den Muskelsaft über, wodurch eine ältere Untersuchung Halliburtons[2] bestätigt wird.

Die diastatische Wirkung der Muskeln[3] bei Diabetes mellitus ist von Bainbridge und Beddard[4] untersucht worden.

Euler und Myrbäck[5] und bald darauf Lohmann[6] haben in neuerer Zeit systematische Versuche über Muskel-Glykogenase angestellt, welche im 12. Kapitel erwähnt werden.

V. Niere, Herz[7] und andere Organe.

Den relativen Amylasegehalt der Organe bei verschiedenen Tieren haben Wohlgemuth und Benzur[8] (Kaninchen), sowie Hirata[9] gemessen.

---

[1] Mendel u. Saiki, Amer. Jl Physiol. 21, 64; 1908.

[2] Halliburton, Jl Physiol. 8, 182; 1887.

[3] Siehe auch Kisch, Hofm. Beitr. 8, 210; 1906. — Maignon, C. r. 145, 730; 1907.

[4] Bainbridge u. Beddard, Biochem. Jl 2, 89; 1907.

[5] Euler u. Myrbäck, H. 150, 1 und zwar S. 12; 1925.

[6] K. Lohmann, Biochem. Zs 178, 444; 1926.

[7] Berblinger, Zieglers Beitr. pathol. Anat. 53, 155; 1912.

[8] Wohlgemuth u. Benzur, Biochem. Zs 21, 460; 1909.

[9] Hirata, Biochem. Zs 27, 385; 1910.

Wohlgemuth und Benzur (l. c.) fanden, dass die diastatische Wirkung der Niere bei Phlorrhizinvergiftung und bei Adrenalinglucosurie steigt[1], während bei der Leber und im Muskel keine diesbezügliche Veränderung eintrat.

Nach unveröffentlichten Versuchen von K. Sjöberg liegt das pH-Optimum der Nierenamylase bei pH = etwa 6,5.

Nach Kisch ist besonders der Herzmuskel reich an Amylase. Die Wirkung des Muskelpresssaftes hat schon Wohlgemuth studiert.

Nach Tschernoruzki[2] soll durch intravenöse Injektion von Nucleinsäure (Hefenucleinat Merck) die enzymatische Wirkung der Organe erhöht werden, und zwar die diastatische am meisten. „Im Gehirn waren die Werte für die Amylase 400 mal, in den Lungen 250 mal höher."

In der Schilddrüse und im Hoden verschiedener Tiere fanden E. Fischer und Niebel[3] Amylase, in den Nebennieren Croftan[4].

Kito[5] schliesst aus seinen Versuchen an Meerschweinchen, dass die Placenta für Amylase durchlässig ist.

VI. Blut.

Das von Magendie und von Claude Bernard nachgewiesene Vorkommen der Amylase im Blutserum wurde durch Bial, Pick, Ascoli und Bonfanti[6] näher studiert. Menschenblut ist verhältnismässig arm an Amylase, auch schwankt der Enzymgehalt offenbar stark. Bedeutend grössere Mengen hat Wohlgemuth (l. c.) bei Meerschweinchen und Hunden gefunden.

Eingehende Untersuchungen über physiologische Einflüsse verdankt man auch Macleod und Pearce[7].

Nach Schlesinger[8] wird die Amylase bei höheren Tieren im Pankreas gebildet und durch das Blut auf die übrigen Teile des Körpers verteilt; indessen kommen für die Amylasebildung auch noch andere Organe, besonders die Leber, in Betracht[9]. Wahrscheinlich ist, dass die im Blut zirkulierende Amylase sich auf dem Weg zu den Nieren befindet, wo sie ausgeschieden wird (Carlson und Luckhardt[10], King[11]).

A. J. Carlson und seine Mitarbeiter[12] haben die Beziehung des Amylasegehaltes des Speichels und des Blutes genau verfolgt.

[1] Siehe auch Pavy, Brodie u. Siau, Jl of Physiol. 29, 407, 1903.
[2] Tschernoruzki, Biochem. Zs 36, 363, 1911.
[3] E. Fischer u. Niebel, Sitz.-Ber. Preuss. Akad. d. Wiss. S. 75, 73; 1896.
[4] Croftan, Pflüg. Arch. 90, 285; 1902.
[5] Kito, Amer. Jl Physiol. 48, 481; 1919.
[6] Ascoli u. Bonfanti, H. 43, 156; 1904.
[7] Macleod u. Pearce, Amer. Jl Physiol. 25—29; 1910—1912.
[8] Schlesinger, Deutsche med. Woch. 34, 593; 1908.
[9] Gould u. Carlson, Amer. Jl Physiol. 29, 165; 1911.
[10] Carlson u. Luckhardt, Amer. Jl Physiol. 23, 148; 1908.
[11] King, Amer. Jl Physiol. 35, 301; 1914.
[12] A. J. Carlson u. Mitarbeiter, Amer. Jl of Physiol. 1907—1909.

Der Amylasegehalt des Kaninchenserums (62,5 nach Wohlgemuths Skala) wird durch Schilddrüsenaufnahme nicht geändert[1].

Bei Meerschweinchen fand Schirokauer (1910) den Amylasegehalt des Blutes während der Gravidität abnorm hoch.

Was pathologische Bedingungen betrifft, so machen sich auch hier die erwähnten grossen Schwankungen geltend. So fanden Myers und Kilian[2] bei zahlreichen Fällen von Nephritis den Amylasegehalt des Blutes auf das Doppelte bis Dreifache des normalen gesteigert, dagegen konnten Lewis und Mason[3] zwar Erniedrigungen in der Amylasewirkung feststellen, aber keinen Zusammenhang mit der Art der Nierenerkrankung.

Bei pankreaslosen Hunden wurde sowohl unveränderter Amylasegehalt des Blutes wie auch Abfall des Amylasegehalts[4, 5] beobachtet. J. Markowitz und H. B. Hough[5] fanden bei 3 pankreaslosen Hunden, die mit Hilfe von Insulin viele Monate am Leben erhalten wurden, fast normalen Blutamylasegehalt.

Besonders naheliegend war es, bei Diabetes mellitus Beziehungen zwischen der Höhe des Blutzuckergehaltes und der diastatischen Aktivität zu suchen (Foster 1867). Während Myers und Kilian (l. c.) bei 13 Diabetesfällen eine Amylasewirkung fanden, welche die normale um das 2—5fache übertrifft[6] und nach ihren Ergebnissen eine Beziehung zur Menge des Blutzuckers annehmen, liefern die Ergebnisse von Bang und die neueren von Lewis und Mason keinerlei Anhaltspunkte dafür.

Auch konnte Wohlgemuth keine Veränderung bei Adrenalin- und Phlorrhizindiabetes nachweisen. Insulin soll Verminderung der Amylaseaktivität des Blutes hervorrufen.

Ungeändert bleibt nach Schirokauer und Wilenko[7] die Blut- und Leberamylase auch im Fieber.

J. T. Groll[8] fand das pH-Optimum der Blutamylase bei pH = 8, was jedoch durch die Versuche von W. Engelhardt und M. Gertschuk[9], welche mit ihrer Mikromethodik das Optimum im Gebiet pH = 6,3—6,8 festgestellt haben, nicht bestätigt wurde.

---

[1] Kuriyama, Jl Biol. Chem. 33, 193; 1918.

[2] Myers u. Kilian, Jl Biol. Chem. 29, 179; 1917.

[3] Lewis u. Mason, Jl of Biol. Chem. 44, 455; 1920.

[4] Wohlgemuth, Biochem. Zs 21, 381; 1909. — H. Otten u. P. C. Gallaway jr., Amer. Jl Physiol. 26, 347; 1910. — Stawraki, Biochem. Zs 69, 370; 1914. — Davis u. Ross, Amer. Jl Physiol. 56, 22; 1921. — Sorochowitsch, Biochem. Zs 169, 409; 1926.

[5] Markowitz u. Hough, Amer. Jl Physiol. 75, 571; 1926.

[6] Lépine u. Barral hatten 1891 eine Verminderung der Amylase gefunden.

[7] Schirokauer u. Wilenko, Zs klin. Med. 70, 257; 1910.

[8] J. T. Groll, Nederl. Tijdschr. Geneeskunde 68, I. 2832; 1924. — Chem. Zbl. 95, II. 1595; 1924.

[9] W. Engelhardt u. M. Gertschuk, Biochem. Zs 167, 43; 1926.

VII. Serum, Lymphe, Milch, Cerebrospinalflüssigkeit.

Diese Flüssigkeiten sind besonders von Röhmann und Bial[1], sowie Carlson und Luckardt (l. c.) untersucht worden, Cerebrospinalflüssigkeit wurde von Panzer[2], Milch von Wohlgemuth[3] untersucht. Nach Sato[4] soll durch 100 ccm Kuhmilch bei 40° in 30 Min. 5—21 mg Stärke, in 24 Stunden 10—37 mg Stärke gespalten werden.

Im Hühnerei findet sich nach Joh. Müller eine schwache Amylase. Nach Roger (Soc. Biol. 64) soll sie teilweise in Äther löslich sein (?).

VIII. Harn.

Amylase im Harn haben Cohnheim sowie Béchamps 1865 beobachtet.

Menschlicher Harn soll eine ziemlich gleichmässige Amylasewirkung zeigen[5]. Lindemann[6] fand die Wirksamkeit in der Wohlgemuthschen Einheit D = 15—45. Männer scheiden nach Wohlgemuth[7] mehr Amylase aus als Frauen.

Wesentlich beeinflusst wird der Amylasegehalt des Harns von der Durchlässigkeit der Nieren[8]. Hirata[9] fand bei experimenteller, durch Sublimat-, Chrom- und Uranvergiftung an Kaninchen hervorgerufener Nephritis eine Abnahme der Amylase im Urin. Man könnte hier an eine Inaktivierung des Enzyms durch die in den Harn übergetretenen Gifte denken, indessen wurde gleichzeitig eine Zunahme der Amylase im Blut konstatiert. Beziehungen zur Nephritis besprechen auch Wynhausen[10] und v. Benczúr(1910), Harrison und Lawrence[11].

Beziehungen zwischen dem Pankreas und Harnamylase ist auch mehrmals diskutiert worden. Bei experimenteller Entfernung des Pankreas soll die Harnamylase vermindert werden, während bei Absperrung des Pankreas vom Darm der Amylasegehalt im Harn gesteigert werden soll (Wohlgemuth).

Bei Diabetes ist nach übereinstimmendem Befund zahlreicher Beobachter die Amylasewirkung des Harns stark herabgesetzt (Lépine, Wohlgemuth, Rosenthal (l. c.), Marino[12] u. a. Indessen ist hier aber immer in Betracht zu ziehen — besonders bei Diabetes insipidus —, dass der Nachweis der

---

[1] Röhmann u. Bial, Pflüg. Arch. 52—55.

[2] Panzer, Wien. klin. Woch. 12, 805; 1899.

[3] Wohlgemuth u. Strich, Sitz.-Ber. Preuss. Akad. 25, 520; 1910.

[4] Sato, Biochem. Jl 14, 120; 1920.

[5] Pariset, Soc. Biol. 63, 614; 1907.

[6] Lindemann, Zs klin. Med. 75, 58; 1912.

[7] Wohlgemuth, Zs Urologie 5, 801; 1911.

[8] Rosenthal, Deutsche med. Woch. 37, 923; 1911.

[9] Hirata, Biochem. Zs 28, 23; 1910.

[10] Wynhausen, Berl. klin. Wochenschr. 47, 2107; 1910.

[11] Harrison u. Lawrence, Brit. med. Jl 1923, 317.

[12] Marino, Deutsches Arch. klin. Med. 103, 325; 1911.

Harnenzyme im krankhaft vermehrten Harn durch die grosse Verdünnung wesentlich erschwert wird (Schaumberg; Wolpe[1]).

Tierische Anti-Amylasen.

Angaben über die Immunisierung von Kaninchen gegen Pankreasamylase findet man bei Ascoli und Bonfanti (H. 43).

B. Pflanzliche Amylasen.
(Knut Sjöberg.)

Die Gegenwart eines stärkeverzuckernden Enzyms im Malz wurde 1833 von Payen und Persoz und bald darauf von Saussure entdeckt. Die Verzuckerung der Stärke durch Malz hatten bereits 1785 Irvine und 1815 Kirchhoff beschrieben.

I. Amylasen der Phanerogamen.

Vorkommen. Vor allem sind hier die Samen der Gräser zu nennen, in erster Linie der Gerste, welche als Malz bekanntlich die Amylase zu den technisch wichtigen Verzuckerungen liefert, ferner von Roggen, Weizen, Hafer, Mais, Hirse, Reis (Chrzaczsz, Zs Spir. Ind. 32, 1909). Besonders gross ist die Wirkung der keimenden Samen.

Ausserdem findet sich Amylase auch in Pollenkörnern (Green), Knollen (z. B. Kartoffelknollen), Wurzeln, Rüben, Blättern, Rinden, überhaupt wohl in allen pflanzlichen Organen und Säften, welche Stärke enthalten und in welchen ein Stärke-Umsatz stattfindet. Es würde deswegen zu weit führen, hier alle Befunde über Vorkommen zu zitieren, und es sei deswegen auf das Werk von Czapek, 2. Aufl., Bd. 1 verwiesen. Eine interessante Studie über die Jahres-Variationen der Amylasewirkung in grünen Blättern hat K. Sjöberg[2] verfasst.

Darstellung. Unter den zahlreichen Arbeiten, in welchen auch die Darstellung der Amylase erwähnt wird und die man bei Sherman[3] ziemlich vollständig zitiert findet, können hier nur einige wesentliche Methoden angeführt werden.

Lintner[4] extrahierte 1 Tl. Gerstengrünmalz 24 Std. mit 2—4 Tln. 20%igen Alkohols und fällte den Extrakt mit dem 2—2,5 fachen Volumen abs. Äthers. Der sich rasch absetzende Niederschlag wird durch Dekantieren von der Flüssigkeit getrennt und mit absolutem Alkohol verrieben, nach Filtration mit abs. Alkohol gewaschen, mit Äther zerrieben, abgesogen und

---

[1] Wolpe, Berl. klin. Wochenschr. 58, 101; 1921. Daselbst Literatur.
[2] Sjöberg, Biochem. Zs 133, 218; 1922.
[3] Sherman u. Schlesinger, Jl Amer. Chem. Soc. 35, 1617; 1913.
[4] Lintner, Jl prakt. Chem. N. F. 34, 386; 1866.

im Vakuum über H_2SO_4 getrocknet. Das so erhaltene gelblich-weisse Pulver hält stets noch geringe Mengen von Alkohol zurück. Ausserdem enthielt das Rohpräparat 16% Asche, hauptsächlich Calciumphosphat. Durch wiederholtes Umfällen und Dialysieren wurde eine gewisse Reinigung, besonders eine Verminderung des Aschengehaltes bis auf 5% erzielt. — Später hat Lintner auch eine Darstellung aus Weizenmalz beschrieben; ähnliche Methoden hat Wróblewski[1] angewandt.

Osborne und Campbell[2], deren Angaben sich durch Genauigkeit auszeichnen, benutzten die Ausfällung durch Ammoniumsulfat zur Reinigung der Amylase.

Sherman[3] ist mit seinen Mitarbeitern hinsichtlich der Reinigung der Malzamylase am weitesten gekommen. Er stellt sein Rohpräparat folgendermassen dar: Gemahlenes Malz wird etwa 2 Stunden mit der 2,5 fachen Menge Wassers, verdünnten Alkohols oder sehr verdünnter Phosphorsäure bei etwa 10^0 extrahiert. Der filtrierte Extrakt wird 1—2 Tage durch Kollodiumsäcke gegen kaltes Wasser dialysiert und hierauf mit Alkohol oder Aceton ausgefällt bis die Alkohol-Konzentration etwa 70% erreicht. Das beste der Präparate zeigte 1200—1540 Sherman-Einheiten (= etwa 53 Sf.). An diesen ergab die Stickstoffbestimmung[4] nach van Slyke:

Stickstoff	Wirksamkeit in Sf.		
		13	34
	C	D	E
NH_3	7,8	7,3	7,9
Melanin	4,1	3,9	5,6
Arginin	14,5	13,1	14,2
Histidin	4,6	6,5	5,4
Lysin	7,5	6,7	5,5
Cystin	4,0	4,0	4,9
Amino-N des Filtrats	55,3	53,9	52,4
Nicht-N des Filtrats	3,5	4,3	4,5

Bei weiteren Reinigungsversuchen von Sherman und Schlesinger[5] wurde der im Vakuum eingeengte Malzextrakt zuerst ausgiebig dialysiert und dann mit Ammoniumsulfat gesättigt, wodurch eine inaktive Fällung entsteht. Die Lösung wurde wieder dialysiert, von einem Niederschlag abdekantiert und unterhalb 15^0 mit reinem Alkohol versetzt, bis dessen Gehalt 50 bzw. 65% betrug. Durch dieses Verfahren wurde zwar eine höhere mittlere Wirksamkeit der Präparate erzielt, dagegen stieg die maximale Wirksamkeit

[1] Wróblewski, H. 24, 173 u. Chem. Ber. 30, 2289; 1897.
[2] Osborne u. Campbell, Jl Amer. Chem. Soc. 18, 356; 1896.
[3] Sherman u. Schlesinger, Jl Amer. Chem. Soc. 35, 1617; 1913.
[4] Sherman u. Gettler, Jl Amer. Chem. Soc. 35, 1790; 1913.
[5] Sherman u. Schlesinger, Jl Amer. Chem. Soc. 37, 643; 1915.

nicht über 1570 Sherman-Einheiten = 60 Sf. Diese aktivsten Präparate enthielten 15,3°/₀ N.

Sherman und Schlesinger[1] haben ihre hochaktiven Malzamylasen eingehend mit ihren Pankreasamylasen-Präparaten verglichen. Sie kommen dabei zu folgenden Ergebnissen:

Beide Amylasen sind amorphe, stickstoffhaltige Substanzen, löslich in Wasser und in 50°/₀igem Alkohol, unlöslich in konzentriertem Alkohol oder Aceton. Beide zeigen die typischen Protein- (Million-, Xantoprotein-, Trypto-phan-, Biuret-) Reaktionen. Beide enthalten 15—16°/₀ N. Beim Erhitzen geben beide ein koaguliertes Albumin und eine Proteose oder Pepton.

Glimm und Sommer[2] haben Versuche über die Adsorption der Amylase an verschiedenen Adsorptionsmitteln ausgeführt. Aus dem Aluminium-hydroxydadsorbat war die Amylase durch sekundäres Phosphat ohne Verlust eluierbar. In der Restlösung blieben etwa 50°/₀ unwirksamer Substanz zurück. Bei der Adsorption mit Zinnsäuresuspension wurden sogar 70°/₀ unwirksamen Rückstandes abgetrennt. Dagegen zeigten die Elutionen aus Kaolin und noch stärker aus Zinnsäure starke Inaktivierung der Amylase. Die sauren Kolloide, wie Kaolin und besonders Zinnsäure trennen aus der Amylase einen Begleitstoff ab, der der Amylase als Schutzstoff dient und für die Beständigkeit des Ferments notwendig ist. Das stärker basische Aluminiumhydroxyd nimmt diesen Schutzstoff bei der Adsorption mit. Die Adsorption an gallertiges Zinkphosphat gelang nur unter Zusatz von etwa 20°/₀ Alkohol.

Das beste Ergebnis fanden die Verfasser bei folgendem Verfahren. Nach dreitägiger Autolyse bei 40° C mit Zusatz von Toluol wurde das Präparat zweimal fraktioniert mit Tierkohle behandelt, wobei ein vollkommen wasser-klar aktives Filtrat erhalten wurde. Die Verzuckerungsfähigkeit betrug Sf. = 75,4. Der N-Gehalt war auf 3,8°/₀ gesunken. Das Präparat war voll-kommen frei von Kohlenhydraten.

a) Aciditätsbedingungen.

In einer vorläufigen Mitteilung haben Verf. und Svanberg[3] eine Acidität-skurve für Malzamylase unter Phosphatzusatz angegeben (Fig. 53). Die Werte gelten für das Verzuckerungsvermögen. Die kleinen Vierecke sind die Disso-ziationsreste, welche sich aus einer Dissoziationskonstante von $10^{-7,75}$ ergaben

Relative Dissoziationsreste einer Säure von $K = 10^{-7,75}$.

pH	5	5,5	6	6,5	7	7,5	8	8,5	9	9,5
Dissoziationsrest	100	99,4	98,4	94,9	85	64	36	15	5,3	1,75

[1] Sherman u. Schlesinger, Jl Amer. Chem. Soc. 37, 1305; 1915.
[2] Glimm u. Sommer, Biochem. Zs 188, 290; 1927.
[3] Euler u. Svanberg, H. 112, 193; 1920.

(siehe die vorhergehende Tabelle). In der Fig. 54 ist die Dissoziationskurve gezeichnet und die experimentellen Punkte sind markiert.

Die rechte Seite der Kurve ist also in diesem Falle besser als bei der Speicheldiastase mit Michaelis' Theorie vereinbar[1], nach welcher das Enzym bzw. die Verbindung Enzymsubstrat als amphoterer Elektrolyt die Aciditätsbedingungen bestimmt. Vgl. hierzu I. Teil, S. 141 ff.

Nach der Wohlgemuthschen Methode wurde das Optimum mit dem Optimum der Verzuckerung fast übereinstimmend gefunden.

Was die Ergebnisse früherer Autoren betrifft, so stützt sich der erste exakt angegebene pH-Wert, nämlich der von Sörensen, auf Angaben Fernbachs. Adler[2] fand ein Optimum zwischen 4,7 und 5,15. Sherman und Thomas[3], welche bei Anwendung des Phosphatpuffers als Optimum

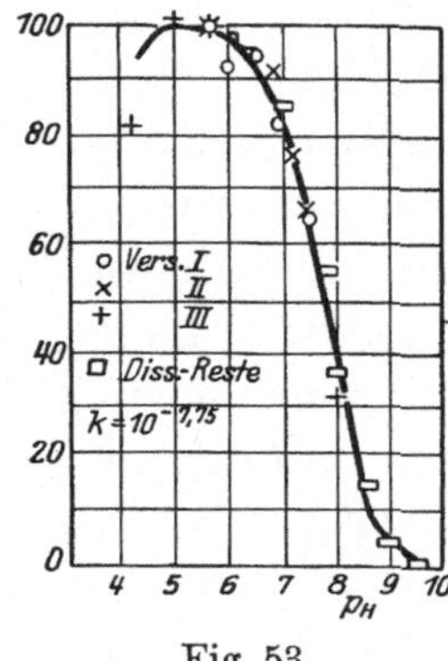

Fig. 53.

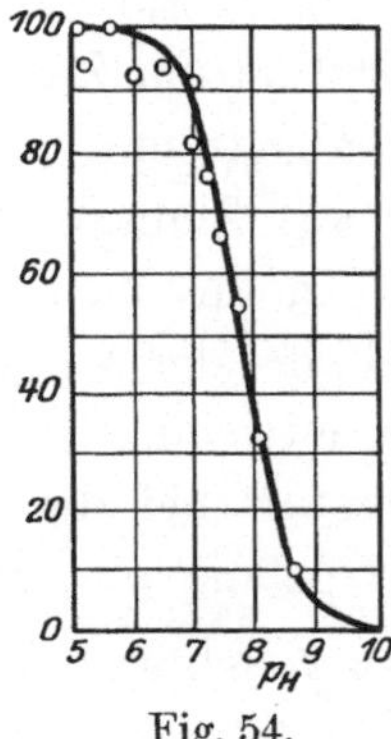

Fig. 54.

der Verzuckerung pH = 4,2 bis 4,6 angeben, haben einzelne Punkte elektrometrisch gemessen; eine pH-Kurve geben Sherman, Thomas und Baldwin[4]; danach liegt das Optimum bei pH = 4,4—4,5. A. Hahn und Harpuder[5] finden als pH-Optimum 4,7.

Ernström findet das Optimum der Verzuckerung in Gegenwart von Natriumacetat als Puffer zwischen 4,7 und 5,0 und Myrbäck[6] zwischen 4,8 und 5,6.

Nach neuen Versuchen von Sherman, Caldwell und Adams[7] ändert sich die optimale Wasserstoffionenkonzentration mit der Temperatur. Für Malzamylase in Phosphatpuffer haben sie untenstehende Werte erhalten:

[1] Michaelis u. Pechstein, Biochem. Zs 59, 77; 1914.
[2] Adler, Biochem. Zs 77, 146; 1916.
[3] Sherman u. A. W. Thomas, Jl Amer. Chem. Soc. 37, 623; 1915.
[4] Sherman, Thomas u. Baldwin, Jl Amer. Chem. Soc. 41, 231; 1919.
[5] A. Hahn u. Harpuder, Zs f. Biol. 71, 287 u. 302; 1919.
[6] Myrbäck, H. 159, 1; 1926.
[7] Sherman, Caldwell u. Adams, Jl Amer. Chem. Soc. 49, 2000; 1927.

Temp.	pH
30—40	4,4—5,0
50	4,6—5,0
60	5,2—5,5
70	5,3—5,8

Diese Verhältnisse dürften im Zusammenhang mit der Temperaturempfindlichkeit des Enzyms stehen (siehe S. 398).

Alle diese Werte gelten für die Malzamylase. Für die Amylase aus einigen anderen grünen Gewächsen hat Sjöberg[1] das Optimum bei pH = 5—5,5 sowohl bei der Dextrinierung als bei der Zuckerbildung gefunden.

Nach Chrzaszcz[2] gibt es keine optimale Wasserstoffionenkonzentration für das Dextrinierungsvermögen der Amylase. Das Optimum ist von verschiedenen Bedingungen abhängig. Alle Bedingungen, die ungünstig einwirken, verschieben die optimale Wasserstoffionenkonzentration in alkalische Richtung.

Während das Aciditätsoptimum des Ptyalins durch Salzzusätze verschoben wird, zeigt die Malzamylase nach Hahn und Harpuder ihr Wirkungsoptimum bei Zusatz von Chlorid, Bromid, Nitrat und Sulfat an gleicher Stelle, wie in reinem Acetatpuffer.

Im allgemeinen scheint Malzamylase von Salzen viel weniger aktiviert zu werden als Ptyalin und die übrigen tierischen Amylasen.

Aktivatoren.

Über den Einfluss von Aminosäuren auf Amylase haben Sherman und Mitarbeiter[3] Versuche angestellt. Sie fanden, dass das Enzym durch gewisse Aminosäuren aktiviert wurde. Die Versuche, welche von Haehn[4] und von Olsson[5] bestätigt wurden, zeigen indessen, dass es sich grösstenteils um eine Schutzwirkung gegen Temperaturinaktivierung handelt.

In der Hefe haben Pringsheim und seine Mitarbeiter[6] ein „Komplement" gefunden, das die Überführung der letzten Teile der Stärke in Maltose beeinflusst, ein Ergebnis, das auch Sjöberg[7] bestätigt hat. Dieses Komplement ist hitzebeständig und dialysierbar. Pringsheim und Otto[8] haben das Komplementextrakt zentrifugiert und einen Niederschlag bekommen, welcher neben dem Komplement Eiweissstoffe enthält. Das Eiweiss wurde

---

[1] Sjöberg, Biochem. Zs 133, 218; 1922.

[2] Chrzaszcz, Bidzinsky u. Krause, Biochem. Zs 160, 155; 1925.

[3] Sherman u. Caldwell, Jl Amer. Chem. Soc. 43, 2469; 1921 u. 44, 2926; 1922. — Sherman u. Naylor, ebenda 44, 2957; 1922. — Sherman u. Walker, ebenda 41, 1866; 1919; 43, 2461; 1921 u. 45, 1960; 1923.

[4] Haehn, Biochem. Zs 135, 587; 1923. — Haehn u. Schweigart, Biochem. Zs 143, 516; 1923.

[5] Urban Olsson, Inaugural-Dissertation Stockholm 1925.

[6] Pringsheim u. Fuchs, Chem. Ber. 56, 1762; 1923. — Pringsheim u. Schmalz, Biochem. Zs 142, 108; 1923. — Pringsheim u. Beiser, ebenda 148, 336; 1924.

[7] Sjöberg, Biochem. Zs 159, 468; 1925.

[8] Pringsheim u. Otto, Biochem. Zs 173, 399; 1926.

auf.fermentativem Wege durch Pepsinverdauung zerstört. Dabei wurde eine beträchtliche Steigerung der Komplementwirkung beobachtet. Nach Behandlung von Hühnereiweiss und einigen anderen Eiweissstoffen mit Pepsin wurde auch ein deutlich aktives Komplement erhalten. Im Gegensatz zu dem unverdauten Hefekomplement beschleunigen sowohl verdautes Hefekomplement wie auch die obengenannten Eiweissstoffe die Verzuckerung der Stärke schon in ihren ersten Stadien.

Paralysatoren.

Anorganische Stoffe. Die ersten brauchbaren Ergebnisse verdankt man Kjeldahl. In einer eingehenden Untersuchung hat U. Olsson[1] die Wirkung von Jod, NaF, mehreren Schwermetallsalzen und von Salzen der Molybdän- und Wolframsäure festgestellt. Wie aus seinen Versuchen hervorgeht, schreitet die Einwirkung verschiedener Paralysatoren mit der Zeit fort, wenn man zunächst den Paralysator mit der Enzymlösung in Berührung bringt. Über die erforderlichen Zeiten gibt folgende Tabelle Auskunft. Die 2. Spalte der Tabelle gibt die molekularnormale Konzentration des Giftes in der substratfreien Lösung an, bezogen auf 1 mg organische Trockensubstanz des Enzyms.

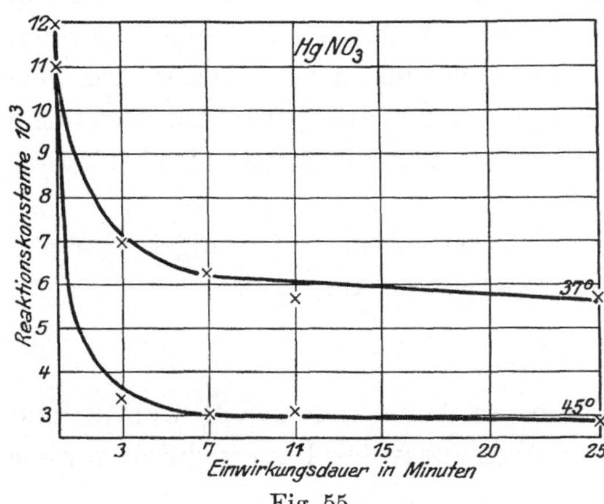

Fig. 55.

Gift	Molekular-normale Konzentration des Giftes	Einwirkungsdauer (Inkubationszeit)	Verminderung der Aktivität des Enzyms in %
Jod	$1,39 \cdot 10^{-7}$	10 Min., 80 Min., 21 Std.	48, 56, 60
Phenylhydrazin . . .	$4,81 \cdot 10^{-4}$	10 Min., 40 Min., 6 Std.	72, 77, 90
Hydroxylamin . . .	$7,98 \cdot 10^{-4}$	30 Min., 16. 23, 43 Std.	8, 65, 67, 83
Semicarbazid	$4,45 \cdot 10^{-5}$	10 Min., 4, 32 Std.	3, 3, 31
Na_2SO_3 . . . . . , .	$9,03 \cdot 10^{-4}$	10 Std.	64
Cyankalium	$2,14 \cdot 10^{-4}$	10 Min., 20 Std.	33, 58
H_4N-Molybdat . . .	$3,04 \cdot 10^{-3}$	15 Min., 3, 9, 22, 52 Std.	6, 6, 22, 38, 67
Na-Wolframat . . .	$6,03 \cdot 10^{-4}$	10 Min., 5, 23 Std.	13, 72, 100
Natriumfluorid . . .	$3,0 \cdot 10^{-3}$	5 Std.	3
Leucin	$5,48 \cdot 10^{-3}$	26 Std.	5
Alanin	$2,80 \cdot 10^{-2}$	30 Min.	100

[1] U. Olsson, H. 117, 91; 1921: 126, 29; 1923.

Für den zeitlichen Verlauf der Vergiftung liefert die Fig. 55 ein Beispiel.

Etwa die Hälfte der normalen Aktivität der Malzamylase wird demgemäss erreicht, wenn im stärkehaltigen Reaktionsgemisch die obigen Substanzen in folgenden Konzentrationen vorhanden sind.

Gift	Konzentration	Gift	Konzentration
Jod	$1,74 \cdot 10^{-8}$	H_4N-Molybdat .	$3,80 \cdot 10^{-4}$
Phenylhydrazin .	$6,01 \cdot 10^{-5}$	Na-Wolframat .	$7,54 \cdot 10^{-5}$
Hydroxylamin. .	$9,98 \cdot 10^{-5}$	Natriumfluorid .	$3,75 \cdot 10^{-4}$
Semicarbazid . .	$5,56 \cdot 10^{-6}$	Leucin	$6,85 \cdot 10^{-4}$
Na_2SO_3	$1,13 \cdot 10^{-4}$	Alanin	$3,50 \cdot 10^{-3}$
Cyankalium . .	$2,68 \cdot 10^{-5}$		

Die folgende Tabelle Olssons gibt neben den Giftkonzentrationen (im Reaktionsgemisch) in einer 3. Spalte noch die Verminderung der Aktivität des Enzyms. in Prozenten an (bei den betr. Stoffen ist die Inkubationszeit sehr klein).

Nach Holmbergh[1] wird die Verzuckerungsfähigkeit der Malzamylase durch KJ gehemmt.

Myrbäck[2] fand, dass die Inaktivierung mit Phosphorwolframsäure und Pikrinsäure bei verschiedenen Aciditäten so verläuft wie eine Salzbildung mit einer basischen Gruppe des Enzymmoleküls. In derselben Arbeit Angaben über Ag-Inaktivierung bei wechselndem pH.

Gift	Konzentration	Aktivitätsverminderung %
Uranylsulfat	$6,44 \cdot 10^{-4}$	57
Eisenchlorid	$6,16 \cdot 10^{-3}$	11
Zinksulfat	$8,8 \ \cdot 10^{-2}$	13
Mercuronitrat. . . .	$1,78 \cdot 10^{-7}$	50
Mercurochlorid . . .	$2,13 \cdot 10^{-7}$	50
Mercurichlorid . . .	$6,04 \cdot 10^{-8}$	61
Formaldehyd	$6,87 \cdot 10^{-3}$	50

Organische Stoffe. Man findet in den obigen Tabellen von Olsson auch einige typische organische Gifte.

Alkaloide sollen nach Goebel[3] im allgemeinen nur wenig schädigen; dies gilt speziell bezüglich Strychnin nach Kjeldahl und bezüglich Akonitin nach Bywaters und Waller[4].

Dass Äthylalkohol bis zu 50% nur wenig schädigt, geht aus den Arbeiten Shermans hervor.

Phenole sollen etwas hemmen. Siehe auch 1. Teil, 3. Aufl. S. 228 u. ff.

Durch das Serum eines mit Malzamylase vorbehandelten Kaninchens

[1] Holmbergh, Biochem. Zs 145, 244; 1924.
[2] Myrbäck, H. 159, 1; 1926.
[3] Goebel, Biochem. Zbt. 4, 1356; 1905 (Orig. russisch).
[4] Bywaters u. Waller, Jl of Physiol. 40 (45), 1910.

tritt nach Lüers und Albrecht[1] eine Hemmungserscheinung gegenüber der Fermentwirkung ein.

b) Kinetik.

Die zahlreichen Untersuchungen über die Kinetik der Stärkespaltung haben bis jetzt noch zu keinem befriedigenden Ergebnis geführt. Dies hat seinen Grund teils in der Inhomogenität des Substrates, besonders aber darin, dass es sich hier nicht, wie etwa bei der Hydrolyse eines Esters oder einer Biose, um eine einfache Spaltungsreaktion handelt, sondern dass der Weg von der Stärke bis zu den letzten Spaltungsprodukten über eine Reihe von Zwischenprodukten führt, welche wir erst in allerletzter Zeit näher kennen gelernt haben. An der Bildung dieser Zwischenprodukte sind vermutlich mehrere Enzyme beteiligt, deren näheres Studium noch aussteht. Schon jetzt können wir aber annehmen, dass das Enzym, welches die Verflüssigung des Stärkekleisters bewirkt, verschieden ist von dem Katalysator der Verzuckerung. (Siehe die Inaktivierungsversuche von U. Olsson.) Wie Karrer hervorhebt, haben wir es beim Stärkeabbau zunächst mit einer Depolymerisation zu tun und dann mit eigentlichen hydrolytischen Reaktionen, welche von den Grundkörpern der Stärke zur Maltose und zu den Hexosanen führen. Was bei kinetischen Untersuchungen bis jetzt im allgemeinen verfolgt wurde, ist eine — je nach der gewählten Methodik mehr oder weniger vollständige — Summe von Folgereaktionen. Dass demgemäss der Anschluss an die für einfache monomolekulare Reaktionen geltenden Gesetze und Beziehungen nicht gefunden wurde, kann nicht auffallen. Andererseits hat es unter den erwähnten Umständen nur einen bedingten Wert, empirische Formeln kennen zu lernen, welche sich den Versuchsergebnissen anschliessen. Ganz entbehren lassen sich solche Formeln nicht, da die Angabe der Wirksamkeit der Amylase-Präparaten sich auf kinetische Beobachtungen gründen muss.

Der gegenwärtige Stand der Forschung ergibt sich etwa aus folgendem:

Es seien zunächst diejenigen Arbeiten erwähnt, welche sich mit den Wirkungsbedingungen der Malzamylase und mit dem zeitlichen Verlauf der Verzuckerung beschäftigen; auf die Verfahren, welche nur bezwecken, den Wirkungswert von Malz und Malzextrakten zu finden, kommen wir S. 409 u. ff. zurück.

Die ersten quantitativen Versuche über den Verlauf und die Bedingungen der diastatischen Wirkung des Malzextraktes verdankt man Kjeldahl[2].

Brown und Glendinning[3] haben sehr exakte systematische Versuche darüber angestellt, ob die Verzuckerung der löslichen Stärke sich der Formel für monomolekulare Reaktionen anschliesst.

Die folgende ihrer Arbeit entnommene Tabelle bezieht sich auf die Ver-

---

¹ Lüers u. Albrecht, Fermentf. 8, 52; 1924.
² Kjeldahl, Medd. Carlsberg-Lab. 1, 1879. — Zs ges. Brau. 1880.
³ Brown u. Glendinning, Jl Chem. Soc. 81, 388; 1902.

zuckerung einer 3%igen Stärkelösung durch 0,25 ccm Malzextrakt auf 100 ccm Lösung. Temperatur 51—52^0.

Minuten	$1 - x$	$k \cdot 10^4$	$k_1 \cdot 10^4$	Minuten	$1 - x$	$k \cdot 10^4$	$k_1 \cdot 10^4$
10	0,8916	50	47	80	0,2615	73	51
20	0,7750	55	50	90	0,2200	73	50
30	0,6650	59	50	100	0,1850	73	50
40	0,5645	62	51	110	0,1500	75	50
50	0,4650	65	52	120	0,1200	76	50
60	0,3850	69	52	140	0,0780	79	50
70	0,3200	71	51	160	0,0500	81	49

3%ige Stärkelösung mit 1 ccm Malzextrakt auf 100 ccm Lösung:

Minuten	$1 - x$	$k \cdot 10^4$	$k_1 \cdot 10^4$
10	0,92	37	35
20	0,84	39	36
40	0,69	40	34
60	0,56	42	34
70	0,49	44	34

Die Konstante k der monomolekularen Formel steigt stark an, und das gleiche ist auch in den übrigen drei Tabellen der genannten Autoren der Fall. Brown und Glendinning haben die naheliegende Annahme geprüft, dass die beobachtete Steigerung der Konstanten davon herrührt, dass die zu Beginn der Reaktion entstehenden Dextrine leichter gespalten werden als das ursprüngliche Substrat; ihr Versuch mit Ausgangsmaterial, das verschieden weit vorgespalten war, hat keine Stütze für obige Annahme geliefert.

Für den Koeffizienten k_1 der Formel $k_1 = \dfrac{1}{t} \ln \dfrac{a + x}{a - x}$ finden sie eine angenäherte Konstanz.

V. Henri[1] kam bald darauf zu einem Ergebnis, welches von demjenigen der beiden englischen Autoren insofern abwich, als er findet, dass die Konstanten k um einen gewissen Mittelwert schwanken; „la loi de formation du maltose et donc bien une loi logarithmique".

Die folgende, seiner Arbeit entnommene Tabelle bezieht sich auf einen Versuch mit 3%iger Stärkelösung und Malzamylase; Temperatur 25^0.

Minuten	Gebildete Maltose	$\dfrac{x}{a}$	$k \cdot 10^6$	Minuten	Gebildete Maltose	$\dfrac{x}{a}$	$k \cdot 10^6$
29	0,090	0,046	707	184	0,552	0,284	788
53	0,179	0,092	790	227	0,641	0,330	766
89	0,283	0,146	769	326	0,865	0,446	787
113	0,358	0,184	781	402	0,977	0,504	757
150	0,459	0,236	779	467	1,121	0,578	802

[1] V. Henri, Lois générales de l'action des diastases. Thèse, Paris (1903).

Bei Variation der Stärkekonzentration findet Henri (S. 121) folgende Mengen Maltose in Gramm:

Datum 1902	Versuchsdauer in Minuten	Stärkekonzentration			
		3%	1,5%	0,75%	0,375%
5. 9.	60	0,192	0,174	0,145	—
6. 9.	40	0,180	0,154	0,124	—
11. 9.	40	0,130	0,114	0,112	0,082
20. 9.	30	0,098	0,104	0,100	—

Im Anschluss an diese Versuche wird die Formel

$$k_3 = \frac{a}{t}\left[(m-n)\frac{x}{a} + n \ln \frac{a}{a-x}\right] + \frac{1}{t}\log\frac{a}{a-x}$$

vorgeschlagen; die Koeffizienten m und n werden aber nicht bestimmt, und demgemäss ist die Formel nicht geprüft.

Weitere Versuche über das Zeitgesetz der Verzuckerung findet man in den Arbeiten von Pottevin[1], Effront[2] und Ling und Davis[3].

Die nächste eingehende Untersuchung über die Verzuckerung durch Malzamylase stammt von Philoche[4]. Ihren Bestimmungen nach folgt der zeitliche Verlauf der Verzuckerung von einem gewissen Spaltungsgrad an (etwa 30%) der monomolekularen Formel, vorher nimmt der Reaktionskoeffizient stark ab. Dies zeigt z. B. folgende Versuchsreihe, angestellt mit 2%iger Stärkelösung bei 31,5°.

1 g „absol. Diastase" in 50 Liter.

Minuten	$\frac{x}{a}$	$k \cdot 10^4$	Minuten	$\frac{x}{a}$	$k \cdot 10^4$
25	0,10	30,5	246	0,61	16,6
31	0,16	24,4	270	0,63	16,0
60	0,25	20,8	300	0,66	15,6
90	0,30	17,2	420	0,82	17,7
120	0,36	16,1	485	0,87	17,6
210	0,53	15,6			

Die Verzuckerung wird nicht direkt proportional mit der Stärkekonzentration oder der anwesenden Diastasemenge gefunden.

Henri van Laer hat eine grosse Reihe von Experimentalbeiträgen zu dem hier besprochenen Thema geliefert[5,6,7]. Er kommt zu dem Ergebnis,

---

[1] Pottevin, Ann. Inst. Pasteur 13, 665; 1899.

[2] Effront, Les enzymes et leurs applications (Paris 1899).

[3] Ling u. Davis, Jl Inst. Brew 8, 475; 1902.

[4] Philoche, Jl de Chim. Phys. 6, 212 u. 355; 1908.

[5] H. van Laer, Bull. Acad. roy de Belg. a) nr. 7, 611; 1910. — b) nr. 9—10, 707; 1910. — c) nr. 2, 84; 1911. — d) nr. 3, 305; 1911. — e) nr. 4, 362; 1911. — f) nr. 11, 795; 1911. — g) nr. 4, 395; 1913

[6] H. van Laer, Bull. Soc. chim. de Belg. 26, 18; 1912.

[7] H. van Laer, Bull. Soc. roy. Sc. méd. et nat. de Bruxelles nr. 5; 1913.

dass bis zu einer Stärkekonzentration von 4,5 % die Verzuckerung sich der Formel für monomolekulare Reaktionen anschliesst[1]. Dabei ist eine geeignete Enzymkonzentration vorausgesetzt; wird das Malzenzym durch Verdünnung oder Erhitzung geschwächt, so liefern die einzelnen Verzuckerungsversuche abnehmende Reaktionskoeffizienten erster Ordnung. Henri van Laer schliesst sich, wie auch Marc H. van Laer[2], der Auffassung an, dass die Konzentration der Verbindung Amylase-Stärke, also die Konstante des Gleichgewichtes zwischen Enzym und Substrat die Dynamik der enzymatischen Verzuckerung bestimmt.

Die neueren Versuche von Sherman und Jennie A. Walker sind unter Einhaltung einer bestimmten, nahezu optimalen Acidität (pH = 4,4) ausgeführt und deswegen in höherem Grad anwendbar als ältere Ergebnisse.

Der zeitliche Verlauf wird durch folgenden Auszug aus der Tabelle IV (Jl Americ. Chem. Soc. 39, 1489, 1917) deutlich:

Die Versuche beziehen sich auf 1 % Stärke; Puffer KH_2PO_4.

Stunden	0,000025 % Enzym		0,00005 % Enzym		0,00010 % Enzym	
	Maltose in % der Theorie	$k \cdot 10^5$	Maltose in % der Theorie	$k \cdot 10^5$	Maltose in % der Theorie	$k \cdot 10^5$
1	8,7	64	20,8	168	32,9	288
2	16,7	65	31,3	135	52,8	271
4	30,9	66	52,1	133	69,8	216
6	42,3	66	64,2	123	72,9	157
8	52,6	67	72,8	117	73,7	120
30	68,7	27	73,5	32	75,8	34
48	71,3	18	76,0	21	78,9	23
72	71,4	12	76,4	14	79,1	17
96	72,7	9	77,8	11	79,9	12

Sherman und Walker ziehen aus ihren Versuchen u. a. folgende Schlüsse: Wenn in vergleichbaren Versuchen die Enzymkonzentration in gewissen Grenzen variiert wird, so findet man den Grad der Maltosebildung direkt proportional der Enzymkonzentration bis zu etwa dem halben Betrag des theoretisch möglichen Wertes.

Bis zur gleichen Grenze ist unter vergleichbaren Umständen und günstigem pH der Grad der Maltosebildung aus löslicher Stärke proportional der Substratkonzentration.

Schliesslich seien noch einige Resultate erwähnt, die Verf. mit Svanberg[3] gewonnen hat. Bezüglich des zeitlichen Verlaufes erwies sich das erste Stadium der Verzuckerung als eine angenähert monomolekular verlaufende Reaktion, wobei aus 1 g Stärke rund 750 mg Maltose entstehen.

---

[1] H. van Laer, Bull. Acad. roy de Belg. nr. 3, 305; 1911.
[2] Marc H. van Laer, Bull. Soc. chim. de Belg. 29, 214; 1920.
[3] Euler u. Svanberg, H. 112, 193; 1920.

In den Figuren 56 und 57 sind die beobachteten Zuckermengen durch ×, die aus den Reaktionskonstanten 0,044 und 0,078 berechneten durch ○ eingetragen.

Die bei 37° festgestellte Spaltungsgrenze erwies sich bei 52° nur wenig verschoben. Nach Ablauf des ersten Reaktionsstadiums schreitet dann die Maltosebildung, bedeutend verlangsamt, weiter fort.

Die für das erste Stadium berechneten Reaktionskonstanten sind der Enzymkonzentration recht angenähert proportional, wie die folgende Tabelle zeigt; nur bei der Enzymmenge 0,1 ccm wurde eine Abweichung gefunden.

		k	k : Enzymmenge
2 ccm dialysierte Lösung		0,045	0,0225
1 „ „ „		0,022	0,022
0,5 „ „ „		0,011	0,022
0,2 „ „ „		0,0040	0,020
0,1 „ „ „		0,00164	0,0164

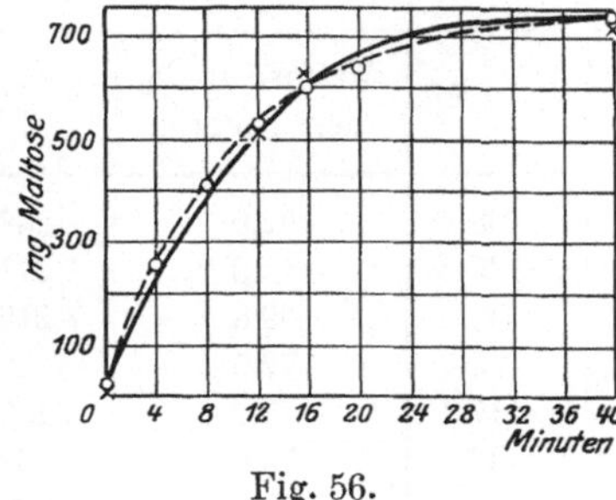

Fig. 56.

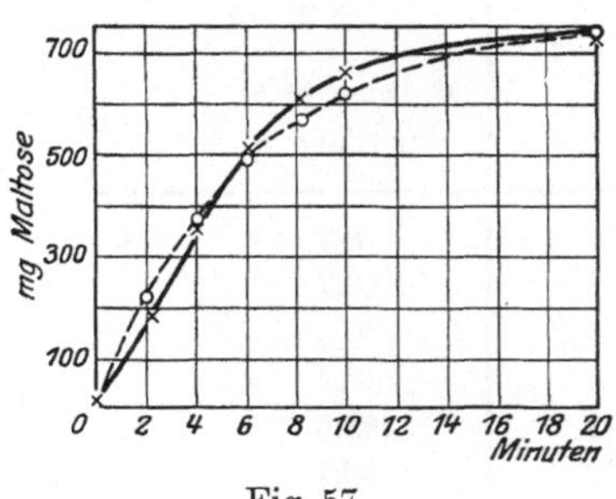

Fig. 57.

Bei einer Versuchsreihe über den Einfluss der Substratkonzentration waren die Versuchslösungen folgendermassen zusammengesetzt:

a	b	c
25 ccm 4 %ige Stärkelösung	25 ccm 2 %ige Stärkelösung	25 ccm 1 %ige Stärkelösung
10 ccm Phosphatgemisch	10 ccm Phosphatgemisch	10 ccm Phosphatgemisch
(pH 5,6)	(pH 5,6)	(pH 5,6)
1 ccm dialysierte Enzymlösung 1	1 ccm dialysierte Enzymlösung 1	1 ccm dialysierte Enzymlösung 1
36 ccm	36 ccm	36 ccm

Die Resultate werden in folgender Tabelle angegeben:

Relative Stärkemenge	k	k · Substratmenge
4	0,0115	0,023
2	0,022	0,022
1	0,044	0,022

Der Umstand, dass bei der enzymatischen Verzuckerung die Reaktionskoeffizienten erster Ordnung meist fallend gefunden wurden, hat öfters zu der Annahme Veranlassung gegeben, dass der einleitende Teilvorgang, welcher das Ausgangsmaterial spaltet, zur Bildung von Zwischenprodukten (Dextrinen) führt, die einer langsameren Spaltung unterliegen. Eine Prüfung dieser Annahme durch Brown und Glendinning hat zu einem negativen Resultat geführt, insofern keine erheblichen Unterschiede in der Reaktionsgeschwindigkeit nachgewiesen werden konnten. Auch van Laer (l. c.) hat ähnliche Versuche angestellt.

Was die Abweichung des Verzuckerungsverlaufes von der Formel für monomolekulare Reaktionen sowie die Tatsache betrifft, dass die Verzuckerung zunächst nicht vollständig verläuft, so ist mehrfach erwogen worden, ob nicht die Umkehrbarkeit der Reaktion die Ursache ist, bzw. ob nicht die Reaktion bei ihrem natürlichen Gleichgewicht Stärke $\rightleftharpoons$ Maltose zum Stillstand kommt. Dies ist nicht der Fall, wie aus den Versuchen von Wohl und Glimm[1] hervorgeht. Sjöberg und Eriksson[2] haben gezeigt, dass ein Zusatz von Maltose zu dem Reaktionsgemisch freilich die Geschwindigkeit der Zuckerbildung herabsetzt, die total gebildete Menge Maltose aber nicht beeinflusst. Das Aufhören der Maltosebildung beruht auch nicht darauf, dass die Amylase inaktiviert wird, denn Glimm und Sommer[3] haben gefunden, dass die Amylase nach der Verzuckerung von Stärke aus dem Maltosekomplex restlos adsorbierbar und eluierbar ist.

Die Erklärung liegt darin, wie teils Pringsheim[4] teils Sjöberg[5] gezeigt haben, dass aus der Stärke Maltose zu etwa $75\,^0/_0$ gebildet wird, aber ausserdem noch zwei Körper, die die Fehlingsche Lösung nicht reduzieren. So entsteht aus dem Amylopektin Trihexosan und aus der Amylose Dihexosan.

Ein näherer Einblick in den Mechanismus der Stärkespaltung, welchen sonst kinetische Messungen gestatten könnten, wird dadurch erschwert, dass noch keine für die Zwischenprodukte charakteristische Reaktion bekannt ist, womit ihre Konzentration im Verlauf der Gesamtreaktion festgestellt werden könnte. Einstweilen bietet die Molekulargrösse den einzigen Anhaltspunkt.

Mit einiger Sicherheit lässt sich einstweilen nur der Verlauf der Gesamtreaktion, d. h. die Maltosebildung, mit dem Verschwinden des durch Jod blau gefärbten Ausgangsmaterials und der nächsten Abbauprodukte vergleichen.

Euler und Svanberg haben untersucht, ob das erste Stadium der Reaktion das Endresultat beeinflussen kann, oder ob die Stärke so schnell verbraucht wird, dass diese einleitende Reaktion — wie bei der Vergärung

---

[1] Wohl u. Glimm, Biochem. Zs 27, 349; 1910.
[2] Sjöberg u. Eriksson, H. 139, 118; 1924.
[3] Glimm u. Sommer, Biochem. Zs 188, 290; 1927.
[4] Pringsheim u. Beiser, Biochem. Zs 148, 336; 1924.
[5] Sjöberg, Chem. Ber. 57, 1251; 1924.

des Rohrzuckers durch Hefe — auf die Bildungsgeschwindigkeit des End-
produktes ohne erheblichen Einfluss ist.

Minuten	Jodfärbung	mg Maltose
10	blau	118
15	blauviolett	—
18	„	—
21	rotviolett	210
24	rotgelb	—
27	gelbrot	—
30	gelb	279
60	farblos	286
∞		295

Die Stärkereaktion (und die Dextrinreaktion) verschwinden also erst,
nachdem etwa $75\,^0/_0$ der in der 1. Reaktionsphase entstehenden Maltose
gebildet sind.

In diesem Zusammenhang sei auch an die Versuche von Sherman und
Schlesinger[1] erinnert, welche auch für Malz und verschiedene Malzpräparate
die „amyloklastische" und die „verzuckernde" Kraft an löslicher Stärke
getrennt ermittelt haben, und zwar die erstere nach der Jodmethode von
Wohlgemuth, letzterer gravimetrisch nach Sherman, Kendall und
Clark. Den Ergebnissen zufolge kann bei der Untersuchung von Malzamylase
das Verschwinden der Jod-Stärke-Farbe in dem Reaktionsgemisch nicht als
Kriterium für die stärkespaltende Fähigkeit des Enzyms dienen; „with malt
extracts the quantitative relation between the amyloclastic and saccharogenic
figures is possible thou not probable; with precipitated malt amylase the
indicated relation is plainly impossible."

Die bemerkenswerte Untersuchung von Sherman und Thomas[2] zeigt,
dass die verzuckernde Wirkung (gemessen durch Reduktion der Lösung) und
die stärkespaltende Wirkung (gemessen durch die Jodmethode von Wohlgemuth) von äusseren Umständen, wie Acidität usw., ungleich beeinflusst
werden. Bei höherer Temperatur soll die Verzuckerung gegen die primäre
Stärkespaltung zurücktreten.

Auch Sjöberg und Eriksson[3] haben die Stärkespaltung durch Amylase
aus Gerste teils nach der Methode von Wohlgemuth, teils mit Hinsicht auf
die Zuckerbildung untersucht. Sie haben gefunden, dass der erste Teil der
Stärkespaltung, die Dextrinierung, und die Zuckerbildung durch verschiedene
Enzyme katalysiert werden, weil das Verhältnis der Geschwindigkeiten der
beiden Reaktionen sehr variiert. Mit gekeimter Gerste wurde die Stärke
viel schneller in Produkte überführt, die von Jod nicht mehr gefärbt wurden,
als mit ungekeimter Gerste, auch wenn die Zuckerbildung in den beiden Fällen
mit derselben Geschwindigkeit verlief.

---

[1] Sherman u. Schlesinger, Jl Amer. Chem. Soc. 35, 1784; 1913.
[2] Sherman u. Thomas, Jl Amer. Chem. Soc. 37, 623; 1915.
[3] Sjöberg u. Eriksson, H. 139, 118; 1924.

E. Ohlsson[1] teilt die stärkespaltenden Enzyme wegen ihrer Temperaturempfindlichkeit in zwei Gruppen: Dextrinogenamylase, welche die Stärke bis zu Produkten, unter denen die Dextrine vorwalten, spaltet, und Saccharogenamylase, welche ebenfalls die Stärke direkt angreift; unter den entstehenden Reaktionsprodukten überwiegt hier die Maltose. Die beiden Enzyme können voneinander getrennt werden, da sie gegen äussere Einflüsse verschiedene Widerstandsfähigkeit zeigen. Man erhält die Dextrinogenamylase ohne ihre Begleiterin durch Erhitzen der Lösung auf 70° bei pH = 6—7. Enzymatisch einheitlicheSaccharogenamylase wird erhalten

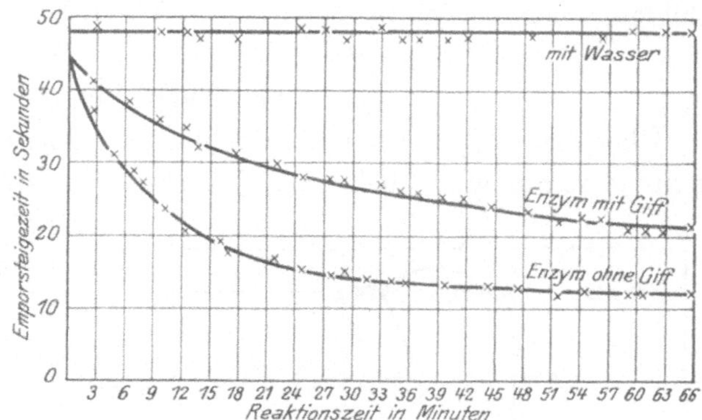

Fig. 58. Vergiftung mit $1{,}7 \cdot 10^{-6}$ n.-CuSO$_4$.

durch 15 Minuten langes Stehenlassen der Lösung bei pH = 3,3 und 0°.

Verwendet man als Substrat nicht verdünnte Lösungen „löslicher Stärke", sondern Stärkekleister, also Stärke im Gelzustand, so nimmt man unter der Einwirkung diastatischer Enzyme zunächst eine Verflüssigung wahr. Dieser Verflüssigungsvorgang, welcher vermutlich in einer Depolymerisation von Stärkekomplexen, besonders des „Amylopektins", besteht, ist oft nicht scharf genug von der Verzuckerung geschieden worden, wenn auch einzelne Versuche nicht gefehlt haben, jeden

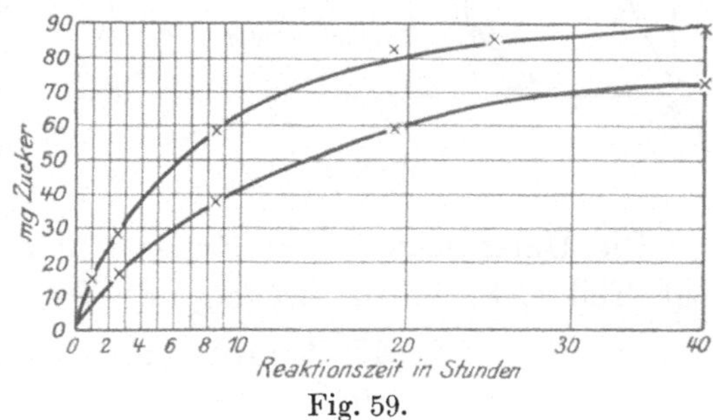

Fig. 59.

der beiden enzymatischen Prozesse für sich zur Erscheinung zu bringen.

Chrzaszcz und seine Mitarbeiter[2], welche das Verhältnis zwischen diesen beiden Stadien der Stärkespaltung bei Gegenwart von Malzamylase untersucht haben, geben an, dass die stärkeverflüssigende und stärkeverzuckernde Kraft selbständig bestehende und wirkende Enzyme sind, deren Entwicklung voneinander unabhängig ist. Bei Reinigung der Malzamylase haben Fricke und Kaja[3] Verschiedenheiten im Verhältnis der Verflüssigungs-

---

[1] E. Ohlsson, C. r. du Lab. Carlsberg 16, 1; 1926.

[2] Chrzaszcz u. Terlikowski, Woch. f. Brau. 29, 636; 1912. — Chrzaszcz, ebenda 30, 538; 1913. — Chrzaszcz u. Joscht, Biochem. Zs 80, 211; 1917.

[3] Fricke u. Kaja, Chem. Ber. 57, 313; 1924.

kraft zum Verzuckerungsvermögen in verschiedenen Reinheitsstufen gefunden. Urban Olsson hat (H. 119) die verflüssigende Wirkung von Malzamylase nach eigener Methode (vgl. S. 410 u. Fig. 58) gemessen und mit der verzuckernden Wirkung (Fig. 59) verglichen.

Im Gegensatz zu der Hydrolyse mit tierischer Amylase ist hier der zuerst gebildete Zucker β-Maltose (Euler u. Helleberg[1]. — Kuhn[2]).

c) Temperatur.

Über die Temperaturempfindlichkeit der diastatischen Malzenzyme selbst ist bis jetzt nur wenig bekannt. Die Stabilität ist, wie immer, stark von der Acidität abhängig, in zweiter Linie ein wenig vom Puffergehalt der Lösung, vom NaCl-Gehalt wird dagegen die Stabilität der Malzamylase im Gegensatz zu derjenigen des Ptyalins fast gar nicht beeinflusst, wie genaue Versuche von Ernström gezeigt haben. In Gegenwart von Alkaliphosphat liegt das Aciditätsoptimum der Stabilität bei etwa pH = 6, in Gegenwart von Natriumacetat bei 5,5 (Fig. 60), also wesentlich verschoben gegen das Aciditätsoptimum der Verzuckerung.

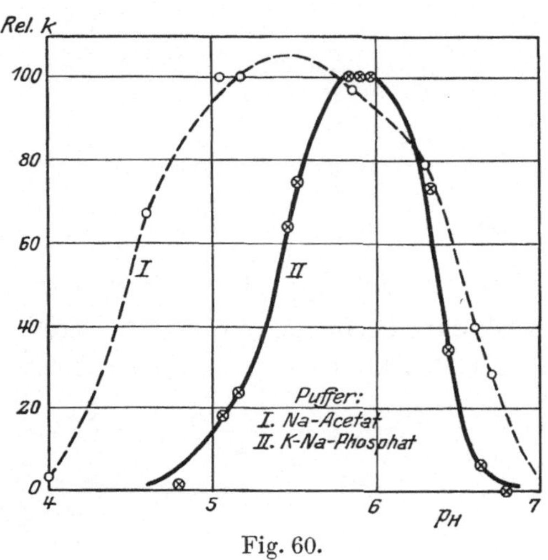

Fig. 60.

Die Untersuchung von Ernström hat für die Stabilitätskonstante k_c (vgl. Teil I, S. 246 u. ff.) folgende Werte ergeben:

$$45^0 \quad k_c \cdot 10^3 = 0{,}2 \qquad 56{,}5^0 \quad k_c \cdot 10^3 = 7{,}5$$
$$50^0 \qquad\qquad 1 \qquad 58^0 \qquad\qquad 14$$
$$55^0 \qquad\qquad 4{,}8 \qquad 60^0 \qquad\qquad 38.$$

Definiert man mit dem Verf. (Teil I, S. 272 u. ff.) die Tötungstemperatur als diejenige, bei welcher das Enzym in wässriger Lösung (ohne Substrat) bei optimalem pH nach 60 Minuten langem Erhitzen auf die Hälfte der Aktivität sinkt, so ergibt sich für Malzamylase 55—56°.[3] Die Stabilität des verzuckernden Enzyms wird durch Maltose bedeutend erhöht, während nach Wohl[4] und nach Chrzaszcz[5] das verflüssigende Enzym besonders durch die Stärke geschützt wird. Angaben über den Einfluss der Temperatur findet

---

[1] Euler u. Helleberg, H. 139, 24; 1924.

[2] Kuhn, Lieb. Ann. 443, 1; 1925.

[3] Nach Klempin (Biochem. Zs 10, 204; 1908) soll das amylolytische Haferenzym (Jodmethode) erst bei 90—95° wirkungslos werden (?).

[4] Wohl u. Glimm, Biochem. Zs 27, 349; 1910.

[5] Chrzaszcz, Biochem. Zs 150, 60; 1924.

man auch in den bereits zitierten Arbeiten von Henri van Laer, 1910—1912. Nach seinem Befund wird die Amylase durch Erwärmen dahin verändert, dass sie abnehmende Reaktionskoeffizienten erster Ordnung liefert (Bull. 26, 18). Es würde dies auf verschiedene Stabilität der Enzymkomponenten hindeuten.

Sjöberg hat die Temperaturstabilität der Amylase aus Phaseolus vulgaris untersucht. Er findet das Optimum der Stabilität bei einer mehr alkalischen Wasserstoffionenkonzentration als die optimale für die Enzymwirksamkeit (Fig. 61). Dies gilt sowohl für das dextrinierende, wie für das zuckerbildende Enzym. Kochsalz übt keinen Einfluss aus. Eine bestimmte Tötungstemperatur kann nicht angegeben werden, weil die Präparate Enzymmoleküle verschiedener

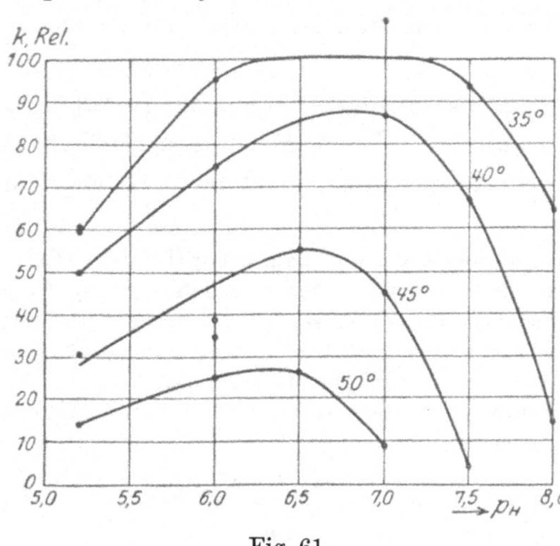

Fig. 61.

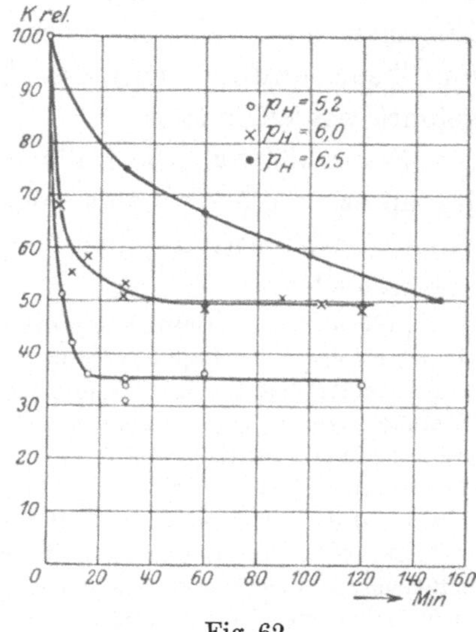

Fig. 62.

Temperaturempfindlichkeit enthalten. Bei dem Erhitzen wird das Enzym zuerst zum Teil schnell inaktiviert, nach gewisser Zeit aber hört die Inaktivierung auf. (Siehe Fig. 62, welches für 40° gilt.)

Der Einfluss der Temperatur auf die Geschwindigkeit der Stärkespaltung und Verzuckerung ist schon in zahlreichen Arbeiten untersucht worden, oft aber ohne Einhaltung der massgebenden Bedingungen. Zwischen 20° und 30° ist der Temperaturkoeffizient nach Ernström $k_{20}:k_{30}$ sehr nahe = 2; die Konstante der im Teil I, S. 245 u. ff. erwähnten Temperaturformel (29) ist demgemäss A = 12000[1]. Der gleiche Temperaturkoeffizient gilt auch angenähert für Kartoffelamylase nach Doby[2].

Einfluss der Bestrahlung. Eine grundlegende Untersuchung verdankt man Green[3], welcher besonders die starke Schädigung der ultravioletten Strahlen

[1] Green (Die Enzyme, S. 31 u. 65) nimmt für die Translokations- und die Sekretionsdiastase verschiedene Temperatureinflüsse an.

[2] Doby, Biochem. Zs 67, 166; 1914.

[3] Green, Phil. Trans. B. 188, 167; 1897.

nachwies. Pincussen[1] ist mit einer Quarzlampe zu demselben Ergebnis gekommen.

Bezüglich des Zymogen-Stadiums der stärkespaltenden Enzyme sei hier in historischer Hinsicht auf die Arbeiten von Brown und Morris[2], von Green und von Reychler verwiesen. Ob es sich beim Übergang von Zymogen-zustand in den Enzymzustand innerhalb lebender Organe um etwas anderes als eine Aktivierung durch Elektrolyte u. dgl. handelt, scheint noch nicht bewiesen.

In diesem Zusammenhang mag erwähnt werden, dass die von Biedermann (Fermentforschung 1—4) behauptete Neubildung von diastatischen Enzymen ausserhalb lebender Zellen nach Wohlgemuths, Sallingers und Teschendorfs negativen Ergebnissen auf Bakterienwirkungen zurückgeführt werden müssen.

Enzymbildung. Die Bildung der Amylase in dem Samen hängt mit dem Keimprozess offenbar aufs engste zusammen. Nach Brown und Morris u. a. wird das Enzym durch den Embryo in das ihm benachbarte Endosperm ausgeschieden.

„Wenn man die Entwicklung des Embryo in den keimenden Samen mit Hilfe des Mikroskops verfolgt" — schreibt Green, einer der besten Kenner dieses Gebietes — „so kann man zu einer Zeit, zu der das primäre Würzelchen eine Länge von etwa 2 mm erreicht hat, Veränderungen in den stärkeführenden Zellen des Endosperms beobachten." Dieses aus den sog. Scutellum des Embryos sezernierte Enzym bezeichnet Green nach dem Vorgang von Brown und Morris[3] als Sekretionsdiastase im Gegensatz zur Translokations-diastase des Endosperms und aller vegetativen Organe.

Es scheint nicht, dass sich die eben erwähnte Zweiteilung der Amylasen aufrecht erhalten lässt. Indessen kann auf diese in das botanische Gebiet übergreifenden Fragen hier nicht näher eingegangen werden, vielmehr sei auf die bekannte „Biochemie der Pflanzen" von Czapek (2. Aufl. Jena 1920) Bd. 1, I. Teil, Abschnitt 1—4 verwiesen.

In der oben erwähnten Arbeit von K. Sjöberg ist die Amylasebildung in Samen, besonders an zwei Arten der Gattung Phaseolus eingehend studiert. Als Beispiel sei die Versuchsreihe mit Phaseolus vulgaris nanus angegeben.

In der ungekeimten Bohne entspricht die Amylasewirkung einem Sf-Wert von 0,0054. Während der Keimung steigt die Amylasewirkung bedeutend, wie untenstehende Tabelle zeigt:

Tage	Sf
8	0,0253
14	0,110
16	0,253
17	0,350
32	2,09

Diese Werte beziehen sich zunächst auf die Bohne selbst, dann, wenn sich die Pflanze entwickelt, für die als Herzblatt noch festsitzende ursprüng-

---

[1] Pincussen, Biochem. Zs 171, 1; 1926.

[2] Brown u. Morris, Jl Chem. Soc. 57, 493; 1890.

[3] Brown u. Morris, Jl Chem. Soc. 57, 505; 1890.

liche Bohne. Am grössten ist indessen die Enzymwirkung in dem noch jungen Blatt; Maximum am 31. Tag mit Sf = 4,92. In alten Teilen der Pflanze sinkt die Amylasewirkung wieder.

Doby und Hibbard[1] haben die Einwirkung von anorganischen Salzen auf die Enzymbildung in den Zuckerrübenblättern untersucht. Amylase von voll ernährten Pflanzen ist schwächer als jene von kalihungrigen. Die Konzentration des Enzyms sinkt mit fortschreitender Entwicklung der Pflanze, und zwar in voll ernährten stärker als in kalihungrigen.

Bach, Oparin und Wähner[2] haben die Veränderungen der Fermentmengen in Samen von dem Weizen während des Reifungsprozesses studiert und gefunden, dass die Amylasemenge zuerst steigt um ein gewisses Maximum zu erreichen, dann wieder abzunehmen beginnt.

II. Amylasen in Kryptogamen.

Seit Kossmann 1877 Amylasen in Pilzen nachgewiesen hat, ist das Vorkommen dieser Enzyme in zahlreichen Mikroorganismen bekannt geworden.

Was die Eigenschaften der Kryptogamenamylasen betrifft, so weisen die diastatischen Enzyme der verschiedenen Pilze und Bakterien Unterschiede auf, sowohl hinsichtlich der relativen Menge der verflüssigenden und verzuckernden Enzyme als hinsichtlich der Temperaturstabilität, der optimalen Acidität usw., Unterschiede, welche als das Ergebnis der Anpassung an die äusseren Lebensverhältnisse aufzufassen sind.

Als besondere Anpassungserscheinung an das Nährsubstrat ist hier die Enzymbildung besonders zu erwähnen, über welche bereits eine reiche Literatur existiert. Ich verweise bezüglich dieser biologisch sehr interessanten Vorgänge auf die ausgezeichnete Monographie von H. Pringsheim, Die Variabilität niederer Organismen (Berlin 1910).

Es würde hier zu weit führen, auf alle Einzelbeobachtungen über Kryptogamenamylasen einzugehen und es muss daher ein Hinweis auf einige grundlegende oder umfassende Arbeiten genügen, in welchen man weitere Literaturangaben findet. (Nahrungseinflüsse: Büsgen, 1885. — Katz, 1898.)

	Verfasser	Schriftstelle
Polyporaceen.	Zellner	Sitz.-Ber. Akad. Wien II b.
Aspergillaceen.	Duclaux	Chimie biologique 1883.
	Wehmer	Bot. Ztg. 49, 233; 1891. — Lieb. Ann. 269, 383; 1892.
	Effront	C. r. 95, 1324; 1892.
	Bourquelot	Bull. Soc. Mycol. France, 9, 230; 1893 und 10, 235; 1894.
	Laborde	Ann. Inst. Pasteur, 11, 1; 1897.
	Fernbach	Ann. Brass. 2, 409; 1899 und C. r. 131, 1214; 1900.
	Schäffer	Diss. Erlangen 1901.
	Heinze	Zbt. Bakt. II. 12, 180; 1904.
	Kylin	Jahrb. f. wissensch. Bot. 53, 465; 1914.

[1] Doby u. Hibbard, Biochem. Zs 176, 165; 1926.
[2] Bach, Oparin u. Wähner, Biochem. Zs 180, 363; 1927.

Ältere Ergebnisse, dass die Amylasebildung bei Aspergillus niger durch Stärkezusatz zur Nährlösung gefördert wird, konnten durch neuere Versuche von Euler und Asarnoj[1] gestützt und erweitert werden.

Auch Glucose fördert die Amylasewirkung, während Fructose, Mannose, Lactose und Inulin dieselbe verhindert, wie Funke[2] gezeigt hat. Glycerin ist ohne Einfluss.

a) Aspergillus Oryzae. Taka-Diastase.

Der in Ostasien sehr verbreitete Pilz Aspergillus Oryzae spielt in Japan zur Bereitung von Saké, Soyasauce (Shoju) und Bohnenbrei (Miso) eine technisch wichtige Rolle.

Im Koji, das zur Herstellung des japanischen alkoholischen Getränkes Saké dient, finden sich Aspergillus Oryzae und einige andere Pilze symbiotisch mit Saccharomyceten. Kokichi Oshima hat neben Aspergillus Oryzae noch Asp. effusus und Asp. flavus isoliert und charakterisiert.

In neuerer Zeit ist die in diesem Pilze schon 1876 entdeckte Amylase[3], die sog. Taka-Amylase, von japanischen Forschern, besonders von Takamine und seinen Mitarbeitern und ausserdem im Shermanschen Laboratorium eingehend studiert worden.

Morphologische Beschreibung des Pilzes: Wehmer, Zbt. Bakt. II, 1, 150; 1895. — Klöcker und Schiönning, ebenda S. 782. — Saito, ebenda 17, 20; 1906.

Substrat. Die Verwendung von Stärke als Substrat für die Amylasewirkung haben Sherman und Baker[4] eingehend besprochen. Sie finden, dass bei Anwendung von Lintner-Stärke, im Autoklaven behandelter Stärke und von Amylopektin Maltose in gleicher Menge gebildet wird, während die Inhaltssubstanz der Stärke, die Amylose, etwas mehr Maltose liefert, relativ weniger Glucose. Maltose ist jedenfalls auch bei der Stärkespaltung durch Aspergillus Oryzae Hauptprodukt, Glucose Nebenprodukt, wie Sherman und Punnet[5] angaben. Die Bildung der Glucose muss einer in dem Pilz vorkommenden Maltase zugeschrieben werden.

Darstellung. Koji enthält u. a. die Sporen mehrerer Pilze, besonders des Aspergillus Oryzae. Durch Reinkultur auf geeigneten Nährböden kann das Material an diastatischem Enzym angereichert werden. Durch Behandlung mit Wasser kann ein äusserst wirksamer Extrakt gewonnen werden[6].

---

[1] Euler u. Asarnoj, Fermentforsch. 3, 318; 1920. — Über Amylasebildung in Schimmelpilzen siehe auch Boas, Biochem. Zs 78, 308 und 79, 80; 1917 sowie Bot. Ber. 37, 50; 1919.

[2] Funke, Ber. ges. Physiol. 39, 736; 1927. Orig. Rec. des travaux botan. neerl. 23, 200; 1927.

[3] Der Pilz sowie die Takadiastase sind sehr reich an kräftig wirksamen Enzymen; siehe z. B. Wohlgemuth, Biochem. Zs 39, 324; 1912.

[4] Sherman u. Baker, Jl Amer. Chem. Soc. 38, 1885; 1916.

[5] Sherman u. Punnet, Jl Amer. Chem. Soc. 38, 1877; 1916.

[6] J. Takamine, Jl Soc. Chem. Ind. 17, 118; 1898.

Takadiastase des Handels kann man nach Sherman und Tanberg[1] bis auf das 30fache der ursprünglichen Wirksamkeit anreichern durch Extraktion mit Wasser, Ausfällen mit Ammoniumsulfat, Dialysieren und fraktionierte Fällung mit Alkohol. Die gereinigten Produkte zeigen noch folgende Proteinreaktionen: Millon, Xanthoproteinreaktion, Tryptophanreaktion, Biuretreaktion.

Charakteristisch für die diastatischen Präparate aus Aspergillus Oryzae ist das hohe Verhältnis der stärkespaltenden und der verzuckernden Fähigkeit (etwa 8:1).

Ein nach besonderen Verfahren (ohne Alkohol) im Takamine-Laboratorium dargestellter Extrakt, Polyzime, ist von Takamine jr. und K. Oshima[2] studiert worden. Die stärkespaltende Fähigkeit, gemessen nach Wohlgemuth, geben diese Forscher zu $D_{30'}^{40°} = 3000$ an; die verzuckernde Fähigkeit beträgt:

	$21°$	$50°$
Lintner-Einheiten	43	150
Sf.	1,1	3,9.

Die Zusammensetzung ist nach Takamine und Oshima:

Wasser 87,5%   Feste Substanzen 12,5%   Asche 1,5%.

Der Extrakt hält sich bei gewöhnlicher Temperatur etwa $1/2$ Jahr ohne wesentliche Schwächung der diastatischen Fähigkeiten.

Acidifätsbedingungen. Sherman, Thomas und Baldwin geben als Acidifätsoptimum pH = 4,8 an, und zwar sind die Optima der stärkespaltenden und der verzuckernden Wirkung nach Sherman und Tanberg[3] wenig voneinander verschieden.

Herman und Davison[4] haben das Optimum der Stärkeverflüssigung bei pH = 4 festgestellt und Oshima[5] findet die grösste Geschwindigkeit sowohl der Verflüssigung als der Verzuckerung bei pH = 4,5—5,2.

Indessen hat Nishikawa[6] das Wirkungsoptimum der in der Takadiastase enthaltenen Amylase für Stärkespaltung bis zum Dextrin bei einem anderen pH gefunden, nämlich 6,2—7,2.

Neutralsalze. Nach Sherman und Tanberg und Saito[7] üben NaCl und KCl keine bedeutende Aktivierung aus; in dieser Hinsicht verhält sich also Takaamylase wie Malzamylase. Oshima[5] gibt an, dass die Stärkespaltung durch NaCl-Konzentrationen von 2% an gehemmt werde.

[1] Sherman u. Tanberg, Jl Amer. Chem. Soc. 38, 1638; 1916.
[2] Takamine jr. u. Oshima, Jl Amer. Chem. Soc. 42, 1261; 1920.
[3] Sherman u. Tanberg, Jl Amer. Chem. Soc. 38, 1638; 1916.
[4] Herman u. Davison, Jl Biol. Chem. 68, 83; 1926.
[5] Oshima, Journ. of the Coll. of Agr. 19, 217, 1928.
[6] Nishikawa, Biochem. Zs 188, 386; 1927.
[7] Saito, Zbt. Bakt. II, 17, 20; 1906.

Kinetik. Wesentlich für die Kinetik der Takadiastase ist einerseits der Befund von Sherman und Punnet, dass unter der Einwirkung dieses Präparates neben Maltose auch nicht unbedeutende Mengen Glucose gebildet werden, und andererseits, dass, wie schon erwähnt, die Depolymerisationsfähigkeit sehr hoch ist gegenüber der Verzuckerungsfähigkeit (Sherman und Tanberg). Dieser beiden Umstände wegen ist es natürlich nicht leicht, für die Vorgänge, welche unter der Einwirkung dieser Diastasen eintreten, eine einfache und übersichtliche reaktionskinetische Darstellung zu finden. Es kann deshalb auch von einer ausführlichen Wiedergabe von Zahlen bis auf weiteres abgesehen werden. Nur einige Ergebnisse von Ch. Philoche (l. c. S. 377) über den zeitlichen Verlauf der Stärkespaltung seien angeführt:

Taka-Diastase 1 : 20 000. Temp. 31,5°.

1 % Stärke			2 % Stärke			3 % Stärke		
Min.	$\frac{x}{a}$	$k \cdot 10^4$	Min.	$\frac{x}{a}$	$k \cdot 10^4$	Min.	$\frac{x}{a}$	$k \cdot 10^4$
21	0,06	12,3	19	0,05	11,7	15	0,08	24,1
51	0,11	10,0	39	0,07	7,9	75	0,11	6,7
113	0,15	6,2	55	0,08	6,6	126	0,16	6,0
224	0,26	5,8	208	0,18	4,1	248	0,25	5,0
390	0,36	5,0	275	0,20	3,5	307	0,28	4,6
			453	0,34	3,7	450	0,40	4,1

Temperatur. Die Stabilität der Amylase aus Aspergillus Oryzae scheint nach der Mitteilung von Takamine jr. und Oshima und nach weiteren Messungen des letzteren Forschers von derjenigen der Malzamylase nicht sehr verschieden zu sein. Das Enzym ist stabil unter 37° und wird bei 60° schon durch $\frac{1}{2}$ stündiges Erhitzen vernichtet; die Tötungstemperatur dürfte bei etwa 56° liegen. Die grösste Temperaturstabilität liegt nach Oshima pH = 7,4. Das stärkeverflüssigende Enzym soll eine hohe Temperaturtoleranz besitzen (angebliche Regeneration Gramenitzky, H. 69).

Physiologische Wirkung. Nach Einspritzung wurde Hyperglykämie beobachtet.

Enzymbildung. Man verdankt Saito[1] eine Untersuchung über den Einfluss verschiedener Nährböden auf die Amylasebildung des Aspergillus Oryzae, auf welche hier verwiesen sei.

In der Takadiastase haben Leibowitz und Mechlinski[2] auch ein anderes Enzym gefunden, welches einige Stärkespaltungsprodukte, nämlich die Schardingerschen Polyamylosen, bis zur Glucose spaltet. Die verschiedenen Polymerisationsgrade der Polyamylosen werden mit derselben

---

[1] Saito, Woch. f. Brau. **27**, 181; 1910.
[2] Leibowitz u. Mechlinski, Chem. Ber. **59**, 2738; 1926.

Geschwindigkeit hydrolysiert. Dagegen findet man einen Unterschied zwischen den β- und α-Polyamylosen. Die erstgenannten werden sehr schnell und bis auf $100\,^0/_0$ Glucose gespaltet, die letztgenannten viel langsamer und die Reaktion wird bald gehemmt. Das pH-Optimum liegt bei 4,5.

Technische Anwendungen der Takadiastase.

Die Anwendung der diastatischen Wirkung des Aspergillus Oryzae ist in den ostasiatischen Ländern, besonders in Japan, sehr gross und mannigfach. Das Hauptmaterial ist der bereits genannte Koji; es ist dies eine Pilzvegetation des Aspergillus Oryzae auf dem Gemisch der gekochten Sojabohnen mit gebranntem Weizen.

Soja-Fabrikation. Einer Mitteilung von Saito sei folgendes entnommen[1]: Der Weizen wird in grossen Eisenpfannen gleichmässig gebrannt und zerkleinert, wobei er sich dunkel färbt und einen angenehmen Geruch annimmt. Die Sojabohnen werden zunächst in kaltem Wasser gequellt, dann im Dampfstrom gekocht, und nach Abkühlen im lauwarmen Zustand mit dem vorbehandelten Weizen innig gemischt. Die Mischung wird in flachen Kästchen bei etwa 25—30° der Infektion durch Keime des Asp. Oryzae während 2—3 Tagen ausgesetzt. Der Pilz entwickelt sich nun schnell unter intensiver Atmung und Erwärmung auf etwa 40°. Nach dieser Bereitung des Koji erfolgt das Maischen unter Zusatz von Kochsalz und Wasser. Die darauf folgende Gärung, bei welcher auch die proteolytischen Enzyme des Pilzes stark in Wirksamkeit treten, nimmt im Durchschnitt 1 Jahr in Anspruch. Die Sojasauce (welche der Anwendung und Wirkung nach etwa unserem Fleischextrakt entspricht), enthält rund $30\,^0/_0$ Trockensubstanz; man findet darin neben etwa $10\,^0/_0$ Kochsalz Ammoniak, Aminosäuren, Xanthinbasen, freie Säuren, darunter Milchsäure und endlich Alkohol.

Miso (Bohnenbrei) wird ebenfalls aus Koji hergestellt, und zwar in ähnlicher Weise wie Soja; die Eiweissspaltung ist aber hier weniger weitgehend.

Der Saké, ein in Japan beliebtes Getränk, welches $12—15\,^0/_0$ Alkohol enthält, wird aus Reis bereitet, welcher durch Koji verzuckert wird. Gedämpfter Reis wird unter Zusatz von Wasser mit Koji eingemaischt und der dicke Brei zunächst bei niederer Temperatur (10°) sich selbst überlassen. Die Masse verflüssigt sich und es tritt, während die Temperatur allmählich auf 20—30° steigt, alkoholische Gärung ein. Die dazu erforderliche Hefe stammt teils aus dem angewandten Koji her, teils aus den Keimen in der Luft des Gärungskellers[2].

---

[1] Siehe auch die Arbeit von Nishimura, Bull. Coll. Agric. Tokyo. 3, 194.

[2] Weitere Einzelheiten siehe bei Kozai, Zbt. Bakt. II, 6, 385; 1900. — Über Saccharomyzeten aus Sakéhefe: R. Nakazawa, ebenda 22, 529; 1909.

b) Mucoreen.

Die bei den ostasiatischen Völkern seit alten Zeiten ausgenutzte Fähigkeit einzelner Mucoreen, Stärke zu verzuckern, wurde 1887 von Gayon und Dubourg an Mucor racemosus und einigen anderen Arten studiert. Unter den wichtigsten Arbeiten seien erwähnt:

Mucor	Verfasser	Schriftstelle	Bemerkung
Amylomyces Rouxii	Calmette	Ann. Pasteur 6, 605; 1892.	Isoliert aus der „tonkinesischen Hefe".
Mucor alternans	Sanguineti	Ann. Pasteur 11, 264; 1897.	
Rhizopus Oryzae und Chlamydomucor Oryzae	Went u. Prinsen Geerligs	Verh. K. Akad. v. Wetensch. Amsterdam II, 4. Nr. 2.	
Rhizopus tonkinensis Rhizopus japonicus	Colette und Boidin	Bull. Assoc. Chim. de sucr. et distill. 16, 862.	
Rhizopus japonicus	Henneberg	Zs Spir. Ind. 25, 205; 1902.	

Über diastatische Wirkungen sonstiger Mucoreen siehe die Tabelle in Lafars Handbuch der technischen Mykologie, Bd. 4, S. 527.

Enzymbildung. In Mucor mucedo ist bis jetzt unter normalen Verhältnissen keine Amylase nachgewiesen worden. Verf.[1] konnte nach längeren Versuchen, Amylasebildung hervorzurufen dieses Ziel durch symbiotische Kultur mit einer Hefe erreichen, worauf eine weitere Anreicherung der Amylase durch Züchtung in Stärkelösungen gelang.

c) Hefen.

Besonders bemerkenswert ist, dass die Hefe das Glykogen ihrer eigenen Zellen spaltet[2]. Das Enzym, oft „Glykogenase" genannt, tritt aber nach aussen hin weder gegen Glykogen noch gegen Stärke in Wirksamkeit, solange die Zellen leben[3]. Im Presssaft wird Glykogen schnell gespalten, wie Cremer[4] nachgewiesen hat.

Dextrine (höhere Amylosen) werden von zahlreichen Hefen vergoren und dieser Vergärung geht nach Brown und Morris eine hydrolytische Spaltung voraus. Die Fähigkeit der Hefen zur Dextrinvergärung würde danach durch ihren Gehalt an „Dextrinasen" bestimmt sein. Lindner[5] hat zahlreiche Hefen hinsichtlich der Dextrinvergärung untersucht. Für seine 4 Hefetypen, Pombe, Logos, Saaz und Frohberg ist offenbar die Fähigkeit zur Dextrinspaltung charakteristisch; Logos scheint „Achroodextrine" verhältnismässig gut zu vergären.

---

[1] Euler, Zs f. Elektrochem. 24, 173; 1918.

[2] In Saccharomyces apiculates fand Henneberg (Zs Spir. Ind. 25, 378 und 553; 1902) keine Amylase bzw. „Glykogenase".

[3] A. Koch u. Hosaeus, Zbt. Bakt. 16, 145; 1894.

[4] Cremer, Zs Biol. 31, 183; 1894 u. 32, 1; 1895.

[5] Lindner, Woch. f. Brau. 17, 713; 1900.

Zwei Hefearten, welche besondere Spaltungen der Stärke hervorrufen, dürfen ein wenig näher besprochen werden.

Die Hefe Saccharomyces Ludwigii soll nach Gottschalk[1] Glykogen und Stärke in eine vergärbare Zuckerart überführen, welche seiner Ansicht nach Glucose ist. Da die Hefe unter denselben Bedingungen nicht imstande ist Maltose zu vergären, müsste also die Stärke direkt in die Glucose übergeführt werden.

Die Wirkung von Saccharomyces Sake auf die Stärke ist von Sjöberg[2] untersucht worden. Die Spaltungsprodukte sind hier Dihexosan und Amylobiose, und die Hefe enthält also nicht gewöhnliche Amylase. Die Reaktion hat ihr Optimum bei pH = 6.

d) Grünalgen.

Über den Amylasegehalt und die Amylasebildung einiger Grünalgen, Ulothrix zonata, Cladophora glomerata, Cladophora fracta und Spirogyra hat K. Sjöberg[3] eingehende Versuche angestellt.

Das Wirkungsoptimum lag bei pH = 4—5.

Die Bildung des stärkespaltenden Enzyms (untersucht nach Wohlgemuth) wird durch Stärkegehalt der Nährlösung gefördert, durch Zuckergehalt vermindert. Chloroform erhöht die Amylasewirkung von Algenpräparaten. Sehr bemerkenswert ist die Steigerung der Amylasewirkung durch 3stündige Behandlung der Algen mit $96\,{}^0/_0$igem Alkohol.

Das Sonnenlicht hat auf die Bildung von Amylase in den Algen unter den eingehaltenen Versuchsbedingungen keinen Einfluss. Die Algen bilden schon nach einigen Stunden in der Sonne deutlich Stärke, die Enzymwirkung zeigte aber keine Veränderung.

e) Bakterien.

Das Verhältnis der Fähigkeit zur Verflüssigung, Depolymerisation und Verzuckerung der Stärke ist bei verschiedenen Bakterien verschieden, was auch den bei anderen Mikroorganismen gewonnenen Ergebnissen entspricht. Was die Bakterienarten betrifft, in welchen Amylasen gefunden worden sind, so muss auf die Zusammenstellungen von Fuhrmann[4], von Kruse[5] und von Fermi[6] verwiesen werden.

Die Eigenschaften von diastatischen Bakterien-Enzymen sind bis jetzt sehr wenig untersucht, auch sind diese noch selten isoliert worden. Eine

---

[1] Gottschalk, H. 152, 132; 1926.
[2] Sjöberg, H. 162, 223; 1927.
[3] Sjöberg, Fermentf. 4, 97; 1920.
[4] Fuhrmann, Die Bakterienenzyme. Jena 1907.
[5] Kruse, Allgemeine Mikrobiologie. Leipzig 1910.
[6] Fermi, Zbt. Bakt. II. 12, 1904. — Arch. f. Hyg. 10. 1; 1890.

Untersuchung von Avery und Glenn Cullen[1] an Pneumokokken ergab als Aciditätsoptimum einen pH-Wert von etwa 7.

Besondere Erwähnung verdient der von Schardinger isolierte und untersuchte

Bacillus macerans.

Morphologie[2]: Im Schwärmerstadium stellt der Bacillus schlanke, lebhaft bewegliche Stäbchen dar; Länge 4—6 μ und darüber, Dicke 0,8—1 μ; auf sauren Nährsubstraten werden die Stäbchen länger.

Im Stadium der Sporenbildung und Reifung werden die Stäbchen unbeweglich; nach vollzogener Sporenbildung schwindet das Stäbchen vollständig. Die reifen freien Sporen sind oval $\lambda = 2\ \mu$, $\delta = 1,5$—$1,8\ \mu$. Die Sporen sind gegenüber der Temperatur kochenden Wassers sehr widerstandsfähig.

Biologie: Wachstum auf den gebräuchlichen (nicht sauren) Nährböden zwischen 15—40°. Kultur nach Schardinger auf Kartoffelkeilen bei 37—40° oder auf Zwetschgenbrei[3] oder auf Maisnährböden unter Zusatz von Hefenextrakt[4]. Durch Zusatz von Hefenwasser oder Extrakt von Malzkeimen zur Nährlösung werden besonders kräftige Kulturen erzielt.

Das Aciditätsoptimum des Zellenzuwachses von B. macerans liegt nach Euler und Svanberg (1922) bei pH = 6,5—7,0.

Der Bacillus, welcher zunächst dadurch erhebliches Interesse erweckt hat, dass er die Fähigkeit besitzt, Kohlenhydrate unter Bildung von Aceton zu vergären, bildet, wie sein Entdecker 1909 fand[5], aus Stärke krystallisierte Kohlenhydrate, die von Schardinger und später eingehender von Pringsheim studierten Polyamylosen 336 u. ff.

Zu dieser Abteilung dürfte man auch das technische Präparat Biolase rechnen, deren Stärkespaltungsvermögen von Pringsheim und Schapiro[6] untersucht worden ist. Die Biolase verflüssigt die Stärke besonders bei höherer Temperatur sehr schnell und man erhält je nach der Temperatur verschiedene Spaltungsprodukte. Bei Einwirkung bei 30° wird hauptsächlich Glucose gebildet, trotzdem das Präparat keine Maltase enthält. Bei etwa 70° erhält man indessen einen Körper, welcher aus drei Hexoseresten besteht und der ein gewisses Reduktionsvermögen zeigt. Pringsheim hält es für wahrscheinlich, dass diese Zuckerart mit der von Ling und Nanji[7] beschriebenen Glucomaltose identisch ist. Eine Eigenart des Ferments ist seine grosse Hitzebeständigkeit. Das Optimum der Wirkung liegt bei pH = 7,2.

---

[1] Avery u. Glenn Cullen, Jl of exp. med. 32, 583; 1920.

[2] Schardinger, Wien. klin. Wochenschr. 17, Nr. 8, 1904. — Zbt. Bakt. II, 14, 772; 1905.

[3] Schardinger, Zbt. Bakt. II, 19, 161; 1907.

[4] Farbenfabr. Fr. Bayer u. Co., Elberfeld, D. R. P. 291162.

[5] Schardinger, Zbt. Bakt. II, 22, 98; 1909.

[6] Pringsheim u. Schapiro, Chem. Ber. 59, 996; 1926.

[7] Ling u. Nanji, Jl Chem. Soc. 123, 2666; 1923; 127, 629; 1925.

Technische Anwendungen.

Diastatische Präparate werden teils für die Nahrungsmittelindustrie, besonders die Bäckereien, teils für die Textilindustrie gebraucht. Als „Malzmehl" wird gemahlenes Darrmalz bezeichnet; es wird besonders aus Gerstenmalz hergestellt. Die verbreitetsten Handelspräparate sind Diamalt und Diastafor, Präparate der Diamalt-Gesellschaft, München und Taka-Diastase bzw. ein Präparat des Takamine Laboratoriums in Clifton, N. Y., Polyzime, das ohne Alkohol hergestellt ist. Herstellung von Malzextrakten aus Malzschrot für die Bäckerei nach D. R. P. 148844. Durch Verwendung solcher Backhilfsmittel kann Hefe gespart werden.

Diamalt ist ein sirupartiger Malzextrakt, welcher Dextrine und Maltose enthält und diastatisch stark wirksam ist.

In der Textilindustrie wird Diastafor verwendet sowohl zur Herstellung von Appretur und Schlichtemassen aus Stärke, als zum Entschlichten. Zusätze von Diastafor zu Bleichlösungen nach D. R. P. Kl. 8, 279993 (1914).

Biolase, welche wahrscheinlich aus bakterieller Herkunft ist, wird für technische Zwecke zum Entschlichten von Geweben benutzt.

Taka-Diastase findet in Ostasien zur Herstellung von Nahrungs- und Genussmitteln Verwendung, Polyzime besonders in der amerikanischen Textilindustrie.

Literatur: Siehe den Abschnitt „Amylasen" in dem sehr bemsrkenswerten Buch: R. P. Walton: A comprehensive survey of starch chemistry (New York, 1928).

C. Methoden zur Messung der Stärkespaltung.
(K. Josephson.)

Unter den zahlreichen Methoden, welche vorgeschlagen worden sind, um den Verlauf der enzymatischen Stärkespaltung und damit die Wirkung enzymatischen Materials zu ermitteln, kann man 2 Gruppen unterscheiden: Durch die eine werden Konzentrations- und Eigenschaftsänderungen der Stärke verfolgt, durch die andere werden die Reaktionsprodukte gemessen.

a) Methoden zur Konzentrations- und Eigenschaftsbestimmung der Stärke.

Bei der Anwendung dieser Methoden muss vor allem beobachtet werden, dass die native Stärke kein einheitliches Material darstellt und dass sie in kolloider Form zur Anwendung kommt. Der Zustand der stärkehaltigen Flüssigkeit ist also nicht durch die Konzentration allein definiert, sondern besonders auch durch den Dispersitätsgrad bzw. die Beschaffenheit des angewandten Stärkepräparates. Dieses kommt in zwei verschiedenen Formen zur Verwendung:

　　1a) als Stärkekleister zur Bestimmung der Verflüssigung,
　　1b) als „lösliche Stärke" zur Messung des Abbaues der Stärke.

1. Verflüssigung der Stärke.

Soll die Verflüssigung der Stärke gemessen werden, um die Wirksamkeit von Amylase-(Diastase-)-Präparaten zu bestimmen, so darf nicht übersehen werden, dass verflüssigende und verzuckernde Wirkung der Diastasen zwar oft miteinander einigermassen parallel gehen, dass aber diese beiden Vorgänge nicht quantitativ miteinander verknüpft sind und dass also die Verflüssigung nicht als ein Mass für die Verzuckerung angesehen werden darf (vgl. S. 397).

Glinski u. Walther[1] haben die Mettsche Methode auch zur Diastasebestimmung angewandt. Enge, beiderseits offene Glasröhrchen werden mit Stärkekleister gefüllt und nach dessen Erstarren in die enzymhaltige Flüssigkeit gelegt. Nach einer gewissen Zeit misst man die Länge des gelösten Stärkezylinders. Die Geschwindigkeit des Vorganges hängt offenbar stark ab von der Diffusion des Enzyms zur freien Oberfläche des Stärkezylinders, sowie von der Geschwindigkeit, mit welcher sich die Reaktionsprodukte von der Oberfläche entfernen; die Bewegung der Flüssigkeit, bzw. der Röhren in der Flüssigkeit ist deswegen von grösstem Einfluss. Zu wissenschaftlichen Zwecken ist die Methode nicht genau genug und wird überhaupt nur in besonderen Fällen zur Anwendung gelangen.

Das gleiche gilt wohl von der Methode von Ed. Müller (Zbl. inn. Med. 1908), welcher statt der Röhrchen Platten von Stärkekleister benutzt.

Von älteren Verflüssigungsmethoden sind ferner noch diejenigen von Pollak[2] und von Chrzaszcz[3] zu erwähnen. Die Genauigkeit dieser Methoden ist natürlich gering, da es schwer ist, den Zeitpunkt der „vollständigen Verflüssigung" anzugeben.

Die eigentliche Verflüssigung, bzw. der Übergang des Substrates aus dem Gelzustande oder einem sehr hochviscösen Zustand zu einer Lösung von bedeutend geringerer innerer Reibung kann nur nach einer der in der Physik gebräuchlichen Methoden zur Bestimmung der inneren Reibung geschehen.

Während sich für dünnflüssige Lösungen die Methode der Ausflussgeschwindigkeit aus capillaren Röhren eingebürgert hat und wegen ihrer Einfachheit und Genauigkeit auch durchaus zu empfehlen ist, versagt dieselbe für dickflüssige Lösungen. Es muss dann eine Dämpfungsmethode, wie sie z. B. von Ladenburg[4] beschrieben worden ist, oder die Methode fallender bzw. aufsteigender Körper, die sich auf die Berechnungen von G. G. Stokes gründet, herangezogen werden. Letztere Methode hat neuerdings Urban Olsson für vorliegenden Fall sehr zweckmässig ausgearbeitet (vgl. S. 397).

50 ccm rund 2%ige Kartoffelstärkelösung, die, um eine konstante Viscosität der Stärke zu erlangen, eine Stunde mit Rückflusskühler gekocht worden ist, wurde in einen Reaktionskolben gegossen, in welchen man eine hohle Glaskugel von 6 mm Durchmesser einführt. Hierzu wird in gewöhnlicher Weise eine Mischung von Acetatlösung (pH $= 5{,}15$), Enzym und Gift (oder Wasser) zugesetzt. Die so erhaltene Mischung wird alsbald in das Rohr D (von 3,5 dm Länge und 1,7 cm innerem Durchmesser) gegossen, wonach in das Rohr der Gummistöpsel E schnellstens eingepresst wird. Hierbei wird alle Luft durch das Glasrohr F entfernt, und danach wird der am Glasrohre befestigte Gummischlauch G mit einer Klemme H zugemacht.

---

[1] Siehe Pawlow, Arbeit der Verdauungsdrüsen. Wiesbaden 1898.

[2] Pollak, Woch. f. Brau. 1903, 595 und Zs f. Nahr.- u. Genussm. 6, 729, 1903.

[3] Chrzaszcz u. Pierozek, Zs f. Spir.-Ind. 33, 66; 1910.

[4] Ladenburg hat eine sehr gute kritische Darstellung dieser Methoden gegeben. Ann. d. Phys. 22, 287; 1907.

Unmittelbar darauf wird die Achse *B*, welche die Röhre *D* trägt, mit einem Griffe *C* umgedreht. Die Röhren werden durch Fenster des Thermostaten *A* betrachtet und mittels eines Chronographen mit zwei Zeigern wird die Zeit gemessen, welche die Kugel zum Aufsteigen (zwischen zwei Marken) braucht. Indem man durch wiederholte Messungen die Abnahme dieser Aufsteigedauer feststellt, erhält man ein Mass für die fortschreitende Verflüssigung (Abnahme der inneren Reibung). (Siehe Fig. 63.)

Eine Änderung der Aufsteigezeit von 3 Minuten entspricht einer Viscositätsänderung von 1,05 auf 1,01.

2. Methoden zur Verfolgung des Abbaues der Stärke.

Von den chemischen Eigenschaften der Stärke, welche sich zur Messung eignen, kommt in erster Linie ihre Aufnahmefähigkeit für Jod bzw. die Bildung der blauen Jodstärke in Betracht; auf dieses Prinzip sind auch zahlreiche Messmethoden gegründet worden. Die ersten sind wohl von Roberts[1] und Detmer angegeben, spätere von Takamine[2] und von Francis, sowie in neuerer Zeit von Wohlgemuth[3] und von Johnson.

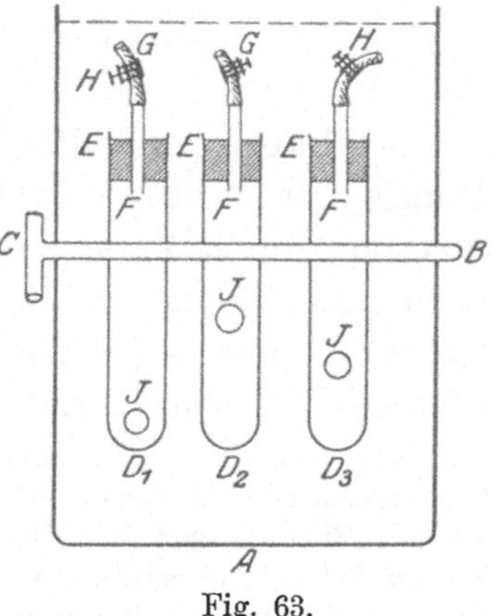

Fig. 63.

Wohlgemuths Methode hat besonders zahlreiche medizinische Anwendungen gefunden. Sie hat — wie auch das Verfahren von Johnson — den Vorzug der Einfachheit, wenn auch in Fällen, in welchen es auf die Genauigkeit der Resultate ankommt, eine Verzuckerungsmethode vorzuziehen ist und wenigstens als Kontrolle empfohlen sei.

Man beschickt eine Reihe Reagensgläser mit absteigenden Mengen der zu untersuchenden Enzymlösung, fügt zu jedem Röhrchen 5 ccm einer 1%igen Stärkelösung und stellt sofort jedes Röhrchen in ein Gefäss mit Eiswasser, in dem sich ein Drahtkorb zur Aufnahme der Gläschen befindet. Die Anwendung des Eiswassers hat den Zweck, jede Enzymwirkung zunächst vollständig auszuschliessen. Wenn dann alle Gläschen in dieser Weise vorbereitet sind, wird der Drahtkorb mit sämtlichen Gläschen in ein Wasserbad von 40⁰ übertragen; dadurch wird erreicht, dass die Wirkung des Enzyms in allen Portionen zu genau dem gleichen Zeitpunkt einsetzt. Bei dieser Temperatur bleibt der Drahtkorb 30—60 Minuten, je nachdem man den Versuch ausdehnen will, und wird nach Ablauf der entsprechenden Frist wieder in das Gefäss mit Eiswasser übertragen und kurze Zeit darin belassen; auf diese Weise wird die Enzymwirkung wiederum in sämtlichen Portionen zu genau der gleichen Zeit unterbrochen. Damit ist die eigentliche Ausführung des Versuches beendet.

Um nun die Aktivität der Enzymlösung festzustellen, wird folgendermassen verfahren: Sämtliche Reagensgläschen werden etwa bis fingerbreit vom Rande mit Wasser aufgefüllt, zu jedem Gläschen je ein Tropfen einer 0,10 n.-Jodlösung zugesetzt und umgeschüttelt. Dabei beobachtet man verschiedene Färbungen, wie dunkelblau, blauviolett, rotgelb und gelb. Als unterste Grenze der Wirksamkeit (limes) bezeichnet Wohlgemuth dasjenige Gläschen, in dem zum ersten Male die blaue Farbe unverkennbar auftritt, das ist also dasjenige Gläschen, das die violette Farbe zeigt. Danach ist in dem vorhergehenden Gläschen sämtliche

---

[1] Roberts, Jl Chem. Soc. 40, 1051; 1881. — Siehe auch Vernon, Jl Physiol. 27, 174; 1901.

[2] Takamine, Jl Soc. Chem. Ind. 17, 118; 437; 1898.

[3] Wohlgemuth, Biochem. Zs 9, 1; 1908. — Siehe auch Grundriss der Fermentmethoden. Berlin 1913.

Stärke „mindestens zum Dextrin" abgebaut. Aus ihm berechnet sich die Enzymmenge in der Weise, dass die Anzahl Kubikzentimeter einer 1% igen Stärkelösung bestimmt wird, die durch 1,0 ccm der Enzymlösung in der für den Versuch angewandten Zeit bis zum Verschwinden der Jodfärbung abgebaut wird.

Das eben farblos gewordene Gläschen enthalte beispielsweise 0,02 ccm Speichel; es wären dann 0,02 ccm Speichel imstande, innerhalb 30 Minuten 5 ccm 1% iger Stärkelösung zum „limes" abzubauen, mithin 1,0 ccm Speichel = 250 ccm 1% ige Stärkelösung. Die diastatische Kraft für 1 ccm der Enzymlösung bezeichnet Wohlgemuth mit D und gibt gleichzeitig Versuchszeit und Temperatur an (siehe S. 416). Für das hier gewählte Beispiel würde sich also ergeben $D_{30'}^{40^\circ} = 250$. Berechnen wir den diastatischen Wert aus einem Versuch, bei dem das Gläschen Nr. 5 als untere Grenze angenommen wird und bei dem das Gläschen Nr. 4, das 0,0125 ccm Speichel enthält, rot gefärbt sei (vgl. die l. c. gegebene Farbenskala), so haben wir folgende rechnerische Überlegung zu machen:

$$0,0125 \text{ ccm bauen in } 30' \qquad 5 \text{ ccm } 1\% \text{ ige Stärkelösung ab}$$
$$1,0000 \text{ ccm } \quad „ \quad „ \quad 30' \qquad 400 \text{ ccm } 1\% \text{ ige} \qquad „ \qquad „}$$

Mithin $D_{30'}^{40^\circ} = 400$.

Michaelis und Pechstein[1], welche die Ptyalinwirkung nach dem Prinzip der Wohlgemuthschen Methode untersuchten, unterbrachen die Reaktion durch Zusatz von 10 ccm einer sehr verdünnten, und zwar 0,001 n.-Jodlösung. Sie betonen, dass die Farbenreaktion nur in schwach saurer Lösung angewandt werden darf, da im alkalischen Gebiet eine mehr oder minder schnelle Entfärbung der anfänglichen Jodfärbung eintritt.

Starkenstein[2] hat darauf aufmerksam gemacht, dass bei der Untersuchung von Organbreien oder überhaupt beim Arbeiten mit Mischungen, welche inhomogen sind und aus welchen Eiweisskörper ausfallen, Fehler entstehen, indem sowohl Stärke als Enzym vom Eiweissniederschlag mitgerissen wird. Er schlägt deshalb vor, die Reagensröhren während der ganzen Dauer der Digestion durch einen Schüttelapparat in Bewegung zu halten.

Andere Jodmethoden. Statt den Zeitpunkt für das Verschwinden der blauen Jodreaktion zu bestimmen, schlagen Evans[3] und Johnson[4] vor, den Eintritt des Reaktionsstadiums zu ermitteln, in welchem Jod-Jodkalium überhaupt keine Farbenreaktion mehr hervorruft, also des sog. „achromischen Punktes".

Eine Anzahl Kolben werden mit je 50 ccm 2% iger Lösung von Kartoffelstärke beschickt. Von der zu untersuchenden, eventuell geeignet verdünnten Enzymlösung verwendet man 1, 2, 3, 4, 5 und 6 ccm, ergänzt auf 6 ccm und setzt sie bei 40° zu der Stärkelösung. Nach 10 Minuten entnimmt man jeder der sechs Mischungen 5 Tropfen und versetzt sie mit Jod-Jodkaliumlösung (0,016 g J und 0,032 g JK per Liter), um zu ermitteln, welche Probe farblos bleibt. Durch einen zweiten Versuch werden dann die Konzentrationsgrenzen des Enzyms verengert.

Sherman, Kendall und Clark[5] haben 1910 eine neuere Modifikation der Jodmethode in Vorschlag gebracht, die sich von den früheren durch Anwendung verdünnterer Stärkelösungen, und eines grösseren Volumens der Reaktionsmischung sowie durch die längere Reaktionsdauer unterscheidet.

[1] Michaelis u. Pechstein, Biochem. Zs 59, 77; 1914.
[2] Starkenstein, Biochem. Zs 24, 191; 1910.
[3] C. L. Evans, Jl of physiol. 44, 219; 1912.
[4] Johnson, Jl Amer. Chem. Soc. 30, 798; 1908.
[5] Sherman, Kendall u. Clark, Jl Amer. Chem. Soc. 32, 1073; 1910.

Zu 250 ccm einer 1%igen Stärkelösung wird das Enzym, gelöst in 20 ccm Wasser, zugesetzt; Temp. 40°; gemessen wird die Zeit bis zum Verschwinden der Jodreaktion. Diese Methode hat bei der Untersuchung der Takadiastase (nicht aber von Pankreatin) befriedigende Resultate geliefert.

Eine von Waksman[1] bei der Untersuchung der Diastase aus Aspergillus Oryzae angewandte Methode gründet sich ebenfalls auf das Verschwinden der Stärke in der Lösung; es wird nämlich der Zeitpunkt festgestellt, bei welchem die Stärkelösung durchsichtig wird; dazu wurde Neutralrot verwendet, welches von der Stärke absorbiert wird.

b) Methoden zur Bestimmung der gebildeten Maltose.

Auch hier muss hervorgehoben werden, dass viele Amylasepräparate neben Amylase noch Maltase enthalten und demgemäss auch Glucose entstehen lassen. Die Menge derselben kann in gewissen Fällen erheblich sein, z. B. bei Versuchen mit Takadiastase[2].

Die Bestimmung der Maltose geschieht fast durchweg entweder durch Bestimmung des aus Fehlingscher Lösung ausreduzierten Kupferoxyduls oder falls andere jodverbrauchende Substanzen nicht vorhanden sind, mit Hypojodit nach Willstätter und Schudel[3] bzw. F. Auerbach und E. Bodländer[4].

Zur Bestimmung des aus Fehlingscher Lösung ausreduzierten Kupferoxyduls sei besonders das von G. Bertrand ausgearbeitete Verfahren zur Titration mit Permanganat empfohlen. Wie aus einer Untersuchung von K. Josephson[5] hervorgeht, findet man bei Anwendung dieser und der Willstätterschen Methode durchaus übereinstimmende Werte. Von anderen Methoden, welche sich auf die Reduktion alkalischer Kupferlösungen gründen, seien hier die Methoden von Lintner und Wirth[6] und von Sherman, Kendall und Clark[7] erwähnt. Zur Anwendung bei Mikrobestimmung der Amylasewirkung haben W. Engelhardt und M. Gertschuk[8] die exakte Methode von Hagedorn-Jensen[9] empfohlen.

Was die Reaktionsbedingungen betrifft, so wird man immer beim Aciditäts- und Neutralsalz-Optimum des betreffenden Enzyms arbeiten. Es empfiehlt sich also, folgende Vorschriften hinsichtlich der Versuchslösung einzuhalten:

---

[1] Waksman, Jl Amer. Chem. Soc. 42, 293; 1920.

[2] Siehe hierzu Sherman u. Punnet, Jl Amer. Chem. Soc. 38, 1877; 1916. — Leibowitz u. Mechlinski, Chem. Ber. 59, 2738; 1926.

[3] Willstätter u. Schudel, Chem. Ber. 51, 780; 1918. — Vgl. Willstätter, Waldschmidt-Leitz u. Hesse, H. 126, 143; 1923.

[4] F. Auerbach u. E. Bodländer, Zs angew. Chem. 36, 602; 1923. — W. Windisch, W. Dietrich u. A. Beyer, Woch. f. Brau. 40, 49, 55, 61, 67; 1923.

[5] K. Josephson, Chem. Ber. 55, 1758; 1923.

[6] Lintner, Jl prakt. Chem. 34, 386; 1886. — Wirth, Zs ges. Brauereiwesen 31, 421; 1908.

[7] Sherman, Kendall u. Clark, Jl Amer. Chem. Soc. 32, 1073; 1910.

[8] W. Engelhardt u. M. Gertschuk, Biochem. Zs 167, 43; 1925/26.

[9] Hagedorn u. Jensen, Biochem. Zs 135, 46; 1923.

Tierische Amylasen: pH = 6,5—6,8

0,1 g NaCl in je 100 ccm Reaktionsmischung.

Malzamylasen: pH = 5

Kochsalzzusatz unnötig.

Hinsichtlich der zu wählenden Temperatur geht aus dem in den Abschnitten A und B Gesagten hervor, dass die Amylasen bei 37—40° unter optimalen Aciditätsbedingungen noch stabil sind. Die Temperaturen 37—40° sind also zur Prüfung der Amylasepräparate geeignet. Die Temperatur soll auf wenigstens $^1/_5°$ genau gemessen, konstant gehalten und angegeben werden.

Wie aus den vorhergehenden Abschnitten hervorgeht, kann man unter Berücksichtigung des „Grenzwertes" der Stärkeverzuckerung den Reaktionsverlauf bei der Verzuckerung gemäss der Formel für monomolekulare Reaktionen berechnen. Innerhalb des Anfangsgebietes bis zu 40% Verzuckerung und innerhalb gewisser Grenzen der Enzymkonzentration ergeben die Reaktionskoeffizienten k = 1/t log (a/a—x) durchaus konstante Werte, welche proportional der angewandten Enzymkonzentration sind. Zur Prüfung der Amylasewirkung kann man also gemäss der Untersuchung von Euler und Svanberg[1] mit Substratkonzentrationen von 0,72—2,8% und mit Enzymkonzentrationen, welche bei 37° und optimaler Acidität Reaktionskonstanten 0,004 bis 0,08 ergeben, arbeiten. Willstätter, Waldschmidt-Leitz und Hesse[2] untersuchten die Gültigkeit der Proportionalität zwischen Enzymmenge und Reaktionsgeschwindigkeit im Gebiet k = 0,001—0,03 und fanden die Proportionalität in diesem Gebiet bestätigt.

Unter den zahlreichen älteren Vorschriften wird hier zunächst diejenige von Sherman, Kendall und Clark[3] angeführt:

4 Flaschen enthalten solche Volumina von Enzymlösungen als 0,2, 0,5, 0,8 und 1,0 mg Enzympräparat entspricht. Jede Flasche wird mit 100 ccm einer wohl gekochten 2%igen Lösung von Lintner-Stärke versetzt. (Bei Untersuchung tierischer Amylasen Zusatz von 300 mg NaCl per 100 ccm Mischung.) Einwirkungsdauer 30 Minuten bei 40°. Hierauf wird die Reaktion durch Zusatz von 50 ccm Fehlingscher Lösung unterbrochen, worauf man die Flasche 15 Minuten im kochenden Wasserbad hält. Die Lösung wird nun rasch filtriert und das Cu_2O nach einer genauen Methode gemessen. Das Gewicht des Cu_2O soll 300 mg nicht übersteigen. Wegen der Reduktion durch die lösliche Stärke selbst ist ein Blindversuch notwendig.

Wie die Autoren hervorhoben, ist die diastatische Wirkung unter diesen Bedingungen nicht der Enzymmenge proportional. Deswegen geben sie in einer Tabelle (l. c. S. 1084) die Beziehung zwischen dem gefundenen Cu_2O und einer von ihnen aufgestellten Reaktionskonstante an.

Lintner[4] hat zur brauereitechnischen Bestimmung der diastatischen Kraft von Malz eine früher viel befolgte Anweisung gegeben, welche später nach Versuchen von Chr. Wirth[5] modifiziert wurde.

---

[1] Euler u. Svanberg, H. 112, 193; 1920.

[2] Willstätter, Waldschmidt-Leitz u. Hesse, H. 126, 143; 1923.

[3] loc. cit. und zwar S. 1083.

[4] loc. cit.

[5] loc. cit.

Man bereitet einen Malzauszug durch sechsstündige Extraktion von 25 g Malzschrot mit 500 ccm Wasser bei gewöhnlicher Temperatur. Von dem klar filtrierten Extrakt werden bei Grünmalz 2, bei hellem Malz 4 und bei dunklem 8 ccm zu 100 ccm einer 2%igen, neutralen Stärkelösung in einem 150-ccm-Kolben zugegeben und $^1/_2$ Stunde bei 20° stehen gelassen. Dann werden 10 ccm 0,10 n.-NaOH zugesetzt, der Kolben wird mit Wasser auf 150 ccm aufgefüllt; die Maltose wird hierauf durch einen titrimetrischen Vorversuch mit Fehlingscher Lösung und schliesslich nach einer der üblichen Reduktionsmethoden, z. B. nach Soxleth, Allihn, Bertrand oder Bang bestimmt. Die Tabellen von Wein sollen keine zuverlässigen Werte liefern.

Die diastatische Fähigkeit wird ausgedrückt durch die Anzahl g Maltose, welche von 100 g Malz geliefert werden.

Ähnliche analytische Vorschriften sind von Ling und von Kokichi Oshima[1] angegeben worden.

Eine Modifikation der Lintnerschen Methode (Kochen mit Fehlingscher Lösung, Zusatz von JK und H_2SO_4 und Titration mit Thiosulfat) hat auch Flohil vorgeschlagen (Jl Ind. a. Engin. Chem. 12, 690; 1920).

Nach einer neueren von Windisch und Kolbach[2] angegebenen Vorschrift werden 25 g feingeschrotetes Darrmalz (90% Mehl) bzw. 25 g feinzerquetschtes Grünmalz mit 500 ccm Wasser eine halbe Stunde bei 50° gemaischt, abgekühlt, auf 525 g aufgewogen und blank filtriert.

100 ccm einer 2%igen Lösung löslicher Stärke, z. B. „Kahlbaum" (man benutze stets das gleiche Präparat) werden in einem 200-ccm-Kolben mit 5 ccm geeignet verdünnten Malzauszuges versetzt: Nach Durchschütteln wird das Reaktionskölbchen eine halbe Stunde genau auf 20° gehalten. Dann wird durch 10 ccm 0,1 n.-NaOH unterbrochen, mit H_2O auf 200 ccm aufgefüllt. Je 30 ccm werden zur Maltosebestimmung entnommen, welche nach Willstätter[3] jodometrisch ausgeführt wird.

c) Glykogen-Methoden.

Zur Verfolgung der Glykogenspaltung kann man sich entweder einer der reduktometrischen Methoden, also Bestimmung des Verzuckerungsgrades, bedienen oder man bestimmt die Menge des unveränderten Glykogens, gewöhnlich nach Pflüger[4] durch Polarisation oder Titration. Bang[5] hat eine Modifikation angegeben, in welcher ebenfalls das unveränderte Glykogen isoliert, mit HCl hydrolysiert und schliesslich als Glucose bestimmt wird.

Eine bedeutende Vereinfachung der Methodik bei Untersuchung der Glykogenspaltung verdankt man Rona und van Eweyk[6], welche mittels der von Kleinmann ausgearbeiteten Methode der Nephelometrie das unveränderte Glykogen bestimmen. Nach Rona und van Eweyk bildet Glykogen sehr stabile kolloidale Lösungen, deren Trübungsgrad streng proportional ihrem Gehalt an Glykogen ist; am besten eignen sich zur nephelometrischen Bestimmung Glykogenlösungen, deren Gehalt zwischen etwa 0,5 und 0,15% schwankt.

Ausführung. In einer Reihe von Messzylindern von 100 ccm werden je 91 ccm einer Glykogenlösung von 0,3% gebracht und mit 1—3 ccm m/3 Phosphatpuffer, sowie 1 ccm n/10-

[1] K. Oshima, Jl Ind. a. Engin. Chem. 12, 991; 1920.

[2] Windisch u. Kolbach, Woch. Brau. 38, 149; 1921.

[3] Willstätter u. Schudel, Chem. Ber. 51, 780; 1918.

[4] Pflüger, Pflüg. Arch. 129, 374; 1909. — Siehe auch Schöndorf, Junkersdorf u. Franke, ebenda 127, 274; 1909.

[5] Bang, Festschr. f. Hammarsten, Wiesbaden 1906.

[6] Rona u. van Eweyk, Biochem. Zs 149, 174; 1924.

NaCl-Lösung vermischt. Nach dem eventuell erforderlichen Auffüllen auf 95 ccm werden die Zylinder in ein Ostwaldsches Wasserbad mit Rührwerk gestellt, dessen Temperatur $37 \pm 0{,}05^0$ beträgt und nach erfolgtem Temperaturausgleich je 5 ccm verdünnten menschlichen Speichels unter guter Durchmischung rasch zugegeben. Nach einer halben Minute werden aus jedem Zylinder 15 ccm des Reaktionsgemisches entnommen und in ein trockenes Fläschchen, das sich in Eiswasser befindet, eingefüllt. Derartige Probeentnahmen werden in geeigneten Intervallen wiederholt. Die eiskalten Proben werden möglichst bald nephelometrisch untersucht.

d) Definitionen und Einheiten der Amylasewirkungen.

Unter Hinweis auf das in den vorigen Abschnitten Gesagte, wird hier davon ausgegangen, dass an der Reaktion Stärke $\longrightarrow$ Maltose ($+$ Restkörper) verschiedene Komponenten der Amylase teilnehmen können, welche die Teilreaktionen ungleichmässig beeinflussen. Es muss deshalb betont werden, dass die gegenwärtigen Methoden, nach welchen die einzelnen Reaktionsphasen nicht geschieden werden können, nur eine angenäherte Charakterisierung der Wirksamkeit amylolytisch wirksamer Enzympräparate gestatten.

Entsprechend den verschiedenen Messmethoden, welche in vorstehenden Abschnitten behandelt worden sind, lässt sich die Einheit der Wirksamkeit entweder auf die Verflüssigung von Stärkegelen beziehen, oder auf das Verschwinden der Stärke aus der Lösung oder endlich auf die Bildung der Maltose.

Über die Anwendung der Stärkeverflüssigung als Mass der Amylasewirkung siehe S. 317 u. 410.

Misst man die enzymatische Stärkespaltung nach der Wohlgemuthschen Jodmethode, so wird man auch seinem Vorschlag hinsichtlich der Angabe der Wirkungseinheit folgen. Nach Wohlgemuth soll diejenige Anzahl ccm einer $1^0/_0$igen Stärkelösung ermittelt werden, welche durch 1 ccm der zu untersuchenden Enzymlösung innerhalb der gewählten Versuchsdauer (30 Minuten oder 24 Stunden) bis zum Dextrin abgebaut werden.

Die diastatische Wirkung für 1 ccm der Enzymlösung bezeichnet Wohlgemuth in Abkürzung des Wortes Diastase mit D und gibt durch Indexe Temperatur und Zeit an, mit denen gearbeitet wurde. Also bedeutet:

$$D_{30'}^{41,0} = 250,$$

dass 1 ccm der untersuchten Enzymlösung imstande ist, bei 40^0 in 30 Minuten 250 ccm $1^0/_0$ige Stärkelösung abzubauen.

Für den Enzymgehalt wird hierdurch natürlich nur insoweit ein richtiges Mass erzielt, als Enzymmenge und Enzymwirkung proportional sind.

Speichel sowie andere Sekrete und Körperflüssigkeiten lassen sich in gleicher Weise messen wie Enzymlösungen. Von Organen werden Extrakte oder Presssäfte hergestellt. Herstellung und Verdünnung mit physiologischer Kochsalzlösung. Spezialvorschläge für Arbeiten mit Organen findet man in der zitierten Monographie von Wohlgemuth, S. 57 u. ff.

Wie schon erwähnt, wird zu technischen Zwecken vielfach noch die Lintnersche Methode angewandt (vgl. S. 414). Die Wirksamkeit diastatischen Materials wird nach Lintner in der Weise angegeben, dass man angibt, wieviel Enzymlösung resp. Malzextrakt erforderlich ist, um in einer bestimmten Zeit (gewöhnlich eine halbe Stunde oder eine Stunde) aus einer 2% igen Stärkelösung so viel Zucker abzuspalten, dass 5 ccm Fehlings-Lösung gerade reduziert werden.

Analog geschieht die Berechnung nach Ling. Hat man z. B. 100 ccm einer 2% igen Stärke mit 1,5 ccm Malzextrakt gemischt und die auf 200 ccm verdünnte Lösung eine Stunde bei 21^0 stehen lassen. Werden dann 25 ccm dieser Lösung benötigt, um 5 ccm Fehlingsche Lösung zu reduzieren, so ist die diastatische Fähigkeit

$$\frac{1000}{25 \cdot 1,5} = 26,7.$$

Eine neue Einheit hat Sherman[1] eingeführt und angewandt. Er arbeitet immer mit 2 g Stärke und schlägt vor, immer 30 Minuten lang bei 40^0 zu verzuckern. Sherman, Kendall und Clark geben folgende Tabelle an, aus welcher zunächst die Beziehung zwischen der gebildeten Menge Cu_2O und einer Reaktionskonstanten k_S entnommen werden kann. Aus den k_S-Werten der Tabelle ergeben sich die Einheiten der Shermanschen „new scale" durch Division mit der Enzymmenge. Wir geben die Shermansche Tabelle hier wieder:

Cu_2O mg	k_s	Cu_2O mg	k_S	Cu_2O mg	k_S	Cu_2O mg	k_S
30	9,1	100	31,2	170	54,1	240	78,2
40	12,2	110	34,4	180	57,5	250	81,8
50	15,3	120	37,6	190	60,9	260	85,4
60	18,4	130	40,9	200	64,3	270	89,0
70	21,6	140	44,2	210	67,8	280	92,6
80	24,8	150	47,5	220	71,3	290	96,3
90	28,0	160	50,8	230	74,8	300	100,0

Zur Umrechnung dienen folgende Zahlen (vorausgesetzt 0,0312 g Enzym):

Cu_2O	Cu	mg Maltose	k_s	„new scale"
30	26,8	24,2	9,1	—
60	53,5	48,6	18,4	—
100	89,4	82,0	31,2	1000

Euler und Svanberg[2] haben die Wirkungsfähigkeit ihrer Präparate in einer Weise angegeben, welche sich der früher für Saccharasepräparate benutzten anschliesst.

Bezeichnen wir mit k die monomolekulare Verzuckerungskonstante, mit welcher sich der erste, grösste Teil der Verzuckerung vollzieht, mit „g Maltose" die Anzahl g Maltose, welche bei der durch k gemessenen Reaktion gewonnen werden kann, und mit „g Präparat" die Menge Enzympräparat, welche im Gesamtvolum der Reaktionsflüssigkeit gelöst wurde, so

---

[1] Sherman, Kendall u. Clark, Jl Amer. Chem. Soc. 32, 1073; 1910.

[2] Euler u. Svanberg, H. 112, 193; 1920.

erhalten wir folgenden Ausdruck für die Wirkungsfähigkeit eines Diastasepräparates hinsichtlich der Maltosebildung

$$\text{Verzuckerungsfähigkeit pro g Trockengewicht, } Sf = \frac{k \cdot g \text{ Maltose}}{g \text{ Präparat}}.$$

Die Genauigkeit und Brauchbarkeit dieser Definition des Amylasegehaltes geht hervor aus der Konstanz der in der letzten Spalte der folgenden Tabelle angegebenen Werte Sf, welche aus verschiedenen Versuchen gewonnen worden sind; sämtliche Werte gelten für die Temperatur 37⁰ und für pH-Optimum.

Stärke g	Maltose g	Enzymlösung ccm	Trockengewicht der Enzymlösung g	Mittel k	Sf
0,5	0,375	1	0,00077	0,024	11,7
0,5	0,375	2	0,00154	0,045	10,9
0,5	0,375	1	0,00077	0,022	10,7
0,5	0,375	0,5	0,000385	0,011	10,7
0,5	0,375	0,2	0,000154	0,0040	9,75
1,0	0,75	1	0,00077	0,0115	11,2
0,25	0,1875	1	0,00077	0,044	10,7

Der Mittelwert von Sf beträgt 10,8 für das untersuchte Präparat, der mittlere Fehler in einer Bestimmung ist 0,7, also 6⁰/₀ vom Totalwert.

Die von Euler und Svanberg „vorläufig" vorgeschlagene Methode zur Messung der Aktivität kann nach Euler und Josephson[1] allgemein zur Anwendung kommen, geeignet mit der von Willstätter, Waldschmidt-Leitz und Hesse (für Pankreasamylase) gemachten Einschränkung, dass zur Berechnung der Reaktionskonstanten nur die ersten 40⁰/₀ der Spaltung verwendet werden.

Der Bereich, in welchem die Wirkungsfähigkeit eines Amylasepräparates durch den Wert Sf genau ausgedrückt wird, liegt zunächst zwischen den Substratkonzentrationen 0,25 und 1,0 g Stärke pro 36 ccm, also zwischen Stärkekonzentrationen 0,72 und 2,8⁰/₀ und zwischen Enzymkonzentrationen, welche bei 37⁰, optimaler Acidität und Anwesenheit eines geeigneten Neutralsalzes die Reaktionskonstanten 0,04 bis 0,08 ergeben.

Die Umrechnung der Einheit Sf ergibt sich aus folgender Tabelle:

Minuten	Maltose mg	a — x	k
30	82	1418	0,00080
∞	1500	—	—

$$Sf = \frac{0,0008 \cdot 1,5}{0,0000312} = 38,5.$$

Demgemäss entsprechen 1000 Einheiten „new scale" einem Wert Sf = 38,5.

---

[1] Euler u. Josephson, Chem. Ber. 56, 1749 und zwar S. 1753 u. ff. 1923.

Die vorstehenden Angaben sind dann noch auf eine einheitliche Temperatur zu reduzieren; die Temperaturkoeffizienten sind für tierische und pflanzliche Amylasen verschieden, man findet sie S. 363, 374 und 398.

Für die Umrechnung der Lintnerschen Skala in Sf geht man davon aus, dass 5 ccm Fehlingsche Lösung 0,3682 g Maltose entsprechen (vgl. Wirth, Dissertation l. c.); man kann dann k aus folgender Überschlagsrechnung ermitteln:

Minuten	x	a — x	k
60	36,82	113,18	0,00205
150	150	—	—

Hieraus berechnet man $Sf = \dfrac{0,00205 \cdot 0,150}{0,00012} = 2,55.$

1000 Lintner-Einheiten F entsprechen also rund 26 Sf.

Eine Umrechnung der Wohlgemuth-Einheit in Sf hat wenig Wert, da sich diese Einheiten auf zwei verschiedene Reaktionen eventuell auch mehrere Enzyme beziehen.

Amylase-Einheit (Am.-E.) und Amylase-Wert (Am.-W.). In naher Anschliessung an die von Euler und Svanberg vorgeschlagene Bestimmung und Definition der Amylasewirkung, welche zunächst für Malzamylase ausgearbeitet wurde, haben Willstätter, Waldschmidt-Leitz und Hesse[1] die bei ihren Studien über Pankreasamylase angewandten Einheiten Amylase-Einheit und Amylase-Wert definiert:

Die **Amylase-Einheit** stellt diejenige Enzymmenge tierischer Amylase dar, die 25 ccm 1%iger lösliche Stärke Kahlbaum, die mit 10 ccm 0,2 n.-Phosphat von pH = 6,8 und 1 ccm 0,2 n.-NaCl in 37 ccm Reaktionsgemisch enthalten sind, bei 37° mit einem Geschwindigkeitskoeffizient $k = 1/t \cdot \log (a/a{-}x) = 1$ spaltet. a entspricht der Verzuckerungsgrenze 75%, so dass bei effektiver Einwage von 0,25 g trockener Stärke nur 0,1875 g Substrat angenommen wird. Obwohl dieser Grenzabbau nicht konstant ist, sind die Zahlen doch genügend genau, wenn man sich auf die Verfolgung der ersten Reaktionsstadien (bis 40% Umsatz) beschränkt.

Der **Amylase-Wert** gibt die Anzahl Amylase-Einheiten in 10 mg Substanz an. Zur Umrechnung in Sf dient der Ausdruck

$$\text{Amylase-Wert } 1 = 18,75 \text{ Sf.}$$

Als Grenzen des Gebietes der Enzymkonzentrationen, in welchem die Gültigkeit dieser Einheiten geprüft worden ist, geben Willstätter, Waldschmidt-Leitz und Hesse k = 0,001—0,03 an.

---

[1] Willstätter, Waldschmidt-Leitz u. Hesse, H. **126**, 143; 1923.

12. Kapitel.

Die enzymatische Spaltung
der übrigen polymeren Kohlenhydrate.

Neben der im 11. Kapitel ausführlich behandelten Stärke kommen als enzymatische Substrate, welche die biologische Rolle als Reservenahrung erfüllen, noch in Betracht:

1. Das Glykogen;
2. das Lichenin;
3. diejenigen Stoffe, welche nach dem Vorschlag von E. Schulze oft als „Hemicellulosen" zusammengefasst wurden und welche man je nach den Spaltprodukten, die sie liefern, in Polyhexosane, Polypentosane und Polyhexo-Pentosane einteilen kann.

A. Glykogenase.

Sowohl das Reservekohlenhydrat des Tierreiches als das Glykogen der Pilze und anderer niederer Pflanzen sind der Stärke nahe verwandt, und daher kommt es, dass man die leichter zugängliche Stärke als den typischen Vertreter dieser Stoffgruppe oft untersucht hat, während die Besonderheiten des Glykogens noch verhältnismässig wenig bekannt sind. Das gleiche gilt von der Amylase und der Glykogenase, welche meist als identisch angesehen worden sind. Indessen verdienen die speziellen Eigenschaften der Glykogenase der Muskel, der Leber und anderer Organe besondere Beachtung[1] und erst in letzterer Zeit sind ihr systematische Studien gewidmet worden.

Substrat.

Der bekannteste und auffallendste Unterschied zwischen Amylose und Glykogen zeigt sich in ihrer Färbung durch Jod-Jodkalium. Durch dieses Reagens wird Glykogen violettbraun gefärbt, während die Stärke-Reaktion rein blau ist. Erhebliche Verschiedenheiten des Farbentones deuten vielleicht darauf hin, dass tierisches und pflanzliches Glykogen nicht als identisch angesehen werden können.

Nach Elementarzusammensetzung $(C_6H_{10}O_5)_x$, sowie bezüglich des mittleren Molekulargewichtes (rund 110000—130000) besteht zwischen Stärke

---

[1] Euler u. Myrbäck, H. 150, 1; 1925.

und Glykogen Übereinstimmung; beide geben ferner Glucose als Endprodukt und werden durch Amylase in Maltose gespalten. Mit dem Amylopektin der Stärke hat das Glykogen nicht nur die Jodreaktion gemeinsam, sondern auch den Phosphorsäuregehalt, wenn hier auch quantitative Übereinstimmung nicht erwiesen ist (vgl. ferner S. 95). Wenig verschieden sind ferner die optischen Drehungen von Amylose, Amylopektin und Glykogen. Für Hefen-Glykogen wird die spez. Drehung $+ 199^0$ angegeben, für Leber-Glykogen fand Gatin-Gruzewska $+ 196,6^0$. Erhebliche Differenzen zeigen die Röntgendiagramme: Stärke erweist Krystallstruktur und das Diagramm deutet auf Elementarteilchen von der Grösse $(C_6H_{10}O_5)_2$ hin; Glykogen wurde amorph befunden.

In höheren und niederen Pilzen, besonders in Hefen, spielt Glykogen eine wichtige Rolle als Reservekohlenhydrat. Wie in Kap. 11 (S. 406) bereits erwähnt ist, ist die Hefe einer schnellen Glykogenhydrolyse fähig, sie enthält also erhebliche Mengen einer wirksamen Glykogenase. Setzt man Glykogen einer Hefensuspension zu, so tritt zwar Verzuckerung in nennenswertem Grade nicht ein, denn das Glykogen vermag offenbar nicht in die Hefenzellen einzudringen. Dagegen wird Glykogen des Hefensaftes gespalten, wie schon Cremer[1] fand, und der gleiche Effekt zeigt sich auch bei weiteren Glykogenzusätzen. Auch bei der Autolyse der Hefenzellen tritt die Glykogenase in Wirksamkeit; nach Harden und Paine[2] in hohem Grade unter der Einwirkung plasmolysierender Salzlösungen. Trockenhefe scheint dagegen wenig wirksam zu sein, was auffallen muss, da die Durchlässigkeit der Zellmembran durch das Trocknen bedeutend erhöht wird. In dem der alkoholischen Gärung gewidmeten Band werden wir gelegentlich der Selbstgärung auf diese noch nicht geklärten Verhältnisse zurückkommen.

Bacillus macerans baut nach Pringsheim[3] Stärke und Glykogen zu den gleichen Amylosen ab.

In erster Linie interessiert im gegenwärtigen Stadium der Enzymchemie die Muskelglykogenase. Systematische Versuche über ihre Wirkung sind von Euler und Myrbäck begonnen worden, bald darauf hat Lohmann[4] weitere Versuche mitgeteilt.

Nach einer älteren Untersuchung von Osborne und Zobel[5] wird im Muskel Glykogen zu Maltose neben Glucose verzuckert. Wenn durch rasche Dialyse für die Abtrennung der Zerfallsprodukte des Glykogens von dem undialysablen Enzym Sorge getragen wurde und ferner durch Erwärmen des Extraktes ihm jede Möglichkeit zur Phosphorylierung der Spaltprodukte des Glykogens genommen wurde, konnte Lohmann als Hauptendprodukte

---

[1] Cremer, Zs Biol. 31, 183; 1894 u. 32, 1; 1895.
[2] Harden u. Paine, Proc. Roy. Soc. Bd. 84, 448; 1912.
[3] Pringsheim u. Steph. Lichtenstein, Chem. Ber. 49, 364; 1916.
[4] Lohmann, Biochem. Zs 178, 444; 1926.
[5] Osborne u. Zobel, Jl of Physiol. 29, 1; 1903.

der Verzuckerung ein unvergärbares Saccharid isolieren, das sowohl im freien Zustand wie auch als Acetat eine grosse Ähnlichkeit mit der Amylotriose besass, die von Pringsheim beim Salzsäureabbau des Glykogens und des Amylopektins erhalten wurde. Die Substanz muss als ein Stabilisierungsprodukt, das nicht selbst auf dem Wege des Abbaues gelegen ist, betrachtet werden.

Siehe ferner Kap. 11, S. 407.

Den enzymatischen Glykogenabbau durch andere tierische Gewebe als Muskel haben bereits Pick[1], Macleod und Pearce[2] u. a. Forscher studiert.

Wirkungsbedingungen der Glykogenase.

Spezifität der Glykogenase scheint insofern nicht zu bestehen, als kein Präparat hergestellt worden ist, welches nur Stärke oder nur Glykogen spalten würde.

Verschiedenheiten sind nachgewiesen insofern als Stärke durch tierische Amylasen im allgemeinen schneller verzuckert wird als Glykogen. Ferner ist aber hervorzuheben, dass wir über die aus Stärke und Glykogen primär entstehenden Spaltprodukte im einzelnen noch ganz unzureichend unterrichtet sind und dass in dieser Hinsicht Unterschiede wohl hervortreten können. Besonders ist über die aus Glykogen entstehende α- und β-Konfiguration der Maltose noch nichts Näheres bekannt und es fehlen also Versuche, wie die, welche Euler und Helleberg[3] sowie Kuhn[4] bezüglich der Stärkespaltung angestellt haben.

Das pH-Optimum der Glykogenabnahme und Zunahme des Reduktionswertes bei Spaltung des Glykogens mit Muskeltrockenpräparat fanden Euler, Myrbäck und Signe Karlsson[5] bei pH = etwa 6,3.

B. Lichenase.

I. Substrat.

Die Forschungen des letzten Dezenniums haben ergeben, dass das Lichenin, das 1814 von Berzelius[6] aus dem isländischen Moos, Cetraria islandica, gewonnene Kohlenhydrat eine viel grössere Verbreitung besitzt, als man früher angenommen hatte. Karrer fand nämlich Lichenin nicht nur in vielen Flechten, sondern auch in vielen Samen (Gerste, Mais, Weizen, Spinat, Hafer[7]).

Vom biologischen Gesichtspunkt aus ist in erster Linie die Rolle des

---

[1] Pick, Hofm. Beitr. 3, 163; 1902.
[2] Macleod u. Pearce, Am. Jl of Physiol. 25, 255; 1910.
[3] Euler u. Helleberg, H. 139, 24; 1924.
[4] R. Kuhn, Lieb. Ann. 443, 1; 1925.
[5] Euler, Myrbäck u. Signe Karlsson, H. 143, 243 u. zwar 259; 1925.
[6] Berzelius, Schweiggers Jl 7, 342; 1813. — Ann. de Chim. 90, 277; 1814.
[7] Karrer, M. Staub, Weinhagen u. Joos, Helv. 7, 152; 1924.

Lichenins als Reservestoff hervorzuheben (Karrer); während sich Lichenin dadurch der Stärke anschliesst, steht es chemisch der Cellulose nahe, weshalb Karrer für das Lichenin die Bezeichnung „Reservecellulose" vorgeschlagen hat. So steht das Lichenin zwischen Stärke und der Cellulose („Gerüstcellulose"; Karrer[1]). Bezüglich der chemischen Verwandtschaft zwischen Lichenin und Cellulose[2] ist besonders hervorzuheben, dass aus beiden das Disaccharid Cellobiose gewonnen wird.

Karrer und Lier (Helv. 8) haben aus Lichenin eine Lichotriose dargestellt.

Lichenin wird nunmehr nach Hönigs und Schuberts[3] Vorschrift in der von Karrer, Joos und Staub[4] modifizierten Form aus Cetraria islandica, durch Umfällen aus heissem Wasser nach Hess und Friese dargestellt und dann durch Umfällen aus alkalischen Lösungen weiter gereinigt. Die optische Drehung wird in alkalischer Lösung (Pringsheim[5]) oder in kupferammoniakalischer Lösung (Hess) bestimmt. Die Löslichkeit in verdünnten Laugen ist gemeinsam für viele polymere Kohlenhydrate. Reines Lichenin reduziert Fehlingsche Lösung nicht stärker als Cellulose (Karrer und Joos, Biochem. Zs 136).

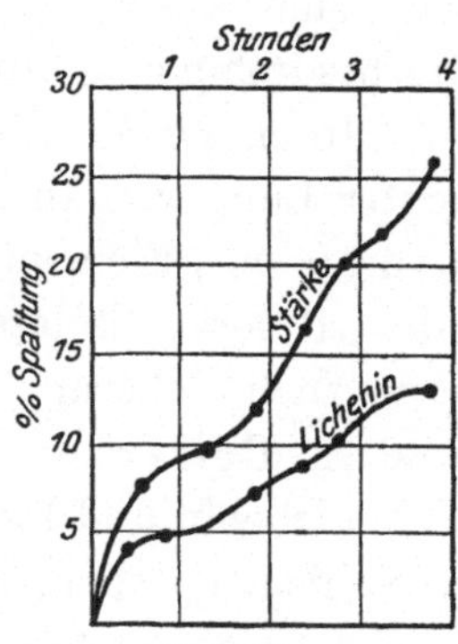

Fig. 64.

Die relative Reaktionsfähigkeit des Lichenins und der Stärke bei der Säurehydrolyse geht aus folgender, von Pringsheim und Seifert (H. 128) gegebenen Figur 64 hervor (die Stundenzahl ist zuverdoppeln).

Das Röntgendiagramm des Lichenins fanden R. O. Herzog und H. W. Gonell[6] von demjenigen der nativen Cellulose etwas verschieden; wie Karrer hervorhebt „kann die Verwandtschaft trotzdem eine nahe sein; schon verschiedener Polymerisationsgrad ist hinreichend, um den Krystallbau von Grund auf zu verändern......."

Pringsheim, W. Knoll und E. Kasten[7] haben gezeigt, dass man aus Lichenin durch Erhitzen in Glycerin ein interessantes Produkt, das Lichosan gewinnt, welches sich unter geeigneten Umständen bis zur Molekulardispersität, nämlich bis zum Hexoseanhydrid $C_6H_{10}O_5$ aufteilen zu lassen scheint, und welches sie als Elementarkörper des Lichenins betrachten. Pringsheim

---

[1] Karrer, Polymere Kohlenhydrate, Leipzig, Akad. Verlagsges. 1925.

[2] Karrer u. B. Joos, Biochem. Zs 136, 537; 1923. — Pringsheim u. Seifert, H. 128, 284; 1923.

[3] Hönig u. Schubert, Monatsh. f. Chem. 8, 452; 1887. — Ulander u. Tollens, Chem. Ber. 39, 402; 1906.

[4] Karrer, Joos u. M. Staub, Helv. 6, 800; 1923.

[5] Pringsheim, Lieb. Ann. 448, 163; 1926.

[6] R. O. Herzog u. H. W. Gonell, H. 141, 63; 1924.

[7] Pringsheim, W. Knoll u. E. Kasten, Chem. Ber. 58, 2315; 1925. — Siehe ferner Pringsheim u. Routala, Lieb. Ann. 450, 255; 1926.

und Routala erhielten Molekulargewichte bis 162. M. Bergmann[1] stimmt mit Pringsheim darin übereiu, „dass das rohe Lichosan zum grössten Teil aus einem Hexoseanhydrid besteht"; allerdings stützt er sich hierbei nur auf seine eigenen Feststellungen, besonders die eines völlig dispergierenden Triacetates $C_6H_7O_2(OAc)_3$.

Wir können hier nicht auf die Diskussion zwischen Pringsheim, Karrer und K. Hess[2] über den Bau und Aggregationszustand des Lichosans (Lichohexosans) eingehen, sondern müssen auf die Originalarbeiten verweisen.

Die Dispersion steigt im System Lichosan-Lichenin offenbar stark mit steigender Temperatur, wie aus Ergebnissen von M. Bergmann und Knehe (Lieb. Ann. 452) sowie Pringsheim hervorgeht. Eine bei 0^0 stark assoziierte Lösung zeigt bei 70^0 völlige Dispersion; damit steht in Übereinstimmung, dass eine wässrige $2,5\%$ige Lichosanlösung, die bei 0^0 nicht dreht, bei 70^0 Rechtsdrehung annimmt.

In enzymchemischer Hinsicht wäre es bezüglich der Aggregationsfrage in erster Linie von Interesse, das bei einer Aufteilung der polymeren Kohlenhydrate in „Elementarkörper" wirksame spezifische desaggregierende Enzym (die „Reservecellulase" Karrers) isoliert zur Wirkung zu bringen. Lichosan (wie auch Cellosan) sind durch dialysierten Malzauszug von Pringsheim und A. Beiser[3] in Cellobiose übergeführt worden.

Lichenin und Lichosan finden Pringsheim und Hans Braun im Wasser verschieden löslich, und sie wiesen an Lichosanlösungen Alterserscheinungen nach[4]. Eine gealterte Licheninlösung wird langsamer gespalten als eine frische.

II. Vorkommen der Lichenase.

Wie aus dem oben Erwähnten hervorgeht, spaltet die Lichenase Lichenin in Cellobiose. Die ersten Beobachtungen über eine solche Spaltung machte Saiki[5]. Die eingehenderen Kenntnisse über dieses Enzym verdankt man besonders H. Pringsheim und P. Karrer.

Tierische Lichenase. In höheren Tieren (Warmblütern) kommt Lichenase nicht vor (Jewell[6]); dass Islandsmoos von den Renntieren gut verdaut wird, kann auf Bakterienwirkung beruhen. Dagegen enthalten Avertebraten Lichenase (Biedermann 1899; Bierry und Giaja 1910—1912). Besonders wirksam scheint das Enzym der Weinbergschnecke (Helix pomatia) zu sein, welches Karrer eingehend studiert hat (Helv. 7).

Pflanzliche Lichenase. Den Nachweis des Vorkommens in keimender

---

[1] M. Bergmann u. E. Knehe, Lieb. Ann. 448, 76; 1926; 452, 151; 1927.

[2] K. Hess u. Herm. Friese, Lieb. Ann. 455, 180; 1927. — Siehe auch K. Hess u. G. Schultze, Lieb. Ann. 448, 106; 1926.

[3] Pringsheim u. A. Beiser, Biochem. Zs.

[4] Pringsheim u. Hans Braun, Lieb. Ann. 460, 42; 1928.

[5] Saiki, Jl of Biol. Chem. 2, 251; 1907.

[6] Jewell u. Lewis, Jl of Biol. Chem. 33, 161; 1917.

Gerste führte Pringsheim[1]. Karrer und Mitarbeiter fanden es in Hafer, Mais (Embryo und Endosperm) sowie in Spinatsamen, Bohnen, Hyazinthen, Flechten. Quantitative Angaben siehe Helv. 7, 144.

III. Darstellung.

a) Ausgangsmaterial: das frische Lebersekret von Helix pomatia.

Man reinigt nach Karrer[2] durch mehrtägige Dialyse. Dann enthält das Fermentpräparat „keine Diastase, keine Maltase, keine Inulase, keine Lipase, Lactase und β-Glykosidase, nur wenig Saccharase, dagegen Cellobiase, Gentiobiase und ein gewisse Manane abbauendes Enzym". Die fehlenden Enzyme werden offenbar inaktiviert, Lichenase scheint sehr viel beständiger zu sein. Bei der Dialyse des Schneckensaftes gehen erhebliche Mengen Lichenase verloren, denn das Enzym diffundiert merklich durch Membranen. Der dialysierte Saft kann mit Aceton gefällt werden.

Adsorption. Als Adsorptionsmittel haben sich Tonerdepräparate (Aluminiumhydroxyd C) und basisches Aluminiumsulfat in neutraler Lösung als geeignet erwiesen. Die Elution erfolgt nach Karrer durch KH_2PO_4.

b) Ausgangsmaterial: gekeimte Platagerste oder Grünmalz.

Der Gehalt von 2 kg Grünmalz fand Karrer etwa gleich 35—40 Schnecken. Auch hier wurde dialysiert und an Tonerde adsorbiert.

Bemerkenswert ist die Permeabilität der Lichenase durch Membranen, welche etwa derjenigen der Amylasen entspricht.

IV. Wirkungsbedingungen.

Für die Wirkung des Malzauszuges fanden Pringsheim und Seifert ein wenig ausgeprägtes Optimum im pH-Gebiet von 5—6.

Die folgende Tabelle Pringsheims ist polarimetrisch ermittelt. Je 25 ccm $0,35\%$ige Licheninlösung, 10 ccm Phosphat- bzw. Citratpuffer, 15 ccm Ferment.

	Citratpuffer			Phosphatpuffer							
Bei pH	3,7	4,3	4,9	5,0	5,7	6,0	6,6	6,8	7,1	7,6	8,0
$\%$ Spaltung nach 24 Stunden	28,3	44,8	72,78	92,57	91,77	86,92	60,17	42,29	35,7	22,1	20,1
$\%$ „ „ 48 „	38,1	57,86	81,16	100,3	88,50	101,0	93,4	85,22	65,37	41,1	36,5

Es handelt sich hier offenbar um das Optimalgebiet einer kombinierten Enzymwirkung Lichenase-Cellobiase.

---

[1] Pringsheim u. Seifert, H. 128, 284; 1923.

[2] Karrer, M. Staub, A. Weinhagen u. Joos, Helv. 7, 144; 1924.

V. Kinetik.

Pflanzliche Lichenase. Wie die Messungen von Pringsheim und Seifert zeigen, verläuft die Spaltung des Lichenins durch pflanzliche Lichenase anfangs als monomolekulare Reaktion. Die genannten Verfasser stellen den zeitlichen Verlauf durch die in Fig. 65 wiedergegebene Kurve dar. Sie gilt für die optimale Acidität pH = 5—6.

Schneckenlichenase. Karrer und Staub[1] haben den zeitlichen Verlauf der Lichenasespaltung verfolgt und versuchten, ihre Zahlenergebnisse zu berechnen. „Wie beim diastatischen Stärkeabbau, so spielen sich auch während der Lichenasefermentation gleichzeitig verschiedene Prozesse ab, die das Bild des wirklichen kinetischen Verlaufes verwischen."

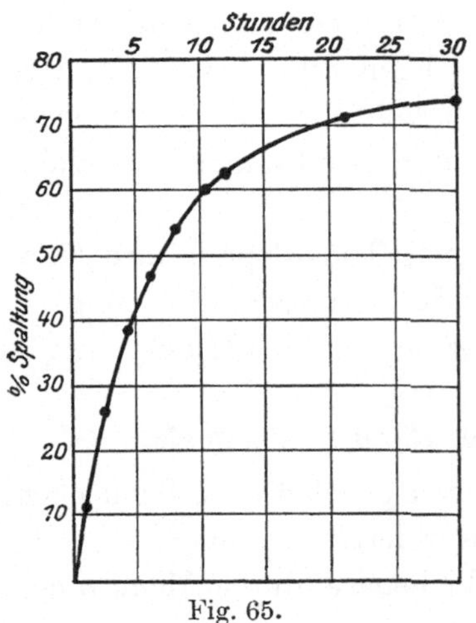

Fig. 65.

Die Schnelligkeit der Reservecellulose-Verzuckerung findet Karrer vom Dispersitätsgrad des Kohlenhydrats wesentlich abhängig. „Nur hochdisperse Reservecellulose wird von Lichenase schnell und quantitativ zu Glucose fermentiert." Dies ist beim Studium des enzymatischen Licheninabbaues zu beachten. Zwischen Enzymmenge und Spaltungszeit besteht nach Karrer bei der Lichenasewirkung nicht umgekehrte Proportionalität; kleinere Enzymmengen spalten verhältnismässig schneller als grosse. Im Beginn des Licheninabbaues zwischen 10 und 40 % Spaltung zerlegt die doppelte Menge des (gereinigten) Enzyms etwa das 1,45 fache desjenigen Licheninanteiles, den die einfache Enzymmenge in derselben Zeit abbaut.

Spaltungszeit	% Spaltung durch die Lichenasemengen				Verhältnis der gespaltenen Reservecellulosemengen bei einfacher und doppelter Enzymkonzentration		
	1	2	4	8			
1 Stunde . .	13,8	19,6	28,4	39,4	1,41	1,45	1,39
2 Stunden . .	21,3	30,2	45,3	57,2	1,41	1,5	1,6
3 Stunden . .	27,8	39,9	52,4	61,9	1,44	1,31	1,18

Karrer schliesst aus diesen Zahlen, dass die Substratmenge x annähernd proportional der Quadratwurzel aus der Enzymkonzentration E ist.

	Enzymmenge, E			
	1	2	4	8
Nach einer Stunde $\dfrac{x}{\sqrt{E}} =$	13,8	13,9	14,2	13,9
Nach zwei Stunden $\dfrac{x}{\sqrt{E}} =$	21,3	21,4	22,6	20,0
Nach drei Stunden $\dfrac{x}{\sqrt{E}} =$	27,8	28,2	26,2	21,9

[1] Karrer u. Staub, Helv. 7, 518; 1924.

Auf Grund dieser Gesetzmässigkeit gelingt es, in verschiedenen Lichenasepräparaten den Gehalt an aktivem Prinzip zu vergleichen. Spaltet nämlich die Fermentmenge 1 die Reservecellulosemenge 1, so gilt nach obigem angenähert:

Fermentmengen	1	2	4	8	16	2^n
% Spaltung in gleichen Zeiten	1	1,45	$1,45^2$	$1,45^3$	$1,45^4$	$1,45^n$

Bei der Beurteilung der vorliegenden kinetischen Versuche ist noch folgendes zu berücksichtigen:

Wie Pringsheim und Leibowitz[1] fanden, verliert die Cellobiase im Malzextrakt allmählich ihre Aktivität, so dass Lichenin zwar noch zur Cellobiose, aber nicht mehr weiter abgebaut wird. Der Enzymkomplex der Lichenase enthält also Cellobiase. Pringsheim zeigt weiter mit W. Kusenack[2], dass die Hydrolyse des Lichenins in Cellobiose unter der Wirkung des gealterten cellobiasefreien Gerstenenzymes quantitativ durchgeführt werden kann.

Auch bei der Reinigung der Schneckenlichenase durch gewisse Adsorptionsverfahren gelingt es manchmal, Präparate herzustellen, die innerhalb einiger Wochen das cellobiosespaltende Teilenzym verlieren; sie spalten dann zwar noch Lichenin, aber nicht mehr Cellobiose (Helv. 7, 154). An Stelle dieses etwas unsicheren Verfahrens ergab Adsorption an basischem Aluminiumsulfat in essigsaurer Lösung nach Karrer und Lier[3] bessere Resultate.

Pringsheim und Karl Baur[4] haben neuerdings vergleichende kinetische Versuche mit Malzauszug an gewöhnlichem Lichenin (gealterte und entalterte Lösung) und an gereinigtem Lichenin angestellt. Wir teilen 2 zusammenfassende Tabellen mit, in welchen berechnet ist, um das Wievielfache sich bei Verdoppelung der Enzymmenge die Spaltung erhöht.

Gewöhnliches Lichenin.

Nach	24 Stdn.	48 Stdn.	72 Stdn.
$\dfrac{1\ ccm}{0,5\ ccm}$	1,3	1,28	1,28
$\dfrac{5\ ccm}{2,5\ ccm}$	1,24	1,26	1,26
$\dfrac{10\ ccm}{5\ ccm}$	1,21	1,21	1,17

Gereinigtes, gealtertes Lichenin.

Nach	2 Stdn.	4 Stdn.	8 Stdn.	24 Stdn.
$\dfrac{4\ ccm}{2\ ccm}$	1,71	1,74	1,52	1,3
$\dfrac{8\ ccm}{4\ ccm}$	1,58	1,42	1,4	1,24
$\dfrac{10\ ccm}{8\ ccm}$	1,57	1,48	1,26	1,2

Bei gereinigtem Lichenin wurde — im Gegensatz zum gewöhnlichen Lichenin — eine Abnahme der berechneten Quotienten gefunden.

An gereinigtem, vorerwärmten bzw. entalterten Lichenin fanden Pringsheim und K. Baur bis etwa 60% Spaltung Anschluss an die Formel für monomolekulare Reaktionen. Bis zu diesem Spaltungsgrad war auch die Reaktionskonstante 1. Ordnung der Enzymkonzentration annähernd proportional. Dies zeigt folgende Tabelle:

[1] Pringsheim u. Leibowitz, H. **131**, 262; 1923.
[2] Pringsheim u. Kusenack, H. **137**, 265; 1924.
[3] Karrer u. Lier, Helv. **8**, 248; 1925.
[4] Pringsheim u. K. Baur, H. **173**, 188; 1928.

ccm Enzymlösung	Nach Stunden	$k \cdot 10^3$	$k' = \dfrac{k}{m} \cdot 10^3$
2	1	19,0	9,5
	2	17,8	8,9
	4	17,9	8,9
	8	17,9	8,9
4	1	38,6	9,6
	2	35,8	8,9
	4	37,5	9,3
	8	38,5	9,8
8	1	75,7	9,4
	2	78,4	9,8
	4	73,7	9,2
16	1	147,5	9,2
	2	151,4	9,4

VI. Entwicklung der Pflanzenlichenase bei der Keimung.

Die Bildung der Lichenase bei der Keimung ist von Karrer an keimender Platagerste, keimendem Spinat und Mais untersucht worden.

Die Samen wurden teils ungekeimt, teils nach verschieden langer Keimung zerstossen und alle Portionen möglichst gleichzeitig extrahiert, die Extrakte zur Entfernung der Zucker dialysiert. Hierauf liess man einen bestimmten Teil derselben auf Licheninlösungen einwirken und ermittelte nach gleichen Zeiten den Abbau. Dieser ist dann ein direktes Mass für das im Samen nach verschiedenen Keimungszeiten vorhandene Enzym.

Enzym aus keimender Platagerste.

Keimzeit in Stunden	Licheninspaltung nach 24 Stunden	
	1. Versuchsreihe Prozent	2. Versuchsreihe Prozent
0	53,8	62,4
48	48,4	54,0
72	45,6	53,1
96	74,5	69,0
120	70,2	99,0
144	68,2	99,0
168	74,2	90,0
192	67,4	87,6
216	—	88,5
240	—	94,0
264	—	95,4

Als Resultat der Versuche ergab sich, dass die Lichenase in ruhender und keimender Gerste und ebenso in ungekeimtem und gekeimtem Spinatsamen vorkommt. In den ersten Keimtagen scheint die Enzymwirkung anzusteigen, um sich dann aber bis zum Ende der Beobachtungszeit (etwa 14 Tage) auf ungefähr derselben Höhe zu halten:

Im keimenden Maiskorn ist die Lichenase im Endosperm und im Embryo vertreten; allmählich reichert sich die Lichenase im Keimling an, ähnlich wie dies bei der Amylase der Fall ist.

C. Cellulase.

Bekanntlich enthält Holz bis zu 66% Cellulose (neben etwa 30% Lignin und einigen Prozenten Xylanen) und der biologische Abbau der Cellulose ist deswegen ein wichtiger Naturprozess.

Obwohl die Zersetzung des Holzes durch Pilze und Mikroorganismen vielfach studiert worden ist, sind enzymologisch brauchbare Ergebnisse erst in letzter Zeit gewonnen worden. Dies lag zum Teil daran, dass meist Substrate gewählt worden waren, welche zwar für das Wachstum der untersuchten Organismen einen günstigen Nährboden lieferten, aber chemisch wenig definiert waren; es stand also nicht fest, welcher ihrer Bestandteile tatsächlich die biochemische Zersetzung erfahren hatte, wenn eine solche nachgewiesen werden konnte. Die Verwendung von reiner Cellulose (Filtrierpapier) als Substrat bei den Versuchen von van Iterson[1] mit holzzerstörenden Schimmelpilzen hat demgemäss schon einen erheblichen Fortschritt gebracht. Der Nachweis einer eigentlichen „Cellulase", also eines die Cellulose hydrolytisch spaltenden Enzyms wurde ferner dadurch erschwert, dass die Mikroorganismen, welche die Cellulose spalten, sofort über diese erste Stufe des Angriffes hinausgehen und die Spaltprodukte unter Hydrolyse, Veratmung oder Vergärung weiter verbrauchen.

Substrat. Die Elementarzusammensetzung der nativen Cellulose wird gewöhnlich durch die Formel $(C_6H_{10}O_5)_n$ dargestellt. Die erste Tatsache, welche eine entscheidende chemische Charakterisierung der Cellulose gestattete, wurde durch den Befund von Skraup und König[2] geliefert, dass Cellulose durch Hydrolyse mit Essigsäureanhydrid und Schwefelsäure Cellobiose liefert. Dieses Spaltprodukt schien also der aus Stärke gewonnenen Maltose zu entsprechen. Es wird von Karrer und von Pringsheim angenommen, dass der Grundkörper der Cellulose, das Cellosan, ein Anhydrid der Cellobiose ist, während K. Hess[3] diese Ansicht bestreitet und als Grundsubstanz eine Anhydroform der Glucose annimmt. Zur Aufklärung des „Grundkörpers" der Cellulose zieht K. Freudenberg neuerdings auch die Methylcellulose heran[4]. Er gibt die Möglichkeit der Aufteilung zu einem Glucoseanhydrid zu, lehnt aber die Reversibilität dieser Aufteilung ab und sieht die Cellobiose als wirkliches Abbauprodukt an (vgl. S. 303).

---

[1] C. van Iterson jr., Versl. K. Akad. v. Wetensch. Amsterdam 11, 807; 1903. Zbt. f. Bakt. II, 11, 689; 1904.

[2] Skraup u. König, Monatsh. f. Chem. 22, 1011; 1901. — Franchimont, Schliemann, Lieb. Ann. 378, 366; 1910.

[3] K. Hess, Weltzien u. Messner, Lieb. Ann. 435, 1; 1923.

[4] K. Freudenberg u. Braun, Lieb. Ann. 460, 288; 1928.

Röntgenspektrographische Beobachtungen liegen vor von Scherrer[1], Sponsler und Dore, Herzog und Janke[2], sowie Polanyi[3]. Aus letzteren geht hervor, dass die Cellulosekrystallite parallel zur Faserachse orientiert sind[1]. Interessante Stützen für die Kettenformel der Cellulose verdankt man Kurt H. Meyer und H. Mark (Chem. Ber. 60, 593; 1928).

Für das Cellosan waren folgende Formeln in Betracht gezogen worden:

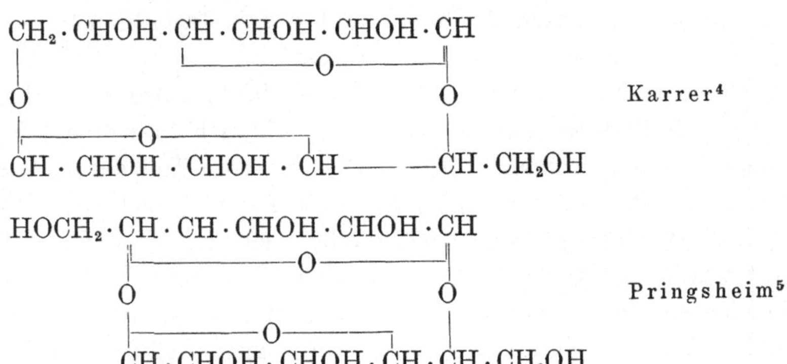

Es sei auf die Monographien von Pringsheim[6], Karrer[7], sowie auf Kap. 8 verwiesen.

Es erscheint als eine in mehr als einer Hinsicht dankbare Aufgabe, ausgehend von dem im „Grundkörper" mancher Polyosen vorliegenden Ringsystem, der sterischen, symmetrischen Anordnung der 6-Ringe experimentell nachzugehen, welche zu der sterischen symmetrischen Anordnung der Benzolringe führt und diese Raumgebilde mit denen der polymeren Kohlenhydrate in Zusammenhang setzt[8]. Versuche des Verf. mit Inosit haben zu solchen Ringsystemen geführt.

Cellulosepräparate[9]. Die Enzymfestigkeit der in verschiedener Weise

---

[1] P. Scherrer, siehe Zsigmondy, Kolloidchemie. 4. Aufl. 1925.

[2] R. O. Herzog u. Janke, Chem. Ber. 53, 2163; 1922.

[3] Polanyi, Naturwiss. 9, 288; 1921. Zs f. Physik 7, 155; 1921. — Siehe auch K. Hess u. Guido Schultze, Lieb' Ann. 456, 55; 1927.

[4] Karrer, Ergebn. d. Physiol. 20, 433; 1922.

[5] Pringsheim, Naturwiss. 12, 360; 1924.

[6] Pringsheim, Berlin 1923. Die Polysaccharide. — Ferner Lieb. Ann. 451, 308; 1927. — Chem. Ber. 59, 3008; 1926.

[7] Karrer, Polymere Kohlenhydrate. Leipzig 1925.

[8] Siehe hierzu Euler, Sv. Vet. Akad. Arkiv f. Kemi 9, Nr. 44; 1927.

[9] Die Bezeichnung „Hemicellulosen" (E. Schulze) wurde von Winterstein, Tollens u. a. angenommen; sie wird demgemäss hier beibehalten, wenn auch gleich betont werden muss, dass „Hemicellulosen" chemisch keineswegs scharf abgegrenzt sind, sondern als eine ziemlich mannigfaltige Gruppe celluloseartiger Reservestoffe angesehen werden können, welche leichter als eigentliche Cellulose gespalten werden und dabei nicht nur Glucose liefern, sondern auch Mannose, Galaktose und Pentosen. Demgemäss gehören hierher nicht nur die Mannane, Galaktane, Glucomannane usw., sondern auch Pentosane und Pentohexosane.

Bei dieser Verschiedenheit des Substrates ist es natürlich schwer, eine Vorstellung über die Einheitlichkeit der entsprechenden Enzyme zu erhalten.

vorbehandelten Cellulose ist recht verschieden, in erster Linie wohl der ungleichen Grösse der reagierenden Oberfläche entsprechend.

Nach Meyer und Mark sind je etwa 40 Glucosereste in ihrer 1,5-Ring-Form mit einander durch β-glucosidische Bindungen in 1,4-Stellung zu einer gerade gestreckten Hauptvalenz-Kette vereinigt; je 40—60 solcher Ketten sind parallel gelagert.

Als native Cellulose lässt sich reines schwedisches Filtrierpapier oder reine Baumwolle verwenden. An denaturierten bzw. vorbehandelten Celluloseprӓparaten[1] sind besonders die folgenden zu nennen:

1. Säurebehandlung (Hydrocellulose): Guignet[2] hat bekanntlich kolloidale Cellulose durch Behandeln von Baumwolle mit Schwefelsäure von 60—65% hergestellt. Sie ist von Schwalbe näher untersucht worden. Die Guignet-Cellulose geht nach Ausfällung wieder in kolloidale Lösung, die indessen wenig haltbar ist. Als Substrat für enzymatische Untersuchungen scheint sie um so weniger geeignet, als sie bereits zum Teil hydrolysiert ist.

Behandelt man Cellulose in kalter rauchender, 40—42%iger Salzsäure (spez. Gewicht 1,200—1,215) nach Willstätter und Zechmeister[3] bei Zimmertemperatur, so löst die Säure in höchstens 1 Minute 12—15% ihres Gewichtes an Cellulose. Bei Anwendung überschüssiger Salzsäure geht Baumwolle klar in Lösung; verdünnt man 14—15 Minuten nach der Auflösung mit Wasser, so scheidet sich Hydrocellulose in kolloider Form ab; Verreiben mit Wasser und dann mit Alkohol liefert ein wasserunlösliches Pulver.

Nach Karrer und Lieser[4] verwendet man zur Darstellung der Hydrocellulose geeignet Phosphorsäure, und zwar lässt man Baumwolle mit der 30fachen Menge Orthophosphorsäure bei Zimmertemperatur stehen und erwärmt dann $^1/_2$ Stunde auf 35°. Durch Einrühren von Eis wird die Cellulose langsam ausgefällt. Sie wird gründlich mit Wasser gewaschen und mit Alkohol und Äther getrocknet. Geringe Reduktion: Kupferzahl 2,9.

2. Alkalibehandlung. In kalter, konzentrierter Kalilauge nehmen Cellulosefasern Alkali auf, das beim Waschen mit Wasser wieder abgegeben wird; die Faser wird glänzend; „Mercerisierung".

3. Eine Lösung der Cellulose wird bekanntlich auch durch das 1857 von Schweizer angegebene Reagens — Kupferhydroxyd in konzentriertem Ammoniak — erreicht, wobei sich in Gegenwart von Alkali Kupferalkalicellulose bildet.

4. Aus Cellulose-Estern, Acetatseide und Xanthogenat regenerierte Präparate sind hinsichtlich ihrer Enzymfestigkeit von Karrer untersucht worden.

---

[1] Der Begriff „Oxycellulose" ist nach K. Hess u. Katona (Lieb. Ann. 455, 214; 1927) aus der systematischen Cellulosechemie auszuscheiden.

[2] Guignet, C. r. 108, 1258; 1889. — C. G. Schwalbe u. Mitarbeiter, Zs angew. Chem. 26, 499; 1913; 39, 606; 1926.

[3] Willstätter u. Zechmeister, Chem. Ber. 46, 2401; 1913.

[4] Karrer u. Lieser, Cellulosachem. 7, 1; 1926.

Was die nicht enzymatische Spaltung betrifft, so sind verdünnte Mineralsäuren bei gewöhnlichem Druck nur wenig wirksam, bei höherem Druck
und höherer Temperatur wird der abgespaltene Zucker gleichzeitig zerstört,
weshalb auch die Verzuckerung mit verdünnten Säuren noch nicht zu günstigen
Resultaten geführt hat, während das Willstätter-Verfahren[1] auch technischen Erfolg verspricht.

Nach Karrer bestehen zwischen Cellulose und Lichenin (vgl. S. 423)
grosse Ähnlichkeiten, aber nicht Identität (vgl. Helv. 9, 893; 1926).

Den acetolytischen Abbau der Cellulose und die Cellobiosebildung haben
Friese und K. Hess (Lieb. Ann. 456, 38; 1927) untersucht.

Was die enzymatischen Vorgänge an Cellulose betrifft, so liegt eine der
vielen Schwierigkeiten dieses Gebietes darin, dass wie bei der Stärke noch
Unsicherheiten bestehen bezüglich der Grenze zwischen Lösung und chemischem Abbau[2].

I. Tierische Cellulasen.

Bei höheren Tieren wurde das Vorkommen von Cellulasen in den
Verdauungssekreten früher mehrfach vermutet.

Bekanntlich ist die Verwertbarkeit des Holz- und Strohstoffs als Pferde-,
Rinder- und Schweinefutter, besonders durch N. Zuntz und seine Mitarbeiter vielfach untersucht worden. Dabei hat sich der frühere Befund[3],
bestätigt, dass cellulosespaltende Enzyme ebensowenig im Verdauungstraktus dieser Tiere wie in dem des Menschen sezerniert werden, sondern
dass Cellulose von den untersuchten Tieren dadurch „verdaut" wird, dass
ihre Bakterienflora Cellulosegärung hervorzurufen imstande ist. Die einleitenden Hydrolysen, welche zunächst zu Dextrinen, Cellobiose und Glucose
führen müssen, sind allerdings hierbei noch nicht untersucht worden; Endprodukte dieser Cellulosegärungen sind CO_2 und Methan, ferner noch fette
Säuren, besonders Buttersäure[4] (neben etwas Ameisensäure, Essigsäure und
Milchsäure), also Produkte, welche aus der Glucose entstanden sein dürften.
Inwieweit die durch Hydrolyse gebildeten Zuckerarten und die durch Gärung
entstehenden nicht gasförmigen Produkte vom Darm resorbiert werden, bleibt
noch zu untersuchen. Was die bakterielle Bildung von brennbaren Gasen
aus cellulosehaltigem Material betrifft, so kann dieser Teil der Gärungsreaktion vom tierischen Organismus höchstens durch die gleichzeitig entstehenden, energiereicheren Spaltungsprodukte ausgenützt werden, sofern
sie als Material für synthetische Vorgänge dienen. Es kann nicht oft genug

---

[1] Willstätter u. Zechmeister, Chem. Ber. 46, 2401; 1913.

[2] Siehe z. B. die Bemerkungen von Hess in Zs f. angew. Chem. 39, 1189; 1926.

[3] Siehe besonders Scheunert, H. 49, 9; 1908. — Ältere Versuche über Celluloseverdauung im menschlichen und tierischen Organismus, besonders beim Hund, findet man in
den Arbeiten von Lohrisch, H. 47; 1906 und 69, 143; 1910.

[4] Siehe hierzu Krogh u. Schmit-Jensen, Biochem. Jl. 14. 686; 1920.

hervorgehoben werden, dass die Gärungswärme als solche für den Organismus energetisch bedeutungslos ist[1]; die damit zusammenhängenden energetischen Fragen sind bis jetzt noch verhältnismässig wenig besprochen worden.

Auch beim Abbau von sog. „Hemicellulosen" im Verdauungstraktus höherer Tiere scheint es sich durchweg um bakterielle Spaltungen zu handeln (Gatin, Saiki[2], Scheunert l. c.). Gegen Knauthes Behauptung, dass die Hemicellulosespaltung im Darm von Fischen von Darmenzymen herrührt, hat E. Müller[3] Einwände erhoben.

Dagegen ist seit längerer Zeit bekannt, dass die Evertebraten Enzyme enthalten, welche teils native Cellulose, teils denaturierte Cellulose bzw. Hemicellulosen zu spalten vermögen.

Zunächst fanden Biedermann und Moritz[4], sowie Bierry und Giaja[5] weitgehende und schnellverlaufende Hydrolysen von Mannanen im Verdauungstraktus von Helix pomatia. Die ersteren Forscher wiesen ein ähnliches Enzym im Lebersekret des Flusskrebses nach.

In neuerer Zeit hat besonders Karrer[6] wertvolle Beiträge zum enzymatischen Abbau der Cellulose (und der Kunstseide) durch Schneckencellulase geliefert. Karrer hat zunächst verschiedene Cellulosepräparate bezüglich ihrer Enzymresistenz verglichen. Siehe Tabelle S. 434.

Die hauptsächlichsten Ergebnisse dieser Abbauversuche lassen sich in folgenden Sätzen zusammenfassen:

1. Filtrierpapier wird von der Cellulase leichter angegriffen als Baumwolle.

2. Mercerisation der Baumwolle vermindert ihre Enzymresistenz.

3. Von den aus verschiedenen Cellulose-Estern regenerierten Cellulosepräparaten stand das aus dem Trinitrat gewonnene der nativen Cellulose im Verhalten gegen das Ferment am nächsten.

4. Aus Kupferoxyd-Ammoniak umgefällte und aus dem Xanthogenat regenerierte Cellulosen werden durch Schneckencellulase viel leichter verzuckert als native Cellulose; die Reifungszeit der Viscose (1 bis 15 Tage) sowie die Art der Trocknung der Cellulosepräparate sind nicht von grossem und eindeutigem Einfluss auf die Abbaubarkeit.

5. Verschiedene Präparate „alkalilöslicher" Cellulose unterliegen dem enzymatischen Abbau besonders leicht.

Von den in umstehender Tabelle angeführten Präparaten wurden je 0,1000 g der Schneckencellulase-Einwirkung unterworfen; dazu kamen 2 ccm PO_4-Puffer (pH = 5,28) + 10 ccm Enzymlösung, (das Enzym einer Schnecke enthaltend) + Toluol. Einwirkungsdauer 6 Tage bei 36°.

---

[1] Vgl. hierzu Euler u. B. af Ugglas, Zs f. allgem. Physiol. **12**, 364; 1911.

[2] Saiki, Jl. Biol. Chem. **2**, 251; 1906.

[3] E. Müller, Pflüg. Arch. **83**, 619; 1901.

[4] Biedermann u. Moritz, Pflüg. Arch. **73**, 291; 1898. — Seillière, Soc. Biol. **68**, 107, 989; 1910.

[5] Bierry u. Giaja, C. r. **148**; 507; 1910 u. Biochem. Zs. **40**, 370; 1912. Siehe daselbst auch ältere Literatur.

[6] Karrer u. Schubert, Helv. **8**, 807; 1925; 9, 893; 1926.

	Abbau in %	
	I.	II.
1. Filtrierpapier	7,1	7,0
2. Baumwolle (entfettet)	2,1	1,8
3. Baumwolle entfettet und mit Alkali mercerisiert	10,2	10,5
4. Cellulose aus Trinitrat, regeneriert nach Rassow	7,8	7,9
5. Cellulose aus Kupferoxyd-Ammoniak regeneriert	18,3	21,5
6. Viscose, 5 Tage gereift, im Trockenschrank getrocknet	22,0	—
7. Viscose, 1 Tag gereift, mit Alkohol-Äther entwässert	41,6	40,2
8. Viscose, 5 Tage gereift, mit Alkohol-Äther entwässert	26,6	27,5
9. Viscose, 15 Tage gereift, mit Alkohol-Äther entwässert	33,1	35,0
10. Kupferseide Küttner 120 den.	30,0	30,1
11. Kupferseide Küttner feinfaserig	48,5	46,7
12. Kupferseide Küttner feinfaserig, mercerisiert	25,4	25,8
13. Alkalilösliche Cellulose, aus Cellulose-Triacetat nach K. Hess . .	32,4	31,2
14. Cellulose aus Triacetat nach Ost	70,0	68,0
15. Alkalilösliche Cellulose, mit Salzsäure bereitet, im Trockenschrank getrocknet	68,5	—
16. Alkalilösliche Cellulose, mit Salzsäure bereitet, mit Alkohol-Äther getrocknet	72,7	—

Kinetik.

Mit Hepatopankreassaft von Helix pomatia bzw. Trockenpräparat daraus hatte schon Karrer mit Illing die Spaltung einer mit Kupferoxydammoniak umgefällten Baumwolle hinsichtlich des zeitlichen Verlaufs verfolgt. Wir entnehmen ihrer Mitteilung (Helv. 8; 1925) folgende Tabelle.

Spaltungs- zeit in Stunden	Versuch mit Enzymmenge 1		
	mgr Glucose	$\frac{1}{t} \log \frac{a}{a-x} \cdot 10^5$	$\frac{x}{\sqrt{t}} \cdot 10^4$
87			
183	11,1	16,3	7,3
255	14,0	14,8	7,8
327	15,2	12,7	7,6

Karrer findet, dass „der Vorgang nur annäherungsweise den Verlauf einer monomolekularen Reaktion aufweist. Besser fügt diese sich streckenweise der Schützschen Regel".

II. Cellulase höherer Pflanzen.

Der Nachweis von ächter Cellulase in höheren Pflanzen bietet an sich ein nicht geringes biochemisches Interesse. Hemicellulasen, auch Cytasen genannt, werden im Abschnitt E und F behandelt.

Kürzlich hat Pringsheim mit K. Baur[1] neue Versuchsreihen über die

---

[1] Pringsheim u. K. Baur, H. 173, 188; 1928.

Spaltung verschieden vorbehandelter Cellulosen durch Enzyme des Gersten-malzes beschrieben. Es kamen zur Untersuchung:

Filtrierpapier mit LiCl auf 160° erhitzt, Präparat L_1 und L_2.

Filtrierpapier mit Calciumrhodanid 4 Stunden auf 95°—100° erhitzt (R).

Guignet-Cellulose.

In folgenden Tabellen ist die Spaltbarkeit verglichen:

Präparat	L_1	L_2	R	Guignet
Suspension	5	17	7,5	15 ccm
Citrat	10	8	10	10
Wasser	10	—	7,5	—
Malzauszug	75	75	75	75

Titritation von je 20 ccm $KMnO_4$ ergab:

Präparat	$\%$ Glucose			
	L_1	L_2	R	G
Nach 16 Stunden	8,6	10,4	21,4	3,8
„ 24 „	12,4	14,4	25,7	6,0

„Demnach erwies sich die Guignet-Cellulose von den Fermenten am wenigsten angreifbar."

Karrer und Schubert konnten Filtrierpapier mit Schneckenenzym etwa zur Hälfte spalten.

40 ccm unverd. Schneckenenzymlös., die das Ferment aus 22 Schnecken enthielt, wurden im Exsiccator über Calciumchlorid auf 24 ccm eingedunstet; 0,1000 g Filtrierpapier wurde ein-getragen, sowie 1 ccm PO_4-Puffer + Toluol. Nach 58 Tagen im Brutschrank betrug der Ab-bau 44,5 %. Die nicht in Lösung gegangenen Celluloseanteile wurden bei erneuter Einlage in Fermentlösung weiter verzuckert.

Zweifelhaft ist noch, ob der Bohrwurm, Teredo navalis, welcher Holz zerstört, Cellulose durch eigene Enzyme oder mittels Darmbakterien angreift[1].

Hier ist auch noch zu erwähnen, dass nach Giaja (Soc. Biol. 82) Helix pomatia durch ihren Darmsaft die Zellmembran der Hefe aufzulösen imstande ist.

III. Cellulase der Pilze[2].

Von älteren Arbeiten seien hier folgende angeführt:

Newcombe[3] beschreibt in einer Arbeit über Cellulose-Enzyme ein Enzym aus Aspergillus Oryzae, das Cellulose angreift. Wehmer[4] beobachtete

---

[1] Siehe hierzu Harrington, Biochem. Jl. 15, 736; 1921. — W. H. Dore u. R. C. Miller, Naturwiss. 12, 282; 1924.

[2] Siehe hierzu die Monographie von A. C. Thaysen und Bunker: The microbiology of cellulose, hemicelluloses, pectin and gums. Oxford Univ. Press.

[3] Newcombe, Ann. of. Bot. 13, 49; 1899.

[4] Wehmer, Zbl. Bakt. II, 2, 140; 1896.

eine Einwirkung auf Cellulose durch Aspergillus Wentii und Went[1] durch Monilia sitophila.

Hoppfe[2] gibt an, aus dem Pansen des Rindes einen „Aspergillus cellulosae" gezüchtet zu haben, welcher durch sein Wachstumsoptimum bei 35^0—37^0 charakterisiert ist und beim Wachstum ächte Cellulose (Filtrierpapier) aufzehren soll; er ist von Ellenberger[3] eingehender untersucht worden. Nach seinen Angaben wurde die Cellulase dieses Pilzes in folgender Weise zur Wirkung gebracht:

Man brachte in sterile Kölbchen die betr. Nährlösung mit Filtrierpapier, das mit Chloroformdampf sterilisiert war und setzte Pilzsporen zu. Nach 3 Wochen war unter der inzwischen gebildeten sporenhaltigen Mycel-Faserdecke eine breiige, faserige Masse entstanden. Diese Sporen, Mycelien, Hyphen und Cellulasefasern enthaltende Flüssigkeit wurde durch ein Berkefeld-Filter gesaugt. Die filtrierte Flüssigkeit erwies sich keimfrei. Dies keimfreie Filtrat wurde in je 3 sterilen Reagenzgläsern verteilt mit Zusatz von Filtrierpapierstreifen. Zum Schutz gegen Eindringen von Luftkeimen wurde 1 ccm Toluol auf die Oberfläche der Flüssigkeit gebracht. Nach 14 Tagen (Temp. 22^0) sah man Auffaserung des Papiers, nach weiteren 14 Tagen war das Papier so zerfallen, dass beim Schütteln ein Brei entstand. Irgend ein Pilzwachstum war nicht zu beobachten, auch nach Beimpfen von 3 Platten Mannit-Agar trat kein Wachstum ein.

Ob die Entstehung des Faserbreies von einer Enzymwirkung herrührt, lässt sich aus der Mitteilung nicht beurteilen.

In Versuchen, bei welchen der lebende Pilz zugegen war, soll in 10 Tagen etwa $5\,^0/_0$ der anwesenden Cellulose in Lösung gegangen sein; bei diesen Versuchen wurde auf Spaltprodukte mit Fehlingscher Lösung usw. geprüft; Zucker wurde aber leider nicht zu isolieren versucht.

In Penicillium glaucum fand Heller[4] wenig, in Mucor mucedo keine Cellulase.

1903 erhielt C. van Iterson jr.[5] bemerkenswerte Resultate mit nicht näher bestimmten holzzerstörenden Pilzen, die zur Gruppe der Hyphomyceten gehören. Wurden die auf Papier gewachsenen Pilze durch kräftiges Schütteln mit Toluol abgetötet, so erlangte die Nährlösung die Fähigkeit, Fehlingsche Lösung zu reduzieren, und Glucose konnte als Osazon nachgewiesen werden. Ein die Cellulose spaltender Presssaft wurde allerdings aus diesen Pilzen nicht gewonnen.

Eine spezifische Fähigkeit zur Lösung der Cellulose fand F. Heller (l. c.) bei 11 Fusariumarten, ferner bei Rhizoctonia solani und Trichothecium roscum; nach dem gleichen Verfasser wird durch Pilze vom Typus des Fusarium Lolii echte Cellulose angegriffen, während Hemicellulosen intakt bleiben.

Bereits 1900 hatte Kohnstamm angegeben, dass Presssaft des Hausschwammes, Merulius lacrimans, auf Blättern von Elodea ähnliche Korrosionen

<hr>

[1] Went, Jahrb. wiss. Bot. **36**, 611; 1901.

[2] Hoppfe, Zbt. Bakt. **83**, 531; 1919.

[3] Ellenberger, H. **96**, 236; 1915.

[4] Heller, Dissert. Rostock, 1917.

[5] van Iterson jr., Verslagen der Kon. Akademie van Wetensch. Amsterdam **9**, 807; 1903. — Zbt. Bakt. II, **11**, 689; 1904.

hervorruft, wie der lebende Pilz. Dass aber diese Einwirkung auf die beginnende Spaltung einer echten Cellulose zurückzuführen ist, halte ich, in Übereinstimmung mit Pringsheim, für recht zweifelhaft[1].

Aus dem Hausschwamm, Merulius lacrimans, lässt sich ein Presssaft gewinnen, welcher wie Verf.[2] zeigen konnte, Hydrocellulose (Amyloid) zu spalten imstande ist; es handelt sich, wie spätere (noch nicht veröffentlichte) Versuche ergeben haben, um eine eigentliche Hydrolyse.

Schmitz und S. M. Zeller[3] haben in folgenden holzzerstörenden Pilzen Cellulase gefunden: Lenzites saepiaria, Daedalea confragosa, Polyporus lucidus und volvatus, Fomes igniarius, Armillaria mellea, Echinodontium Tinctorium.

Nach Rich. Falk[4] lassen sich die durch die Fallsporenträgerpilze bewirkten Zersetzungen des Holzes zwei Hauptformen des Abbaues, die Destruktion und die Korrosion, unterscheiden. Erstere umfasst die durch Arten der Gattungen Merulius, Coniophora, Poria, Lenzites u. a. bewirkten Zersetzungen, wie Hausschwamm und Trockenfäule; sie verläuft rasch und ist gekennzeichnet durch einen Substanzschwund, in den Zellen und der Holzmasse unter gleichzeitiger gelber, dann dunkelbrauner Verfärbung des Holzes. Die Korrosionsfäule wird parasitischen Erregern zugeschrieben, die das Holz des lebenden Baumes in langen Zeiten zerstören, wonach faserige Cellulosegerüstreste zurückbleiben. Die Ergebnisse an der Meruliusreihe zeigen den stärkeren Abbau der Cellulose.

Cellulase der Aktinomyceten.

Nach A. Krainsky[5] sind Actinomyces cellulosae, Act. roseus, Act. griseus u. a. imstande sich auf Cellulose zu entwickeln; Hydrolyseprodukte sind unbekannt.

IV. Cellulase der Bakterien.

H. Pringsheim[6] hat in denitrifizierenden, Cellulose angreifenden Bakterien, welche nach den Angaben van Itersons kultiviert waren, ein Enzym gefunden, welches echte Cellulose unter Bildung von Cellobiose hydrolytisch spaltet.

Der Nachweis, dass bei den untersuchten Bakterien eine hydrolytische Spaltung der Cellulose eintritt, gelang Pringsheim dadurch, dass er vermittels eines geeigneten Antiseptikums (Jodoform) zu den Bakterienkulturen ohne Beeinflussung des hydrolytischen Abbaues der Cellulose das Gärferment unterdrückte; in Gegenwart von Jodoform entgingen die hydrolytischen Produkte, Cellobiose und Glucose, den Gärungsspaltungen. Wie gleich erwähnt sei, konnte auch die Wirkung der Cellobiase, durch welche die Glucose entsteht, eliminiert werden; bei 67° nämlich, also nahe am Tötungspunkt der Cellulase, wurde bei gleichzeitiger Unterdrückung des Gärferments durch das Antiseptikum auch die Cellobiase ausser Tätigkeit gesetzt. Bei dieser

---

[1] Siehe hiezu auch Buller, Ann. of Bot. 20, 49; 1906:
[2] Euler, Zs. angew. Chem. 25, 250; 1912.
[3] Siehe H. Schmitz, Jl. gen. Physiol. 3, 795; 1919.
[4] Richard Falk u. W. Haag, Chem. Ber. 60, 225; 1927.
[5] A. Krainsky, Zbt. Bakt. II, 41, 649, 673; 1915.
[6] H. Pringsheim, H. 78, 266; 1912.

Temperatur gelang es, den Celluloseabbau so zu leiten, dass als einziges Hydrolyseprodukt Cellobiose erhalten wurde. Auch konnte festgestellt werden, dass durch die untersuchten Mikroorganismen eine restlose Lösung des Polysaccharids erreicht werden kann.

Die Bakteriencellulase ist nach Pringsheim ein Endoenzym, das nur auf Grund des Reizes, den die Cellulose auf die Zelle ausübt, abgeschieden wird; sie scheint in Wasser unlöslich zu sein.

Bei 20° „ging hingegen die Hydrolyse der Cellulose teilweise über die Cellobiose hinaus, und als Hauptprodukt wurde Glucose gefasst."

Extrahierbarkeit der Cellulase. Da die Cellulose nicht in die Bakterienzellen eindringen kann, muss die Cellulase von den Zellen abgeschieden werden, um auf das Substrat wirken zu können. „Damit ist aber noch nicht entschieden, ob das Ferment in wasserlöslicher Form in die Nährlösung gelangt und hier auf die Cellulose wirkt, oder ob es von den Zersetzern der Cellulose nur auf Grund eines Reizes ausgeschieden wird, welcher von dem Polysaccharid auf seine Verzehrer ausgeübt wird." Mit Recht entscheidet sich Pringsheim für die Auffassung, dass die Cellulase (der Bakterien) ein Enzym ist, das nur auf Grund des Reizes, den die Zellulose auf die Zelle ausübt, abgeschieden wird.

Antiseptika. Die Aufgabe, durch geeignete Wahl von Paralysatoren die Cellulase allein zur Wirkung kommen zu lassen und also die Gärungsenzyme und womöglich auch die Cellobiase zu unterdrücken, konnte bei der hohen Temperatur der energischen thermophilen Cellulosegärung durch Toluol, ein zuerst von Vandevelde[1] in Vorschlag gebrachtes Mittel, nicht gelöst werden; dagegen erwies sich Jodoform als brauchbar, und zwar wurde es so verwendet, dass man für 2 l Gärflüssigkeit etwa 1 g in 50 ccm Aceton löste und diese Lösung in die gärende Cellulosekultur unter Schütteln eingoss.

Cellulosegärung.

Die Spaltung der Cellulose durch Mikroorganismen beginnt zweifellos mit Hydrolysen zu Biosen und Hexosen, welch letztere der eigentlichen Gärung unterliegen. Die hier in Betracht kommenden Gärungserreger teilt man nach einem von Barthel aufgestellten Schema zunächst in anaerobe und aerobe ein[2]. Man kann drei anaerobe Gärungen unterscheiden, nämlich Wasserstoffgärung, Methangärung und Denitrifikationsgärung, welche sämtliche von Bakterien, und zwar von drei verschiedenen Gruppen, bewirkt werden.

Nicht weniger wichtig als die anaerobe ist die aerobe Cellulosegärung, welche

    a) durch Bakterien, und zwar in neutraler und alkalischer Lösung,

---

[1] Vandevelde, Biochem. Zs **3**. 318; 1907.

[2] Methodisches siehe bei C. A. G. Charpentier, Diss. Helsingfors 1921.

b) durch Schimmelpilze, und zwar in saurer Lösung
durchgeführt wird. Leider ist in chemischer Hinsicht über die aerobe Gärung
noch wenig bekannt. Kroulik[1] isolierte ein thermophiles, aerobes Cellulose-
bakterium vom Entwicklungsoptimum 55—60°.

J. A. Viljoen, E. B. Fred und W. H. Peterson[2] berichten über die
Isolierung eines thermophilen Organismus in Reinkultur, welcher Cellulose
bei 65° zerstört. Nach ihren Angaben hört die Fähigkeit zur Cellulosespaltung
auf, wenn der Organismus auf cellulosefreiem Medium sich entwickelt hat.

Anaerobe Gärung durch Bakterien. Nachdem van Tieghem und Hoppe-
Seyler (1886) bemerkenswerte Versuche über die Cellulosegärung durch
Bakterien angestellt hatten, schuf Omelianski[3] in einer Reihe eingehender
Untersuchungen die festen bakteriologischen Grundlagen für die Cellulose-
gärung durch anaerobe Bakterien. Er stellte fest, dass man zwischen Wasser-
stoffgärung und Methangärung der Cellulose unterscheiden muss, und dass
jeder der beiden Vorgänge durch einen besonderen Mikroben ausgelöst wird.
Für die beiden Gärungen gibt er folgende Bilanzen an:

Wasserstoffgärung:		Gärprodukte:	
Zum Versuch verwendet	3,4743 g	Fettsäuren	2,2402 g
Unzersetzt geblieben	0,1272 g	Kohlensäure	0,9722 g
Durch Gärung verschwunden . .	3,3471 g	Wasserstoff	0,0138 g
		Zusammen	3,2262 g

Methangärung:		Gärprodukte:	
Zum Versuch verwendet . . .	2,0815 g	Fettsäuren	1,0223 g
Umzersetzt geblieben	0,0750 g	Kohlensäure	0,8678 g
Durch Gärung verschwunden . .	2,0065 g	Methan	0,1372 g
		Zusammen	2,0273 g

Ich verweise im übrigen auf die zusammenfassende Darstellung Ome-
lianskis in Lafars Handbuch III, 245, 1904 und eine spätere Arbeit dieses
Forschers in Zbt. Bakt. II 36, 472; 1913[4].

Pringsheim hat die Bildung von Glucose sowohl bei der Methangärung als bei der Wasserstoffgärung nachgewiesen[5].

13 g schon einmal zu einer Methangärung verwandter Cellulose wurden zusammen mit
5 g $CaCO_3$ in 4 Liter Leitungswasser, das 4 g $(NH_4)_2SO_4$, ferner 0,6 g K_2HPO_4 und 0,1 g $MgSO_4$
+ 7 H_2O enthielt, aufgeschwemmt und mit einer in starker Gärung befindlichen Kultur beimpft.
Nach 4 Tagen war die Gärung stark im Gange. Es wurde, immer bei 37°, Toluol zugegeben. Nach
7 Tagen war noch keine Reduktion der Nährflüssigkeit bemerkbar, am 10 Tage trat sie ein.

---

[1] Kroulik, Zbt. f. Bakt. II, 36, 343; 1913.

[2] J. A. Viljoen, E. B. Fred u. W. H. Peterson, Journ. Agric. Sci. 16, 1; 1926.

[3] Omelianski, Zbt. Bakt. II, 8, 193; 1902.

[4] Siehe ferner Mc Beth u. Scales, U. S. Dept. of Agr. Bur. of Plant Industry.
Bull. 226. Ref. Zbt. Bakt. II, 39, 167; 1913.

[5] Über die Produkte der Cellulosegärung durch thermophile Bakterien siehe Pringsheim, Zbt. Bakt. II, 38, 513; 1913, ferner Hutchinson u. Clayton, Jl Agric. Soc. Cam-
bridge 1919, 143.

Aus dieser Lösung wurde nun nach Zusatz von Phenylhydrazin das Glucosazon isoliert. Neben diesem war noch ein in Wasser lösliches Osazon erhalten worden.

In analoger Weise verlief der Nachweis der Glucose nach der Wasserstoffgärung.

Nach der Einwirkung thermophiler Bakterien (kultiviert nach den Angaben von Mc Fayen und Blaxall[1]) konnte Pringsheim nicht nur Glucose, sondern auch Cellobiose nachweisen[2].

Das gleiche Ergebnis wurde mit Sicherheit erzielt bei Versuchen mit denitrifizierenden Bakterien.

Pringsheim leitete in Anlehnung an van Itersons Vorschlag eine denitrifizierende Cellulosezersetzung ein, indem er 2% Filtrierpapier in Leitungswasser unter Zusatz von 0,05% KNO_3 und 0,01% K_2HPO_4 aufschwemmte, eine Stöpselflasche mit der Nährlösung vollfüllte und mit Grabenmoder beimpfte. „Inkubiert man bei 37°, so setzt im Laufe einer Woche energische Stickstoffbildung ein, durch die das Papier in die Höhe getrieben wird." Zur Verstärkung der Gärung erneuert man nun mehrmals die Nährflüssigkeit; das Papier wird durch die mehrfache Behandlung mit den denitrifizierenden Bakterien gewissermassen angeätzt; nun geht bei Zusatz des Jodoforms die Bildung der Hydrolyseprodukte weiter, während die Gärung unterdrückt wird. Der Nachweis der Glucose und der Cellobiose ist im Original, S. 283 u. ff., nachzusehen.

Im Darmkanal des Menschen wird, wie durch Untersuchungen von J. E. Johansson[3] festgestellt ist, die Cellulose nicht angegriffen oder verwertet. Ob hierzu die Bakterienflora des menschlichen Darmkanals überhaupt ungeeignet ist, oder die Einwirkungszeit zu kurz ist, um merkbare Veränderungen hervorzubringen, ist noch nicht entschieden.

Hadromase.

Czapek nahm (Bot. Ber. 27; 1899) an, dass im Holz eine ätherartige Verbindung der Cellulose mit dem „Hadromal" vorkommt, und dass diese Verbindung durch ein besonderes, in holzzerstörenden Pilzen gefundenes Enzym, die „Hadromase" gespalten wird. Da die Existenz des Hadromals ganz ungenügend erwiesen ist, mag hier der Hinweis auf die betr. Literaturstelle genügen. (Vgl. auch Grafe, Monatsh. f. Chem. 25; 1904.)

D. Inulase (Inulinase).

Das Inulin schliesst sich in pflanzenbiologischer Hinsicht an Stärke, Glykogen und Lichenin an, insofern es ebenfalls — im Gegensatz zu Cellulose — einen Reservestoff darstellt. Hier wird die Inulase eingereiht zwischen den Enzymen, welche Polyglucosen, und denen welche Hexo-Pentosane zerlegen.

I. Substrat.

Das Inulin kommt besonders in den Rhizomen und Knollen von Kompositenarten vor; während der winterlichen Ruheperiode beträgt der Inulingehalt bei Dahlia und Inula Helenium bis über 40% des Trockengewichtes.

Vom pflanzenbiochemischen Gesichtspunkt aus ist das Inulin um so interessanter, als die Fructose genetisch vermutlich die primäre Hexose ist. Der Übergang Glucose-Fructose in reifenden Samen ist nach den Erfahrungen

---

[1] Mc Fayen u. Blaxall, Trans. Jenner Inst. Prev. Med. (2) **1899**, **182** (zitiert nach Pringsheim).

[2] Über die weite Verbreitung thermophiler (Optimum 60—65°) celluloseangreifender Bakterien in Mistbeeterde u. dgl. siehe Kroulik, Zbt. Bakt. II, **36**, **339**; **1912**.

[3] J. E. Johansson Sv. Läkesesällsk. Förh. 1918, 218.

dieses Laboratoriums mit der Bildung von Hexose-Phosphorsäure-Estern eng verknüpft (vgl. Sv. Vet. Akad. Ark. f. Kemi. Bd. 8, Nr. 17).

Zur Darstellung extrahiert man (Kiliani 1880) Helianthus tuberosus, Artischocken oder Zichorienwurzeln mit heissem Wasser oder stellt Presssäfte her, neutralisiert mit $CaCO_3$, friert aus und reinigt durch Umfällen mit Alkohol. Reinigungsverfahren haben ausserdem Tanret[1], Pringsheim[2], sowie Irvine und Steele[3] angegeben.

J. J. Willaman[4] klärt zur weiteren Reinigung die Extrakte mit Bleiacetat (unter Vermeidung von Überschuss), zentrifugiert oder filtriert, entfernt das Blei mit Ammoniumoxalat und zentrifugiert wieder und entfärbt, wenn nötig, mit Kohle. Nach Eindunsten im Vakuum auf 40—60% Trockengewicht kühlt man langsam auf 0^0 ab und zentrifugiert. Man löst die Krystalle in 3 Vol. Wasser, filtriert heiss, lässt in der Kälte auskrystallisieren und wäscht die Krystalle mit Alkohol und Äther.

Willaman schliesst sich der Ansicht von Tanret und Dean[5] an, dass Inulin wahrscheinlich keine einheitliche Substanz sei, sondern eine Mischung einander nahestehender Polyfructoside. Unter den mit Inulin verwandten Substanzen sei hier das Irisin aus Iris-Rhizom angeführt, da dasselbe hinsichtlich seiner enzymatischen Spaltbarkeit von H. Erdtman untersucht worden ist.

Die Spaltung zu Fructose wird durch verdünnte Salzsäure bewirkt; die Magensalzsäure dürfte aber zu einer erheblichen Inulinspaltung nicht ausreichen (Ruth Okey, Jl Biol. Chem. 39).

Aus Röntgendiagrammen berechnete E. Ott für den Elementarkörper des Inulins als obere Grenze $(C_6H_{10}O_5)$[6]. Nach Molekulargewichtsbestimmung würde man nach Pringsheim Komplexe bis zu 9 Fructoseresten anzunehmen haben.

Verflüssigtes Ammoniak, sowie Butylamin und Piperidin lösen Inulin (L. Schmid und Mitarbeiter)[1], ebenso Phenol. Durch Alkohol und Äther wird Inulin mit dem ursprünglichen Drehungsvermögen und sehr hohem Mol.-Gew. zurückgewonnen.

Hochgereinigtes Inulin zeigt Linksdrehung, $[\alpha]_D = -39^0$ bis 40^0. Sehr beständig gegen Alkalien. Reduziert Fehlingsche Lösung nicht.

Über die Konstitution des Inulins[7] geben Irvine und Steele an, dass es ein Polymerisationsprodukt der Anhydrofructose ist. Beiträge zur

[1] Tanret, Bull. Soc. Chim. (3) 9, 233; 1893.

[2] Pringsheim und Mitarbeiter, Chem. Ber. 54, 1281; 1921. — H. 133, 80; 1924.

[3] Irvine u. Steele, Jl Chem. Soc. 117, 1474; 1920.

[4] J. J. Willaman, Jl Biol. Chem. 51, 275; 1922.

[5] Dean, Amer. Chem. Jl 32, 69; 1904. — Siehe auch Tanret, Bull. Soc. Chim. (3) 9, 200 und 227; 1893.

[6] Leopold Schmid u. B. Becker, Chem. Ber. 58, 1918; 1925. — Leopold Schmid u. Bilowitzki, Wien. Sitz.-Ber. 135, 743; 1926.

[7] Siehe hierzu auch I. C. Irvine, Jl Chem. Soc. 121, 1060; 1922. Ferner die Monographien von Pringsheim und von Karrer.

Konstitutionsfrage lieferten ausser Pringsheim auch Karrer und L. Lang[1], M. Bergmann und Knehe[2], sowie Hess und Stahn[3].

Zwischenprodukte bei der Spaltung haben Düll (1895) sowie Bourquelot und Bridel[4] vergebens gesucht. Wolff und Geslin (C. r. 165) geben an, dass bei der enzymatischen Spaltung Inulide entstehen.

Neuerdings ist es A. Pictet zusammen mit Hans Vogel[5] gelungen, Inulin durch Erhitzen mit Glycerin auf 120° in ähnlicher Weise wie früher Stärke zu depolymerisieren. Die genannten Forscher erhielten zuerst Tri-fructosan und weiter je ein Molekül Di-Fructosan und Mono-Fructosan.

II. Vorkommen der Inulase.

Inulase in Tieren. In Vertebraten soll sich nach Tanaka[6] das Enzym in der Milz und im Pankreas nach Inulinverfütterung finden. Tschermak[7] glaubt nach Inulinverfütterung Inulase im Darm gefunden zu haben. Es handelt sich — falls sich diese Angabe bestätigt — um eine Anpassung der Enzymsekretion an die Nahrung. Auch sonst wird nach Pringsheim[8] im Magendarmkanal von Warmblütlern Inulin depolymerisiert.

Im Hepatopankreas von Helix pomatia fand Bierry[9] Inulase.

Inulase in Pflanzen. Die ersten Untersuchungen stammen von Green[10]. Vermutlich wird Inulin oft von seinem spezifischen Enzym begleitet, worüber aber noch wenig bekannt ist.

Wie schon Bourquelot[11] fand, kommt Inulase in Pilzen häufig vor. Weitere, eingehende Angaben lieferten Dean[12] und Boselli[13]. Die Angabe von Takahashi[14], dass Inulin durch Takadiastase gespalten wird, konnte Erdtman[15] mit einem amerikanischen Takapräparat, das gegen Stärke sehr aktiv war, nicht bestätigen.

Auch in Hefe soll nach Lindner[16] das Enzym vorkommen. Weitere Angaben findet man bei Grafe und Vouk[17], welche auch den zunehmenden

[1] Karrer u. Lina Lang, Helv. 4, 249; 1921.
[2] M. Bergmann u. E. Knehe, Lieb. Ann. 449, 309; 1926.
[3] K. Hess u. Stahn, Lieb. Ann. 455, 104; 1927.
[4] Bourquelot u. Bridel, C. r. 170, 631; 1920.
[5] Hans Vogel u. A. Pictet, Helv. 11, 215; 1927.
[6] Tanaka, Biochem. Zs 37, 249; 1911.
[7] v. Tschermak, Biochem. Zs 45, 452; 1912.
[8] Pringsheim, H. und G. Kohn 133, 80; 1924.
[9] Bierry, Biochem. Zs 44, 402; 1912.
[10] Green, Ann. of Bot. 1, 223; 1887.
[11] Bourquelot, C. r. 116, 1143; 1893.
[12] Dean, Bot. Gaz. 35; 1903.
[13] J. Boselli, Ann. Inst. Pasteur 25, 695; 1911. — Siehe auch Colin, C. r. 1701010; 1920.
[14] Takahashi, Biochem. Zs 144, 109; 1924.
[15] Euler u. Erdtman, H. 145, 261; 1925.
[16] Lindner, Woch. Brau. 1900.
[17] Grafe u. Vouk, Biochem. Zs 43, 424 und 47, 320; 1912; 56, 248; 1913.

Inulingehalt mit fortschreitender Entwicklung der Wurzel (Zichorie) verfolgten.

Avery und Glenn Cullen[1] beobachteten Inulinspaltung (neben Rohrzucker- und Stärkespaltung) in Pneumokokken.

III. Darstellung der Inulase.

Die wirksamsten Inulaselösungen und Extrakte scheinen Pringsheim und G. Kohn erhalten zu haben, und zwar aus Aspergillus niger. Die Mycelien werden abgenutscht, gewaschen und mit Seesand zerrieben. Auch Reinigungsversuche stellte Pringsheim an, und zwar mit $Fe(OH)_3$ sowie durch Dialyse.

Wesentlich ist nach den Befunden der genannten Forscher die Vorbehandlung des Pilzes, besonders Alter und Nährsubstrat. Dies zeigt folgende Tabelle:

Alter des Pilzes in Tagen	12	13	14	15	15	22
Auslaugeflüssigkeit	Wasser	Wasser	Wasser	40 % Glyc.	Wasser	Wasser
Reaktionskonstante $k \cdot 10^3$	1,4	4,0	4,8	7,6	11,7	26,4

In welcher Beziehung Inulase zur Saccharase steht, ob sich eine übereinstimmende Affinitätsgruppe geltend macht, lässt sich noch nicht entscheiden.

In einem vergleichenden Versuch von Pringsheim und G. Kohn (l. c.) wurden verwandt: je 16 ccm 1 %iger Inulin- bzw. Rohrzuckerlösung, enthaltend 5 ccm Enzymlösung. Reaktionszeit: 15 Stunden.

	(x)	x	$k \cdot 10^3$
Inulin	5,70	18,00	3,09
Rohrzucker	24,40	85,80	19,10

IV. Wirkungsbedingungen der Inulinspaltung.

Aciditätsoptimum: Aus Bourquelots und Bosellis Angaben war zu schliessen, dass das Optimum des Pilzenzyms in sehr schwach saurer Lösung liegt. Pringsheims Versuche ergaben als optimales pH den Wert 3,8. Dagegen finden Avery und Glenn Cullen die beste Inulinspaltung durch Bakterien im pH-Gebiet 5—8.

Temperaturoptimum des Pilzenzyms: 55°.

Alterung. Sehr bemerkenswert ist der Befund von Pringsheim, dass die Aktivität des Enzymextraktes mit dem Alter des Pilzes zunimmt, wofür der genannte Forscher folgende Belegzahlen angibt:

Tage	12	13	14	15	22
Reaktionskonstante $k \cdot 10^3$	1,38	4,01	4,78	11,69	26,4

---

[1] Avery u. Glenn Cullen, Jl of exp. Med. **32**, 583; 1920.

Dieser Alterungseffekt wird auch durch **Karrer** und durch **Erdtman** bestätigt.

V. Kinetik.

Mit Enzymextrakten aus Mycelien von Aspergillus niger fanden **Prings-heim** und G. **Kohn** (H. 133) einen Spaltungsverlauf, welcher annähernd monomolekular war. Aus einer ihrer Tabellen geben wir folgenden Auszug:

(Enzymlösung und Inulinlösung bei 37⁰ getrennt zwei Stunden vorgewärmt. Bestimmung des Reaktionsverlaufs durch Reduktion.)

Versuch mit Presssaft.

Stunden	Spaltung durch Puffer allein, x	Spaltung durch Enzym allein, x	$k \cdot 10^3$
3	0,00	9,5	6,33
6	0,05	16,9	5,73
21	0,40	62,4	6,82
30	0,50	93,4	7,90
45	0,80	127,0	8,17
69	1,10	147,5	6,87

Auch ein kinetischer Versuch von **Boselli** sei hier wiedergegeben:

20 ccm 4%ige Inulinlösung + 10 ccm Puffer pH = 3,8 + 10 ccm Wasser + 40 ccm Fermentlösung. — 37⁰. — x = mg Fructose nach **Bertrand** (l. c. 56).

Zeit (Std.)	Spaltung durch Puffer allein	Ferment-spaltung, x	a—x	$k \cdot 10^3$
1½	0,00	4,00	213,0	5,26
3	0,05	8,60	213,4	5,72
5	0,10	14,80	207,2	5,99
7	0,10	19,20	202,8	5,61
9	0,15	25,60	196,4	5,91
14	0,20	44,20	177,8	6,89
23	0,40	74,20	147,2	7,76
38	0,55	74,80	119,8	7,65
51	0,70	102,20	98,0	6,96

Mit Irisin als Substrat fand **Erdtman** (H. 145) in diesem Laboratorium durch ein Takapräparat keine Spaltung. Dagegen wurde der eigene Kohlehydratgehalt des Enzympräparates vollständig hydrolysiert. **Erdtman** zog aus seinen Versuchen folgenden Schluss: Durch eine auf Stärke sehr wirksame Takadiastase wird Inulin nur mit sehr geringer Geschwindigkeit gespalten. Es ist dabei zu berücksichtigen, dass das Enzympräparat hydrolysierbare Kohlenhydrate enthalten kann. Irisin wurde durch das gleiche Takapräparat nicht gespalten. Versuche, ob nach **Pringsheim** desacetyliertes Triacetat durch Präparate gespalten wird, welche **auf Irisin gewachsen** sind, kamen noch nicht zur Ausführung.

VI. Mass der Wirksamkeit und Verfolgung der Inulinspaltung.

Pringsheim und Kohn (H. 133) schlugen für den Reinheitsgrad ihrer Inulasepräparate das Mass vor

$$Sf = \frac{k \cdot g\,Fructose}{g\,Präparat}.$$

Für einen rohen Presssaft aus Aspergillus niger betrug $Sf = 0{,}0556$. Durch Reinigung mit Eisenhydroxyd und Dialyse stieg dieser Wert auf 0,374.

Fructose lässt sich neben Inulin nach der von Benedict[1] angegebenen Modifikation der Lewis-Benedictschen Pikratmethode bestimmen.

E. Übrige Poly-Hexosidasen.

In diesem Abschnitt sind als Substrate zunächst diejenigen sog. Hemicellulosen oder Cytosen aufzuführen, welche zwar Reservekohlenhydrate und Polyglucosen, aber mit der Amylase und der Lichenase nicht identisch sind. Die Hemicellulosen sind, wie bereits S. 430 erwähnt, nicht genau charakterisiert; in der Regel hat man in diese Stoffgruppe auch Mannane, Galaktane und andere Polyhexosen einbegriffen. Ohne Rücksicht auf das Substrat sollen hier nur einige die Spaltung betreffenden Daten mehr biologischer Art wiedergegeben werden.

Ältere Angaben über die (vermutlich) enzymatische Spaltung von pflanzlichem Gerüstmaterial und Reservestoffen findet man bei Miyoshi (1885), De Bary (1886), Kean (1890), Wehmer (1896), Marshall Ward[2], Newcombe[3].

Auch Schellenberg[4], dessen Gründlichkeit in botanischer Hinsicht anerkannt werden muss, beschränkt sich auf mikroskopische Beobachtung der Enzymwirkung und geht nicht auf die chemische Reaktion ein. Er nimmt die Existenz mehrerer Hemicellulasen (wenigstens vier nach seinen Untersuchungen) an.

Kellerman[5] hat die Absonderung einer Cytase aus Penicillium pinophilum beobachtet. Nach Rudan[6] scheidet das Mycel von Polyporus igniarius in verschiedenen Holzarten neben einem stärkelösenden auch ein cytolytisches Enzym ab.

Für das weitere, in mancher Hinsicht aussichtsreiche Studium der Hemicellulasen höherer Pflanzen sind die Arbeiten von Sachs (1862), Green (Phil. Trans. 178 u. Ann. of Bot. 7; 1893) und besonders von Brown und Morris (Jl Chem. Soc. 57; 1890) grundlegend. Letztere Forscher fanden

---

[1] Benedict, Jl Biol. Chem. **34**, 203; 1918. — Eine neuere Modifikation ist angegeben von J. J. William u. Davison, Jl Agric. Res. 25, 479; 1924.

[2] Marshall Ward, Ann. of Bot. 12, 565; 1898.

[3] Newcombe, Ann. of Bot. 13, 49; 1899.

[4] Schellenberg, Flora, 98, 257; 1908.

[5] Kellermann, U. S. Dep. Agric. Bur. Plant Ind. 118, 29; 1913.

[6] Rudan, Beitr. z. Biol. d. Pflanzen 13, 375; 1917.

und studierten die enzymatische Spaltung von „Hemicellulose" durch Auszüge gekeimter Gerste.

Z. B. zerfallen Kartoffelschnitten in solchen Gerstenauszügen innerhalb
weniger Stunden in Stücke, wobei die Zellwände anschwellen und in zahlreiche
dünne Lamellen zerlegt werden. Indessen wird in dieser Weise durchaus nicht
das Parenchym aller Pflanzen angegriffen, z. B. die Zellwände der roten Rübe
nur schwach, die des Apfels überhaupt nicht[1]. Die Gräser sollen überhaupt
reich an Hemicellulase sein[2].

Die Stabilitätsgrenze der Hemicellulase soll etwas tiefer liegen als die
der Amylase.

Die Angaben über das Aciditätsoptimum sind nicht mit den neueren
Methoden gewonnen und bedürfen also einer Prüfung.

Mehrfach scheint die beobachtete Hemicellulasewirkung mit derjenigen
der „Pectosinase" (vgl. S. 454) zusammenzufallen; dies wäre bei weiteren
Untersuchungen zu prüfen.

I. Mannanasen. Carubinase.

Eine Reihe von einfachen und gemischten Mannanen sind beschrieben,
aber wenige genügend genau definiert worden. So kommt es, dass über die
Existenz eventueller spezifischer Enzyme noch kaum ein sicheres Urteil gefällt
werden kann.

Substrate.

Unter den Mannanen sind nunmehr einige, besonders durch Pringsheim und seine Mitarbeiter näher untersucht.

a) Steinnuss-Mannane (R. Reiss, 1889.) Das Endosperm der Steinnusspalme enthält zwei Mannane, ein wasserlösliches und ein alkalilösliches. Das alkalilösliche Steinnuss-Mannan wurde durch Pringsheim
und Seifert[3] als reine Polymannose erkannt. Die genannten Forscher
haben auch die Darstellung und die Reinigung dieses Stoffes beschrieben.
Linksdrehend:

$$\text{in } 1 \text{ n.-NaOH} = -44{,}4^{0}.$$

Eine neuere Untersuchung der Kohlenhydrate der Steinnusssamen führte M. Lüdtke aus[4].

b) Salep-Mannan[5]. Aus den Knollen von Orchidaceen (Tubera Salep)
im Salepschleim enthalten. Besteht ebenfalls nur aus Mannoseresten, ist
aber im Gegensatz zu obengenanntem Steinnuss-Mannan wasserlöslich.

---

[1] Siehe hierzu Reinitzer H. 23, 175; 1897.

[2] Gardiner, Proc. Roy. Roc. 62, 100; 1897.

[3] Pringsheim u. Seifert, H. **123**, 205; 1922. Vergl. auch J. L. Baker u. Th.
H. Pope, Proc. Chem. Soc. 16, 72; 1900.

[4] M. Lüdtke, Lieb. Ann. 456, 201; 1927.

[5] Pringsheim u. Genin, H. 140, 299; 1924. — Pringsheim, Genin u. Perewosky, Biochem. Zs 164, 117; 1925. — Pringsheim u. G. Liss, Lieb. Ann. **460**,
32; 1928.

Unter den in höheren Pflanzen gefundenen Mannanen ist hinsichtlich seiner enzymatischen Spaltung auch das Carubin (auch Caruban, Seminin[1] oder Secalin genannt) aus Ceratonia siliqua, dem Johannisbrot, erwähnenswert. Ob im Carubin nur Mannose vorkommt, oder wie Effront sowie Bourquelot und Hérissey angeben, auch noch etwas Galaktose, ist bis jetzt noch nicht entschieden.

Vorkommen und Eigenschaften der Mannanasen (Carubinase).

Die ersten Angaben über die Carubinase aus Johannisbrotsamen sowie aus Roggen- und Gerstenkörnern hat Effront gemacht. Bourquelot und Hérissey fanden ein entsprechendes Enzym in Leguminosen (Medicago sativa, Trifolium repens, Trigonella) und auch in vielen anderen Pflanzen, wie z. B. Orchideen. Die französischen Forscher nannten dieses Enzym Seminase. Das Enzym lässt sich aus dem wässerigen Samenextrakt durch das 5fache Volumen Alkohol ausfällen. Auch in Phönix soll ein auf die Salepmannane wirksames Enzym enthalten sein.

In Bakterien fand Pringsheim eine Mannanase (H. 80, 376; 1912), welche nach seiner Auffassung eine Trimannose bildet. Auch in Hefe kommt nach der Feststellung von Willstätter und Racke[2] ein die Mannane der Zellwände zerlegendes Enzym vor.

Als Aciditätsoptimum wird in den älteren Arbeiten schwachsaure Lösung angegeben.

Ein Temperaturoptimum fand Effront bei 45—50°, Bourquelot und Hérissey geben 35—40° an.

Die enzymatische Spaltung des Salepmannanes haben Pringsheim und Genin (H. 140) verfolgt. Ihrer Arbeit entnehmen wir den folgenden Auszug aus einer Tabelle.

40 ccm 0,89% Mannanlösung + 10 ccm Puffer + Spur Pankreatin. 37°.

Reaktionsdauer in Stunden	24	48	72	96
Prozent Mannose	8	13	20	23

Mit einem Malzauszug wurde folgende Spaltung bei 37°: erzielt:

Reaktionsdauer in Stunden	24	48	72	96
Prozent Mannose	30	63	72	81

Nach Pringsheim handelt es sich auch beim Abbau der Mannosen durch Malzauszüge um zwei Enzyme, von denen das eine zur Disaccharidstufe führt, während das zweite die entstehende Mannobiose zerlegt.

II. Hefen-Gummase.

Bei Versuchen über die Darstellung des Hefegummis durch enzymatischen Abbau kamen Kraut, Eichhorn und Rubenbauer zur Annahme, „dass

---

[1] Von Reiss (Chem. Ber. 22, 609; 1889) u. a. wird als Seminin ein reines Mannan bezeichnet und mit Paramannan identisch angenommen.

[2] Willstätter u. Racke, Lieb. Ann. 427, 111; 1921.

in der Hefe ein bisher unbekanntes, Hefegummi spaltendes Enzym vorhanden ist, das nach Abtötung der Hefe mit Essigester von 37° noch seine Wirksamkeit entfaltet. Zum Nachweis dieses Enzyms hat Kraut mit seinen Mitarbeitern die Veränderungen des Hefegummigehaltes durch enzymatische Vorgänge in der abgetöteten Hefe verfolgt. Dass die lebende Hefe imstande ist, beim Hungern den Hefegummi zu vermindern, ist schon von I. Warkany (Biochem. Zs 150, 271; 1924) nachgewiesen worden.

Den Hefegummigehalt einer Hefeprobe bestimmten Kraut[1] und Mitarbeiter nach Zerstören der Struktur mit 3%iger warmer Natronlauge durch Ausfällen des Hefegummis mit Fehlingscher Lösung, Lösen in wenig Salzsäure, Fällen mit der 5fachen Menge absoluten Alkohols und Polarisation des wieder aufgelösten Gummis.

In den Meeresalgen fanden Krefting und Torup sowie H. Kylin (H. 98, 337; 1915) ein Kohlenhydrat Liminarin, welches nach Kylin enzymatisch in Glucose gespalten wird.

III. Galaktanasen.

Galaktane finden sich im „Horneiweiss" vieler Samen, z. B. der Luzerne (Goret[1]). Häufiger als reine Galaktane sind wohl Galakto-Mannane.

Enzyme, welche reine oder gemischte Galaktane spalten, fanden Gatin[3] sowie Giaja und Bierry[4] bei Avertebraten.

Hydrolysierende Enzyme der Pflanzenschleime. Gelase.

Zu den Pflanzenschleimen wird Agar-Agar gezählt, ein meist aus Florideen gewonnener Rohstoff, welcher neben anderen Kohlenhydraten auch Gelose enthält. Die Gelose scheint ein Galaktan zu sein, ob ein reines oder gemischtes, lässt sich noch nicht sagen. Sie wird durch Jod violett gefärbt.

Gran[5] hat einen Bacillus beschrieben und Bacillus gelaticus genannt, welchem er eine spezifisch-spaltende Wirkung auf Gelose zuschreibt. Durch die Einwirkung des Bac. gelaticus sollen reduzierende Stoffe auftreten, unter Verschwinden der Jodreaktion. Nach Bierry und Giaja[6] hat Agar-Agar in Geléeform in Berührung mit den Verdauungssäften von Helix, Astacus, Homarus vulgaris u. a. niemals, auch nicht nach Wochen, reduzierenden Zucker ergeben.

F. Pentosanasen. Xylanase.

Unter diesen sind im wesentlichen nur Enzyme bekannt, welche Xylane abbauen. Mehrfach sind Xylanasen als „Hemicellulasen" bezeichnet worden.

Substrat. Das Xylan ist in neuerer Zeit von Heuser und Braden[7] wieder studiert worden. Es wird aus Stroh durch Hydrolyse mit Natronlauge gewonnen und über die Kupferverbindung gereinigt.

---

[1] Kraut, Eichhorn u. Rubenbauer, Chem. Ber. 60, 1644; 1927.

[2] Goret, These, Paris 1901.

[3] Gatin, Soc. Biol. 58, 847; 1905.

[4] Giaja, Soc. Biol. 74, 1375; 1913. — Bierry u. Giaja, C. r. 148, 507; 1910. — Biochem. Zs 40, 370; 1912.

[5] Gran, Biochem. Zbt 1, Nr. 399; 1903.

[6] Bierry u. Giaja, Biochem. Zs 40, 386; 1912.

[7] Heuser u. Braden, Jl prakt. Chem. 103. 69; 1921; 104, 259; 1922.

Lüers und Volkamer[1] stellten das Xylan nach E. Schmidt[2] aus Holundermark dar. 100 g grobzerkleinertes Holundermark werden in einer braunen Flasche mit 2—3 Liter Chlordioxyd übergossen und geschüttelt. Nach 24 Stunden wird das Material abgepresst und nach dem Waschen mit Wasser in einer geräumigen Porzellanschale mit etwa 2 Liter angerührt, um das Chlordioxyd herauszulösen. Dann wird das Holundermark in eine heisse 2 %ige Lösung von krystallisiertem Natriumsulfit eingetragen und nach $1\frac{1}{2}$ stündigem Erwärmen abgepresst.

100 g gebleichtes Hollundermark werden dann mit $1\frac{1}{2}$ Liter 6 %iger Natronlauge übergossen und einen Tag stehen gelassen. Nach 24 Stunden wird abgepresst und mit Natronlauge und Wasser nachgewaschen.

Für die Versuche wurde nur das aus der ersten Extraktion erhaltene Xylan verwendet. Das schmutzigbraune Filtrat wird auf 50^0 erhitzt und mit so viel Fehlingscher Lösung versetzt, bis eine Filtratprobe des abgeschiedenen Niederschlages von Kupferxylan keine Fällung mehr gab. Der Niederschlag wird abzentrifugiert und mit 50 %igem Alkohol gewaschen. Hierauf mit 16 %iger Salzsäure bis zur vollständigen Lösung digeriert.

Das von Kupfer befreite Xylan wird mit 96 %igem Alkohol ausgefällt und zentrifugiert. Der Niederschlag wird zur vollständigen Entfernung des Kupfers (Enzymgift) wiederholt mit Alkohol ausgewaschen, ausgeäthert und dann im Vakuum über Schwefelsäure getrocknet. Ausbeute 3 g eines spröden schmutzigen Produkts, das sich wieder in wenig verdünnter Natronlauge fast vollständig löst.

Vorkommen des Enzyms. Ältere Versuche über die Spaltung von Xylanen liegen von Seillière[3] vor, welcher angab, Xylane durch ein in Schnecken und in Larven holzzerstörender Käfer (Coleopteren) vorkommendes Enzym gespalten zu haben.

Neuere Versuche über die enzymatische Spaltung des Xylans hat Ehrenstein[4] in Karrers Laboratorium mit Malzextrakt angestellt.

Wirkungsbedingungen. Nach Ehrenstein liegt die günstigste Reaktion unter Verwendung von Citratpuffer bei pH = 4,65, unter Benutzung von Phosphatpuffer bei 5,28. Die Aciditätskurve für ersteren Fall geht aus folgenden Zahlen hervor:

Art des Puffers	pH	% Xylose nach 21 Stunden gebildet	% Xylose nach 45 Stunden gebildet
	3,52	29,0	36,8
	3,94	29,7	42,5
Citrat	4,65	32,3	43,6
	4,95	29,7	37,1
	5,10	26,7	32,3
	5,13	25,2	34,4

[1] Lüers u. Volkamer, Woch. Brau. **45**, 83 u. 94; 1928.
[2] Erich Schmidt, Ber. **54**; 1860.
[3] Seillière, Soc. Biol. **58**, 409; 1905; **63**, 616; 1907.
[4] M. Ehrenstein, Helv. **9**, 332; 1926.

Lüers und Volkamer geben als Aciditätsoptimum pH = 5 an.

Darstellung des Enzyms. Nach Lüers und Volkamer[1] lässt man Brauerei-grünmalz unter schwachem Anfeuchten im Laboratorium noch weiter wachsen, bis sich Husaren von etwa 1 cm Länge gebildet hatten. Das Malz wurde dann an der Luft geschwelgt bis der Feuchtigkeitsgehalt so weit gesunken war, dass es ohne Schaden aufbewahrt werden konnte. Von den Keimen wurde es befreit.

100 g Malz werden zerkleinert, mit der gleichen Menge Wasser innig gemischt und bei gewöhnlicher Temperatur $1^1/_2$—2 Stunden stehen gelassen. Durch Abpressen bei 350 Atm. entsteht ein konzentrierter Malzextrakt, welcher schnell zentrifugiert und filtriert wird. Nach Zufügung von etwas Toluol oder Chloroform wird er im Eisschrank aufbewahrt.

Reinigung. Die Xylanase kann nach Lüers und Volkamer durch Adsorption und Elution weiter gereinigt werden. Die Adsorption mit Tonerde verläuft am besten bei pII = 5,0. Elution mit Phosphatgemisch bei pH = 8,3. Die Wirksamkeit des Enzyms stieg nach zweimaliger Adsorption und Elution um das 21fache, die der Amylase nur um das 6fache. Daraus zieht Lüers den Schluss, dass Amylase und Xylanase zwei verschiedene Enzyme sind.

Kinetik. Der enzymatische Abbau wurde bei 45° bei verschiedener Acidität durch Bestimmungen des reduzierenden Zuckers ermittelt. Dabei wurde folgende Tabelle erhalten:

pH	3,88	4,02	4,83	5,03	5,29	5,70	9,00
Abbau in %	35,6	37,6	45,5	49,2	41,8	32,0	—

Die Enzymaktivität steigt von der sauren Seite langsam bis zum Optimum bei pH = 5, um nach dem alkalischen Gebiet zu rascher zu fallen.

Einfluss der Enzymmenge. Wie zu erwarten, nimmt der Abbau des Xylans mit steigender Enzymmenge stark zu, dagegen ist keine Proportionalität zwischen Umsatz und Enzymkonzentration vorhanden, wie folgende Zahlen zeigen.

Enzymmenge ccm	5	10	20
Abbau in %	57,4	67,5	74,5

„Es kann angenommen werden, dass eine Proportionalität zwischen Enzymmenge und Reaktionsgeschwindigkeit zu Recht besteht im Bereich geringerer Enzymkonzentrationen und kürzerer Versuchszeiten."

„Die entstehenden Abbauprodukte sind von nachteiligem Einfluss auf die Wirksamkeit des Enzyms."

Temperatureinfluss. Die von Lüers und Volkamer angegebenen End-resultate gehen aus folgenden Zahlen hervor:

Temperatur	25°	37°	45°	50°	60°
Abbau in %	27,8	40,0	48,0	45,5	18,1

---

[1] Lüers u. Volkamer, Woch. Brau. **45**, 83; 1928.

Es handelt sich hier natürlich teils um die mit steigender Temperatur steigende enzymatische Reaktionsgeschwindigkeit und teils um die Wärmedestruktion des Enzyms, welche von etwa 45° an überwiegt.

15 Minuten langes Erhitzen auf 60° macht das Enzym unwirksam.

Wirksamkeitsbestimmung. Lüers und Volkamer drücken die enzymatische Wirksamkeit durch folgende Formel aus:

$$F = \frac{k \times g \text{ Xylan}}{g \text{ Trockensubst. d. Enzympräparates}},$$

wo k die Reaktionskonstante 1. Ordnung bezeichnet und g Xylan die abbaufähige Menge Substrat. Die Trockensubstanz ist auf salzfrei gedachtes Enzym bezogen.

F steigt durch das Reinigungsverfahren vom Wert 0,7 auf 14.

Die bei der Spaltung entstehende Xylose (nachgewiesen als Osazon) wurde titrimetrisch nach Bertrand bestimmt.

G. Die hydrolysierenden Enzyme der Pektinstoffe, Protopektinase, Pektinase und Pektase (Pekto-Lipase).

I. Substrat.[1]

Als „Pektinstoffe" (Braconnot, Frémy, Payen) fasste man lange Pflanzenstoffe zusammen, welche zunächst charakterisiert sind durch ihre kolloide Natur, ihre Quellbarkeit und ihre Fähigkeit, schleimige Lösungen und daraus Gallerten zu bilden. Diese Pektinstoffe wurden aus pflanzlichem Material (nach Extraktion der alkohollöslichen Bestandteile und darauffolgendes Erhitzen mit Wasser unter Druck) durch Alkohol gefällt.

Durch Tollens und Tromp[2] de Haas wurden in Pektinstoffen Carboxylgruppen nachgewiesen, und zwar wurde bald festgestellt, dass die Pektine teils als Ca-Mg-Verbindungen dieser Carboxylderivate, teils als Lactone oder Anhydride vorliegen. Nach älteren Arbeiten von E. O. v. Lippmann, Votocek u. a. brachte eine Untersuchung von Th. v. Fellenberg die sehr wesentliche Aufklärung, dass Pektin der Methylester der Pektinsäure ist.

Nach v. Fellenberg[3] enthalten unreife pflanzliche Organe als Ausgangssubstanz Protopektin. Beim Reifen von Früchten (sowie bei nichtenzymatischer Hydrolyse) geht Protopektin in Pektin = Pektinsäure-Methylester über.

Schryver und Haynes[4] bezeichnen die direkt extrahierbare, mit Alkali Pektin gebende Substanz als Pektinogen.

Man verdankt F. Ehrlich[5] die wichtige Entdeckung, dass das Pektin d-Galakturonsäure enthält. Er konnte diese der d-Glucuronsäure

---

[1] Zur Literatur über Pektinstoffe: R. Sucháripa, Die Pektinstoffe, Braunschweig 1926.

[2] Tollens u. Tromp de Haas, Lieb. Ann. 286, 278, 292; 1895.

[3] v. Fellenberg, Mitt. Schweizer Gesundheitsamt, 5—8, 1914—1916. — Biochem. Zs 85, 118; 1917.

[4] S. B. Schryver und D. Haynes, Biochem. Jl 10, 539: 1916.

[5] F. Ehrlich, Chem. Ztg. 41, 197; 1917.

entsprechende Säure aus den Hydrolysaten des Pektins in krystallisierter Form abscheiden.

Ehrlich[1] behält den Namen Pektin für die in kaltem Wasser lösliche Ursprungssubstanz bei; nach seiner Auffassung geht dieses Pektin durch kochendes Wasser in der Weise in Lösung, dass es hydrolytisch in Araban und in das Ca-Mg-Salz der Pektinsäure zerlegt wird.

Nach Ehrlich[2] besteht die Pektinsäure aus 5 Bausteinen, nämlich Methylalkohol, Essigsäure, Arabinose, Galaktose und Galakturonsäure. Der Grundkörper des Pektinsäuremoleküles bildet eine vierbasische Säure mit 4 Carboxylgruppen, von denen in der Pektinsäure selbst 2 Carboxyle frei vorhanden sind, während die anderen beiden esterartig an Methylalkohol gebunden vorkommen. Der Methylalkohol, dessen Menge etwa $6,5\,\%$ beträgt, ist durch Verseifung mit Alkali schon in der Kälte daraus abspaltbar. Ausserdem weist die Pektinsäure der Rüben mit Hydroxylen der Kohlenhydrate verknüpft, 3 Acetylgruppen auf, die durch Alkalien oder Säure abspaltbar sind und dabei etwa $13\,\%$ Essigsäure liefern. „Dieser verhältnismässig hohe, bisher nicht beachtete Gehalt des Pektins an Essigsäure scheint in verschiedener Hinsicht sehr bemerkenswert. Über ihre genauere Stellung lässt sich noch nichts aussagen. Der Hauptbestandteil der Pektinsäure ist die d-Galakturonsäure, die sich in der Rübenpektinsäure in Mengen von durchschnittlich $65\,\%$ vorfindet, neben etwa $11,7\,\%$ l-Arabinose und $13,1\,\%$ d-Galaktose." Ehrlich[3] folgert daraus, dass in dem Molekül der Pektinsäure auf 4 Mol. Galakturonsäure 1 Mol. Arabinose und 1 Mol. Galaktose kommen.

Die Hydrolyse der Pektinsäure, deren Molekulargewicht zu etwa 1400 gefunden wurde, verläuft etwa nach folgender Gleichung:

$$\underset{\text{Rüben-Pektinsäure}}{C_{43}H_{62}O_{37}} + 10\,H_2O = 4\,\underset{\text{Galakturons.}}{C_6H_{10}O_7} + 2\,\underset{\text{Methylalkohol}}{CH_3OH} + 3\,\underset{\text{Essigsäure}}{CH_3 . CO_2H} +$$

$$+ \underset{\text{Arabinose}}{C_5H_{10}O_5} + \underset{\text{Galaktose}}{C_6H_{12}O_6}$$

Das durch Spaltung aus Hydropektin erhaltene polymere Anhydrid der d-Galakturonsäure hat sich in der Untersuchung von Ehrlich und Sommerfeld als dimeres Anhydrid herausgestellt, „das einem Zusammenschluss von 2 Mol. Galakturonsäure unter Austritt von 2 Mol. H_2O seine Entstehung verdankt, indem die Aldehydgruppen beider Moleküle mit Hydroxylgruppen wechselseitig in Bindung getreten sind, analog den ähnlichen Verhältnissen in Komplex der Biose, während die beiden Carboxylgruppen frei auftreten".

Durch alkalische Hydrolyse entsteht nach Ehrlich „ein Disaccharid, Galakto-Araban mit $[\alpha]_D = -60^\circ$, das bis auf seine mangelnde Reduktionsfähigkeit in seinen Eigenschaften mit der von Zemplén[4] aus Milchzucker

[1] F. Ehrlich u. Rehorst, Chem. Ber. **58**, 1989; 1925.

[2] F. Ehrlich, Zs angew. Chem. **40**, 1305; 1927.

[3] F. Ehrlich u. R. v. Sommerfeld, Biochem. Zs **168**, 263; 1925.

[4] Zemplén, Chem. Ber. **59**, 2403; 1926; **60**, 1309; 1927.

durch Abbau erhaltenen Galakto-Arabinose vergleichbar ist". „Jedenfalls zeigen sich Bindungsunterschiede zwischen dem Galakto-Araban, das in dem Pektinsäurekomplex verhältnismässig festhaftet, und dem früher erwähnten Araban, das schon durch heisses Wasser aus dem Verbande des Pektins herausgespalten wird."

Aus dem im Araban vorliegenden Gemisch aus Anhydriden der Arabinose liess sich durch wiederholte Alkoholfällung ein Tetra-Arabinosid, $C_{20}H_{32}O_{16}$ isolieren.

Ehrlich hat seine oben kurz erwähnten Resultate in folgendem Schema zusammengefasst.

Rüben-Pektin

↓

Hydrato-Pektin

Araban	Pektinsaures Ca, Mg (rechtsdrehend)
↓	
l-Arabinose	

Pektinsäure $C_{43}H_{62}O_{37}$
(rechtsdrehend)

(Saure Hydrolyse)	(Alkal. Hydrolyse)
Methylalkohol	Methylalkohol
Essigsäure	Essigsäure
l-Arabinose	Galakto-Araban
d-Galaktose	(linksdrehend)
Tetragalakturonsäure a	
$C_{24}H_{32}O_{24}[\alpha]_D = +275^0$	+

Tetragalakturonsäure b ←——— Tetragalakturonsäure c
$C_{24}H_{32}O_{24}[\alpha]_D = +240^0$

↓

d-Galakturonsäure
$C_6H_{10}O_7[\alpha]_D = +56^0$

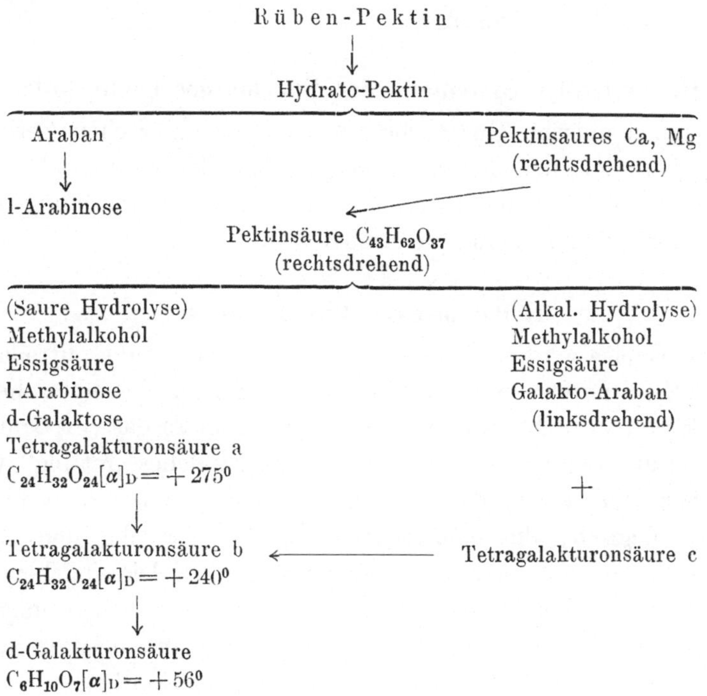

Die d-Galakturonsäure (siehe nebenstehende Formel) ist aus dem Pektin der Citronenschalen 1917 von Suarez isoliert worden. Sie geht durch Oxydation in Schleimsäure über.

Mit Alkali liefert Pektin ausser Methylalkohol nach Tutin (Biochem. Jl 15) auch Aceton.

Der Vergleich zwischen Pektinstoffen verschiedener Pflanzen, und zwar von Pektin aus Rüben, Flachs, Orangenschalen, Johannisbeeren und Erdbeeren hat weitgehende Übereinstimmung ergeben. „Sehr eigentümlich ist der Gehalt des Flachspektins an einer harzartigen Ligninsäure, offenbar einem Umwandlungsprodukt dieses schon weitgehend veränderten (gealterten) Pektins. Bemerkenswert ist ferner, dass sich in Beerenfrüchten „bereits im Safte sehr viel lösliches Hydratopektin in Mengen bis zu 40—50$^0/_0$ des gesamten Pektins vorfindet, während in der Rübe und in den festen Orangenschalen nur 5—10$^0/_0$ des Gesamtpektins dieser Pflanzen gelöst auftreten."

Hingewiesen sei auf die von F. Ehrlich ausgesprochene Vermutung, dass Lignin in den Pflanzen aus Bausteinen der Pektinstoffe entsteht. Diese Ansicht gewinnt vom enzymchemischen Gesichtspunkt aus um so mehr an Interesse, als nach den eingehenden Arbeiten von P. Klason[1] das Lignin dem Coniferylaldehyd sehr nahesteht und somit einen Benzolring enthält. Es würde also einer derjenigen Fälle vorliegen, bei welchen die Aussicht besteht, die enzymatische Bildung von Kohlenstoffringen aus Hexosen und Hexosederivaten eingehender zu verfolgen.

II. Vorläufige Systematik der Enzyme der Pektinstoffe.

Die enzymchemische Durcharbeitung der enzymatischen Zerlegung der Pektinstoffe befindet sich in ihren Anfängen, und das vorliegende experimentelle Material reicht noch nicht aus, um eine definitive Einteilung der hier in Betracht kommenden Enzyme zu ermöglichen.

1. Pektosinase, Protopektinase.

Als Pektosinase wird ein Enzym bezeichnet, welches die Mittellamelle von Pflanzengeweben auflöst und dadurch einen Zerfall derselben herbeiführt. Beijerinck und van Delden[2] hatten als Pektosinase das von Granulobacter pectinovorum ausgeschiedene Enzym bezeichnet, welches „retting" veranlasst.

Die Charakterisierung dieses Enzyms ist also einstweilen überwiegend pflanzenphysiologisch; die chemischen Vorgänge, welche den Zerfall der Lamellen bewirken, sind noch im einzelnen unbekannt. Die eingehende Wiedergabe der Literatur über diesen vermutlich nicht einheitlichen enzymatischen Zerfall kann deshalb hier unterbleiben und es mag auf die sehr sachgemässe Zusammenfassung von J. J. Willaman[3] verwiesen werden.

Unter den wichtigeren Arbeiten über Pektosinase seien noch diejenigen von William Brown[4], ausgeführt mit Botrytis cinerea, sowie von Harter und Weimer[5], ausgeführt mit Rhizopus, genannt. Erhebliches Interesse allerdings in erster Linie vom pflanzenpathologischen Gesichtspunkt aus scheint einer Untersuchung von Butler[6] zuzukommen, welche hier nach Willaman zitiert wird.

---

[1] P. Klason, Chem. Ber. 58, 1761; 1925. — 61, 171 und 614; 1928.

[2] Beijerinck u. van Delden, Arch. Neerland, Sci. (2) 9, 418; 1904.

[3] J. J. Willaman. Minnesota Studies in Biol. Sciences Nr. 6; 1927. — F. R. Davison und J. J. Willaman, Bot. Gaz. 83, 320; 1927.

[4] Brown, Ann. of Pot. 29, 313; 1915.

[5] Harter u. Weimer, Jl Agric. Research 21, 609; 1922; 22, 371; 1921; 24, 861; 1923. — Ann. Jl of Pot. 10, 245; 1923.

[6] D. J. Butler. Agric. Jl of India 1918.

Die Abtrennung des Enzyms von der lebenden Zelle hat Jones[1] versucht, indem er die Zellen von Bac. carotovorus bei 54⁰ tötete, während nach seinen Angaben das Enzym erst bei 62⁰ inaktiviert wird.

Was die Bedingungen für die im einzelnen noch unbekannte enzymatische Destruktion der Mittellamelle betrifft, so ist die Optimaltemperatur für die Zersetzung von Brown bei 55⁰, von Davison (in Willamans Laboratorium) bei 43⁰ gefunden worden.

Darstellung. Jones hatte aus dem von ihm untersuchten Bac. carotovorus ein Enzympräparat durch Alkoholfällung erhalten. Eingehendere Versuche beschrieben Davison und Willaman teils mit dem oben genannten Bac. carotovorus, teils mit Rhizopus tritici. Das von den wachsenden Organismen erzeugte Mycelium (die optimalen Wachstumsbedingungen sind genau festgestellt) wird getrocknet und gemahlen und mit Wasser extrahiert. Oder auch wird das Enzym aus der Nährlösung der Organismen mit Alhokol ausgefällt.

Ausser in den genannten Mikroorganismen wurde noch schwach die der Protopektinase zugeschriebenen Wirkung in Takadiastase und in Emulsin gefunden.

Messungsmethoden. Sowohl Brown wie auch Harter und Weimer nehmen als Endpunkt der Zersetzung die Zeit an, welche notwendig ist, damit die in den Enzymextrakt eingetauchten Gewebe ihren Zusammenhang verlieren.

Die von Davison und Willaman eingeführte Bezeichnung Protopektinase, welche die genannten Autoren als mit Pektosinase synonym erklären, hat den Vorzug, chemisch bereits etwas besser definiert zu sein; es ist das Enzym, welches Protopektin auflöst, vermutlich unter Spaltung in Pektin. In diesem Zusammenhang mag das von Davison und Willaman angegebene Schema hierher gesetzt werden.

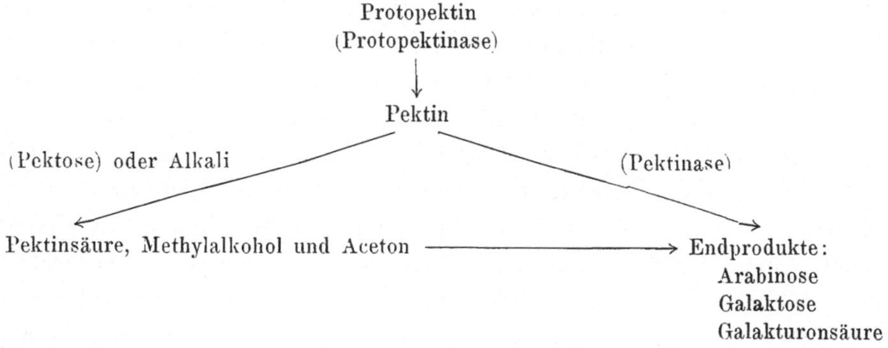

Vor dem weiteren Eingreifen der enzymchemischen Forschung muss hier die rein chemische Frage beantwortet werden, welche Vorgänge an der Zerstörung der Mittellamellen beteiligt sind.

---

[1] L. R. Jones, Vermont Agric. Exper. Station. Bull. 147; 1910.

2. Pektinase.

Als Pektinase wurde von Bourquelot und Hérissey (1898) und dann auch von Willaman[1] das Enzym beichnet, welches lösliches Pektin hydrolysiert, so dass reduzierende Zucker und einfachere Substanzen entstehen. Auf Grund der jetzt bekannten Tatsachen über Pektinstoffe und der aus anderen Gebieten bekannten Spezifität der Enzyme muss es von vornherein als wahrscheinlich bezeichnet werden, dass die Aufteilung des Pektins bzw. der Pektinsäure in die Endprodukte Arabinose, Galaktose und Galakturonsäure (evtl. Essigsäure) die Wirkung mehrerer spezifischer Enzyme ist. Die weitere Forschung hat hier in erster Linie eine Arabinosidase und eine Galaktosidase im Enzymgemisch der Pektinase aufzusuchen.

Tatsächlich ist es neuerdings Willaman in diesem Institut gelungen, Hexosid-Spaltungen noch nicht genau festgelegter Art durch Mandelemulsin, vermutlich durch die darin enthaltene Laktase, bzw. eine nahestehende Galaktosidase wahrscheinlich zu machen.

Unsere ersten Kenntnisse über die enzymatische Spaltung der Pektine bzw. Pektinsäuren verdankt man Bourquelot und Hérissey[2]. Diese Forscher gewannen das Enzym aus Malz. Später wurden ähnliche Enzymwirkungen in einer Reihe von Pilzen nachgewiesen. Immerhin waren bei diesen Wirkungen lebenden Materials die Abbaureaktionen vermutlich keine reinen Hydrolysen. So z. B. dürfen an der von Hawkins[3] festgestellte Abnahme von Pentosanen während der Verfaulung von Kartoffelknollen durch Fusaria verschiedene Enzyme beteiligt gewesen sein. Vermutlich auch bei Untersuchungen von Willaman an Sclerotinia cinerea.

Ehrlich hat (Zs f. angew. Chem. 40; 1927) untersucht, ob auch Diastasepräparate Pektinase enthalten und ob dies imstande ist, auch das unlösliche Pektin in seine lösliche Form, also in Hydratopektin, überzuführen. Das günstigste Resultat erhielt Ehrlich mit der aus Schimmelpilzen technisch gewonnenen Takadiastase. Verf. möchte die Vermutung aussprechen, dass auch in diesem Enzymgemisch eine Pekto-Galaktosidase oder -Pentosidase neben einer Pekto-Lipase wirksam gewesen ist.

Vollkommen ausgelaugte Rübenschnitzel und ebenso behandelte Orangenschalen werden von Takadiastase schon bei Zimmertemperatur sehr intensiv angegriffen und es wird dabei das gesamte unlösliche Pektin in Mengen bis zu 50 % und mehr des trockenen Pflanzenmarkes in lösliches Hydratopektin übergeführt, das dann zum Teil noch weiteren Abbau erleidet. Primär lässt sich dabei deutlich die Bildung von Araban und pektinsaurem Ca-Mg-Salz nachweisen.

---

[1] J. J. Willaman, Minnesota Studies in Biol. Sci. 6; 1927.

[2] Bourquelot u. Hérissey, Jl Pharm. et Chim. (6) 8, 145; 1898.

[3] Hawkins, Am. Jl of Pot. 20, 375; 1915. — Jl Agric. Res. 6, 183; 1916. — Hawkins u. Harvey, Jl Agric. Res. 18, 275; 1919.

Die Pektinase scheint auch Tetragalakturonsäure selbst weiter zu niedriger molekularen Substanzen abzubauen. Im Gegensatz zur Pektinase spaltet offenbar die Pektase das Hydratopektin der Obstsäfte nur bis zur Tetragalakturonsäure, die dann durch Umsatz mit den im Safte gelösten Kalksalzen in Form des unlöslichen Ca-Tetra-Galakturonates als Gel zur Abscheidung kommt.

3. Pektase; Pekto-Lipase.

Nach Frémy[1] ist die Koagulation von Fruchtsäften eine enzymatische Reaktion. Der Vorgang, welcher der Koagulation zugrunde liegt, ist noch nicht aufgeklärt. Die Auffassung, die man sich von der Wirkung der Pektase gebildet hatte, ist offenbar von den herrschenden Theorien und Hypothesen über die besser bekannten enzymatischen Koagulationen durch Chymosin und Thrombin stark beeinflusst.

Unter den neueren Arbeiten über Pektase sind diejenigen von Bertrand und Mallèvre, sowie von Bourquelot und Hérissey[2] zu erwähnen.

Die erstgenannten Forscher kamen zunächst[3] zum Ergebnis, dass zur Koagulation durch Pektase die Gegenwart löslicher Salze von Calcium, Strontium oder Baryum notwendig ist und nehmen an, dass das Koagulum aus einem Pektat des Calciums (bzw. einer der alkalischen Erden) besteht.

Die enzymatische Umwandlung selbst wird nach Goyaud[4] von der Gegenwart von Calciumsalzen qualitativ nicht beeinflusst. Die Lösung kann nach seinen Befunden ebensowohl Kalium enthalten; Calciumsalze bringen die Reaktion nur zur Erscheinung, indem durch sie unlösliches Calciumpektat entsteht.

Es erscheint kaum zweifelhaft, dass der Pektase der Charakter einer Lipase zukommt. Die Tätigkeit dieses Enzymes ist die Hydrolyse eines Carbonsäure-Esters (die Entmethylierung). Dementsprechend konnte hier auch Willaman mit einem so typischen Lipasematerial wie die Ricinuslipase eine Pektasewirkung (Gelbildung) erzielen. In diesem Sinne wird das Enzym durch den vorgeschlagenen Namen Pekto-Lipase in die Systematik der Enzyme an der richtigen Stelle eingereiht[5]. Diese Charakterisierung der Pektase als Lipase steht auch in guter Übereinstimmung mit den Ergebnissen von Tutin[6] über die Analogien der Alkali- und Enzymspaltung der Pektine.

Vorkommen: Die grosse Verbreitung der Pektase in der Pflanzenwelt ist durch eine Mitteilung von Bertrand und Mallèvre[7] bekannt geworden.

---

[1] Frémy, Jl de Pharm. 26, 392; 1840.

[2] Bourquelot u. Hérissey, Jl de Pharm. et de Chim. 8, 145; 1899.

[3] Bertrand u. Mallèvre, C. r. 119, 1013; 1894.

[4] Goyaud, C. r. 135, 537; 1902.

[5] Ob die gleiche Pekto-Lipase auch die Abspaltuug der Essigsäure (F. Ehrlich) bewirkt, müssen eingehendere Versuche ergeben.

[6] Tutin, F., Biochem. Jl. 15, 494; 1921.

[7] Bertrand u. Mallèvre, C. r. 121, 726; 1895.

Aus der gleichen Mitteilung gehen auch die grossen Verschiedenheiten im Pektasegehalt der verschiedenen Arten und der Organe einer und derselben Art hervor. Bertrand gibt nachstehende Reihenfolge an, die festgestellt wurde, indem man eine gleiche Menge Pflanzenauszuges auf eine 2%ige, wässrige Pektinlösung wirken liess und die zur Koagulation erforderliche Zeit mass. (B. = Blätter; Fr. = Frucht; W. = Wurzel; Sch. = Schössling.)

Solanum Lycopersicum, Fr. . . . 48 Std.	Syringa vulgaris B. . . . . . 20 Minuten
Vitis vinifera, nahezu reife Fr. . . 24 „	Ailanthus glandulosa, B. . . 20 „
Rheum rhaponticum . . . . . . 22 „	Daucus carota, junge W. . . 15 „
Ribes rubrum . . . . 15 „	Zea Mays, B. . . . . . . 8 „
Marchantia polymorpha . . . . . $2\frac{1}{2}$ „	Iris florentina, B. . . . . 3 „
Daucus carota, ausgewachs. W. . . 2 „	Trifolium pratense, Sch. . .
Delphinium Staphisagria . . . . $1\frac{1}{2}$ „	Medicago sativa, Sch. . . .
Ginkgo biloba, B. . . . . $\frac{1}{2}$ „	Solanum tuberosum, B. . .

Trifolium pratense, Sch. . . .
Medicago sativa, Sch. . . . .
Solanum tuberosum, B. . . .
Brassica napus, B. . . . . .
Lolium perenne, B. . . . . . } weniger als 1 Min.

Frémy (l. c.) unterschied eine lösliche Pektase, wie sie besonders in Rüben vorkommt, und unlösliche Pektasen in sauren Früchten. Bertrand und Mallèvre[1] wiesen hingegen lösliche Pektase auch in Säften von Äpfeln, Birnen und anderen Früchten nach und fanden, dass auch in diesen Koagulation erzielt wird, wenn man eine geeignete Menge verdünnten Alkalis zugibt.

Darstellung: Bertrand und Mallèvre stellten Pektasepräparate aus Klee und Luzerne durch Alkoholfällung dar, die sie — allerdings ohne Angabe von Zahlenwerten — als sehr wirksam bezeichneten.

Aciditätsoptimum: Die Säureempfindlichkeit der Pektase wurde schon von Bertrand und Mallèvre hervorgehoben. Ihre Angabe, dass Pektase bei Neutralität am besten wirkt, ist vom Verfasser und Svanberg[2] allerdings etwas modifiziert worden. Nach unseren eigenen Versuchen an den Säften reifer Beeren von Ribes nigrum, Ribes rubrum und Ribes grossularia liegt das Aciditätsoptimum bei pH = 4,3. Die Säfte dieser reifen Beeren selbst zeigten ziemlich übereinstimmend eine Acidität = 2,8—2,96.

Aus der genannten Arbeit mag folgende Versuchsreihe als Beispiel angeführt werden. Durch Auspressen von Ribes rubrum wurde direkt der zu untersuchende Saft gewonnen.

Anzahl ccm 2 n.-NaOH zu 15 ccm Saft	pH	Koagulationszeit; fest und homogen innerhalb
1,5	3,85	6 Stunden
1,75	4,05	3,5 „
2,0	4,20	3 „
2,25	4,42	3 „
2,5	4,60	
2,75	4,80	3,5 „

[1] Bertrand u. Mallèvre, C. r. **120**, 110; 1895.
[2] Euler u. Svanberg, Biochem. Zs **100**, **271**; 1919.

Die Enzymwirkung ist hier nach der Gelbildung beurteilt worden, also gewissermassen nephelometrisch. Hierzu wie auch zu allen früheren in ähnlicher Weise und bei wechselnder Acidität ausgeführten Versuchen ist zu bemerken, dass das Ergebnis natürlich nicht unbeeinflusst ist von der Löslichkeit der entstehenden Pektinate in den verschieden sauren Lösungen. Es ist also — wie dies bei einer Reihe unserer Versuche auch geschehen ist — nach Abbruch der Enzymwirkung auf eine gewisse konstant zu haltende Acidität einzustellen und bei Vergleichen mit verschiedenem Enzymmaterial für übereinstimmenden Ionengehalt zu sorgen, besonders für übereinstimmenden Ca- und Mg-Gehalt.

Aktivatoren. Über Wirkungen spezifischer Aktivatoren ist noch wenig bekannt; die enzymatische Umwandlung selbst wird, wie Goyaud richtig bemerkte, von der Gegenwart von Calciumsalzen qualitativ nicht beeinflusst; Calciumsalze bringen nur die Reaktion zur Erscheinung, indem unlösliches Calciumpektat entsteht. Immerhin wäre hier eine genauere Durcharbeitung der Gleichgewichts- und Löslichkeitsverhältnisse wünschenswert. Wertvolle Ausgangspunkte hierfür enthalten die Untersuchungen von D. Haynes[1] und von Sven Odén[2].

Spezifität des Enzymes. Ein vergleichender Versuch von Euler und Svanberg an Ribes rubrum und Ribes nigrum zeigte, dass eine Spezifität des Enzymes auf Pektine verschiedener Gattungen von Ribes nicht besteht.

Methodik. Zu genaueren quantitativen Untersuchungen kommen in Betracht:

1. Nephelometrische Messungen unter Benutzung eines Nephelometers etwa desjenigen von Rona und Kleinmann. Nur bei strenger Einhaltung der Aciditätsbedingungen ist die Benützung eines Präzisioninstrumentes von Wert.

2. Viscosimetrische Messungen. Solche liegen vor von N. G. Ball[3]. Dämpfungs-Viscosimeter bzw. Anordnungen, wie sie Urban Olsson zur Messung der Stärkeverflüssigung benutzte, sind hier zu empfehlen (vgl. S. 410).

3. Am wertvollsten sind rein chemische Methoden, also die Bestimmung des abgespaltenen Methylalkohols oder die Bestimmung der freigelegten Carboxylgruppen, letzteres etwa nach der von Knaffl-Lenz befolgten Methodik vgl. S. 64. Auch quantitative Ausfällung von Ca-Salzen kann brauchbare Resultate liefern.

Auf eine kürzlich erschienene Arbeit von Nanji und Norman (Biochem. Jl 22; 1928) kann nur mehr verwiesen werden.

---

[1] D. Haynes, Biochem. Jl. 8, 553; 1914.
[2] Sven Odén, Intern. Zs f. Biol. 3, 83; 1917 und Bot. Ber. 34, 648; 1916.
[3] N. G. Ball, Proc. Roy. Dublon Soc. 14, 349; 1915.

Namenverzeichnis.

Aagaard 138, 216.
Abderhalden, E. 9, 10, 11, 12, 44, 61, 200, 201, 314.
Achard 44, 65.
Adametz 317.
Adams 367, 386.
Adler 95, 102, 103, 386.
Agulhon 194, 234.
Airila 177.
Akamatsu 66.
Albrecht 390.
Allihn 415.
Amaki, J. 8.
Ambard 375.
Amberg 21, 93.
Ammon 34, 38, 39, 46, 64.
Anderson, R. J. 102, 181.
Anger 282, 283.
Armstrong, E. F. 107, 110, 111, 188, 210, 218, 219, 222, 228, 234, 242, 248, 251, 265, 268, 272, 279, 283, 300, 309, 311, 313 bis 318, 320—323, 324.
Armstrong, H. E. 37, 47, 48, 51, 121, 124, 125, 131, 210, 212, 219, 222, 228, 230, 234, 268, 272, 279, 281—283, 288, 300, 314, 316, 317.
Arrhenius, S. 24, 36, 126, 248.
Arthus 44.
Asarnoj 198, 402.
Ascoli 380, 383.
Atkinson, H. V. 12.
Aubry 131, 132, 136, 306, 324.
Auerbach, F. 142, 413.
Auld 218, 272—276, 282, 300, 310.
Avellone 46.
Avery, J. 137, 200, 408, 443.
Axenfeld 139.

Bach, A. 42, 64, 177, 200, 401.
Bach, E. 45.
Bailly 97, 102, 254.

Bainbridge 377, 379.
Baker, J. C. 371, 373, 402, 446.
Baldwin 367, 368, 386, 403.
Ball, N. G. 459.
Bamann 33, 114, 116—118, 121, 123, 124, 126, 127, 129, 132, 148, 155, 158, 161, 167, 168, 472.
Bang 355, 377, 378, 381, 415.
Banik 328.
Barendrecht 318, 320.
Baroja 42.
Barrol 381.
Barthel 438.
de Bary 445.
Bass, R. 223.
Bastianelly 140.
Battesti 42.
Bau, A. 135, 210, 322, 323.
Bäuerlein, K. 307.
Baumann, E. J. 43.
Baur, E. 13, 16, 427, 434.
Bayer, G. 44.
Bayliss 12, 104, 248, 287, 299, 310.
Béchamp 198, 382.
Becker, B. 441.
Beddard 377, 379.
Beensch 311.
Behrens, M. 94, 221.
Beijerinck 112, 220, 266, 267, 317, 329, 454.
Beiser, A. 304—305, 324, 344, 349, 356, 387, 395.
Beitzke 299.
Benczúr, G. v. 382.
Benedict 104, 105, 445.
Benzur, J. 377, 379, 380.
Berg 220.
Bergel, S. 58, 67.
Bergell 201.
Bergman, S. 335.
Bergmann, M. 67, 69—71, 249, 263, 276, 302, 333, 335, 338, 345, 346, 424, 441.
Bergtheil 266.

Bernard, Claude 9, 139, 275, 376, 380.
Bernton 104.
Berthelot 6.
Berthelsen 46.
Bertrand, G. 127, 202, 218, 271, 273, 283, 284, 289, 300, 302, 304—305, 325, 326, 350, 359, 413, 415, 444, 451, 457, 458.
Berzelius 348, 422.
Mc Beth 439.
Beyer 413.
Bial 112, 380, 382.
Bickel 29.
Biddle 71.
Bidzinsky 387.
Bielfeld 359.
Biedermann 376, 400, 424, 433.
Bien 14, 45.
Bierry 108, 140, 213—215, 311—313, 324, 344, 353, 368, 375, 424, 433, 442, 448.
Biffen 56.
Billon 66.
Bilowitzki 441.
Binet 375.
Black 110.
Blaxall 440.
Block 175, 177.
Bloxam 266.
Blum 174.
Blümmel 72, 73.
Blunt 194.
Boas 402.
Bodansky 180, 181, 473.
Bodenstein 25, 26.
Bodländer, E. 413.
Böeseken 107.
Böhne, C. 368.
Boidin 406.
Boissevain 200.
Bokorny 218, 330, 332.
Boldyreff 17, 41.
Bolin, I. 7, 219.

Sachverzeichnis.

Nachträge und Verbesserungen.

1. Kapitel. Esterasen.

Willstätter, E. Bamann und Johanna Waldschmidt - Graser, H. 173, 155; 1928.

Der Sinn des stereochemischen Auswählens tierischer Esterasen (Magen, Pankreas, Leber) auf Mandelsäureester wird durch Steigerung des Reinheitsgrades nicht geändert.

Kraut und Rubenbauer, H. 173, 103; 1928.

Leberesterase. Die Beständigkeit der Leberesterase ist durch die Anwesenheit von Begleitstoffen bedingt. Reinigung durch Adsorption und Dialyse bis auf den 128fachen Reinheitsgrad des getrockneten Organs.

Willstätter, R. Kuhn und E. Bamann, Chem. Ber. 61, 886; 1928.

Bei der Spaltung von racemischem Mandelsäureester durch Leberesterase fand Dakin bei Unterbrechung der Hydrolyse rechtsdrehende Mandelsäure neben linksdrehendem Ester. Die Verfasser finden die Spaltung racemischer Estergemische wie der Enzymreaktionen überhaupt bedingt: 1. durch die Affinitäten, welche das Enzym gegenüber den Substraten betätigt, 2. durch die Geschwindigkeiten, mit denen die beiden Verbindungen + Substrat-Enzym und — Substrat-Enzym hydrolytisch zerfallen.

Rona und R. Italsohn - Schechter, Biochem. Zs 197, 482; 1928.

Racemischer Mandelsäure-Methylester und Äthylester wird gegenüber Schweineleberesterase und Pankreaslipase geprüft; die d-Form des Substrates wird von Enzym bevorzugt.

Der Reinheitsgrad des Enzyms scheint keinen Einfluss auf seine asymmetrische Spezifität zu besitzen.

Pincussen und Mitarbeiter, Biochem. Zs 195, 96; 1928.

Serum-Esterase wird (wie andere Enzyme) durch Licht geschädigt.

S. 14, Anm. 4 steht: Mellenby und Wooley statt Mellanby und Woolley.

2. Kapitel. Besondere, esterspaltende Enzyme.

Zu S. 67. Die an sich einwandfreien Versuche von Brinkmann und v. Szent-Györgyi (Biochem. Zs 146) lassen nach den Erfahrungen aus dem Stockholmer Institut auch andere Deutungen bezüglich der hämolytischen Vorgänge zu, als diejenigen der genannten Verff.

3. Kapitel. Phosphatasen und Sulfatasen.

H. Erdtman, H. 172, 182; 1928.

Nierenphosphatase wird mehreren Reinigungsverfahren unterworfen. Ein in pflanzlichem und tierischem Material verbreiteter Aktivator enthält als einen wesentlichen Bestandteil Magnesium (siehe auch Kobayashi).

Hideo Kobayashi, Journ. of Biochem. 8, 205; 1927.

Takaphosphatase wird gereinigt. In derselben findet sich ein Begleitstoff (X-Substanz), welcher das Enzym auf die maximale Aktivität bringt.

T. Kitasato, Biochem. Zs 197, 257; 1928.

Verf. findet eine Hydratation eines Na-Metaphosphates zu Orthophosphat durch Takadiastase, und nimmt die Existenz einer Metaphosphatase an.

5. Kapitel. Saccharasen. Substrat.

Die Synthese des Rohrzuckers ist neuerdings A. Pictet und H. Vogel gelungen. Helv. 11, 436; 1928.

S. 181, Anmerk. 7 steht Bodensky statt Bodansky.

9. Kapitel. Galaktosidasen.

C. Melibiase, Weidenhagen, Kinetik der Melibiasespaltung. Zs Ver. Dtsch. Zuckerind. 1928; 99.

11. Kapitel. Amylasen.

E. F. Terroine und R. Bonnet, Bull. Soc. Chim. Biol. 9, 982; 1927.

Pankreas-Amykase ist in Gegenwart von NaCl empfindlicher gegen Bestrahlung mit ultraviolettem Licht als in der salzfreien, inaktiveren Form.

Pringsheim, Bondi und Thilo, Biochem. Zs 197, 143; 1928.

Komplement. Während unverdautes Eieralbumin und Casein keine Komplementwirkung zeigt, ist eine solche nach Pepsinverdauung dieser Eiweissstoffe deutlich.

12. Kapitel. Die enzymatische Spaltung der übrigen polymeren Kohlenhydrate.

C. Cellulase. Literatur: Siehe die neu erschienene Monographie von Kurt Hess, Die Chemie der Cellulose. Leipzig, Akad. Verlagsges. 1928.

Die hydrolysierenden Enzyme der Pektinstoffe:

Zur Kenntnis der Substrate: Nanji und Norman, Biochem. Jl 22, 596; 1928. — Norman, Biochem. Jl 22, 749; 1928.

Chemie der Enzyme

von Professor Dr. **Hans v. Euler** in Stockholm

I. Teil: Allgemeine Chemie der Enzyme

Dritte, nach schwedischen Vorlesungen vollständig umgearbeitete Auflage

Mit 50 Textabbildungen und 1 Tafel.
XII, 422 Seiten. 1925. RM 25.50; geb. RM 28.—

Aus den Besprechungen:

Dem ersten Bande seines großangelegten Werkes über die Enzyme, der sich mit der allgemeinen Chemie dieser für viele Wissensgebiete so wichtigen und interessanten Körper beschäftigt, läßt der Verfasser jetzt den zweiten Teil folgen, in dem er auf die präparative Chemie der Enzyme näher eingeht und eine in jeder Hinsicht erschöpfende Übersicht über die an den einzelnen Enzymen gewonnenen speziellen Ergebnisse bringt. Alle Vorzüge des Werkes, die bereits in der Besprechung des I. Bandes rühmend hervorgehoben waren, finden sich in dem vorliegenden Bande in erhöhtem Maße vereinigt, und es steht zu hoffen, daß mit dem bald zu erwartenden Abschluß dieses ausgezeichnet disponierten und tiefgründig schürfenden Unternehmens ein Standardwerk geschaffen wird, das für den Forscher, den Biologen, den Mediziner und Technologen als Lehr= und Nachschlagebuch gleich unentbehrlich werden dürfte. *„Die Naturwissenschaften".*

II. Teil: Spezielle Chemie der Enzyme

2. Abschnitt

Die hydrolysierenden Enzyme der Nucleinsäuren, Amide, Peptide und Proteine

Bearbeitet von Hans von Euler und Karl Myrbäck

Zweite und dritte nach schwedischen Vorlesungen vollständig umgearbeitete Auflage
Mit 47 Textfiguren. XII, 310 Seiten. 1927. RM 24.—

Aus den Besprechungen:

Die Zahl der Bücher über Fermente, die in letzter Zeit erschienen sind, ist nicht gering. Eines der hervorragendsten wird immer das Werk von Euler bleiben, weil es von einem Autor verfaßt ist, der selbst auf diesem Gebiete durch eine Fülle hervorragender Arbeiten Großes geleistet hat. Es braucht kaum hervorgehoben zu werden, daß es sich nicht allein um eine lückenlose Wiedergabe aller wichtigen Daten handelt, sondern daß das Werk auch viele eigene Erfahrungen der Verfasser bringt. Dem speziellen Arbeitsgebiete der Autoren entsprechend, finden die kinetischen und physikalisch=chemischen Grundlagen der Fermentprozesse in besonders meisterhafter Form ihren Ausdruck. In kritisch abwägender Weise nehmen die Verfasser vielfach auch zu den neuesten Ergebnissen der Forschung in anregender Weise Stellung. *„Zeitschr. für angew. Chemie".*

Neue Methoden und Ergebnisse der Enzymforschung

Enzymchemische Untersuchungen aus dem Laboratorium R. Willstätters

von

Dr. W. Graßmann

in München

Mit 10 Abbildungen im Text. IV, 146 Seiten. 1928. RM 12.60

Inhaltsübersicht:

Literaturverzeichnis. Einleitung. I. Quantitative Bestimmung der Enzyme. A. Grundlagen der quantitativen Bestimmung. B. Übersicht über die wichtigsten Bestimmungsmethoden und Einheiten. II. Methoden zur Anreicherung der Enzyme. A. Anreicherung im Ausgangsmaterial. B. Verfahren der Enzymfreilegung. C. Grundlinien der Adsorptionsmethode. D. Anwendung der Adsorptionsmethode.

VERLAG VON J. F. BERGMANN IN MÜNCHEN 27

Das Vorkommen, der Kreislauf und der Stoffwechsel des Jods

Von Th. v. Fellenberg

Chemiker am eidgenössischen Gesundheitsamt Bern

Mit 8 Textabbildungen und 4 Kurventafeln

⟨Sonderausgabe aus Ergebnisse der Physiologie
Herausgegeben von L. Asher und K. Spiro. Bd. XXV⟩
II, Seite 175—363. 1926. RM 10.50

Aus dem Inhalt:

Literatur. Historischer Überblick. I. Jodbestimmungsmethoden. a⟩ Allgemeines, b⟩ Beschreibung der Methode, c⟩ Trennung der Jodverbindungen in anorganische und organische. II. Jod und Umwelt. a⟩ Gesteine, b⟩ Salze und künstliche Düngemittel, c⟩ Luft, d⟩ Gewässer, e⟩ Pflanzen und Tiere, f⟩ Kreislauf des Jods. III. Beziehungen zwischen dem Auftreten des Kropfes und dem Jodgehalt der Umwelt. IV. Untersuchungen über den Jodstoffwechsel. a⟩ Ernährung mit physiologischen Jodmengen beim Erwachsenen, b⟩ Versuche mit kleinen Kaliumjodidmengen beim Kind, c⟩ Jodausscheidung nach Einnahme von Rinderschilddrüsen, d⟩ Jodretention nach Verabreichung von viel anorganischem Jod beim Meerschweinchen. e⟩ Jodretention nach Verabreichung reichlicher Mengen organisch gebundenen Jods beim Menschen, f⟩ Jodgehalt von Schilddrüsen Neugeborener. V. Joddüngung und Jodfütterung. a⟩ Joddüngungsversuch, b⟩ Fütterungsversuche mit jodgedüngten Runkelrüben, c⟩ Übergang des Jods in die Milch bei Fütterung mit jodiertem Kochsalz, d⟩ in die Milch und den Harn bei der stillenden Frau, e⟩ in die Milch nach Aufstrich von Jodtinktur, f⟩ Fütterungsversuch mit jodiertem Erdnußöl bei einer Kuh. VI. Jodiertes Kochsalz.

Ergebnisse der Physiologie

Herausgegeben von L. Asher-Bern und K. Spiro-Basel

Seit 1902 erschienen 27 Bände

XXVII. Band

Mit 165 Abbildungen im Text, 5 zum Teil farbigen Tafeln und zahlreichen Tabellen. XX, 896 Seiten. 1928. RM 88.—

Inhaltsübersicht:

Die physiologischen Lebenserscheinungen der Leukocytenzelle. Von W. Fleischmann-Wien. — Die quantitativen Probleme der Pharmakologie. Von S. Loewe-Dorpat. — Das Gesetz der isodynamen Vertretung und die spezifisch-dynamische Wirkung. Eine geschichtlich-kritische Untersuchung. Von Otto Krummacher-Münster i. W. — Die Regulationsfunktion des menschlichen Labyrinthes und die Zusammenhänge mit verwandten Funktionen. Von M. H. Fischer-Prag. — Die Notfallsfunktionen des sympathico-adrenalen Systems. Von W. B. Cannon-Boston. ⟨Deutsche Übertragung von Frau Else Asher.⟩ — Neue Methoden und Ergebnisse der Enyzmforschung. ⟨Enzymchemische Forschungen aus dem Laboratorium R. Willstätters⟩. Von W. Graßmann-München. — Die Bestimmung der Geschlechtsfunktion bei den Hühnern. Von A. Pézard-Paris. ⟨Deutsche Übertragung von Frau Else Asher.⟩ — Zur Pathologie der Sensibilität. Von H. Stein und V. v. Weizsäcker-Heidelberg. — Probleme und Aufgaben der Arbeitsphysiologie. Von Edgar Atzler-Berlin. Aus dem Kaiser-Wilhelm-Institut für Arbeitsphysiologie Berlin. — Die Chemie der Hormone. Von George Barger-Edinburgh. — Neuere Ergebnisse über Eiweißveränderungen durch ultraviolette, Radium- und Röntgenstrahlen. Von Mona Spiegel-Adolf-Wien. — Atomphysik und Elektrobiologie. Von Reinhold Fürth-Prag. — Namenverzeichnis.